VORLESUNGEN ÜBER VERGLEICHENDE ANATOMIE

VON

OTTO BÜTSCHLI

PROFESSOR DER ZOOLOGIE IN HEIDELBERG

3. LIEFERUNG:

SINNESORGANE UND LEUCHTORGANE

MIT DEN TEXTFIGUREN 452—722

MANULDRUCK 1925

Springer-Verlag Berlin Heidelberg GmbH

1921

Mitten aus der angestrengtesten Arbeit an dem Werke, dem seit Jahren der größte Teil seiner Tätigkeit gewidmet war, wurde Otto Bütschli abgerufen. Er durfte nicht einmal mehr die Vollendung der Drucklegung des I. Bandes seiner vergleichenden Anatomie erleben, der mit der jetzt vorliegenden dritten Lieferung abgeschlossen ist. Unermüdlich hat er bis zum Tage seiner Erkrankung an der Fortführung dieses ihm ganz besonders am Herzen liegenden Werkes gearbeitet.

Bütschli hat das im großen und ganzen druckfertige Manuskript für die noch fehlenden Kapitel bis einschließlich des Abschnittes über das Blutgefäßsystem hinterlassen, so daß nur noch die Darstellung der Exkretions- und Geschlechtsorgane fehlt.

Daß von diesem umfangreichen Manuskript bisher nichts weiter erschien, hängt mit allerlei Schwierigkeiten zusammen, die zum Teil in den Kriegsverhältnissen lagen, zum Teil auch dadurch bedingt wurden, daß das Werk aus Gründen, die hier nicht zu erörtern sind, in den Verlag von Julius Springer überging.

Unter der durch diese Verhältnisse bedingten Verzögerung des Druckes litt Bütschli schwer, und es war für ihn die letzte Freude, als am Tage vor seiner Erkrankung von Julius Springer die Nachricht eintraf, daß sichere Aussicht für die baldige Wiederaufnahme des 1917 unterbrochenen Druckes der dritten Lieferung bestehe, von welcher Bütschli die ersten 11 (bei Engelmann gedruckten) Bogen noch selbst durchkorrigiert hatte.

Nach dem Tode des unvergeßlichen Lehrers und Freundes leiten die Unterzeichneten die weitere Herausgabe des Werkes. Während Blochmann, wie auch früher die sachliche Durcharbeitung des Manuskriptes übernahm, wobei ihm Clara Hamburger nur helfend zur Seite steht, hat diese die Vorbereitung und Überwachung des Druckes unter sich. — Herr Dr. Loeser ist bei der Durchsicht der Korrekturen behilflich und hat, z. T. in Gemeinschaft mit O. Bütschli, Berichtigungen zu den zwei ersten Lieferungen zusammengestellt. Er bearbeitet ferner ein ausführliches Sachregister des ganzen Werkes, welches den zweiten Band abschließen wird.

Das Manuskript soll soweit als möglich so, wie es von dem Verfasser hinterlassen wurde, zum Abdruck kommen. Ganz auszuschließen sind Änderungen in Text und Abbildungen nicht, wie ja auch Bütschli selbst bei der Korrektur noch allerlei geändert hätte. Genaueres in dieser Hinsicht zu berichten mag einer späteren Gelegenheit vorbehalten bleiben.

Abbildungen, die von Blochmann herrühren, sind mit Blo bezeichnet.

Die noch fehlenden Abschnitte über Exkretions- und Geschlechtsorgane wird Blochmann bearbeiten.

Tübingen und Heidelberg.   F. Blochmann, C. Hamburger.

werden (auch Endomeninx). Von ihr gehen die Blutgefäße aus, welche in die Nervensubstanz selbst eindringen. Wo tiefere Einfaltungen des Hirns bestehen, so namentlich zwischen Mittel- und Kleinhirn, da senkt sich die tiefere Lage dieser Gefäßhaut in jene Falten hinein.

Die Hauptmasse der dicken äußeren Haut (Dura mater) wird bei einem Teil der Fische und den Cyclostomen von einem Gallertgewebe gebildet (Chondropterygii, Chondrostei, Dipnoi und gewisse Teleostei, so Siluriden, Esox, Gadiden usw.), dem sich außen die periostale Lamina externa anschließt, während es innen durch eine festere Bindegewebslamelle (Lamina interna) gegen den Subduralraum abgegrenzt wird. Bei den meisten Holostei und Teleostei sind diesem Gallertgewebe viele Fettzellen eingelagert, weshalb es, namentlich im Schädel, zu einem über dem Gehirn mächtig entwickelten Fettgewebe wird, das die vom Gehirn meist nur zum kleineren Teil eingenommene Schädelhöhle erfüllt und auch reich an Nerven und Gefäßen ist. — Während dies Gewebe nach der eben vorgetragenen Auffassung einen Bestandteil der Dura mater bildet, etwa vergleichbar dem sog. Epiduralgewebe in der Dura des Säuger-Rückenmarks, betrachtet es· eine andere Ansicht (*Sterzi*) als ein außerhalb der eigentlichen Dura befindliches sog. Perimeningealgewebe. Die eigentliche Dura wäre nach dieser Meinung bei den Fischen noch in der primären Gefäßhaut undifferenziert enthalten, und der oben als Subduralraum bezeichnete Lymphraum soll dem sog. Epiduralraum der Säuger gleichzusetzen sein. Ich halte die erstere Ansicht für wahrscheinlicher.

Bei den *urodelen Amphibien* erinnern die Verhältnisse der Rückenmarkshäute jedenfalls noch sehr an die der Fische, besonders durch die Ausbildung eines ähnlichen Gallert- oder Fettgewebes in der Dura, welches sich auch in die Schädelhöhle erstreckt. Bei den Anuren findet sich an seiner Stelle ein ansehnlicher Lymphraum (sog. Epi-, Peri- oder Interduralraum) und nur im vorderen Teil der Schädelhöhle noch Reste von Fettgewebe. Die der primären Gefäßhaut der Fische entsprechende Haut differenziert sich bei den Amphibien schon in zwei Lagen, indem zahlreiche kleine Lymphräume in ihr auftreten; die Anuren zeigen dies viel deutlicher als die Urodelen.

Auch die *Amnioten* zeichnen sich dadurch aus, daß in der sog. primären Gefäßhaut spaltenartige Lymphräume auftreten, wodurch sie sich in zwei Häute sondert, eine äußere dünne gefäßlose *Arachnoidea* und eine innere gefäß- und nervenreiche *Pia mater* (Fig. 451 *B, C*). Namentlich bei den Säugern (*C*) wird diese Sonderung sehr deutlich, indem der die Arachnoidea und die Pia trennende sog. *Subarachnoidalraum* weit wird. Er ist von radiären Bindegewebssträngen durchsetzt, welche ihn in mehrere Abteilungen scheiden können. Unter diesen Strängen treten bei den Säugern die lateralen sog. *Ligamenta denticulata* besonders hervor und setzen sich bis zur Dura nach außen fort, so daß an diesen Stellen die ursprüngliche Einheitlichkeit der drei Häute erhalten blieb.

Schon bei den Fischen finden sich in der primitiven Gefäßhaut drei verdickte Längsbänder, die elastische Fasern enthalten, ein ventrales in der Mittellinie, zwei laterale zwischen den Ursprüngen der dorsalen und ventralen Wurzeln.　Letztere geben in jedem Wirbel seitliche Fortsätze zu der Lamina externa der Dura (Endorhachis) ab und erinnern dadurch an die Ligamenta denticulata der Säuger.　Entsprechende Ligamente wiederholen sich im allgemeinen auch bei den höheren Formen.

Die gefäßreiche Pia senkt sich mit ihrer inneren Lage in die Vertiefungen der Hirn- und Rückenmarksoberfläche ein, so in die Furchen der Hemisphärenoberfläche der Säuger und in die Fissura ventralis des Rückenmarks. — Wie wir schon früher sahen, beteiligt sich die Pia der Amnioten, oder die primitive Gefäßhaut der Anamnia, auch am Aufbau der Telae chorioideae des Gehirns und besonders der Plexus der Hirnventrikel, indem sie mit deren Ependym innig verwächst. — Die ebenfalls nerven- und gefäßhaltige Dura der Säuger besitzt zahlreiche Lymphräume (sog. Epiduralräume, Fig. 451 *C*), die z. T. von Binde- und Fettgewebe erfüllt sind, und ihre Sonderung in eine äußere (L. externa) und eine innere (L. interna) bewirken.　Im Hirnteil der Dura treten solche Lymphräume nur spärlich auf; sie bleibt hier gewöhnlich einheitlich und daher von ursprünglicher Bildung. — Der Subarachnoidalraum dagegen erweitert sich an der Hirnbasis häufig sehr ansehnlich zu sog. Cisternen.　Er steht, wie dies wenigstens für die Säuger erwiesen ist, mit dem vierten Hirnventrikel durch drei Öffnungen in der Tela, von jedenfalls sekundärer Entstehung, in offener Verbindung. — Sowohl die epiduralen Lymphräume des Rückenmarks, als namentlich der ansehnliche subarachnoidale Raum werden auch mit dem Schutze des Centralnervensystems bei den Bewegungen der Wirbelsäule in Beziehung gesetzt, was auch teilweise zutreffen dürfte. — Oben wurde schon hervorgehoben, daß eine etwas abweichende Auffassung die innere Lage der Säugerdura ebenfalls aus der Differenzierung der primären Gefäßhaut der Fische abzuleiten versucht.

Die Dura der Säuger senkt sich von der Dorsalseite und vorn zwischen die Hemisphären des Großhirns als Hirnsichel (*Falx cerebri*) hinein, welche hinten in eine ähnliche quere Einfaltung der Dura zwischen dem großen und kleinen Hirn übergeht, das *Kleinhirnzelt* (Tentorium cerebelli).　Sowohl in der Sichel als dem Hirnzelt können Verknöcherungen auftreten, die bei starker Entwicklung des Tentoriums (Carnivoren und gewisse Ungulaten) oder der Falx (besonders bei Delphinen) auch mit den Schädelknochen verwachsen können, und dann innere scheidewandartige Vorsprünge der Schädelkapsel bilden.

Die Spinalnervenwurzeln werden, soweit sie im Rückgratskanal verlaufen, gleichfalls von Fortsetzungen der Dura scheidenartig umhüllt.

5. Kapitel: Sinnesorgane.

Einleitung.

Die Aufnahme äußerer Reize geschieht durch die Körperoberfläche, im einfachsten Falle also durch das Ectoderm.　Ebenso wird aber auch das Entoderm, wenigstens in vielen Fällen, reizaufnehmend sein können. In der Regel haben sich für diese Funktion besondere Ectodermzellen in geeigneter Weise differenziert, d. h. zu *Sinneszellen* entwickelt. Bei den Wirbellosen sind diese Zellen dadurch charakterisiert, daß sie proximal in eine feine Faser auslaufen, welche alle Eigenschaften einer Nervenfaser besitzt, die sich mit dem Nervensystem verbindet; und zwar geschieht dies gewöhnlich so, daß sich zahlreiche solche Fasern zu einem Nerv vereinigen, welcher schließlich in das Centralnervensystem eintritt. In letzterem scheinen sich die ursprünglichen Sinneszellenfasern in der Regel zu verästeln und so mit einer größeren Zahl von Ganglienzellen in Zusammenhang, oder wenigstens nahe Berührung zu treten, worüber die Meinungen noch recht auseinander gehen. Auch das Distalende der ectodermalen Sinneszellen wasserlebender Wirbelloser ist meist ın besonderer Weise ausgebildet, indem es ein bis zahlreiche zarte, unbewegliche, plasmatische Härchen trägt, die sich über die Epidermisoberfläche mehr oder weniger erheben. Diese *Sinneshärchen* deutet man als die eigentlich reizaufnehmenden Organellen der Sinneszellen. — Bei luftlebenden Tieren, gelegentlich aber auch anderen, können jedoch auch stark modifizierte Endigungsweisen der Sinneszellen auftreten. — Durch Vereinigung von Sinneszellen zu Gruppen, wobei aber fast stets indifferente Epidermiszellen zwischen ihnen erhalten bleiben, entstehen die komplizierteren, bis sehr hoch entwickelten Sinnesorgane, die sich ontogenetisch und vergleichend anatomisch stets von solch einfachen Zuständen lokaler, sinneszellenreicher Epidermispartien ableiten lassen.

Die einfachen Sinneszellen der Wirbellosen sind ursprünglich stets in die Epidermis ganz eingelagert, indem sich nur ihr basaler Nervenfortsatz ins Körperinnere erstreckt. Häufig wachsen sie jedoch unter die Epidermis in die Tiefe, so daß nur ihr distaler, mehr oder weniger fadenförmig ausgezogener Teil zwischen die Epidermiszellen bis zur Oberfläche tritt. So kann der eigentliche Sinneszellenkörper mehr oder weniger in die Tiefe verlagert werden, in manchen Fällen sogar sehr tief, so daß von ihm eine lange distale Faser, die den Charakter einer Nervenfaser besitzt, bis zur Epidermisoberfläche zieht. Ja, die proximale Verlagerung der Sinneszelle kann zuweilen bis zu ihrem Eintritt in das Centralnervensystem führen. Dann entsteht der Anschein, daß von letzterem Nervenfasern entspringen, welche zur Epidermis gehen und zwischen deren Zellen, ohne Verbindung mit besonderen Sinneszellen, endigen (*freie Nervenendigungen*). Solche Fälle sind bei Wirbellosen sicher erwiesen, obgleich bei ihnen solch freie Nervenendigungen im allgemeinen seltener vorkommen. Um so verbreiteter finden sie sich in der Wirbeltierepidermis und lassen sich wohl gleichfalls in der geschilderten Weise als Endigungen ursprünglich oberflächlicher Sinneszellen auffassen, die sekundär in das Centralnervensystem rückten, weshalb die zu ihnen gehörenden Sinneszellen nun meist als Ganglienzellen bezeichnet werden. — So läßt sich wohl annehmen, daß die Nervenzellen der Spinalganglien der Wirbeltiere solche in die Tiefe gerückte ursprüngliche Sinneszellen darstellen. — Die Sinneszellen der Wirbeltiere (mit einziger Ausnahme jener der Geruchsorgane) unterscheiden sich nämlich von denen der Wirbellosen auffallend, indem sie **nicht** in eine proximale Nervenfaser auslaufen, sondern von feinen Nervenfaserendigungen mehr oder weniger umsponnen werden, die sie nach der gewöhnlichen Annahme nur berühren, d. h. nur durch *Contiguität* zu ihnen in Beziehung treten. Dies abweichende Verhalten wird deshalb gewöhnlich so gedeutet, daß (abgesehen von den Geruchsorganen) in der Epidermis der Vorfahren der Vertebraten nur freie Nervenendigungen vorhanden gewesen seien, und sich erst später besondere Sinneszellen entwickelten, welche mit diesen Endigungen in Beziehung traten. — Wenn diese Auffassung richtig ist, so müßten die erwähnten Sinneszellen der Vertebraten, im Gegensatz zu den primitiven (oder primären) der Wirbellosen, als *sekundäre* bezeichnet werden, da ja aller Wahrscheinlichkeit nach die freien Nervenendigungen aus ursprünglich vorhanden gewesenen Sinneszellen hervorgegangen sind, also die mit ihnen später in Beziehung tretenden Epidermiszellen sekundärer Entstehung sein müßten.

Immerhin ließe sich dies Verhalten auch noch in anderer Weise deuten, nämlich so, daß die Sinneszellen der Vertebraten, wie die der Riechorgane, zwar primäre seien, aber keine längere proximale Nervenfaser entwickelten, vielmehr die Verbindung mit dem distalen Ausläufer einer Ganglienzelle, welche ja nach der verbreiteten Ansicht stets durch Contiguität stattfinden soll, hier oberflächlich in der Epidermis geschehe, während sie bei den Wirbellosen erst im Centralnervensystem stattfinde. Die Annahme einer Entstehung sekundärer Sinneszellen bei den Wirbeltieren hat nämlich wegen der in manchen Fällen großen Übereinstimmung ihrer Sinnesorgane mit jenen Wirbelloser etwas Mißliches. In der Tat wurden denn auch die Sehzellen der Wirbeltiere wohl aus den oben entwickelten Gründen neuerdings wieder als primäre gedeutet.

Die primitiven Sinneszellen und freien Nervenendigungen der äußeren Körperoberfläche, sowie die Gruppen ersterer, sind, soweit bekannt, häufig durch verschiedene Reize erregbar, so daß sie in gewissem Sinn einen indifferenten physiologischen Charakter besitzen. Ob von ihnen bewußte Empfindungen ausgehen, und welcher Art diese sind, läßt sich natürlich meist nicht entscheiden. Von den Wirbeltieren und speziell dem Menschen wissen wir, daß solch primitive Organe durch mechanische Einwirkungen (Druck, Berührung), Wärme, Kälte und chemische Stoffe erregt werden können, wozu sich bei Wirbellosen wohl vielfach auch das Licht gesellen kann. Daß sich die Endorgane des Menschen für diese verschiedenen Reize in besonderer Weise differenzierten, ist sicher und folgt auch schon daraus, daß ihnen besondere eigenartige Empfindungen entsprechen. Da wir für die primitivsten Endorgane ähnliches nicht voraussetzen dürfen, und wohl auch annehmen müssen, daß eine von ihnen auf verschiedenartige Reize ausgehende etwaige Empfindung gleichmäßiger Natur sein wird (anelektive Organe), so ist es wahrscheinlich, daß sich eine allmähliche Sonderung und Differenzierung der einfachen Endorgane für verschiedene Reize erst allmählich hervorbildete, womit auch die Qualität der von ihnen hervorgerufenen Empfindungen verschieden werden konnte, so daß derart differenzierte Endorgane (elektive) auf beliebige Reize dann stets nur diese besondere Empfindung vermitteln (spezifische Qualität der Empfindungen). Von solch besonders abgestimmten Endorganen der Haut ausgehend, die auf chemische Stoffe (Geruch und Geschmack), Lichtreize (Auge). Schallschwingungen (Gehör) reagierten, leiteten sich die spezifischen Sinnesorgane ab, welche allmählich zu komplizierten Bildungen wurden. Letzteres gilt besonders für die Gehör- und Sehorgane, welche deshalb zuweilen als höhere Sinnesorgane, im Gegensatz zu den übrigen, bezeichnet werden, weil sie durch Zutritt einer Reihe von Hilfsapparaten einen recht verwickelten Bau erlangen können. Eine solche Unterscheidung erscheint aber von geringer Bedeutung, da auch diese höheren Organe ursprünglich von ebenso einfachen Einrichtungen ausgehen wie die niederen.

Für einfache Endorgane der äußeren Haut bereitet die Feststellung ınrer besonderen Funktion, d. h. der ihnen »adäquaten Reize«, häufig große Schwierigkeiten, weshalb dies Problem selbst für die Wirbeltiere noch nicht völlig lösbar erscheint. Viel mehr noch gilt dies für die Wirbellosen, wozu sich gesellt, daß solche Organe, wie erwähnt, nicht selten auf verschiedene Reize reagieren. Diese Schwierigkeit läßt es daher rätlich erscheinen, jene einfachen Endorgane der Haut, für welche eine spezifische Reizbarkeit vorerst vielfach nicht sicher nachweisbar ist, als *Hautsinnesorgane* gemeinsam zu betrachten, wogegen diejenigen, für welche dieselbe feststellbar oder doch wahrscheinlich ist, bei den betreffenden Sinnesorganen zu besprechen sind. Im allgemeinen werden diese Hautsinnesorgane ja besonders durch mechanische, thermische und chemische Reize beeinflußt, wenn es auch in manchen Fällen sicher scheint, daß auch optische nicht ohne Wirkung auf sie sind.

A. Hautsinnesorgane (einschließlich Geschmacksorgane mit Ausnahme derer der Arthropoden).

Die einfachsten derartigen Organe, wie sie bei Wirbellosen weit verbreitet vorkommen, sind besonders modifizierte Epithelzellen, welche sich zwischen die gewöhnlichen Epidermiszellen, in gewissen Fällen (so bei einzelnen Cölenteraten erwiesen) aber auch die des Entoderms der Gastralhöhle einschalten. Abgesehen von ihrer Fortsetzung in eine proximale Nervenfaser, sind sie meist dadurch ausgezeichnet, daß ihr freies Distalende, welches die Epitheloberfläche erreicht, ein bis mehrere starre, leicht vergängliche plasmatische Sinneshärchen trägt; in manchen Fällen wurden jedoch auch Sinneszellen ohne solche beschrieben. Auch wurden häufig, namentlich bei *Cölenteraten* (Hydromedusen und Acalephen), mit einem Wimperhaar versehene Epidermiszellen, welche die Centralteile des Nervensystems überlagern (s. S. 466 ff.), als Sinneszellen gedeutet, ebenso auch bei manchen Mollusken.

Ob aber Zellen mit beweglichen Cilien, auch wenn sie mit einer Nervenfaser verbunden sind, tatsächlich als Sinneszellen gedeutet werden dürfen, scheint nicht ganz zweifellos, um so mehr, als schon bei gewissen *Hydroidpolypen, Hydromedusen, Acalephen* und *Actinien* besonders geartete Zellen, die teils mit einem starren Sinneshaar versehen, teils haarlos sind, als Sinneszellen beschrieben wurden; doch wurden neuerdings auch Zellen beobachtet, welche außer einer Geißel noch kurze Sinneshaare tragen. — Ebenso werden auch die an die Epitheloberfläche gerückten *Nesselzellen* der Cölenteraten, die ja einen freien, sinneshaarähnlichen Fortsatz tragen (Cnidocil, s. S. 129), häufig als Sinneszellen betrachtet, was nicht unwahrscheinlich ist, da sie sicher reizbar sind, und ihr Zusammenhang mit Nervenfasern vielfach angegeben wird.

Die einfachen Sinneszellen liegen meist völlig im Epithel, obgleich es auch vorkommt, daß sie sich mit ihrem Proximalteil unter es erstrecken. Wenn die

Körperoberfläche von dicker Cuticula überkleidet wird wie bei manchen Würmern, namentlich aber den Arthropoden, so treten besondere Modifikationen der Hautsinneszellen auf, die wir später besprechen werden. — Von den einfachen Sinneszellen kaum scharf zu unterscheiden sind die lokalen Anhäufungen solcher zu höher entwickelten, immerhin aber noch recht primitiven Sinnesorganen, welche aus wenigen bis zahlreichen Sinneszellen bestehen, die sich etwa knospenförmig der Epidermis einlagern. Im allgemeinen können solche Organe als *Sensillen* bezeichnet werden. Sie bestehen, soweit bekannt, entweder nur aus Sinneszellen, oder es nehmen auch indifferente Epithelzellen, gelegentlich sogar Drüsenzellen, an ihrem Aufbau teil.

Die im Epithel zerstreuten einfachen Sinneszellen können sich bei manchen Wirbellosen über die ganze Körperoberfläche verbreiten. Gewöhnlich finden sie sich aber besonders reichlich an solchen Körperteilen, die mit der Umgebung in nähere Beziehung treten, so Tentakeln, Körperfortsätzen und ähnlichem.

1. Coelenterata.

Bei gewissen Hydroidpolypen (z. B. *Syncoryne*, *Hydra*) wurden Sinneszellen (Fig. 452), ja sogar Gruppen solcher (2—3 Zellen, *Palpocil*) namentlich an den Tentakeln beobachtet, doch auch weiter verbreitet. Gewisse solcher Zellen (Sinnesnervenzellen, *Hydra*, *Actinien*) sollen den eigentlichen Ganglienzellen ähnlicher bleiben. Auch die Tentakel mancher *Hydromedusen* (besonders *Trachynemiden*) besitzen Längsreihen sog. Tastzellen mit langem starrem Sinneshaar, wozu sich am Umbrellarrand, an der Tentakelbasis, noch Querreihen ähnlicher Zellen als sog. *Tastkämme* gesellen können (z. B. *Rhopalonema*). — Besondere Sinneszellen mit starrem Haar wurden auch an der Subumbrella und den Tentakeln gewisser *Acalephen* (Pelagia und einzelner Hydromedusen) beschrieben (s. Fig. 452 *C—D*). — Reicher verbreitet sind haartragende Sinneszellen in der Epidermis der *Anthozoa* (besonders der *Actinaria*), vor allem wieder an den Tentakeln und der Mundscheibe, sowie im Schlundrohr (namentlich an den Siphonoglyphen); doch wurden sie auch bei einzelnen Formen im Mauerblatt und der Fußscheibe angegeben. — Besonders interessant erscheint die Verbreitung solcher Sinneszellen im *Entoderm* mancher Cölenteraten (*Hydra*, *Actinien*, gewisse *Hydromedusen*), was mit dem früher (S. 465, 469) erwähnten entodermalen Nervensystem dieser Formen übereinstimmt. Die Sinneszellen der Mesenterialfilamente der Actinien brauchten zwar nicht notwendig entodermal zu sein, da das Ectoderm am Aufbau dieser Organe teilnimmt.

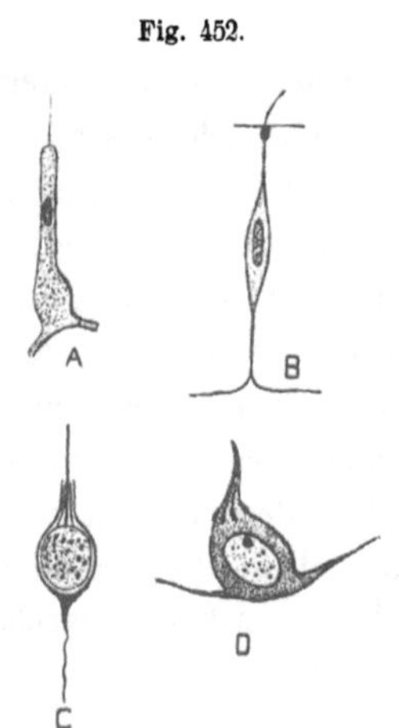

Fig. 452.

Hautsinneszellen von Cölenteraten. *A* Aus Ectoderm von Hydra (nach HADZY 1909). *B* Actinie (Bunodes); aus Schlundrohr (nach GROSELYI 1909). *C—D* Sinneszellen von Carmarina; *C* von Tentakel, *D* von Manubrium (nach KRASINSKA 1914). C. H.

Über die Verbreitung freier Nervenendigungen in der Epidermis ist wenig bekannt, doch sollen vom subumbrellaren Nervenplexus gewisser Acalephen (Rhizostoma) viele solche Endigungen in die Epidermis aufsteigen.

2. Vermes.

Auch in der Epidermis der *Turbellarien* finden sich häufig einfache Sinneszellen mit ein oder mehreren Haaren, doch auch schon Gruppen solcher, die den Charakter von Sensillen besitzen. Die namentlich bei den *Polycladen* und manchen *Tricladen* (selten bei Rhabdocöliden, *Vorticeros*) verbreiteten Tentakel des Vorderendes werden meist als Tastorgane gedeutet; das gleiche gilt von dem zuweilen einstülpbaren Rüssel des Vorderendes einzelner Rhabdocöliden (z. B. *Alaurina*), sowie einer manchmal vorkommenden plattenartigen Verbreiterung des Vorderendes, deren Tastfunktion jedoch unsicher ist.

Die bei gewissen *Rhabdocöliden* auf der Dorsal- oder Ventralseite vorkommenden *grübchenartigen Einsenkungen* (sog. *Grübchenflecke*) scheinen als Hautsinnesorgane etwas zweifelhaft. — Bei einzelnen *Acöla* findet sich eine *laterale Sinneskante*, die jederseits vom Vorderende ziemlich weit nach hinten zieht, auch rinnenförmig eingesenkt sein kann, und Sinneszellen enthält. Diese Bildung ist deshalb interessant, weil sie in höherer Entwicklung bei den *Landtricladen* (Landplanarien) wiederkehrt. Bei vielen der letzteren umzieht die Sinneskante das Vorderende ventral als ein Band, in dem ein oder zwei Reihen wimperloser Papillen stehen, welche wohl als Tastorgane dienen. Gewöhnlich findet sich aber in dieser Sinneskante neben den Papillen noch eine Reihe eingesenkter Grübchen (*Sinnesgrübchen*), die eine größere Zahl von Sinneshaaren enthalten. Die Grübchen werden vom Centralnervensystem, die Papillen dagegen vom äußeren Nervenplexus innerviert. — Auch freie Nervenendigungen, welche vom subepithelialen Plexus (s. S. 472) durch die Epidermis aufsteigen, wurden bei Planarien beschrieben und sollen z. T. von besonderen Nervenzellen ausgehen.

Am Kopf- und Schwanzende der *Nemertinen* wurden in der Epidermis haartragende besondere Zellen beobachtet, die jedoch hinsichtlich ihrer Deutung als Sinneszellen nicht ganz sicher erscheinen. — Fernerhin findet sich an der Kopfspitze, dicht über der Rüsselöffnung zahlreicher Formen (speziell bei *Metanemertinen* [Enopla], einzelnen *Heteronemertinen* [Eupolia]) ein meist ein- und ausstülpbares Organ (*Frontalorgan*), das im eingestülpten Zustand gruben- bis etwas schlauchartig erscheint, vorgestülpt dagegen hügelartig. Es wird von zahlreichen fadenförmigen, borstentragenden Epithelzellen gebildet, die vom Cerebralganglion innerviert werden. Bei gewissen *Heteronemertinen* (z. B. *Micrura* und *Cerebratulus*) finden sich an Stelle des einfachen Organs drei kleinere von ähnlichem Bau. — Das Epithel der Frontalorgane ist frei von Drüsenzellen; doch ziehen meist Ausführgänge der Kopfdrüse (s. S. 133) durch dasselbe.

Eine eigentümliche Modifikation erfuhren die Hautsinnesorgane bei den parasitischen *Trematoden* und *Cestoden*, im Zusammenhang mit der starken cuticularen Bedeckung. Die Sinneszellen (s. Fig. 325, S. 477) sind tief in das Körperparenchym verlagert und stehen mit dem äußeren Nervenplexus in Zusammenhang. Eine feine distale Faser steigt von der Zelle bis in die Cuticula empor und durchsetzt in dieser ein kugeliges Bläschen, um an dessen Distalwand mit einem etwa

nagelförmigen, dunkleren und dichteren Stift zu endigen, welcher in der Cuticula
eingeschlossen ist; letztere kann sich über ihm papillenartig etwas erheben. Obgleich solche Endorgane über die ganze Körperoberfläche verbreitet sind, finden
sie sich bei den Trematoden doch besonders reichlich in den Saugnäpfen, namentlich dem vorderen der Distomeen (s. Fig. 323, S. 476).

Eine ähnliche Modifikation der Hautsinnesorgane scheint unter gleichen Bedingungen auch bei den *Nematoden*, besonders den parasitischen eingetreten zu
sein. Die dicke Cuticula dieser Würmer bedingt jedenfalls, daß ihnen freie plas-

Fig. 453.

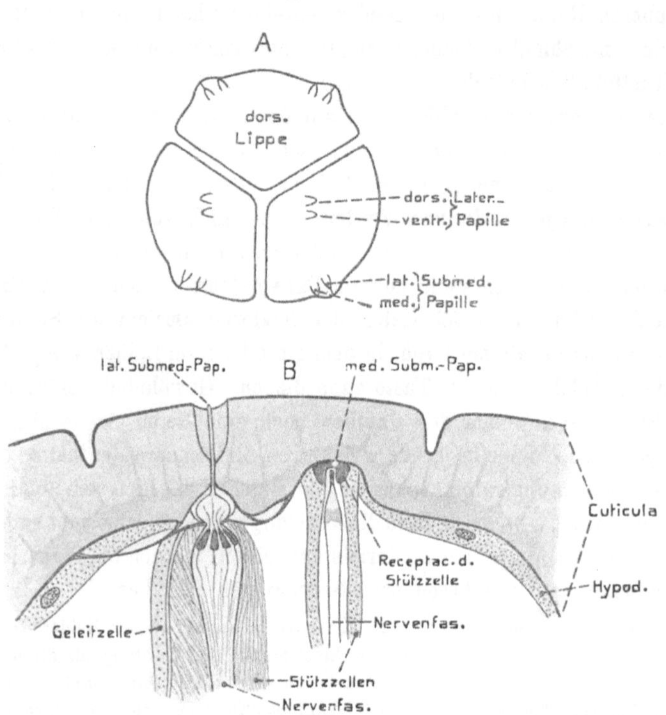

Ascaris megalocephala. Mundpapillen. *A* Die 3 Lippen von vorn gesehen mit den 6 Paar Papillen.
B Längsdurchschnitt durch die beiden Submedianpapillen (nach R. GOLDSCHMIDT 1903). v. Bu.

matische Sinneshaare fehlen, die Endorgane der Sinneszellen vielmehr entweder
in cuticulare hohle Borsten oder in nicht oder wenig erhobene Cuticularpapillen
eingeschlossen sind; doch sollen sie in gewissen Organen auch bis zur Cuticulaoberfläche treten können. — Bei den freilebenden Nematoden sind solche Cuti-
cularborsten, die wohl sicher mit Sinneszellen in Verbindung stehen, häufig weit
über den Körper verbreitet. — Am regelmäßigsten finden sie sich in einem Kranz
um die Mundöffnung, aber in sehr verschiedener Zahl (4, 6, 8 und 10). Letztere
Borsten werden nicht selten sehr klein und stehen dann häufig auf papillenartigen
Vorsprüngen (Borstenpapillen), wie sie sich auch bei den Parasiten meist um die
Mundöffnung finden, aber der borstenartigen Fortsätze gewöhnlich entbehren. Bei

den Parasiten kann die Zahl dieser Mundpapillen bis 12 betragen (z. B. *Ascaris*,
Fig. 453), wobei je zwei dicht genähert sind, so daß man von 6 Paaren sprechen
kann, die sich zu je zweien auf die 3 Lippen verteilen. Bemerkenswerterweise
ist der Bau dieser Mundpapillen bei *Ascaris* (wo sie am genauesten erforscht sind)
keineswegs gleich. Im allgemeinen sind sie so gebaut, daß die dicke Cuticula
von innen nach außen stark trichter- oder röhrenartig verdünnt ist und der nervöse Endapparat sich in diesen Trichter einlagert. Letzterer wird von den feinen
distalen Endfasern gebildet, in welche die Sinneszellen, die sich in den verschiedenen Papillen in wechselnder Zahl finden, auslaufen.

So treten in die dorsalen Lateralpapillen nicht weniger als 12 Endfasern von Sinneszellen, die sich jedoch distal zu einem Endzapfen vereinigen, in die ventralen dagegen nur 2.
Die 8 Submedianpapillen enthalten nur je eine Faser, wobei aber die medianen und lateralen wieder verschieden gebaut sind (s. Fig. 453 *B*). In gewissen der Papillen soll die Endfaser die Cuticula vollständig durchsetzen und frei an der Oberfläche endigen. — Der Körper der Sinneszellen der Papillen ist tief, bis in die hintere Ösophagusregion hinabgerückt.
Das periphere Ende der distalen Sinnesfasern bildet fast stets einen eigentümlichen stiftartigen Endapparat. — Zu jeder Papille gehören in der Regel noch gewisse accessorische Zellen,
welche die Endfasern begleiten: 1. sog. *Stützzellen*, welche die distalen Enden der Fasern
völlig umhüllen, und 2. meist sog. *Geleitzellen*, welche erst distal, in der eigentlichen Papille, mit dem Endapparat in nähere Beziehung treten. Diese beiden accessorischen Zellarten reichen ebenfalls weit nach hinten; die Stützzellen bis in die Region des Nervenrings,
an dessen Umhüllung sich sogar die der medianen Submedianpapillen beteiligen.

Einen ähnlichen Bau zeigen die sonst bei den Nematoden vorkommenden
Papillen, also die schon früher (S. 482) erwähnten Halspapillen, auf die wir
bei den Geruchsorganen nochmals zurückkommen werden, und die Schwanz-
(oder Anal-)papillen der Männchen, welche in meist charakteristischer Anordnung, gewöhnlich in zwei Lateralreihen, vor und
hinter, oder auch nur hinter dem After stehen (s. Fig. 328, S. 482).

Daß auch bei den *Acanthocephalen* papillenartige Endorgane vorkommen, wurde schon früher erwähnt (s. Fig. 330, S. 485).

Gewisse Anklänge an die Nematoden verraten die *Rotatorien*, namentlich die an ihrem Rumpfe gewöhnlich auftretenden Sinnesorgane, die meist als *Taster* bezeichnet werden, obgleich sie nur selten tasterartig über die Körperoberfläche vorspringen. In der Regel findet sich ein vorderes oder dorsales
und ein hinteres oder laterales Paar solcher Organe. Das dorsale (nur *Conochilus* fehlende) liegt gewöhnlich in der Region
des Cerebralganglions und ist meist unpaar, steht also in der
dorsalen Mittellinie (Nackentaster oder -organ, s. die Fig. 23,
S. 97 u. 329, S. 484).

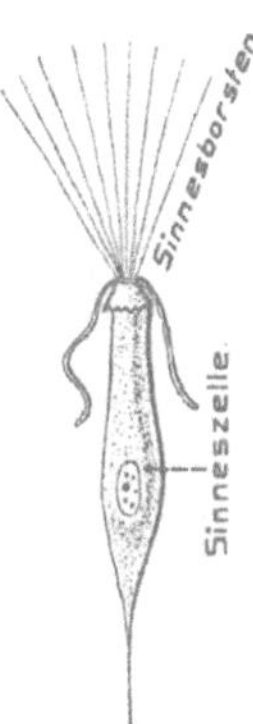

Fig. 454.

Apsilus vorax.
Lateraltaster (nach
GAST 1900). C. H.

Da es bei einigen Genera (z. B. *Asplanchna*) paarig auftritt und, wenn unpaar, meist
von einem Nervenpaar versorgt wird, so war wohl die Paarigkeit der primitive Zustand, aus
dem erst der unpaare Dorsaltaster hervorging.

Die stets paarigen *Lateralorgane* (Taster, s. Fig. 454) stehen in der Seitenlinie oder -kante (zuweilen auch mehr ventral) in sehr verschiedener, meist aber

erheblicher Entfernung hinter den Nackenorganen, und springen selten tasterartig vor. Jedes der beiderlei Organe scheint meist nur mit einer, selten zwei oder mehr Sinneszellen versehen, die eine Anzahl freier, gewöhnlich ziemlich langer Haare tragen.

Die beiden Organpaare erinnern etwas an die Hals- und Analpapillen der Nematoden, wodurch vielleicht eine ursprüngliche Übereinstimmung angedeutet wird. — Auch das Räderorgan ist häufig mit Sinneszellen versehen, wie schon daraus hervorgeht, daß zwischen seinen Cilien zuweilen starre Tastborsten stehen. Ferner finden sich auf dem vom Räderorgan umschlossenen Stirnfeld manchmal Büschel von Tasthaaren, die auch beweglich sein können; oder bei einzelnen Formen ein Paar sog. »*Stirntaster*«, kegelförmige Fortsätze mit distalem Sinneshaarbüschel, welche den Dorsal- und Lateraltastern gleichen. — Ob sich die besprochenen Stirnorgane den Mundorganen der Nematoden vergleichen lassen, ist vorerst kaum zu entscheiden. — Als Tastorgan wird meist auch der sog. *Rüssel* der *Philodinen* gedeutet, d. h. die etwas eigentümlich umgebildete vordere Körperspitze, welche Cilien oder Borsten trägt und Sinneszellen, ja zuweilen ein besonderes kleines Ganglion (*Callidina*) enthält. Das Organ ist mit dem Vorderende einziehbar und tritt bei der Ausstülpung früher als das Räderorgan hervor, wobei es tastende Bewegungen ausführt. In gewissen Fällen soll es durch eine grubenförmige Bildung ersetzt sein.

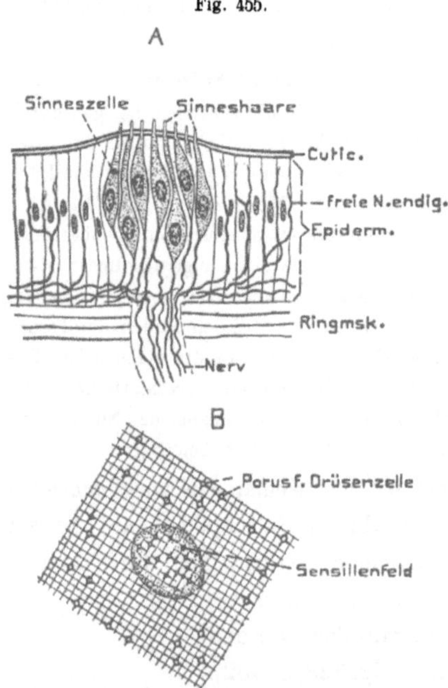

Lumbricus terrestris. *A* Querschnitt durch einen Teil des Integuments mit einer Sensille und freien Nervenendigungen. *B* Ein kleines Stück der abgelösten Cuticula mit einem Sensillenfeld und den Poren für den Durchtritt der Sinneshaare, sowie den Poren für die einzelligen Hautdrüsen (nach LANGDON 1895). v. Bu.

Anneliden. Besondere taster- und fühlerartige Anhänge sind am Kopf der *Polychaeten* sehr verbreitet, in Form der *Antennen* und *Palpen* des Prostomiums sowie der *Fühlercirren* des Metastomiums (s. Fig. 332, 334, 336 u. 339, S. 487—493). Ähnliche Organe entspringen meist (besonders Errantia) von den Parapodien als deren *Dorsal-* und *Ventralcirrus*. Endorgane von Hautnerven, die z. T. auf Papillen dieser Organe stehen, sind mehrfach nachgewiesen worden; doch breiten sie sich auch auf der übrigen Körperoberfläche mehr oder weniger reich aus. Im allgemeinen scheinen aber einfache Sinneszellen in der Annelidenepidermis nicht allzu häufig zu sein, obgleich sie bei gewissen Formen (Lumbricus, Nereis u. a.) beschrieben, doch auch wieder bestritten wurden. Bei den *Oligochaeten, Polychaeten, Hirudineen* und *Gephyreen* finden sich hingegen sensillenartige Organe, welche aus Gruppen mehr oder weniger zahlreicher, meist haartragender Sinneszellen bestehen (*Sinnesknospen, becherförmige Organe, Sensillen*; s. Fig. 455). Bei *Oligochaeten* (Limicolen wie Terricolen, besonders *Lumbricus*) sind sie in der Epidermis über den ganzen Körper

verbreitet und schließen sich bei Lumbricus, wo sie ungemein zahlreich sind, den
drei früher (Fig. 337, S. 491) erwähnten Ringnerven jedes Segments ungefähr an,
so daß häufig von drei Ringen solcher Organe in jedem Segment die Rede ist;
jedenfalls sind sie in einer vorderen und mittleren Zone der Segmente reichlicher,
ebenso auch um die Mündungen der Nephridien. Bei *Lumbricus terrestris* wurden
bis durchschnittlich 1000 Organe in einem Segment gezählt. Am Kopf- und Hinterende des Körpers finden sie sich reichlicher. Unter der Epidermis breitet sich ein
reicher Nervenplexus aus (basiepithelialer Plexus), von dem bei *Lumbricus* (s. Fig. 455)

auch freie Nervenendi-
gungen zwischen den
Epidermiszellen hoch
emporsteigen, die eben-
so bei einzelnen *Poly-
chaeten* (z. B. *Phyllodoce*)
und *Hirudineen* erwie-
sen sind. Solch freie
Nervenendigungen sol-
len sich ferner reichlich
um die Borstentaschen
der *Chaetopoden* ver-
breiten, so daß auch die
Borsten als Tastorgane
funktionieren können.

Die *Sensillen der
Hirudineen* sind eben-
falls über den ganzen
Körper verbreitet, in be-
sonderer Größe und Zahl
auf dem Prostomium,
wo sich Organe finden

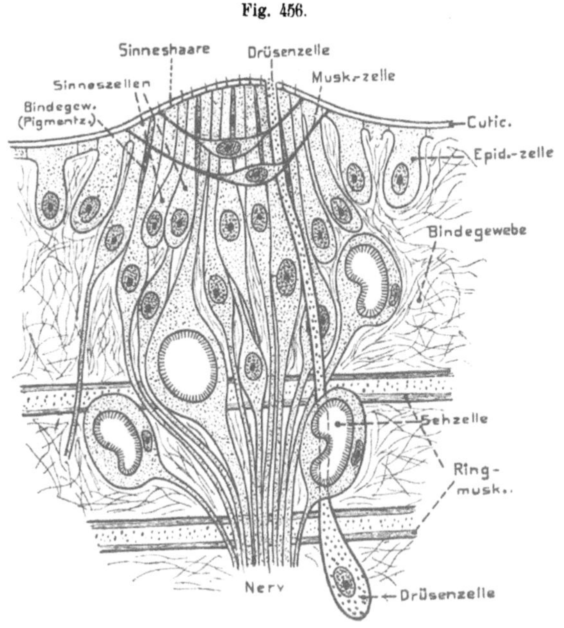

Hirudo medicinalis. Sensille aus einem Querschnitt durch den
Körper. Schematisch (nach HACHLOV 1910, etwas verändert). v. Bu.

sollen, die bis viele Hunderte von Zellen enthalten. Ihre Körpersensillen sind
sehr verschieden groß und insofern von jenen der Chaetopoden verschieden, als
sich ihre Zellen meist recht tief unter die Epidermis in das Bindegewebe erstrecken
(s. Fig. 456). Die größeren Organe sind meist dadurch ausgezeichnet, daß in ihrer
Umgebung einige der später zu besprechenden Sehzellen liegen.

Diese größeren Sensillen der *Gnathobdelliden* stehen auf dem dritten Ringel der Segmente und sind in 14 Längsreihen (8 dorsalen und 6 ventralen) angeordnet. — Etwas fraglich erscheint es, ob die Blutegelsensillen nur aus Sinneszellen mit kurzen Härchen bestehen,
oder ob sich dazwischen auch indifferente Zellen (Stützzellen) finden; jedenfalls ist sicher,
daß Hautdrüsenzellen durch sie treten können. Nicht unwichtig erscheint, daß die Sensillen
etwas vor- und rückziehbar sind, indem sich unter ihnen eine ansehnliche, sternförmige verästelte Muskelzelle findet, deren Kontraktion die Organe papillenartig vortreibt.

Die Sensillen oder becherförmigen Organe (wie auch die freien Nervenendigungen von *Lumbricus*) erstrecken sich bei den drei Ordnungen der Anneliden

auch in die *Mundhöhle*, wo sie jedenfalls als Geschmacksorgane dienen. Hieraus läßt sich wohl schließen, daß die Organe der Körperoberfläche chemisch reizbar sind, wofür auch die physiologischen Versuche sprechen. — Daß sie daher auch auf dem *Rüssel der erranten Polychaeten* und *achaeten Gephyreen* reichlich vorkommen, ist begreiflich; sie stehen auf dessen Papillen, Wülsten und Rippen.

Verwandt mit den beschriebenen Sensillen, aber in mehrerer Hinsicht eigenartig, erscheinen die *Seitenorgane gewisser Chaetopoden*, welche besonders bei den *Capitelliden* genauer studiert wurden; sie kommen jedoch auch bei *Polyophthalmus, Glyceriden, Amphicteniden* (Pectinaria) *Spioniden*, einzelnen *Ariciiden* und einigen anderen, sowie bei gewissen Oligochaeten (Lumbriculiden) vor. Den Haupt-

Fig. 457.

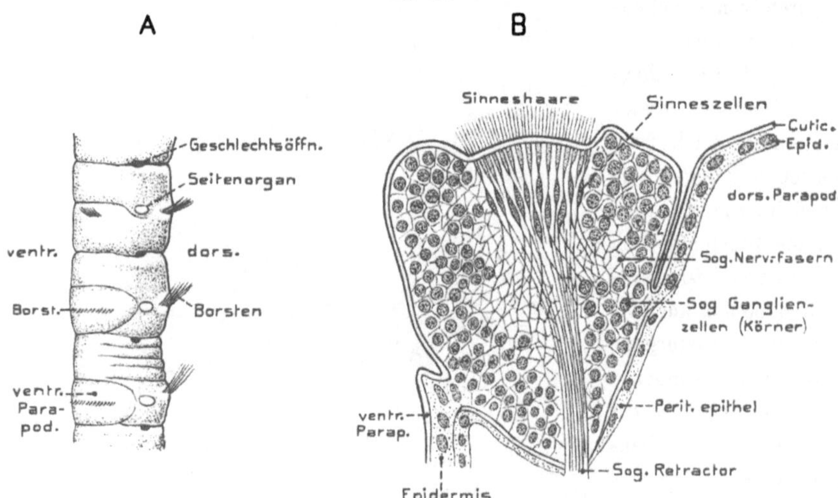

Capitellide. Seitenorgane. *A* Einige Segmente von Mastobranchus trinchesei von links, mit den Seitenorganen. — *B* Ein Seitenorgan von Notomastus fertilis im Längsschnitt (nach EISIG 1887). v. Bu.

charakter dieser Organe (Fig. 457) bildet ihre Lage in den Seitenlinien des Körpers, d. h. auf der Grenze zwischen der dorsalen und ventralen Hälfte der Längsmuskeln (s. S. 410), also auch gewöhnlich zwischen den dorsalen und ventralen Parapodienlappen. Da nun die so bestimmte Seitenlinie in den verschiedenen Körperabschnitten keineswegs genau lateral liegt, so gilt dies auch für die Seitenorgane. Weiterhin erscheint charakteristisch, daß in jedem Segment nur ein Paar der Organe auftritt, und zwar bei den *Capitelliden* (wo sie nur selten fehlen), bei *Polyophthalmus, Scalipregma* und den *Lumbriculiden* fast in sämtlichen Segmenten. — Es sind papillen- oder hügelartig vorspringende Gebilde, die auf ihrem Gipfel eine ansehnliche Zahl von meist ziemlich langen und feinen Sinneshaaren tragen (Fig. 457 *B*). Diese haartragende Platte ist bei den Capitelliden u. a. stets einziehbar, doch können auch die vorderen (thorakalen) Organe hier wie bei anderen Formen im Ganzen in eine sich dabei bildende Grube zurückgezogen werden. Hierzu dienen besondere Muskeln. — Über den feineren Bau der Organe läßt sich vorerst nur sagen, daß sie in der Regel von zahlreichen haartragenden Sinneszellen gebildet werden; ob sich, wie beschrieben, unter letzteren wirklich ein zellenreiches Ganglion findet, in dessen Achse bei gewissen Formen noch eine Anzahl besonders großer Ganglienzellen (oder etwa Sinneszellen?) beschrieben wurde, sowie die Art der Innervierung der Organe bedarf jedenfalls erneuter Untersuchung.

Während die Organe früher als umgebildete Dorsalcirren der ventralen Parapodien (Neuropodien) gedeutet wurden, werden sie jetzt als aus einem zwischen Neuro- und Notopodium bei manchen Polychaeten auftretenden Intercirrus entstanden betrachtet. Auf die Vergleichbarkeit der Seitenorgane mit den ebenso genannten Organen der Wirbeltiere, worauf phylogenetisch großer Wert gelegt wurde, wird später, bei der Besprechung der letzteren einzugehen sein. — Auf diese Vergleichung stützt sich namentlich die mehrfach geäußerte, jedoch vorerst nicht erwiesene Ansicht, daß die Seitenorgane der Chaetopoden als eine Art statischer Organe funktionierten.

Unsicher in ihrer Deutung sind die *Bayerschen Organe* der Rüsselegel (Rhynchobdellida), welche höchstens aus zwei Zellen, einer Sinnes- und einer unter ihr liegenden Muskelzelle bestehen. — Eine sehr eigentümliche Art vermutlicher Sinnesorgane sind ferner die *Spiralorgane* der Nereisparapodien. Es handelt sich um tiefe röhrenförmige Einsenkungen der Cuticula, um welche sich eine große Zahl langgestreckter Sinneszellen in mehreren Schraubenwindungen lagert. Da die Distalenden dieser Zellen einen lichtbrechenden Körper enthalten, so wurde vermutet, daß sie lichtempfindlich seien; was jedoch wenig sicher erscheint.

Oligomera. Die *Bryozoen* führen in ihrer Epidermis (besonders auf den Tentakeln) zahlreiche haartragende Sinneszellen. — Bei den *Chaetognathen* hingegen sind sensillenartige *Tasthügel* (Sinneshügel) von sehr verschiedener Größe über den Gesamtkörper unregelmäßig zerstreut. Sie besitzen zahlreiche lange Sinneshaare, die zuweilen aus einer Einsenkung auf dem Gipfel des Hügels hervortreten. Die in großer Zahl vorhandenen Sinneszellen scheinen unter die eigentliche Epidermis hinabgesenkt zu sein; doch ist der feinere Bau nicht genügend aufgeklärt. Auch bei dieser Gruppe verbreiten sich ähnliche Organe von mehr knospen- oder becherförmigem Bau in der Mundhöhle. — Sowohl bei den *Brachiopoden* als den *Enteropneusten* ist von Hautsinnesorganen kaum etwas Sicheres bekannt.

3. Mollusca.

Bei den Weichtieren (besonders den Lamellibranchiern und Gastropoden) sind einfache haartragende Sinneszellen in der Epidermis der freien Körperoberfläche sehr verbreitet, reichlicher wieder an vorspringenden Stellen, wie den Kopf-, Epipodial- und Mantelrandtentakeln der *Gastropoden*, doch auch an den Fußseiten

Fig. 458.

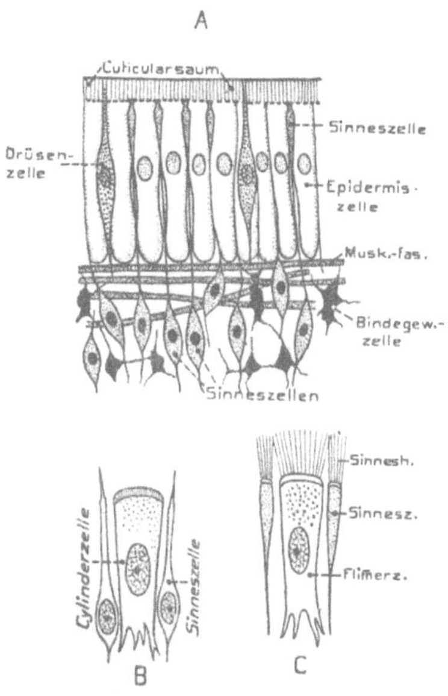

Gastropoden. Hautsinneszellen. *A—B* Helix pomatia: *A* Ein kleines Stück des Epithels vom Tentakel mit 2 Drüsenzellen und einigen Sinneszellen. *B* Eine gewöhnliche Epidermiszelle und zwei benachbarte Sinneszellen von der Rückenhaut. *C* Mytilus edulis. Eine Flimmerzelle aus der Epidermis des Mantels und zwei benachbarte Sinneszellen (nach FLEMMING 1869). Gerv.

und in der Mundgegend, an den Kiemen und dem Mantelrand der *Lamellibranchier*,
wo sich häufig papillen- bis tentakelartige Fortsätze finden, ebenso jedoch auch
an den Enden von deren Siphonen, welche ja aus dem Mantelrand hervorgehen
(Fig. 458). — Recht häufig finden sich jedoch an solchen Orten auch sensillenartige
(becherförmige) Organe, ähnlich denen der Anneliden. — Daß auch freie Nervenendigungen vorkommen, wie sie bei den *Aplacophoren* sogar aus der Cuticula erwähnt werden, scheint für gewisse Formen (speziell Pulmonaten) erwiesen.

Bei den *Aplacophoren* werden als besondere lokalisierte Hautsinnesorgane, außer Sinnesborsten, die wohl mit einfachen Sinneszellen zusammenhängen, gedeutet: das *Mundschild
von Chaetoderma* (s. Fig. 367, S. 515),
sowie ein zuweilen flimmerndes, ein-
und ausstülpbares Frontalorgan (Sinneshügel), endlich ein caudales dorsales Organ gewisser Formen, das gleichfalls vor- und rückziehbar sein kann.

Bei *Rhopalomenia* wurden Sensillen (Sinnesknospen) am Hinterende
nachgewiesen, die sich bis in die Cuticula erheben. Auch die früher erwähnten Kalkspicula der Haut sollen
bei gewissen Formen mit Nerven versehen sein. Recht fraglich erscheinen
die Sinneskolben in der Cuticula.

An die Sinnesknospen der
Rhopalomenia erinnern die in
den Schalenplatten der *Placophoren* reichlich vorhandenen Megalaestheten (*Macraesth.*), welche
dieselben bis zur Cuticula (Periostracum) durchsetzen (s. S. 109).
Es sind dies Organe, welche aus
einer langgestreckten Knospe von
Sinneszellen bestehen, die sich,
in den Schalenplatten aufstei-
gend, bis zu einer äußeren kap-
penartigen Verdickung der Cuti-

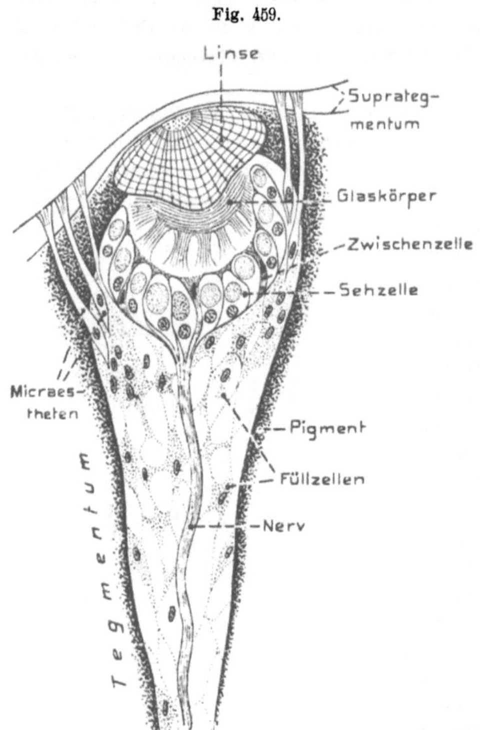

Fig. 459.

Acanthopleura japonica (Placophore). Längsschnitt
durch ein Schalenauge mit mehreren Micraestheten (nach
NOVIKOFF 1907).						v. Bu.

cula erstrecken. Neben ihnen finden sich in dem Kanälchen der Schalenplatte
auch noch indifferente sog. *Füllzellen*, zuweilen auch *Drüsenzellen*. Im Umkreis
dieser Megalaestheten gehen vom Hauptkanal ähnliche feinere Kanälchen bis
zur Cuticulaoberfläche (*Micraesthetes*), welche nur eine einzige Zelle enthalten
(Fig. 459), und gewöhnlich als Sinnesorgane beurteilt wurden; neuerdings hat man
sie jedoch auch als eine Art Schutzorgane gedeutet, die das Periostracum erneuerten.
Später werden wir sehen, daß sich die Macraestheten gewisser Placophoren auch
zu lichtempfindlichen Organen entwickeln können.

Megalo- und Micraestheten gehen aus der Epidermis hervor, wie sich an den Seitenrändern der Schalenplatten leicht nachweisen läßt, wo bei fortschreitendem Wachstum der

Platten andauernd neue Organe aus der Epidermis entstehen. — Bei einzelnen Placophoren (Lepidopleuriden) wurden höckerartig vorspringende Sensillen (sog. Seitenorgane) an der Ventralfläche der Mantelfalte in einer Längsreihe gefunden (Zahl 7—30); sie wurden auch als Geruchsorgane gedeutet.

Sensillenartige Organe finden sich bei manchen *Muscheln* (z. B. *Cardium* usw., s. S. 837, Fig. 633) an den Tentakeln oder der Außenfläche des Atemsipho als Gruppen haartragender Sinneszellen, zu denen sich jedoch gewöhnlich indifferente Zellen gesellen und gelegentlich auch Einziehmuskeln. — Ebensolche Organe finden sich bei gewissen *Prosobranchiaten* (insbesondere rhipidoglossen Diotocardia, sog. Seitenorgane) an der Basis der Epipodialtentakel, doch auch gelegentlich am Kopf und Fuß. Sie enthalten neben Sinneszellen gleichfalls indifferente Zellen und sind ein- und ausstülpbar.

Unsicher in ihrer Bedeutung als Hautsinnesorgane blieben vorerst die in großer Zahl über die Körperoberfläche gewisser Heteropoden (*Pterotrachea*) verbreiteten kleineren und größeren scheibenartigen Gebilde.

Die knospenartigen Sensillen der Mollusken breiten sich gleichfalls auf die Umgebung des Mundes, die Rüsselspitze (Heteropoda) und die Mundhöhle aus, was auch schon bei den Placophoren vorkommt. — Ein eigentümliches Sinnesorgan (*Subradularorgan*) findet sich ferner am Mundhöhlenboden der Placophoren als eine scheibenartige, etwas paarig geteilte Erhebung, in welche vorn eine Drüse mündet. Die Sinnesscheibe besteht aus Sinnes-, Flimmer- und unbewimperten indifferenten Zellen. Die zutretenden Nerven kommen von den Subradularganglien (s. Fig. 368, S. 516). In rudimentärer Form wurde ein solches Organ auch bei gewissen *Diotocardiern* und den *Solenoconchen* beobachtet.

4. Echinodermata.

Einfache Sinneszellen sind nach den meisten Angaben bei den *Asterien* und *Crinoiden*, deren Radiärnerven intraepithelial liegen (s. S. 535), im Epithel der Ambulacralrinnen verbreitet und setzen sich auf das unpaare fühlerartige Endfüßchen der Arme (Tentakel) fort, das sich in gleicher Weise auch bei *Ophiuroiden* findet, wogegen

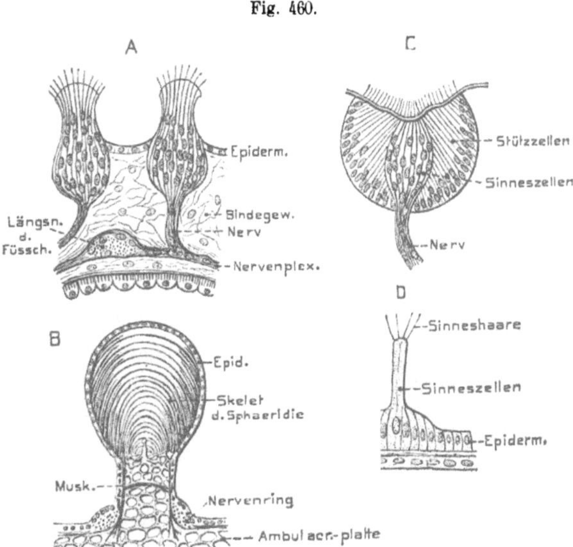

Fig. 460.

Hautsinnesorgane von Echinodermen. *A* **Ophiothrix fragilis** (Ophiuroide). Querschnitt durch die Wand eines Ambulacralfüßchens mit zwei Sinnesorganen. *B* **Spatangus purpureus**. Sphäridie im Längsschnitt (schematisch). *C* **Synapta digitata**. Längsschnitt durch ein Hautsinnesorgan eines Fühlers. *D* **Antedon carinata**. Sinnespapille eines Ambulacralfüßchens (nach HAMANN, Bronn. Kl. und Ordn.). C. H.

es den *Crinoiden* (*Antedon*) nur im Larvenzustand zukommt. Es wird gewöhnlich als Tastorgan gedeutet. — In ähnlicher Weise funktionieren jedoch auch die Endscheiben der Ambulacralfüßchen (*Asterien*, gewisse *Ophiuroiden*, *Echinoiden* und *Holothurien*), deren Epidermis verdickt und mit zahlreichen Sinneszellen, sowie einer terminalen Nervenplatte versehen ist, ja sogar ein besonderes Ganglion besitzen kann (s. Fig. 387, S. 536). — Daß auch die *Ambulacralpapillen* der *Holothurien*, welche modifizierte Füßchen sind, solche Sinnesscheiben tragen, dagegen die zu den Mundtentakeln (-fühlern) vergrößerten und verzweigten Füßchen solche an ihren Endästchen besitzen, erklärt sich aus ihrer Ableitung. Die Sinnespapillen der Fühler und der Haut der *Synaptiden* (Tastpapillen) besitzen eine ähnliche Sinnesplatte.

Etwas anders verhalten sich die Ambulacralfüßchen gewisser *Ophiuroiden* (*Ophiotrichida*), indem ihr Epithel Längsreihen von hügelartig vorspringenden Sinnesknospen enthält (s. Fig 460 *A*). Solche Knospen finden sich etwas grubenförmig eingesenkt auch an den Fühlern der Synapten (Fig. 460 *C*). Die achsiale Knospe von Sinneszellen mit kurzen Härchen (angeblich wimpernd) wird von einem dicken Mantel cilientragender Stützzellen umhüllt. — Sinnesknospenartige Gebilde stehen ferner in Längsreihen auf den Ambulacralfüßchen der *Crinoiden* (*Antedon* Fig. 460 *D*, *Pentacrinus*) als cylindrische, sich über die Oberfläche erhebende kontraktile Gebilde, die aus wenigen haartragenden Sinneszellen bestehen, jedoch auch eine Geißel besitzen sollen; ähnliche Organe tragen auch die Füßchen gewisser

Fig. 461.

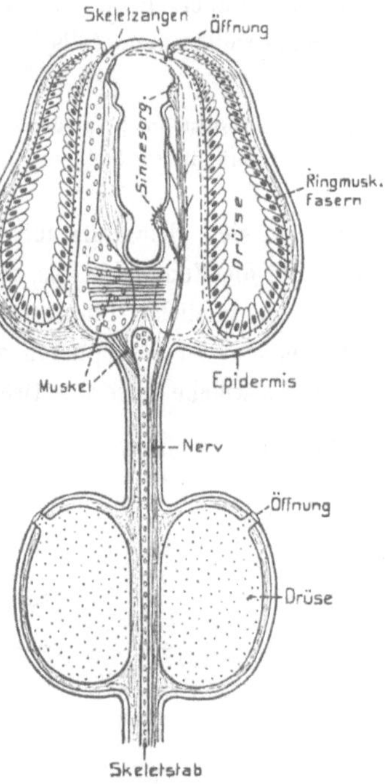

Gemmiforme Pedicellarie eines regulären Seeigels. Schematische Darstellung des distalen Teils, großenteils Längsdurchschnitt. Skeletteile kreisförmig punktiert (nach HAMANN. Bronn. Kl. und Ordn.).
v. Bu.

Ophiuroiden (*Ophiactis*). — Knospenartige, hügelig vorspringende Endgebilde sind ferner auf der Aboralfläche, den Armseiten und Pinnulae von *Antedon* verbreitet; sie empfangen ihre Nervenfasern von dem apicalen Nervensystem (s. S. 541). — Reich an Nerven sind schließlich die eigentümlichen, als *Pedicellarien* bekannten Greiforgane der *Echinoiden*, welche sich in vier verschiedenen Formen finden, von denen nicht selten mehrere bei einer und derselben Art vorkommen. Sie funktionieren teils als Verteidigungs-, teils als Schutz- und Reinigungsorgane. Die Epidermis auf der Innenfläche ihrer drei distalen Zangen ist gewöhnlich reich an Sinneszellen (s. Fig. 461), die zwischen den indifferenten wimpernden Epithelzellen zerstreut sein können, oder sich an gewissen Stellen

mit verdicktem Epithel zu besonderen Sinnesorganen (Tasthügeln, Neuroderm-
organen) reichlich anhäufen.

Letzteres findet sich besonders bei den gemmiformen Pedicellarien (Giftzangen, s. S. 141·
und Fig. 461), wo an der Innenfläche jeder Zangenbasis ein solches Sinnesorgan vorkommt,
zu dem sich bei gewissen Arten noch ein distales, sogar noch ein drittes mittleres gesellen
kann. Diese Organe sind entweder platten- oder hügelartige Epidermisverdickungen mit
zahlreichen Sinneszellen, oder können auch von einer Gruppe von Sinnesknospen gebildet
werden. Starre Haare wurden an ihren Sinneszellen zum Teil nachgewiesen. — Ob die
zweiklappigen Pedicellarien der *Asterien* ähnliche Einrichtungen besitzen, ist noch festzustellen.

Zu den Sinnesorganen sind wohl auch die bei den *Echinoiden* (ausgenommen
Cidaris) fast allgemein verbreiteten *Sphäridien* zu rechnen (s. Fig. 460 *B*), welche
sich nur in den Ambulacren, und meist nur ihrer oralen Region finden.

Es sind kleine, den Kalkstacheln ähnliche Gebilde mit kuglig angeschwollenem Distalende,
das aus besonders dichter Kalksubstanz besteht, die wie die Stacheln auf Papillen der Ske-
letplatten beweglich oder unbeweglich sitzen. Zuweilen sind sie in Ein- bis Mehrzahl in
eine Grube der Ambulacralplatten eingesenkt, welche sogar (Clypeastriden) gegen außen nahezu
abgeschlossen sein kann. An der Basis ihres Stiels findet sich, wie bei den Stacheln, gewöhnlich Muskulatur, sowie ein Nervenring mit Ganglienzellen, der aus dem Hautnervenplexus
hervorgeht. Die Organe sind von Wimperepithel überzogen, besondere Sinneszellen jedoch
nicht nachgewiesen. Obgleich ihre Deutung als Sinnesorgane, wie bemerkt, kaum zweifelhaft
ist, läßt sich doch ihre besondere Funktion vorerst nicht sicher beurteilen; sie wurden als
Organe des chemischen Sinns oder als statische gedeutet.

5. Chordata.
a) Tunicata.

Die Hautsinnesorgane dieser Abteilung sind im allgemeinen wenig bekannt.
In der Epidermis finden sich teils einfache Sinneszellen, teils Gruppen solcher.
Die Zellen tragen entweder starre Härchen, oder sollen auch mit Wimperhaaren
versehen sein (besonders Copelata); doch erscheint die Deutung letzterer Zellen
als Sinneszellen etwas zweifelhaft. — Bei stärkerer Entwicklung des Celluloseman-
tels ragen die peripheren Fortsätze der Sinneszellen nicht frei hervor, sondern
sind im Mantel eingeschlossen. Daß die Sinneszellen namentlich an der Einströmungsöffnung (Mund) und der Kloakenöffnung auftreten, erscheint natürlich; doch
sollen gerade die um die Einströmungsöffnung der *Ascidien* häufig vorkommenden,
tentakelartigen Anhänge nicht reizbar sein, vielmehr der Mundrand; obgleich bei
manchen (so Ciona) im Epithel der Anhänge Zellen beobachtet wurden, welche
Sinneszellen gleichen; bei anderen (Botryllus) wurden solche Zellen an der Kloakenöffnung gefunden. — Bei gewissen *Salpen* treten an der Oberlippe des Mundes
Sinneszellen mit starren Haaren auf, die mit einem Nervenplexus unter der Epidermis zusammenhängen. — Auch bei *Doliolum* finden sich in den Einschnitten
zwischen den Mundläppchen und denen der Kloakenöffnung einfache Sinneszellen
oder Gruppen weniger, und ähnliche Gruppen treten noch an einzelnen Stellen
der Körperoberfläche, sowie am Dach der Kloake und der Basis des dorsalen Stolo
prolifer der ersten ungeschlechtlichen Generation auf. — Mit diesen Organen
läßt sich vielleicht das interessante Sinnesorgan vergleichen, welches bei der

Geschlechtsgeneration von *Salpa democratica-mucronata* beiderseits dicht hinter der Mundöffnung vorkommt (Fig. 462).

Es besteht aus einer Gruppe von etwa 14 Sinneszellen, die sich in der Basis eines ziemlich langen, schlauchförmigen Fortsatzes der Manteloberfläche finden und ihre langen haarförmigen Distalfortsätze durch den Schlauch emporsenden. Die Figur erläutert den Bau der Organe näher. Ein, wie es scheint, ähnliches unpaares dorsales Organ soll sich bei der Geschlechtsgeneration gewisser Salpen rechts vom Hirnganglion finden.

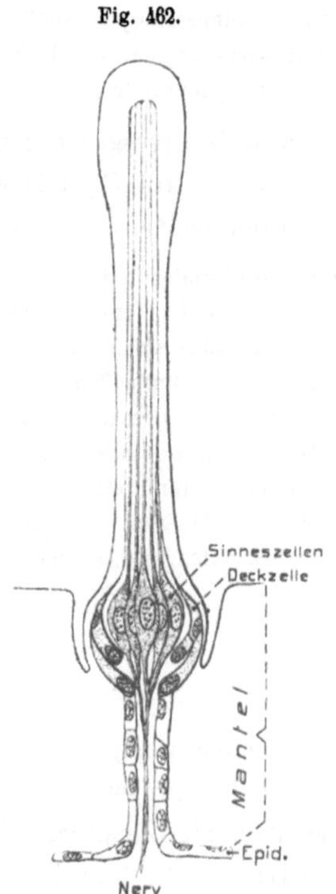

Fig. 462.

Salpa democratica-mucronata (Geschlechtsgeneration). Hautsinnesorgan (nach LEE 1891). C. H.

Sowohl an der Ober- als Unterlippe der *Copelaten* sind Zellen, die einen verklebten beweglichen Wimperschopf tragen, recht verbreitet (s. Fig. 394, S. 545); doch finden sich solche Organe auch in der Atemhöhle, in der Nähe des Vorderendes der Hypobranchialrinne. — Ein unpaares mehrzelliges Organ an der Ventralseite der Unterlippe (Oikopleura, s. Fig. 394, Sinnesorgan) wurde als eine Art Geruchsorgan gedeutet.

Die letzterwähnten Organe mit beweglichem Cilienbusch sind, wie früher erwähnt, als Sinnesorgane zweifelhaft. — Nur selten wurden bei gewissen Copelaten Zellen mit starren Borsten am Mund und Schwanz gefunden, die eher als echte Sinneszellen gelten könnten.

b) Vertebrata.

Für die Wirbeltiere erscheint die allgemeine Verbreitung freier Nervenendigungen in der Epidermis und in Schleimhäuten, soweit sie geschichtetes Epithel haben, charakteristisch. Neben ihnen treten aber in der Epidermis der wasserlebenden primitiveren Vertebraten besondere Sinneszellen auf, welche jenen der Wirbellosen recht ähnlich sind, da sie die freie Oberfläche erreichen und hier ein bis mehrere freie plasmatische Sinneshaare tragen. Im Geruchsorgan aller Vertebraten finden sich derartige Sinneszellen als primäre, von derselben Beschaffenheit wie jene der Wirbellosen; wogegen die der äußeren Haut stets den Charakter sekundärer besitzen sollen, d. h. von freien Nervenendigungen umsponnen werden. — Die Hautsinnesorgane der luftlebenden Wirbeltiere erreichen dagegen die freie Epidermisoberfläche nie mehr und sind teils durch besondere Modifikation einfacher freier Nervenendigungen entstanden, teils aus solchen, welche mit besonderen Zellen in Verbindung traten, die jedoch jetzt meist nicht als Sinneszellen angesehen werden.

Acrania. In die einschichtige Epidermis eingelagerte Sinneszellen mit einem feinen starren Sinneshaar wurden, neben freien Nervenendigungen, bei *Branchiostoma* vielfach beschrieben, ihr Vorkommen jedoch auch manchmal bezweifelt; neuere Angaben bestätigen sie jedoch (s. Fig. 463 *A—B*). Sie sollen besonders reichlich am Vorder- und Hinterende stehen, häufig auch paarweise. — An den *Mundcirren* finden sich ziemlich ansehnliche papillenartige Erhebungen, zwischen deren Zellen zahlreiche ähnliche Sinneszellen vorkommen (Fig. 463 D). — Dem Epithel des *Velums* und seiner Fortsätze, das die Mundhöhle vom respiratorischen Darm scheidet, sind viele knospenartige Gruppen ähnlicher Sinneszellen eingelagert (Fig. 463 C), welche den bei Wirbellosen beschriebenen Sensillen der Mundhöhle gleichen und wie letztere wohl als Geschmacksorgane zu deuten sind; daß dies auch für die Cirrenorgane gilt, ist weniger wahrscheinlich. Ob die Hautsinneszellen der Acranier primäre oder sekundäre sind, scheint vorerst nicht sicher.

Craniota. Sensillenartige Sinnesorgane der äußeren Haut sind bei den wasserlebenden niederen Wirbeltieren (*Cyclostomen, Fischen* und wasserlebenden erwachsenen Urodelen, sowie den Larven der Anuren) weit verbreitet. Sie treten in zweierlei Form und Funktion auf. Die der einen Art sind

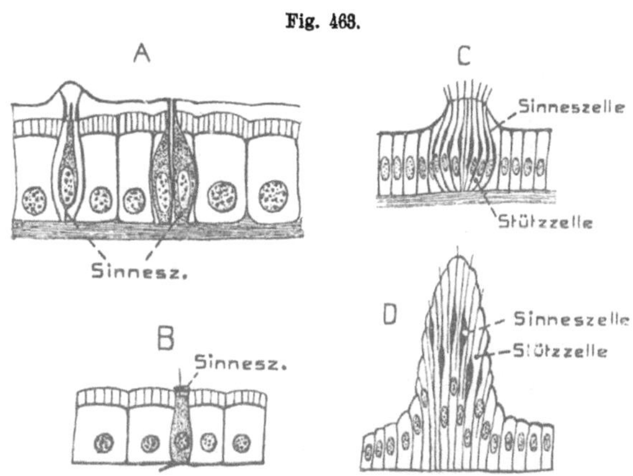

Branchiostoma lanceolatum. Sinneszellen und Hautsinnesorgane. *A—B* Vertikalschnitt durch Epidermis mit Sinneszellen (*A* nach JOSEPH 1908, *B* nach LANGERHANS 1876). — *C* Knospenförmiges Organ vom Velum. — *D* Papillenförmiges Organ von einem Cirrus (*C—D* nach MERKEL 1880). C. H.

im allgemeinen Sinn mechanisch reizbar und zeigen Beziehungen zu den Hörorganen der Vertebraten, speziell deren statisch wirksamen Abschnitten. Es ist sehr wahrscheinlich, daß sie auf relativ schwache Strömungen des umgebenden Wassers reagieren und den betreffenden Tieren daher hinsichtlich ihrer Haltung gegenüber solchen Strömungen nützlich sind. Dies sind die *Seitenorgane* in ihren verschiedenen Modifikationen (auch Nerven- oder Endhügel, Endplatten, Neuromasten, Organe des sechsten Sinnes genannt). — Die Organe zweiter Art sind chemisch reizbar und stehen in phylogenctischer Beziehung zu den Geschmacksorganen der luftlebenden Wirbeltiere, was sich darin ausspricht, daß sie auch bei den wasserlebenden schon in der Mundhöhle auftreten. Letztere Organe werden wir daher zugleich mit den Geschmacksorganen der Wirbeltiere genauer betrachten. Die hierher gehörigen Organe der äußeren Haut werden meist als *becherförmige Organe, Terminal- oder Endknospen* (auch als Sinnesknospen oder Geschmacksknospen) bezeichnet. — Der feinere Bau der beiderlei Organe ist recht ähnlich; dagegen soll ihre Innervierung nach den neueren Erfahrungen wesentlich verschieden sein, wenn es auch häufig dieselben Nerven sind, von denen sie ausgeht. Die Seitenorgane empfangen ihre Nervenfasern nämlich, soweit festgestellt, aus dem Centrum in der Medulla oblongata, welches wir früher

bei den Fischen als die Lobi (Tubercula) acustico-laterales (s. S. 577) schilderten,
in welchem auch die Acusticusfasern der Hörorgane entspringen. — Die Nervenfasern der becherförmigen Organe dagegen sollen ihr Centrum in den Lobi vagi
der Fische (s. S. 577), bzw. auch dem Lobus impar (Lobus facialis) gewisser
Physostomen besitzen, dem Ort, wo auch die Fasern für die Geschmacksorgane
der Mundhöhle entspringen. — Im allgemeinen erinnern beiderlei Organe an die bei
den Wirbellosen beschriebenen Sensillen und liegen in der geschichteten Epidermis. Sie selbst aber sind im Gegensatz zu ihrer Umgebung einschichtig und, soweit bekannt, aus zweierlei Zellen zusammengesetzt: 1. *Sinneszellen*, deren
Distalenden bei den Seitenorganen in der Regel längere protoplasmatische Sinneshaare tragen, während die becherförmigen Organe nur kurze Stiftchen oder Spitz-
chen besitzen; 2. indifferenten oder *Stützzellen* (auch Fadenzellen genannt), welche
zwischen die Sinneszellen eingestreut sind und sich zuweilen in der Peripherie der
meist knospenförmigen Organe reichlicher finden. Die Stützzellen ziehen stets gleichförmig durch die ganze Dicke der Organe hindurch, während die Sinneszellen sich
nur bei den becherförmigen in dieser Form bis zur Basis hinab erstrecken, jene der
Seitenorgane dagegen meist birnförmig erscheinen, indem sie sich etwa in $^1/_3$ bis
$^1/_2$ der Organdicke unter der distalen Fläche zu einem feinen Faden verdünnen,
der bis zum Corium reichen kann (s. Fig. 467, S. 664 u. 475—478). Dieser Faden
wurde früher als die zutretende Nervenfaser gedeutet; die neueren Erfahrungen
zeigten jedoch, daß sich die Sinneszellen beider Organe stets wie sekundäre verhalten, daß also die zu ihnen tretenden, marklos gewordenen Nervenfasern, sich
reich verästelnd, die Sinneszellen umspinnen, ja neben ihnen auch im Sinnesepithel noch freie Endigungen bilden können, wie auch zuweilen reichlich in der die
Endorgane umgebenden Epidermis. Das Sinnesepithel der Seitenorgane gleicht demnach in manchen Punkten dem des Gehörlabyrinths. — Die die Organe umhüllenden Zellen der geschichteten Epidermis sind häufig, im Übergang zur gewöhnlichen Epidermis, etwas verlängert und bilden dann um das Organ einen Mantel,
Deckzellen (s. Fig. 475, S. 671). — Charakteristisch erscheint, daß diese Hautorgane sich durch Teilung zu vermehren vermögen, womit zusammenhängt, daß
sie häufig gruppenweise vorkommen, indem eine solche Gruppe aus einem oder
wenigen ursprünglichen Organen hervorgeht.

Seitenorgane. Wie erwähnt, sind sie bei den dauernd wasserlebenden Anamnia,
also den *Cyclostomen*, *Pisces*, *ichthyoden Amphibien*, sowie den *Larven* aller
übrigen, jedoch auch im erwachsenen Zustand bei *manchen Salamandrinen*, ja
selbst *gewissen Anuren* (Xenopus) über den ganzen Körper (Kopf und Rumpf)
verbreitet. Die ursprünglichen Seitenorgane sind, wie dies bei der vorhergehenden Erörterung vorausgesetzt wurde, frei in der Epidermis liegende Gebilde, die
deren Oberfläche erreichen, was auch bei den *Cyclostomen* (Fig. 465) und *Amphibien* (Fig. 475, S. 671) stets der Fall ist, wogegen viele Fische in dieser Hinsicht
Veränderungen erfahren haben.

Bei den *Petromyzonten* sind solche Organe über den ganzen Körper verbreitet, wenn sie auch gegen das Hinterende spärlicher und kleiner zu werden

scheinen, was mit der Erfahrung übereinstimmt, daß die Organe ontogenetisch zuerst in der Kopfregion auftreten und sich allmählich caudalwärts fortschreitend entwickeln. Es scheint, daß ihre Entstehung mit den früher (S. 624) erwähnten Lateralplacoden in Beziehung steht, und daß speziell die Rumpforgane aus dem ectodermalen Teil der Vagusplacode, der nach hinten auswächst, hervorgehen, wobei gleichzeitig der Ramus lateralis vagi aus dem Vagusganglion caudalwärts hervorwächst. Wenn dies zutrifft, dann dürften die Kopforgane sich wohl in ähnlicher Weise von den Lateralplacoden des 7. und 9. Nervs herleiten.

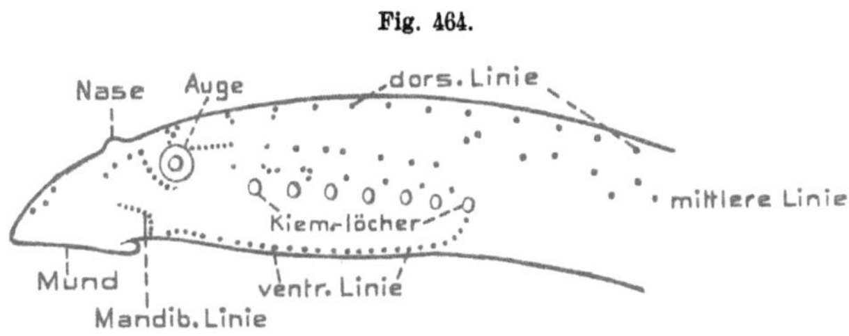

Petromyzon fluviatilis. Kopfende von links; die Seitenorgane sind als Punkte eingezeichnet (nach MERKEL 1880). v. Bu.

Daß die Seitenorgane der Wirbeltiere, ebenso wie die becherförmigen, an ähnliche Iautsinnesorgane der Wirbellosen lebhaft erinnern, ist sicher. Ob sie sich jedoch phylo-

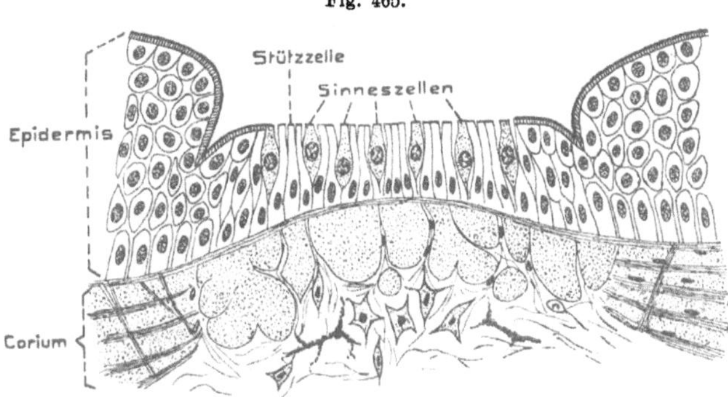

Petromyzon planeri. Längsschnitt durch ein Seitenorgan in der Nackenregion (nach MAURER 1895). v. Bu.

genetisch von denen gewisser Wirbellosen direkt ableiten lassen, besonders den segmentweise verteilten sog. Seitenorganen gewisser Chaetopoden (s. S. 654), erscheint vorerst recht zweifelhaft, um so mehr als der Bau der letzteren noch weiterer Aufklärung bedarf. Es wurde früher, im Bestreben, die Vertebraten von Anneliden abzuleiten, gerade auf die Homologie dieser Organe in beiden Gruppen besonderer Wert gelegt.

Bei den *Myxinoiden* wurden die Organe bis jetzt nur in der Kopfregion gefunden. — Am Rumpfe, hinter der Kiemenregion der *Petromyzonten*, stehen die Organe in zwei Längsreihen, teils einzeln, teils in Gruppen von einigen (s. Fig. 464). Die dorsale Längsreihe folgt dem Ramus lateralis vagi, wie es überhaupt die Regel für die Seitenorgane des Rumpfes ist, und wird auch von diesem Nerv versorgt. — Die mittlere Reihe beginnt in der Kiemenregion mit Gruppen von Organen, die

etwas über den Kiemenöffnungen stehen. Beide Längsreihen setzen sich bis in die
Schwanzregion fort. Die Organe der Kopfregion sind etwas unregelmäßig angeordnet und bilden (abgesehen von einigen zerstreuten oberhalb des Mundes)
wohl Fortsetzungen der lateralen Reihe, die sich etwa auf die bei den Fischen
zu schildernde Supra- und Infraorbitalreihe zurückführen lassen. — In der Kiemenregion gesellt sich zu den beiden erwähnten Längsreihen noch eine ventro-

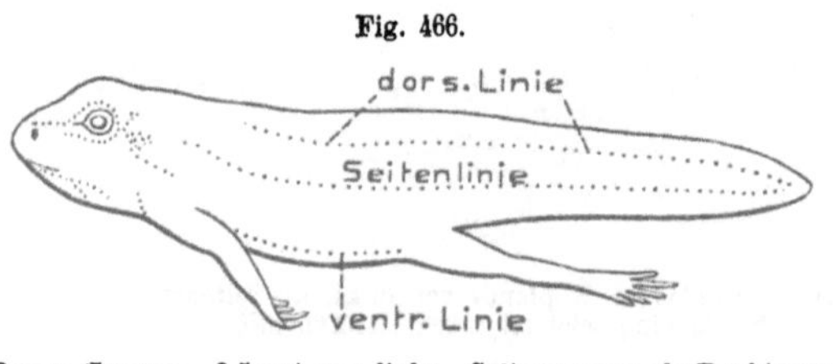

Rana (Larve v., 2,5 cm) von links. Seitenorgane als Punkte angegeben (nach MALBRANC 1876).   v. Bu.

laterale, welche dem Ver-
lauf des Plexus cervicalis
(s. S. 638, Recurrens vagi)
folgt und großenteils von
diesem, vorn jedoch auch
vom 9. und 10. Nerv innerviert wird; von ihr geht auch
eine die Unterlippe umgrei-
fende Reihe aus. Diese ven-

trolaterale Reihe der Kiemenregion dürfte wohl der Opercularreihe der Fische entsprechen. — Die recht verschieden großen Organe (s. Fig. 465) erheben sich meist
flach hügel- oder papillenartig; die Hügel sind aber in grubenförmige Vertiefungen
etwas eingesenkt. Der feinere Bau ist der schon erwähnte mit Sinneszellen und

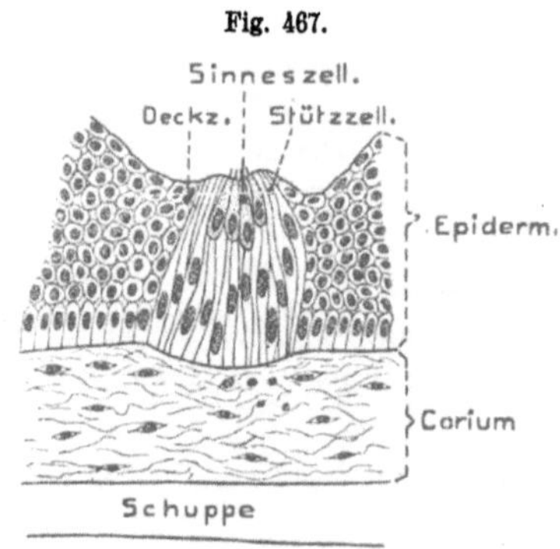

Barbus fluviatilis. Längsschnitt durch das
Seitenorgan einer Schuppe (nach MAURER 1895).
v. Bu.

zahlreichen Stützzellen; unter jedem Organ findet sich gallertiges Bindegewebe. —
Die Kopforgane der *Myxinoiden* (Bdellostoma) dagegen, die in zwei Gruppen
stehen, sind in tiefe Rinnen eingesenkt und
erreichen die Epidermisoberfläche nicht.

Gewisse Knochenfische (z. B. *Cobitis*
und andere, die *Lophobranchii*) und, wie
wir später sehen werden, auch die Amphibien schließen sich den Petromyzonten
darin an, daß ihre Seitenorgane freistehen.
Vollständig vermißt wurden die Organe bei
den Fischen sehr selten (z. B. bei Ballistes).

Die Rumpforgane folgen ursprünglich
jedenfalls dem Ramus lateralis vagi, so daß sie längs der Seitenlinie hinziehen,
welche jedoch, wie schon früher (S. 634) bemerkt wurde, keineswegs stets der Grenzlinie zwischen dem dorsalen und ventralen Seitenrumpfmuskel entspricht. Doch
findet sich die Beschränkung der Organe auf die Seitenlinien nur selten (z. B. *Syn-
gnathus*, wo auf jeder Schuppentafel sechs bis acht Organe stehen). Bei anderen
Fischen (so *Nerophis, Cobitis, Amia*) tritt außer der lateralen Linie der Organe
jederseits noch eine Rückenlinie hervor, ähnlich wie bei Petromyzon, was wohl
Beziehungen zur Teilung des Ramus lateralis in die beiden Äste (profundus und
superficialis, s. S. 634) hat. — *Polypterus* besitzt zwischen der Lateral- und Dorsallinie noch eine dritte. Bei den *dipneumonen Dipnoi* finden sich auf dem Rumpf

freie Organe, die längs einer Seitenlinie geordnet, jedoch noch weiter über die Haut verbreitet sind, wahrscheinlich besonders im Bereich des dorsalen und ventralen Ramus lateralis vagi (vgl. S. 634), so daß ein gewisser Anschluß an die Amphibien besteht, bei welchen sich (mit Ausnahme der Gymnophionen) drei Seitenlinien finden, indem sich der lateralen noch eine dorsale und ventrale zugesellen (Fig. 466), entsprechend den hier vorhandenen drei Ästen des Ramus lateralis. — Doch beschränken sich die Organe der Knochenfische nur selten auf die Seitenlinie, sondern breiten sich häufig über die gesamte Rumpffläche aus, indem sie auf den meisten oder doch vielen Schuppen vorkommen; zuweilen auch in Längslinien geordnet (so bei Fierasfer neben der Seitenlinie noch vier Reihen). Auch auf den Schuppen finden sich häufig Gruppen von mehr oder weniger Organen, welche bald in einer Quer-, bald in einer Längsreihe stehen. — Die freien Organe können sich flach hügelig erheben (s. Fig. 467) oder in Grübchen, selbst Rinnen einsenken. Sie sind häufig, besonders bei jungen Fischen, dadurch ausgezeichnet, daß sich um den Busch ihrer Sinneshärchen eine zarte gallertige Schutzröhre erhebt (vgl. Fig. 475, S. 671, nach Analogie mit den Verhältnissen der Cristae der Hörorgane auch *Cupula* genannt).

Es scheint zweifellos, daß die freien Organe der Seitenlinie gewisser Knochenfische ursprünglich segmental angeordnet sind, d. h., daß jedem Segment eine Organgruppe zukommt; meist ist dieser Charakter aber verwischt, soll jedoch ontogenetisch hervortreten können. Mehrfach wurde zwar der ursprünglich metamere Charakter der Seitenorgane völlig geleugnet.

Eben wurde darauf hingewiesen, daß die Organe der Teleosteer häufig in Längsrinnen stehen, namentlich auf den Schuppen der Seitenlinie. Hieran schließen sich bei Knochenfischen Zustände, wo sich diese Rinnen durch Verwachsung ihrer Ränder geschlossen haben, so daß sich nur am Caudalende der Schuppe noch eine äußere Öffnung des so entstandenen Kanälchens erhält. Dabei wird gleichzeitig auf der Außenfläche jeder Schuppe häufig eine knöcherne, rinnenartige Umhüllung des Kanälchens gebildet, die endlich beim Weiterwachsen der Schuppe zu einem Kanal in deren Knochenmasse wird. Endlich tritt bei den meisten Fischen eine Verbindung der so entstandenen Einzelkanälchen der Seitenlinie zu einem zusammenhängenden Kanal (*Seitenkanal*) ein, der die Schuppen überlagert oder durchsetzt und sich in der Regel in jedem Segment durch ein distales Kanälchen nach außen öffnet. Dieser Kanal scheint sich so zu bilden, daß ursprünglich vorn und hinten geöffnete Einzelkanälchen sich in ihrem mittleren Verlauf schließen, während gleichzeitig die beiden benachbarten Öffnungen zweier aufeinanderfolgender Einzelkanälchen zu einer verschmelzen (Fig. 468). — Die Endorgane der Seitenlinie sind nun auf die proximale Wand dieses Seitenkanals gerückt, sowie von der Außenwelt völlig abgesondert; und zwar findet sich ursprünglich wohl je ein Organ zwischen zwei Kanalöffnungen, doch können sich dieselben nachträglich vermehren. — Die Endorgane (Endhügel, -platten oder -leisten) des Kanals werden häufig sehr groß; auch finden sich im Kanalepithel Schleimzellen; wie denn die Seitenkanäle früher als schleimabsondernde gedeutet wurden. Auch bei *Ceratodus*, den *Ganoiden* (mit Ausnahme von *Polypterus*) und den *Chondropterygiern* finden sich die Seitenkanäle am Rumpfe. Bei primitiven Formen der Knorpelfische jedoch (wie *Chimaera*, *Heptanchus*, *Chlamydoselache* und in der Caudalregion von *Echinorhinus* u. a.) ist der Kanal noch eine offene Rinne, welche nur durch die Schuppen ihrer Ränder einen gewissen Abschluß erhält. Bei *Chimaera* (Fig. 505,[1] S. 709) bleiben auch die Kanäle, welche sich als Fortsetzung des Seitenkanals am Kopf ausbreiten, offene Rinnen mit erweiterten Öffnungsstellen, während bei den übrigen genannten Formen, wie auch den Dipnoi und Teleostei mit freien Organen des Rumpfs, am Kopf stets geschlossene Kanäle vorkommen. — Die Seitenkanäle der *Holostei* zeigen ähnliche Beziehungen zu den Schuppen der Seitenlinie, wie dies bei den Teleostei

Fig. 468.

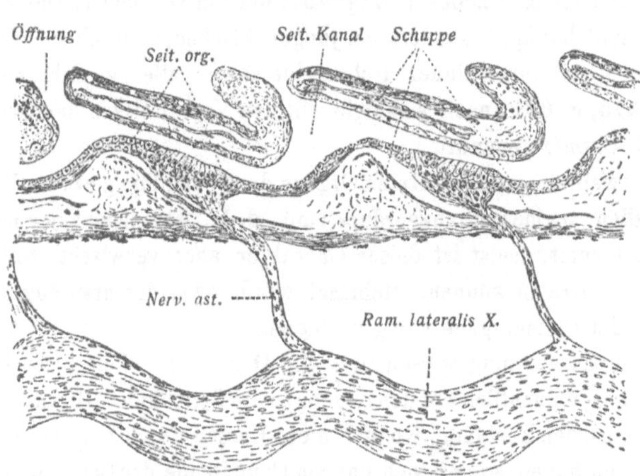

Amia calva. Horizontaler Längsschnitt durch den Seitenkanal mit den Endorganen und den äußeren Öffnungen (aus GEGENBAUR, Vergl. Anatomie, nach ALLIS 1888).

meist der Fall ist. Bei den *Chondrostei* und *Chondropterygii* sind sie unabhängig von den Knochenplatten oder Placoidschuppen, zeigen jedoch zuweilen selbständige knorpelige (z. B. Chimaera) oder knöcherne ring- oder röhrenförmige Umhüllungen, wie letzteres auch bei Teleosteern (z. B. Salmo) vorkommen kann. — Im Gegensatz zu den bei den meisten Teleosteern gefundenen Verhältnissen besitzen die Öffnungsröhren der Ganoiden und Chondropterygier einen komplizierteren Bau, indem sie sich in der Regel gegen die Hautoberfläche sekundär verästeln (Fig. 470, S. 668), dabei sogar nicht selten netzförmig anastomosieren und so durch mehrere bis sehr zahlreiche Poren münden.

Diese Verästelungen gehen besonders bei den *Rochen* sehr weit. — Mit der ansehnlichen Entwicklung der Brustflossen hat sich das Seitenkanalsystem hier ungemein entfaltet (Fig. 469), indem von jedem Kanal ein ansehnlicher Seitenzweig (Pleuralkanal) in die Brustflosse eintritt und sich, deren Seitenrand meist völlig umziehend, vorn mit den Kopfkanälen verbindet. Von diesem Kanal tritt vorn auch eine Fortsetzung auf die Ventralfläche der Flosse hinab, die am Flossenrand nach hinten zieht und, sich dann nach vorn wendend, gleichfalls mit den Kopfkanälen in Verbindung tritt. In den Einzelheiten herrscht große Mannigfaltigkeit. — Es ist schwer zu entscheiden, wie groß der Anteil der Kopfkanäle an der Bildung dieses Brustflossenkanalsystems der Rochen ist.

Bei allen Fischen sind die Seitenorgane auch am Kopf reich verbreitet. Einmal setzt sich der Seitenkanal stets auf den Kopf fort und erlangt hier eine verwickelte Ausbreitung, welche sich zwar im allgemeinen in ähnlicher Weise überall wiederholt, im einzelnen aber viele Modifikationen aufweist (Fig. 470). Diese Kopfkanäle treten bei den Ganoiden und Teleosteern meist in dieselbe Beziehung zu den Hautknochen des Schädels wie der Seitenkanal zu den Schuppen, indem sie wenigstens großenteils in Kanäle der Hautknochen eingeschlossen werden. Sie öffnen sich· durch eine verschieden große Zahl von Distalröhrchen und Poren nach außen, die bei *Ganoiden* (Ausnahme Polypterus), *Chondropterygiern* und gewissen *Physostomen* dieselben Verästelungen zeigen, wie die Röhrchen des Seitenkanals. — Der Seitenkanal (vgl. Fig. 470 u. 471) zieht vorn meist etwas dorsal empor und tritt in die supratemporale Kopfregion (Gegend der Supraclavicularia) ein (*Postorbitalkanal*), wo er sich dorsocaudal vom Auge in zwei Kanäle spaltet, von denen der eine als *Supraorbitalkanal* über dem Auge gegen die Schnauze verläuft, der andere als *Infraorbitalkanal* unter dem Auge hinzieht. In der Schnauzenregion

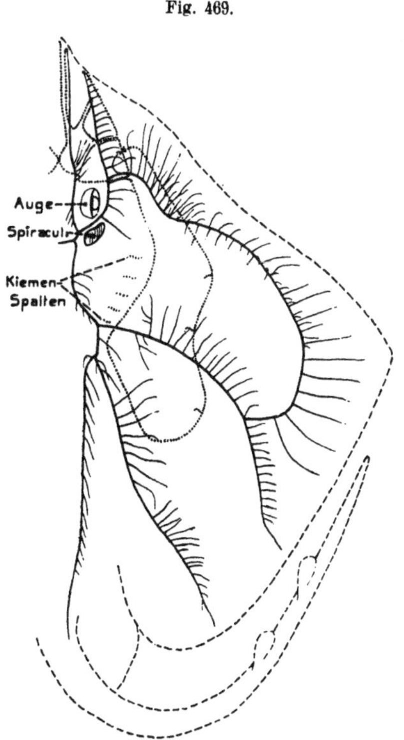

Uraptera agassizii (Rochen). Rechte Hälfte von der Dorsalseite, mit eingetragenem Seitenkanalsystem; die Kanäle der Ventralseite sind punktiert angegeben (nach GARMAN 1888). v. Bu.

gehen beide Kanäle meist ineinander über. In der Supratemporalregion stehen die beiden Lateralkanäle (Postorbitalkanäle) fast stets durch eine, das Schädeldach quer überziehende Commissur (*Supratemporal-* oder *Occipitalkanal*) in Verbindung; eine ähnliche Commissur kann bei Ganoiden und Chondropterygiern in der Ethmoidalregion zwischen den beiden Supraorbitalkanälen auftreten. — Mit der starken Entwicklung des Rostrums und der Rückwärtsverlagerung des Mauls bei den meisten Knorpelfischen dehnen sich die rostralen Enden der Kanäle auch auf die Ventralseite der Schnauze aus, wo sie eine charakteristische Entfaltung erlangen (Fig. 471), deren Rückführung auf die Verhältnisse der übrigen Fische bis jetzt noch nicht genügend aufgeklärt ist. Schon bei den Chondropterygiern tritt ferner ein Kanal auf, welcher vom Infraorbitalkanal nach hinten zieht und, nach vorn umbiegend, einen Zweig zum Unterkiefer sendet (Fig. 471); es ist dies wohl das Homologon des Hyomandibularkanals (Opercularkanal), der über dem

Fig. 470.

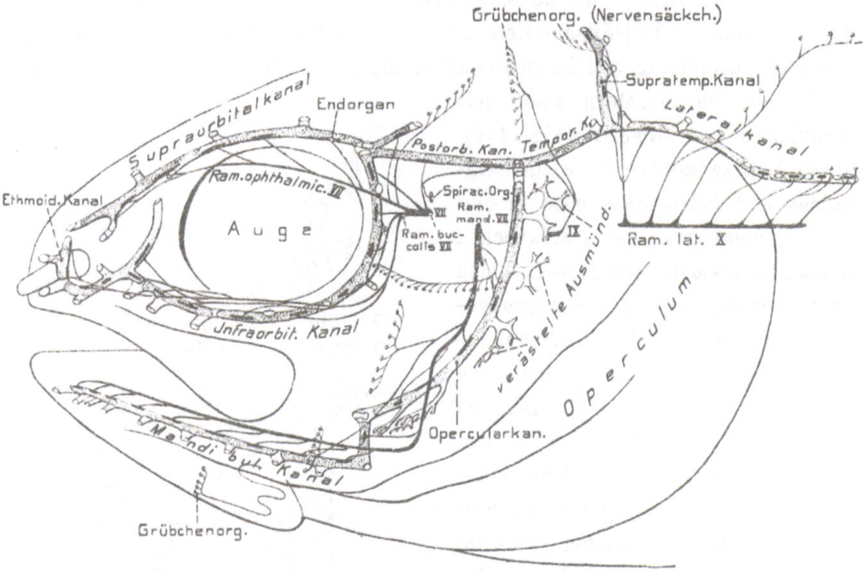

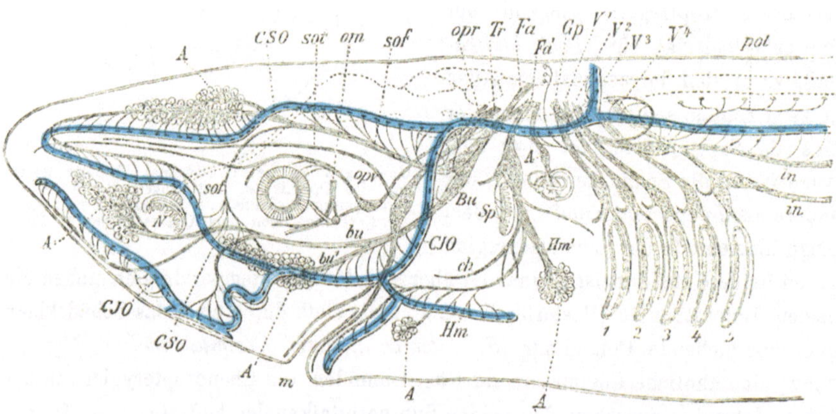

Amia calva. Kopf von links mit dem Seitenkanalsystem und den zu ihm tretenden Nerven. Die Kanäle sind punktiert dargestellt, ihre Ausführgänge abgeschnitten gedacht, nur die des Opercularkanals sind in ihrer verästelten Beschaffenheit wiedergegeben. Die Endorgane in den Kanälen schwarz angedeutet, die grübchenförmigen Organe (Nervensäckchen) als kleine Ovale (nach ALLIS 1888). C. H.

Fig. 471.

Laemargus borealis von der linken Seite. Seitenkanalsystem (blau), sowie die Kopfnerven sind eingezeichnet. (Aus GEGENBAUR, Vergl. Anatomie n. EWART 1892). *A* Ampullen, *A'* Acusticus, *Bu* N. buccalis, *CJO* Infraorbitalkanal, *CSO* Supraorbitalkanal, *Fa, Fa'* N. facialis, *Gp* N. glossopharyngeus, *Hm* Hyomandibularkanal, *Hm'* N. hymandibularis, *N* Riechgrube, *V¹—V⁴* Vagus, *Sp* Spiraculum, *Tr* Trigeminus, *ch* Zweig des N. hyomandibularis, *in* R. intestinalis X, *ln* R. lateralis X, *m* Mund, *om* N. oculomotorius, *opr* und *opo* Ophthalmicus profundus V, *pot* Zweig des R. lateralis, *sof* Ophthalmicus superficialis VII, *sot* Ophthalmicus superficialis V, *1—5* Kiemenspalten.

Kiemendeckel der Ganoiden und Knochenfische zum Unterkiefer zieht und meist mit dem Postorbitalkanal verbunden ist (Fig. 470).

Schon bei zahlreichen paläozoischen Fischen (Ganoiden, Dipnoern und Verwandten der Chondropterygii) finden sich am Schädel Reste von Kanälen und Poren, woraus hervorgeht, daß die Seitenorgane und -kanäle schon den ältesten Fischen zukamen; wie es z. B. die Fig. 138, S. 241 von *Coccosteus* zeigt, wo der Verlauf der Kopfkanäle durch punktierte Linien angedeutet ist. — Dies frühzeitige Auftreten der Kanäle hat zu der Ansicht geführt, daß die freien Organe, wie sie sich auf dem Rumpf rezenter Knochenfische und Dipnoer auch in der Seitenlinie vielfach finden, durch Rückbildung von Kanälen entstanden seien, demnach auch die oben geschilderten Übergangsstufen durch Rinnenbildung als Rückbildungsstadien zu deuten wären. Bis jetzt kann aber diese Ansicht nicht für hinreichend begründet gelten.

Freie Organe sind auch am Kopf zuweilen zerstreut, so bei einzelnen *Chondropterygiern* (Squatina, Mustelus) und ebenso bei Knochenfischen; bei Mustelus breiten sie sich auch am Rumpf dorsal aus. Bei den *Ganoiden* finden sie sich neben den Kopfkanälen in Form der sog. *Nervensäckchen* der Chondrostei und der sog. Grübchenorgane der Holostei (Pit-Organs, vgl. Fig. 470) Es sind dies Gruppen oder Reihen mehr oder weniger tief säckchenförmig eingesenkter Einzelorgane, die sich in verschiedener Verteilung am Kopf, auch seiner Ventralseite, finden.

Da der Grund der Säckchen (Stör) sich häufig in eine Anzahl Scheidewände erheben soll, so erlangen diese Organe z. T. eine gewisse Ähnlichkeit mit den gleich zu schildernden Ampullen der *Chondropterygier.*

Eine besondere Form eigentümlich modifizierter Organe sind die bei den *Chondropterygiern* allgemein verbreiteten *Ampullen oder Gallertröhren* (LORENZINI-sche Ampullen). Die-

selben lassen sich etwa auffassen als dicht zusammengerückte Gruppen säckchenartig eingesenkter Seitenorgane (event. aber auch unvollständig geteilter), welche sich, unter Einstülpung einer mit gallertigem Sekret erfüllten Röhre, tief in das Unterhaut-

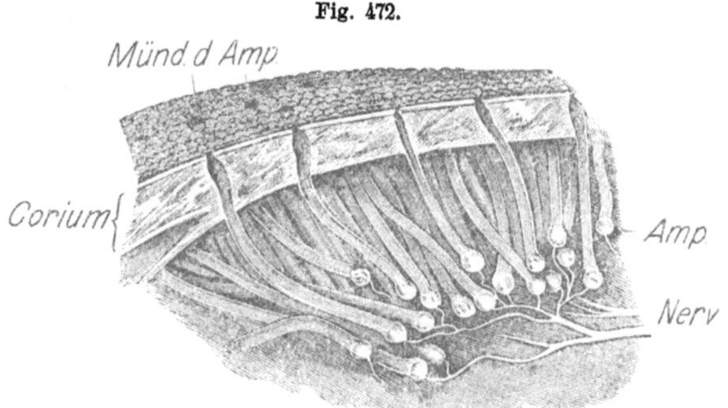

Fig. 472.

Scyllium. Eine Gruppe von Ampullen bloßgelegt (aus GEGENBAUR, Vergl. Anatomie).

bindegewebe hinabgesenkt haben und durch einen feinen bis gröberen Porus auf der Hautoberfläche münden. Die Gallertröhren werden häufig sehr lang und ziehen dann mehr oder weniger horizontal im Bindegewebe hin (s. Fig. 472). Das Proximalende der Röhre erweitert sich zu einer verschiedenen Zahl (etwa 8—30) ampullenartiger Aussackungen, die meist etwa strahlig um eine mittlere, sich schwach erhebende Achse (Centralplatte) angeordnet sind; doch finden sich auch Ampullen, bei denen diese Divertikel durch eine mehrfache Teilung der Röhre entstehen und die Centralplatte fehlt (Acanthias). Nur in diesen Aussackungen (Fig. 473 u. 474) finden sich birnförmige Sinneszellen, welche zwischen Stützzellen verteilt sind, während die Röhre von einschichtigem indifferentem Epithel ausgekleidet wird. Der Nerv tritt in der Achse zu und verteilt sich dann in den Septen zwischen den Aussackungen. — Eine vielleicht primitivere Form solcher Organe, die sich bei einzelnen Haien (*Hexanchus*) findet, besitzt keine gemeinsame Gallertröhre, sondern für jede der proximalen Aussackungen eine Verbindungsröhre mit der Oberfläche. — Die Ampullen können spärlicher und ziemlich unregelmäßig über die Kopffläche zerstreut sein. Wenn sie, wie meist, sehr zahlreich vorkommen, so häufen sich ihre Mündungen an gewissen Stellen der dorsalen und ventralen Kopffläche zu dichten Gruppen zusammen, die in regelmäßiger Verteilung auftreten (Fig. 471, S. 668); von diesen Centralpunkten strahlen dann die Gallertröhren aus, wobei jede Röhrengruppe gewöhnlich von einer festeren Bindegewebshülle umschlossen wird. — Die Ampullen der *Rochen* können sich bis in die Afterregion ausbreiten. Als modifizierte Seitenorgane werden gewöhnlich auch die sog. *Savischen Bläschen* der *Torpedo*arten gedeutet.

Fig. 473.

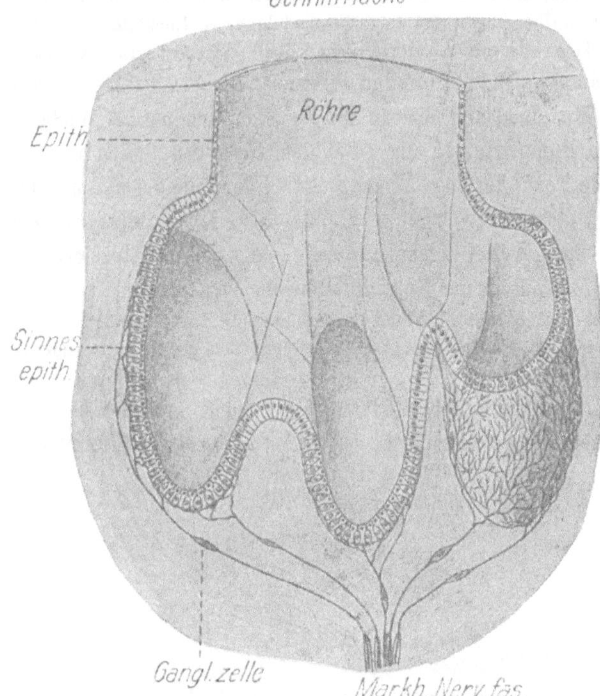

Acanthias. Längsschnitt des proximalen Endes einer Ampulle mit drei ampullären Anschwellungen (aus Hesse, Hdwb. d. Natw. kombiniert nach Forssell 1899 und Retzius 1898).

Fig. 474.

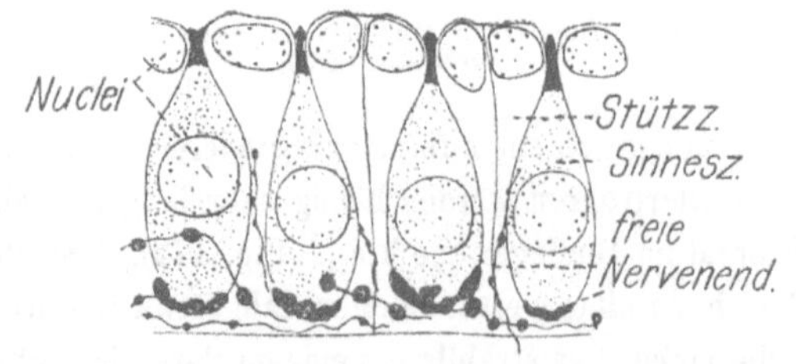

Acanthias. Sinnesepithel einer Ampulle (aus Hesse, Hdwb. d. Natw., nach Retzius 1898).

Es sind dies nach außen völlig abgeschlossene, mit gallertiger Flüssigkeit erfüllte Bläschen, die sich in der Region der Nasengruben ausbreiten und auch auf die Dorsalseite der Schnauze etwas übergreifen. Von der Nasalregion ziehen ventral jederseits eine kürzere und eine längere Reihe am Rande der elektrischen Organe nach hinten, letztere Reihe längs des Propterygiums (vgl. Fig. 194, S. 324). Die Reihen der Organe sind auf einem platten, sehnigen Strange befestigt. Jedes Bläschen wird von einfachem Plattenepithel ausgekleidet, das sich auf dem Bläschengrund, der an dem erwähnten Strang befestigt ist, zu Cylinderepithel verdickt. In letzterem finden sich drei runde Stellen, eine mittlere größere und zwei kleinere, mit höherem Epithel, das eingestreute haartragende Sinneszellen enthält; die Organe werden von Trigeminusästchen innerviert. Die Ontogenie scheint dafür zu sprechen, daß die Bläschen von Seitenorganen abzuleiten sind, welche sich völlig geschlossen haben. Ihre Funktion ist unbekannt.

Die Innervierung der Endorgane der Kopfkanäle und Ampullen geschieht durch Zweige des Facialis (Ramus ophthalmicus, buccalis, mandibularis), doch können sich auch Ästchen des Glossopharyngeus und Vagus daran beteiligen (s. Fig. 470, S. 668).

Wie schon erwähnt, finden sich bei den *wasserlebenden Amphibien*, insbesondere den *Ichthyoden*, sowie den Larven der übrigen, stets Seitenorgane am Kopf und Rumpf, die entweder frei in der

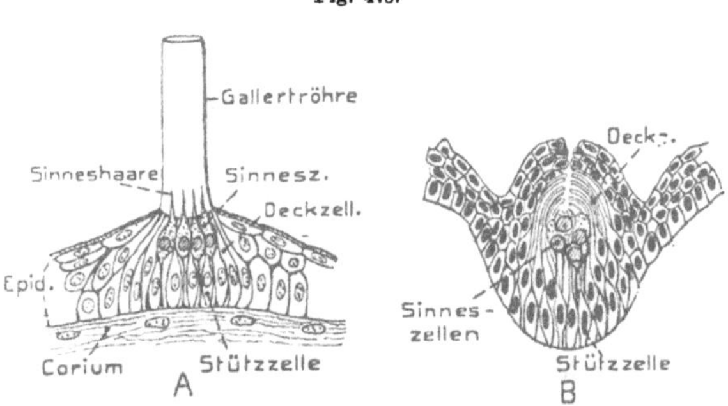

Triton. Seitenorgan (schematisch). *A* Organ der Larve mit Gallertröhre, etwa im optischen Vertikalschnitt gesehen (nach F. E. SCHULZE 1870 und MAURER 1895). — *B* Organ von der erwachsenen Landform im Vertikalschnitt (nach MALBRANC 1876 und MAURER 1895). O. B.

Hautoberfläche liegen oder sich etwas hügelig erheben, wie es bei den Larven meist der Fall ist, jedoch auch mehr oder weniger tief follikelartig eingesenkt sein können (z. B. Ichthyoden und erwachsene Salamandrinen), so daß sie dann an die Nervensäckchen der Ganoiden erinnern. Kanäle fehlen den jetzt lebenden Amphibien stets. Der allgemeine Bau der Organe gleicht dem der freien der Fische sehr, auch besitzen die der Larven häufig das freie Gallertröhrchen (Cupula) zum Schutze der Sinneshaare (Fig. 475 *A*). Die Verteilung der Organe am Kopf erinnert an jene bei den Fischen, indem sich meist eine Supra- und Infraorbitallinie, sowie auch eine zum Unterkiefer ziehende Hyomandibularlinie erkennen lassen (Fig. 466, S. 664); doch ist die Verteilung im ganzen unregelmäßiger als bei den Fischen. — Die erwachsenen Individuen zeigen am Kopf und Rumpf meist Gruppen- oder Reihenbildung der Organe; da die Vermehrung der Organe durch Teilung sicher erwiesen ist, so sind jene Gruppen oder Reihen jedenfalls auf diesen Vorgang zurückzuführen. — Am Rumpf stehen die Organe im allgemeinen jederseits in drei Laterallinien, welche besonders bei den Larven (Fig. 466), doch auch vielen Ichthyoden, deutlich hervortreten, dagegen bei den Erwachsenen (besonders Salamandrinen) weniger gut erhalten sind. Eine mittlere Reihe folgt dem Verlauf des Ramus lateralis profundus des Vagus; eine dorsale, jederseits längs der Rückenkante

hinziehende, dem Ramus lateralis superficialis (oder superior) und eine ventro-
laterale dem Verlauf des Ramus lateralis inferior; letztere Reihe endigt am After,
während die beiden ersteren bis zum Schwanzende ziehen. Auch in den Seitenlinien der erwachsenen Formen stehen die Organe zuweilen in deutlichen reihenförmigen Gruppen (so *Proteus, Menobranchus, Pleurodeles* u. a.), und zwar sind diese
Gruppen in der Dorsallinie vertikal, in den beiden anderen längs gerichtet, Verhältnisse, welche an Petromyzon erinnern. Auch die Einzelorgane sind häufig
länglich oval und dann entsprechend gerichtet. Ursprünglich soll sich im Rumpf
der Urodelen auf jedes Segment nur ein Organ in jeder der drei Linien finden.

Bei den *erwachsenen Salamandrinen* erhalten sich die Organe nicht selten
(z. B. *Amblystoma, Pleurodeles, Triton, Salamandrina*, nicht dagegen *Salamandra*).
Sie senken sich jedoch während des Luftlebens meist tiefer ein (Fig. 475 *B*); indem die umgebenden Hüll- und Deckzellen die Sinneszellengruppen überwölben
und gleichzeitig verhornen, so daß nur ein enger kanalförmiger Zugang bleibt,
tragen sie zum Schutz der Organe während des Luftlebens bei. Während des
Wasserlebens, zur Fortpflanzungszeit, bildet sich der ursprüngliche Bau wieder hervor, wobei auch Regenerationsprozesse mitspielen sollen. — Unter den
erwachsenen *Anuren* ist nur eine Gattung bekannt (*Dactylethra*), die zahlreiche
follikelartig eingesenkte Organe an Kopf und Rumpf, dorsal und ventral, besitzt.
Auch hier stehen die Organe in reihenförmigen Gruppen von 3—7; am Rumpfe
lassen sich drei, ziemlich dicht benachbarte Längslinien erkennen, in welchen die
Reihen quer oder längs stehen.

Bei Amphibien und Fischen (besonders Cyprinoiden) scheint es sicher, daß die freien
Organe der Hautoberfläche degenerieren können und dabei ausgestoßen werden, was ja bei
der Metamorphose vieler Amphibien für alle Organe eintritt. An dem Ort der degenerierten Organe sollen sich bei den Cyprinoiden die kegelartigen Epidermisverhornungen auf den
Schuppen bilden, welche als *Perlorgane* bekannt sind. — Degeneration von Seitenorganen wurde
ferner namentlich bei *Cryptobranchus* bekannt; hier verbleibt an der Stelle, wo ein Organ
verschwunden ist, eine sich in die Epidermis erhebende Coriumpapille. — Andererseits wird
angegeben, daß an den Stellen der larvalen Seitenorgane der Anuren die später zu besprechenden Tastflecken (s. S. 682) auftreten, was eine gewisse Beziehung zwischen beiderlei
Organen anzeigen würde.

Die larvalen Seitenorgane der *Gymnophionen* (*Ichthyophis*) stehen am Kopf in
ähnlicher Verteilung wie bei den übrigen Amphibien, wogegen sich am Rumpf
nur eine ziemlich dorsal stehende Linie von ihnen findet.

Die Organe sind zweierlei Art: 1. sog. *Hügelorgane*, welche jenen der übrigen Amphibien gleichen und nicht bis mehr oder weniger follikelartig eingesenkt sind. Auf der Spitze
des Hügels findet sich um die Sinneshaare ein Gallertröhrchen. Die Seitenlinie enthält nur
solche Organe; 2. sog. *flaschenförmige Organe* (Fig. 476) kommen nur am Kopf vor und
erscheinen als kugelige, drüsenartig eingesenkte Follikel, in deren Grund Sinneszellen mit
Haaren stehen. Ihre Hauptauszeichnung bildet ein etwa kolbenförmiges, stark lichtbrechendes Stäbchen, das den Ausführungsgang fast erfüllt. Etwas Ähnliches soll gelegentlich
bei Fischen (Fierasfer) beobachtet sein. Daß den flaschenförmigen Organen Hörfunktion
zukomme, ist jedoch kaum anzunehmen, vielmehr dürfte das keulenförmige Gebilde wohl
nur die mechanischen Reize, welche nach der verbreiteten Ansicht von den Seitenorganen per-

zipiert werden, unterstützen. — Die wahrscheinlichste Ansicht über die Funktion der Seitenorgane überhaupt schreibt ihnen nämlich, wie oben bemerkt, Reizbarkeit durch schwache Wasserströmungen zu, so daß sie auch bei den häufigen Wanderungen der Fische entgegen Wasserströmungen in Betracht kommen.

Bei gewissen fossilen *Stegocephalen* (speziell *Labyrinthodontia*) findet sich auf der Dorsalseite des Schädels ein System von Furchen oder Rinnen, das in seinem Verlauf und seiner Beziehung zu den Schädelknochen an die Supra- und Infraorbitalkanäle der Fische erinnert. Daß diesen Furchen Seitenorgane eingelagert waren, scheint zweifellos; ob es sich aber um abgeschlossene Kanäle oder Rinnen handelte, ist zweifelhaft.

Schon S. 119 wurde hervorgehoben, daß versucht wurde, die Haare der Säuger von sich rück- und umbildenden Seitenorganen der Anamnia abzuleiten. Diese Hypothese stützt sich einmal auf das ursprüngliche Auftreten der Haare in Längsreihen, sowohl am Kopf wie Rumpf, wobei die Verteilung der ansehnlichen Tasthaare (Sinushaare) am Kopf etwas an die der Seitenorgane erinnert. Eine weitere Ähnlichkeit wird in der häufigen Gruppenbildung der Haare (s. S. 116), sowie der Beziehung dieser Gruppen zu den Schuppengebilden gefunden, indem je eine Gruppe hinter jeder Schuppe oder auch auf ihrem freien Caudalrand steht. Dabei wird als sicher betrachtet, daß jede Haargruppe, wie die Seitenorgangruppen durch Vermehrung eines ursprünglichen Einzelorgans entstehe. — Auch die etwas knospenförmige Anlage der Haare aus der tiefen Epidermisschicht (s. Fig. 38 c, S. 115) gleicht der ontogenetischen Bildung der Seitenorgane der Amphibien. — Im einzelnen wird die Entstehung eines Haares aus einem eingesenkten Seitenorgan, wie sie sich

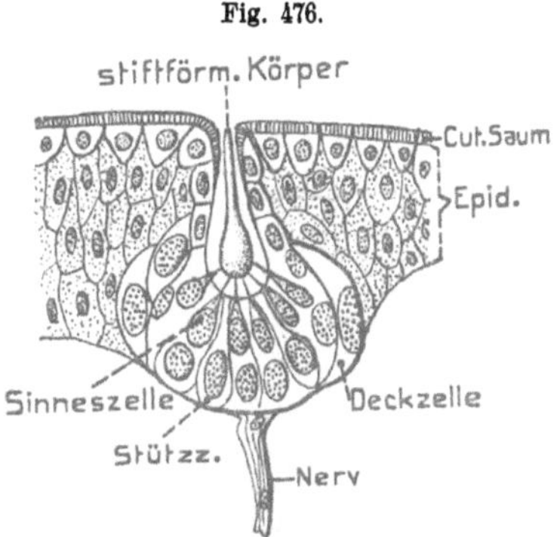

Ichthyophis glutinosus (Larve). Flaschenförmiges Seitenorgan im Achsialschnitt (nach SARRASIN 1887). C. H.

etwa bei den zum Luftleben übergegangenen Salamandrinen oder auch alten Ichthyoden bilden, etwa folgendermaßen gedacht. Indem ein solches Organ in die Tiefe einer epidermoidalen Röhre hinabsinkt, bildet sich die Anlage des Haarfollikels (s. Fig. 38 a, S. 115) mit der äußeren Wurzelscheide. In dem verbornenden und auswachsenden eigentlichen Organ würden die Sinneszellen zu Markzellen, die sog. Stützzellen (Hüllzellen) zu den Rindenzellen, die Deckzellen zum Oberhäutchen, während die innere Wurzelscheide aus den Epithelzellen hervorgehe, welche das eingesenkte Seitenorgan äußerlich bedecken. Daß sich in solch eingesenkten Seitenorganen der Amphibien (Cryptobranchus) eine schwache Coriumpapille erheben kann, bildet gleichfalls eine Annäherung, ebenso auch die Blutgefäße, namentlich der ringförmige Blutsinus, der sich um die eingesenkten Organe der Amphibien in der Regel findet. Wie schon früher hervorgehoben, erscheint daher diese hypothetische Ableitung der Haare recht beachtenswert, wenn sie auch weiterer Sicherung bedarf.

Becherförmige Organe und Geschmacksorgane der Wirbeltiere. Schon oben (S. 662) wurde hervorgehoben, daß der Bau dieser chemisch reizbaren Organe jenem der Seitenorgane sehr gleicht (s. Fig. 477), die Innervierung jedoch aus wesentlich anderer Quelle erfolgt. Ihrer Funktion entsprechend, finden wir sie, wie die ähnlich gebauten und funktionierenden Geschmackssensillen Wirbelloser, hauptsächlich in der Mundhöhle. Bei vielen Fischen verbreiten sie sich jedoch auch auf der äußeren Haut. Es sind knospenförmige, in die Epidermis eingelagerte Gebilde, die sich nur selten etwas in das Corium einsenken, häufig sogar (besonders bei Fischen) nur die periphere Lage der Epidermis durchsetzen, in welchem Fall dann eine Coriumpapille zu ihnen aufsteigt. Sie bestehen aus Stütz- und Sinneszellen; letztere, welche häufig in der Achse der Knospe zusammengedrängt sind, unterscheiden sich von jenen der Seitenorgane dadurch, daß sie distal ein stiftchen- bis stäbchenförmiges (selten haarförmiges) Endgebilde tragen und sich als cylindrische, wenig angeschwollne Zellen bis zur Knospenbasis erstrecken, also nicht die birnförmige distale Anschwellung der Sinneszellen der Seitenorgane zeigen. Die Innervierung geschieht nach den meisten Erfahrungen durch freie Nervenendigungen, welche die Sinneszellen, oder nach gewissen Angaben auch die Knospen umspinnen, sich jedoch auch in der Epidermis um die Organe reichlich verbreiten.

Es wurde gelegentlich behauptet, daß die becherförmigen Organe stets aus dem Entoderm hervorgingen, wie es ja für die des Vorderdarms möglich erscheint; daß dies aber für die Organe der äußeren Haut der Fische gelte, ist kaum annehmbar.

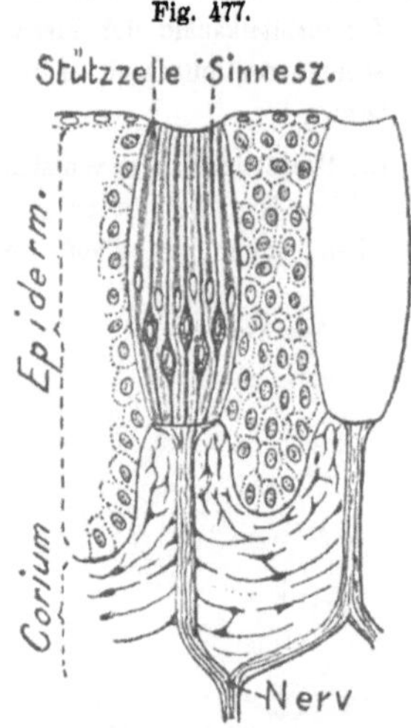

Tinca (Schleie). Schnitt durch die Gaumenschleimhaut mit zwei becherförmigen Organen (nach F. E. Schulze 1863, mit Benutzung von Maurer 1895). O. B.

Bei den *Petromyzonten* kennt man solche Organe (besonders bei Larven und jungen Tieren) im respiratorischen Darm, wo sie sich in einer Vertikalreihe von 5—10 am Innenrand der meisten Diaphragmen, welche die Kiementaschen voneinander trennen, ausbreiten. Es sind flach schüsselförmige, etwas hügelartig vorspringende Knospen.

Hautorgane, die als Geschmacksorgane gedeutet wurden, fanden sich nur bei der Cyclostomengattung *Lampreta* in der dorsalen und ventralen Mittellinie der Kopf- und Kiemenregion; ihr Bau ist jedoch so abweichend, daß sie mit den eigentlichen Geschmacksknospen kaum vergleichbar erscheinen.

Unter den *Fischen* kommen becherförmige Organe stets in der Mundhöhle vor, gewöhnlich auch auf den Lippen. Bei *Chondropterygiern* scheinen sie sich vorwiegend auf die Mundhöhle zu beschränken. Bei vielen Knochenfischen (besonders reichlich bei *Cyprinoiden* und *Siluroiden*) aber verbreiten sie sich auch über die äußere Körperhaut und stehen besonders häufig am Kopf, vielfach auch am Rumpf bis zum Schwanze, obgleich sie nach hinten spärlicher werden. Sie finden sich meist in Ein- und Mehrzahl frei auf den Schuppen und können sich auch auf die Flossen ausdehnen. Besonders reich treten sie häufig im Umkreis der Cornea, namentlich aber an den *Barteln* der damit versehenen Knochenfische und Ganoiden (Chondrostei) auf. — Die freien Hautorgane springen meist etwas hügelartig vor, können jedoch auch schwach vertieft sein, was ebenso an den Mundhöhlenorganen vielfach beobachtet wird. — In der Mundhöhle stehen sie häufig auf papillenartigen, nicht selten ansehnlichen Erhebungen in Ein- bis Vielzahl.

Sie finden sich hier auf Falten oder Wülsten längs der Zahnreihen, doch auch auf der Zunge, sowie am Gaumen und erstrecken sich ferner in die respiratorische Darmregion bis zum Ösophaguseingang. Namentlich bei den Teleosteern finden sie sich sehr zahlreich auf häufig großen papillenartigen Fortsätzen der Innenfläche der Kiemenbogen. Wie schon oben bemerkt, stehen die becherförmigen Organe der Fische in der Regel auf einer Coriumpapille.

Hinsichtlich ihrer Innervierung ist hervorzuheben, daß sie von Ästchen des 7., 9. und 10. Hirnnervs versorgt werden. Die Organe der Mundhöhle erhalten ihre Fasern von Pharyngealästen dieser Nerven. Wie schon früher bemerkt, scheint sich das Centrum für ihre Innervierung in den sog. *Lobi vagi* (s. S. 577), bzw. dem ihnen im allgemeinen zugehörigen *Lobus impar* (Cyprinoiden) oder den sog. Lobi trigemini der Siluroiden zu finden. Auch die Geschmacksfasern sollen einem entsprechenden Centrum entstammen. Das betreffende Fasersystem wird häufig als *Communissystem* bezeichnet, im Gegensatz zu dem Acustico-lateralis-System. Die freien Rumpforgane, im besonderen die der Flossen, erhalten Nervenfasern aus dem Ramus lateralis trigemini (s. S. 629 u. Fig. 448), der jedoch, wie dort bemerkt, jetzt häufig dem Facialis zugerechnet wird. — Daß auch die freien becherförmigen Organe der Fische als Geschmacksorgane funktionieren, ist experimentell ziemlich sichergestellt.

Bei den *Amphibien*, wie den Tetrapoden überhaupt, beschränken sich die Geschmacksknospen auf die Mundhöhle; was früher auf der äußeren Haut gelegentlich von solchen Organen erwähnt wurde, bezog sich jedenfalls auf Seitenorgane. Die Geschmacksknospen der *Urodelen* erinnern nach Bau und Verbreitung sehr an jene in der Mundhöhle der Fische; sie stehen auf Papillen oder Falten der Zunge und des Gaumens bis zum Ösophaguseingang. — Die Organe der *Anuren* hingegen sind eigentümlich gestaltet, da sie zu flachen, scheibenförmigen Gebilden (Geschmacksscheiben, Endscheiben) geworden sind, die am Distalende der pilzförmigen Papillen (Papillae fungiformes) des Zungenrückens stehen, sich ferner am Gaumen bis zu den Mundwinkeln erstrecken, namentlich auch um die Vomerzähne reichlich auftreten, ebenso aber der Unterkinnlade und dem Mundhöhlenboden nicht fehlen.

Diese Geschmacksscheiben enthalten neben Sinneszellen (Stäbchenzellen) noch zweierlei Zellformen, nämlich cilienlose Cylinder- und sog. Flügelzellen, von welchen die ersteren ebenfalls mit freien Nervenendigungen in Beziehung stehen sollen. Freie Nervenendigungen treten jedoch auch zwischen die Zellen bis an die Oberfläche der Organe. — Aus verschiedenen Gründen ist aber die Bedeutung der Endscheiben als Geschmacksorgane bezweifelt und ihnen Tastfunktion zugeschrieben worden.

In der Mundhöhle der *Sauropsiden* haben sich die Geschmacksknospen meist mehr lokalisiert. Bei den *Sauriern* und *Cheloniern* schließen sie sich gleichfalls den Ober- und Unterkieferzähnen oder den Kieferleisten an, als eine ihnen median folgende Reihe. Bei *Sauriern* tritt jederseits noch eine mehr mediane Dorsalreihe auf, deren Verlauf wohl den Gaumenzähnen entspricht, sowie eine mittlere Dorsalreihe an dem weit vorn gelegenen Tuberculum pharyngeum. Auch der

Zungenrücken kann Knospen tragen, entweder an seiner Spitze (Anguis) oder auf
hinteren Querfalten (Lacerta). — Ebenso führt die *Chelonierzunge* Knospen, die
auf zottigen Fortsätzen (Papillen), oder um solche, oder auf unregelmäßig verlaufenden Wülsten stehen können; dazu gesellen sich weitere am Gaumen. — Daß

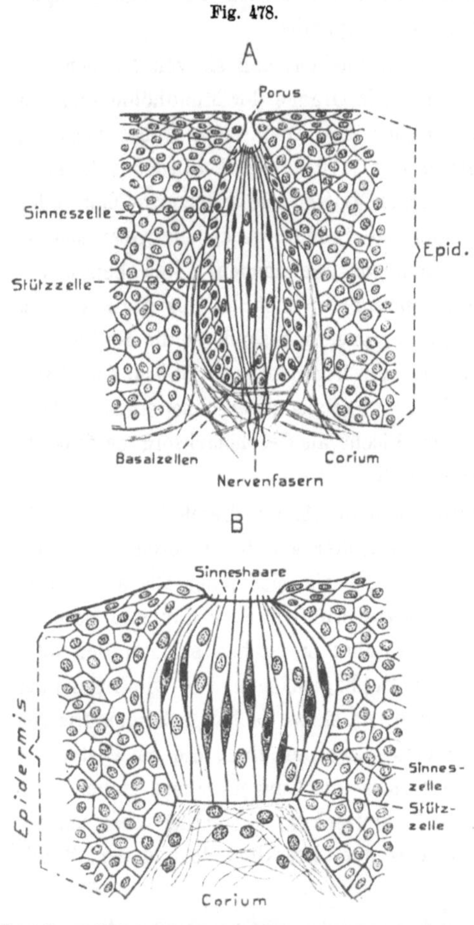

Geschmacksknospen von *Vogel* u. *Krokodil.* — Schematische Längsschnitte durch die Epidermis mit einer Ge-
schmacksknospe. *A* Von einem Vogel. *B* Von Alligator
(nach BATH 1906).　　　　　　v. Bu.

sie den *Schlangen* nicht völlig
fehlen, ist wohl sicher, Genaueres
darüber aber wenig bekannt. —
Dagegen sind bei den *Kroko,
dilen* (*Crocodilus* und *Alligator-*
Fig. 478 *B*) nur am Gaumen auf
zwei Wülsten unterhalb der Pterygoidea, sowie im Ösophagus Geschmacksknospen gefunden worden, die oberflächlich eine weitere
bis engere Einsenkung zeigen,
eine Art *Geschmacksporus* wie
bei Vögeln und Säugern.

Die Knospen der *Vögel*
(478 *A*) wurden erst in neuerer
Zeit festgestellt. Sie finden sich
hauptsächlich am weichen, drü-
senreichen Gaumen zu beiden
Seiten der Choane bis zum Ösophaguseingang, vereinzelter auch
am davorliegenden harten Gaumen. Bei Vögeln mit schmaler
Zunge (z. B. Raptatores, viele
Passeres, Rasores, Gyrinae usw.)
sind sie dagegen besonders am
Mundhöhlenboden, zu beiden
Seiten der Zunge, verbreitet,
oder in der Gegend des Larynx-
eingangs (sog. Epiglottispapille).
Bei Papageien treten sie sowohl
am Ober- als Unterschnabel an

entsprechenden Orten auf. — Im ganzen bleibt die Zahl der Knospen gering; am
größten wird sie bei Papageien (auf etwa 300 geschätzt). Sie können auch zu
den Ausführgängen der Schleimdrüsen der Mundhöhle in nahe Beziehung treten,
indem zwei bis drei Knospen die Drüsenmündung direkt umstehen.

Die ellipsoidisch bis cylindrisch gestalteten Knospen (Fig. 478 *A*) erreichen entweder
die Schleimhautoberfläche direkt oder sind grubenartig eingesenkt, so daß nur eine feine Öffnung (Geschmacksporus) in das Grübchen führt, auf dessen Grund die Geschmacksstiftchen
der Sinneszellen stehen. Außer Sinnes- und Stützzellen beteiligen sich am Aufbau der

Knospen vieler Vögel noch äußere sog. Hüllzellen, welche ähnlich den Deckzellen vieler Seitenorgane die Knospe umschließen. Auch sog. *Basalzellen* sind, wie bei *Krokodilen* und *Säugern*, vorhanden und wurden mit der Knospenregeneration in Beziehung gebracht, wogegen sie nach anderer Meinung nur die Knospenbasis umhüllende Epithelzellen seien, die sich beim Teilungsprozesse der Knospen betätigten.

Die Geschmacksknospen der Mammalier beschränken sich im wesentlichen auf den Zungenrücken, greifen aber vorn manchmal auf die Ventralfläche der Zungenspitze über. Auch am weichen Gaumen kommen sie vor (selten und vereinzelt am harten) und dehnen sich auf die Hinterfläche der Epiglottis bis in den Kehlkopf hinein aus. Je nach der Epidermisdicke sind die Knospen mehr kugelig oder cylindrisch. Sie sind sehr verschieden groß, meist etwas eingesenkt, so daß nur ein feiner Porus in das Knospengrübchen führt, wie es für die Vögel erwähnt wurde.

Es finden sich (speziell an den Papillae foliatae des Kaninchens) auch mittlere bis große Knospen, die 2—6 Poren besitzen und sich wohl als unvollständig geteilte deuten lassen. Bemerkenswert erscheint ferner, daß auch den Stützzellen der Säugerknospen neuerdings Sinneshaare zugeschrieben werden und der scharfe Unterschied der beiderlei Zellformen überhaupt bezweifelt wird.

Die Zungenknospen stehen immer auf besonderen papillösen Erhebungen, wie sie die Zunge der meisten Säuger in sehr großer Anzahl dicht überkleiden (ausgenommen Sirenia und Cetacea).

Sie fehlen völlig auf den mehr oder weniger verhornten fadenförmigen *Papillae filiformes* (auch zum Teil als coronatae und fasciculatae bezeichnet), welche am reichlichsten vorkommen und sich an ihrem Ende häufig in feine Fäden zerschlitzen.

Doch sollen diese Papillen bei menschlichen Embryonen zu gewisser Zeit Anlagen von Knospen besitzen.

In weiter Verbreitung über den Zungenrücken, bald in der Mittelgegend, bald an dessen Rändern dichter gehäuft, finden sich die *pilzförmigen Papillen (Papillae fungiformes)* mit in der Regel pilzhutförmig etwas verbreitertem Distalende; doch erscheint ihre Gestalt recht variabel. Alle oder viele tragen auf ihrer distalen Endfläche, zuweilen auf kleineren Sekundärpapillen, eine bis mehrere Geschmacksknospen. — Zu den Papillae fungiformes gesellen sich auf dem hinteren Teil des Zungenrückens meist noch zwei Arten komplizierterer, die *Papillae vallatae* (oder *circumvallatae*, umwallte Papillen) und die *Papillae foliatae* (Fig. 479 u. 80), welch beide durch Übergangsformen mit den Papillae fungiformes verknüpft sind. Die Papillae vallatae sind dadurch gekennzeichnet, daß die gewöhnlich cylindrische Papille in eine sie eng umgebende cylindrische Vertiefung der Oberfläche eingesenkt ist, so daß das Papillenende meist gerade mit der Zungenoberfläche abschneidet, sich zuweilen auch etwas darüber erhebt oder selten die Oberfläche nicht erreicht. Der erwähnte Wall wird gelegentlich von verschmolzenen Papillae filiformes abgeleitet. Die Knospen stehen gewöhnlich nur an der Seitenfläche der Papille in senkrechten Reihen übereinander (häufig sehr dicht gedrängt), seltener auch auf der Innenfläche des Walls und auf dem freien Papillenende. Sie sind demnach meist gegen die direkte Berührung mit Nahrungsteilchen geschützt und nur Flüssigkeiten zugänglich. Die Zahl der Papillae vallatae schwankt sehr; die darüber vorliegenden Angaben differieren aber ziemlich.

Bei den primitiveren Säugern findet sich häufig nur ein Paar (so bei *Monotremata*, einem Teil der *Insectivora*, der *Chiroptera, Rodentia*, den *meisten Edentata* und einzelnen *Carnivora*, selten bei *Ungulata, Pferd, Schwein*). Selten sinkt die Zahl sogar auf eine einzige herab, so bei gewissen *Rodentia* (*Muridae, Arvicolidae*). Zu dem erwähnten Paar gesellt sich recht häufig noch eine hintere unpaare Papille, so daß die drei Papillen in Form eines Dreiecks zusammengestellt sind, welcher Zustand vielleicht als die phyletische Ausgangs-bildung angesehen werden darf (häufig bei *Marsupialia* Fig. 479 *A*, *Insectivora*, *Chiro-*

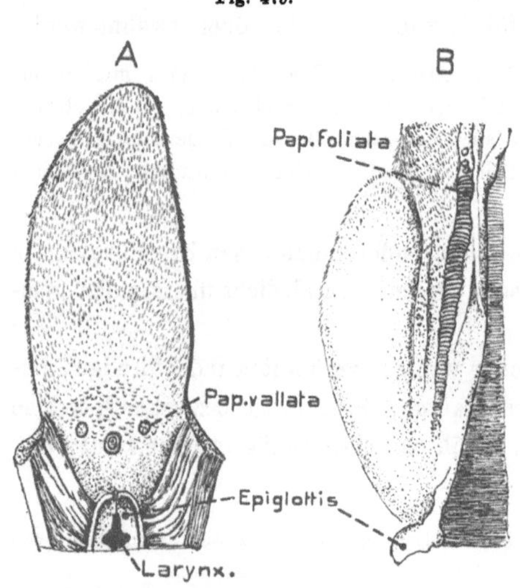

A Zunge von Phascolomys wombat. von der Dorsalseite.
B Zunge von Hydrochoerus capybara (Wasserschwein) von der rechten Seite (nach MÜNCH 1896). C. H.

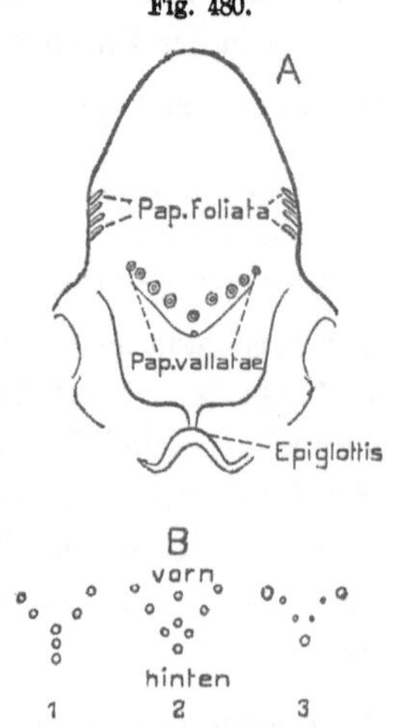

Homo. *A* Umrisse der Zunge von der Dorsalseite (nach RAUBER-KOPSCH, Anatomie). — *B* Anordnung der Papillae vallatae: *1* Lemur varius, *2* Macacus nemestrinus *3* Cynocephalus porcarius (nach MÜNCH 1896). C. H.

ptera, gewissen Edentata, Rodentia, Carnivora [Viverridae], einzelnen *Prosimiae* und *Simiae*). Eine Vermehrung der Papillen tritt bei den meisten *Carnivora* (etwa 4—20), bei zahl-reichen *Ungulata*, namentlich den *Ruminantia* (bis zu 40 u. 60, besonders *Cervidae, Cavi-cornia* und *Camelopardalis*) auf; ferner bei *Elephas* (6), den *Sirenia*, vielen *Prosimiae*, den meisten *Simiae* (Fig. 480 *B 2 - 3*), sowie dem *Menschen*, meist 9, variierend von 6—16); wobei die unpaare hintere Papille teils erhalten ja vermehrt wird (Prosimiae, Fig. 480 *B1*) oder auch ausfallen kann. Solch zahlreiche Papillae vallatae stehen gewöhn-lich in zwei Längsreihen. Selten fehlen die Papillae vallatae ganz, so bei *Pedetes, Cri-cetus* (?) unter den *Rodentia*, den *Hyracoidea* und *Cetacea* (meistens sehr reduziert) und vielleicht noch einigen anderen.

Bei vielen Säugern gesellt sich zu den beschriebenen Papillen jederseits am hinteren Seitenrand der Zunge noch eine *Papilla foliata* (Fig. 479 *B*), d. h. ein mehr oder weniger scharf umschriebenes, meist mäßig großes Feld, auf dem sich eine verschiedene Zahl quer oder etwas schief gerichteter Falten erhebt, welche in der Regel nur auf ihren beiden Flächen Reihen von Geschmacksknospen tragen

(Fig. 481), selten nur auf einer Fläche oder am distalen Rand der Falten. Die Zahl der Falten, wie überhaupt die Größe der Papillae foliatae, schwankt sehr. Am größten und faltenreichsten werden sie bei den Rodentia; beim Menschen und vielen anderen treten sie stark zurück und fehlen den meisten Wiederkäuern und manchen anderen Formen aus verschiedenen Ordnungen ganz.

Die Zahl der Geschmacksknospen an den Papillae vallatae und foliatae ist häufig sehr, ja manchmal ungemein groß; so trägt jede der beiden Papillae vallatae des *Schweins* 4760 Knospen und beim *Rind* soll die Gesamtzahl auf den beiden Papillae vallatae etwa 3500 erreichen. Im allgemeinen ergibt sich daher, daß gerade diese Papillen besonders wirksame Geschmacksorgane sein müssen. Im Grunde des Walls der Papillae vallatae und der Falten der Papillae foliatae münden Eiweißdrüsen aus, die der übrigen Zunge fehlen.

Hinsichtlich der Innervierung der Geschmacksknospen der Tetrapoden ist hervorzuheben, daß die des Zungengrunds wohl allgemein vom *Glossopharyngeus* ihre Fasern empfangen, während jene der vorderen Zungenregion, sowie weitere, vom *Facialis*, zum Teil durch Vermittlung der Chorda tympani, innerviert werden.

Freie Nervenendigungen und aus ihnen hervorgehende Hautsinnesorgane der Wirbeltiere. Wie schon betont wurde, sind freie Nervenendigungen in der Epidermis, sowie im geschich-

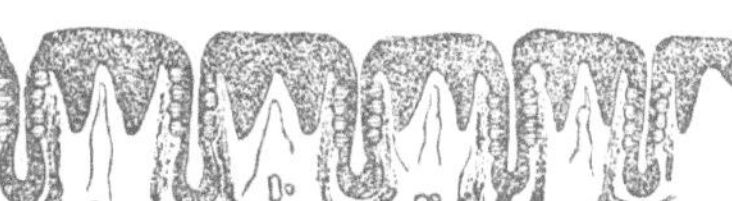

Fig. 481.

Lepus cuniculus. Längsschnitt durch eine Papilla foliata (aus GEGENBAUR, Vergl. Anatomie; nach ENGELMANN).

teten Epithel von Schleimhäuten allgemein verbreitet und treten auch im Bindegewebe reichlich auf. Gerade im letzteren führen sie zur Entstehung komplizierterer Endorgane. — Die marklos gewordenen Nervenfäserchen, welche zwischen den Zellen in der geschichteten Epidermis aufsteigen und in der Regel bis zur Oberfläche der Malpighischen Schleimschicht ziehen, wo sie mit kleinen knopfartigen Anschwellungen endigen, entspringen von einem Netz (Plexus) markhaltiger Nervenfasern im Corium. Doch wurde auch mehrfach beobachtet, daß Nervenfasern aus den weiter unten zu beschreibenden nervösen Endorganen des Coriums (so Tastkörperchen, Herbstschen Körperchen, Nervenknäueln u. a.) sich in die Epidermis fortsetzen und in ihr freie Endigungen bilden. Die in die Epidermis aufsteigenden Fäserchen verästeln sich häufig reichlich.

Ob sie bei gewissen Formen (z. B. Rana) von dicht unter der Epidermis liegenden verzweigten Sinneszellen ausgehen können, ist unsicher, da die Natur dieser Zellen zweifelhaft erscheint. Jedenfalls liegen die zugehörigen Sinneszellen meist in den Centralorganen (speziell den Spinalganglien).

Selbstverständlich erscheint ferner, daß die Menge der freien Nervenendigungen, sowohl an der Oberfläche als im Innern des Körpers an den verschiedenen Körperstellen schwankt, je nach deren Eignung für Gefühlswahrnehmungen. — Auch im Bindegewebe sind freie Endigungen dieser Art als dendritisch verzweigte oder auch netzig anastomosierende knäuelartige Bildungen weit verbreitet, sowohl im Corium (Fig. 482) als im Bindegewebe der verschiedensten Organe, in mannigfach modifizierter Ausbildung. Das Charakteristische dieser Endigungen, gegenüber den sonst im Bindegewebe verbreiteten, ist besonders, daß sie nicht weiter umhüllte, sondern gewissermaßen diffuse Endigungen darstellen. Hierher werden namentlich auch die sog. *Muskelspindeln* der Muskeln, die Endigungen in den Sehnen (*Sehnenspindeln*, Fig. 483) und noch zahlreiche weitere, die im Bindegewebe der Haut und innerer Organe vorkommen, gerechnet (so z. B. bei den Säugern

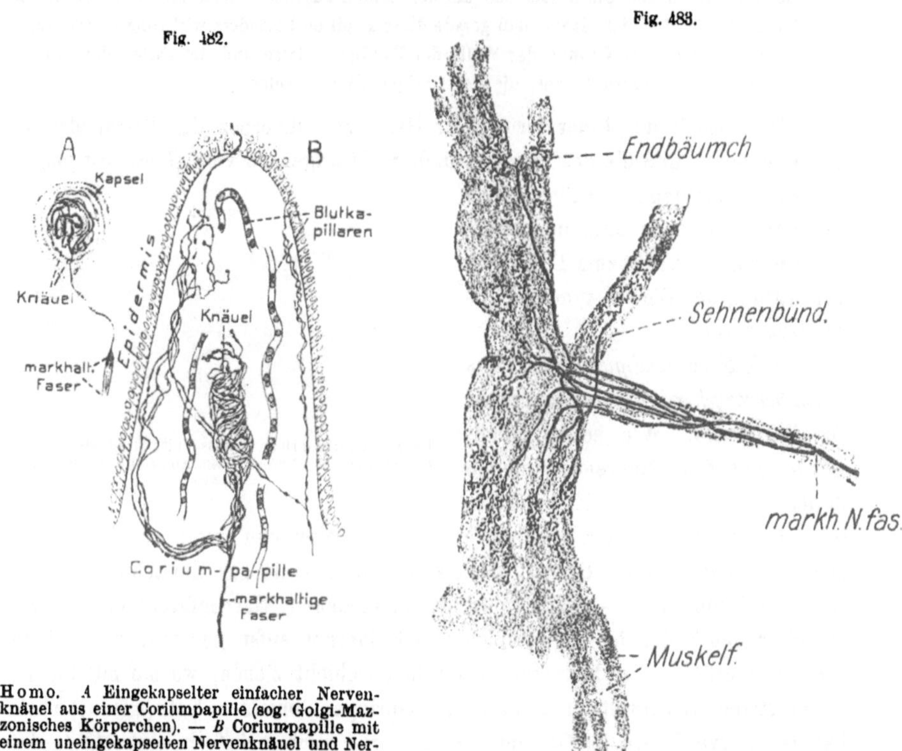

Homo. *A* Eingekapselter einfacher Nervenknäuel aus einer Coriumpapille (sog. Golgi-Mazzonisches Körperchen). — *B* Coriumpapille mit einem uneingekapselten Nervenknäuel und Nervenfäserchenbündel, die teils frei im Bindegewebe endigen, teils bis in die Epidermis aufsteigen (nach Dogiel 1908). O. B.

Felis catus. Sehnenspindel (aus Hesse, Hdwb. d. Nat. n. Stöhr, Histologie).

die sog. Ruffinischen Körperchen, die baumförmigen Endverzweigungen, die nicht eingekapselten Nervenknäuel, die papillären Nervenbüschel in den Coriumpapillen und weitere). Bei den Fischen wurden solche Endorgane im Bindegewebe der Flossen bei Rajiden beobachtet, auch aus der Schwimmblasenwand von Knochenfischen beschrieben, ebenso von Amphibien gelegentlich angegeben. — Im allgemeinen können auch die sensiblen Nerven der *Säugerhaare* zu den freien Endigungen im Bindegewebe gerechnet werden; durch diese Versorgung mit Nerven werden die Haare zu einem wichtigen Teil des allgemeinen Gefühlsapparates. Zu den gewöhnlichen Haaren (vgl. auch Fig. 484) treten von den Nervenzweigen des Coriums ein, seltener mehrere Ästchen, die am Haarbalg herab- oder hinaufziehen, und etwas proximal von der Einmündung der Talgdrüsen den Balg unter

Gabelung ringförmig umgreifen. Von diesem ungeschlossenen, die sog. Glashaut (Basalmembran der äußeren Wurzelscheide) umziehenden Ring gehen distal- und proximalwärts, der Glashaut außen anliegende und freiendigende Fäserchen ab. Nerven in der Pulpa wurden nur selten beobachtet, namentlich bei den Sinushaaren,

wo sie aber wahrscheinlich zu den Pulpagefäßen treten. Ebenso scheinen nur selten einzelne Endfäserchen in das Epithel der äußeren Wurzelscheide einzudringen. — Die Schnauze vieler *Säuger* ist bekanntlich mit größeren Haaren ausgestattet, die häufig als *Spür-* oder *Tasthaare* bezeichnet werden und an anderen Körperstellen nur selten auftreten. Da die Blutgefäße des Follikels dieser Haare zu einem ansehnlichen einfachen oder cavernösen Sinus erweitert sind (Fig. 484), so werden diese Haare jetzt meist *Sinushaare* genannt. Sie sind reicher mit Nerven versehen. Außer den auf der Glashaut sich ausbreitenden, am ganzen Follikel entwickelten Nervenendigungen verschiedener Art, die sich auf die Wand und die Bälkchen des Blutsinus ausdehnen, finden sich proximal von den Talgdrüsen auch Nervenendigungen nach innen von der Glashaut, und im Epithel der äußeren Wurzelscheide Tastzellen, wie sie gleich genauer erwähnt werden sollen.

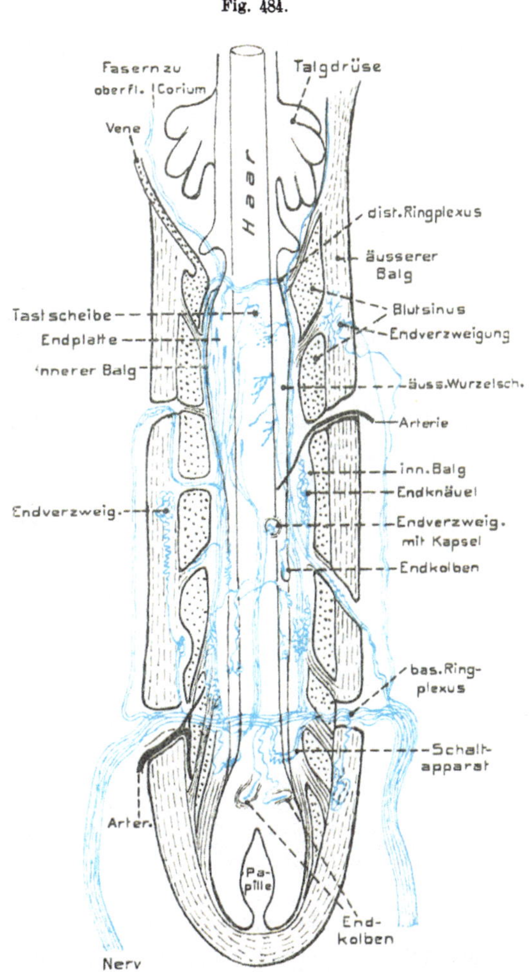

Sinushaar vom Rind mit der Nervenversorgung (schematisch nach Tretjakoff 1911, stark vereinfacht). Äußerer bindegewebiger Haarbalg gestrichelt, Blutsinus, sowie die abführende Vene punktiert. Arterien schwarz. Nerven, sowie deren verschiedenartige Endigungen im äußeren und inneren Haarbalg, sowie auf der Glashaut blau.   O. B.

Tastzellen und Tastflecke. Indem etwas eigenartig modifizierte freie Endigungen der geschichteten Epidermis mit einzelnen Epithelzellen in innige Beziehungen treten, entstehen die Endzellen, welche als *Tastzellen* (Merkelsche Zellen) bezeichnet werden. Schon im Epithel der Gaumenhaut des Frosches wurden einzelne Zellen der tiefen Epidermislage gefunden, zu welchen ein markloses Nervenfaserchen tritt, das sich zu einer der Zelle anliegenden kreis- oder kleeblattförmigen Tastscheibe (Meniscus) verbreitert, die wahrscheinlich durch Aufknäuelung der Faser entsteht, oder auch als plattenförmige Ausbreitung der Faser mit neurofibrillärem innerem Knäuel aufgefaßt wird (vgl. Fig. 488). Ob sich, wie manchmal beschrieben wurde, Fibrillen aus der Tastscheibe in die Tastzellen begeben, ist unsicher. Einzelne solche Tastzellen haben sich auch an gewissen Stellen der Säugerepidermis erhalten, so besonders an wenig oder nicht behaarten Orten (Schnauze, Lippen, Nasenöffnungen, Unterfläche der Füße, harter Gaumen). Es sind rundliche Zellen, die in der

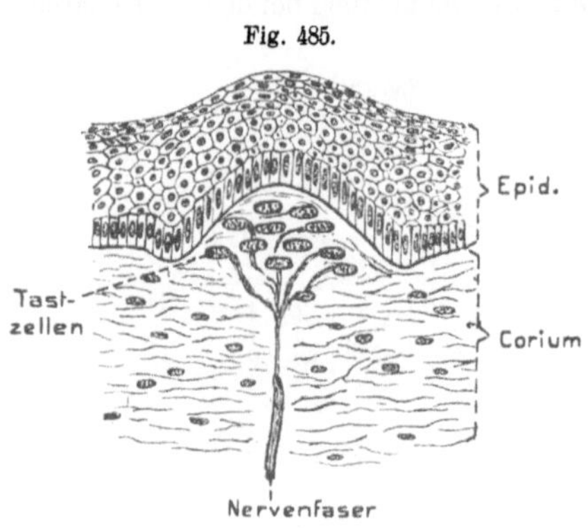

Fig. 485.

Rana. Vertikalschnitt durch das Integument mit einem Tastfleck (nach MERKEL 1880). C. H.

Tiefe der Epidermis häufig gruppenweise vereint liegen. Selten sind sie unter die Epidermis in das Corium gerückt, gehen jedoch sicher aus ihr hervor. Ein in die Epidermis tretendes Nervenfäserchen versorgt gewöhnlich unter Verzweigung eine Gruppe solcher Tastzellen, indem es an jeder einen der erwähnten Menisken

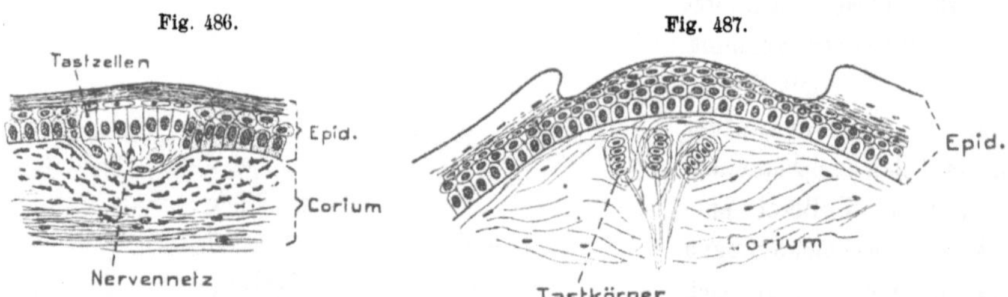

Sphenodon punctatum. Längsschnitt durch den Tastfleck auf einer Schuppe (nach MAURER 1895). v. Bu.

Crocodilus (jung). Längsschnitt durch Integument mit einer Gruppe sog. Tastkörper (nach MAURER 1895). v. Bu.

bildet. Häufig sind aber auch die einzelnen Tastzellen noch durch feine Nervenfaserchen untereinander verbunden, oder es zieht von einer Tastzelle ein Nervenfaserchen zu benachbarten, so daß gewissermaßen mehrere Tastzellen traubig einer Nervenfaser aufgereiht erscheinen. — Außer den eben geschilderten Tastzellen wurden aus der Epidermis gelegentlich auch solche beschrieben, die von einem Netzwerk der zutretenden Nervenfaser umsponnen sind. — Die Tastzellen selbst werden jetzt gewöhnlich nicht mehr als wirkliche Sinneszellen beurteilt, vielmehr wird ihnen meist eine mechanische (eventuell auch chemische) Wirkung bei der Übertragung von Druck oder anderen Reizen zugeschrieben. — Schon bei den *Anuren* (Rana, Fig. 485, Bufo) sind Gruppen solcher Tastzellen, zu verschieden großen sog. *Tastflecken* vereint, über die Rückenfläche verbreitet (doch auch an den

Fußsohlen). Sie liegen im Corium, und die sie bedeckende, nicht selten pigmentierte Haut springt häufig etwas halbkugelig vor.

Auch die bei gewissen weiblichen Anuren zur Fortpflanzungszeit auftretenden *Brunstwarzen* scheinen solchen Tastflecken ähnliche Gebilde zu sein, obgleich dies auch bezweifelt wird und die sog. Tastzellen als Bindegewebszellen gedeutet werden. Wie früher angegeben (s. S. 672), sollen die Tastflecken bei der Metamorphose an Stelle larvaler Seitenorgane auftreten, wobei jedoch ihre Tastzellen nicht etwa aus deren Sinneszellen hervorgehen.

Den Tastflecken der Anuren ähnliche Bildungen sind bei *Reptilien* verbreitet; sie treten bei *Sauriern* (z. B. *Varanus, Lacerta, Anguis, Ascalabotae*), sehr häufig auch bei den *Schlangen* auf, entweder auf die Kopfschilder beschränkt oder über die Schuppen des ganzen Körpers verbreitet, wo sie, auch äußerlich meist als helle runde Flecke erkennbar, in Ein- bis Zweizahl, seltener in größerer Zahl am Hinterrand oder den Seitenrändern der Schuppen oder Schilder stehen. Bei den *Krokodilen* findet sich auf jeder Hornplatte ein solcher Fleck. Die Tastzellen der Reptilien liegen unter diesen Flecken in einer Coriumpapille, so daß die Epidermis über dieser Papille meist verdünnt erscheint. Bei *Sphenodon* (Fig. 486) sollen die Tastzellen noch in der tiefsten Epidermislage liegen. Die Krokodile dagegen besitzen unter jedem der etwas grubenartig eingesenkten Flecke eine Anzahl solcher Tastgebilde im Corium (Fig. 487). Da die Tastzellen in den Papillen der Reptilien häufig säulenartig übereinander gereiht

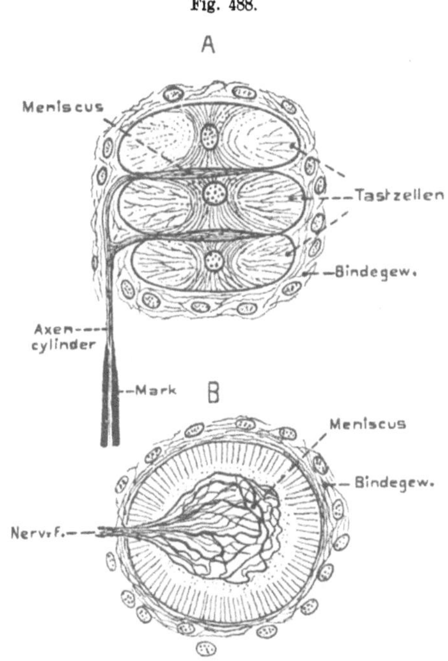

Anas (Grandrysches Körperchen). *A* Ein dreizelliges Körperchen im Längsschnitt. — *B* Eine Tastzelle mit Meniscus im Flächenschnitt. Schematisch (nach Szymonowicz 1897 und Dogiel 1904 konstruiert). O. B.

sind, so erinnern diese Endorgane etwas an die später zu schildernden Tastkörperchen, doch dürften sie wohl den gleich zu besprechenden Grandryschen Körperchen der *Vögel* näher stehen. — Eigentümlich erscheinen diese Tastorgane bei gewissen Sauriern, den *Ascalaboten*, wo sie grubenartig eingesenkt sein können, und der Grubenboden zahlreiche kleinere oder eine sehr ansehnliche Borste aus Hornsubstanz trägt. Unter dem Organ findet sich im Corium ein Tastfleck. Von besonderem Interesse aber ist, daß die Epidermiszellen, welche das Organ überlagern, in ihrer Anordnung lebhaft an ein eingesenktes Seitenorgan der Amphibien erinnern (s. S. 671), so daß eine Beziehung der Organe zu jenen Seitenorganen nicht ausgeschlossen, wenn auch nicht hinreichend erwiesen scheint.

Bei den *Vögeln* finden sich im Corium der Schnabelspitze (Ober- und Unterschnabel), sowohl außen, namentlich aber innen, ferner in der Wachshaut der
Schnabelbasis und in der Zunge bald einzelne, etwa scheibenförmige Tastzellen,
bald Gruppen von zwei bis sechs solcher, die zu einer Art Säule übereinander
geschichtet (*Grandrysche Körperchen*) und von einer zarten Bindegewebshülle umschlossen sind (Fig. 488). Die zu den einfachen Tastzellen tretende Nervenfaser
bildet an ihr den früher beschriebenen Meniscus, während an den aus zwei oder
mehr Zellen bestehenden Körperchen zwischen je zwei benachbarte Zellen ein solcher
Meniscus eingeschoben ist (Fig. 488). Jeder Meniscus soll eine Art strahlig-netziges

Fig. 489.

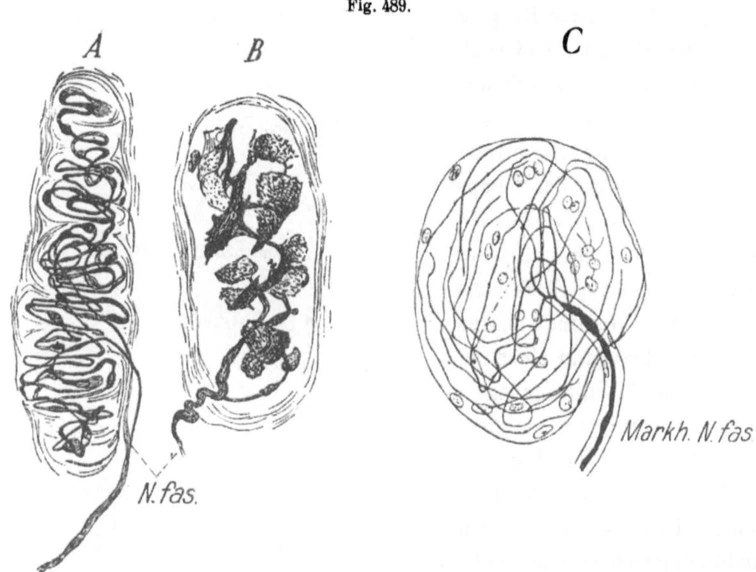

A Typisches Meißnersches Tastkörperchen. — *B* Tastkörperchen mit blattförmigen Endretikolaren aus
der Haut des Menschen (nach DOGIEL 1903). — *C* Kugliger Endkolben aus der Brustflosse eines Haies
(Scyllium) (nach WUNDERER 1908; sämtlich aus HESSE Hdwb. d. Naturw.).

Fibrillenwerk sein, mit am Rande schleifenförmig ineinander umbiegenden Fibrillen. Außerdem wird neuerdings auch ein die ganzen Körperchen umspinnendes
feines Nervennetz angegeben.

Als nahe verwandt mit den mehrzelligen Tastflecken und den Grandryschen
Körperchen wurden früher die *Tastkörperchen* (Meißnersche) vieler Säuger und des
Menschen erachtet, indem sie gleichfalls aus einer Gruppe von Tastzellen mit Ner-
venausbreitungen bestehen sollten, die aber von einer gut entwickelten Bindegewebshülle umschlossen sind (Fig. 489). Im Gegensatz zu den seither erwähnten
Endapparaten wurden daher diese, sowie die weiterhin zu schildernden als *einge-
kapselte* bezeichnet. Die Tastkörperchen sind hauptsächlich an den Volarflächen
von Hand und Fuß, jedoch auch an andern Orten verbreitet und liegen meist in
Einzahl (jedoch auch bis zu fünf bei Mensch) in den Coriumpapillen als ovale bis
längliche Körperchen. Die jetzt verbreitete Ansicht spricht ihnen jedoch Tastzellen

völlig ab, und erklärt ihren Innenkolben für einen netzigen Knäuel feiner markloser Nervenfäserchen ohne eigentliche freie Enden.

Auch zu diesen Körperchen treten noch feine markhaltige Nervenfasern, die sich auf der Oberfläche des Innenkolbens als ein feines Netzwerk ausbreiten oder auch die Nervenfasern des Innenkolbens umflechten sollen. Die Körperchen können sich dadurch komplizieren, daß quere bis schiefe Bindegewebssepten den Innenkolben durchsetzen, was schließlich zu Endorganen führt, die aus einer Anzahl einzelner Anschwellungen zusammengesetzt erscheinen und deshalb auch als zusammengesetzte Tastkörperchen bezeichnet werden.

Nahe verwandt mit diesen Tastkörperchen und durch Übergangsformen verknüpft sind die sog. *Genitalkörperchen* **der Säuger, die sich in tieferen Coriumschichten der Clitoris und der Peniseichel finden. Als eine vereinfachte Art letzterer werden meist die sog. »***Krauseschen Endkolben***« betrachtet, die in Schleimhäuten der Nase, der Mundhöhle, der Conjunctiva, wie auch der äußeren Genitalien auftreten (vgl. Fig. 482 A, S. 680). Sie unterscheiden sich von den spezifischen Tast- und Genitalkörperchen wesentlich nur durch den einfacheren Bau des Nervenknäuels, der in den primitivsten Endkolben sogar nur** von einer einfachen geraden Endfaser gebildet werden kann. Daß ähnliche Bildungen auch schon bei primitiven Wirbeltieren auftreten können, scheinen die Funde bei *Haien* zu erweisen, wo im Bindegewebe der Flossen kugelige bis längliche Endkörperchen vorkommen mit innerem Nervenknäuel, jedoch sehr zarter äußerer Hülle (s. Fig. 489 C).

Der Knäuel soll sich in einem inneren Gerüst netzförmig anastomosierender Zellen ausbreiten, welches Gerüst wahrscheinlich aus der Schwannschen Scheide der zutretenden Nervenfaser hervorgehe. Abgesehen von der nur sehr zarten Hülle erinnern diese Gebilde, wie gesagt, an manche der Säuger.

Solchen Endkolben reiht sich nun eine Kategorie von Nervenendigungen nahe an, die von den Reptilien an weit verbreitet auftreten und sich allmählich ziemlich komplizieren. Soweit die Erfahrungen reichen, könnte man auch die einfachsten Endkolben diesen *Vater-Pacinischen Körperchen* als primitive Ausgangsbildungen zurechnen, wie es manchmal geschah. Das Bildungsprinzip letzterer Endorgane läßt sich kurz etwa so darstellen: es handelt sich um eine gerade marklos gewordene, frei endigende Nervenfaser (Fig. 490), welche im Bindegewebe liegt und von einer mehr oder weniger dicken und eigentümlich gebauten Hülle geschichteter feiner Bindegewebslamellen, mit zwischengeschalteten Bindegewebszellen umgeben wird, so daß das Gesamtkörperchen etwa eiförmig bis zuweilen

Fig. 490.

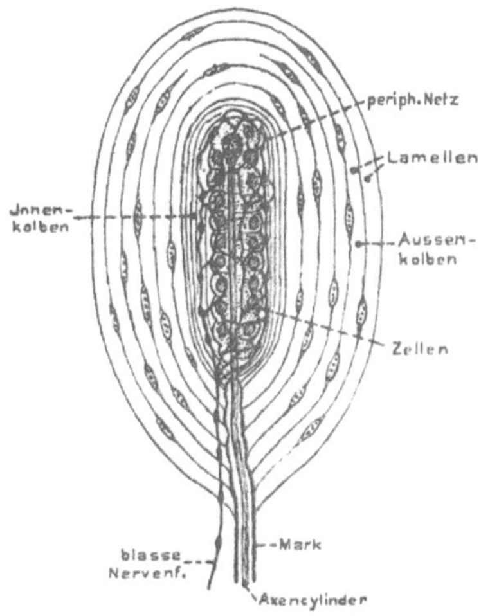

Herbstsches Körperchen von einem Vogel. Schematischer Längsschnitt (nach SZYMONOWICZ 1897 und DOGIEL 1899). Der Hinweisstrich zu »Innenkolben« sollte bis zu den »Zellen« reichen.
O. B.

schlauchartig erscheint. Die Komplikation im Bau dieser Endorgane beruht hauptsächlich auf der mehr oder weniger starken Entwicklung jener Hülle. — Bei *squamaten Reptilien* kommen solche Körperchen teils in der Kopfhaut (Lacerta), teils an den Lippen und in der Nähe der Zähne vor; ihre Hülle ist relativ dünn, läßt aber schon zwei Regionen unterscheiden, eine äußere (Außenkolben) und eine innere (Innenkolben), welch letztere die Nervenfaser direkt umgibt. — Jenen Körperchen scheinen sich die bei den *Vögeln* weit verbreiteten *Herbstschen* (Fig. 490) näher anzuschließen. In recht verschiedener Größe sind sie in der ganzen Körperhaut zerstreut, besonders um die Follikel der Konturfedern, jedoch auch in größerer Tiefe, so zwischen den Muskeln und an den Gliedmaßengelenken; in größerer Zahl finden sie sich auch an der Vorderseite der Jibia. Ebenso treten sie im Schnabel und der Zunge, sowie der Mundhöhle überhaupt, reichlich auf. Die Lamellen ihres Außen- und Innenkolbens sind meist deutlich erkennbar und daneben noch zahlreiche Bindegewebsfibrillen. Im Innenkolben liegt jederseits der Achsialfaser eine charakteristische Längsreihe von Zellkernen (Zellen) in der Abplattungsebene der Nervenfaser, was auch schon bei Reptilienkörperchen vorkommt. Es sind dies jedenfalls dem Innenkolben angehörende Bindegewebskerne. — In zuweilen recht erheblicher Größe und reicher Verbreitung kommen die Vater-Pacinischen Körperchen bei *Säugern* vor. Wie bei den Vögeln erstrecken sie sich bis in das Bindegewebe tiefer Körperregionen hinab. Besonders charakteristisch erscheint, daß sie in ihrer Ausbreitung die Nerven begleiten. Oberflächlich treten sie im Unterhautbindegewebe der Hände und Füße, besonders deren Unterflächen, auf, breiten sich jedoch noch weiter auf die Extremitäten und sonstige Hautstellen aus. Auch bei den Säugern finden sie sich reichlich um die Gelenknerven, erstrecken sich aber auch auf die Periost- und Knochennerven, sowie die der Pleura, des Bauchfells, des Mesenteriums und nicht weniger Eingeweide. — Ihre Hülle ist dadurch ausgezeichnet, daß der Außenkolben im allgemeinen recht dick und lamellenreich wird. Die Lamellen besitzen einen verwickelten feineren Bau, der hier nicht genauer geschildert werden kann; zwischen ihnen finden sich mit Flüssigkeit erfüllte spaltartige Räume. Auch der Innenkolben ist deutlich lamellös, doch ohne die beiden charakteristischen Kernreihen der Sauropsiden.

Blutgefäße dringen in die Kapsel ein und breiten sich zwischen den Lamellen des Außen- und Innenkolbens als ein Capillarwerk aus. An Stelle einer einfachen Nervenfaser, wie sie früher in der Achse des Innenkolbens beschrieben wurde, findet sich nach den neueren Erfahrungen auch hier ein längsmaschiges Nervenfasergeflecht, in welches sich die zutretende Nervenfaser auflöst.

In ihnen und den Herbstschen Körperchen wurde noch ein zweiter nervöser Apparat erwiesen, der von einer feinen Faser gebildet wird, die in das Körperchen eindringt und sich auf der Grenze von Innen- und Außenkolben als markloses Nervennetz ausbreitet. — Eine Anzahl Modifikationen der Vater-Pacinischen Körperchen wurden bei den Säugern beschrieben und z. T. auch mit besonderen Namen bezeichnet.

Arthropoda. Wir besprechen diese große Abteilung zuletzt, da ihre Hautsinnesorgane wegen der dicken Cuticula (Chitinpanzer) eigenartig ausgebildet sind. Sie stehen nämlich fast stets in Verbindung mit den beim Integument erwähnten (s. S. 98), die Körperfläche häufig in Menge bedeckenden Cuticularhaaren, welche daher neben ihren sonstigen Funktionen in der Regel noch die von Sinnesborsten erfüllen. Freie plasmatische Sinneshaare, wie wir sie als Endigungen der seither besprochenen Sinneszellen meist fanden, fehlen den Arthropoden durchaus oder sind doch in die cuticularen Sinnesborsten eingeschlossen. — Ähnlich wie die Hautsinnesorgane vieler anderer Wirbellosen haben sich die cuticularen Sinnesborsten der Arthropoden zu spezifischen Sinnesorganen für verschiedene Reize differenziert, indem sie wohl von einer Urform ausgingen, welche auf verschiedene Reize reagierte.

Große Verbreitung besitzen bei den meisten Gruppen die einfachen *Tastborsten*, die, wie schon ihre Anordnung meist erweist, vor allem auf Druckreize reagieren; doch läßt sich schwer feststellen, inwiefern sie auch noch anderen Reizen zugänglich sind. Ihrer Funktion entsprechend, erheben sie sich gewöhnlich mehr oder weniger hoch über die Körperfläche und stehen besonders reichlich an solchen Stellen, die mit der Umgebung in Berührung treten, also den *Fühlern, Beinen* und *sonstigen Anhängen* des Körpers (z. B. auch auf den Flügeln und den Abdominalanhängen (Cerci und Styli) der Insekten. — Mehrfach wurde angegeben, daß überhaupt zu sämtlichen Haaren und Borsten der Körperoberfläche — und viele Arthropoden, so zahlreiche Arachnoideen und Insekten, sind ja dicht behaart — Sinneszellen treten; doch läßt sich dies vorerst wohl nicht ganz allgemein behaupten. — Solche Tastborsten sind teils einfache, mit relativ dicker Cuticula versehene Gebilde, deren Länge und Form sehr variieren kann, d. h. vom langen Haar bis zur mäßigen Borste und schließlich kurz zapfenartigen Form; oder nicht selten, namentlich bei Crustaceen, kann die Borste wieder mit feineren Härchen besetzt, d. h. einfach bis doppelt gefiedert sein. — Die Befestigung der Borsten in der Cuticula ist häufig mehr oder weniger gelenkig, indem sich ihre Basis in ein Cuticulargrübchen einsenkt, unter welchem sich der die Cuticula durchsetzende Porenkanal findet; die Börstencuticula ist nur durch eine dünne Membran mit dem Rand des Porenkanals verbunden. — Wie wir früher sahen, wird die Borstencuticula von einer bis mehreren, ja zahlreichen verlängerten Hypodermiszellen abgeschieden, zu denen bei den Sinnesborsten noch eine bis mehrere Sinneszellen kommen, welche ihre zarten distalen Ausläufer in die Borste, und zwar manchmal bis zu deren Ende senden; doch ist gerade dieser Punkt vielfach noch zweifelhaft. — Im allgemeinen scheinen jedoch Borsten mit einer einzigen Sinneszelle seltener zu sein (z. B. die an den Beinen der Lepadiden, manche Borsten der Insekten und Arachnoideen); vielmehr findet sich häufiger eine etwa spindelförmige Gruppe weniger (z. B. *Phyllopoden*) bis zahlreicher Sinneszellen (z. B. *Thoracostraca*), d. h. eine Art von Sensillen, deren distale Fasern als ein Strang (Terminalstrang) die Borste durchziehen. Gewöhnlich liegt diese Sensille in geringer bis mäßiger Entfernung unter der Epidermis, doch wurden bei Krebsen (gewissen Arthrostraken) Fälle beobachtet, welche darauf hinweisen, daß die Sinneszellen bis in die Nähe des Bauchmarks, ja in dieses selbst verlagert sind, in welchem Falle anscheinend freie Nervenfasern in die Borste eintreten. — Für die Tastborsten gewisser Insekten und Myriopoden mit einer einzigen Sinneszelle wird jedoch auch angegeben, daß ihre Terminalfaser an der Haarbasis endige. — Unter der Epidermis mancher Insekten und Crustaceen (Astacus) wurden mehrfach reich verästelte Zellen oder ein Plexus solcher beobachtet und gelegentlich als Sinneszellen gedeutet. Dies wurde für gewisse Insektenlarven (Aeschna, Fig. 491) neuerdings bestätigt. Die Zellen sollen sich namentlich unter den dünnen Gelenkhäuten finden und ihre reich verzweigten distalen Ausläufer an letztere senden, während der einfache proximale Fortsatz zum Centralnervensystem gehe. Obgleich das Verhalten dieser Sinneszellen, wenn es wirklich solche sind, an die freien Nervenendigungen erinnert, kann man sie doch nur im allgemeinen mit solchen vergleichen.

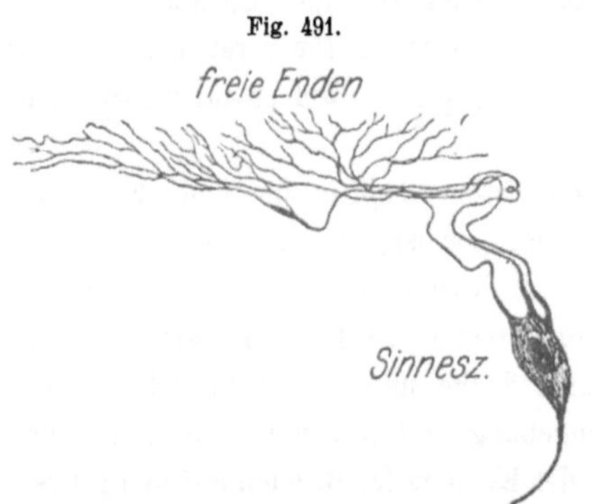

Libellenlarve. Sinneszelle, deren Endverzweigungen in der Epidermis frei endigen (aus HESSE, Hdwb. d. Natw., nach ZAWARZIN 1912).

Aus modifizierten cuticularen Sinnesborsten lassen sich bei den Arthropoden die *Geruchs-, Geschmacks-, statischen* und eventuell auch die *Hörorgane* ableiten. Morphologisch könnten letztere daher wegen ihrer nahen Verwandtschaft mit den Tasthaaren unter den Hautsinnesorganen besprochen werden; doch erscheint es geeigneter, sie den Kapiteln über die betreffenden Sinnesorgane einzureihen, obgleich im Einzelnen über ihre Funktion noch mancherlei Unsicherheit besteht.

An der vorderen Körperspitze der branchiopoden *Phyllopoden,* in naher Beziehung zum unpaaren Entomostrakenauge, und auch den Complexaugen benachbart, finden sich eigentümliche kleine Sinnesorgane, welche entweder dem Integument dicht anliegen, oder etwas unter es verlagert sind, die *Frontalorgane.* In der Regel findet sich ein dorsales Paar solcher Organe, die aus einer Anzahl, dem Integument eingefügter Sinneszellen ohne Sinneshaare oder sonstige Anhänge bestehen, sowie ein unpaares ventrales, von einigen Zellen gebildetes Organ, das bei *Limnadia* (s. Fig. 671, bei Auge) in einen vorderen und hinteren Anteil gesondert ist Die Nerven dieser Organe gehen von jenen des Entomostrakenauges aus. Beziehungen zu letzterem zeigen sich namentlich am Ventralorgan von *Branchipus* und *Limnadia,* zwischen dessen Sinneszellen stäbchenförmige Gebilde auftreten, ähnlich jenen, die im Entomostrakenauge vorkommen. Abgesehen von einer eventuellen Liehtempfindlichkeit jener Ventralorgane, werden die Frontalorgane meist den Tastapparaten zugerechnet.

B. Geruchsorgane (einschließlich der Geschmacksorgane der Arthropoden).

Chemisch reizbare einfache Sinneszellen oder Gruppen solcher sind unter den Hautsinnesorganen weit verbreitet. Wenn sie an besonderen Stellen lokalisiert oder als kompliziertere Gebilde auftreten, so werden sie als Geschmacks- und Geruchsorgane unterschieden. Physiologisch stehen sich diese beiden Arten von Organen sehr nahe, ja lassen sich häufig nicht scharf auseinander halten. Beide reagieren ja auf chemische Stoffe, die entweder in wäßriger Auflösung (Geschmacksorgane) oder als der Luft beigemischte (Geruchsorgane der Lufttiere) auf sie wirken. Man hat den wasserlebenden Tieren deshalb die Geruchsorgane überhaupt abgestritten und ihre chemisch reizbaren äußeren Sinnesorgane als Geschmacksorgane oder Organe des chemischen Sinnes bezeichnet. — Nun besteht ein Charakter der typischen Geschmacksorgane darin, daß sie sich gewöhnlich in nächster Nähe der Mundöffnung, in der Mundhöhle oder an den die Nahrung ergreifenden Organen finden, also nur wirksam sind, wenn sie die Nahrung berühren oder doch in deren nächste Nähe gelangen, so daß gelöste Stoffe, welche der Nahrung anhaften oder von ihr ausgehen, zu ihnen gelangen. — Die typischen Geruchsorgane zeichnen sich hingegen dadurch aus, daß sie auf größere, häufig auf weite Entfernungen wirken, indem die in der Luft verbreiteten Riechstoffe, sei es durch Diffusion, sei es gleichzeitig durch Luftströmungen zu ihnen dringen. Das Gleiche gilt jedoch meist von den als Geruchsorganen bezeichneten Sinnesorganen der wasserlebenden Tiere, die sich sowohl durch die Orte ihres Auftretens als ihr sonstiges Verhalten, zum Teil auch durch das physiologische Experiment, als Organe ergeben, welche zwar wie die Geschmacksorgane von in Wasser gelösten Stoffen gereizt werden, aber von den Nahrungskörpern oder dergleichen nicht direkt berührt zu werden brauchen, sondern die von der Nahrung ausgehenden chemischen Stoffe auf gewisse Entfernungen zu wittern vermögen. Dies wird aber nur die eine Seite ihrer Tätigkeit bilden; häufig wird ihre Aufgabe wesentlich darin bestehen, daß sie auf schädliche Stoffe des umgebenden Wassers, das ja, wie die Luft den luftlebenden Tieren, als Atmungsmedium dient, reagieren und so die Vermeidung schädlicher Wasserregionen und das Aufsuchen günstiger herbeiführen. So ergibt sich gerade in dieser Hinsicht eine weitgehende Analogie zwischen den eigentlichen Luftriechorganen und jenen der Wassertiere, weshalb ihre Zusammenfassung wohl gerechtfertigt erscheint; wozu sich weiterhin gesellt, daß wir sowohl bei den Arthropoden als den Vertebraten den direkten Übergang solcher Organe von wasserlebenden zu luftlebenden Formen verfolgen können, woraus sich schließen läßt, daß ihre Funktion dabei keine prinzipielle Änderung erfährt.

Die Geruchsorgane der Wassertiere (abgesehen von jenen der Arthropoden) sind im allgemeinen relativ einfach gebaute, sinneszellenreiche Stellen der äußeren Epidermis, die sich häufig gruben- bis schlauchförmig einsenken, oder auch papillen- bis wulstartig erheben. Neben Sinneszellen enthält ihr Epithel meist wimpernde Zwischen- oder Stützzellen. Letztere haben für das Funktionieren der Organe eine wesentliche Bedeutung, da sie eine Wasserströmung längs des Organs oder durch dasselbe hervorrufen, was für seine fortdauernde Tätigkeit nützlich, ja notwendig erscheint.

1. Coelenterata.

Unter diesen besitzt nur die Mehrzahl der *Discomedusen* Organe, welche sich Geruchsorganen vergleichen lassen, obgleich der physiologische Versuch bis jetzt keine Beweise hierfür ergab. Sie finden sich an der Basis der Randkörper oder *Rhopalien*, also dicht bei den früher geschilderten Centralteilen des Nervensystems, die ja die Basis der Randkörper umgeben (s. S. 467). Auf der Umbrellarseite des Medusenrandes findet sich am Ursprung jeder sog. Deckplatte (s. Fig. 316, S. 467), welche das Rhopalium überlagert, eine kleinere bis größere grubenförmige, häufig strahlig bis konzentrisch gefurchte Einsenkung, die *Trichter- oder Riechgrube* (auch äußere Sinnesgrube genannt). Die dreieckige Grube ist von Nervenfilz dicht unterlagert; ihr Epithel setzt sich aus geißeltragenden Sinneszellen und wimpernden Stützzellen zusammen, doch finden sich auch spärlich Drüsenzellen.

Bei vielen Formen findet sich noch eine zweite Art ähnlicher Organe, die sich dicht am subumbrellaren Rand des Medusenschirms, an der achsialen oder inneren Seite der Rhopalien grubenförmig einsenken und daher auch innere Sinnesgruben genannt werden (s. Fig. 316, S. 467). Um sie und um den Basalteil der Randkörper breitet sich die Hauptmasse der Nervencentren aus.

Bei gewissen Formen (Rhizostoma) zeigt letztere Grube eine Neigung zur Verdoppelung, indem sich von ihrer Umbrellarfläche ein mittlerer Kiel in sie etwas hinabgesenkt; bei *Aurelia* soll die Grube in der Tat paarig geworden sein. Das Epithel der inneren Grube gleicht jenem der äußeren. Ob die innere Grube, wie es für eine Art von Cyanea angegeben wurde, durch einen vorspringenden, verdickten Epithelwulst vertreten sein kann, erscheint etwas unsicher.

2. Vermes.

Sinnesorgane, deren Bau ebenfalls auf Riechfunktion hinweist, treten bei gewissen *Plathelminthen* und *Chaetopoden* in der Kopfregion, dem Cerebralganglion sehr genähert, häufig auf. Im allgemeinen erscheinen sie als ein Paar von Grübchen bis tiefer eingesenkten Schläuchen, die von den Cerebralganglien innerviert werden und ausstülpbar sein können. Es ist wohl nicht ausgeschlossen, daß diese Organe morphologisch den einfachen Hautsinnesorganen (Seitenorganen, Seitenpapillen), wie sie in ähnlicher Stellung bei manchen Nemathelminthen auftreten, verwandt sind. — Unter den *Plathelminthen* begegnen wir ihnen nur bei den freilebenden *Turbellarien* und *Nemertinen*. Bei den *Rhabdocölen* sind sie sehr verbreitet als ein

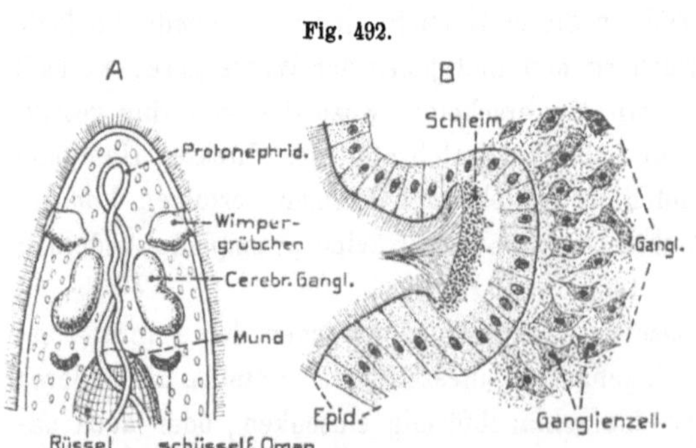

Fig. 492.

Stenostomum leucops. *A* Vorderende von der Dorsalseite mit Wimpergrübchen, schüsselförmigen Organen usw. (nach v. GRAFF 1875). — *B* Schnitt durch die Wimpergrube (nach OTT 1892). v. Bu.

Paar (selten zwei Paar bei Euporobothria v. Graff) seitlicher, etwas vor den Cerebralganglien liegender flacher Grübchen (Fig. 492), seltener schlauchartiger, zuweilen ein- und ausstülpbarer Epitheleinsenkungen. Das sie auskleidende Epithel besitzt längere Cilien als die umgebende Epidermis. Im Grunde der Grübchen findet sich meist eine Schleimschicht, welche wohl von Drüsenzellen, die in Verbindung mit ihnen beschrieben wurden, abgeschieden wird. Jedes Grübchen wird von einem Ganglion unterlagert, das mit den Cerebralganglien in Verbindung stehen dürfte. Der feinere Bau der Organe ist wegen ihrer Kleinheit nur wenig erkannt, doch kann es wohl nicht zweifelhaft sein, daß sie Sinnesorgane darstellen. — Mit diesen Wimpergrübchen läßt sich wohl die *Wimperrinne* homologisieren, die sich bei gewissen Familien der *Allöocölen* findet. Sie erstreckt sich in ähnlicher Lage wie die Grübchen quer über die Ventralfläche, kann jedoch lateral auf die Dorsalseite übergreifen, ja zu einer dorsal geschlossenen, den Körper ganz umziehenden Ringfurche werden. — Ob die *Grübchenflecken*, die nur bei wenigen Formen vorkommen, gleichfalls hierher zu ziehen sind, ist unsicher. — Dagegen. dürften die bei vielen *Süßwassertricladen* (z. B. Planaria gonocephala) auftretenden *Aurikularorgane*, die wie die Wimpergrübchen der Rhabdocölen am Kopf liegen, homologe Gebilde sein. Es sind ein Paar länglicher bis rundlicher Grübchen, auf deren Boden sich von einem nierenförmigen fasrigen Körper zahlreiche dicke Börstchen erheben, welche kürzer bleiben als die umgebenden Cilien. Die Innervierung erfolgt durch den äußeren Nervenplexus.

Hohe Ausbildung und fast allgemeine Verbreitung erlangen hierhergehörige Sinnesorgane der *Nemertinen* (Fig. 493). Es sind die *Cerebralorgane* (früher meist Seitenorgane genannt), welche fast stets (ausgenommen Mesonemertini und einzelne andere Gattungen) zu einem Paar in der seitlichen Kopfregion liegen. Daß sie im allgemeinen den Wimpergrübchen der Turbellarien entsprechen, scheint sicher. Es sind flimmernde gruben- bis schlauchförmige Einsenkungen des Körperepithels, welche direkt vom Cerebralganglion innerviert werden und häufig eine bedeutende Größe erreichen. Charakteristisch erscheint ferner, daß sie in naher Beziehung zu besonderen Einrichtungen der benachbarten Körperoberfläche stehen, nämlich den *Kopffurchen* oder den *Kopfspalten,* die daher bei Mangel der Cerebralorgane ebenfalls fehlen. Die *Kopffurchen* sind bei den *Protonemertinen* nur angedeutet, dagegen bei den meisten *Mesonemertinen (Enopla)*, doch auch gewissen Heteronemertinen (*Anopla*, Gattung *Eupolia*) als quere, etwas vor dem Cerebralganglion liegende drüsenfreie Rinnen entwickelt, die auf der Ventral- und Dorsalseite unterbrochen sind, aber dorsal nahe aneinanderstoßen. Das mit längeren Cilien versehene Epithel der Furchen senkt sich meist zu zahlreichen grübchenartigen Vertiefungen ein, welche, in einer Reihe liegend, die Kopffurche gewissermaßen zusammensetzen. In diesen Furchen findet sich dann seitlich oder etwas ventral die Einsenkung (Mündung) der beiden Cerebralorgane. Da die Furchen den oben erwähnten Wimperrinnen gewisser Turbellarien sehr gleichen, so sind sie letzteren wohl homolog. — Die *Kopfspalten* dagegen sind laterale, längs gerichtete Furchen oder schlitzartige Einsenkungen in der Kopfregion, an

deren Caudalende, oder etwas davor, die Cerebralorgane sich einsenken (Fig. 493 *A*).
Sie sind charakteristisch für zahlreiche *Heteronemertinen* (*Anopla*, früher daher
auch als Schizonemertinen bezeichnet). Sie beginnen meist an der vorderen
Körperspitze und erstrecken sich verschieden weit nach hinten, bis zum Gehirn
oder auch noch hinter dasselbe. Ebenso verschieden ist die Tiefe ihrer Einsenkung, welche von vorn nach hinten zunimmt, und so beträchtlich werden kann,
daß sie die Cerebralganglien nahezu erreichen Ähnlich dem Kopffurchenepithel
ist das der Spalten drüsen- und pigmentfrei, sowie länger bewimpert. Ob die
Kopffurchen und -spalten als besondere Sinnesorgane zu deuten sind, scheint
fraglich, obgleich sich unter dem Epithel der letzteren viele kleine Ganglienzellen

Fig. 493.

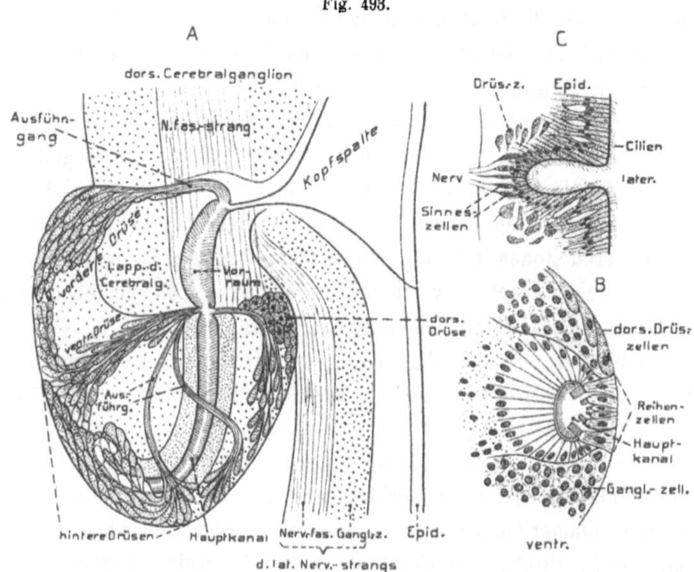

Nemertinen. Cerebralorgane. *A—B* Micrura (Cerebratulus) fasciolata. *A* Rechtes Cerebralorgan
von der Dorsalseite, Totalpräparat. *B* Querschnitt durch den Hauptkanal, nebst den benachbarten
Teilen des Gewebes des Cerebralorgans. — *C* Tubulanus (Carinella) annulatus, Querschnitt durch das
Cerebralorgan (*A* und *C* nach Dowoletzky 1887; *B* nach Dowoletzky und Bürger, Bronn. Kl. und
Ordn).   v. Bu.

finden, ebenso wie um die Cerebralorgane. Möglicherweise könnte man beiderlei
Gebilde überhaupt den Cerebralorganen als besondere Abschnitte zurechnen.

Die Cerebralorgane liegen im allgemeinen seitlich von den Hirnganglien,
können sich jedoch auch erheblich über sie hinaus, nach hinten ausdehnen. Selten
(gewisse Metanemertinen) finden sie sich vor den Ganglien, sind dann aber meist
klein. — Sie zeigen in der Nemertinenreihe eine aufsteigende Entwicklung. Bei den
paläogenen Protonemertinen (z. B. manchen Tubulanus[Carinella]-Arten, Fig. 327,
S. 479) sind es einfach becherartige Einsenkungen der Epidermis (Fig. 493 *C*),
welche sich nicht in das unterliegende Gewebe erstrecken, sondern durch Höher-
werden der umgebenden flimmernden Epithelzellen entstehen. Im Grunde des so
gebildeten Kanals münden eine Anzahl rosettenartig gruppierter Drüsenzellen. Bei

anderen Protonemertinen (gewissen *Tubulanus*arten, *Carinina*) kompliziert sich
das im Epithel liegende Organ, indem sein Kanal länger wird und sich caudalwärts krümmt, sowie seine Epithelzellen von zahlreichen kleinen Ganglienzellen
umlagert werden. — Bei der Protonemertine *Hubrechtia*, sowie den *Meta-* und
Heteronemertinen senkt sich das Organ schlauchartig nach innen und caudal unter
die Epidermis hinab; seine Hauptmasse liegt also in der Cutis (Fig. 493 *A*). In
der Regel ist es mehr oder weniger kuglig angeschwollen, was daher rührt, daß
der eingestülpte epitheliale Schlauch von einer großen Menge kleiner Ganglien-
und Drüsenzellen umlagert wird. Bei den Proto- und Metanemertinen liegen die
Organe in gewisser Entfernung vor oder hinter den Cerebralganglien, so daß aus
letzteren Nerven zu ihnen treten. Bei den Heteronemertinen hingegen verwachsen
sie mehr oder weniger mit dem Caudalteil der dorsalen Cerebralganglienpartie,
so daß sie wie ein hinterer Anhang dieser Hirnlappen erscheinen (Fig: 493 *A*)
und von der bindegewebigen Hülle der Cerebralganglien umschlossen werden. —
Der von flimmernden Epithelzellen gebildete Kanal des Organs läßt meist zwei
(selten bis vier) Abschnitte unterscheiden (Fig. 493 *A*), einen distalen, vorderen
und weiteren (sog. Vorraum) und einen proximalen engeren, der in der Regel länger
ist und daher im hinteren Abschnitt des kugligen Organs gekrümmt verläuft. Selten, bei gewissen *Drepanophorus*arten (Metanemertinen), kann der proximale Kanal
als langer Schlauch dem kugligen Organ hinten anhängen.

Die flimmernden Epithelzellen beider Kanalabschnitte sind ziemlich verschieden. Bei
den Heteronemertinen haben sich sogar im proximalen Kanal besondere eigentümliche
Epithelzellen differenziert, die sich als ein bandförmiger Streif längs dessen Lateralwand
hinziehen, während die Medialwand aus gewöhnlichen Flimmerzellen besteht. Dieser Lateral-
streif (s. Fig. 493 *B*) wird meist von sechs Zellreihen gebildet, von welchen die Zellen der
beiden Grenzreihen größer sind, die der zwei bis drei Paar inneren Reihen kleiner. Die
Zellen des Streifs zeichnen sich hauptsächlich dadurch aus, daß von ihnen eigentümliche
kegelförmige Fortsätze, welche möglicherweise nur verklebte Cilienbüschel sind, frei in
das Kanallumen vorspringen. Ob man sie als spezifische Sinneszellen deuten darf, scheint
fraglich, da ihre Verbindung mit Nerven unsicher ist, ja neben ihnen sogar freie Nervenendigungen beschrieben wurden. — Außer der Masse kleiner Ganglienzellen, welche den
Kanal fast völlig umhüllen und bei den Heteronemertinen mit den Zellen der dorsalen
Cerebralganglien direkt zusammenhängen, sind es Drüsenzellen, die in ansehnlicher Menge
am Aufbau der Organe teilnehmen. Häufig läßt sich eine vordere und hintere Gruppe
solcher unterscheiden (Fig. 493 *A*), von welchen letztere den proximalen Kanal mehr oder
weniger umhüllt. Bei den Heteronemertinen mündet die vordere Gruppe in den Anfang
des Vorraums, die hintere auf der Grenze zwischen den beiden Abschnitten in den Kanal;
doch können die Einmündungen der Drüsenzellen (Metanemertinen) auch weniger lokalisiert
sein. — Eine besondere Auszeichnung besitzt der Vorraum mancher Metanemertinen, indem
sich an seinem Beginn eine sackartige dorsale Ausbuchtung bildet, die namentlich bei *Dre-*
panophorus zu einem ansehnlichen faltigen Sack wird, der das Organ bis hinten durchzieht.

Interessanterweise findet sich bei der Protonemertinengattung *Tubulanus* (= Carinella)
ein kleines zweites Paar ähnlicher Organe in nächster Nähe der in den Laterallinien liegenden beiden Poren der Protonephridien (s. Fig. 327 *A* 1, S. 479). Es sind flache Grübchen oder
Erhebungen, die aus Wimper- und Drüsenzellen oder nur aus ersteren bestehen und mit
besonderen Muskeln versehen sind, welche wohl zu ihrer Ein- und Ausstülpung dienen. Sie
liegen dicht nach außen von den lateralen Nervensträngen; ihre Innervierung ist unbekannt.

44*

Phylogenetisch bemerkenswert ist, daß auch bei zahlreichen *Chaetopoden*, besonders *Polychaeten*, Organe vorkommen, welche mit den Cerebralorganen der Nemertinen in jeder Hinsicht vergleichbar sind, weshalb ihre Homologie nicht zweifelhaft erscheint. Dies folgt vor allem aus ihrer ganz übereinstimmenden Beziehung zu den Hinterlappen der Cerebralganglien (vgl. S. 488). Diese *Nacken-* oder *Nuchalorgane*, wie sie gewöhnlich genannt werden, finden sich paarig oder auch unpaar auf der Dorsal- oder Lateralfläche des Prostomiums (zuweilen lateroventral, *Capitelliden*); seltener weit vorn, meist hinter den Augen, häufig auf der Grenze zwischen Prostomium und dem ersten Segment. Wie gesagt, kommen sie vielen Familien der erranten und sedentären Polychaeten zu, ebenso den Archianneliden, nur selten dagegen den Oligochaeten (gewissen Ctenodrilus und Aeolosoma). Die Bauverhältnisse der Nuchalorgane sind viel mannigfaltiger als jene der Cerebralorgane der Nemertinen. Im morphologisch einfachsten Fall (z. B. Nereis, Diopatra) handelt es sich um ein Paar bewimperte rundliche Stellen der Epidermis auf der hinteren Dorsalfläche des Prostomiums, wo das Epithel ansehnlich verdickt und beutelartig eingesenkt ist. In anderen Fällen sind die Organe wohl durch Vereinigung unpaar geworden und finden sich dann in der dorsalen hinteren Kopfzapfenregion in Form einer Erhebung, die entweder lang kammartig erscheint und von einer Anzahl längsgerichteter Wimperrinnen durchzogen wird (s. Fig. 334, S. 488), oder als ein kugelförmiges, gestieltes Gebilde mit einer queren Wimperzone; ja in gewissen Fällen kann ein solcher Basalteil mehrere lange tentakelartige Fortsätze aussenden, die von je zwei Wimperrinnen überzogen werden. Auch als paarige tentakelartige, flimmernde Anhänge sind die Nackenorgane mehrfach beschrieben worden; da aber die gleich zu schildernden eingesenkten Organe nicht selten ausstülpbar sind, so könnte es sich in manchen Fällen auch um vorgestülpte Organe handeln. Sehr häufig haben sich nämlich, ähnlich wie bei Plathelminthen, gruben- bis schlauchartig eingestülpte, paarige Organe entwickelt, die entweder mit einer rundlichen Öffnung oder mit länglich schlitzartiger ausmünden. Einfache gruben- bis becherartige bewimperte Organe dieser Art finden sich bei den *Archianneliden* (Fig. 332, S. 487) und einzelnen *Oligochaeten*, ebenso bei gewissen *Sedentariern* (s. Fig. 333, S. 488) und auch *Dinophilus*, wie hier erwähnt sei. Häufig werden die Gruben schlauchartig und erstrecken sich dann tiefer ins Innere. In letzterem Falle ist meist auch eine Differenzierung der Schlauchwand eingetreten, indem sie nur in ihrem Grunde hohes bewimpertes Epithel besitzt, während das übrige niedrig und cilienlos bleibt. Solch eingesenkte Organe können ein- und ausstülpbar sein (Capitelliden, Polyophthalmus. usw.), wozu ein besonderer Muskelapparat dient.

Die nahe Beziehung der Organe zu den Hinterlappen der Cerebralganglien tritt häufig in ähnlicher Weise wie bei den Nemertinen hervor, indem entweder Nerven von diesen Lappen zu einer Lage kleiner Zellen unter den Organen treten, die meist als Ganglienzellen gedeutet wurden, aber wahrscheinlicher die Sinneszellen sind, deren periphere Fortsätze sich zwischen die Wimperzellen erstrecken; oder die Organe verwachsen direkt mit den Hinterlappen des Hirns, so daß die erwähnten kleinen Zellen in letzteres aufgenommen wurden.

Obgleich die feineren Untersuchungen noch viel zu wünschen übrig lassen, wurden doch im Epithel der Organe gefunden: 1) Stützzellen, 2) Wimperzellen, 3) die eben erwähnten Ganglien- oder Sinneszellen, wozu sich häufig noch Drüsenzellen und an gewissen Stellen zuweilen Pigmentzellen gesellen.

Eine sehr eigentümliche Beziehung sollen die Nuchalorgane bei den *Serpuliden* und *Terebelliden* zu dem hier, in der sog. Thoracalregion jederseits ausgebildeten Verbindungsgang der Nephridien erlangt haben, indem letzterer vorn in die Nackenorgane einmünde, so daß diese zum Ausmündungsteil der Nephridialgänge geworden seien.

Ob das unpaare grubenförmige Organ, das sich bei gewissen *Tubificiden* (Bothrioneuron) auf dem Prostomium findet, hieher gehört, ist zweifelhaft.

Den Nuchalorganen der Chaetopoden scheinen die sog. Cerebralorgane (auch Hirn-, Hypophysen- oder Ocularröhren gen.) der *Sipunculiden* zu entsprechen. Bei gewissen (einzelnen Phascolosoma) sind es zwei kopfständige Röhren, die in der Mundhöhle beginnen und sich bis in die Cerebralganglien einsenken. Bei den übrigen münden sie auf der Dorsalseite der Kopfregion, dicht hinter dem Tentakelkranz (Phymosoma) und ihr Epithel, das flimmern kann, ist z. T. schwarz pigmentiert, weshalb die Organe zuweilen als Augen gedeutet wurden. Bei Sipunculus haben sich die Organe in der dorsalen Mittellinie vereinigt, indem sich wohl eine sekundäre röhrenförmige tiefe Einstülpung gebildet hat, die sich bis an die Cerebralganglien erstreckt, während sich die beiden ursprünglichen Röhren sehr reduzierten. Im Grund der röhrenförmigen Organe, der in oder am Hirn liegt, findet sich Sinnesepithel, dessen Bau jedoch nur wenig bekannt ist. Wie gesagt, ist die Homologie dieser Organe mit den Nuchalorganen der Chaetopoden recht wahrscheinlich, obgleich neben ihnen bei gewissen Sipunculiden noch besondere wimpernde Tuberkel beschrieben und als Nuchalorgane gedeutet wurden.

Eine Art Witterungsvermögen (Riechvermögen, chemische Reizbarkeit für Futterstoffe) wurde bis jetzt bei *Lumbricus*, den *Hirudineen* und gewissen Süßwasserplanarien nachgewiesen. Bei ersteren sind es jedenfalls die Sensillen der Epidermis, welche in dieser Weise funktionieren.

Unter den *Oligomeren* besitzen allein die *Chaetognathen* ein den seither besprochenen einigermaßen vergleichbares unpaares Organ, indem sich ein auf der Dorsalseite der Vorderregion, etwa auf der Grenze zwischen Kopf und Rumpf, liegendes sog. Geruchsorgan (*Coronalorgan*) findet (s. Fig. 341, S. 495). Es ist eine etwas erhöhte, rundliche bis längliche Platte, die sich nach vorn bis zwischen die Augen erstrecken kann und nach hinten manchmal weit auf den Rumpf hinabreicht. Es wird von einem Streifen kleiner Zellen gebildet, welche den gewöhnlichen, viel größeren Epidermiszellen aufsitzen, und deren mittlere 2 bis 3 Zellreihen bewegliche Cilien tragen. Diese bewimperten Zellen werden meist als die eigentlichen Sinneszellen gedeutet. Ein vom Cerebralganglion nach hinten ziehendes Nervenpaar versorgt das Organ unter reichlicher Verzweigung. Der feinere Bau bedarf noch genauerer Untersuchung.

3. Mollusca.

In diesem Stamm treten Organe, welchen Riechvermögen zugeschrieben wird, an verschiedenen Körperstellen auf. Bei den luftlebenden *Pulmonaten* funktionieren die *Kopffühler* (hintere Fühler der *Stylommatophoren*) nachweislich in solcher Weise, indem gewisse Gerüche in ziemlicher Entfernung auf sie wirken. Die Enden dieser Fühler sind reichlich mit dichten Anhäufungen von Sinneszellen ausgerüstet, deren eigentlicher Körper unter der Epidermis liegt, während ihr peripherer Fortsatz zwischen die Epidermiszellen eindringt, und hier etwas kolbig angeschwollen endigt (Fig. 494). Der ansehnliche Fühlernerv schwillt an seinem Ende zu einem Ganglion an, von dem nicht nur die Nerven dieser Sinneszellen, sondern auch der Augennerv ausgeht. — Den Süßwasserpulmonaten fehlt das Ganglion des Fühlers und dessen Sinneszellen bleiben jenen der übrigen Haut ähnlich. — Auch die Kopffühler der *nudibranchen Opisthobranchier* sind nicht selten eigentümlich entwickelt, so z. B. gefiedert, und werden meist als *Rhinophore* bezeichnet, da ihnen gleichfalls Riechfunktion zugeschrieben wird.

Bei vielen *Placophoren*, den *Lamellibranchiern*, *Prosobranchiern* und *Cephalopoden* finden sich in der Nähe der Kiemen eigentümliche Organe (*Osphradien*), die so gelagert sind, daß der Strom des Atemwassers über sie hinstreicht, weshalb sie wohl mit Recht als Organe zu dessen Prüfung betrachtet werden. — Die Osphradien der *Lamellibranchier* liegen dicht vor dem After und hinter den Kiemen (selten auf deren Innenseite, Nuculidae) auf der Ventralfläche des Körpers als ein Paar schmaler Querstreifen erhöhten, flimmernden Epithels, das häufig pigmentiert ist (Fig. 495). Die Organe sind also hier in den, von der Einströmungsöffnung (oder dem ventralen Sipho) kommenden Wasserstrom eingeschaltet. — Hinter ihnen, dicht neben dem After, findet sich häufig noch ein Paar papillen- bis tentakelför-

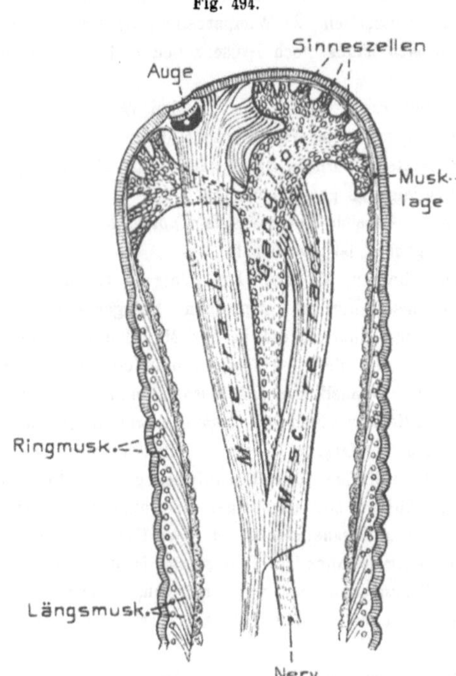

Fig. 494.

Helix pomatia. Kopffühler im Längsdurchschnitt (schematisch), zur Demonstration der reichen Anhäufung von Sinneszellen am Fühlerende und des zugehörigen Ganglions (nach FLEMMING 1876).   Dr. A. Gerwerzhagen.

Fig. 495.

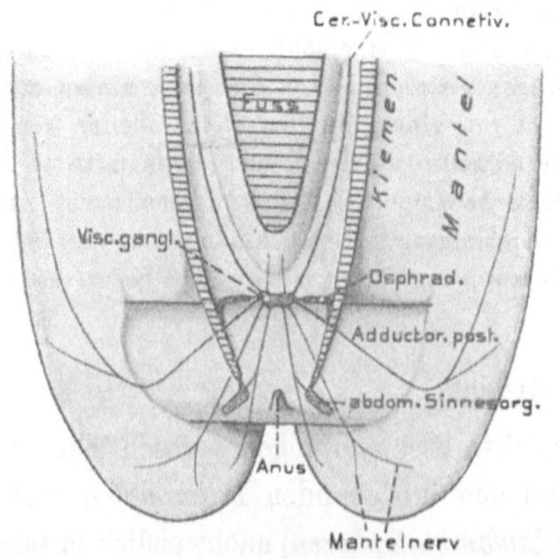

Arca barbata (Lamellibranchiate). Hintere Hälfte von der Ventralseite. Schale und Mantel auseinander geschlagen, so daß der hintere Adductor, der After, die Osphradien und die abdominalen Sinnesorgane zu sehen sind. Fuß und Kiemen abgeschnitten. Die Visceralganglien, sowie die von ihnen ausgehenden Nerven eingezeichnet.   Gerw.

miger ähnlicher Organe (sog. »abdominale Sinnesorgane«) welche bei den mit
Siphonen versehenen Muscheln am Proximalende des Einströmungssipho liegen
sollen. Letztere Organe werden von einem Ast der hinteren, von den Visceralganglien kommenden Pallialnerven versorgt, während der Osphradiennerv direkt
zum Visceralganglion geht; doch sollen seine Fasern nach gewissen Angaben

bis in das Cere-
bralganglion zu
verfolgen sein.
Unter jedem
Osphradium
schwillt der
Nerv zu ei-
nem Ganglion
an, von dem
die peripheren
Fasern zum
Sinnesepithel
treten.

An die Os-
phradien erinnern
in mancher Hin-
sicht auch die bei
gewissen *Nucu-
liden* vorkommen-
den *Pallialorga-
ne*; Strecken von
drüsigem, Sinnes-
zellen führendem
Epithel, die paarig

Fig. 496.

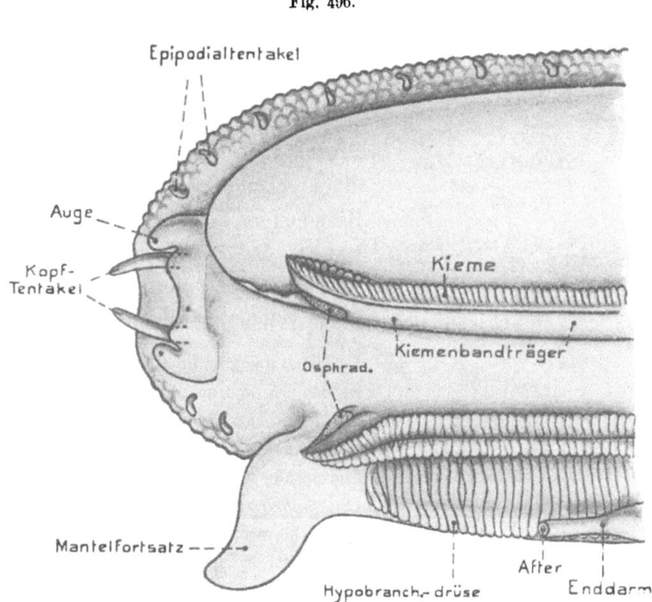

Haliotis tuberculata. Vorderende von der Dorsalseite. Schale und Mantel-
decke etwas rechts vom After längs aufgeschnitten und nach links und rechts um-
gelegt. Am Vorderende der beiden Kiemenbänder sieht man die beiden Osphradien
(Mit Grundlegung von Spengel 1881 und eigenem Präparat.) Gerw.

an der dorsalen Region des Sipho vorkommen; selten findet sich noch ein ähnliches Organ-
paar ventral vom vorderen Schließmuskel. Die Deutung als Sinnesorgane ist unsicher.

Organe, welche den Osphradien der Lamellibranchiaten sehr ähnlich sind, finden sich
auch bei vielen *Placophoren* jederseits vom After in Einzahl. Sie sind entweder höckerartig oder länger streifenartig und reichen dann nach vorn bis neben die hintersten Kiemen.
Bei den *Lepidopleuriden*, denen sie fehlen, findet sich dagegen auf der Außenkante jeder
Kieme eine Strecke von Sinnesepithel, die als Geruchsorgan gedeutet wird und mit den
eigentlichen Osphradien wohl phylogenetisch nicht zusammenhängt.

Die paarige Bildung solcher Osphradien, sowie ihre nahe Beziehung zu den
Kiemen erhält sich noch bei den *zweikiemigen Prosobranchiaten (Diotocardia,
Aspidobranchia)*. Bei den Formen mit gut entwickelten, gefiederten Kiemen (z. B.
Haliotis, Fig. 496) bilden die Osphradien einen Streifen erhöhten, braun pigmen-
tierten Epithels an der Dorsalseite des doppelt gefiederten, freien Distalteils der
Kiemen, die an der Dorsalwand der Mantelhöhle stehen; die Organe setzen sich
noch paarig auf den befestigten proximalen Kiementeil fort. — Bei *Fissurella*
tritt das Organ kaum deutlich hervor, und bei den *Docoglossen (Patella)*, deren
Kiemen stark rückgebildet sind, erscheint es als kleiner Anhang an ihrer

Lateralseite. — Mit der Rückbildung der rechten Kieme bei den meisten Prosobranchiaten ist auch das rechte Osphradium eingegangen. Das erhaltene linke hat sich gewöhnlich von der Kieme emanzipiert und liegt an der Decke der Mantelhöhle, links von der Kieme, als selbständiges, ebenfalls häufig braun pigmentiertes Organ. Es bleibt meist kürzer als die Kieme und bildet entweder einen einfachen schmalen erhöhten Epithelstreif oder erscheint wellig, häufig aber doppelt gefiedert (Fig. 374, S. 522 u. Fig. 497*B*), indem von einer mittleren Achsialleiste beiderseits kammartig je eine Lamellenreihe ausgeht. Wegen dieser Bildung wurde das Osphradium früher meist als die verkümmerte linke Kieme jener Prosobranchiaten betrachtet. — Der zum Osphradium gehende Nerv zweigt sich in der Regel vom Kiemennerv ab und bildet fast stets ein sich in der Länge des Osphradium erstreckendes Ganglion (s. Fig. 497*B*), von dem die Nervenfasern zu den Sinneszellen im Flimmerepithel des Organs ziehen.

Fig. 497.

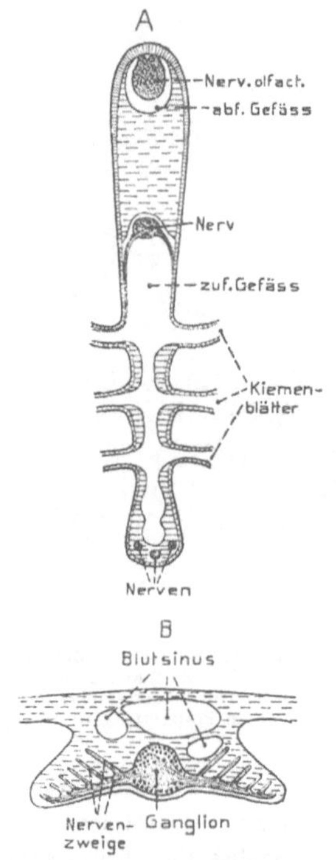

A **H alio tis.** Querschnitt durch das freie Ende der Kieme mit dem Nervus olfactorius. — *B* **Ranella.** Querschnitt durch das doppelt gefiederte Osphradium. Beides schematisch. (Nach BERNARD 1890.) Gerw.

Bei den zum Luftleben übergegangenen Prosobranchiaten ist das Osphradium meist geschwunden (*Cerithidae*, *Helicinidae*, *Cyclophoridae*), doch erhielt es sich bei *Cyclostoma*. Den kiemenbesitzenden *Heteropoden* kommt es als flimmernde Grube an der Kiemenbasis zu. — Unter den *Opisthobranchiern* findet es sich bei den *Tectibranchiata* häufig als einfaches Organ, welches dem der Monotocardier entspricht; es breitet sich jedoch zuweilen auf die Kieme aus, wogegen es den *Nudibranchiern* gewöhnlich fehlt. — Ein unpaares Osphradium kommt ferner den *Pteropoden* wohl allgemein zu. Das der *Thecosomata* liegt als quer oder längsverlaufende flimmernde Leiste in der Regel rechtsseitig in der Mantelhöhle; bei den mit gewundener Schale versehenen (Limacina) hingegen linksseitig. Das Organ der *Gymnosomata*, deren Mantelhöhle rückgebildet ist, liegt rechtsseitig, nahe dem Vorderende als eine mehr oder weniger hufeisenartig gekrümmte Flimmerleiste. Den erwachsenen *stylommatophoren Pulmonaten* fehlt es fast stets (eine Ausnahme soll *Testacella* bilden), wird jedoch embryonal angelegt; dagegen besitzen viele *basommatophore Pulmonaten* ein kleines mit Ganglion versehenes Osphradium (*Lacaze-Duthiersches Organ*), das selten in der Lungenhöhle, nahe an deren Öffnung, liegt, meist etwas außerhalb der Öffnung. Es ist häufig schlauchförmig eingestülpt, so daß das eigentliche Osphradium im Grunde des zuweilen auch gegabelten Schlauches liegt. Nur am einfach leistenförmigen Osphradium der Prosobranchiate *Paludina* wurde etwas Ähnliches beobachtet, indem die Leiste eine Reihe schlauchartiger Einstülpungen besitzt, in welchen ebenfalls Sinneszellen vorkommen. — Auch die früher (S. 135) erwähnte *Hypobranchialdrüse* der Prosobranchiaten enthält Sinneszellen, weshalb ihr zuweilen ebenfalls Geruchsfunktion zugeschrieben wird.

Den Osphradien der geschilderten Mollusken entsprechen jedenfalls die bei den *tetrabranchiaten Cephalopoden* (Nautilus) in ähnlicher Weise an der Kiemenbasis vorkommenden Organe (Fig. 498). Zwischen den Basen der beiden Kiemenpaare liegt jederseits eine Papille (interbranchiales Organ), während sich etwas abanal von dem dorsalen oder abanalen Kiemenpaar ein Organ erhebt, das jedenfalls durch mittlere Verwachsung zweier ähnlicher Papillen entstand; dies erscheint um so wahrscheinlicher, als es in verschiedenem Grad in seine beiden Komponenten gesondert sein kann. Diese sog. postanalen Papillen entsprechen daher wohl einem zweiten Osphradienpaar, das mehr oder weniger verwachsen ist. — Beiderlei Organe besitzen hohes flimmerndes Epithel und empfangen Zweige vom Visceralnerv, was mit der Innervierung der Osphradien der übrigen Mollusken übereinstimmt. — Außer den beschriebenen Organen finden sich in der Augenregion von Nautilus noch andere, welchen ebenfalls meist Riechfunktion zugeschrieben wird. Oral und aboral vom Auge erhebt sich je ein muskulöses, retractiles, tentakelartiges Gebilde (Augententakel), das einseitig mit einer Reihe vorspringender Lamellen besetzt ist, deren Epithel aus bewimperten und unbewimperten Zellen besteht. Die zu den beiden Augententakeln (s. Fig. 499) tretenden Nerven entspringen von der

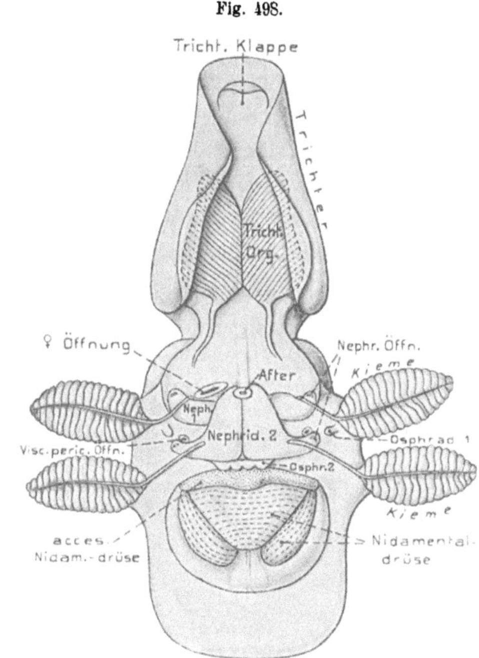

Nautilus pompilius. Mantelhöhle geöffnet, so daß ihre Vorderwand mit dem Trichter, den beiden Kiemenpaaren, den Osphradien usw. zu sehen ist. (Nach Willey 1900.)   Gerw.

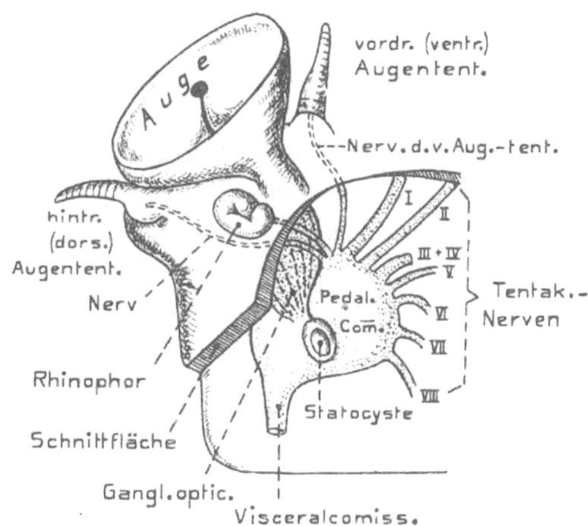

Nautilus pompilius. Augenregion von rechts mit den beiden Augententakeln und dem Rhinophor. Das Auge ist etwas nach oben herumgeklappt und ein Teil des Zentralnervensystems frei präpariert. Dasselbe zeigt die Statocyste, das Ganglion opticum, sowie die Nerven zu den Augententakeln, dem Rhinophor und die Tentakelnerven I—VIII. (Nach Willey 1900, etwas schematisiert.)   Gerw.

Pedalcommissur, als die dorsalsten in der Reihe der Kopftentakelnerven, weshalb es wahrscheinlich ist, daß diese Augententakel den Kopftentakeln homolog sind. Caudal (oder anal) vom Auge entspringt ein papillenartiges Gebilde, an dessen Basis sich ein ziemlich tiefer flimmernder Schlauch einsenkt. Diesem sog. *Rhinophor* wird ebenfalls Riechfunktion zugeschrieben. Der es versorgende Nerv entspringt dicht beim Nervus opticus und geht wahrscheinlich vom Cerebralganglion aus (s. Fig. 383, S. 529 u. Fig. 499). Wie nachgewiesen, vermag Nautilus seine Beute auf verhältnismäßig große Entfernungen zu wittern.

Die *Dibranchiaten* besitzen stets ein Paar Organe, welche den erwähnten Rhinophoren der Tetrabranchiaten entsprechen dürften. Sie stehen im allgemeinen lateral und etwas dorsal über den Augen (Fig. 500), am Eingang in die Mantelhöhle oder sogar ein wenig in letztere hineingerückt. Bei den *Octopoden* sind sie ein wenig nach vorn verschoben (oder nach der üblichen Bezeichnungsweise dorsal), so daß sie nahe der Stelle liegen, wo der Mantelrand in die Vor-

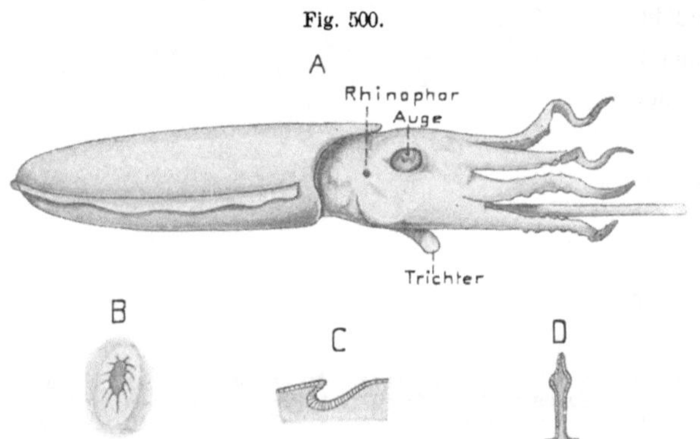

Dibranchiate Cephalopoden; Osphradien. *A—C* Sepia elegans: *A* Ganzes Tier von rechts; *B* das Osphradium von außen, stärker vergrößert, *C* Längsschnitt durch das Osphradium. — *D* Chiroteuthis, schematischer Längsschnitt durch das Osphradium. (Nach WATKINSON 1909.) Gerw.

derfläche des Eingeweidesacks übergeht. Ihrer Lage nach wären die Dibranchiatenorgane also sehr geeignet zur Prüfung des in die Mantelhöhle einströmenden Wassers, was ja auch für die Tetrabranchiaten-Osphradien gilt. Die Organe sind teils flimmernde eingesenkte Grübchen (Fig. 500 *A—C*), deren Öffnung sich wegen der muskulösen Beschaffenheit der Haut erweitern und verengern kann, wie auch die Grube sich zu vertiefen und abzuflachen vermag, ja bei gewissen Formen (besonders Octopoden) sogar mehr oder weniger ausstülpbar ist. Durch flache Gruben mit vorspringendem Rand (Loligo) gehen sie schließlich in frei über die Hautfläche sich erhebende papillenartige (gewisse Octopoden: Argonauta, Tremoctopus und Ögopsiden) bis tentakelartige (Bolitaena, Chiroteuthis Fig. 500 *D*) über. Die Organe erinnern demnach in vieler Hinsicht an die Rhinophore von Nautilus. — Das hohe Epithel der Grube oder der freien Organe besteht aus Flimmerzellen, zwischen denen sich zahlreiche nicht flimmernde finden, die einen eigentümlichen knäuelartig gebauten Körper enthalten.

Daß letztere Zellen Sinneszellen seien, ist unwahrscheinlich; sie dürften vielmehr wohl eigentümliche Drüsenzellen sein. wie sie sich auch in der Rhinophorgrube von Nautilus reichlich finden.

Zu den Rhinophoren der Dibranchiaten tritt ein Nerv, der meist direkt vom Nervus opticus abzweigt (jedoch nicht, wie S. 529 fälschlich erwähnt, von der ganglienähnlichen Anschwellung, dem Ganglion pedunculatum, sondern neben diesem). Zuweilen kann der Ursprung dieses Nervus olfactorius auch vom Nervus opticus abgerückt sein. Ob seine Fasern in letzter Instanz vom Cerebral- oder Visceralganglion entspringen, ist unsicher.

Die Rhinophore der Cephalopoden wurden wegen ihrer Lage und Innervierung zuweilen den Kopffühlern der Gastropoden homologisiert; ob dies richtig, bedürfte genauerer Feststellung. Die Muskellosigkeit der Rhinophorpapille von Nautilus spricht eher gegen eine solche Deutung.

Aus vorstehender Darlegung folgt, daß sich bei den Mollusken zweierlei Typen von Geruchsorganen finden: einmal die fühlerartigen Rhinophore, welche vom Cerebralganglion innerviert werden und dann die mit den Kiemen in Beziehung stehenden Osphradien, welche ihre Nerven von der Visceralcommissur empfangen. Wenn sich gewisse dieser Organe mit jenen der Würmer homologisieren ließen, so könnten wohl nur die Rhinophore in Betracht kommen, während die Osphradien Organe sind, die sich jedenfalls erst im Molluskenstamm hervorbildeten. — Geruchsvermögen wurde bei gewissen *Gastropoden* (*Helix*) und *Cephalopoden* physiologisch erwiesen.

4. Chordata.

a) Tunicata.

Bei der Schilderung des Nervensystems (S. 544) wurde schon der *Flimmer-* oder *Wimpergrube* (auch Flimmertrichter) gedacht, die bei allen Formen, deren Entwicklung genauer bekannt ist, an der Stelle des ursprünglichen Neuroporus aus dem vordersten Teil des Neuralkanals hervorgeht; doch scheint die Möglichkeit nicht ausgeschlossen, daß sich auch das äußere Ectoderm durch Einsenkung an ihrem Aufbau beteiligt. Da die Entwicklungsverhältnisse der Flimmergrube und des sie caudalwärts fortsetzenden Flimmergrubenkanals, sowie ihre Beziehung zum Cerebralganglion, schon früher geschildert wurden, so sei darauf verwiesen. Die Flimmergrube, welche meist als eine riechorganartige Bildung gedeutet wird (obgleich physiologische Beweise dafür fehlen), findet sich daher bei allen Tunicaten als ein unpaares Organ, und zwar in der Regel etwas vor dem Ganglion, gewöhnlich in der dorsalen Mittellinie des respiratorischen Darms (Kiemendarms), in dessen vorderster, wahrscheinlich überall ectodermaler Region. Sie steht in naher Lagebeziehung zu den paarigen Wimperbogen oder Wimperrinnen, die, wie später genauer zu schildern ist, an der Innenfläche des Kiemendarms von der ventralen Mittellinie dorsal bis in die Gegend der Grube emporsteigen, jedoch nur selten mit ihr in Verbindung zu stehen scheinen gewisse Ascidien, Doliolum). Im einfachsten Fall (*Copelaten*; s. Fig. 394, S. 545 u. Fig. 501 *A*) ist die Grube ein etwa trichter- bis schlauchförmiges, dorsal aufsteigendes Gebilde, das mit rundlicher bis länglicher Öffnung in den Kiemendarm mündet. Sie liegt bei den Copelaten ausnahmsweise asymmetrisch, rechtsseitig neben oder vor dem Ganglion Ihr blindes Ende kann dorsal über dem Ganglion lang kanalartig und fein zugespitzt auslaufen, wobei es sich dem dorsalen Körperepithel meist dicht anlegt.

Wie überall bestehen die Grube und der Kanal aus einem einschichtigen Epithel, dessen Zellen im distalen, die eigentliche Grube darstellenden und erweiterten Abschnitt ansehnliche Cilien oder Cilienbüschel tragen, während der kanalartige Fortsatz umbewimpert ist und manchmal nur aus wenigen Zellen besteht. Überhaupt wird das Organ der Copelaten nur von relativ wenigen Zellen gebildet. Der Zutritt eines Nervs vom Cerebralganglion zur Wimpergrube wurde mehrfach angegeben.

Einfache, ja vielleicht noch primitivere Verhältnisse finden wir bei *Doliolum*, dem sich auch die *Thaliacea* anschließen. Die Wimpergrube von *Doliolum* liegt als ein trichterartiges Gebilde ziemlich weit vor dem Ganglion und öffnet sich am Dorsalende des linken Wimperbogens. Vom Hinterende der eigentlichen Grube entspringt der lange und feine unbewimperte Kanal, der ziemlich weit nach hinten zieht und in einen warzenartigen Fortsatz der vorderen Ventralfläche des Ganglions übergeht. Eigentlich nervöse Struktur wurde jedoch in der Kanalwand nicht beobachtet.

In der Ontogenese der *Salpen* scheint vorübergehend ein ähnlicher Zustand wie der von Doliolum aufzutreten, welcher sich später dadurch vereinfacht,

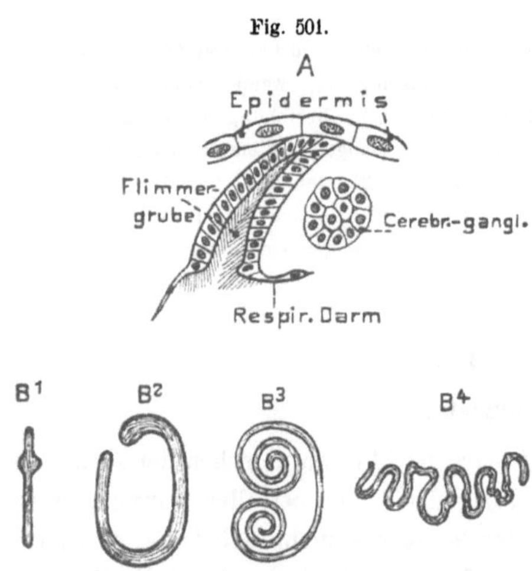

A Copelate (Oicopleura cophocerca). Längsschnitt durch die Flimmergrube und das Cerebralganglion (nach Seeliger, Bronn, Kl. u. O.). — *B* ¹—⁴ Einmündungsstellen der Flimmergrube in den respirator. Darm bei verschiedenen Ascidien in Flächenansicht: *B* ¹ Polycarpa pilella, *B* ² Ascidia falcigera, *B* ³ Cynthia cerebriformis, *B* ⁴ Ascidia translucida. (Nach HERDMAN aus Bronn, Kl. u. O.) v. Bu.

daß der dem Kanal entsprechende, hintere Teil des Organs verschwindet, während sich der distale, bewimperte und trichterförmige Teil, die eigentliche Wimpergrube, erhält. Letztere mündet mehr oder weniger weit vor dem Ganglion aus und reicht als trichter- oder schlauchförmige Bildung entweder bis zum Ganglion nach hinten oder endet in verschiedener Entfernung vor ihm. Es wurden jedoch zarte Nerven beschrieben, die vom Ganglion zur Wimpergrube ziehen, ja sogar auf ihrer Wand einen Plexus von Nervenzellen und Fasern bilden sollen.

Das Wimperorgan der *Ascidien* und *Pyrosomen* erscheint dadurch kompliziert, daß der wohl stets vorhandene Kanal einen drüsigen Anhang, die *Neuraldrüse* besitzt, welche den seither besprochenen Formen fehlt. Die Wimpergrube öffnet sich meist in einiger Entfernung vor dem Ganglion und ist in einfachen Fällen, wie auch bei Pyrosoma, ein schief aufsteigender flimmernder Schlauch, der nach hinten gegen die Ventralfläche des Ganglion zieht. Bei *Pyrosoma*, wo der Kanal nur wenig diffenziert ist (doch ist der hintere Abschnitt wimperlos), legt sich das Organ der ventralen Hirnfläche dicht an. — Bei den *Ascidien* kompliziert sich die Wimpergrube häufig sehr, vor allem bei den größeren Monascidien. In der Regel bleibt sie nicht einfach trichter- oder schlauchförmig, sondern erscheint entweder seitlich komprimiert oder von vorn nach hinten zusammengepreßt, so daß ihre Öffnung sowie ihr Querschnitt mehr oder weniger schlitzartig werden. Diese Komplikation kann dadurch sehr gesteigert werden, daß sich der Querschnitt der Grube bogen- bis schleifenartig krümmt oder selbst einrollt (Fig. 501 B^1—B^4). Auf solche Weise nimmt besonders die Grubenöffnung eine recht komplizierte, häufig asymmetrische bis unregelmäßige Form an, die sich natürlich gegen die Übergangsstelle in den Kanal vereinfachen muß. In seltenen Fällen kann sich hieraus sogar eine Auflösung der Mündung in eine Anzahl gesonderter Öffnungen hervorbilden (*Cynthia irregularis*). Der Bau der Grube zeigt jedoch weitgehende Variationen, selbst bei derselben Art. Ausgekleidet wird sie stets von Flimmerepithel. — Der ihr Hinterende fortsetzende Kanal scheint nie zu fehlen und zieht sich in verschiedener Länge, meist dicht an der Ventralfläche des Ganglions hin, kann jedoch auch seitlich rücken, ja bei einigen Arten sogar dorsal über das Ganglion (Fig. 395, S. 546); hinten geht er zuweilen direkt in die Gehirnmasse über (s. Fig. 395 *A*), oder vereinigt sich mit dem früher geschilderten Ganglienzellenstrang. Er wird von unbewimperten Epithelzellen gebildet.

Besonders eigentümlich verhält sich der Kanal von *Phallusia mammilata* und einigen *Ascidia*arten, wo er auch sehr lang werden kann. Hier sendet er seitliche Ästchen aus, die sich sekundär verzweigen können und wenigstens zum Teil durch flimmernde Erweiterungen in die Peribranchialhöhle münden. Diese Öffnungen mit der der Wimpergrube zu vergleichen, scheint aber nicht gerechtfertigt. Bei Phallusia soll sich die Öffnung der Wimpergrube im Alter rückbilden, so daß das Sekret des Kanals zur Peribranchialhöhle abgeleitet wird.

Eine *Neuraldrüse* (vgl. Figg. 395, 396, S. 546/47) tritt schon bei Pyrosoma auf als eine kleine, von drüsigen Zellen gebildete, im Alter solide Aussackung der ventralen Kanalwand. In ähnlicher Beschaffenheit wiederholt sie sich bei zahlreichen kleinen Ascidien, scheint aber zuweilen nur eine drüsige Stelle oder Erweiterung des Kanals zu sein, die sich an seinem Hinterende oder in seinem Verlauf bildet. Wenn die Drüse größer und komplizierter wird, wie bei den Monascidien, so entwickelt die aus der ventralen Kanalwand hervorgehende Ausstülpung sekundäre, zuweilen verzweigte acinöse bis tubulöse Aussackungen, deren Epithel gleichmäßig oder nur im Grunde der Aussackungen drüsig modifiziert erscheint. An der Bildung solch komplizierter Drüsen beteiligen sich auch das Bindegewebe und die Blutlacunen. — Wegen der Einschaltung der Drüse in den Kanal, läßt dieser dann gewöhnlich drei Abschnitte unterscheiden: 1) den vor der Drüse gelegenen, 2) den mit der Drüse verbundenen und 3) den caudal gelegenen, der häufig in den Ganglienzellenstrang übergeht.

In einzelnen Fällen scheint die Drüse rückgebildet zu werden, worauf sich selten an ihrer Stelle accessorische Nebendrüsen entwickeln (Phallusia mammillata). Im Drüsensekret finden sich bei den Ascidien zahlreiche abgestoßene Epithelzellen, die offenbar allmählich zerfallen. Über die Funktion der Drüse ist Sicheres nicht ermittelt; sie wurde als Schleimdrüse oder sogar als Exkretionsorgan gedeutet. Gerade bei den Ascidien fehlen bis jetzt

Beobachtungen über die Innervation der Wimpergrube, obgleich ihre Auffassung als Riechorgan für wahrscheinlich erachtet wird, wofür, abgesehen von ihrem allgemeinen Bau, namentlich die Lage im Zustrom des Atemwassers spricht.

Auf die häufig erörterten Beziehungen der geschilderten Organe zu denen der Wirbeltiere kann erst bei letzteren eingegangen werden.

b) Vertebrata.

Acrania. Wie schon bei der Beschreibung des Nervensystems hervorgehoben
wurde (S. 549), bildet sich bei *Branchiostoma* auf dem Kopfscheitel eine flimmernde
grubenförmige Einsenkung der Epidermis, in deren Grunde der Neuroporus
mündet. Durch das Vorderende der Dorsalflosse wird diese *Koellikersche Flimmergrube* (Riechgrube) später linksseitig verschoben. Beim Erwachsenen (s. Fig. 398,
S. 550) öffnet sich der Hirnventrikel nicht mehr in der Grube nach außen, dagegen erhebt sich die dünne dorsale Decke der Hirnblase vorn zu einem kurzen
Fortsatz (Recessus neuroporicus, Lobus olfactorius), der sich zwischen die Epithelzellen des Riechgrubengrundes einzuschieben scheint. Ein besonderer Nerv (Olfactorius), der von der Hirndecke zur Grube geht, scheint nach den neueren Beobachtungen nicht zu existieren, wurde jedoch früher öfter beschrieben (s. S. 608),
ja sollte sogar zuweilen paarig vorhanden sein. Gewissen Acranierformen (*Epi-
gonichthys* und *Asymmetron*) fehlt die Grube.

Unsicher erscheint auch, ob zwischen den Wimperzellen der Grube oder in deren
Grund besondere Sinneszellen vorkommen, wie sie manche Beobachter erwähnen. Daß die
Riechgrube nach ihrer Entstehung und sonstigen Bildung jener der Tunicaten recht ähnlich
ist, läßt sich kaum leugnen; daß sie bei letzteren in den ectodermalen Vorraum des Kiemendarms gerückt ist, dürfte als sekundäre Bildung unschwer zu verstehen sein. Die Homologie der Wimpergrube der Acranier mit dem Nasenorgan der Cranioten wurde jedoch auch
geleugnet, vielmehr die bei der Mundhöhle zu besprechende *Hatschecksche Grube* mit letzterem homologisiert. Näheres hierüber später. Bemerkenswert erscheint, daß manche Individuen von *Branchiostoma* auch rechtsseitig eine ähnliche kleinere Grube besitzen sollen.

Craniota. Das Geruchsorgan der *Cyclostomen* besitzt wegen seiner in gewissem Sinne vermittelnden Stellung zwischen jenem der Acranier und dem der
Gnathostomen hohes Interesse, doch bleibt in seinen Beziehungen einstweilen noch
vieles dunkel. Es wird zuerst als eine unpaare verdickte Ectodermstelle (Riechplatte oder -placode) an der vorderen Körperspitze des Embryos angelegt, und
zwar an der Stelle des geschlossenen Neuroporus oder ein wenig ventral von derselben (Myxinoiden). Diese unpaare Anlage (s. Fig. 502 *A*) sowie ihre Entstehungs-
weise erinnern an die Riechgrube der Acranier. Die Riechplatte verschiebt sich
dann auf die ventrale Kopffläche vor die Mundanlage und stülpt sich dorsalwärts
zu einer gruben- bis schlauchartigen Bildung ein, während sich dicht hinter ihr eine
zweite ähnliche Einstülpung entwickelt (Hypophysenanlage), welche mit der Riechgrube durch eine Längsrinne zusammenhängt. Bei den *Myxinoiden* (Bdellostoma)
ist diese Rinne viel länger als bei *Petromyzon*, so daß die beiden Einstülpungen
weit voneinander entfernt sind. Diese Rinne der *Myxinoiden* schließt sich durch
Entwicklung und Verwachsung zweier seitlicher horizontaler Falten zu einem
horizontal verlaufenden Rohr ab, das nur vorn eine Öffnung, die künftige äußere

Nasenöffnung bewahrt. Später erhält auch das Hinterende dieser Röhre, das aus der Hypophyseneinstülpung hervorging, eine Öffnung in den Vorderdarm. — Bei *Petromyzon* (s. Fig. 502 *B*) dagegen rücken die, sich tiefer einsenkenden Anlagen der Nase und des Hypophysenschlauchs allmählich auf die Dorsalseite des Kopfes hoch hinauf, wobei der Schlauch zu einer langen Röhre auswächst, die das Hirn vorn ventralwärts umgreifend, durch die Hypophysenöffnung der ventralen Schädelfläche hindurchtritt und zwischen Chorda und Schlund etwa bis zur zweiten Kiementasche zieht (s. Fig. 128, S. 228 u. 503/4), aber *keine* Öffnung in den Schlund erhält.

Schon früher (S. 566) wurde hervorgehoben, daß sich die eigentliche Hypophyse der Cyclostomen aus dem Hinterende des Hypophysenschlauchs entwickelt, woher dessen Bezeichnung stammt.

Bei den Cyclostomen bildet sich demnach auf die geschilderte Weise als Geruchsorgan ein langes Rohr, das in seinem vorderen Teil aus der eigentlichen Naseneinstülpung, in seiner Fortsetzung aus dem Hypophysenschlauch (Ductus nasopharyngeus, Nasengaumengang) besteht.

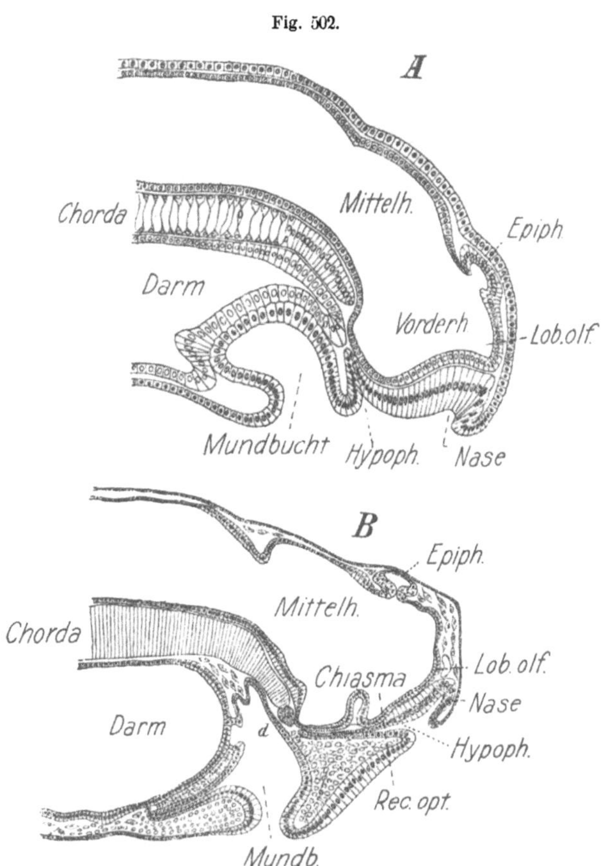

Petromyzon planeri (Larve, Ammocoetes). Medianschnitte durch den Kopf. *A* eben ausgeschlüpfte Larve. *B* Larve von 4 mm Länge. (Nach KUPFFER 1894, aus GEGENBAUR. Vergl. Anat.)

Bei *Petromyzon* führt die hoch auf dem Scheitel gelegene enge Nasenöffnung (s. Fig. 503, *1* u. Fig. 504) in einen, jedenfalls durch sekundäre Einstülpung entstandenen, mäßig langen unbewimperten Vorraum (Nasenrohr), von dessen Ende sich dorsocaudal der eigentliche, schwarzpigmentierte Nasensack ausstülpt, während sich der Vorraum in den Hypophysenschlauch fortsetzt, dessen blindes Hinterende etwas sackartig erweitert ist. Auf der Grenze von Vorraum und eigentlichem

Nasensack erhebt sich in das Lumen eine schief aufsteigende Klappe, welche das
Eindringen von Fremdkörpern abwehrt. — Der Nasensack wird von einer Knorpel-

Fig. 503.

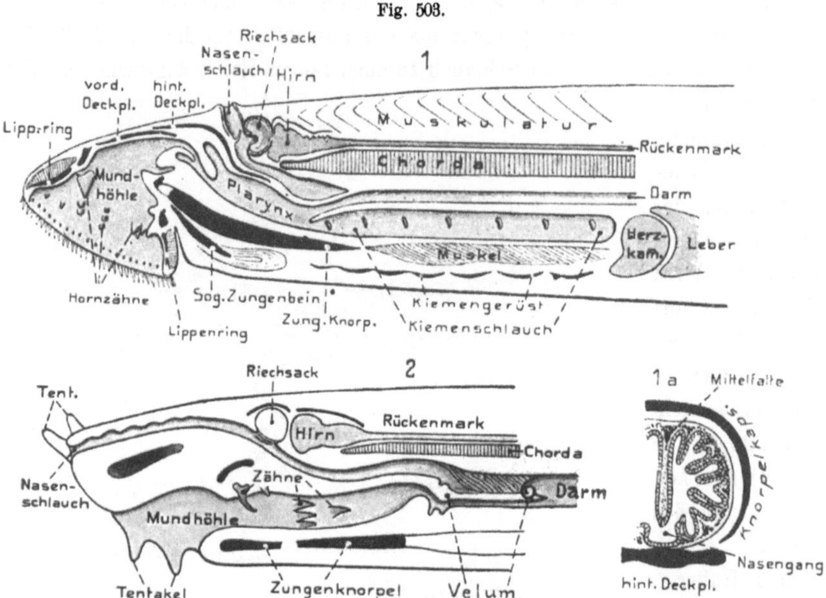

1. Petromyzon fluviatilis; *2.* Myxine glutinosa. Kopfregion in der Medianebene halbiert, rechte
Hälfte in Ansicht auf die Schnittfläche. *1 a.* Petromyzon fluviatilis, Querschnitt des Riechsacks
etwa in seiner mittleren Region.   Orig. O. B.

Fig. 504.

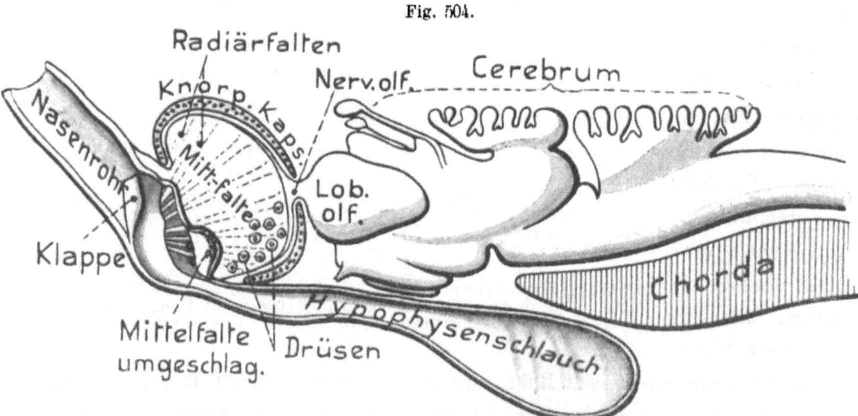

Petromyzon fluviatilis. Nasenorgan in nahezu medianem Sagitalschnitt von links gesehen. Der
Riechsack etwas linksseitig von der mittleren Hauptfalte getroffen, so daß diese in Flächenansicht zu sehen:
ihr freier Rand ist unten etwas umgeschlagen, um Einsicht in die rechte Hälfte des Sacks mit seinen Riechfalten zu gewähren, die soweit sie durch die Mittelfalte verdeckt werden, in Strichlinien angedeutet sind.
Hirn und Chorda eingezeichnet. (Nach KÄNSCH 1877, PARKER und HASWELL, sowie eigenem Präparat.)
                                                                              O. B. u. v. Bu.

kapsel umschlossen, deren schon beim Schädelskelet gedacht wurde (s. Fig. 127 u.
28, S. 227/8). Sowohl die Ontogenie als der definitive Bau ergeben bei beiden Abteilungen, daß das fertige Nasenorgan eine paarige Bildung ist, indem sich aus dem

ursprünglich unpaaren Nasensäckchen zunächst zwei laterodorsale sekundäre Säcke
hervorstülpen, deren Wand hierauf durch sekundäre Ausstülpungen eine erhebliche
Zahl Längsfalten bildet, wodurch der paarige Bau wieder etwas verwischt wird
(Fig. 503, *1a* u. 504).

Die viel ansehnlichere Entwicklung der ursprünglichen Mittelfalte, welche die beiden
primitiven Nasensäcke voneinander scheidet, namentlich aber der Umstand, daß diese beiden
Säcke sich bei Petromyzon sowohl distal als proximal über die Einmündungsstelle in das
Nasenrohr vorstülpen, so daß hier die sekundären Säcke zu abgeschlossenen Ausstülpungen
werden, macht die paarige Bildung deutlich. — Sinnes- und Wimperepithel findet sich nur
im Innern der sekundären Säcke. Drüsige, follikelartige Gebilde treten bei Petromyzon am
Grunde der Nasensäcke auf.

Im Gegensatz zu den Petromyzonten liegt die Nasenöffnung der *Myxinoiden*
am vorderen Körperende dicht über der Mundöffnung (Fig. 503, *2*), womit wohl zusammenhängt, daß hier die Nasenröhre lang röhrenförmig ausgezogen ist und der
eigentliche Nasensack etwa in der Mitte des ganzen Organs liegt. Er bildet hier
nur eine relativ mäßige Anschwellung der Röhre. Die Ontogenie (*Bdellostoma*) ver-
rät ebenfalls, daß ursprünglich zwei Nasensäcke aus der unpaaren Anlage her-
vorgestülpt werden; im erwachsenen Zustand ist dies wenig deutlich. Die Dorsalwand des Nasensacks bildet eine mäßige Zahl von Längsfalten und enthält ein
Knorpelgerüst, während die Wand des Vorraums von zahlreichen Knorpelringen
gestützt wird; auch bei Petromyzon enthält seine Wand Knorpel. Die mit einer
Klappe versehene Mündung des Nasengaumengangs in den Schlund liegt dicht am
Vorderende des sog. Velums.

Daß der Nasensack der Cyclostomen aus einer unpaaren Anlage in eine
paarige übergeht, wird auch durch die paarigen Nervi olfactorii (S. 565) bestätigt.
Das ontogenetisch vorübergehende Vorkommen eines unpaaren Nervs hat sich nicht
bestätigt.

Die mitgeteilten Ergebnisse machen es wahrscheinlich, daß die unpaare Geruchsgrube
der Acranier, die Nasensäcke der Cyclostomen und die paarigen Nasenorgane der Gnathostomen homologe Gebilde sind. Sehr schwierig erscheint dagegen die Beurteilung des Hypophysenschlauchs. Die Verbindung des Nasenorgans mit letzterem trug jedenfalls wesentlich
dazu bei, daß seine paarige Bildung zurücktritt. Häufig wurde der Hypophysenschlauch mit
dem *Flimmergrubenkanal* der Tunicaten (s. S. 701 ff.) homologisiert und die Neuraldrüse der
letzteren der eigentlichen Hypophyse verglichen. Da jedoch die beiderlei Organe der Tunicaten wenigstens in ihrem Hauptteil aus dem Neuralrohr selbst hervorgehen, so können sie
schwerlich mit dem Hypophysenschlauch der Cyclostomen identifiziert werden. Ob sich bei
den Acraniern etwas mit ihnen Vergleichbares findet, soll später bei der Mundhöhle erörtert
werden. Wahrscheinlich dürfte es sein, daß die Entwicklung und das spätere Verhalten des
Ductus nasopharyngeus der Myxinoiden die primitivere Bildung darstellt.

Gnathostomen. Die höheren Wirbeltiere unterscheiden sich durch die stets
scharf ausgeprägte Paarigkeit ihrer Nasenorgane (Amphirhinie) von den Acraniern
und Cyclostomen (Monorhinie). Die Organe treten schon embryonal fast stets als
paarige Riechplatten am vorderen Kopfende auf, rechts und links vom ehemaligen
Neuroporus.

Immerhin wurde bei gewissen Fischen (*Spinax, Polypterus*) eine unpaare Riechplatte gefunden, aus der durch seitliche Verdickungen erst die paarigen Anlagen entstehen, weshalb deren Herleitung aus ursprünglicher Monorhinie durch Vermittlung cyclostomenartiger Zustände nicht unmöglich scheint. Vielleicht läßt sich damit auch die Verbindung der Nasengrubenanlagen von *Ceratodus* durch eine Querfurche in Zusammenhang bringen. Daß die paarige Sonderung der Organe bei den Erwachsenen auch eine ontogenetisch doppelte Anlage hervorrufen konnte, und daß die Nervi olfactorii paarig wurden, ist unschwer begreiflich; schon bei den Cyclostomen ist die Paarigkeit der Riechnerven verständlich, ja notwendig, da ihre Fasern von den Riechzellen entspringen und diese auf die beiden Riechsäcke verteilt sind, was die Paarigkeit der Nerven hervorrufen mußte. — Die gelegentlich versuchte Homologisierung der paarigen Geruchsorgane mit einer vordersten Kiemenspalte wurde bald verlassen; dagegen wird ihre Vergleichung mit einer der früher bei den Hirnnerven beschriebenen Placoden (s. S. 624), ja sogar der Augenlinse, die häufig gleichfalls als eine epibranchiale Placode angesprochen wird, noch vielfach festgehalten. Daß aber eine Beziehung der Nasen- und Ohrgrube zur Linsengrube bestehe, ist doch recht unwahrscheinlich, da die Linse zweifellos ein Organ ist, das sich selbständig im Dienste der paarigen Augen entwickelte.

Ein weiterer Charakter aller Gnathostomen ist ferner, daß die Geruchsorgane keine Beziehung mehr zu einem Hypophysenschlauch oder der Hypophyse besitzen.

Nur in der Ontogenie von Acipenser und der Amphibien finden sich eigentümliche Verhältnisse, indem hier die Hypophyseneinstülpung auf der Dorsalseite des Kopfes dicht am Neuroporus entsteht und, ähnlich dem Hypophysenschlauch von Petromyzon, um das Vorderhirn ventralwärts herumgreift, um durch eine Öffnung in den Vorderdarm zu münden. Nur dieser hintere Teil des Schlauchs bleibt erhalten und wird unter Abschnürung vom Darm zur Hypophyse. Diese Ähnlichkeit mit den Cyclostomen ließe sich, wie schon S. 566 bemerkt, so deuten, daß sich bei den Gnathostomen nur der hintere, zur Hypophyse werdende Teil des Hypophysenschlauchs der Cyclostomen erhält und daher die Ausstülpungsöffnung der Hypophyse bei ihnen der Einmündungsstelle in den Darm bei Myxinoiden entspräche; doch steht dem entgegen, daß die Hypophyse der Gnathostomen sich stets aus dem Ectoderm des späteren Mundhöhlendaches entwickelt. — Jedenfalls muß aber der Hypophysenschlauch bei den Gnathostomen seine Verbindung mit den paarig auseinandergetretenen Nasenorganen aufgegeben haben, was sich aus dem erwähnten Vorgang in gewissem Grade erklären ließe.

Die Geruchsorgane der Fische beharren auf einer primitiven Entwicklungsstufe, indem sich die Riechplatten einfach zu einer Riechgrube vertiefen, welche nur in gewissen Fällen und auf besondere Weise eine Verbindung mit der Mundhöhle erlangen kann. Die anfänglich etwas lateral, zwischen den Augen und der vorderen Kopfspitze, auftretenden Organe verlagern sich bei fast allen *Chondropterygiern* und den *Dipnoi* dauernd auf die Ventralseite der Schnauze vor den Mund, was wohl in Rücksicht auf die Cyclostomenentwicklung einen ursprünglichen Zustand darstellt. — Bei *Ganoiden* und *Teleosteern* rücken sie dagegen aus der ursprünglichen Lage auf die dorsale Schnauzenfläche (nur bei den fossilen Ganoiden *Osteolepidae* scheinen sie ventral verblieben zu sein). — Wie schon früher (S. 225) erörtert wurde, bildet sich um jede Riechgrube eine Knorpelkapsel, die sich mit der ethmoidalen Schädelregion vereinigt, so daß die Riechorgane in Gruben oder Kapseln des Primordialcraniums eingelagert und bei den Teleosteern von Knochen mehr oder weniger geschützt werden; sie liegen hier in der Regel etwa zwischen den Nasalia und den Pleuroethmoidea.

Die Geruchsorgane der *Chondropterygier* und *Dipnoer* bieten besonderes Interesse, weil sie die nächsten Beziehungen zu denen der Tetrapoden zeigen. Wie bemerkt, liegen sie bei den Chondropterygiern fast stets auf der Ventralfläche der Schnauze, in geringer oder ansehnlicherer Entfernung vor dem queren Mund (Fig. 505, *2a, 3*). Wenn letzterer, wie bei den *Holocephalen* (Fig. 505, *1*) und *Chlamydoselache*, an das Vorderende der Schnauze rückt (oder letztere nur wenig über den Mund vorspringt), so liegen die Organe ebenfalls vorn, dicht über dem Mund und sind bei den *Holo-*

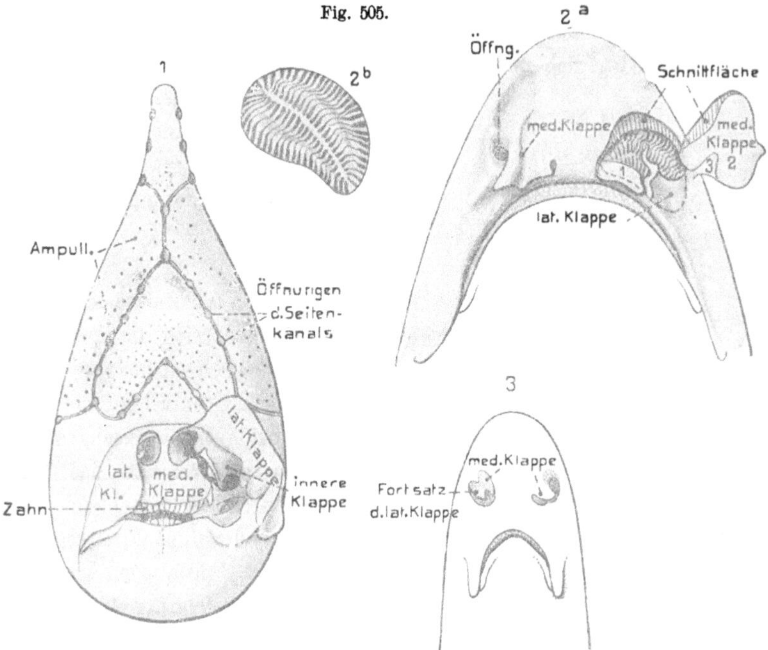

Chondropterygier, Geruchsorgane. *1*. Chimaera monstrosa, Kopf von vorn. Die laterale Klappe des linken Geruchsorgans ist nach außen umgeschlagen, so daß man in die zuführende Region hineinsieht. *2*. Scyllium stellare. *2 a*. Kopf von der Ventralseite. Rechts Geruchsorgan in seiner unveränderten Beschaffenheit, der Eingang in die Nasengrube durch die Medialklappe fast völlig verdeckt. — Links die Medialklappe innen und vorn abgeschnitten (Schnittfläche schraffiert) und nach außen umgeklappt, so daß man in der Tiefe den Boden der Grube erblickt. Der Umfang der Grube ist durch eine punktierte Linie angegeben. — *1*) Klappenartiger Fortsatz am Oralrand der Nasengrube; *3*) ähnlicher Fortsatz an der Medialklappe (2). — *2 b*. Der Boden der Nasengrube in ganzer Ausdehnung und in derselben Lage wie auf *2 a*, stärker vergrößert, um die Riechfalten und ihre Anordnung zu zeigen. — *3*. Mustelus laevis (jung). Kopf von der Ventralseite; die mediale Klappe der rechten Nasengrube umgeschlagen. O. B.

cephalen nahe zusammengerückt, was an die Verhältnisse der Tetrapoden erinnert. Bei *Chlamydoselache* sind sie, ähnlich wie bei *Ganoiden*, dorsolateral verschoben. — Wenn die Nasengruben weit vor dem vorderen Mundrand liegen (zahlreiche Haie, z. B. *Mustelus*, Fig. 505, *3*), so zeigen sie keinerlei Beziehungen zum Mund; wenn sie dagegen letzterem nahe rücken (viele Haie, Rochen, Holocephala), so zieht von ihrer Mündung eine Rinne gegen die Seiten des vorderen Mundrands und mehr oder weniger deutlich in die Mundhöhle hinein (Fig. 505, *2a*). Die Nasengrube ist etwa quer bis schief oval und ihre äußere Mündung stets mehr oder weniger von einer ringförmigen Hautfalte überdeckt, die sich im Umkreis ihres Eingangs entwickelt. — Bei den *Chondropterygiern* vergrößert sich der mediane Teil dieser Falte (Klappe)

meist stark und legt sich lateralwärts klappenartig über den Naseneingang mehr
oder weniger hinüber. Wenn eine Nasenmundrinne vorhanden ist, so wachsen
die beiden Medianlappen zusammenhängend gegen den vorderen Mundrand aus
(Fig. 505, *1, 2a*), so daß ihre Seitenteile die Rinnen überdecken. Diese Lappen
erinnern dann lebhaft an den später zu beschreibenden Stirnnasenfortsatz der Amnioten (vgl. Fig. 514, S. 717).

Auch eine laterale Nasenklappe entwickelt sich bei den Chondropterygiern
mehr oder weniger und wird zuweilen ziemlich kompliziert. Bei *Chimaera* (Fig. 505, *1*),
mit ihren dicht zusammengerückten Nasengruben ist diese laterale Klappe groß und
kompliziert; sie legt sich medianwärts über die mittlere, so daß die Nasenrinne durch
sie noch mehr abgeschlossen wird und
gleichzeitig viel tiefer in die Mundhöhle
hineinführt. Die erwähnten Klappenbil-
dungen können besondere Knorpel enthalten, sowie eine eigene Muskulatur besitzen.

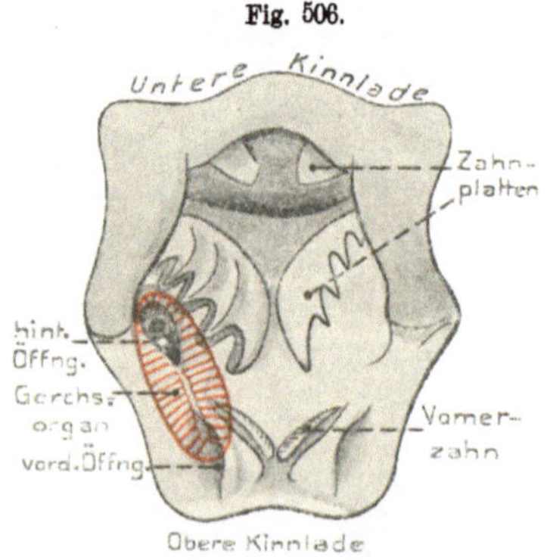

Ceratodus Forsteri. Die Unterkinnlade auf-
gehoben, so daß man von vorn und etwas ventral in das geöffnete Maul sieht, auf dessen
vorderer Dachregion sich die beiden Öffnungen
der Geruchsorgane finden. Das linke Geruchsorgan ist rot eingezeichnet. Orig. O. B.

An jene Verhältnisse der Chondropterygier schließen sich die der *Dipnoer* an.
Die ursprünglich dicht vor der Mundanlage auf der ventralen Schnauzenfläche
liegenden Anlagen der Nasengruben rücken
später nach hinten an das Dach der
Mundhöhle selbst, wobei sich längs der
Mittelregion der rinnenförmigen Grube jederseits eine Hautfalte entwickelt, durch
deren Verwachsung der Grubeneingang in
eine vordere Öffnung, die an der Ventralfläche der Oberlippe liegt, und eine hintere
am Dach der Mundhöhle, etwas vor dem Palatopterygoid gelegene, geschieden wird
(Fig. 506). Daß diese verwachsenden Falten den Klappen der Chondropterygier
entsprechen, ist wohl sicher; andererseits zeigen jedoch die Dipnoer auch Anschlüsse
an die *Ganoiden* und *Teleosteer*.

Wie bemerkt, sind bei beiden letzteren Gruppen die Nasengruben auf die
Dorsalseite der Schnauze in die Ethmoidalregion gerückt und ihre Mündung ist, wie
die der Dipnoer, fast immer durch eine mittlere Hautbrücke in zwei Öffnungen gesondert, eine vordere und eine hintere, von welchen die erstere zum Ein-, die
letztere zum Austritt des Wassers dient. Nur einigen *Pharyngognathen*, *Scom-
beresociden*, sowie *Gasterosteus*, fehlt diese Einrichtung; sie haben nur eine einzige
Nasenöffnung. Da die Nasengruben häufig längsoval bis sogar röhrenförmig werden,
so liegen die beiden Öffnungen hintereinander, und zwar bei verschiedenen Formen
in recht verschiedener Entfernung, teils dicht beieinander (z. B. *Acipenser*, *Salmo*
Fig. 508, *Gadus* Fig. 507 und viele andere), bis auch sehr weit entfernt, d. h. die
vordere dann dicht am dorsalen Mundrand, die hintere vor bis oberhalb des Auges
(z. B. bei *Polypterus*, den *Apoden* Fig. 507 usw; bei gewissen *Apoden* kann die

hintere Öffnung in die Oberlippe gerückt sein, ja sogar in die Mundhöhle münden).
— Wenn die Öffnungen weit auseinander gerückt sind, so liegen sie an den beiden Enden der röhrenförmig verlängerten Grube oder richtiger Höhle; wenn sie dicht stehen etwa über der mittleren Region der Grube (Fig. 507). — Die Öffnungen können mit Hautfortsätzen versehen sein, ja sich sogar röhrenförmig erheben, entweder nur die vordere (z. B. *Anableps*) oder beide (*Apoden*, Fig. 507). Vordere und hintere Öffnung sind manchmal recht verschieden gebaut.

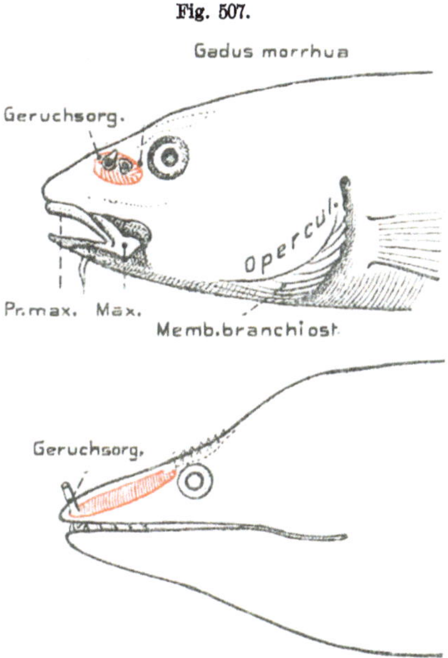

Vorderende von Gadus morrhua und Muraena helena von links mit rot eingezeichnetem Geruchsorgan. Orig. O. B.

Die frühere Annahme, daß bei der dorsalen Verlagerung der Nasengrube eine Umkehr ihres Vorder- und Hinterendes eintrete, so daß die vordere Öffnung dann der ursprünglich hinteren entspreche, hat sich nicht bestätigt; die Ansicht, daß die hintere Öffnung der äußeren Nasenöffnung der Tetrapoden entspräche, die vordere der Choane ist daher auch unrichtig.

Der feinere Bau der Nasengruben erinnert an die Verhältnisse der Cyclostomen, indem sich der Grubenboden stets in eine Anzahl Schleimhautfalten (Schneidersche Falten) erhebt, die sich in sehr verschiedener Zahl, bei lang röhrenförmigen Gruben gewisser Teleosteer namentlich in sehr großer, finden können (besonders *Apoden*, weniger *Solea*, *Siluroiden*). Diese, nur in seltenen Ausnahmefällen verkümmerten Falten (Fig. 505, *2b*, 506—508) stehen in jeder Grube meist quer zu einem vom Boden aufsteigenden mittleren Längsseptum (das selten mehr quer gerichtet ist), so daß das Septum gefiedert erscheint. Bei den *Teleosteern* reicht das Septum vorn in der Regel

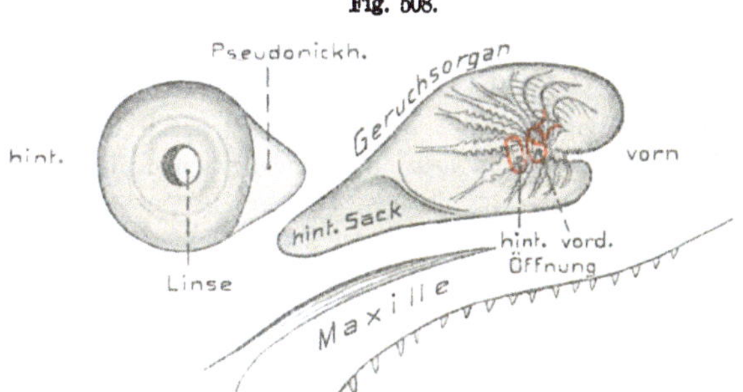

Salmo salar (Lachs). Rechtes Geruchsorgan und Auge in seitlicher Ansicht. Von dem Geruchsorgan ist die äußere Decke in ganzer Ausdehnung entfernt, um den Bau des Bodens zu zeigen; die beiden Öffnungen sind rot eingezeichnet. Orig. O. B.

bis zu der oralen Lippe der vorderen Öffnung und steigt hier häufig senkrecht empor. Wenn die Grube rundlich wird, so verkürzt sich das Längsseptum stark, so daß die Falten eine mehr radiäre Anordnung erlangen (z. B. *Esox*, *Cottus* u. a.).

Die Falten können sich durch Entwicklung sekundärer fiederartiger Fältchen
komplizieren und sind häufig noch dadurch ausgezeichnet, daß sich ihr mittlerer
Teil stärker erhebt, wodurch jederseits vom Septum eine Art Längswulst entsteht
(Fig. 505, *2b*). Das Wimper- und Riechepithel findet sich wie bei den Cyclostomen auf den Seitenflächen der Falten.

Bei nicht wenigen Knochenfischen kann sich die Nasengrube komplizieren, indem ihr
hinterer Teil nach vorn oder gegen das Auge nach hinten (*Salmo, Clupea* u. a.) in einen
faltenlosen, häufig recht ansehnlichen, accessorischen Blindsack auswächst (Fig. 508), oder gleichzeitig in einen dorsalen und ventralen (die meisten *Acanthopterygii, Clupea* u. a.). Diese
Säcke sollen bei gewissen Formen Schleim absondern (z. B. *Pleuronectiden*), in vielen Fällen
aber durch Erweiterung und Verengerung bei den Mundbewegungen zum Ein- und Ausströmen des Wassers der Nasenorgane beitragen. — Daß die Nasen der Fische die Wit-
terung der Nahrung vermitteln, wurde für gewisse Haie und Teleosteer erwiesen; doch wird
es auch für zahlreiche geleugnet. Wahrscheinlich dürfte es sich besonders um eine Prüfung
des Atemwassers handeln.

Tetrapoda. Die Beziehungen der Geruchsorgane zur Mundhöhle, die wir
schon bei den Dipnoi, aber auch in eigentümlicher Ausbildung bei vielen Chondropterygiern fanden, setzte sich auf die Tetrapoden fort und bewirkte hier, daß
die Riechorgane allmählich eine wichtige Bedeutung für die Respiration erlangten,
indem sie bei geschlossenem Maul die Zufuhr von Wasser in die Mundhöhle zu
den Kiemen oder von Luft zu den Lungen ermöglichen. Überall finden wir daher
eine äußere Öffnung jedes Organs (Apertura externa, Narina) und eine innere
(Apertura interna oder Choane), welche in die Mundhöhle führt. Ontogenetisch
bildet sich dieser Zustand in ähnlicher Weise wie bei den erwähnten Fischen,
indem sich am hinteren Rand der ursprünglichen Nasengruben eine Rinne bildet,
die bis zum Mundhöhlendach führt. Indem sich die Ränder dieser Rinne in ihrer
mittleren Region schließen, entstehen die beiden Öffnungen, welche also denen der
Fische homolog sind. Bei den Amnioten werden wir auf diese Verhältnisse noch
näher eingehen.

Nur bei den Amphibien (und z. T. auch den Säugern) scheint der Entwicklungsgang
sekundär modifiziert, indem die Rinne bei den Gymnophionen als eine solide Einfaltung
des Ectoderms angelegt wird, welche sich erst später öffnet; bei den übrigen Amphibien
dagegen wächst die Nasengrubenanlage caudal aus und die Choanen brechen sekundär durch.
Die Besonderheit, daß die Choanen der Urodelen und Anuren im Bereich des Entoderms
entstehen, nicht wie sonst in dem des Ectoderms des Mundhöhlendaches, ist wohl gleichfalls
als sekundär zu beurteilen.

Eine gemeinsame Eigentümlichkeit der Tetrapoden ist ferner, daß die *Tränen-
nasengänge* in die Nasenhöhlen münden. — Die ursprünglich sehr einfachen Organe
komplizieren sich in der Tetrapodenreihe bedeutend, wie die folgende Besprechung
ergeben wird.

Die Organe der *primitiven Amphibien* (*Ichthyoden*, besonders *Perennibranchiaten*) bleiben sehr einfach; ihre Narinen liegen seitlich am Kopf in der
Oberlippe (z. T. sogar noch ventral gerichtet), während sich die Choanen ebenfalls noch ziemlich weit vorn finden (speziell *Proteus*), so daß die etwa schlauch-

artigen längsgerichteten Nasenhöhlen verhältnismäßig kurz bleiben (Fig. 509).
Bei den übrigen Amphibien rücken die Narinen auf der Dorsalseite der Schnauze
näher zusammen und die Choanen etwas weiter nach hinten; innen und hinten
umrahmt von den Vomeres und den Palatina, außen von den Maxillen. Die Ableitung von den Verhältnissen der Dipnoer ergibt, daß das Dach der etwa schlauchförmigen Nasenhöhlen ursprünglich mit
Riechepithel, der Boden mit indifferentem
Cylinderepithel bekleidet sein mußte. —
An die Narinen schließt sich bei den Amphibien allgemein ein, je nach ihrer
Lage, etwas schief nach innen auf- oder
absteigendes Eingangsrohr (*Atrium, Ve-*
stibulum) an, das jedenfalls durch sekundäre Einsenkung entstand, da es von geschichtetem Plattenepithel ausgekleidet
wird. — Der Nasenschlauch erfährt im
Laufe seiner Entwicklung eine Drehung
um seine Längsachse, wodurch das ur-

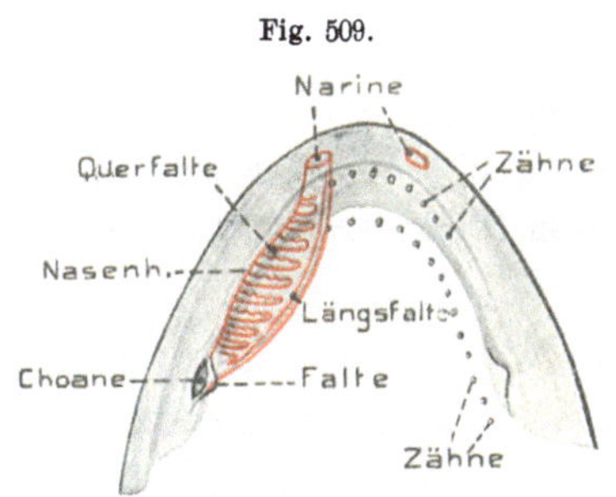

Necturus (Menobranchus lateralis). Gaumendach von der Ventralseite gesehen; die rechte
Nasenhöhle, sowie ihre Falten schematisch rot
eingezeichnet. (Original mit Benutzung v. ANTON
1912.)　　O. B.

sprüngliche Dach mit dem Riechepithel die mediale, das indifferente Epithel die
dorsolaterale Seite einnimmt. Auf dieser Stufe verharrt etwa das Geruchsorgan von
Proteus und *Necturus* (Menobranchus, Fig. 509) unter den Perennibranchiaten; doch
breitet sich die Riechschleimhaut hier zum Teil weiter aus, so daß sie bei Proteus

die mittlere Region des Nasensacks
völlig auskleidet. Von der Riechschleimhaut erhebt sich eine lateroventrale
Längsfalte, von der jederseits Querfalten
ausgehen, die sich ringförmig verbinden
und selbst wieder gefaltet sein können;
in den so entstehenden vertieften Feldern finden sich die Riechzellen in Form
von *Riechknospen* (siehe später S. 733).
In den Falten kann sich mehr oder
weniger Knorpel entwickeln, so daß eine
eigentümliche, durchbrochene Knorpel-

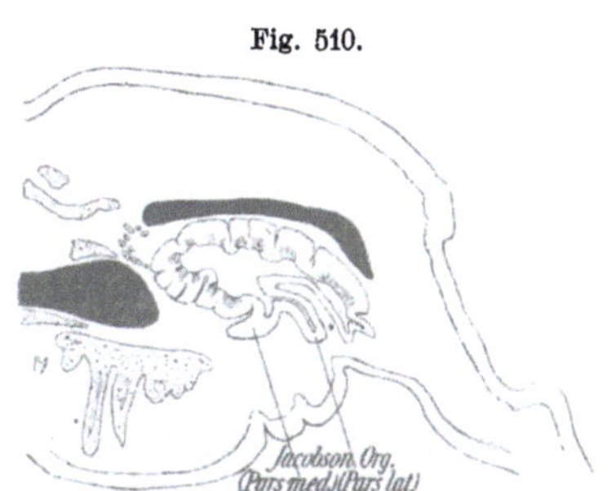

Siren lacertina. Querschnitt durch Nasenhöhle und Jacobsonsches Organ (nach SEYDEL
1895 aus GEGENBAUR vergl. Anat.).

kapsel entsteht. Die Gesamtbildung des Geruchsorgans der Proteiden erinnert
daher noch an die der Dipnoer. — Bei der Perennibranchiate *Siren* erfährt das
Organ eine wesentliche Weiterentwicklung, indem sich etwa vom Boden der hinteren Hälfte des Nasensacks eine längsgerichtete sackförmige Ausstülpung (*unterer*
Blindsack, Jacobsonsches Organ) bildet, welche durch eine offene Rinne, die bis zur
Choane nach hinten zieht, mit dem eigentlichen Nasensack (Haupthöhle) kommuniziert (Fig. 510). Das Vorderende dieser Ausstülpung wächst etwas nach vorn aus,
so daß es einen mit der Haupthöhle nicht mehr direkt zusammenhängenden vordersten Teil des Blindsacks darstellt. Da sich dieser untere Blindsack etwa auf der

medioventralen Grenze des Riechepithels ausstülpt, so erstreckt sich letzteres auch auf die Medialseite des Sacks. — Ein ähnlicher unterer Blindsack tritt bei allen übrigen Amphibien auf und entwickelt sich ursprünglich stets an ähnlicher Stelle, d. h. medioventral; wegen der oben erwähnten Drehung des Organs um seine Längsachse verschiebt sich jedoch die rinnenartige Ausstülpung des Blindsacks an den ventrolateralen Rand des Nasensacks, d. h. es ist eigentlich die ganze Zone des hier gelegenen indifferenten Epithels, die sich gegen den Oberkieferrand ausstülpt.

Auf diese Weise entsteht bei den *Salamandrinen* (ähnlich jedoch auch schon bei den *Derotremen* unter den Ichthyoden, speziell *Cryptobranchus*) eine ventro-

Fig. 511.

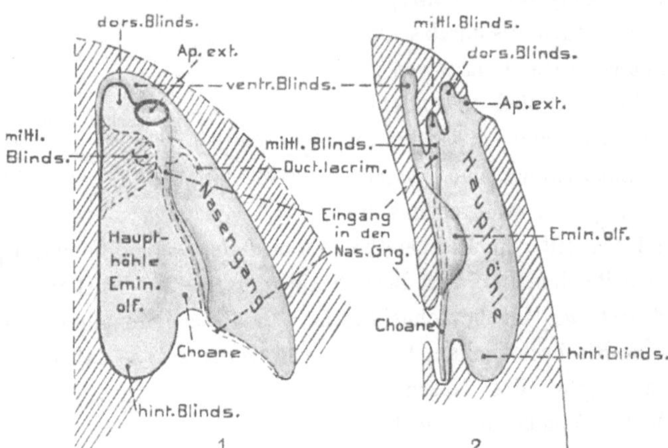

Rana. Schema der Nasenhöhle (nach den Querschnitten von Seydel und Gaupp konstruiert). — *1.* Ansicht von der Dorsalseite. Der mittlere Blindsack, sowie der in ihn mündende Ductus lacrimalis durch Strichlinien angegeben, ebenso der enge spaltartige Eingang in den seitlichen Nasengang. Die Verengerung der Nasenhöhle in der Region des mittleren Blindsacks ist fein schraffiert angedeutet. (Vgl. Fig. 512.) — *2.* Mediane Ansicht. Die Verengerung in der vorhin erwähnten Gegend ist hier nicht angedeutet.   O. B.

laterale Rinne, die sich von der Narine bis zur Choane erstreckt, und nur selten (z. B. *Siredon*) in ihrer mittleren Region, wo sie auch Riechepithel führt (das jedoch hier von dem der Haupthöhle völlig abgetrennt ist) eine blinde, nach vorn gerichtete Aussackung bildet, ähnlich Siren. Die erwähnte Nasenrinne (seitlicher Nasengang) setzt sich jedoch bei den Salamandrinen auch auf der Lateralseite der Choane am Dach der Mundhöhle caudalwärts noch eine gewisse Strecke fort, wo sie, ebenso wie die Choane, von einer an ihrem lateralen Rand vorspringenden Hautfalte (Gaumenfortsatz oder -falte) mehr oder weniger überdeckt wird. Letztere Bildung ist, wie wir später finden werden, die erste Andeutung des bei den Amnioten sich viel höher entwickelnden sekundären Gaumendaches und der sekundären Choane. Die Schleimhautfalten der *Perennibranchiaten* haben sich bei den *Derotremen* noch im vorderen Teil der Nasenhöhle schwach erhalten, doch finden sich außer der Längsfalte nur mediale Nebenfalten; den übrigen Amphibien fehlen sie. Gelegentlich wird angenommen, daß die Region der lateralen Nebenfalten von Proteus bei den übrigen Amphibien in die seitliche Nasenrinne oder das sog. Jacobsonsche Organ übergehe.

Viel komplizierter wird der Nasensack der *Anuren* und schließt sich näher an die Verhältnisse von Siren an als an jene der Salamandrinen. Die, im Zusammenhang mit der Kopfform, in ihrer Mittelregion sich stark verbreiternde und abflachende Nasenhöhle (s. Schema Fig. 511) bildet zunächst an ihrer lateralen Ventralfläche einen sehr ansehnlichen unteren Blindsack, der sich seitlich gegen den Oberkiefer hinabsenkt (seitlicher Nasengang, s. Fig. 512). Er steht durch eine enge Nasenrinne, die sich nahezu von der Choane bis etwa an die Narine erstreckt, mit der Haupthöhle in Verbindung, indem der Zusammenhang mit letzterer durch eine auf der Grenze zwischen beiden von der Dorsalwand herabsteigende Längsfalte eingeengt wird. Das Vorderende dieser Nasenrinne setzt sich jedoch noch beträchtlich über die vordere Grenze ihres Zusammenhangs mit der Haupthöhle fort als eine vorn blind geschlossene Aussackung (ventraler Blindsack im engeren Sinne oder Jacobsonsches Organ, s. Fig. 511—12). Diese Aussackung trägt auf ihrer vorderen mediodorsalen Wand Riechepithel. Die vorderste Region des

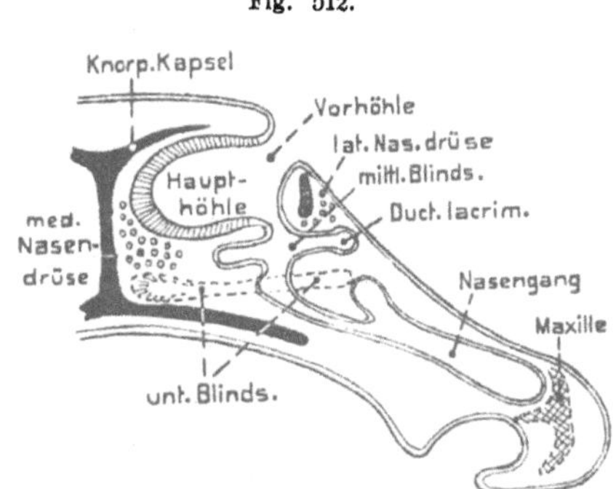

Rana. Querschnitt durch die rechte Nasenhöhle in der Region des mittleren Blindsacks und der Narine; der davor gelegene ventrale Blindsack ist in Strichlinien angedeutet; der seitliche Nasengang, der sich erst weiter hinten so ansehnlich entwickelt, mit eingezeichnet. Knorpel schwarz; Knochen gekreuzt schraffiert.

O. B.

Verbindungsschlitzes zwischen dem ventralen Blindsack und der Haupthöhle erweitert sich medial und etwas lateral und springt gleichfalls nach vorn blindsackartig vor (mittlerer Blindsack). Im letzteren mündet lateral der Tränennasengang, der bei den Salamandrinen etwa in die mittlere Region der lateralen Nasenrinne, bei Siren etwas vor dem unteren Blindsack lateral einmündet (den Ichthyoden fehlt er zum Teil, so Proteus, Necturus und Cryptobranchus). Das vorderste Ende der Haupthöhle der Anuren springt blindsackartig in die Schnauzenregion vor die Narine vor (dorsaler Blindsack), so daß in dieser Gegend drei Blindsäcke übereinander liegen. Auf mancherlei sekundäre Aussackungen dieser vorderen Region der Nasenhöhle, sowie auf die sehr komplizierte knorplige Nasenkapsel, kann nicht eingegangen werden.

Die *Gymnophionen* (Fig. 513) zeigen eigenartige Verhältnisse, indem der untere Blindsack (Jacobsonsches Organ), der als rinnenartige Aussackung angelegt wird, sich von vorn nach hinten fortschreitend, vom Boden der Haupthöhle ablöst und nur noch etwas vor der Choane oder an deren Medialrand in die Nasenhöhle mündet, also von letzterer fast völlig isoliert wurde. Der Ductus lacrimalis mündet vorn in die Lateralseite des unteren Blindsacks, was ja aus seiner Einmündung bei den übrigen Amphibien verständlich wird. Vom Boden der

Haupthöhle erhebt sich ein Längswulst, der sie in einen medialen und lateralen Teil sondert. Diese Bildung entspricht wohl der bei den Anuren schwach entwickelten *Eminentia olfactoria* (s. Fig. 511).

Eine aus zahlreichen Schläuchen bestehende *Drüse* mündet bei den Amphibien in den unteren Blindsack, den sie medial und ventral umlagert; sie wird als *untere Nasendrüse* oder *Jacobsonsche Drüse* (auch Glandula nasalis medialis, Fig. 512 u. 513) bezeichnet. —

Bei den *Anuren* und *manchen Urodelen* findet sich ferner eine tubulöse *Glandula nasalis externa* (auch vordere oder laterale Nasendrüse), die auf der Grenze zwischen Vestibulum und Haupthöhle mündet (s. Fig. 512).

Amniota. Das Geruchsorgan der Amnioten entwickelt sich im allgemeinen ursprünglicher als das der Amphibien, wobei recht auffallende Anklänge an den fertigen Zustand gewisser Fische auftreten. Die primitiven Nasengruben, welche ursprünglich lateral liegen, rücken bald mehr an das Vorderende (Fig. 514), indem sich zwischen ihnen ein gegen die Mundanlage herabsteigender Lappen (Stirnnasenfortsatz) bildet, dessen laterale Ränder direkte Fortsetzungen des die Nasengruben umziehenden Wulstes sind. Gleichzeitig wachsen die beiden Oberkieferfortsätze rechts und links hervor, welche später die Seitenwände der Mundhöhle bilden. Zwischen dem Stirn- und jedem der Oberkieferfortsätze bildet sich so eine von der Nasengrube absteigende Rinne, die Nasenrinne, die an das Mundhöhlendach umbiegt. Indem schließlich der Stirnnasen- und die Oberkieferfortsätze jederseits und

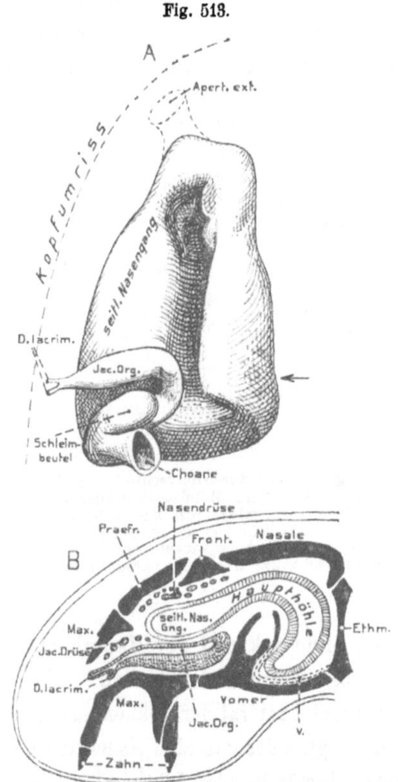

Ichthyophis glutinosus. Nasenhöhle mit Jacobsonschem Organ. — *A* Rekonstruktion der rechten Nasenhöhle nach Schnitten; Ansicht von der Ventralseite in den Kopfumriß eingezeichnet. — *B* Querschnitt durch die linke Kopfhälfte in der Gegend des Pfeils in Fig. *A.* Die Verbindung (*v.*) des Endteils des Lateralflügels des Ethmoids mit dem mittleren Teil ist in Strichlinien angedeutet. Riechepithel schraffiert; Knochen schwarz (nach SARASIN 1887—90 etwas verändert). O. B.

untereinander verwachsen, bilden sich die Nasenhöhlen mit äußerer und innerer Öffnung, welche durch den sogenannten primären Gaumen von der Mundhöhle gesondert werden. Demnach vollzieht sich die Entwicklung ganz so, wie es die vergleichende Anatomie der Nasenorgane der Fische erwarten ließ; ja, wenn wir z. B. die fertigen Organe von Chimaera (s. Fig. 505, 1, S. 709) mit Fig. 514 vergleichen, so erinnern sie geradezu auffallend an dies Entwicklungsstadium der Amnioten. Die schon bei gewissen Amphibien aufgetretene Verlängerung der pri-

mären Choanen in caudaler Richtung vermittels einer Rinne und einer Längsfalte
des seitlichen Mundhöhlendaches (Gaumenfalte oder -fortsatz) tritt bei den Amnioten
gewöhnlich viel stärker hervor und führt endlich, indem diese Falten in der Mittellinie miteinander verwachsen können, zu einer röhrenförmigen, mehr oder weniger
ansehnlichen caudalen Verlängerurg (Ductus nasopharyngeus) der primären Nasenhöhlen,
sowie zur Bildung sekundärer Choanen und eines sekundären Gaumens.

Reptilia. Die Nasenhöhlen der Reptilien sind im allgemeinen geräumiger als jene der
Amphibien, was mit der Gesamtform der Schnauze harmoniert, welche bedeutend höher
wird (Squamata, Cheloniae), wobei sich auch die Nasenhöhle dorsal stärker erhebt. Bei den
Crocodilen (Fig. 517, S. 718) mit ihrer stark verlängerten Schnauze wird die Nasenhöhle
zwar sehr lang, bleibt aber wegen Abplattung der Schnauze niedrig. — Die primären Choanen finden sich an ähnlicher Stelle wie
jene der Amphibien, d. h. zwischen Vomer, Palatinum und Maxillare. Die der Squa-
maten sind lang schlitzförmige Spalten, welche weit vorn beginnen, da der primäre
Nasenboden (primärer Gaumen) sich stark verkürzt und sich gleichzeitig in die

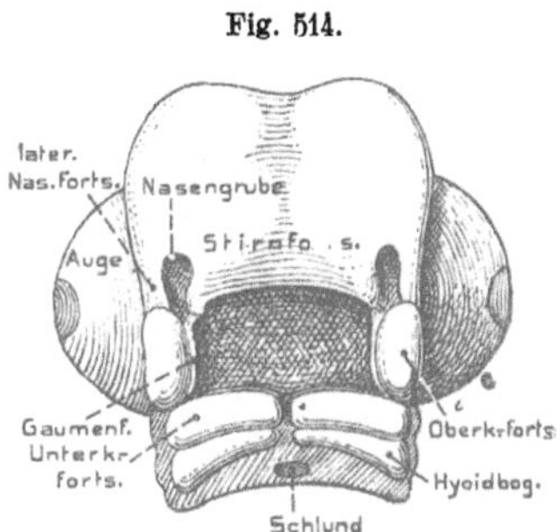

Homo. Embryokopf von vorn (nach den Lehrbüchern von KÖLLIKER und O. HERT-WIG). O. B.

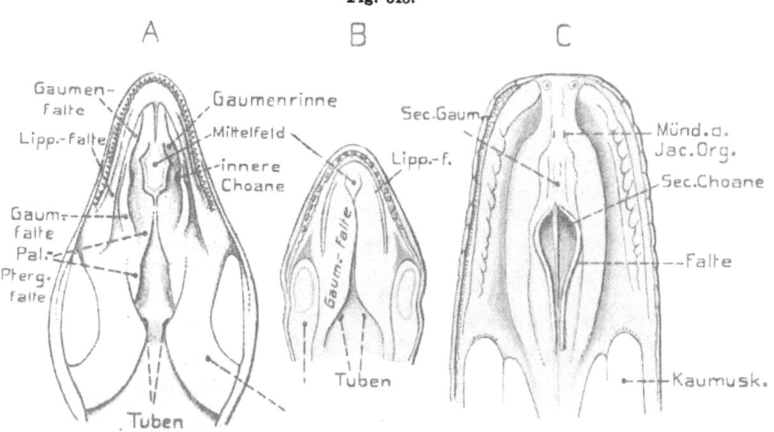

Gaumendach von Reptilien (nach GÖPPERT 1901). *A* Lacerta viridis. — *B* Chamaeleo
spec. — *C* Python tigris. O. B.

Mundhöhle herabsenkt. Durch die an der Lateralseite der primären Choanen auftretenden *Gaumenfalten,* die meist weit nach hinten ziehen (Fig. 515), wird eine
seitliche Nasenrinne, gewissermaßen eine Fortsetzung der primären (inneren) Choanen
gebildet, wobei letztere von diesen Falten stark überlagert werden. Die Nasenrinnen
erinnern an die Fortsetzung der seitlichen Nasengänge der Amphibien, denen sie
wohl auch entsprechen. Die Ausbildung des Jacobsonschen Organs bei den Squa-

maten, das als eine mediale Ausstülpung der Nasenhöhle, etwa am Vorderende der primären Choane entsteht (s. Fig. 520, S. 720), bewirkt eine Veränderung der letzteren, indem durch eine quere Hautfalte, welche etwa am Dorsalrand der Ein-

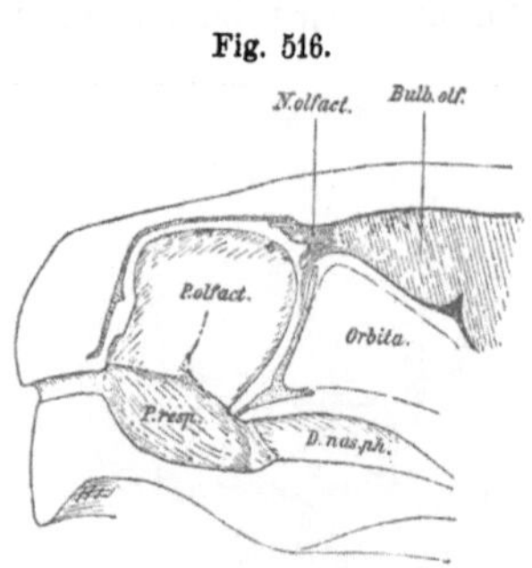

Testudo. Sagittalschnitt durch den Vorderkopf; das Nasalseptum fortgenommen (aus GEGENBAUR, Vergl. Anatomie, nach SEYDEL 1896).

mündung des Jacobsonschen Organs in das Vorderende der Nasenrinne auftritt, dies Organ völlig von der Nasenhöhle abgetrennt wird, wobei sich gleichzeitig ein sekundärer Boden der Nasenhöhle bildet, welcher auf eine Strecke weit die primäre Choane gegen die Nasenrinne abschließt und so die primäre Choane verkürzt. — Die beiden Gaumenfalten der Saurier bilden, wenn sie besonders lang werden und stark gegen die Mittellinie des Mundhöhlendachs vorspringen, zwischen sich eine Art Längsrinne, welche demnach die Andeutung eines Nasenrachengangs darstellt. Bei manchen Sauriern (*Scincoiden*, gewisse *Chamaeleo*arten, Fig. 515 *B*) sind die Gaumenfalten in ihrem vorderen Teil sogar so stark entwickelt, daß sie sich in der Mittellinie aneinanderlegen und, wenn auch ohne Verwachsung, einen Nasenrachengang formieren. Die *Ophidier* endlich

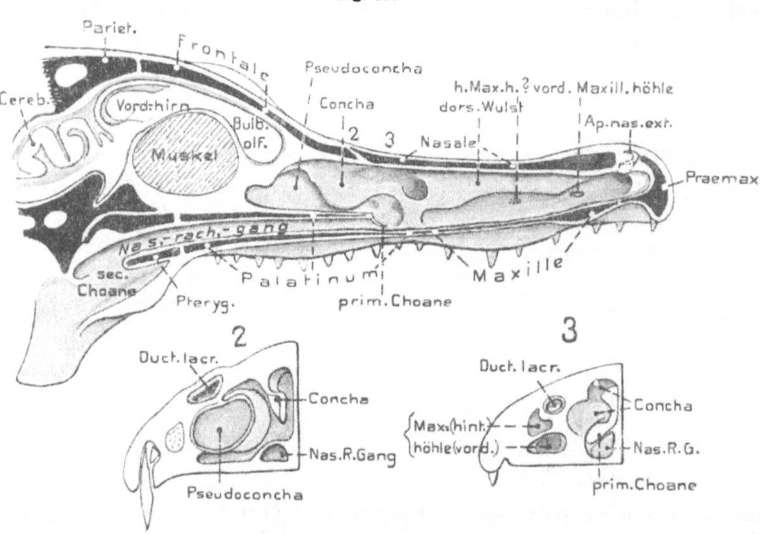

Alligator mississipiensis. *1.* Kopf median halbiert, linke Hälfte mit der Ansicht auf die Schnittfläche. Knochen schwarz. — *2.* und *3.* Zwei Querschnitte durch die rechte Kopfhälfte in der Region 2 und 3 auf Fig. *1*; Ansicht von vorn.   Orig. O. B.

(Fig. 515 *C*) zeigen auf eine kurze Strecke eine Verwachsung der Vorderregion der Gaumenfalten, so daß ein kurzer Nasenrachengang und wirkliche sekundäre Choanen gebildet werden. Das Nasenseptum setzt sich durch diesen Ductus nasopharyngeus bis nahe an sein Hinterende fort. Der vor dem Ductus gelegene Teil

der Gaumenfalten verkümmert bei den Ophidiern und gewissen Sauriern stark, so
daß die Nasenrinne vorn fehlt und die Jacobsonschen Organe weit vorn in der Gegend des Vorderendes der pri-
mären Choane, sowie des Ductus lacrimalis direkt in die
Mundhöhle führen (Fig. 515 C).

Einen durch die Verwach-
sung der Gaumenfalten gebildeten Nasenrachengang be-
sitzen die *Placoiden* stets, doch
bleibt er bei den *Cheloniern*
(Fig. 516) kurz, wird aber (was
auch bei Sauriern angedeutet
sein kann) von ventral absteigenden Lamellen der Palatina
vorn knöchern umhüllt (siehe
Fig. 165, S. 287). Bei dieser
Bildung muß auch eine Stellungsänderung der primären
Choanen eine Rolle spielen, indem die ventrale Region der
Nasenhöhlen sich ventral ver-
tiefte und die primären Choanen
daher eine mehr senkrechte
Stellung zum Dach der Mundhöhle erlangten, wogegen sie
bei den *Squamaten* durch einen
ähnlichen Vorgang schief von
vorn nach hinten aufsteigen. —
Eine ganz außerordentliche
Länge erreichen, wie früher
schon geschildert (S. 287), die
Ductus nasopharyngei der *Crocodile*, so daß die sekundäre
Choane nahezu unter das Hinterhauptsloch, dicht an den

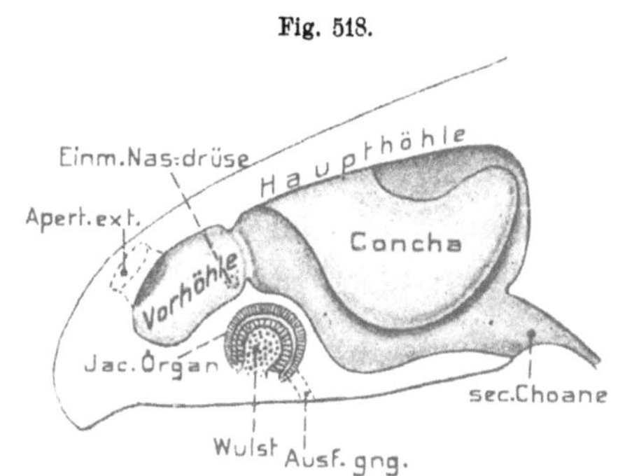

Fig. 518.

Lacerta. Längsschnitt durch den Kopf; rechte Nasenhöhle
geöffnet und von der Medianseite gesehen. Etwas schematisch.
Narine und Ausführgang des Jacobsonschen Organs in Strichlinien angedeutet (nach LEYDIG 1872, etwas verändert).
O. B.

Fig. 519.

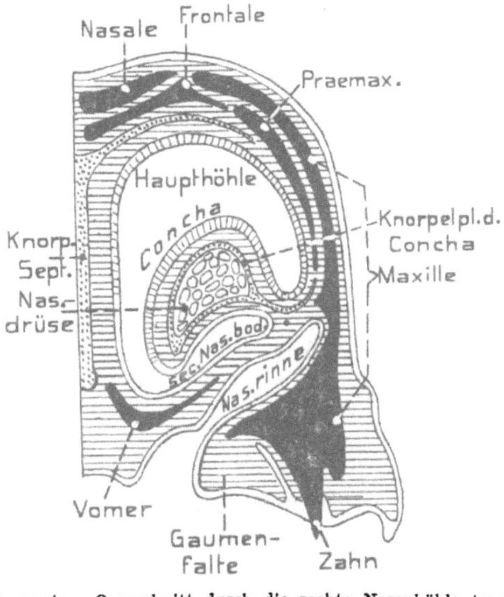

Lacerta. Querschnitt durch die rechte Nasenhöhle (nach
BORN 1879). O. B.

Kehlkopf, verschoben wird (Fig. 517). Daß dieser Ductus der Crocodile eine paarige Bildung ist, nicht einfach, wie eigentlich zu erwarten, rührt daher, daß sich
die Gaumenfalten bei ihrer Verwachsung auch mit dem primären Gaumendach vereinigen und so ein den Ductus durchziehendes Septum bilden. Physiologisch hängt
die Entwicklung des Ductus nasopharyngeus jedenfalls mit der Sicherung der
Respiration bei geschlossenem Mund zusammen.

Ein Nasenvorhof (Atrium), wie er schon den Amphibien zukommt, ist bei den Reptilien meist ausgebildet und tritt besonders bei den *Sauriern* (s. Fig. 518 und *Schildkröten* (Fig. 516) als engerer Anfangsteil der Nasenhöhle deutlich hervor, indem sich die anschließende Haupthöhle plötzlich stark erweitert. Den *Schlangen* fehlt der Vorhof und auch bei den *Crocodilen* unterscheidet er sich nicht deutlich von der Haupthöhle. Während sein vorderer Teil stets von Pflasterepithel ausgekleidet ist, kann der hintere auch Cylinderepithel besitzen. — Die Haupthöhle erweitert sich, wie bemerkt, meist stark dorsalwärts, doch auch in seitlicher Richtung und wird nach hinten allmählich höher. Ihr blind geschlossenes Hinterende erstreckt sich gewöhnlich mehr oder weniger über die primäre Choane hinaus. Besonders lang wird es bei den Crocodilen (Fig. 517), wo der hintere Teil der Haupthöhle über den Nasenrachengang bis zur Vorderwand der eigentlichen Hirnkapsel reicht. Relativ klein bleibt dagegen meist die Haupthöhle der Schildkröten.

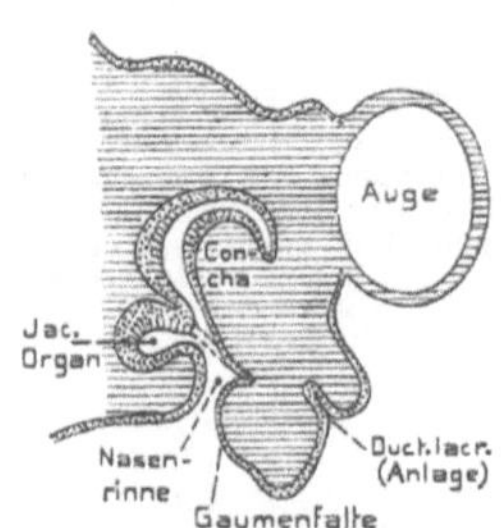

Fig. 520.

Lacerta. Embryo. Querschnitt durch Nasenhöhle mit der Anlage des Jacobsonschen Organs, des Ductus lacrimalis usw. (nach BORN 1879). O. B.

Von der Lateralwand der Haupthöhle senkt sich ein ungefähr lamellenartiger, längsverlaufender Auswuchs in die Haupthöhle hinab, die *Muschel* (*Concha*). Es ist dies eine mehr oder weniger gegen die Medialseite gekrümmte Lamelle (Fig. 518 u. 519), in welche ein Fortsatz der Knorpelkapsel der Nasenhöhle eintritt. Gut ausgebildet ist die Muschel besonders bei den *Squamaten* (Fig. 518), wo sie fast durch die ganze Haupthöhle zieht. Bei den verschiedenen Formen wechselt ihre Gestalt ziemlich. Durch ihr Vorspringen in die Nasenhöhle markieren sich verschiedene Abteilungen derselben mehr oder weniger scharf.

Die embryonale Anlage der Muschel tritt nicht als ein Einwuchs in die Nasenhöhle, sondern als eine lateralwärts gerichtete Krümmung der dorsalen Partie der Haupthöhle auf (Fig. 520). Bei den Amphibien scheint die Andeutung einer solchen Bildung, freilich ohne knorpelige Einlagerung, schon durch die Längsfalte gegeben zu sein, welche namentlich bei den Anuren den seitlichen Nasengang von der Haupthöhle abgrenzt.

Die *Crocodile* (Fig. 517) besitzen eine entsprechende Muschelbildung (Hauptmuschel) in der mittleren Region der Nasenhöhle, etwa da, wo sich der Eingang in den Ductus nasopharyngeus (prim. Choane) findet. Nach vorn setzt sie sich am Dach der Nasenhöhle als ein flacher Vorsprung fort, der fast bis an die Narinen reicht. Etwas hinter und lateral von dieser Hauptmuschel wölbt sich die Lateralwand der Nasenkapsel als ein muschelähnlicher Vorsprung in die Nasenhöhle hinein. Dieser Wulst (Pseudoconcha, Fig. 517, *1—2*) wurde häufig ebenfalls als Muschel beschrieben, namentlich deshalb, weil sich der Nervus olfactorius vorzüglich an ihm und dem benachbarten Septum ausbreitet. Die Pseudoconcha unterscheidet sich jedoch wesentlich von der eigentlichen Muschel, indem sie dadurch gebildet wird, daß sich in ihr ein ansehnlicher, vom Knorpel der Nasenkapsel umschlossener luftführender Hohlraum (Sinus) findet, der in der Gegend der Hauptmuschel mit der Nasenhöhle kommunizieren soll.

Die *Chelonier* zeigen an Stelle der Muschel nur einen flachen wulstartigen Vorsprung in die Haupthöhle, der nach vorn in eine Falte ausläuft (Fig. 516). Ihre Haupthöhle bleibt relativ klein, besonders bei den Seeschildkröten, wo sie an ihrer Dorsalwand noch eine bis zwei blinde Aussackungen mit Riechepithel bebesitzt. Am Beginn der Haupthöhle findet sich bei den Seeschildkröten eine ventrale Aussackung, auf die wir später zurückkommen werden, da sie als Jacobsonsches Organ gedeutet wurde.

Das Riechepithel breitet sich bei den Reptilien im allgemeinen an der dorsalen und medialen Wand der Haupthöhle, sowie an der Muschel aus; auf die Verhältnisse der *Crocodile* wurde soeben hingewiesen.

Größere *Nasendrüsen* mit einheitlichen Ausführgängen stehen mit dem Vorhof in Verbindung oder münden, wo dieser fehlt (Ophidia), an den Narinen aus. Eine *Glandula nasalis externa* (lateralis, auch obere genannt) ist bei *Squamaten* und *Cheloniern* ansehnlich entwickelt und lagert sich bei den ersteren meist in die Muschel ein (Fig. 519). Die Chelonier besitzen gewöhnlich noch eine *Glandula medialis* (auch untere genannt), die vorn in der Gegend des sog. Jacobsonschen Organs mündet. — Bei den *Crocodilen*, wo die Verhältnisse, besonders im erwachsenen Zustand, noch etwas unsicher sind, scheint nur eine Drüse vorhanden zu sein, die nach der Ausmündung am Septum, dicht bei den Narinen, sowie ihrer Lage dorsal von der knorpligen Nasenkapsel, wohl der *Gl. externa* entsprechen dürfte. — *Der Tränennasengang* mündet bei den Crocodilen (Fig. 517, *2—3*) etwa in der Mittelregion des vorderen muschelähnlichen Wulstes am Boden der Nasenhöhle aus. — Dagegen zeigen die Squamaten die Eigentümlichkeit, daß der Tränenkanal ursprünglich dicht neben dem Jacobsonschen Organ in die oben beschriebene Nasenrinne mündet, die hinten bis zur Choane führt. Bei den Schlangen und gewissen Sauriern (Ascalaboten) erhält sich dieser Zustand, wogegen bei den übrigen die Einmündung nach hinten auf die Choane verschoben ist. Die Tränendrüse hat daher im ersteren Fall ihre Beziehung zur Nasenhöhle ganz aufgegeben.

Nebenhöhlen der Nase, die wie bei den Vögeln und Säugern durch Ausstülpung aus den Nasenhöhlen entstehen und kein Riechepithel führen, sind bei den Crocodilen ansehnlich entwickelt, als zwei hintereinander in das Maxillare eingelagerte, langgestreckte Sinus (Fig. 517, *3*), von denen der vordere nahe dem Eingang der Nasenhöhle, der hintere etwas weiter caudalwärts in die Nasenhöhle mündet. Die Saurier besitzen selten eine laterale Nebenhöhle.

Vögel. Die Nasenhöhlen der Vögel schließen sich in mancher Hinsicht denen der primitiveren Reptilien, speziell jenen der Saurier an, haben sich jedoch eigentümlich kompliziert.

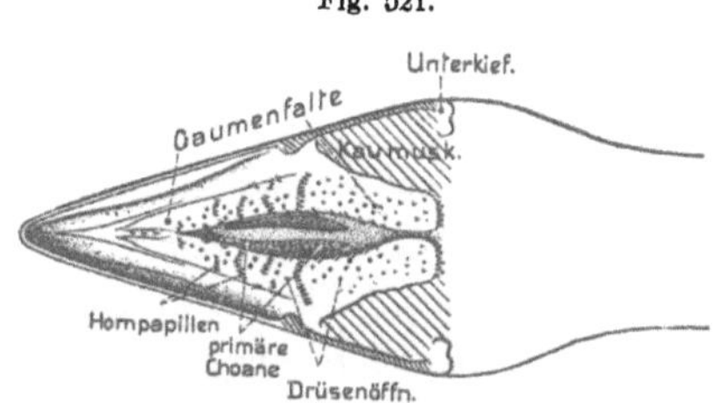

Fig. 521.

Phasianus colchicus. Gaumendach in Ventralansicht, die Gaumenfalten etwas auseinandergezogen, sodaß die Choanen sichtbar sind.
Orig. v. Bu.

Primitiv erscheint namentlich, daß kein gegen die Mundhöhle abgeschlossener *Ductus nasopharyngeus* besteht, sondern die Gaumenfalten die primäre Choane sowie die Nasenrachenrinne nur überlagern, ohne in der Mittellinie zu verwachsen (s. Fig. 521). Der Mangel eines Jacobsonschen Organs dürfte eher als eine Vereinfachung zu deuten sein, da eine vorübergehende, schwache Anlage desselben embryonal vorzukommen scheint. Die primären Choanen liegen zwischen dem

Vomer, den Palatina und den Gaumenfortsätzen der Maxillen (s. Fig. 159, S. 278
u. Fig. 521) sehr dicht nebeneinander und sind häufig gegen das Mundhöhlendach wenig scharf abgegrenzt. — Die rundlichen bis schlitzförmigen Narinen
(Fig. 522), welche mit einer *Klappe* (*Operculum*) versehen sein können, finden sich
meist in der mittleren Region des Schnabels, können aber bis an seine Spitze
(*Apteryx*) oder auch nahe an seine Basis rücken. Hiervon, wie von der Schnabel-
länge überhaupt, hängt die Länge der Nasenhöhlen ab. Die Narinen gewisser Vögel
(z. B. mancher Eulen) werden sehr eng, ja es kommt vor (Sulaarten), daß sie sich
verwachsend schließen, die Nasenhöhlen also nur von den Choanen aus zugänglich
sind. Das meist knorpelige, doch hinten vom knöchernen Mesethmoid fortgesetzte
Septum mancher Vögel ist an seinem Vorderende von einem Loch durchbrochen
(Nares perviae); zuweilen verknöchert auch das Septum in ganzer Ausdehnung.

Fig. 522.

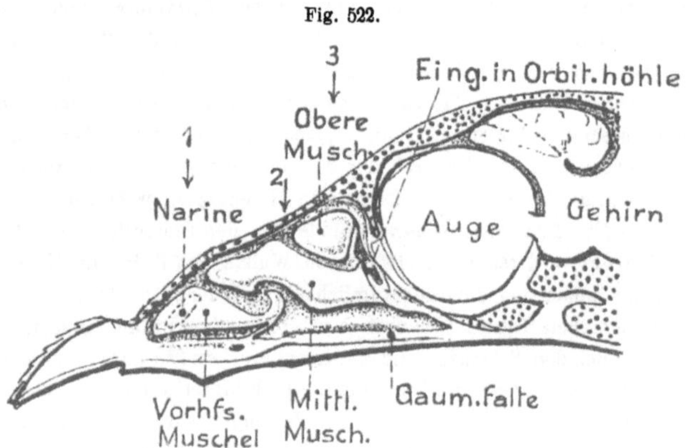

Phasianus colchicus. Sagittalschnitt durch den Kopf, etwas rechtsseitig vom Nasenseptum. Ansicht der rechten Nasenhöhle von innen mit den 3 Muscheln. Knochen punktiert. Narine in Strichlinien angegeben.   Orig. C. H.

Der vorderste Teil der Nasenhöhle (s. Fig. 522) erweist sich als *Vorhof*, der
dadurch kompliziert ist, daß von seiner Seitenwand in ihn ein einfacher bis komplizierter, lamellenförmiger und muschelartiger Vorsprung hineinragt (gewöhnlich als
Vorhofsmuschel bezeichnet; s. Fig. 522 u. 523, *1*); er fehlt nur wenigen Formen
(z. B. *Gypogeranus*). Wie der übrige Vorhof ist diese Muschel mit Pflasterepithel
bekleidet. — Etwas dorsal und caudal von ihr springt in die Haupthöhle von deren
Lateralwand stets eine ansehnliche Lamelle vor, welche sich ventralwärts krümmt
und einrollt (s. Fig. 522 u. 523, *2*), wobei die Windungen bis auf $2\frac{1}{2}$ steigen
können. Diese ansehnlichste, *mittlere* oder *primäre Muschel* ist ontogenetisch
mit Riechepithel bekleidet, das aber später von indifferentem Wimperepithel
ersetzt wird. — Endlich tritt im dorso-caudalen Winkel der Haupthöhle meist
noch eine dritte muschelartige Bildung auf (obere oder sekundäre Muschel), welche
sich von den beiden ersten dadurch unterscheidet, daß sie nicht von einer
Lamelle mit eingelagertem Knorpel, sondern durch eine Einbuchtung der lateralen
Knorpelwand der Nasenhöhle gebildet wird, hervorgerufen von einem luftführenden

Sinus. Dieser Sinus der oberen Muschel hängt mit dem *Orbitalsinus* (-höhle), der sich in der vorderen Region der Orbitalhöhle findet und weiterhin auch mit einem *Kiefersinus* (-höhle) (s. Fig. 523, *3*) zusammen. Der Orbitalsinus kommuniziert durch eine spaltförmige Öffnung mit der Nasenhöhle am Hinterende der mittleren Muschel (s. Fig. 522). — Nur die obere Muschel, oder wenn sie fehlt (z. B. Columba), die ihr entsprechende Stelle der Nasenhöhle besitzt Riechepithel, daher auch ihre Bezeichnung als »Riechwulst«. Ihre Bildung erinnert an die Pseudoconcha der Crocodile, obgleich eine Homologie nicht sicher erscheint.

Eine ansehnliche, doch recht verschieden große *Drüse* mündet mittels eines Ausführgangs medial in den Vorhof. Nach ihrer Entwicklung dürfte sie der medialen oder septalen Drüse der Amphibien und Reptilien entsprechen; manchen Vögeln scheint aber auch eine Glandula externa zuzukommen.

Mammalia. Wie schon bei der Besprechung des Schädels erwähnt (S. 293 u. 301), werden die Nasenhöhlen der Säuger, die keine scharf abgegrenzte Vorhöhle zeigen, sehr geräumig, erstrecken sich weit nach hinten bis unter die vordere Region der Hirnschädelbasis, ähnlich wie bei den Crocodilen, und erheben sich gleichzeitig nach hinten ansehnlich (vgl. Fig. 174 *C*, S. 298). Ihr blinder hinterer Abschnitt wird von den Ethmoidea abgeschlossen, die ja, wie früher erwähnt, durch ihre besondere Entwicklung an der komplizierten Bildung der Höhlen teilnehmen.

Im Gegensatz zu den Sauropsiden steht das Geruchsvermögen der Säuger meist auf hoher bis sehr hoher Stufe, weßhalb es die übrigen Sinne häufig an Feinheit übertrifft. Wie schon beim Gehirn (s. S. 589) hervorgehoben, unterscheidet man macro- und microsmatische Säuger, je nach dem Entwicklungsgrade des Geruchsvermögens und der entsprechenden Komplikation der Riechorgane. — Die Geruchsorgane entstehen ontogenetisch wie bei den übrigen Amnioten. Die Eigentümlichkeit, daß die primären Choanen (mit Ausnahme von *Echidna*) anfänglich geschlossen sind und erst später durchbrechen, erscheint. wie bei den Amphibien, als sekundäre Modifikation.

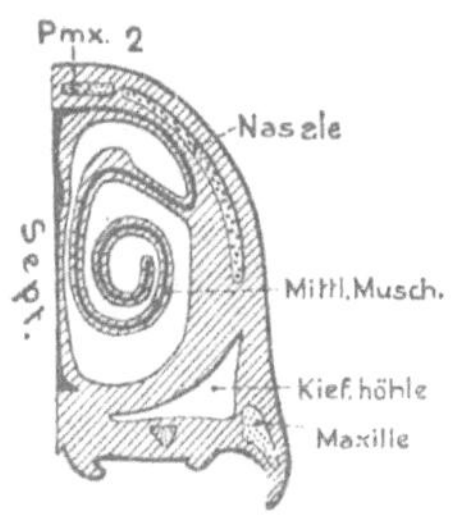

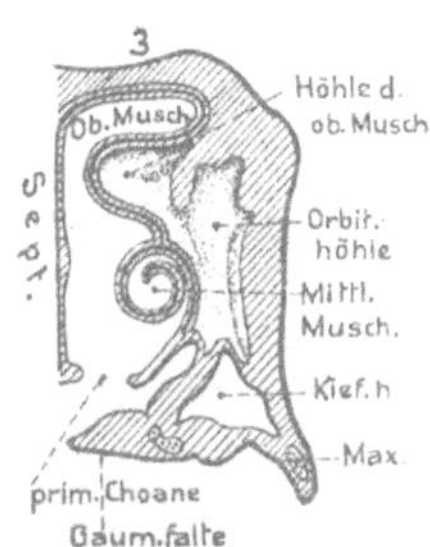

Gallus domesticus. 3 Querschnitte durch die rechte Nasenhöhle in der Gegend der Pfeile *1—3* auf Fig. 522. Knorpel schwarz; Knochen punktiert. Orig. C. H.

Ähnlich wie bei den placoiden Reptilien, wird bei sämtlichen Säugern durch Verwachsung der Gaumenfalten ein Nasenrachengang gebildet, was schon beim Schädel hervorgehoben wurde (S. 304). Das Nasenseptum setzt sich caudalwärts bis nahe an die sekundären Choanen fort und der unpaare Vomer stützt das Septum durch seine absteigende Lamelle. Im allgemeinen bleibt der Nasenrachengang kürzer als bei den Crocodilen, die Choanen liegen daher meist in der Mittelregion des

Gaumendachs; doch können sie auch weiter nach hinten verlagert werden, so bei *Monotremen, Cetaceen* und namentlich *Myrmecophaga*, wo sie, unter Beteiligung der Palatina und Pterygoidea an der Umschließung des Ductus nasopharyngeus, nahe ans Hinterhauptsloch gerückt sind. Der blinde Caudalteil der Nasenhöhlen erstreckt sich aber bei den Säugern gewöhnlich noch weit hinter die Choanen.

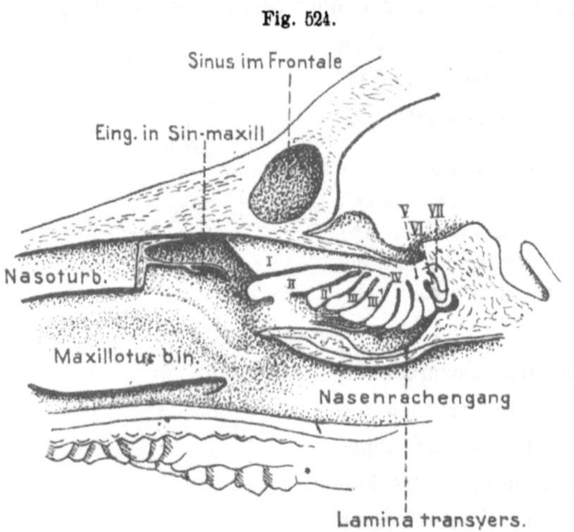

Sus scrofa domestica. ³/₄ Jahr alt. Caudaler Teil der rechten Nasenhöhle durch einen Sagittalschnitt des Schädels geöffnet. Ein mittleres Stück des Nasoturbinale ist weggeschnitten (nach PAULLI 1900).   v. Bu.

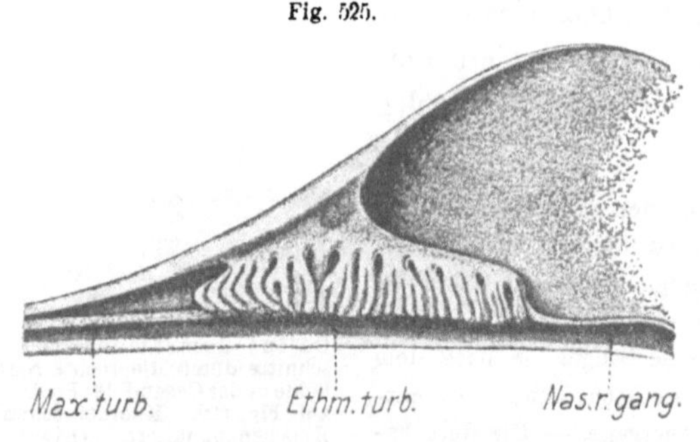

Echidna. Medianschnitt durch die Nasenhöhle, Septum entfernt (aus GEGENBAUR, Vergl. Anatomie).

Wie schon beim Schädel bemerkt, beruht die Komplikation der Nasenhöhlen auf der ansehnlichen Entwicklung der *Muscheln*, womit eine bedeutende Vergrößerung der Schleimhautoberfläche der Höhlen verbunden ist. Die Muscheln sind ursprünglich längsgerichtete oder schief absteigende Schleimhautfalten, welche von der lateralen und dorsalen Höhlenwand gegen das Septum vorspringen. Doch entstehen sie auch hier weniger durch Erhebung der Schleimhaut als durch Ausbuchtungen der Nasenhöhlenwand, zwischen welchen die Muschelfalten stehen bleiben. Alle Muscheln besitzen ontogenetisch anfänglich Sinnesepithel; im erwachsenen Zustand dagegen beschränkt sich dieses auf das caudale blinde Ende der Nasenhöhle (hinterer Blindsack), sodaß die Muscheln nur noch in dieser Region, gewisse aber auch gar kein Riechepithel mehr tragen. — Von der knorpligen Nasenkapsel aus entwickeln sich zur Stütze der Schleimhautmuscheln Knorpellamellen (*Turbinalia*), die sie durchziehen und schließlich verknöchern, sowie mit benachbarten Knochen verschmelzen, worauf die knöchernen Muscheln als Auswüchse dieser Knochen erscheinen. — In der Vorderregion der Nasenhöhle finden sich regelmäßig zwei solcher Muscheln (s. Fig. 174 *C* u. *D*, S. 298 u. Fig. 524): eine meist sehr ansehnliche ventrale, deren Knochenlamelle mit dem Maxillare verwächst, und welche daher gewöhnlich als *Kiefermuschel* oder *Maxilloturbinale* bezeichnet wird. Diese Muschel ist auf den vor der Choane gelegenen Teil der Höhle beschränkt und besitzt kein Riechepithel. — Dorsal von ihr findet sich eine sehr langgestreckte Muschel, die caudal bis in die ethmoidale Regio olfactoria reicht und sich knöchern, sowohl mit dem Nasale als dem lateralen Ethmoid verbindet, das *Nasoturbinale*, das aber bei gewissen Formen stark rückgebildet ist. Im hinteren, blindgeschlossenen Teil der Nasenhöhlen endlich tritt eine verschiedene Zahl kleinerer Muscheln auf, deren knöcherne Lamellen sich wie das Nasoturbinale sämtlich mit dem seitlichen Ethmoid vereinigen, so daß sie als Auswüchse desselben erscheinen; sie sind alle, wenigstens in ihrem hinteren Teil, mit Riechepithel versehen. Letztere Muscheln werden daher als *Ethmoturbinalia* bezeichnet. Das Nasoturbinale, welches sich als dorsalste oder oberste Muschel über sie hinzieht, wird ihnen in der Regel als besonders modifiziertes Ethmoturbinale I zugerechnet.

Hinsichtlich ihrer Entwicklung sollen sich das Maxillo- und Nasoturbinale dadurch von den eigentlichen Ethmoturbinalia unterscheiden, daß sie sofort an der Lateralwand der Nasenhöhlen entstehen, die letzteren dagegen ursprünglich und successive an der dorsalen Region des Septums und erst später durch Verschiebung an die Lateralwand gelangen. Daher werden die beiden erstgenannten Muscheln zuweilen auch als laterale von den letzteren oder den septalen, die auch etwas früher angelegt werden, unterschieden.

Je nach ihrer Verlaufsrichtung liegen die Ethmoturbinalia entweder mehr übereinander, wie bei den meisten Säugern, oder mehr hintereinander (z. B. Monotremen [Fig. 525] und Primaten). Im allgemeinen hängt dies mit der Stellung des Ethmoids zusammen, zu dessen Siebplatte die Muscheln etwa senkrecht ziehen; steht daher die Siebplatte annähernd vertikal, so ziehen die Muscheln längs und stehen übereinander (Fig. 524), steht dagegen die Platte stark schief oder nahezu horizontal, so steigen die Muscheln abwärts und folgen hintereinander (Fig. 525, 529).

Wenn sich nur eine kleinere Zahl von Ethmoturbinalia findet, so sind sie meist von ähnlichem Bau und erstrecken sich auch in ungefähr gleicher Ausdehnung von der Dorsolateralwand der Nasenhöhle gegen das Septum, so daß sie die hintere Nasenhöhle stark erfüllen. In diesem Fall sind daher die Ethmoturbinalia bei Betrachtung der sagittal aufgeschnittenen Höhle sämtlich zu sehen. Deshalb hat man die sich so verhaltenden Ethmoturbinalia *Hauptmuscheln* oder, da sie das Septum fast erreichen, *Endoturbinalia* genannt. Sie werden von der Dorsal- gegen die Ventralseite gezählt, also das Nasoturbinale als I., das darauf folgende Endoturbinale als II. und so fort bezeichnet (Fig. 524 u. 526). — Es scheint, daß für die placentalen Säuger im allgemeinen fünf Endoturbinalia typisch sind, welche jedoch in gleich zu schildernder Weise vermindert oder vermehrt werden können. Bei den meisten Säugern tritt nämlich eine bedeutende Vermehrung der Ethmoturbinalia auf, indem sich in den Zwischenräumen der Endoturbinalia sekundäre Turbinalia bilden, die meist kleiner bleiben, namentlich weniger weit gegen das Septum vorspringen. Letztere werden deshalb *Ectoturbinalia* ge-

nannt (Fig. 526 *B 1—6*); sie sind an der aufgeschnittenen Nasenhöhle fast nie
direkt sichtbar, da sie von den Endoturbinalia verdeckt werden (daher auch als
Conchae obtectae bezeichnet). Die Zahl dieser Ectoturbinalia ist sehr verschieden.

Einzelnen Formen (*Ornithorhynchus*, vielen *Primaten*) fehlen die Ectoturbinalia ganz
(wohl durch Reduktion). Bei anderen finden sie sich in geringer Zahl (so 2—3, *Insectivora* usw.), können sich aber, namentlich bei *Ungulaten* und *Elephas*, ungemein vermehren,
bei ersteren bis auf 31. Bei hoher Zahl der Ectoturbinalia sind sie häufig selbst wieder
verschieden groß, so daß sich zwei Arten: größere (sog. mediale) und kleinere (sog. laterale)
unterscheiden lassen.

Die Ethmoturbinalia sind im einfachsten Falle etwas gekrümmte Lamellen.
In der Regel werden sie jedoch komplizierter, indem sich der freie Rand der La-

Fig. 526.

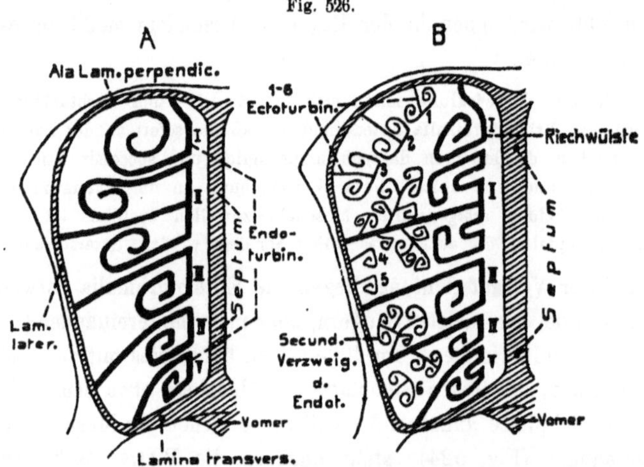

Schematische Querschnitte durch den hinteren Teil der Nasenhöhle von Säugetieren mit den
Ethmoturbinalia, dicht vor der Siebplatte und parallel mit ihr. — *A* Einfacher Bau, nur Endoturbinalia (*I—V*) ausgebildet, teils mit einfacher, teils mit doppelter Aufrollung (Riechwülste). — *B* Komplizierterer Bau. Zu den 5 Endoturbinalia haben sich 6 Ectoturbinalia (*1—6*) gesellt; die Endoturbinalia
(*II* und *IV*) mit sekundären und tertiären Verzweigungen; *II*. und *V*. Riechwulst mit Längsfurchen
(nach PAULLI 1900). v. Bu.

melle ventral umbiegt und in verschiedenem Grad einrollt (Fig. 527). Am Distalende des Ethmoturbinale ist diese Einrollung stets blind geschlossen. Noch
komplizierter wird der freie Rand der Muschellamellen häufig dadurch, daß er
sich in zwei Blätter spaltet, von denen sich das eine ventral, das andere dorsal aufrollt (Fig. 526). Durch diese Bildungen erscheinen die gegen das Septum
schauenden freien Ränder der Ethmoturbinalia als *Riechwülste* verdickt. Es
kommt auch häufig vor, daß sich ein Endoturbinale in seinem Verlauf gegen das
Septum in zwei Blätter spaltet und jedes derselben einen frei sichtbaren Riechwulst bildet; daher rührt es, daß die Zahl der Riechwülste größer sein kann als
die der Endoturbinalia (z. B. bei *Carnivora*: 4 Endot. und 5 R.W., und ähnliches mehr). — Diese Spaltung von Endoturbinalien in zwei Blätter (Riechwülste)
kann sich selbst bis auf die laterale Höhlenwand vertiefen, was eine Vermehrung
der Endoturbinalia hervorruft, die namentlich bei den Ungulaten (s. Fig. 527, auch

Echidna Fig. 525, *Edentata*) vorkommt, bei welchen sich bis zu acht finden können. Andererseits dürfte die Reduktion der Endoturbinalia auf 4, wie sie vielen Placentaliern (so *Insectivora, Chiroptera, Carnivora, Rodentia*) eigen ist, auf der Verwachsung zweier benachbarter der ursprünglichen 5 (nämlich von II und III) beruhen.

Einzelne Endoturbinalia gewisser Säuger können sich ferner sehr komplizieren, indem ihre Basallamelle auf einer oder beiden Flächen seitliche Lamellen aussendet, die sich ebenfalls aufzurollen vermögen, jedoch das Medianende der Endoturbinalia nicht erreichen, also hier nicht sichtbar sind (Fig. 526 *B*). Selbst tertiäre Lamellen können sich zuweilen von solch sekundären erheben und die Komplikation steigern.

Eine analoge Komplikation, sogar in noch viel höherem Grade, erlangt häufig das *Maxilloturbinale*. Diese, des Riechepithels entbehrende Muschel, welche der ventralen, respiratorischen Nasenhöhlenregion angehört, funktioniert hauptsächlich als Staubfänger und Erwärmer der Atemluft. Dementsprechend kompliziert sie sich häufig sehr, indem sich ihre Lamelle unter Aufrollung vielfach baumförmig teilt, so daß schließlich (besonders bei *Carnivoren*, namentlich *Pinnipediern*) ein äußerst verwickeltes Labyrinthwerk entsteht, in dessen engen Gängen die einströmende Luft filtriert und erwärmt wird.

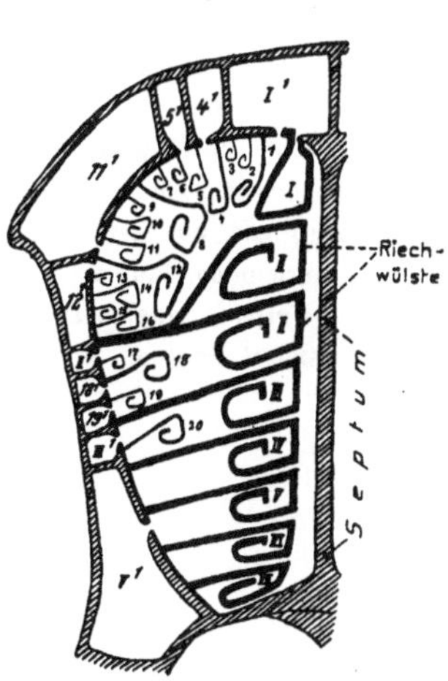

Fig. 527.

Sus scrofa domestica. Schematischer Querschnitt durch die Ethmoturbinalia und die Nasenhöhle dicht vor und parallel zur Siebplatte; 7 Endoturbinalia und 20 Ectoturbinalia. I'—V' und $4', 5', 11', 12', 18', 19'$, sogen. Cellulae ethmoidales, luftführende Ausstülpungen der Nasenhöhle zwischen den Muscheln. Nasoturbinale (I) ist von I' aus lufthaltig aufgetrieben (nach PAULLI 1900). v. Bu.

Eine eigentümliche Veränderung erfahren gewisse Endoturbinalia mancher Säuger, indem ihre Basallamelle durch von der Nasenhöhle eindringende Lufträume wulstartig aufgebläht wird (Fig. 527), wie wir ähnliches schon bei Crocodilen und Vögeln trafen. Diese Pneumaticität der Endoturbinalia beruht, wie wir später sehen werden, teils auf dem Eindringen von Fortsätzen der sog. Nebenhöhlen der Nase, teils aber auf dem Eindringen besonderer Aussackungen der Haupthöhle in die Basallamellen.

Wie schon bemerkt, ist das *Nasoturbinale* das längste und dorsalste Endoturbinale, welches weit nach vorn, ja zuweilen bis nahe zur äußeren Nasenöffnung zieht. Nur sein hinterster, in der olfactorischen Region liegender Abschnitt besitzt Riechepithel. Bei Reduktion des Geruchsorgans (microsmatische Säuger), besonders bei den *Primaten*, wird auch das Nasoturbinale allmählich reduziert, ist jedoch bei den Prosimiern (Fig. 528) und Simiern (Fig. 529) in der Regel noch ziemlich entwickelt, bei Anthropoiden und dem Menschen dagegen völlig oder fast völlig eingegangen (der beim Menschen zuweilen angedeutete Agger nasi, sowie der Processus uncinatus des Siebbeins werden auf Reste des Nasoturbinale zurückgeführt).

Die Reduktion der Nase spricht sich bei den *Primaten* sowohl in der Rückbildung der Ectoturbinalia, die schon bei Prosimiern nur noch als zwei stark reduzierte auftreten, bei den Primaten aber meist völlig fehlen, als der der Endoturbinalia aus. Letztere sinken von 5 bis auf 2 herab. Auch dem Menschen kommen gewöhnlich nur zwei besser ausgebildete zu (mittlere und obere Muschel der menschlichen Anatomie), obgleich noch bis zu 5 angelegt werden können. Die Endoturbinalia der Primaten sind gleichzeitig einfache, nicht oder nur sehr wenig aufgerollte Lamellen. Die schon früher beim Schädel (s. S. 294) erörterte steile Aufrichtung der Gesichtsknochen der Primaten, insbesondere der Anthropoiden und des Menschen, bewirkt, daß das Ethmoid (speziell dessen Lamina cribrosa) sich immer horizontaler umlagert. Damit ist auch eine Veränderung im Richtungslauf der Ethmoturbinalia verbunden, indem diese nun einen absteigenden, ja einen schief caudalwärts absteigenden Verlauf annehmen. Damit muß die Lagerung der Endoturbinalia zueinander insofern geändert werden, als nun das sonst oberste oder zweite Endoturbinale (abgesehen

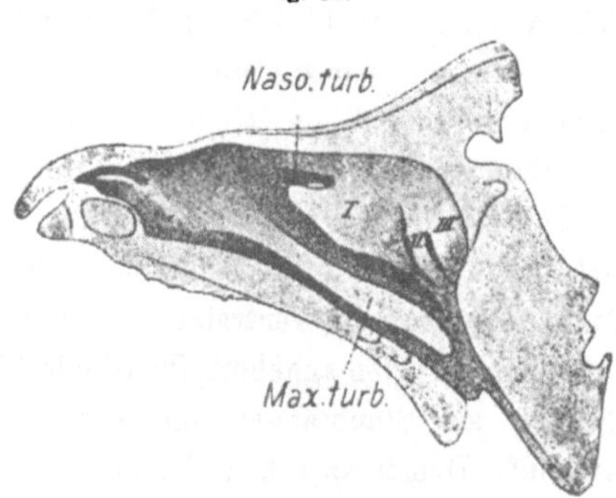

Fig. 528.

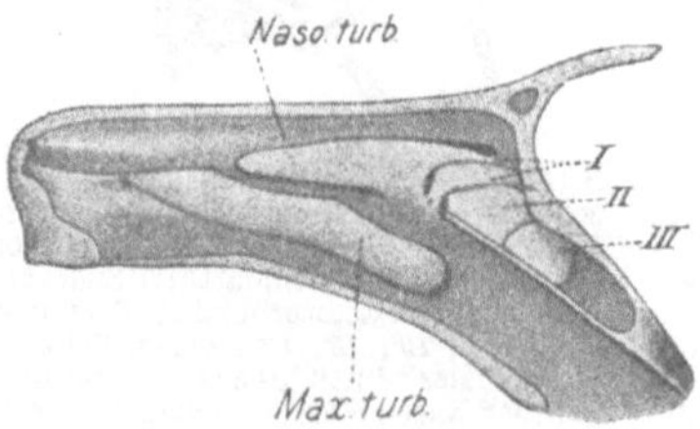

Fig. 529.

Lemur catta. Rechte Nasenhöhle von innen (aus GEGENBAUR, Vergl. Anatomie, nach SEYDEL 1891).

Cynocephalus mormon. Rechte Nasenhöhle von innen (aus GEGENBAUR nach SEYDEL 1891).

vom Nasoturbinale) sich unter das dritte schiebt und so fort, die mittlere Muschel des Menschen entspricht also einem der Zahl nach niederen Ethmoturbinale der meisten Säuger und die obere, sowie die gelegentlich vorhandene oberste (Santorinsche), solchen höherer Zahl.

Die weitest gehende Reduktion der Nasenorgane erfuhren die *Cetaceen*, im Zusammenhang mit dem ausschließlichen Wasserleben. Wie schon beim Schädel hervorgehoben (S. 302 u. 304) rücken ihre Narinen weit auf den Scheitel hinauf (besonders Denticeti), wo sie sich als eine unpaare (Denticeti) oder zwei dicht zusammengerückte paarige Öffnungen (Mysticeti) finden. Bei den Zahnwalen wird der Verlauf der Nasenhöhlen so ein senkrechter, bei den Bartenwalen ein schräg nach hinten absteigender. Die Turbinalia der ersteren sind im erwachsenen Zustand ganz eingegangen, bei letzteren wenigstens in der Jugend in geringer Zahl beobachtet worden. Bei erwachsenen Cetaceen ist der Nervus olfactorius fast stets völlig reduziert und die Lamina cribrosa undurchbohrt; die Riechfunktion der Organe ist also geschwunden und allein die respiratorische übrig geblieben.

Nicht sicher gelöst ist die Frage nach der Homologie der Säugermuscheln mit denen der Sauropsiden. In der Regel wird das Maxilloturbinale mit der Sauropsidenmuschel (Hauptmuschel) verglichen; doch wird dies auch bezweifelt. Die Ethmoturbinalia der Säuger scheinen demnach im allgemeinen Bildungen eigener Art zu sein, welche eventuell an den sog. Riechwulst der Crocodile und die obere Muschel der Vögel erinnern.

Nebenhöhlen der Säugernase. Für die allermeisten placentalen Säuger (sowie vereinzelte Marsupialia, so Phascolarctos) ist charakteristisch, daß nachembryonal von den Nasenhöhlen in die sie begrenzenden Knochen Ausstülpungen eindringen, die von der Schleimhaut der Nasenhöhlen ausgekleidet werden. Diese Nebenhöhlen erlangen zuweilen eine erstaunliche Ausdehnung. Ihre allmähliche Entwicklung geschieht unter Resorption der Knochen. Alle Nebenhöhlen sind lufterfüllt, und die Schädelknochen werden so häufig in großer Ausdehnung pneumatisch. Von diesen Nebenhöhlen (oder Sinus) sind jedoch zwei zu unterscheiden, welche direkte Fortsetzungen des blinden Caudalendes der Nasenhöhle (Regio olfactoria) bilden, nämlich der ventral gelegene, in das Praesphenoid sich erstreckende *Sphenoidal-* (oder *Keilbein-*)*Sinus* und der höher gelegene *eigentliche Frontalsinus,* der in das Stirnbein tritt (s. Fig. 524, S. 724). Diese beiden Höhlen enthalten zuweilen Fortsetzungen ventraler oder dorsaler Ethmoturbinalia und charakterisieren sich so als direkte Ausbreitungen des Nasenhöhlengrundes. Da auch von verschiedenen der weiterhin zu erwähnenden Nebenhöhlen Fortsätze in die Stirnbeine eindringen können, so ist das, was gemeinhin als Frontalsinus beschrieben wurde, recht verschiedener Natur und nicht mit dem eben erwähnten Frontalsinus zu verwechseln. — Von den eigentlichen Nebenhöhlen ist am konstantesten die *Kieferhöhle* (Maxillarsinus, Highmore's Höhle), so genannt, weil sie sich in der Regel besonders im Maxillare verbreitet, aber bei ansehnlicher Pneumatisation (so besonders Ungulata und Proboscidea) auch in die angrenzenden Knochen (Lacrimale, Palatinum, Jugale, doch auch Prae- und Basisphenoid, Frontale und Nasoturbinale) eintreten kann.

Sie fehlt den Pinnipediern und Cetaceen, welche überhaupt keine Nebenhöhlen besitzen; sonst ist sie nur vereinzelt reduziert. Eigentümlich erscheinen solche Fälle (z. B. *Dicotyles, Hippopotamus*), wo der Kiefersinus sich überhaupt nicht im Maxillare, sondern nur in angrenzenden Knochen verbreitet.

Der spaltartige Eingang in die Kieferhöhle liegt dicht am Vorderrand des seitlichen Ethmoids, zwischen diesem und dem Nasoturbinale, im sog. mittleren Nasengang, d. h. dem Gang zwischen Maxilloturbinale und den Ethmoturbinalia; während sich die Mündung des Ductus lacrimalis im unteren Gang findet (s. Fig. 524, S. 724).

Bei den *perissodactylen Ungulaten* tritt vor dem Maxillarsinus noch ein besonderer Oberkiefersinus auf (Sinus malaris), dessen Eingang etwas vor dem des Kiefersinus liegt.

Während sich bei zahlreichen, namentlich kleineren Säugern (so *Insectivora,* meisten *Rodentia, Chiroptera,* einem Teil der *Edentata* usw.) die Nebenhöhlen auf den Kiefersinus beschränken, tritt besonders bei den *Ungulaten,* den *fissipeden Carnivoren,* auch dem *Menschen,* ein von der Regio olfactoria ausgehendes System weniger bis zahlreicher Nebenhöhlen (im allgemeinen als *Cellulae ethmoidales* bezeichnet) auf, deren Eingänge in den Zwischenräumen der Ethmoturbinalia liegen (Fig. 527, S. 727). Sie umhüllen die Regio olfactoria dorsal und lateral, können sich aber bei Ungulaten und Proboscidiern von hier aus mehr oder weniger in den Schädelknochen ausbreiten, so daß sie (vor allem bei *Rhinoceros* und *Elephas*) in zahlreiche Knochen, selbst bis in die Occipitalia und das Basisphenoid ein-

dringen (Fig. 530); sogar die Knochenzapfen der Wiederkäuer (Ossa cornua)
werden von ihnen aus pneumatisiert. Die einzelnen Höhlen sind gegeneinander
abgeschlossen; bei Elephas zeigen sie das Besondere, daß von ihren Wänden
viele Lamellen vorspringen, welche ihnen einen zelligen Charakter verleihen.

Auf einzelne besondere Nebenhöhlen kann hier nicht eingegangen werden; erwähnt
sei nur, daß auch das Septum pneumatisch werden kann (*Dicotyles*) und bei gewissen Formen (z. B. *Hystrix, Choloepus*) sogar vom Pharynx aus luftführende Höhlen in die Schädelknochen eindringen. — Ebenso sei auf die paarigen (Spritzsäcke), oder unpaarigen Nebenhöhlen kurz hingewiesen, welche sich bei den Zahnwalen aus dem distalen Teil der Nasenhöhle entwickelt haben.

Die Pneumatisation nimmt im allgemeinen mit der Größe der Formen zu; bei kleinen
beschränkt sie sich sehr, kann sogar vereinzelt ganz schwinden, ebenso auch bei dauern-
dem Wasserleben (Pinnipedia, Cetacea). Sie ermöglicht eine Vergrößerung der Knochen
ohne erhebliche Gewichtszunahme: zur Geruchsfunktion hat sie keine Beziehungen.

Außer den kleinen *Bowmanschen Drüsen* (s. Fig. 532, S. 733) finden sich auch
bei Säugern größere Nasendrüsen.   Am verbreitetsten ist eine *laterale*, recht

Fig. 530.

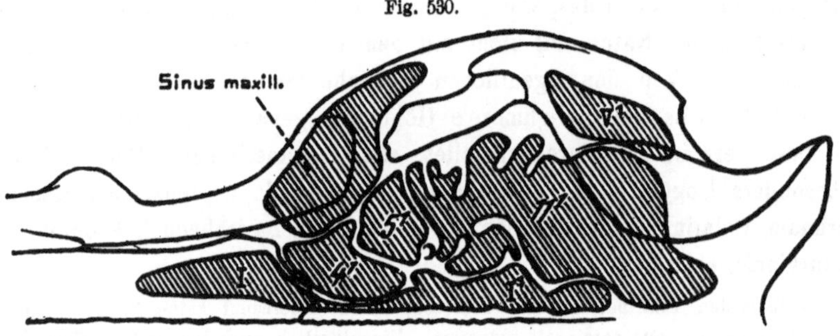

Sus scrofa domestica. Rechte Hälfte des Schädels von der Dorsalseite mit den pneumatischen
Höhlen (schraffiert), die in derselben Weise bezeichnet sind wie auf Fig. 527. (Nach PAULLI 1900.)
v. Bu.

verschieden große, deren Ausführgang weit vorn, in der Endregion des Nasoturbinale im unteren Nasengang mündet (*Stenosche Drüse*). Sie dehnt ihre tubulösen
Verzweigungen häufig in das Maxilloturbinale und die Kieferhöhle aus. Daß sie der
lateralen Drüse niederer Wirbeltiere entspricht, ist recht wahrscheinlich, denn
der Umstand, daß ihre erste Anlage in der Region des vordersten Sinnesepithels
auftritt, läßt sich unschwer durch Verschiebung erklären. Dem Menschen fehlt sie.
Seltener findet sich noch eine *septale Drüse* (z. B. gewisse *Rodentia, Chiroptera*).

Jacobsonsches Organ. Schon bei den Nasenhöhlen der *Amphibien* und *Sauropsiden* (speziell der *Squamata*, hier selten fehlend, z. B. Chamaeleo) wurde ein besonderer Abschnitt derselben erwähnt, der sich bei den *Gymnophionen* und *Squamaten* von den eigentlichen Höhlen ganz abtrennt und eine eigene Einmündung in
die Mundhöhle erlangt. Er wird überall von einem besonderen Zweig des Nervus olfactorius versorgt. Es sind dies die *Jacobsonschen Organe.* — Was bei den *Cheloniern* und *Amphibien* als Homologon desselben gedeutet und schon früher kurz
geschildert wurde (s. S. 713 u. 721), speziell der seitliche Nasengang der Amphibien,
wird jedoch in seiner Homologie mit den Jacobsonschen Organen der Squamaten und

Mammalia vielfach bestritten. — Die Organe der *Squamaten* sind, wie früher angedeutet, ein Paar etwa kugliger, seltener schlauchförmiger Gebilde, die ventral von den eigentlichen Nasenhöhlen, in der Region zwischen Vor- und eigentlicher Nasenhöhle, überdeckt von den *Ossa septomaxillaria* (sog. Conchae, vgl. S. 276) liegen. Das Lumen jedes ursprünglich bläschenförmigen Organs (s. Fig. 518, S. 719) wird von einem halbkugligen ventralen Vorsprung (Jacobsonschen Wulst) spaltartig stark eingeengt. Ein von der knorpligen Nasenkapsel ausgehender Fortsatz bildet den Hauptteil dieses Vorsprungs. Die dorsale Wand des Organs besteht aus Riechepithel, der Wulst hingegen ist von indifferentem Epithel überzogen. — Den *Mammalia* kommt das Organ ursprünglich allgemein zu, wenn es auch bei gewissen Formen im erwachsenen Zustand verkümmert (so bei *Pinnipedia, Cetacea,* gewissen *Chiroptera, catarrhinen Affen* und dem *Menschen*). Ansehnlich entwickelt findet es sich besonders bei den *Monotremen* (speziell Echidna), *Marsupialia, Rodentia* und *Ungulata.* Ontogenetisch tritt es frühzeitig an demselben Ort auf, wie bei den Reptilien (mediale Wand der Nasenrinne), als eine rinnenartige mediale Ausstülpung (vgl. Fig. 520), die sich hierauf von vorn und hinten oder auch nur von hinten aus abschnürt, so daß sich in der mittleren Region oder vorn eine Mündung in die Nasenrinne erhält. Beim Abschluß der Nasenrinne von der Mundhöhle und der Bildung des Ductus nasopharyngeus erhält sich am Boden der Nasenhöhlen, da wo die Jacobsonschen Organe münden, eine feine kanalartige Verbindung der Nasenhöhlen mit der Mundhöhle, die beiden *Stensonschen Gänge* (am knöchernen Schädel durch die *Canales incisivi* repräsentiert, die zwischen Praemaxillen und Maxillen liegen). Demnach münden die Jacobsonschen Organe fast aller Säuger in diese Gänge, welche wohl als Reste der primären Choanen angesehen werden dürfen.

Die ursprünglich am nasalen Ende dieser Gänge liegende Einmündung der Jacobsonschen Organe rückt bei vielen Säugern tiefer gegen die Mundhöhle hinab. Bei Rückbildung der Jacobsonschen Organe verkümmern in der Regel auch die Stensonschen Gänge, können sich jedoch auch erhalten (Catarrhina, gewisse Chiroptera, ebenso in Rudimenten beim Menschen). Zuweilen vereinigen sich die oralen Teile der Stensonschen Gänge zu e i n e m Kanal; gelegentlich (gewisse Ungulata, Equidae) schwindet dieser orale Teil, so daß sich nur die nasalen Abschnitte der Gänge als trichterförmige Einsenkungen am Nasenhöhlenboden erhalten, in welche die Jacobsonschen Organe münden. Die Organe können sich jedoch auch von den Stensonschen Gängen emanzipieren und vor ihnen in die Nasenhöhle münden (*Rodentia,* gewisse *Edentata*).

Im Gegensatz zu denen der Saurier sind die Jacobsonschen Organe der Säuger schlauchförmig und liegen jederseits dicht an der Basis des Nasenseptums, wobei ihre Mündung sich entweder etwas hinter ihrem Vorderende findet (*Ornithorhynchus* und gewisse *Marsupialia*), so daß ein vorderer Recessus des Organs besteht, oder an ihrem Vorderende (*Placentalia*).

Das Organ der *Monotremen* wird von einer knorpligen Hülle völlig umschlossen (Cartilago paraseptalis Jacobsonscher Knorpel, Fig. 531), die eine Fortsetzung der basalen und lateralen knorpligen Nasenkapsel ist; bei den übrigen Säugern ist dieser Knorpel meist weniger vollständig. An jedes der Organe von *Ornithorhynchus* legt sich mediodorsal das S. 302 erwähnte *Os paradoxum.* In das

Organ der Monotremen springt von seiner lateralen Wand ein etwas muschelartig gekrümmter, gefäß- und drüsenreicher Wulst vor, in welchen sich auch der Knorpel erheben kann (Fig. 531 *A*); er trägt indifferentes Wimperepithel, die Medialseite des Organs dagegen Riechepithel. Die Homologie dieses Wulstes mit jenem der Squamaten wurde bestritten, aber wohl mit Unrecht. Den übrigen Säugern fehlt der Wulst oder ist doch nur schwach angedeutet.

Außer dem Olfactoriusast geht auch ein Trigeminusästchen zum Jacobsonschen Organ. — Eine *Jacobsonsche Drüse* wurde bei einer Anzahl Säuger beobachtet, doch bedarf ihre Homologie mit jener der Amphibien und Reptilien näheren Beweises. Charakteristisch für die Mammalia erscheint ferner, daß noch zahlreiche kleine Drüschen in das Organ münden (auch auf dem Wulst der Monotremen), ähnlich wie bei Gymnophionen. — Funktionell hat das Jacobsonsche Organ wohl eine ähnliche Bedeutung wie das eigentliche Geruchsorgan, obgleich sich über seine Besonderheit vorerst kaum Sicheres sagen läßt.

Äußere Nase der Mammalia. In verschiedenen Abteilungen der Säuger hat sich selbständig ein mehr oder weniger rüsselartiger Fortsatz der Schnauze gebildet, welcher die dicht zusammenstehenden äußeren Nasenöffnungen trägt und seiner inneren Beschaffenheit nach an die Vorhöhle der niederen Formen erinnert. Derartiges findet sich namentlich bei Tapiren, Schweinen, gewissen Insectivoren, einem catarrhinen Affen (Nasalis) und am höchsten entwickelt im Rüssel von Elephas. — Im allgemeinen darf auch die äußere Nase des Menschen hierher gerechnet werden, ebenso wie die aufblähbaren, etwas rüsselartigen Nasenhöhlenenden, die bei gewissen Antilopen (speziell *Saiga*) und männlichen Pinnipediern (besonders *Cystophora*) vorkommen. — Das Knorpelpaar, welches gewöhnlich die äußeren Nasenöffnungen seitlich stützt (Cartilagines alares) trägt auch zur Stütze dieser Rüsselbildungen bei, wozu sich jedoch noch weitere Knorpelbildungen, ja auch Verknöcherungen gesellen können (s. S. 302). Gerade dem ansehnlichsten Rüssel, dem des Elephanten, fehlen aber besondere Skeletgebilde, er ist rein muskulös, mit sehr kompliziertem Bau. — Die Muskulatur, welche sich zur Bewegung solcher Rüsselgebilde, oder zum Verschluß der Nasenöffnungen bei wasserlebenden Säugern entwickelt hat, jedoch schon bei gewöhnlicher Nasenbildung angedeutet ist, geht aus der Gesichtsmuskulatur hervor und wird daher vom Facialis versorgt. Auf die Besonderheiten der äußeren Nase gewisser *Chiropteren* (Blattnasen) kann hier nicht näher eingegangen werden.

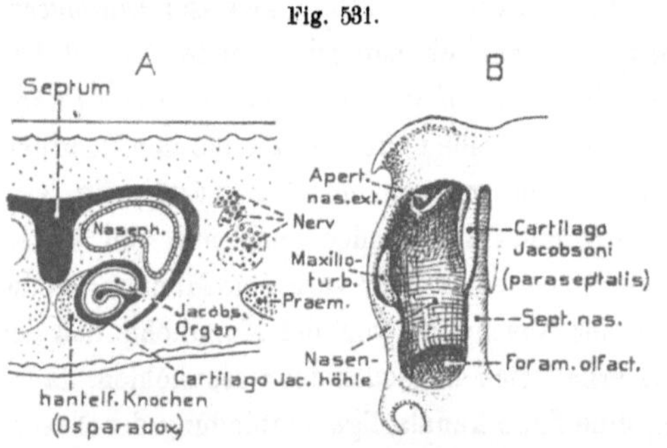

A Ornithorhynchus. Querschnitt durch die Nasenhöhle mit dem Jacobsonschen Organ. Schematisch. (Nach SYRMINGTON 1891.) — *B* Echidna. Nasenknorpel eines Embryos in Ventralansicht (nach SEYDEL 1899). O. B.

Riechepithel. Das eigentliche Riechepithel unterscheidet sich häufig schon äußerlich vom indifferenten Epithel der Nasenhöhlen durch Pigmentierung, so schwarze bei *Cyclostomen* und *Amphibien* (Chromatophoren im Bindegewebe), gelbe bis bräunliche bei *Amnioten* (Pigment in den Stützzellen). Es ist ferner dadurch ausgezeichnet, daß es zwischen indifferenten Zellen (Stützzellen, Zwischenzellen), die meist Cilien tragen, *Riechzellen* mit einem Besatz feiner, kurzer bis längerer, und wohl meist unbeweglicher Sinneshärchen führt (Fig. 532 *B*). Mor-

phologisch sind die Riechzellen alle gleich; nach physiologischen Versuchen am
Menschen scheint es jedoch möglich, daß Verschiedenheiten zwischen ihnen bestehen. Die proximalen Enden der Riechzellen setzen sich in feine marklose
Nervenfasern fort, die in ihrer Gesamtheit den Nervus
olfactorius formieren und sich im Bulbus olfactorius
zu den früher (s. S. 561) erwähnten Glomeruli begeben. Im Riechepithel finden sich jedoch auch freie
Endigungen von Trigeminusfasern, ebenso wird das
indifferente Epithel der Nasenhöhlen von solchen innerviert.

Zahlreiche *Teleosteer* und *ichthyode Amphibien*, sowie
gewisse *Salamandrinen* (Triton) zeigen eine Komplizierung,
indem ihre Riechzellen zu sehr verschieden großen und
häufig auch eingesenkten Knospen vereinigt sind (Fig. 532 *A*),
welche an die früher beschriebenen becherförmigen Organe
(Endknospen) erinnern. Die Knospen sind in der Regel
durch geschichtetes Epithel voneinander geschieden. — Wie
die ontogenetischen Erfahrungen ergaben, ist aber diese
Bildung der Riechschleimhaut wohl sicher eine sekundäre
und deutet nicht auf eine Ableitung der Riechorgane von
becherförmigen Hautsinnesorganen hin. Die Angabe, daß
ähnliche knospenförmige Bildungen auch in der Riechschleimhaut der Säuger vorkommen, hat sich nicht bestätigt.

5. Geruchs- und Geschmacksorgane
der Arthropoda.

Sie sind bei fast allen Klassen mehr oder weniger sicher erwiesen und, wie schon früher hervorgehoben, in verschiedenem Grade modifizierte Sinnesborsten. In der Regel stehen sie auf den Fühlern,
welche ja auch als besonders geeigneter Ort für sie
erscheinen. Daß die Funktion der Riechborsten von
jener der gewöhnlichen Sinnes- oder Tastborsten ab-
weicht, spricht sich meist deutlich darin aus, daß
sie von letzteren überragt werden, also durch feste
Körper nicht mechanisch reizbar erscheinen, oder sogar in Gruben eingesenkt,
die Körperoberfläche nicht erreichen, sowie daß gewisse Organe ihren Borsten-
charakter völlig verloren haben. Daß in der Tat die Fühler, häufig wohl auch die
Palpen, mit Geruchsvermögen ausgestattet sind, ist sowohl für Krebse als Insekten physiologisch erwiesen. Immerhin ist die Funktion mancher der hier zu
erwähnenden Organe wohl eine abweichende.

Wie die Tastborsten stehen auch die Riechborsten (Aesthetica) mit Sinneszellen und zwar, soweit genauer bekannt, gewöhnlich mit einer Gruppe solcher
(Sensille) in Verbindung, deren Terminalstrang die Borsten bis an ihr Ende durch-

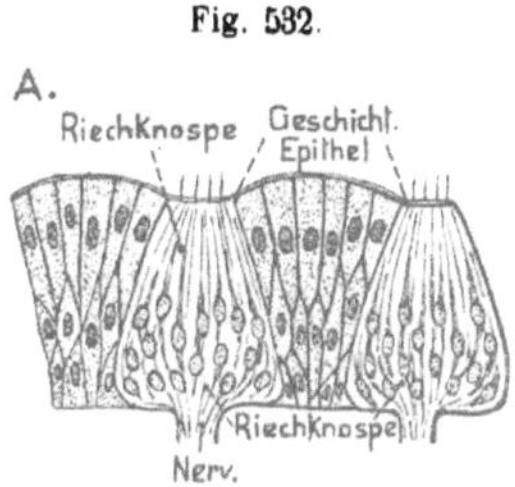

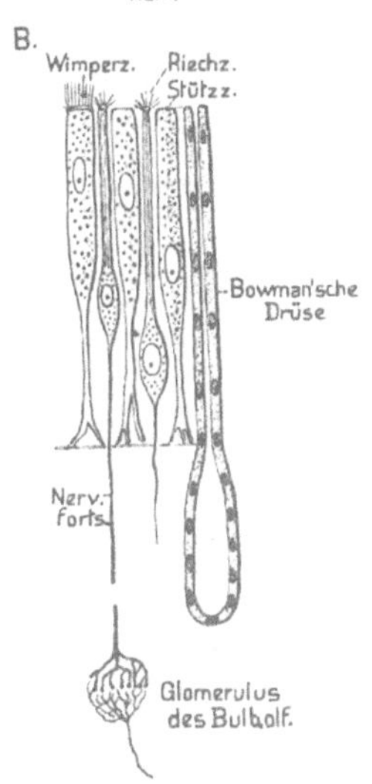

A Trigla (Teleosteer). Durchschnitt durch die Riechschleimhaut mit zwei Riechknospen (nach
BLAUE 1884). — *B* Schema des gewöhnlichen Riechepithels (z. B.
Säuger) mit einer Bowmanschen
Drüse. Der Fortsatz der Riech-
zelle ist unterbrochen gezeichnet,
um seinen Übergang in einen Glo-
merulus des Lobus olfactorius an-
zudeuten.   C. H.

zieht. Bei Decapoden können die Sensillen sämtlicher Riechhaare einer Antenne zu einem gemeinsamen Körper vereint sein, von dem die Terminalstränge ausgehen. — Häufig, besonders bei Crustaceen und zahlreichen Insekten, tragen die Fühler der Männchen viel mehr Riechhaare als jene der Weibchen, was mit ihrer Funktion gut harmoniert; auch bei manchen im Dunklen lebenden Crustaceen (Höhlen- und Tiefseeformen) wurde ihr reicheres Vorkommen erwiesen.

Bei den *Krebstieren* finden sich die Riechhaare in mäßiger bis größerer Zahl fast ausschließlich auf den ersten Antennen (bei Decapoden an deren Außengeißel), selten auch einige auf den zweiten; häufig sind sie gruppenweise lokalisiert. Es sind zapfenartige bis cylindrische oder haarartige, an ihrem Ende zuweilen knöpfchenartig verdickte Gebilde ohne gelenkige Einpflanzung in die Cuticula (s. Fig. 533). Ihr Basalteil besitzt in der Regel eine stärkere Cuticula, der Endteil eine zarte; daß aber das Distalende ungeschlossen sei, der Terminalstrang also hier ganz offen liege, ist unwahrscheinlich;

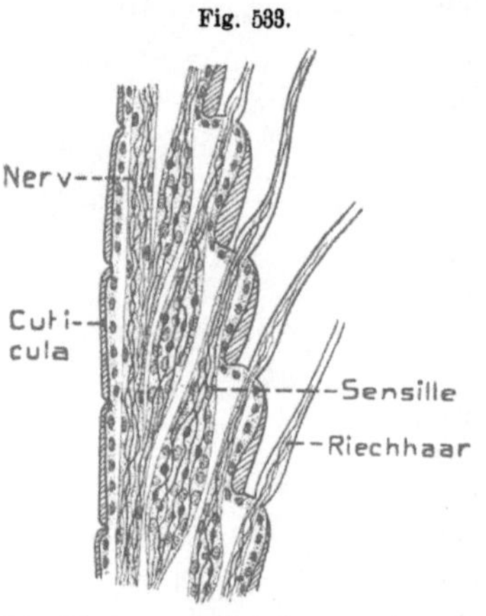

Fig. 533.

Riechhaare von Crustaceen. Squilla (Heuschreckenkrebs). Längsschnitt durch einen Teil der 1. Antenne mit 4 Riechhaaren (nach v. RATH 1896). v. Bu.

vielmehr scheint das Riechborstenende aller Arthropoden von einer sehr feinen, leicht durchgängigen Cuticularmembran abgeschlossen zu sein.

Die luftatmenden *Myriopoden* und *Insekten* tragen auf ihren beiden Fühlern meist eine große Menge solcher Organe, welche besonders bei den Insekten häufig in erstaunlicher Zahl auftreten und eine auffallend verschiedenartige Differenzierung erlangen können. — Die Riechborsten der *Myriopoden* bleiben im allgemeinen spärlicher und sind von zweierlei Form. Erstens ansehnlichere zapfenbis kegelartige Gebilde, *Geruchskegel*, die sich am Distalende des letzten Fühlerglieds, meist in geringer Zahl erheben (bei *Diplopoden* in der Regel 4), und kleinere ähnliche, gewöhnlich mehr cylindrische Gebilde, welche sowohl am Endglied, als auch vorhergehenden Gliedern zerstreut oder gruppenweise vorkommen (Zapfen oder blasse Cylinder). Daß das Distalende der Kegel geöffnet sei, ist, wie gesagt, unwahrscheinlich. Zu jedem Kegel gehört ein typisches nervöses Endorgan, das aus einer spindelförmigen Gruppe zahlreicher Sinneszellen besteht, deren Distalfasern bis in die Kegelspitze ziehen und hier zusammen ein etwas eigentümliches, ungefähr stiftartiges Terminalorgan bilden. Proximal von der Sinneszellengruppe findet sich eine Anhäufung größerer Zellen, die entweder als Ganglien- oder als Sinneszellen, oder als nicht nervöse, sog. Begleitzellen, welche den zutretenden Nervenast nur umhüllen, gedeutet wurden. Auch die Zapfen oder blassen Cylinder stehen mit Sinneszellen in Verbindung, doch ist ihr histologischer Bau weniger bekannt.

Schon die *Protracheata* (Peripatus) tragen auf ihrer Körperoberfläche, besonders reichlich an den Beinen, kegelartige Sinnesorgane, deren histologischer Bau dem dei Geruchskegel der Myriopoden ähnlich zu sein scheint. Daß sie spezifische Geruchsorgane seien, ist jedoch wegen ihrer Verbreitung wenig wahrscheinlich; eher dürften sie Tastkegel darstellen. Immerhin spricht ihre Ähnlichkeit mit den Riechkegeln der Myriopoden für einen phylogenetischen Zusammenhang.

Insekten. Wie schon bemerkt, erlangen die Geruchsorgane der *Insektenfühler* eine hohe und gleichzeitig sehr verschiedenartige Entwicklung. Ihre Zahl wird häufig außerordentlich groß (so besonders bei *Hymenopteren*, *Coleopteren* und

Fig. 534.

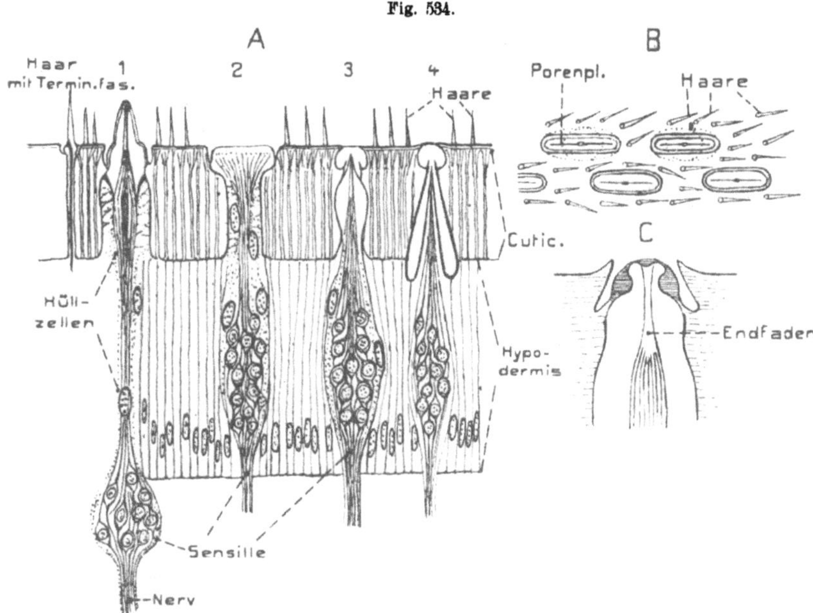

Verschiedene Sinneshaare von den Antennen der Hymenopteren (etwa Vespa). *A* Achsialschnitte (schematisch). *1* Zapfenorgan. *2* Porenplatte im Längsschnitt. *3* Champagnerpfropfartiges Organ. *4* Flaschenförmiges Organ. *B* Kleines Stück der Antennenoberfläche mit dichtstehenden Porenplatten. *C* Eine Porenplatte im Querschnitt; stärker vergrößert.   O. B. u. v. Bu.

Lepidopteren); wobei, wie erwähnt, die männlichen Fühler, die sich auch nicht selten durch bedeutendere Größe, reichere Entfaltung der Oberfläche durch Fiederung u. dgl. auszeichnen, bevorzugt sind.

So wurden die Organe (speziell die sog. Porenplatten) bei *Apis* an einem männlichen Fühler auf etwa 15 000, am weiblichen nur auf 2000 geschätzt; beim Maikäfer (Melolontha) soll ihre Zahl auf einem männlichen Fühler sogar etwa 50 000, auf dem des Weibchens nur etwa 8000 betragen. Damit harmoniert die Erfahrung, daß das Witterungsvermögen der Männchen für die Weibchen, besonders bei Schmetterlingen, ein ganz erstaunliches sein kann.

Die einfachsten Organe erinnern lebhaft an die Riechborsten oder Zapfen der Crustaceen und Myriopoden, indem sie stab- bis kegelartige, sich auf der Antennenfläche frei erhebende Anhänge darstellen (*Sensillae styloconicae*), wie sie namentlich bei den primitiveren Ordnungen vorkommen, doch auch den höheren

nicht fehlen (Fig. 535 *C*). An solch freie Kegel (Zapfen) schließen sich jene eng an,
welche in verschiedenem Grade in grübchenförmige Vertiefungen der Antennenoberfläche eingesenkt sind, sog. *Grubenkegel* (Fig. 534 *A*, 535 *C*) mit dickerer (solide)
oder dünner Wand (hohle Grubenkegel). Bei diesen kann der Geruchskegel entweder noch mehr oder weniger frei aus dem Grübchen hervorragen (*S. basiconicae*)
oder sich nur bis zu dessen Öffnungsrand erheben, sich schließlich auch nur auf
den Grund der Grube beschränken (*S. coeloconicae* Fig. 535 *B*), so daß er die
Mündung nicht erreicht. Es kommt auch vor, daß ein sich frei erhebender Kegel
von einem cuticularen Borstenkranz umgeben ist (Fig. 535 *A*) oder daß sich
(namentlich *Lepidoptera*) in der Grube ein bis mehrere Kränze solch solider
Chitinbörstchen um den basalen Kegel erheben (Fig. 535 *B*). — Ähnlich erscheinen

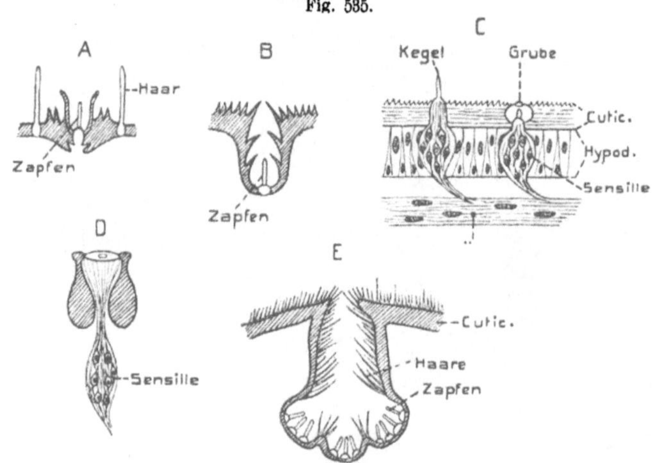

Verschiedene Sinneshaare von der Antenne der Insekten im Achsialschnitt. *A* Aglia tau
(Lepidoptere). Grubenorgan. *B* Vanessa urticae (Lepidoptere). Grubenorgan. *C* Gomphocercus
rufus (Acridier) ein Kegel und ein Grubenorgan. *D* Cetonia aurata (Coleoptere). Porenplatte.
E Musca vomitoria. Zusammengesetzte Grube mit zahlreichen Zapfen. (*A—D* nach v. RATH 1888,
E nach RÖHLER 1908.)   O. B.

ferner jene Organe, welche gewöhnlich als *champagnerpfropfartige* bezeichnet
wurden (s. Fig. 534 *A*, *3*) und sich speziell bei *Hymenopteren* finden; bei ihnen
erhebt sich etwa in der mittleren Höhe des Grübchens ein ringförmiger Chitin-
wall, so daß die Gestalt des Grübchens ungefähr an die eines Champagnerpfropfs
erinnert. — Aus den Grubenkegeln gingen jedenfalls die sog. *flaschenförmigen*
Organe (*S. ampullaceae*) hervor (Fig. 534 *A*, *4*), indem sich das distale eigentliche
Grübchen in einen die Cuticula durchsetzenden Porenkanal fortsetzt, der sich
proximal in ein langes, tief unter die Hypodermis reichendes, feines Chitinröhr-
chen verlängern kann, auf dessen etwas erweitertem Proximalende sich erst der
sehr dünnwandige Kegel erhebt. — Eine weitere sehr eigentümliche Modifikation
der Organe bilden die sog. *Porenplatten* oder *Membrankanäle* (*S. placoideae*, auch
kelchförmige Organe gen.), welche sich etwa von jenen Grubenkegeln ableiten
lassen, deren Kegel sich bis zur Distalöffnung der Grube erhebt. Wird ein solcher
Kegel lang und in der Fühlerachse meist schmal verlängert, dabei gleichzeitig

so niedrig, daß er als eine dickere Chitinplatte mit feinem Längsschlitz die Grube nahezu ausfüllt und nur durch eine sehr feine eingesenkte Chitinhaut mit dem Grubenrand zusammenhängt, so entsteht eine solche Porenplatte (Fig. 534 *A, 2, B* u. *C*). Der Umriß der Porenplatten schwankt jedoch in der Flächenansicht zwischen kreisrund und oval bis lang spaltartig, wie letzteres namentlich bei *Hymenopteren* vorkommt, bei denen und den *Coleopteren* (Fig. 535 *D*) solche Organe häufig massenhaft auftreten. Namentlich finden sich gelegentlich auch feine Poren- und Membrankanäle, die äußerlich nur von einer sehr zarten Chitinmembran abgeschlossen sind.

Bei einem und demselben Insekt können gleichzeitig verschiedenartige Organe auf den Antennen vorhanden sein, so z. B. bei *Hymenopteren* und *Käfern* freie Geruchskegel, Grubenkegel und Porenplatten und bei ersteren auch champagnerpfropfartige und flaschenförmige Organe. — Interessant erscheint ferner, daß sich bei gewissen Insekten, so vor allem auf dem großen dritten Fühlerglied der *brachyceren Dipteren*, auch kompliziertere Organe entwickeln können, indem sich mehrere bis zahlreiche benachbarte Geruchskegel in eine gemeinsame säckchenartige Einstülpung einsenken und ein zusammengesetztes Organ bilden (Fig. 535 *E*), wie sie in Ein- bis Vielzahl, meist neben einfachen Geruchskegeln, auf einem Fühler vorkommen können; ja es finden sich auch Organe, welche aus der gemeinsamen Einstülpung mehrerer solcher Gruppen mit vielen Kegeln hervorgingen. Ähnlich vergesellschaftete Gruben finden sich auch bei manchen Käfern (z. B. Melolontha) und Lepidopteren.

Hinsichtlich ihres feineren Baus stimmen die Organe der Insekten im allgemeinen mit jenen der Myriopoden nahe überein. Zu jedem tritt eine spindelförmige Sinneszellengruppe, die von einem Ast des Antennennervs innerviert wird (s. Fig. 534 *A*); ferner ziehen in jeden Porenkanal oder dessen Fortsetzung in den Kegel ein bis mehrere verlängerte Hypodermiszellen (Hüllzellen, auch Neurolemmzellen), welche eine Art Scheide um die Sensille bilden. Ob sich eventuell Organe mit nur einer Sinneszelle finden, wie es besonders für die Porenplatten z. T. angegeben wird, scheint zweifelhaft, wäre aber jedenfalls ungewöhnlich.

Der so verschiedenartige Bau der beschriebenen Fühlerorgane der Insekten macht es wahrscheinlich, daß sie nicht sämtlich derselben Sinnesfunktion dienen. Daß die freien, sowie die Grubenkegel als Geruchsorgane zu deuten sind, erscheint wohl sicher. Zweifelhaft ist dies jedoch für die häufig so zahlreichen Porenplatten wegen ihrer ziemlich dicken, terminalen Chitinplatte, die aber einen mittleren nur sehr dünn geschlossenen Schlitz besitzt; sie wurden gelegentlich für mechanisch, besonders durch Luftbewegungen (auch Luftwiderstand) reizbare Gebilde erklärt. — Auch die Funktion der tief eingesenkten flaschenförmigen Organe ist wenig sicher, aber ihre gelegentliche Auffassung als Hörorgane doch unwahrscheinlich, da sie von den charakteristischen Hörorganen der Insekten völlig abweichen.

Ähnliche Organe, speziell freie Kegel und Gruben mit kleinen oder zum Teil auch fehlenden Kegelchen, finden sich gewöhnlich auch auf der *ersten und zweiten Maxille* (Unterlippe) der Insekten, und zwar sowohl auf deren Laden (resp. Glossen und Paraglossen der Unterlippe) als den Palpen. Sie breiten sich auch auf der Ventralseite der Oberlippe (und dem Epipharynx), sowie auf dem von der Unterlippenfläche sich in die Mundhöhle erhebenden *Hypopharynx* aus. Häufig sind sie am Ende der Palpen oder Laden in einem besonderen Feld reichlicher vereinigt, so namentlich auch am Distalende der Glossen und Paraglossen der Hymenopteren (wo letztere besser ausgebildet) und auf der Dorsalseite der Zungenbasis dieser Formen. — Auch die Rüsselspitze der *Rhynchoten* und *Dipteren* trägt häufig solche Organe. Selbst zusammengesetzte Organe können sich auf dem Ende der Maxillar- und Unterlippenpalpen bei *Dipteren* und *Lepidopteren* finden. — Daß diese Organe, besonders jene der Mundhöhle, zum Teil als Geschmacksorgane funktionieren, scheint um so sicherer, als das physiologische Experiment das Geschmacksvermögen mancher Insekten außer Zweifel stellt. Wegen ihrer großen Übereinstimmung mit den Geruchsorganen mußten sie hier besprochen werden. — Von den *Crustaceen* ist kaum etwas Sicheres über Geschmacksorgane bekannt.

Nur wenige Fälle scheinen bis jetzt bei Insekten beobachtet (Ameisen, einzelnen Käfern, Aeschnalarve), wo sich Geruchskegel und Porenplatten auch an gewissen Stellen des Thorax, des Abdomens und der Beine finden.

Arachnoideen. Nur bei relativ wenigen Formen dieser Klasse wurden Organe beobachtet, welche jenen der Insektenfühler gleichen. Um so auffallender erscheint es daher, daß die eigentümlichen *Solifugen* (Wüstenspinnen) am Endglied ihrer Maxillarpalpen (Pedipalpen) und dem des ersten Beinpaares zahlreiche Organe besitzen, deren Bau, insofern die chitinösen Teile in Betracht kommen, teils den *champagnerpfropfartigen*, teils den *Flaschenorganen* der Insekten sehr gleicht. Die ersteren stehen auf den Tastern, zum Teil sogar in gemeinsamer Grube. Ob sich diese Ähnlichkeit auch auf den nervösen Endapparat erstreckt, ist bis jetzt unsicher.

Den Riechorganen werden gewöhnlich auch die zahlreichen Endorgane an den sog. *Kämmen der Skorpione* zugerechnet; doch könnten sie auch als Tastorgane funktionieren, die mit dem Geschlechtsleben in Beziehung stehen.

Wie die Ontogenese lehrt, sind die Kämme umgebildete Extremitäten des zweiten Abdominal(Rumpf)-Segments, d. h. ein Paar lanzettförmiger platter Anhänge, deren Caudalrand eine dichte Reihe blattförmiger Anhänge trägt, welche an die Zähne eines Kamms erinnern. Auf letzteren findet sich endständig je ein ovales Feld mit zahlreichen cylindrischen Zapfen, zu denen je ein Sensillenorgan gehört, ähnlich dem der Riechkegel der Insekten. Außerdem finden sich an den Kämmen noch lange Sinnesborsten mit Sensille, sowie einzellige Sinnesorgane ohne Cuticularborste.

Eigentümliche Sinnesorgane, welche sich vielleicht ebenfalls hierher stellen lassen, sind die sog. *fächerförmigen Organe* (*Malleoli, Raquettes*) *der Solifugen,* **die sich in Fünfzahl auf der Ventralseite der Basalglieder (Coxa und 1. Trochanter) des vierten Beinpaares finden.**

Jedes Organ hat etwa die Gestalt eines gestielten Fächers. Im Proximalteil des Fächers finden sich in seiner ganzen Ausdehnung zahlreiche, dicht nebeneinanderliegende Sensillen, deren Terminalstränge in ihrer distalen Fortsetzung ein zusammenhängendes Band bilden und deren Einzelfasern endlich am freien Distalrand des Fächers in zwei alternierende Reihen von dunkleren Endspitzen auslaufen, die in einer schmalen, schwach eingesenkten Rinne des Fächerrands, an der hier sehr zarten Cuticula endigen. Bemerkenswert erscheint, daß in den Einzelfasern, etwas proximal von ihren distalen Enden Körperchen vorkommen, welche an die Stifte der Scolopophorzellen der Insekten (s. S. 793 ff.) erinnern. — Der Bau der Organe ist namentlich wegen des eigentümlichen Verhaltens der Hypodermis im Fächer recht kompliziert und konnte daher nur angedeutet werden.

Endlich wäre noch zu erwähnen, daß sich im distalen Glied der Maxillarpalpen der *Solifugen* eine langkegelförmige, tief eingesenkte Tasche findet, die ausgestülpt und durch besondere Muskeln wieder eingezogen werden kann. An ihrer Ventralfläche enthält diese Tasche ein Feld mit zahlreichen, die Cuticula durchsetzenden Nervenendigungen ohne besondere Borsten, wie es scheint. Daß es sich um ein Sinnesorgan handelt, ist wohl sicher, wahrscheinlich um ein chemisch reizbares.

Die beiden (oder sogar drei) dicht nebeneinander liegenden, grübchen- bis bläschenartigen Einsenkungen mit zarten Sinnesborsten am distalen Glied des ersten Beinpaares gewisser *Milben* (Ixodidae oder Zecken) erinnern gleichfalls an Riechorgane; es scheint, daß zu jeder Borste eine Sensille gehört. Unsicherer sind die bei den Weibchen dieser Milben an der dorsalen Basis der Maxillarpalpen vorkommenden Porenfelder mit Sinneszellen.

Auch die sog. *leierförmigen Organe,* **welche auf der Körperoberfläche der** *Arachnoideen* **recht verbreitet sind, werden neuerdings als Geruchsorgane gedeutet (vermißt wurden sie vollständig bei den meisten** *Acarinen,* **gewissen** *Opilioniden* **und den den letzteren ähnlichen** *Ricinuleen).*

Im einfachsten Fall erscheinen diese Gebilde als schmale schlitzförmige Einsenkungen in der Cuticula, welche in charakteristischer Weise etwas neben ihrer Mitte eine kreisförmige Erweiterung besitzen. Jeder Schlitz vertieft sich zu einer schmalen, komprimierten, in der Breitenansicht etwa becherförmigen Höhle, welche sich bis zur Innenfläche der Cuticula hinabsenkt und hier mit dem Terminalfortsatz einer ansehnlichen Sinneszelle verbunden ist. Bei den *Skorpionen, Solifugen, Opilioniden* und *Acarinen* finden sich nur solch einfache Organe, zum Teil am Körper. zum Teil an den Extremitäten. Bei den *Pseudoskorpionen, Pedipalpen* und *Araneinen* treten noch kompliziertere Organe auf, indem mehrere bis zahlreiche solche Schlitze, etwa parallel und dicht nebeneinander, auf einem besonderen Cuticularfeld stehen; außer ihnen finden sich dann gewöhnlich noch einfache Schlitze. Die zusammengesetzten Organe stehen in geringer Zahl an den Extremitäten gewisser Pedipalpen, in viel größerer an denen der Araneinen, wogegen sich auf deren eigentlichem Körper, speziell der Ventralseite des Cephalon (auch der Spinnwarzen), nur einfache Schlitze finden.

Die hohe Zahl und Entwicklung der leierförmigen Organe, besonders bei den jagenden Araneinen, spricht für ihre physiologische Bedeutung, die jedoch noch weiterer Aufklärung bedarf. — Ob sie morphologisch den an den Coxen des zweiten bis fünften Extremitätenpaars des Cephalon von *Limulus* und den Scheeren des ersten bis sechsten des Weibchens sich findenden Organen vergleichbar sind, erscheint zweifelhaft. Diese haben etwa den Bau der von den Insektenfühlern bekannten Porenplatten, sollen jedoch nur je eine einzige Sinneszelle besitzen, was etwas zweifelhaft erscheint. Sie wurden als Geschmacksorgane gedeutet. — Dagegen dürften die über die Körperoberfläche weit verbreiteten vielzelligen angeblichen Sinnesorgane des *Limulus* wohl sicher Drüsen sein. Auch das vor dem Mund gelegene sog. Riechorgan des *Limulus* erscheint recht unsicher.

C. Statische Organe (Gleichgewichtssinnesorgane) und Hörorgane.

Die Zusammenfassung dieser Organe in einem Kapitel scheint gerechtfertigt, weil ihre Funktionen bei den Vertebraten in verschiedenen Abschnitten eines und desselben Organs vereinigt sind, und es auch vorerst nicht ganz ausgeschlossen erscheint, daß die jetzt als statische Organe erwiesenen, wenigstens in manchen Fällen, auch von Tonschwingungen gereizt werden können. Bis vor kurzem wurden die statischen Organe der Wirbellosen als Hörorgane gedeutet. Erst die neuere Zeit wies nach, daß sie wohl fast allgemein, oder doch in erster Linie, von der Haltung des tierischen Körpers im Raum, sowie von den Körperbewegungen affiziert werden, und infolgedessen auf reflektorischem Wege die Haltung wie die Bewegungen zu regulieren vermögen, ganz abgesehen von etwaigen Empfindungen, welche mit ihrer Reizung verbunden sein könnten. Schädigung oder Zerstörung der statischen Organe ruft daher Störungen der normalen Haltung und der Bewegungen hervor, womit jedoch nicht selten auch Herabsetzung der Spannung (Tonus) der Bewegungsmuskulatur verbunden ist, sowie Störung oder Aufhören der bei der Lageveränderung zahlreicher Tiere auftretenden sog. kompensatorischen Augen- oder Kopfbewegungen, welche die Erhaltung der Augen in der Normallage anstreben.

Mit Ausnahme der Insekten, erscheint heute die statische Funktion der früher als Hörorgane der Wirbellosen gedeuteten Gebilde gesichert. Bei den Vertebraten sind es, wie erwähnt, gewisse Abschnitte des Hörorgans, welche als statische funktionieren. Aber die allmähliche Entwicklung des eigentlichen Hörteils des Organs in der Vertebratenreihe macht es wahrscheinlich, daß es ursprünglich rein oder vorwiegend statisch funktionierte und der zum Hören eingerichtete Teil sich erst sekundär entfaltete. Wir beginnen mit der Betrachtung der rein statischen Organe.

Das allgemeine Bauprinzip derselben gründet sich zunächst auf die Schwerewirkung; es besteht nämlich darin, daß Sinneszellen durch den Druck frei schwebender, oder doch der Schwere folgender Körperchen, gereizt werden. Da nun bei verschiedener Körperhaltung zur Schwererichtung verschiedene Sinneszellen gedrückt oder gereizt werden können, so muß der Erfolg ein entsprechend verschiedener sein, und eine Regulation der Körperhaltung eintreten können, wenn die nervösen Beziehungen zur Körpermuskulatur so eingerichtet sind, daß diese bei der Reizung verschiedener statischer Sinneszellen in geeigneter Weise reflektorisch funktioniert. — Andererseits können jedoch die schweren Körperchen auch bei den Bewegungen des Tieres Reize auf die Sinneszellen ausüben, indem sie entweder den beginnenden Körperbewegungen nicht sofort folgen und dadurch gegen die sich bewegenden Sinneszellen drücken, oder umgekehrt bei plötzlichem Stillstehen des Körpers noch einige Zeit in Bewegung bleiben und dabei ähnlich wirken.

Das Vorkommen statischer Organe in der Tierreihe ist auffallend unregelmäßig, weshalb sich vorerst ein bestimmtes Verbreitungsprinzip nicht erkennen läßt. Von vornherein erscheint zwar begreiflich, daß sie sich bei frei beweglichen Formen finden und daher auch unter dem Einfluß der Festheftung häufig verkümmern.

Unter den *Cölenteraten* begegnen wir ihnen bei zahlreichen frei schwimmenden *Hydromedusen* und *Acalephen*, sowie regelmäßig bei den *Ctenophoren*. In der Reihe der Würmer finden sie sich häufiger bei *Turbellarien*, vereinzelt bei *Nemertinen* und gewissen *Polychaeten* (besonders grabenden Sedentariern). Fast stets vorhanden sind sie im großen Stamm der *Mollusken*, wo sie nur den *Amphineuren* völlig fehlen. — Den *höheren Krebsen* (*Thoracostraca*) kommen sie häufig zu. Dagegen treten sie unter den *Echinodermen* allein bei gewissen Holothurien auf. — Regelmäßig finden sich statische Organe eigentümlicher Art bei den *copelaten Tunicaten* und den ihnen ähnlichen *Ascidienlarven*, bei den übrigen erwachsenen Tunicaten dagegen nur ganz vereinzelt. — Unter den *Vertebraten* fehlen sie den *Acrania* und sind bei den *Craniota*, wie bemerkt, Teile der Hörorgane. Das vereinzelte Auftreten in manchen Gruppen macht es recht wahrscheinlich, daß die Organe vielfach selbständig entstanden sein dürften, wofür auch ihr verschiedenartiger Bau spricht.

Abgesehen von den Wirbeltieren, lassen sich im allgemeinen etwa folgende Hauptformen der Organe unterscheiden: 1) Kleine, sich auf der Oberfläche frei beweglich erhebende klöppelartige Gebilde (tentakelartig), deren freies Ende innerlich durch eine Konkretion (*Statolith*) beschwert ist, wodurch sie auf Sinneshaare ihrer Umgebung drücken, oder die selbst Sinneshaare tragen, welche an ihrer Umgebung Widerstand erfahren können. Sie vermögen sich auch unter die Körperoberfläche einzusenken und liegen dann in geschlossenen Bläschen (*Statocysten*). Organe dieser Kategorie finden sich bei *Trachymedusen* und *Acalephen*. 2) Das Ectoderm der Körperoberfläche bildet grübchenförmige Einsenkungen mit Sinneszellen und frei beweglichen oder an der Wand befestigten Statolithen, welche jedoch auch durch Fremdkörperchen, die von außen aufgenommen werden, ersetzt werden können. Solch offene Statocysten senken sich häufig tiefer ins Körperinnere ein, wobei sich ein nach außen geöffneter Einstülpungskanal erhalten kann, oder sie lösen sich als geschlossene Bläschen vom Ectoderm ab und enthalten dann einen *Statolithen* oder zahlreiche kleine *Statoconien*, welche von den Zellen der Blasenwand abgesonderte, meist aus kohlensaurem Kalk bestehende, sphärokristallinische oder kristallinische Gebilde sind. Diese Statolithengebilde sind gewöhnlich frei in der wäßrigen Flüssigkeit (*Statolymphe*) der Cyste suspendiert und dann häufig in zitternder Bewegung. Derartige Organe finden sich bei den *vesiculaten Hydromedusen* (*Leptomedusen*), den *Würmern*, *Mollusken*, *Holothurien* und gewissen *Tunicaten* (*Doliolum*). Auch die sich hoch komplizierenden statisch-akustischen Organe der Wirbeltiere gehören prinzipiell hierher. 3) Ähnlich erscheinen im allgemeinen die statischen Organe der *malacostraken Krebse*, nämlich als teils geöffnete, teils geschlossene Statocysten, aber von den seither erwähnten dadurch verschieden, daß sie innerlich von Cuticula ausgekleidet und ihre Sinneshaare keine gewöhnlichen, sondern cuticulare Haare sind, wie sie für die Arthropoden charakteristisch erscheinen. 4) Das eigentümliche statische Organ, welches sich in der Hirnblase der *Copelaten* und *Ascidienlarven* unter den Tunicaten findet.

1. Coelenterata.

Ein Teil der *Trachymedusen* (*Aeginiden*) zeigt einfache Verhältnisse, indem sich (Fig. 536) auf der randlichen Umbrella, etwas über dem Ursprung des Velums und außen vom umbrellaren Nervenring radiär angeordnete, kleine, freie Kölbchen in zum Teil sehr großer (mit dem Wachstum sich vermehrender) Zahl erheben. Jedes Kölbchen entspricht einem schwach entwickelten Tentakel und entspringt von einer polsterartigen Verdickung oder stärker vorspringenden Papille, welche durch Erhöhung des Epithels und Anschwellung des äußeren Nervenrings gebildet wird. Wie ein Tentakel besteht es aus äußerem Ectoderm und einer soliden Achse von Entodermzellen, die sich bis auf zwei reduzieren können. Ein oder zwei distale Entodermzellen scheiden innerlich je eine Statolithenkonkretion aus, die nur in seltenen Fällen (so der Süßwassermeduse *Limnocodium*) fehlen soll. Sowohl im Ectoderm des Basalpolsters als dem des Kölbchens finden sich Sinneszellen, die mit dem äußeren Nervenring verbunden sind und lange starre Sinneshaare tragen. — Auch gewisse *Trachynemiden* (z. B. *Aglaura*) besitzen noch solch freie Kölbchen; bei anderen (z. B. *Rhopalonema*, *Geryoniden* u. a.) werden sie, vom angrenzenden Integument ringförmig umwachsen, zu fast oder ganz geschlossenen Bläschen, die sich bei den *Geryoniden* ziemlich tief in die Schirmgallerte einsenken, nach innen von dem randlichen

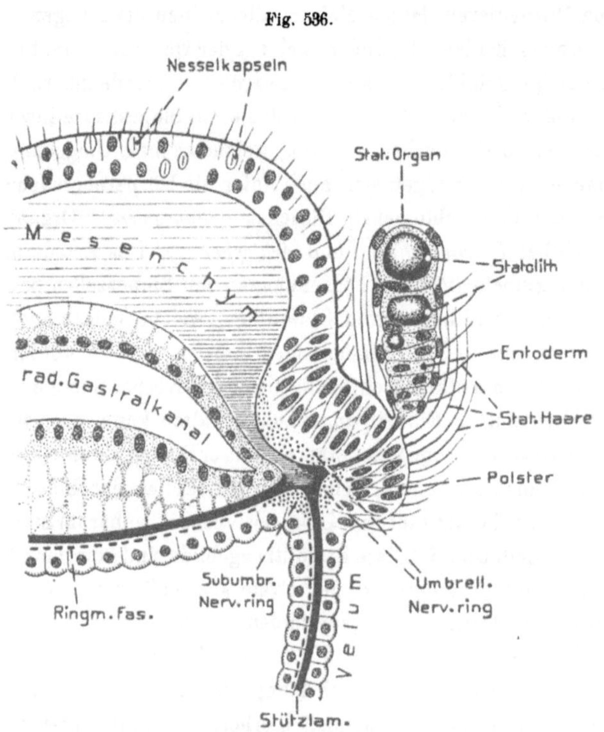

Cunina lativentris (Trachymeduse). Radialschnitt durch den Schirmrand mit einem statischen Kölbchen (nach O. und R. Hertwig 1878). E. W.

Nesselwulst (Fig. 537), selten sich schlauchartig tief in das Velum erstrecken (z. B. Limnocodium). In die von einer flachen Epithelwand gebildete Statocyste (Lithocyste) springt das Kölbchen mit seinen langen Sinneshaaren vor.

Die freien statischen Kölbchen der *Acalephen*, welche nur einem Teil der primitiven Formen (Stauromedusen) fehlen, wurden schon früher (S. 467), bei der Besprechung des Nervensystems, erwähnt. Es sind die dort nach Vorkommen, Zahl und allgemeiner Bildung besprochenen *Randkörper* oder *Rhopalien*, ebenfalls gewöhnlich als verkürzte Randtentakel gedeutet (was jedoch auch geleugnet wird), welche je in eine Art Höhle hinabhängen, die von der Deckplatte (Trichterplatte) überdacht und bei den *Discomedusen* seitlich von den beiden Ephyralappen begrenzt wird. In das Rhopalium setzt sich das Entoderm fort, samt einem von ihm umschlossenen Gastralgefäß. Das distale Entoderm des Rhopaliums ist eigentümlich syncytial netzförmig umgebildet und scheidet in seinen Zellen zahlreiche Kriställchen aus (Calciumsulfat), die den sog. Kristallsack bilden. Wie wir schon

oben fanden, breitet sich unter dem Epithel der Rhopalien eine Nervenfaserschicht
aus, die eine direkte Fortsetzung des Zentralteils des Nervenapparats an der Basis
jedes Rhopaliums bildet. Das basale Epithel des Rhopaliums ist reich an flimmernden Sinneszellen, die bei gewissen Formen auch längere Sinneshaare tragen
sollen (*Nausithoë*).

Die statischen Organe der *Leptomedusen* (zu den Campanulariden gehörig,
häufig *Vesiculatae* genannt), neben denen sich selten auch Ocellen finden (z. B.
Tiaropsis, Staurostoma), sind nach Lage und Entstehung von jenen der Trachymedusen so verschieden, daß sie
jedenfalls selbständig entstanden
sein müssen. Sie gehören der Subumbrella an und finden sich, dicht
einwärts vom Ursprung des Velums,
als im primitiven Zustand (z. B.
Mitrocoma) flach grubenförmige
Epitheleinsenkungen (Fig. 538).
Ihr Hauptcharakter besteht darin,
daß sie nur aus dem Ectoderm hervorgehen, indem sowohl ihre Sin-
nes- als Statolithenzellen ectodermaler Herkunft sind. An der umbrellaren. Grubenwand finden sich
eine, bis eine ganze Querreihe (bei
Mitrocoma sogar zwei benachbarte
Querreihen) frei in die Grube vorspringender Zellen, die in sich je
einen Statolithen abscheiden. Die
an diese Statolithzellen proximal

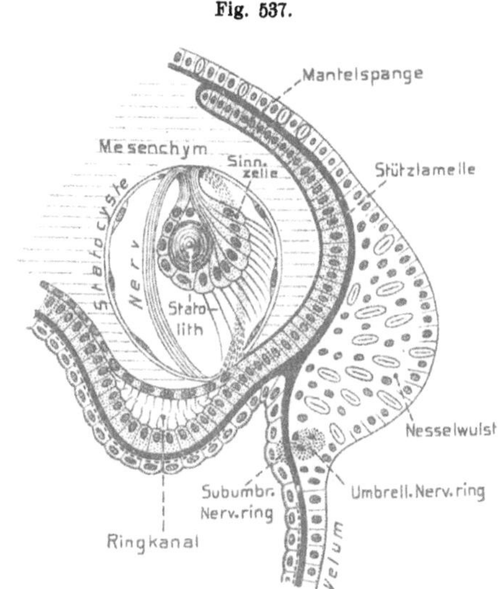

Carmarina hastata (Trachymeduse). Radialschnitt
durch den Schirmrand mit einer Statocyste und Mantel-
spange (nach O. und R. Hertwig 1878).   E. W.

angrenzenden Zellen sind zu eigentümlichen Sinneszellen entwickelt, von welchen
sich stets mehrere (bis 8) dicht an eine der Konkrementzellen anschmiegen und
sie mit ihren Sinneshaaren umgreifen. Die Innervierung der Sinneszellen geschieht jedenfalls vom subumbrellaren Nervenring aus, obgleich dies nicht direkt
erwiesen ist. Bei zahlreichen Leptomedusen (z. B. *Obelia, Aequorea* usw.) senken
sich diese statischen Gruben tief nach außen in die Schirmgallerte ein und schließen
sich endlich zu Statocysten ab, welche sogar am Ursprung des Velums häufig um-
brellar stark bläschenartig vorspringen (s. Fig. 539) Die Zahl der Statolithzellen kann recht verschieden sein (eine bis sehr zahlreiche), und da zu jeder
dieser Zellen eine Sinneszellengruppe gehört, so schwankt auch deren Anzahl
erheblich. — Auch diese Organe sind, dem Radiärbau entsprechend, am Rand
des Medusenschirms verteilt, teils an der Basis der Tentakel, teils zwischen denselben, an Zahl sehr variierend und mit dem Wachstum gewöhnlich zunehmend
(bis 600 bei Aequorea z. B.).

Die Deutung der geschilderten Organe der Hydromedusen und Acalephen als statische wurde durch das physiologische Experiment bis jetzt nicht sicher bestätigt; im Gegenteil

Fig. 538.

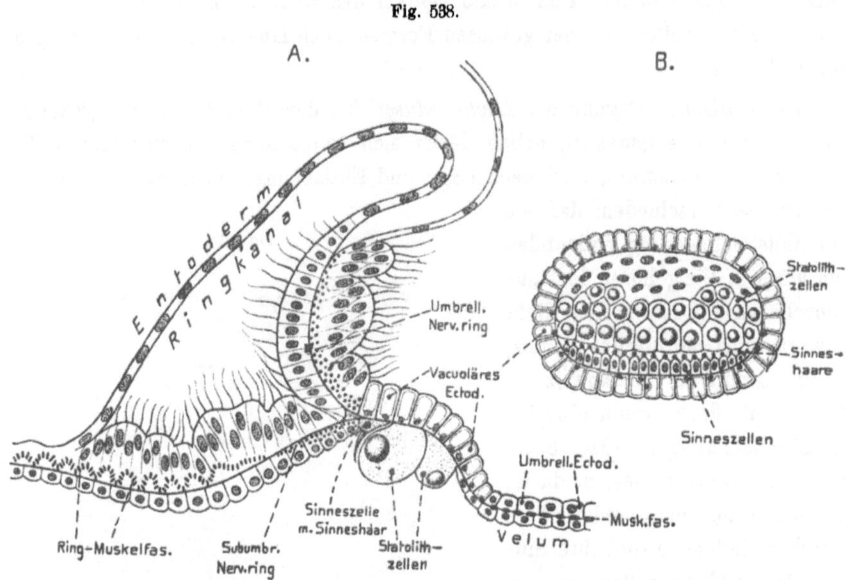

Mitrocoma annae (Leptomeduse). *A* Radialschnitt durch den Schirmrand mit einem statischen Organ im Durchschnitt. — *B* Ansicht des statischen Organs von der Umbrellarseite; das umbrellare Epithel (vacuoläres Ectoderm) im optischen Durchschnitt (nach O. und R. HERTWIG 1878). E. W.

scheinen die vorliegenden Versuche gegen ihre statische Funktion zu sprechen. Jedenfalls kann das Problem einstweilen noch nicht als sicher gelöst gelten. Für die *Acalephen* wurde nachzuweisen gesucht, daß durch die Reizung der Rhopalien die Bewegungen der Meduse ausgelöst werden.

Ctenophora. Statische Organe eigener Art und Entstehung sind die der Ctenophoren, welche sich nur in Einzahl auf dem Apex (aboralen Pol) dieser eigentümlichen Metazoen finden. Schon dieser Umstand läßt sie sowohl von jenen der

Fig. 539.

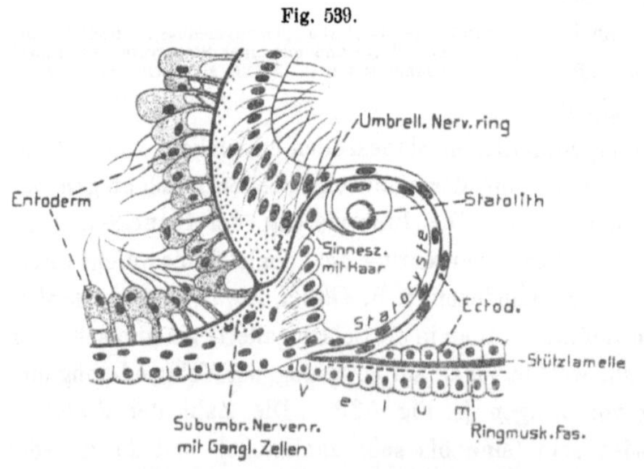

Aequorea forskali (Leptomeduse). Radialschnitt durch den Schirmrand und eine Statocyste (nach O. und R. HERTWIG 1878). E. W.

seither besprochenen Cölenteraten, als auch denen der meisten übrigen Metazoen sehr verschieden erscheinen. Das statische Organ erhebt sich am Apicalpol als eine durchsichtige halbkugelige Blase (s. Fig. 22, *1*, S. 96 u. Fig. 540), die bei den Beroiden und Saccaten frei vorspringt, bei den übrigen Ctenophoren von lappigen Körperfortsätzen der Umgebung stark überwachsen und daher mehr oder weniger tief eingesenkt ist. Die gewöhnlich länglich ovale Blase erhebt sich über einer stark verdickten Epithelplatte, die früher meist als das centrale Nervensystem gedeutet wurde, deren fein-fadenförmige, bewimperte Epithelzellen jedoch keine Verbindung mit Nervenfasern erkennen lassen. Die Blase selbst sitzt dem etwas abgesonderten, wulstartigen Rand der Epithelplatte auf. Ihre Wand besteht wahrscheinlich nur aus sehr langen verklebten Cilien. Ursprünglich entsteht nämlich die Blase aus der Verwachsung von vier Platten, welche an die Ruder- oder Kammplättchen erinnern. Die von der Blase umschlossene Flüssigkeit enthält einen ansehnlichen Statolith, der von vier aufsteigenden, S-förmigen Federn getragen wird, deren Enden sich etwas in ihn einsenken. Die vier Federn stehen in den vier Radien der Ctenophore und sind gleichfalls je ein Büschel verlängerter und verklebter Cilien. – – Der Statolith setzt sich aus vielen einzelnen Konkrementen (angeblich Calciumphosphat) zusammen, von denen jedes in einer Zelle liegt; es sind dies losgelöste Zellen der Epithelplatte, die schon vor ihrer Ablösung die Konkremente abzuscheiden beginnen. — Die Statocyste ist nicht ganz geschlossen, sondern zeigt an ihrer Basis sechs Öffnungen (Fig. 540 *B*), von welchen zwei sagittal, die vier anderen radial liegen. Durch die ersteren setzt sich die Wimperung auf die sog. Polplatten fort, die häufig als Geruchsorgane gedeutet wurden. Durch die vier radialen Öffnungen verlaufen je zwei schmale Cilienstreifen (Wimperrinnen), die an der Basis der vier Federn, beginnend, nach ihrem Durchtritt durch die Blasenöffnungen auseinander weichen und zu den ersten Ruderplättchen der beiden Reihen eines Radius ziehen. Bei den Lobaten setzen sie sich aber auch zwischen die aufeinanderfolgenden Ruderplättchen jeder Reihe fort, sie untereinander verbindend.

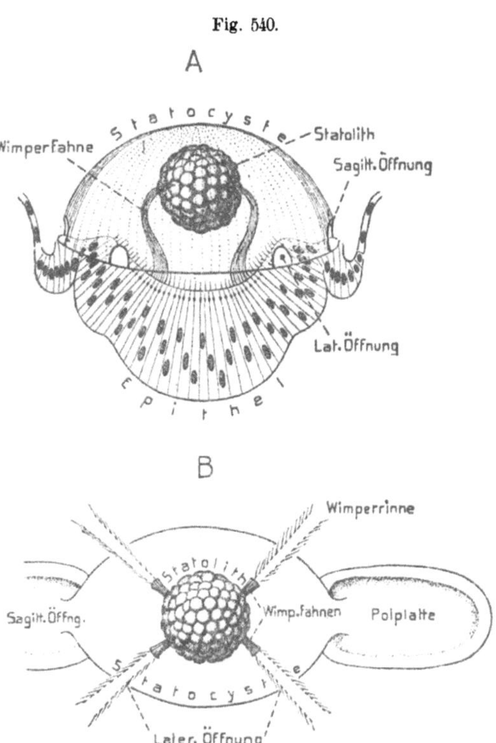

Ctenophore (etwa **Callianira**). Schema der Statocyste. *A* Laterale Ansicht; Epithel im optischen Durchschnitt; die Statocyste körperlich, doch der optische Durchschnitt ihrer Wand eingezeichnet. —*B* Die Statocyste in Apicalansicht mit den Polplatten und dem Anfang der Wimperrinnen (nach R. Hertwig 1880 und Chun 1880 konstruiert). E. W.

Trotz des bis jetzt noch unsicheren Nervensystems wurde gerade für die Ctenophoren die Beziehung des statischen Apparats zur Körperhaltung und den Bewegungen als leicht ersichtlich dargestellt und durch Versuche als erwiesen betrachtet. Von der Haltung des Körpers soll der Druck oder Zug, welchen der Statolith auf die vier Federn ausübt, abhängen; beim Schwimmen ist nämlich der Mundpol der Ctenophoren in der Regel gegen die Wasseroberfläche gerichtet. In einer von der senkrechten abweichenden Körperhaltung würden daher die verschiedenen Federn in verschiedener Weise und verschiedenem Grade gereizt, was durch die Wimperrinnen auf die Ruderplättchenreihen wirke und deren Tätigkeitsgrad reguliere, wodurch endlich die Körperhaltung geregelt werde. Neuere Versuche haben jedoch diese Deutungen nur teilweise bestätigt, so daß auch die statische Funktion des Ctenophorenorgans nicht als einwandsfrei erwiesen erachtet werden kann.

Ziemlich abweichend erscheint die Cyste der stark umgebildeten Ctenophoren *Ctenoplana* und *Coeloplana*, indem sie eine offene, flimmernde, eingesenkte Grube von Beutelgestalt bildet, in der sich der von vier Federn gestützte Statolith findet. Eine eigentliche Blase scheint zu fehlen, wenn sie nicht (Coeloplana) durch eine Art querer Scheidewand in der Grube vertreten wird. — Bei Coeloplana wurden in Verbindung mit den vier Federn vier Ganglien beschrieben, die aber bei Vergleich mit denen der Ctenophoren ziemlich zweifelhaft erscheinen. Bei der hierhergehörigen *Tjalfiella* ist das Organ rudimentär.

2. Vermes.

Wie schon früher erwähnt, besitzen relativ nur wenige Würmer Statocysten, die stets dem Typus der eingesenkten offenen oder geschlossenen bläschenförmigen Organe angehören. Unter den *Plathelminthen* finden sie sich ziemlich häufig bei den *Turbellarien*, so stets den *Acoelen* und nicht wenigen *Rhabdocoeliden*, fehlen dagegen den *Dendrocoelen* stets (abgesehen von einer unsicheren Angabe); nur vereinzelt treten sie bei den *Nemertinen* auf (Gattung *Ototyphlonemertes*).

Die Organe liegen dem Cerebralganglion stets dicht an, manchmal sogar in ihm, und zwar interessanterweise bei den Turbellarien fast immer als ein unpaares Gebilde, meist dicht an der Ventralseite des Ganglions, selten (*Haplodiscus*) auf dessen Dorsalseite. Ob sie bei gewissen Rhabdocoeliden auch zu einem Paar vorkommen wie bei den Nemertinen, scheint nicht ganz sicher. Bei letzteren sind sie in die Dorsalseite des ventralen Knotens des Cerebralganglions eingebettet (vgl. S. 479). Die gelegentliche Angabe, daß bei gewissen Nemertinen auch mehrere Paare vorkommen können, scheint zweifelhaft. — Die Statocysten sind stets völlig abgeschlossene, relativ kleine Bläschen, deren Entstehung aus dem Ectoderm kaum zweifelhaft ist. Wegen ihrer Kleinheit läßt sich der feinere Bau schwierig feststellen. Die von einem sehr flachen Epithel gebildete Cystenwand enthält nur wenige Kerne (zwei bei Acoelen, zahlreichere bei Nemertinen), um die noch eine bis zwei feine cuticulare Hüllen vorkommen können (Basalmembran). Cilien oder Sinneshaare wurden am Epithel nicht beobachtet. — Die Statolymphe, welche in gewissen Fällen (*Acoelen*) etwas rötlich bis violett gefärbt ist, enthält einen, wohl aus Calciumkarbonat bestehenden Statolith von recht verschiedenartiger Form, der jedoch, wie es scheint, wohl stets ein Sphärit ist, seltener (gewisse Nemertinen) aus kleineren Sphäriten besteht; doch wurden auch mehrere Statolithen bei Nemertinen angegeben. Zitternde Bewegungen des Statoliths, wie sie sonst bei Gegenwart von Cilien meist vorkommen, wurden vermißt. — Von der Innervierung ist wenig bekannt; bei den Acoelen treten zwei kurze Nerven von rechts und links zur Cyste, ja sollen sie bei gewissen Formen brückenförmig umgreifen und gewissermaßen tragen. Diese Nerven treten zu einer eigentümlichen Zelle (Statolithzelle), welche der Cystenwand äußerlich anliegt, und von der in einzelnen Fällen feine Fädchen zur Wand verfolgt wurden. Genaueres über diese Zelle und ihre Funktion ist jedoch nicht bekannt. — Was von einem

Cestoden (*Octobothrium*) als Hörorgan beschrieben wurde, ist selbst als Sinnesorgan zweifelhaft. — Ebenso scheint auch die von einer zweifelhaften *Gastrotriche* (*Philosyrtis*) erwähnte
unpaare Statocyste vorerst unsicher.

Unter den *Anneliden* kommen nur einem Teil der *sedentären Polychaeten*
Statocysten zu, was vermutlich mit deren Bohrvermögen im Meeresboden in Beziehung steht, speziell mit dem vertikal abwärts gehenden Einbohren; doch finden
sie sich in dieser Gruppe ziemlich unregelmäßig und nicht allzu häufig.

Den *Arenicoliden* fehlen sie zwar selten und liegen zu einem Paar im ersten Segment (sog. Peristomium); häufig sind sie ferner bei den *Sabelliden* im ersten borsten-

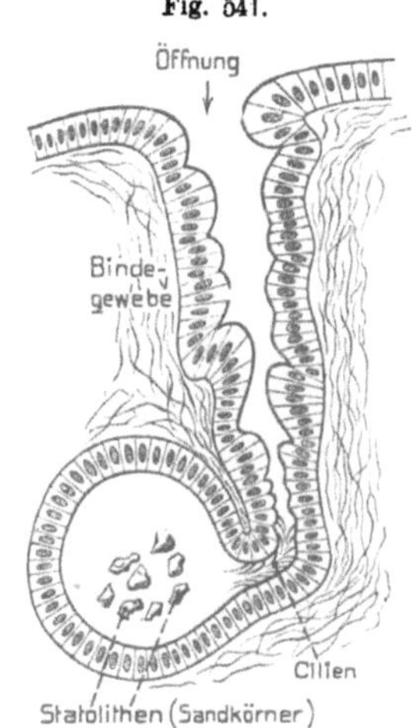

Fig. 541.

**Arenicola marina. Statocyste
im Längsschnitt (schematisch) (nach
FAUVEL 1907). E. W.**

tragenden Segment (zweites Segment), und zwar gewöhnlich zu einem Paar; doch können sich bei gewissen Myxi-
colaarten auch mehrere Paare in diesem Segment finden.
Vereinzelt treten sie bei gewissen *Ariciidae* und *Terebellidae* auf, bei letzteren im zweiten Segment, während sie
sich bei den ersteren in mehreren vorderen Segmenten (5—6
ja bis 23 und mehr) paarig wiederholen. Auch für einzelne andere Formen liegen noch Angaben vor, die wir
übergehen, da ihre Sicherheit gering ist.

Die Organe sind im ursprünglichsten Fall offene,
durch Einsenkung der Epidermis entstandene
schlauch- bis flaschen- oder retortenförmige Gebilde, deren Epithel wenigstens in ihrem kanal-
artigen äußeren Abschnitt flimmern kann (*Ariciidae*, *Arenicola marina* Fig. 541, gewisse *Terebellidae* und *Sabellidae*). Weiterhin finden sich auch
ganz abgeschlossene Cysten ohne Kanal (gewisse
Arenicolidae, häufig *Sabellidae*). Statolithen finden
sich wohl stets und sind bei Formen mit geöffnetem
Kanal kieselige Fremdkörper, in den geschlossenen Cysten dagegen secernierte
kuglige Gebilde, die aus organischer Substanz bestehen sollen (?), in Ein- oder
Vielzahl auftreten und sich in zitternder Bewegung befinden. Die einschichtige
Epithelwand der Statocysten läßt meist Sinnes- und Zwischenzellen unterscheiden, von denen letztere häufig, jedoch nicht stets, Cilien tragen. Sinneshaare
wurden bis jetzt nicht sicher nachgewiesen. — Die zu den Statocysten tretenden Nerven entspringen fast stets vom Bauchmark, nicht vom Cerebralganglion;
bei *Arenicola* vom Schlundconnectiv. — Die genauere Erforschung der Organe
läßt noch viel zu wünschen übrig.

Das Paar statocystenähnlicher Organe, die sich gewöhnlich im Prostomium der Archi-
annelide *Protodrilus* finden, sind sehr einfach gebaut, da sie nur aus einer einzigen Zelle
bestehen, in deren ansehnlicher Vacuole ein Statolith, an einem faserigen Stiel (ob Sinneshaare?) befestigt, liegt. Die Organe sind entweder der Hypodermis oder dem Cerebralganglion
eingelagert; ein Nerv tritt von letzterem zu dem erwähnten faserigen Stiel.

In der Gruppe der *Oligomeren* besitzt nur die Brachiopodengattung *Lingula* ein
Paar Statocysten (im Larvenzustand auch die verwandte *Discina*, der erwachsenen fehlen sie
jedoch). Diese linsenförmigen geschlossenen Bläschen liegen lateral an der Dorsalfläche, dicht

oral vom Ursprung des vorderen Dissepiments (sog. Gastroparietalband). Ihr hohes Epithel
ließ weder Cilien noch besondere Sinneszellen sicher erkennen. Die Cyste enthält zahlreiche kleine Statoconien, die sich zitternd bewegen: sie sollen aus organischer Substanz
bestehen.

3. Mollusca.

Wie schon erwähnt, sind die Statocysten in diesem Phylum fast allgemein
verbreitet, da sie nur den *Amphineuren* fehlen. Ein plausibler Grund für ihr regel-
mäßiges Vorkommen dürfte vorerst kaum anzugeben sein. Stets findet sich nur
ein Paar der Organe, deren ontogenetische Entstehung durch Einstülpung des
Ectoderms überall festgestellt wurde. Interessant ist ihre Lage, indem sie ursprünglich wohl stets in der Nähe der Pedalganglien in die Fußmuskulatur eingebettet sind, diesen Ganglien häufig ganz dicht anliegend, ja bei Gastropoden
und Lamellibranchiaten manchmal in ihre Oberfläche etwas eingesenkt. Bei der
häufigen Verlagerung der Pedalganglien nach vorn in die Nähe der Cerebralganglien, wandern auch die Statocysten mit und finden sich dann in der Kopfregion. Obgleich der Nervus staticus in vielen Fällen von den Pedalganglien
ausgeht, so läßt sich doch häufig nachweisen, daß er weiter vorn vom Cerebro-
pedalconnectiv abzweigt und, mit letzterem nur lose verbunden, zu den Cerebralganglien zieht; in allen genauer erforschten Fällen wurde sicher festgestellt,
daß er seinen eigentlichen Ursprung im Cerebralganglion hat. Bei den *Heteropoden* und gewissen *Opisthobranchiern* (den meisten Nudibranchia) entspringen
die beiden Statocystennerven direkt vom Cerebralganglion und treten, ohne Beziehungen mit den Cerebropedalconnectiven einzugehen, zu den Statocysten, die
hier in die Kopfregion vorgerückt sind.

Der ursprünglichste Bau der Statocysten erhielt sich bei einer Anzahl primitiver Muscheln (*Protobranchia: Nucula, Leda, Solenomya, Arca*, manchen *Myti-
lidae* und gewissen *Pectenarten*), deren Organe noch einen langen flimmernden Einstülpungskanal besitzen, der sich in der dorsalen Fußregion seitlich nach außen
öffnet (s. Fig. 542 *A*). Bei *Yoldia* wird dieser Kanal im Alter geschlossen. — Die
Statocysten der übrigen Lamellibranchier sind zu geschlossenen kugligen Bläschen
geworden, die den Pedalganglien dicht anliegen oder sogar in sie eingesenkt
sein (z. B. *Galeomma*), aber auch etwas seitlich von ihnen liegen können.

Bei den *Gastropoden* wurde bis jetzt kein Rest des Einstülpungskanals gefunden, während die dibranchiaten Cephalopoden einen solchen besitzen (Koellikerscher Kanal), der jedoch nicht mehr nach außen geöffnet ist. Die relativ großen
Cysten der *Cephalopoden* sind mit den Pedalganglien kopfständig geworden und
liegen bei *Nautilus* dem Ursprung der Pedalcommissur jederseits an (s. Fig. 383,
S. 529) und dem Kopfknorpel auf. Bei den *Dibranchiaten* dagegen sind sie ganz
dicht nebeneinander und ventral unter die Visceralganglien gerückt, sowie in den
Kopfknorpel eingeschlossen, ähnlich wie die Hörbläschen der Vertebraten in die
Schädelwand. — Der feinere Bau der meist kugligen Statocysten bei *Lamellibranchiaten, Solenoconchen* und *Gastropoden* ist, soweit bekannt, recht einfach
(s. Fig. 542 u. 543). Die häufig ziemlich dünne, manchmal jedoch auch dickere

Epithelwand soll zuweilen nur von einer einzigen Art bewimperter Epithelzellen gebildet werden und ist äußerlich von einer etwas dichteren Bindegewebshülle umschlossen. Gewöhnlich, wahrscheinlich aber immer, lassen sich in ihr zwei bis mehr Zellformen unterscheiden. Erstens solche, die auf ihrem inneren Ende ein Cilienbüschel tragen, oder doch bewimpert sind, und zweitens zwischen ihnen cilienlose Stützzellen; doch wird für gewisse Formen angegeben, daß auch die Zwischenzellen bewimpert seien. Da die ersterwähnten Zellen mit Nervenfasern in Verbindung stehen und besondere Sinneszellen neben ihnen nicht nachweisbar sind, so werden sie als Sinneszellen aufzufassen sein, gleichgültig, ob ihre Cilien

Fig. 542.

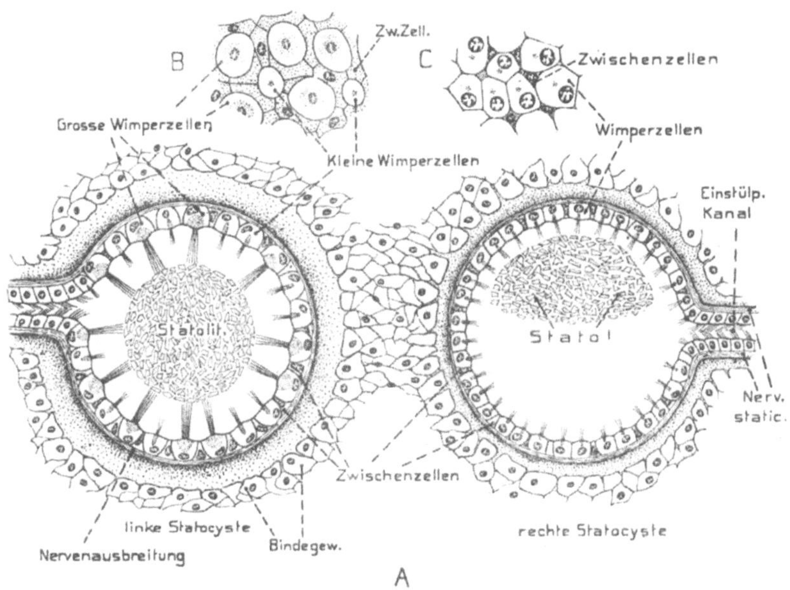

Pecten inflexus. Statocysten. *A* Horizontalschnitt durch die beiden verschieden gebauten Statocysten eines Tieres. — *B* und *C* Flächenansicht der Epithelwand der beiden Cysten.
Orig. v. Bu.

beweglich oder starr erscheinen. Meist sind diese wimpertragenden Zellen viel größer als die Stützzellen und senden bei manchen Gastropoden, vielleicht auch gewissen Muscheln (Cyclas), seitlich strahlige Ausläufer aus, die zwischen den Stützzellen hinziehen und die Sinneszellen netzförmig untereinander verbinden (Fig. 543). Die Stützzellen sind häufig stark vacuolisiert und wenig scharf voneinander gesondert. — Bei den *Heteropoden*, deren relativ große und leicht zu untersuchende Statocysten am besten bekannt sind, verdickt sich das dorsale Epithel der Cystenwand, gegenüber der Zutrittsstelle des Nerv. staticus zu einem ansehnlichen rundlichen Feld, der sog. *Macula statica* (s. Fig. 543). Auch für andere Gastropoden wurde eine solche Macula angegeben, jedoch neuerdings wieder geleugnet. Auf diese Macula der Heteropoden konzentrieren sich die eigentlichen Sinneszellen, die zweierlei Art sind Im Zentrum der Macula steht nämlich

eine sehr große Sinneszelle und um diese in 3—5 Kreisen kleinere, welche
gegen die Peripherie der Macula an Größe abnehmen. Diese Sinneszellen tragen
je ein Büschel kurzer Sinneshaare, die nur schwach, wenn überhaupt beweglich sind.

Es sei hier eingeschaltet, daß große und kleine Wimpersinneszellen auch in der linken
Statocyste der Pectenarten mit geöffnetem Kanal (s. Fig. 542) über die ganze Cystenwand

Fig. 543.

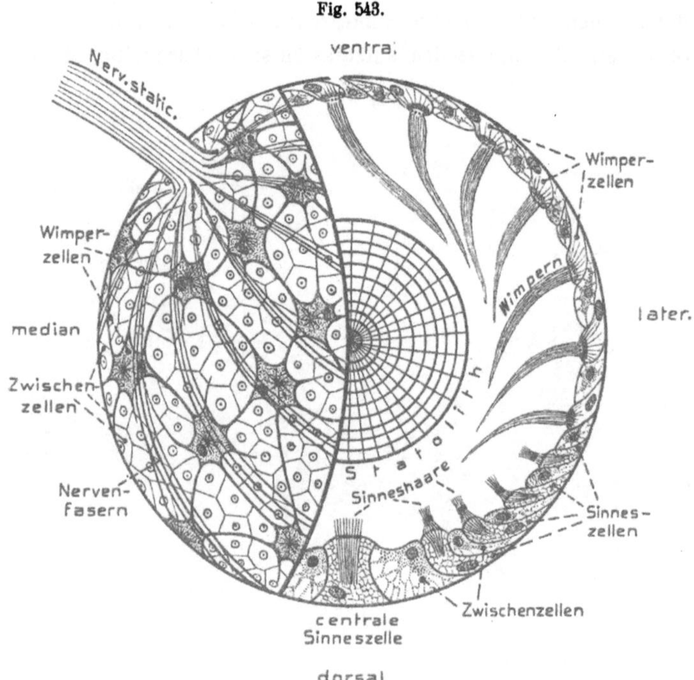

Pterotrachea (Heteropode). Schema der Statocyste (nach TSCHACHOTIN 1908 konstruiert). Linke
Hälfte mit erhaltener Wand; zeigt den Zutritt des Nervus staticus und dessen Ausbreitung über die
Cystenwand, sowie deren Zellen in Flächenansicht. — Rechte Hälfte zeigt den Durchschnitt der Cystenwand durch die Mitte der Macula statica. Die Wimperbüschel der Wimperzellen in Ruhestellung, in
welcher der Statolith frei in der Cyste schwebt.   O. B. und Er W.

verteilt sind. Bei den Arten mit geschlossenem Kanal sind die kleinen Zellen cilienlos
geworden.

In dem viel dünneren Epithel der übrigen Cystenwand der *Heteropoden* finden
sich gleichfalls bewimperte Zellen (sog. Wimperborstenzellen (s. Fig. 543), deren
Cilienbüschel viel länger sind und gegen die Nervenzutrittsstelle an Größe zunehmen. Letztere Cilienbüschel können sich heftig schlagend bewegen und fixieren
dabei den Statolithen in exzentrischer, der Macula genäherter Lage. Auch zu diesen
Zellen treten Nervenfäserchen. Der Nerv, der, wie erwähnt, an dem der Macula
entgegengesetzten Pol (etwa Ventralpol) der Cyste tritt, verteilt sich auf deren
Wand in 12—16 meridian ziehende Bündel, die sich zu den Sinneszellen der
Macula begeben (Fig. 543).

Die Statocysten der *Heteropoden* (Fig. 544) sind in der Leibeshöhle an mehreren bindegewebigen Strängen ziemlich frei aufgehängt, von denen der medianwärts zur Cyste tretende auch etwas kontraktil sein soll und wahrscheinlich den Spannungszustand der Cystenwand zu ändern vermag. Auch bei gewissen Gastropoden (Paludina) wurden an der Cystenwand zarte Muskelfasern beschrieben. — Für die übrigen Gastropoden und Lambellibranchier ist über die Nervenverbreitung an der Wand nur wenig bekannt. Bei zahlreichen Gastropoden aber findet sich ein sehr eigentümlicher Bau des Nervs, indem sich die Statocystenhöhle in ihn fortsetzt, er also hohl ist; dies läßt sich namentlich daran erkennen, daß die Statoconien bei leichtem Druck oft tief in ihn eindringen. Da der Nervus staticus auch bei *Pecten* den Einstülpungskanal umhüllt (Fig. 542), so ist es wahrscheinlich, daß der in den Nerv eindringende Kanal der Gastropoden dem Einstülpungskanal entspricht.

Die Statolithenverhältnisse zeigen bedeutende Verschiedenheiten, indem sich teils zahlreiche Statoconien, teils ein einziger ansehnlicher Statolith findet. Die durch einen Kanal geöffneten Statocysten der Muscheln verhalten sich wie die ähnlichen Organe der Anneliden, indem sie kleine unregelmäßige Fremdkörper (Kieselgebilde) enthalten, die durch organische Substanz verklebt sind.

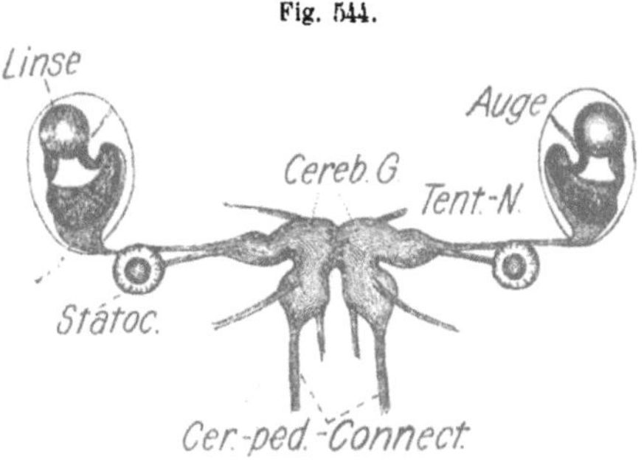

Fig. 544.

Pterotrachea. Cerebralganglien mit den N. optici und statici, den Augen und Statocysten in natürlicher Lage. Cerebropedal-Connectiv, Pigment der Augenblase, Linse, Ganglion opticum (aus GEGENBAUR, Grundriß der vergleichenden Anatomie 1878).

Im allgemeinen tritt besonders bei den Lamellibranchiern hervor daß die palaeogenen Formen (*Filibranchia*) zahlreiche kleine Statoconien führen, die neogenen (*Eulamellibranchia* und *Septibranchia*) dagegen einen Statolithen. Auch die Gastropoden verraten Ähnliches; so besitzen die primitiveren Prosobranchier (*Aspidobranchia*) und viele *Ctenobranchia* Statoconien, doch von letzteren auch nicht wenige einen Statolithen (*Heteropoda* u. a.). Die meisten *Opisthobranchier*, *Pteropoden*, *Pulmonaten* und *Solenoconchen* haben fast stets Statoconien. — Selten finden sich bei gewissen Muscheln und Gastropoden neben einem großen Statolithen noch zahlreiche Statoconien (z. B. *Saxicava, Anatinaceae, Cerithiden*). Die Larven besitzen, wie es scheint, regelmäßig nur einen einzigen Statolithen, so daß die Vermehrung zu Statoconien erst allmählich eintritt.

Statolith und Statoconien bestehen aus Calciumkarbonat und etwas organischer Substanz (Conchiolin). Der erstere ist ein charakteristischer, meist rein kugliger, doppeltbrechender Sphärokristall (Sphärit); er zeigt gewöhnlich deutlich konzentrische Schichtung und Radiärstreifung. Auch die Statoconien sind meist sphäritische Gebilde von verschiedener Form (kuglig, ellipsoidisch, wetzsteinförmig); häufig treten auch Verwachsungen einfacher Statoconien zu Doppel- und Mehrfachbildungen auf. Eigentliche Kriställchen scheinen sich nur selten zu finden.

Einige Besonderheiten seien noch kurz erwähnt. So besteht bei sämtlichen untersuchten *Pectenarten* eine Ungleichheit der beiden Statocysten, indem die linke einen großen Statolithen enthält (Fig. 542), die rechte dagegen zahlreiche Statoconien. Der Statolith wie die Statoconien sind bei geöffnetem Kanal von Kieselsplittern gebildet, bei geschlossenem von Sphärokristallen. Auch enthält die rechte Statocyste bei den Formen mit geöffnetem Kanal nur eine Art von Wimperzellen, die linke dagegen große und kleine. Wahrscheinlich dürfte diese Verschiedenheit der. Statocysten bei den asymmetrischen Muscheln verbreiteter sein. *Ostrea* sollen Statolithen ganz fehlen und die Statocysten von *Solenomya* im Alter schwinden.

Cephalopoden. Die Lage der kugligen Statocyste von *Nautilus* wurde schon oben (S. 748) erwähnt. Über ihren feineren Bau ist nur bekannt, daß sie zahlreiche kleine wetzsteinförmige Statoconien enthält. — Wie hervorgehoben wurde, liegen die verhältnismäßig großen Statocysten der *Dibranchiaten* im Ventralteil des Kopfknorpels unterhalb der Visceralganglien dicht nebeneinander, so daß sie nur durch ein dünnes längsgerichtetes Knorpelseptum geschieden sind (Fig. 545). Ihre Form ist nicht kuglig, sondern mehr oder weniger unregelmäßig ellipsoidisch bis parallelopipedisch, mit abgeplatteten Medianwänden, wenn die beiden Cysten sehr genähert sind. Die Cystenwand der Decapoden liegt dem umgebenden Knorpel dicht an; bei den Octopoden ist dies nur dorsal der Fall, da wo der Nerv zutritt, sonst ist sie vom Knorpel durch einen ziemlich weiten, mit Flüssigkeit (Perilymphe) erfüllten Raum getrennt. Zahlreiche blutgefäßhaltige Bindegewebszüge durchziehen den Perilymphraum und befestigen die Cysten am Knorpel. —

Fig. 545.

Statolith
Mac. stat.
Zapfen
Crista
Ductus
Mac. neglectae
Knorpel
Trichterseite

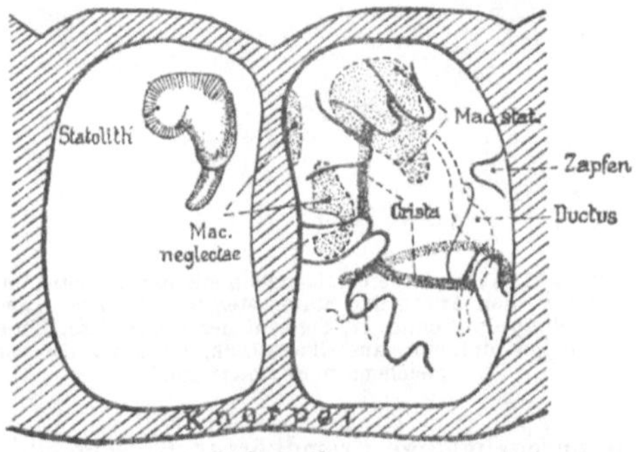

Sepia officinalis. Die beiden Statocysten in aboraler Ansicht (schematisch). In der rechten die Zapfen, die Maculae und die Crista eingezeichnet. Die Zapfen der aboralen Wand dicker konturiert. In der linken Statocyste nur der Statolith eingezeichnet (nach HAMLYN-HARRIS 1903). C. H.

Während die Wand der Octopodencyste innerlich ziemlich glatt und ohne Vorsprünge ist (abgesehen von einem, etwa an ihrer oralen Dorsalseite befindlichen Bindegewebswulst) springen bei den Decapoden (Fig. 545) zahlreiche (6—12) zapfenartige Knorpelfortsätze, welche die Wand einstülpen, in die Cyste vor und verleihen ihr ein unregelmäßiges Aussehen. Gewisse dieser »Zapfen« stehen in Beziehung zur Crista statica, andere scheinen auch den Statolith in seiner Lage zu erhalten. — Von der lateralen Statocystenwand entspringt der schon früher erwähnte Rest des Einstülpungskanals, der mit flimmerndem Epithel ausgekleidet ist (Koellikerscher Kanal). Bei den Octopoden liegt er im Perilymphraum; bei den Decapoden verläuft er dagegen im Knorpel. Schon oben wurde erwähnt, daß er nach den neueren Erfahrungen blind endigt, nicht nach außen geöffnet ist.

Im Gegensatz zu den einfachen Statocysten der seither besprochenen Mollusken erscheinen die der Dibranchiaten komplizierter, indem sich die Sinneszellen auf einzelne verdickte Wandzellen konzentrieren, während die übrige Wand aus niedrigem cilienlosem Epithel besteht; nur in der Umgebung der Einmündungsstelle des Koellikerschen Kanals breitet sich die Bewimperung auch an der Wand aus. Von solchen Endigungsstellen des statischen Nervs sind zwei allgemein verbreitet, einmal die an der Oralwand liegende *Macula statica*, von etwa ovaler bis tränenförmiger Gestalt, und dann die *Crista statica* (Fig. 545). Letztere ist eine lange schmale verdickte Epithelleiste von eigentümlich schraubigem Verlauf. Sie beginnt in der Gegend der Macula an der Dorsalwand der Cyste, zieht von da aboralwärts und gegen die Lateralwand, steigt an letzterer auf die Ventralwand hinab und wendet sich an dieser median- und etwas aboralwärts. Auf solche Weise beschreibt die Crista einen Schraubenumgang. Bei den Octopoden ist ihr Verlauf zusammenhängend, bei den Decapoden dagegen weist sie zwei Unterbrechungen auf, die durch gewisse der oben erwähnten Zapfen bedingt sein können; auch die beiden Cristaenden werden von je einem Zapfen bezeichnet.

Die Decapoden besitzen an der Medianwand der Statocyste noch zwei kleinere maculaartige Stellen (mit Sinneszellen), welche hintereinander liegen und im Gegensatz zur Hauptmacula (Macula princeps) als *Maculae neglectae* (anterior und posterior) bezeichnet werden. — Die Maculae (Fig. 546 *A*) bestehen aus größeren Sinneszellen mit starren Härchen und cilienlosen schmalen Stützzellen, die erstere voneinander sondern und an der freien Epithelfläche eine Art cuticularer Membrana terminalis bilden; im Centrum der Macula princeps befindet sich eine Stelle, welcher die Sinneszellen fehlen. — Die Crista (Fig. 546 *B*) ist eine Epithelverdickung, die zwischen den Stützzellen zweierlei Arten von Sinneszellen enthält,

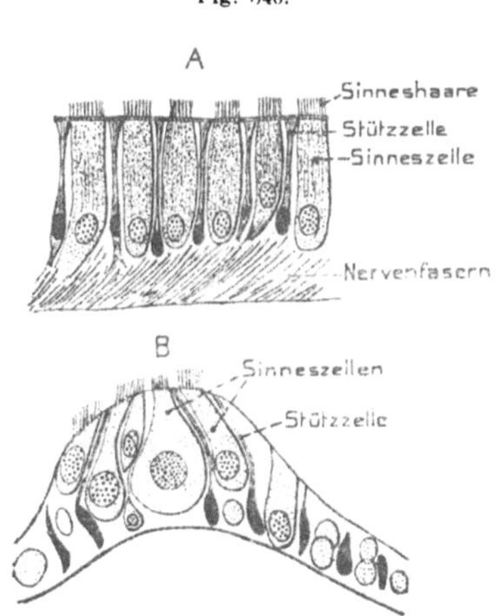

Sepia officinalis. Statisches Organ. *A* Querschnitt eines kleinen Teils der Macula statica. — *B* Querschnitt durch die Crista statica (nach HAMLYN-HARRIS). C. H.

nämlich eine einfache (Decapoden) oder doppelte (Octopoden) mittlere Reihe großer, und beiderseits von dieser noch einige Reihen kleiner. — Der Nervus staticus teilt sich gewöhnlich sofort in drei Äste, von welchen einer die Maculae, die beiden andern die Crista versorgen.

Auf der Macula princeps liegt stets ein ansehnlicher *Statolith*, dessen Gestalt im allgemeinen kegelförmig, meist aber ziemlich unregelmäßig und asymmetrisch ist (Fig. 545). Mit der Kegelbasis ruht er der Macula auf, wobei sich die Sinneshärchen in kleine Höhlen seiner Basalfläche einsenken. Eigentümlicherweise ist der Statolith nur teilweise verkalkt; sein basaler Teil besteht aus organischer Substanz, der apicale dagegen (jedoch häufig etwas einseitig) aus radiärstrahligem kohlensaurem Kalk. Bei den Octopoden soll dieser Kalkteil aus relativ losen prismatischen Elementen bestehen. — Wie schon oben bemerkt, tragen bei gewissen Decapoden (besonders Loligo) einzelne Zapfen dazu bei, den Statolith in seiner Lage zu erhalten. — Den Maculae neglectae der Decapoden liegen spindel- bis nadelförmige *Statoconien* auf, die durch eine gallertige Masse zusammengehalten werden. Auf der Crista finden sich keine fester Gebilde..

Leider ist über die physiologische Bedeutung der an die Wirbeltiere erinnernden verschiedenen Endorgane in der Statocyste der Dibranchiaten Näheres nicht bekannt.

4. Echinodermata.

Unter den *Echinodermen* begegnen wir Statocysten nur bei gewissen grabenden *Holothurien*. Wie es scheint, finden sie sich allgemein bei mehreren Gattungen der apoden *Synaptiden* (Familie) und der verwandten Gattung *Rhabdomolgus*, ferner bei den pedaten Tiefseeholothurien der Familie der *Elpidiidae*. Die *Synaptiden* zeigen je ein Paar Cysten an den Austrittsstellen jedes Radiärnerven aus dem Kalkring des Schlunds. Bei den *Elpidiiden* dagegen ist die Anordnung der Cysten fast stets bilateral geworden, indem diese sich nur längs der oralen Region der beiden dorsalen (Bivium) und der beiden seitlichen ventralen Radiärnerven (Trivium) finden, und zwar an den ersteren meist nur je eine, an den letzteren dagegen häufig eine größere Zahl (bis 40) hintereinander gereihter Cysten.

Hinsichtlich der ectodermalen oder mesodermalen Entstehung der Organe bestehen Differenzen; jedenfalls wäre das Letztere sehr auffallend und ist daher vorerst unwahrscheinlich. — Die Organe sind im Bindegewebe eingelagerte, kleine kuglige Bläschen mit einfacher dünner Epithelwand, an der weder Cilien noch Sinneshaare sicher erwiesen sind. Sie liegen entweder den Radiärnerven dicht an oder sind durch einen kurzen, den statischen Nerv einschließenden Stiel an ihnen befestigt. Die Endolymphe enthält fast stets mehrere, manchmal sehr viele Statoconien (bis über 100 bei gewissen Elpidiiden) von länglicher (Elpidiiden) oder kugliger (Synaptiden) Gestalt. Bei den ersteren sind es sicher geschichtete Konkretionen; bei den letzteren, wo um jede Statoconie eine plasmatische, mit einem Kern versehene Hülle vorkommt, wurden sie auch für flüssig (Vacuole) gehalten, was aber wohl irrig sein dürfte. Es scheint demnach, daß jede Statoconie noch in ihrer Bildungszelle liegt. Zitternde Bewegungen der Statoconien finden sich, werden aber wohl nur Molekularbewegungen sein. Die statische Bedeutung der Organe ist durch Versuche wahrscheinlich gemacht worden.

5. Chordata.

a) Tunicata.

Eigentümlich liegen die Verhältnisse in dieser Gruppe, da hier zweierlei statische Organe auftreten können. Die erste Art, welche sich den seither besprochenen anreiht, und ebenso den statisch-akustischen der Wirbeltiere, findet sich allein bei dem mit den Thaliaceae verwandten *Doliolum* und seltsamerweise auch nur bei der ersten ungeschlechtlichen Generation (Amme). Ebenso merkwürdig erscheint das unpaare, linksseitige Vorkommen dieser Statocyste zwischen dem 3. und 4. Ringmuskel, etwa in halber Körperhöhe.

Die geschlossene, aber durch Einstülpung des Epithels entstehende Cyste hat eine äußerst dünne Epithelwand, welche sich an der Nervenzutrittsstelle zu einer Art runder Macula verdickt, in der zwei größere Zentralzellen zu unterscheiden sind. Weder Cilien noch Sinneshärchen wurden bekannt. Der einfache Statolith ruht mit etwas ausgehöhlter Fläche der Macula auf und soll sich in verdünnten Säuren nicht lösen.

Die zweite Art statischer Organe findet sich dauernd bei den Copelaten und vorübergehend bei den ihnen ähnlichen Ascidienlarven. Wie das Auge ist es der sog. Sinnesblase des Cerebralganglions eingelagert. — Bei den *Copelaten* bildet die Sinnesblase selbst das statische Organ und wurde daher schon früher (S. 545) geschildert. — Das Organ der Ascidienlarven verhält sich etwas anders. Hier (s. Fig. 393, S. 544) ruht auf dem ventralen Boden der Sinneshirnblase ein kugliges Gebilde, unter welchem die Epithelwand etwas verdickt ist. Es geht aus einer Zelle der Hirnwand hervor, die an ihrem freien Ende eine starke Pigmentanhäufung zeigt und mit ihrem stielförmigen Basalteil zwischen die Epithelzellen der Verdickung (Macula statica) eingefügt ist. Von den Zellen der Macula sollen Sinneshärchen entspringen. Eine Concretion wurde in der Statolithenzelle nicht gefunden.

Obgleich es wahrscheinlich ist, daß hier wirklich ein statisches Organ vorliegt, so fehlt doch noch viel zu seiner genaueren Kenntnis. Interessant erscheint, daß das früher erwähnte Auge und das statische Organ aus einer gemeinsamen pigmentierten Anlage an der Dorsalwand des vorderen Neuralrohres hervorgehen sollen und sich erst später durch Wachstumsvorgänge von einander sondern und verlagern.

b) Statisch-akustische Organe der Vertebrata.

Wie schon früher erwähnt, vereinigen sich im Hörorgan der Wirbeltiere die statische und akustische Funktion. Es ist deutlich zu verfolgen, wie sich der der Hörfunktion dienende Teil (Cochlea, Schnecke) erst allmählich entwickelt und zu hoher Komplikation vervollkommnet. Ob jedoch die niederen Formen (besonders die Fische), welchen dieser Abschnitt fehlt, ganz taub sind, ist eine noch umstrittene Frage, obgleich das Hören gewisser Fische sicher erwiesen scheint; jedenfalls steht es aber in dieser Abteilung auf sehr niederer Stufe.

Ob das vollständige Fehlen des statisch-akustischen Organs bei den *Acraniern* ursprünglicher Natur ist oder auf Rückbildung beruht, läßt sich vorerst nicht entscheiden. Das Vorkommen statischer Organe bei den Tunicaten spricht eher in letzterem Sinne.

Die Organe der Wirbeltiere gehören im allgemeinen zu den im Vorhergehenden besprochenen eingestülpten Cystenorganen und bieten daher mit jenen mancher Wirbellosen (besonders Mollusken) gewisse Analogien, welche aber sicher nur Konvergenzen sind. Das *Hörorgan*, wie wir es der Einfachheit wegen künftighin nennen wollen, ist immer paarig und entsteht beiderseits in der hinteren Kopfregion, zu den Seiten des Metencephalon (Medulla oblongata), da wo der 8. Hirnnerv (Acusticus) von letzterem entspringt. Hier verdickt sich das Ectoderm zu einer Hörplatte, die sich bald nach innen und etwas ventral als ein Hörbläschen einstülpt, das durch einen kürzeren oder längeren Einstülpungskanal nach außen mündet (Fig. 547 *A*). Es scheint, daß dieser Kanal (der spätere *Ductus endolymphaticus*) überall angelegt wird; aber nur bei den Plagiostomen bleibt er vollständig, samt der äußeren Ausmündung, dauernd erhalten; sonst schließt er sich stets vom Ectoderm ab und endigt daher blind.

Daß das spätere Hörbläschen gelegentlich (Dipnoi) solid angelegt und später hohl wird, ist eine Modifikation, der wir auch bei der Bildung des Rückenmarks begegneten. — Schon bei

Bütschli, Vergl. Anatomie. 48

den Hirnnerven (S. 624) wurde erwähnt, daß die plattenförmige erste Anlage des Hörbläschens gewöhnlich als eine der sog. Lateralplacoden gedeutet wird, d. h. jener ursprünglichen Hautsinnesorgane, von welchen sich das zum Nervus acustico-facialis gehörige als Hörorgan weiter entwickle.

Der geschilderte, einfach bläschenförmige Zustand mit Ductus endolymphaticus erhält sich bei keinem lebenden Cranioten dauernd; stets tritt höhere Komplikation ein, deren allmählicher Verlauf sich in der Craniotenreihe noch verfolgen läßt. — Zunächst sei hervorgehoben, daß die dorsolaterale Region des Bläschens allmählich dorsalwärts mehr oder weniger emporwächst (Fig. 547 *B*), was zur Folge hat, daß die Einmündungsstelle des Ductus endolymphaticus auf die mediale Bläschenwand verschoben wird, wo sie sich am ausgebildeten Organ stets findet. — Wie wir schon bei der Schilderung der Schädelentwicklung fanden (S. 225), tritt im Umfang des Hörbläschens frühzeitig Knorpel auf; später verschmilzt die so gebildete knorplige Hörkapsel mit den Parachordalia und wird in die Lateralwand der Labyrinthregion des Primordialcraniums aufgenommen. Wenn deren Verknöcherung eintritt, wird auch der Knorpel des Hörbläschens ganz oder teilweise durch Knochen ersetzt; so bildet sich ein *knorpliges* oder *knöchernes Labyrinth* um das Hörbläschen oder das *häutige Labyrinth* aus. Vor allem beteiligt sich das Prooticum am Einschluß des Hörbläschens, doch können auch benachbarte Schädelknochen daran teilnehmen. — Während das primitive Hörbläschen von mesodermalem Gewebe dicht umschlossen wird, tritt in letzterem im Umfang des Bläschens allmählich eine Einschmelzung in geringerem oder größerem Maße auf. Dadurch entstehen lympherfüllte Räume (Perilymphräume,

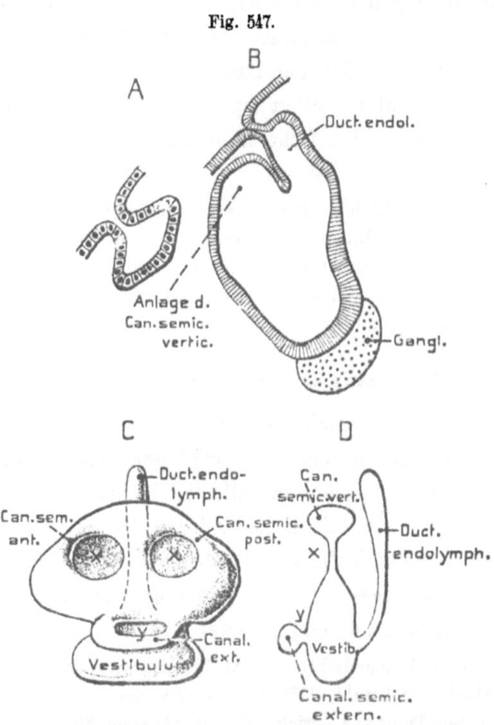

Schemata zur Entwicklung des Labyrinths der Gnathostomen. *A* Querschnitt durch ein eben eingestülptes Hörbläschen. — *B* Weiter entwickeltes Stadium mit Anlage des Ductus endolymphaticus und des Vestibulum; Ganglion acusticum angedeutet. — *C* und *D* Schemata zur Bildung der 3 halbzirkelförmigen Kanäle. — *C* In lateraler Ansicht, *x* die Stellen, wo sich die Wände genähert haben, später verwachsen und durchbrechen, was zur Ablösung der beiden vertikalen Kanäle führt. *y* die Ablösungsstelle des horizontalen Kanals. — Der Querschnitt *D* ist so gedacht, daß er durch eine der Stellen *x* (Fig. *C*) geht, die Stelle *y*, sowie den Ductus endolymphaticus zeigt, was ja nicht ganz möglich, da letzterer zwischen den beiden Stellen *x* liegt (mit Benutzung von R. KRAUSE 1901 in O. HERTWIG, Entw. d. Wirbt.).
O. B. u. C. H.

im Gegensatz zu dem Endolymphraum im Bläschen), durch welche sich zwischen
dem häutigen und dem knorpligen oder knöchernen Labyrinth Bindegewebszüge
ausspannen, die von der Knorpel- oder Knochenwand zum häutigen Labyrinth
ziehen. — Indem sich die Medialwand des Bläschens verdickt, tritt sie mit dem
Distalende des Nervus acusticus in Verbindung, wobei letzterer, dieser Wand dicht
anliegend, eine Ansammlung von Ganglienzellen (*Ganglion acusticum*) bildet
(Fig. 547 *B*). So entsteht an der Medialwand eine besondere, sinneszellenführende
Nervenendigungsstelle (*Macula acustica communis*), wodurch das Organ zu einem
Sinnesorgan wird, in welchem, ähnlich wie bei Wirbellosen, Statolithen oder Stato-
conien auftreten.

Wie bemerkt, bleibt das Hörorgan nie auf so einfacher Stufe stehen, sondern
zeigt stets eine Differenzierung der Nervenendstelle in mehrere, unter gleichzeitiger Entwicklung ei-
gentümlicher, aus der
Dorsalwand des Bläs-
chens hervorgehender
bogenförmiger Anhänge,
der sog. *halbkreisför-
migen Kanäle (Canales
semicirculares).* — Den
einfachsten Verhältnis-
sen begegnen wir bei
den *Myxinoiden* unter
den Cyclostomen
(Fig. 548). Bei ihnen
hat sich an der Dorsal-

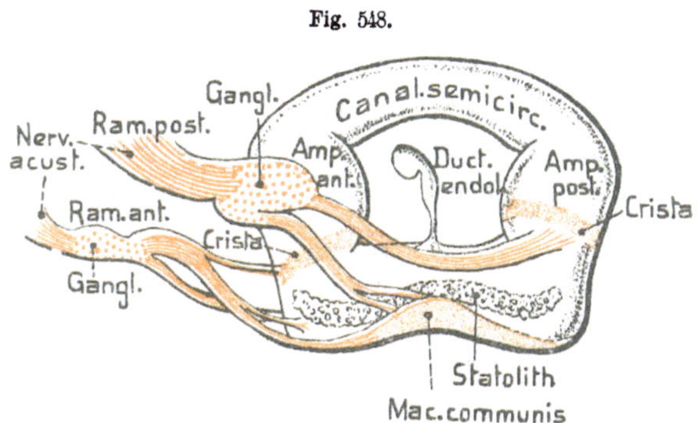

Myxine glutinosa. Linkes häutiges Labyrinth in dorso-medialer
Ansicht; Nerven und Macula braun (nach RETZIUS 1881). C. H.

wand des etwas schief nach außen geneigten Labyrinthbläschens ein in rostro-
caudaler Richtung verlaufender, dorsal aufsteigender halbkreisfömiger Kanal gebildet, der vorn und hinten in das Bläschen (das nun gewöhnlich als *Vestibulum*
bezeichnet wird) einmündet. Jede der beiden Einmündungsstellen ist etwas angeschwollen zu einer *Ampulle*, und in jeder Ampulle findet sich eine leisten- oder
bandförmige Partie höheren Epithels mit Sinneszellen (*Cristae acusticae*, besser
staticae), die quer zur Kanalachse ziehen und die Ampulle nicht völlig umgreifen.
Ontogenetisch entstehen diese Cristae als eine Ablösung von der ursprünglichen
Macula acustica communis. Auf der Ventralwand des Vestibulums zieht eine langgestreckte Macula acustica hin, gewöhnlich *Macula communis* genannt, der eine
Statolithenscheibe aufliegt: wogegen die Cristae keine solche besitzen.

Das Hörorgan der *Petromyzonten* hat schon eine höhere Ausbildungsstufe
erreicht, indem sich an Stelle des einen halbkreisförmigen Kanals der Myxinoiden
zwei finden, ein vorderer (oraler) und ein hinterer (caudaler); das Verständnis des
Hörorgans ist jedoch ziemlich schwierig Das bei Myxine schlauchartige ursprüngliche Vestibulum erscheint recht kompliziert (Fig. 549 u 550); aus seiner
Dorsalregion hat sich eine etwa kugelförmige Partie hervorgewölbt (sog. Com-

missur), von welcher zwei Bogengänge ausgehen, die etwas lateral- und ventralwärts hinabsteigen, wobei sie dem Vestibulum dicht aufliegen. Der gemeinsame
Ursprungsteil der beiden Bogengänge steht durch eine weite Öffnung mit dem, im
besonderen als Vestibulum bezeichneten Teil in Verbindung, der durch eine quer-

Fig. 549.

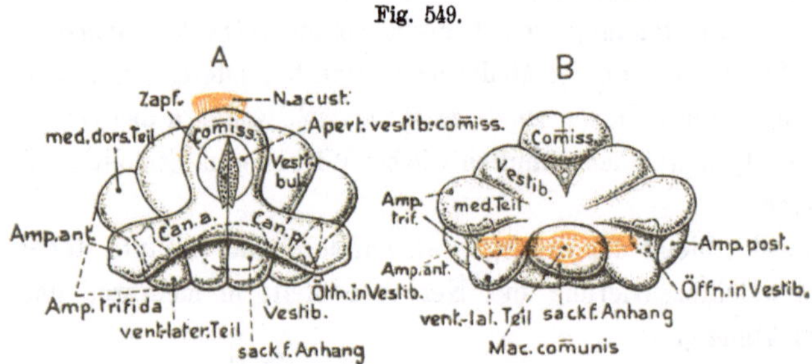

Petromyzon fluviatilis. Häutiges Labyrinth mit N. acusticus. — *A* Ansicht des linken Labyrinths
von der Dorsolateralseite. — *B* Ansicht des rechten Organs von der Ventromedialseite (nach RETZIUS 1881).
v. Bu.

verlaufende oberflächliche Furche, welcher innerlich eine Leiste (Crista frontalis)
entspricht, in eine orale und eine caudale Kammer unvollständig geschieden wird

Fig. 550.

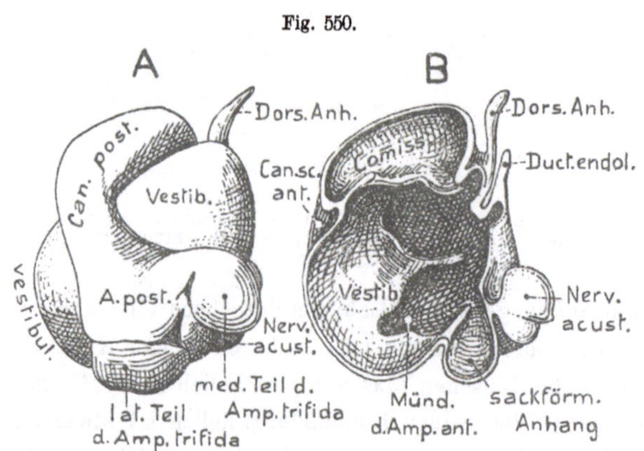

Petromyzon fluviatilis. Linkes Labyrinth. *A* Ansicht von Caudalseite. — *B* Dasselbe durch einen Querschnitt halbiert, Ansicht der
oralen Hälfte von hinten in die Höhlung (Rekonstruktionen aus Schnitten,
nach R. KRAUSE 1906). O. B.

(vgl. Fig. 550 *B*). —
Die ventralen Enden
der beiden Bogen-
gänge sind etwas am-
pullär angeschwollen
und enthalten je eine
Crista acustica. Sie
münden in die beiden
Vestibularkammern,
wobei sie aber gleich-
zeitig medial- und
ventrolateralwärts
noch je eine ansehn-
liche Aussackung bil-
den (auch Sacculi ge-
nannt), welche ge-
meinsam mit der zwischen ihnen liegenden eigentlichen Ampulle häufig als
Ampulla trifida bezeichnet werden. An der Ventralseite des Vestibulums findet
sich ferner eine etwas asymmetrisch liegende sackförmige Ausstülpung (sackför-
miger Anhang), an deren Medialwand eine Macula acustica liegt, die jedoch noch
je einen Ausläufer in die medialen Anschwellungen der beiden Ampullae trifidae
sendet, von denen der vordere ansehnlicher ist, sowie eine grubenförmige Vertiefung aufweist (s. Fig. 549 *B*).

Es dürfte vorerst kaum möglich sein, in diesen Differenzierungen des Vestibulums der
Petromyzonten diejenigen wiederzuerkennen, welchen wir bei den Gnathostomen begegnen

werden; jedenfalls ist dies zurzeit nicht sicher ausführbar. Es sei nur kurz erwähnt, daß der sackförmige Anhang der Lagena der Fische, der mediale Anhang der vordern Ampulla trifida dem Recessus utricularis und die grubenförmige Vertiefung dem Sacculus verglichen wurde.

Sicher ist, daß die beiden halbkreisförmigen Bogengänge der Petromyzonten dem einzigen der Myxinoiden entsprechen, indem ein mittlerer Teil des letzteren im Zusammenhang mit der dorsalen Vestibulumwand blieb; ein Verhalten, welches sich bei allen Gnathostomen wiederholt. Im Hinblick hierauf erscheint daher das Hörorgan der Neunaugen als eine Zwischenstufe zwischen jenem der Myxinoiden und dem der Gnathostomen, welches sich jedoch in einseitiger Weise modifiziert hat.

Am häutigen Labyrinth sämtlicher *Gnathostomen* finden wir also die beiden aufsteigenden oder vertikalen Bogengänge wieder, den vorderen und hinteren. Da sie stets in mehr oder weniger winklig zueinanderstehenden Ebenen verlaufen, und zwar der hintere der Querebene (beim Menschen etwa der Frontalebene) annähernd parallel, der vordere dagegen der Median- oder Sagittalebene, so werden sie auch als frontaler (hinterer) und sagittaler (vorderer oder oberer) unterschieden. Fast stets münden beide Gänge durch einen gemeinsamen Abschnitt (*Sinus superior utriculi*) in den mittleren Dorsalteil des Vestibulums (z. B. Fig. 553 *B*, S. 761); ihre anderen Enden dagegen sind zu Ampullen (Ampulla anterior oder posterior) mit den Cristae entwickelt. Die Erhebung der vertikalen Bogengänge ist sehr verschieden; ursprünglich gering, wird sie häufig sehr ansehnlich. Zu diesen beiden Gängen tritt nun bei allen Gnathostomen noch ein dritter, horizontaler (lateraler oder äußerer), der mit seiner Ampulle (*A. lateralis* oder *exterior*) dicht hinter oder ventral von der Ampulla anterior entspringt und in einer annähernd horizontalen Ebene, lateral vom Vestibulum, nach hinten zieht, um in der Regel in den erwähnten Sinus superior utriculi einzumünden. Die Ampulle dieses Bogengangs besitzt gleichfalls eine Crista: Die Lagebeziehungen der drei Bogengänge zueinander stehen physiologisch zweifellos mit den Raumempfindungen in direktem Zusammenhang.

Die Ontogenese der Gänge verläuft etwas verschieden; bei den meisten Gnathostomen durch bogenartige Ausbuchtung der Wand des Vestibulums an den Stellen, wo die Bogengänge entstehen, und darauf folgende Verwachsung der beiden Wände dieser Ausbuchtungen an den Stellen wo die Bogengänge sich später vom Vestibulum ablösen (Fig. 547 *C—D*, S. 756), worauf schließlich hier Resorption und Durchbruch der Wände erfolgt. Daß sich für die beiden vertikalen Gänge eine gemeinsame Ausbuchtung bildet, die später an zwei Stellen durchbricht, bestätigt ihre Homologie mit dem einzigen Gang der Myxinoiden. — Als eine Modifikation der Entwicklung (Teleostei und Amphibia) erscheint es, daß die Bogengänge nicht durch Ausbuchtung entstehen, sondern derart, daß sich die Vestibulumwände an zwei gegenüberliegenden Stellen einstülpen (oder hier eine Scheidewand hereinwächst) und sich, nachdem diese Einstülpungen miteinander verwuchsen, der Durchbruch für jeden Gang bildet. — Der horizontale Bogengang tritt häufig etwas später auf als die vertikalen, was seinem phylogenetisch späteren Entstehen entspricht.

Die Macula acustica erfährt bei allen Gnathostomen eine Sonderung in mehrere getrennte Endigungsstellen, womit sich frühzeitig eine Differenzierung des

Vestibulums in eine Anzahl Unterabschnitte verbindet. Die drei Bogengänge münden in den dorsalen Teil des Vestibulums (Pars superior), und zwar fast stets so, daß sich, wie erwähnt, die mittleren Enden der beiden vertikalen Gänge zu einem gemeinsamen aufsteigenden röhrenförmigen Abschnitt des dorsalen Vestibulums vereinigen. Diese Pars superior sondert sich durch eine etwa horizontale Einschnürung in sehr verschiedenem Grade vom Ventralteil des Vestibulums (Pars inferior) ab, mit welchem der Ductus endolymphaticus verbunden bleibt. Der dorsale Teil, von welchem die Bogengänge entspringen, wird nun als *Utriculus* bezeichnet. An seiner vorderen Medialwand, dicht hinter oder etwas ventral von der Ampulla lateralis, findet sich eine *Macula utriculi* (Fig. 555), die meist in einer schwachen, nach vorn und medial gerichteten Ausstülpung des Utriculus, dem *Recessus utriculi*, liegt. In der Gegend der ursprünglich weiten

Fig. 551.

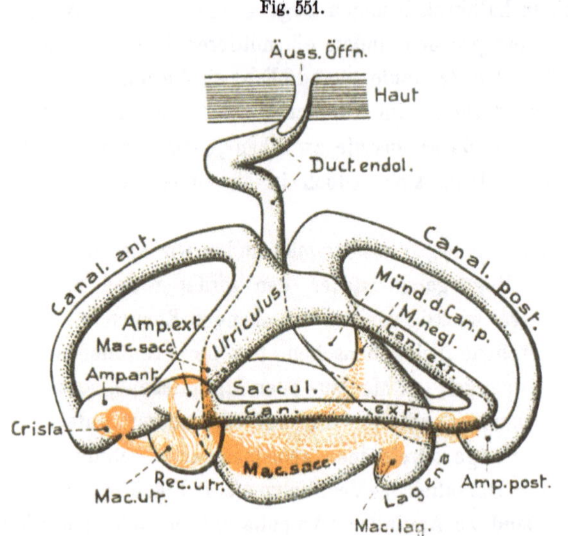

Acanthias vulgaris. Linkes häutiges Labyrinth von der Lateralseite (nach RETZIUS 1881). Stud. Schellmann.

Fig. 552.

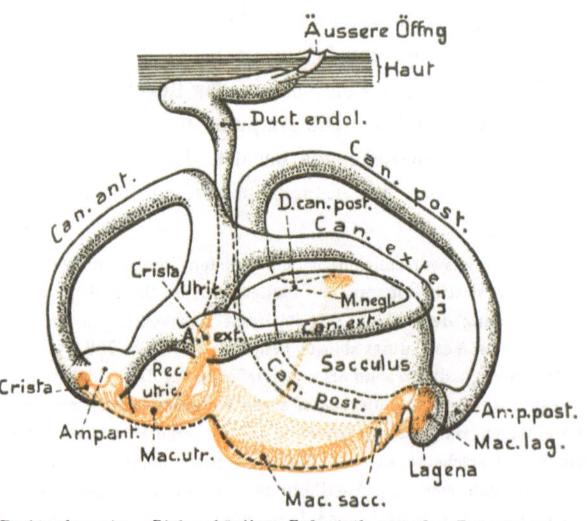

Raja clavata. Linkes häutiges Labyrinth von der Lateralseite (nach RETZIUS 1881). Sch.

Einmündung des Utriculus in die Pars inferior des Vestibulums bildet sich eine besondere kleine Endigungsstelle, die *Macula neglecta* (Fig. 553), welche auch doppelt auftreten kann (Fig. 555, S. 762). Sie liegt in der Regel im Utriculus selbst, rückt aber bei den Amphibien in die Pars inferior (Sacculus) hinab. Diese Pars inferior besitzt an ihrer Medialwand stets zwei besondere Maculae, eine oralwärts gelegene, die *Macula sacculi*, und eine mehr caudale, die *Macula lagenae*. Erstere ist gewöhnlich größer und in eine ansehnliche, häufig recht große ventrale Aussackung der Pars inferior eingelagert, den *Sacculus* (Fig. 553). Auch für die Macula lagenae ist fast stets eine solche Ausbuchtung vorhanden, welche als ein Anhang des Sacculus erscheint, die *Lagena* (oder Lagena cochleae, s. Fig. 551 u. 555). — Erst bei den *Salamandrinen* unter den Amphibien tritt eine wichtige Komplikation dieser Lagena auf, indem sich an ihrer Medialwand, etwas über der Macula lagenae, eine kleine besondere Nervenendigungsstelle absondert, die *Papilla basilaris*, welche sich bei den anuren

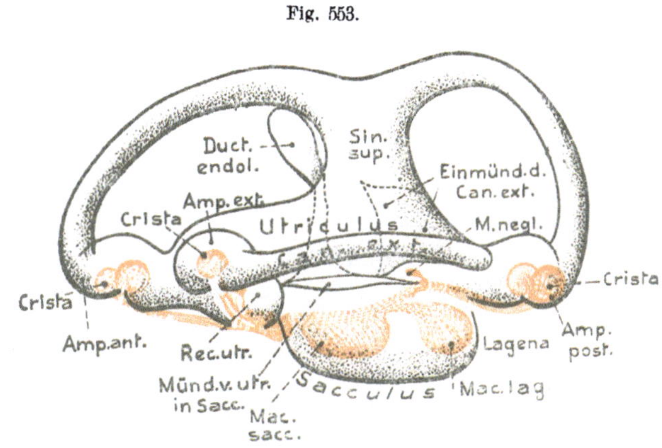

Fig. 553.

Acipenser sturio. Linkes häutiges Labyrinth von der Lateralseite (nach Retzius 1881).   Sch.

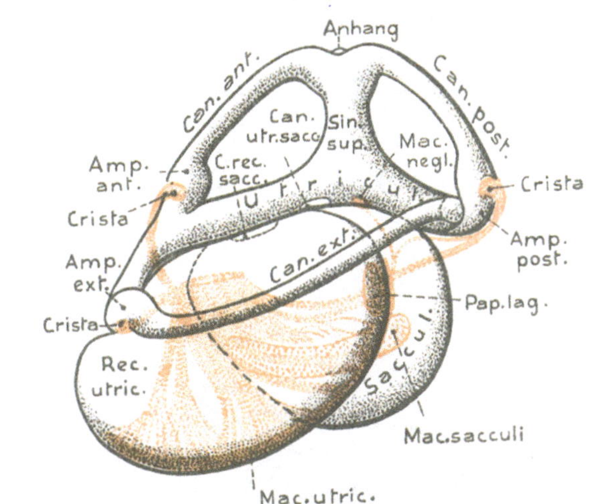

Fig. 554.

Protopterus annectens. Linkes Labyrinth von der Lateralseite (nach Retzius 1881).   Sch.

Amphibien und Amnioten einer besonderen Aussackung der Lagena einlagert (s. Fig. 571, S. 773), der *Pars basilaris lagenae*. Die Pars basilaris ist die erste Anlage des eigentlichen Hörteils des Labyrinths und wächst bei den höheren Sauropsiden und Säugern immer stärker röhrenförmig aus, wobei sie die Lagena an ihrem blinden Ende trägt. Das sich so bildende Organ ist die *Cochlea* oder *Schnecke*, deren lang bandförmige Papilla basilaris zum *Cortischen Organ* wird, dem speziellen Endapparat für die Hörwahrnehmungen.

Da die Cochlea sich etwa auf der Grenze von Sacculus und Lagena hervorbildet, so harmoniert dies im allgemeinen mit den Ergebnissen physiologisch-biologischer Beobachtungen an gewissen Knochenfischen, die es wahrscheinlich machten. daß sich der Sitz ihres Hörvermögens im Sacculus findet.

Im folgenden sollen die einzelnen Bestandteile des häutigen Labyrinths durch die Gnathostomenreihe etwas genauer verfolgt werden.

Die drei *Bogengänge* erheben sich bei vielen primitiven Formen, wie *Ganoiden* (Fig. 553), *Dipnoern* (Fig. 554), manchen *Teleosteern*, *Urodelen* (Fig. 557), *Gymnophionen*, *Cheloniern* nur wenig. Bei den *Chondropterygiern* (Fig. 551/52) und den meisten *Teleosteern* (Fig. 555) ragen sie stärker empor, was in noch größerem Maße den höheren *Sauropsiden*, namentlich aber den *Vögeln* (Fig. 560) und den meisten *Säugern* (Fig. 562) zukommt. — Bei *Chimaera*, den *Knochenganoiden* und *Knochenfischen* ist das häutige Labyrinth medial gegen die Schädelhöhle nicht knorplig oder knöchern, sondern nur häutig abgegrenzt, so daß die vertikalen Bogengänge hier (besonders Knochenfische) anscheinend frei in die Schädelhöhle hineinragen. — Wenn die Bogengänge besonders groß werden,

Fig. 555.

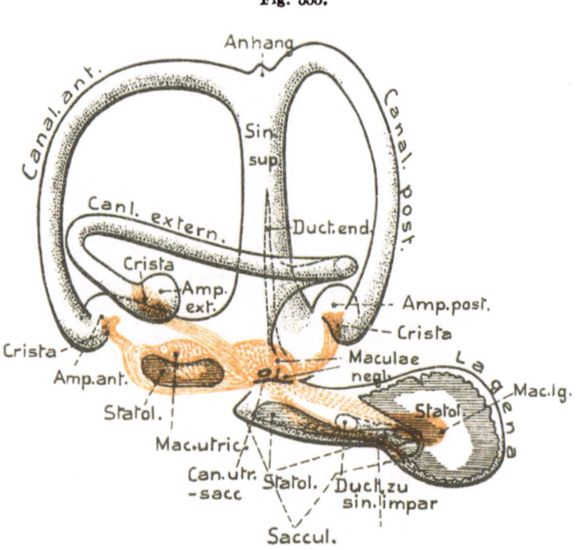

Idus idus. Linkes Labyrinth von der Lateralseite (nach RETZIUS 1881). Sch.

Fig. 556.

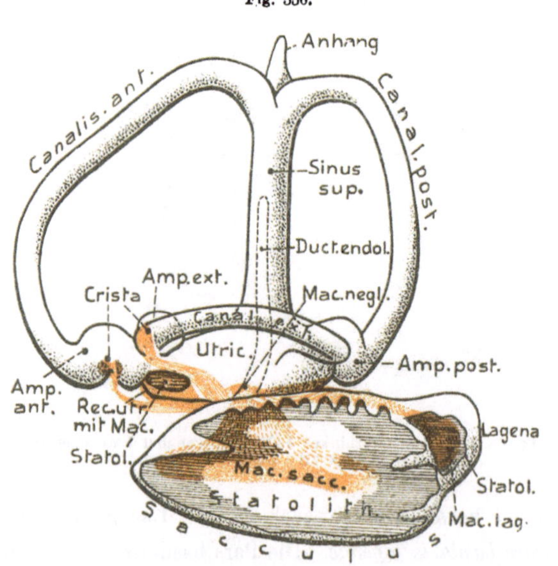

Perca fluviatilis. Linkes Labyrinth von der Lateralseite (nach RETZIUS 1881). Sch.

wie bei höheren Rep-
tilien, Aves und Mam-
maliern, dann ist der
vordere vertikale meist
viel größer und steigt
höher empor als der
hintere; dies tritt auf-
fallend bei den Vögeln
(Fig. 560) hervor, wo
auch der horizontale
Gang stark schief nach
hinten aufsteigt. Wenn
letzterer Gang groß wird,
wie bei vielen *Chondro-
pterygiern* und *Vögeln*,
so tritt er mit seiner
hinteren Umbiegungs-
stelle meist durch die
Ausbuchtung des hin-
teren vertikalen Kanals
caudalwärts hindurch.
— Die mittleren Enden
der beiden Vertikal-
gänge münden, wie be-
merkt, gewöhnlich in
den vom Utriculus auf-
steigenden Sinus supe-
rior, in dessen Basis sich
auch das Hinterende
des horizontalen Kanals
öffnet. Dieser Sinus
steigt meist um so höher
empor, je mehr sich die
vertikalen Bogengänge
erheben. Bei den Vö-
geln ist auch die Ein-
mündungsstelle des Ho-
rizontalkanals am Sinus
superior stark empor-
gerückt, in die Nähe
des Zusammenflusses
beider Vertikalgänge.

Fig. 557.

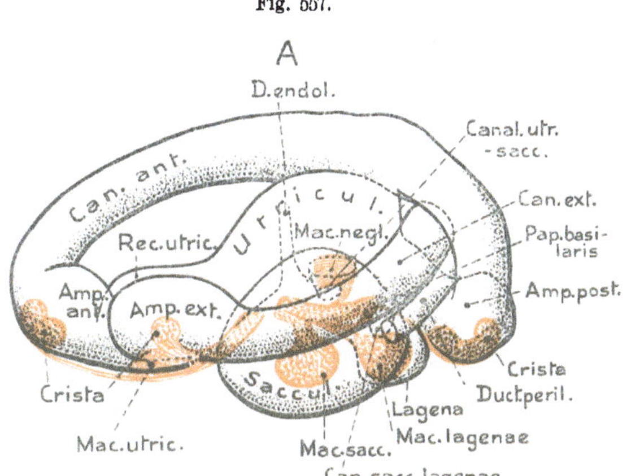

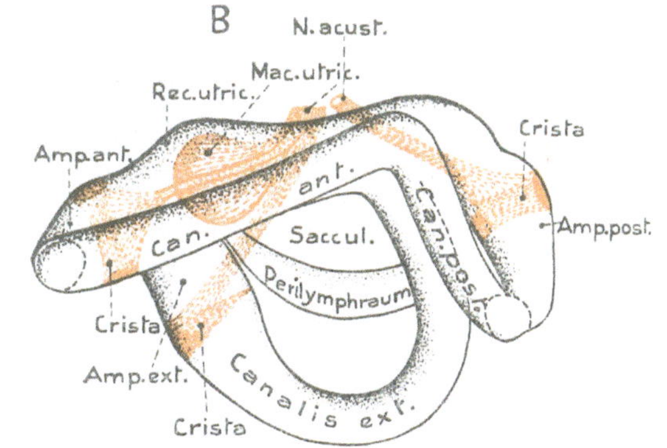

Salamandra maculosa. Linkes Labyrinth. *A* Lateralansicht.
B Dorsalansicht (nach RETZIUS 1881). Sch.

Fig. 558.

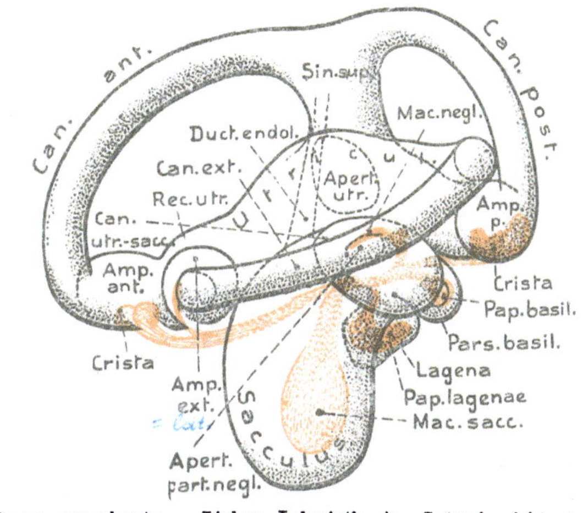

Rana esculenta. Linkes Labyrinth in Lateralansicht (nach
RETZIUS 1881). Sch.

Eigentümlich abgeändert erscheinen die Verhältnisse bei *Haien* und *Rochen*; wogegen *Chimaera* sich den übrigen Fischen anschließt. Bei ersteren (Fig. 551 u. 552, S. 760) hat sich nämlich der hintere Bogengang ganz vom Sinus superior abgelöst und ist zu einem in sich geschlossenen Kanal geworden, der einerseits durch seine Ampulla posterior, andererseits durch eine Öffnung oder einen kurzen Kanal (*Ductus posterior*, Fig. 552) in den hinteren Teil des Sacculus mündet. Das Hinterende des horizontalen Kanals dagegen vereinigt sich mit dem vorderen vertikalen zu einer Art Sinus superior utriculi. Dies Verhalten dürfte vielleicht so entstanden sein, daß eine Spaltung des ursprünglichen Sinus superior in eine vordere und hintere Partie eintrat. — Bei den Fischen findet sich an der Einmündungsstelle der beiden vertikalen Gänge in den Sinus superior häufig ein zipfelförmiger Anhang (s. Fig. 556), der namentlich bei *Chimaera* ansehnlich wird.

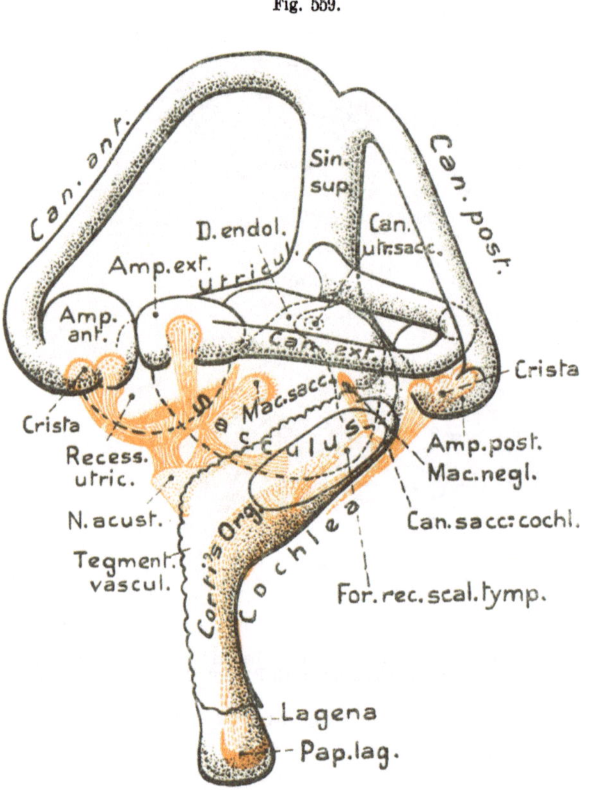

Alligator mississipiensis. Linkes Labyrinth von der Lateralseite (nach Retzius 1884). Sch.

Der *Utriculus* ist eine meist längsgestreckte röhrenförmige Bildung, die in ihrer dorsalen Mitte als Sinus superior emporsteigt, und auf ihrer medialen Vorderseite die oben als *Recessus utriculi* erwähnte, meist mäßige Aussackung bildet, welche die *Macula utriculi* enthält, und dicht neben oder etwas ventral von der Ampulla anterior liegt.

Wie bemerkt, ist der Recessus meist nur schwach entwickelt, zuweilen sogar sehr wenig; besonders groß wird er bei den *Dipnoern* (Fig. 554, S. 761). Er kann auch mit der vorderen und lateralen Ampulle in direkter Verbindung stehen; selten (Chondropterygii) besitzt er auch eine Mündung in den Sacculus.

Die Pars inferior des Vestibulums setzt sich als *Sacculus* durch eine horizontale Einschnürung vom Utriculus ab und bildet ursprünglich einen einheitlichen sackartigen ventralen Anhang, der durch eine spaltartige weite Öffnung (Canalis utriculo-saccularis) mit dem Utriculus kommuniziert (Ganoiden, Dipnoer, Chimaera).

Fig. 560.

Fig. 562.

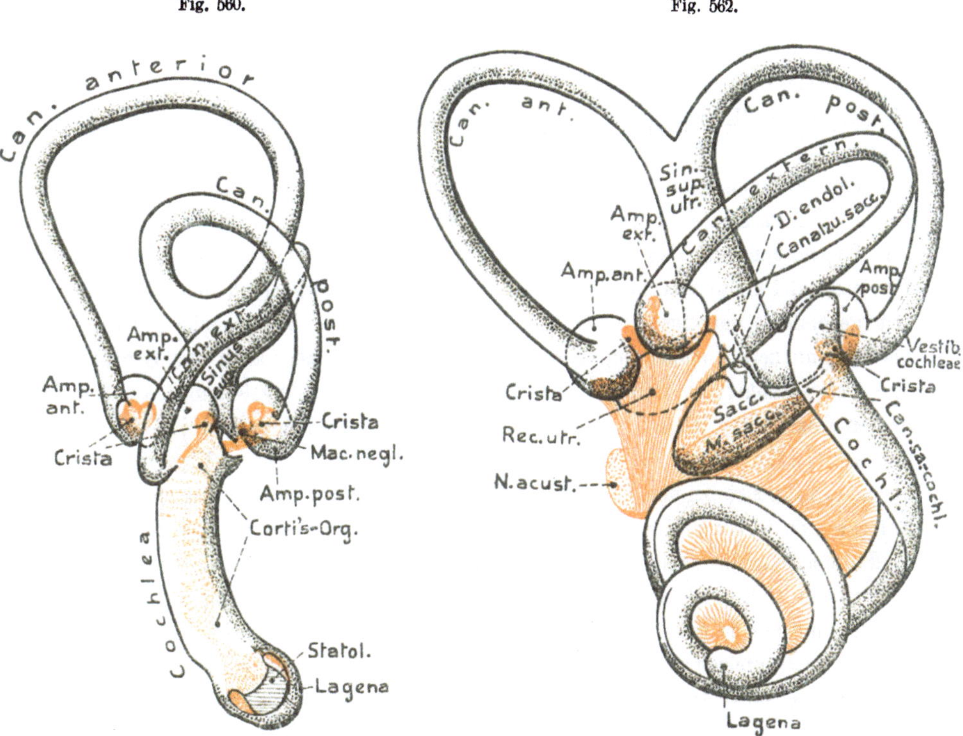

Columba domestica. Linkes Labyrinth von der Lateralseite (nach RETZIUS 1884). Sch.

Lepus cuniculus. Linkes Labyrinth von der Lateralseite (nach RETZIUS 1884). Sch.

Fig. 561.

Fig. 563.

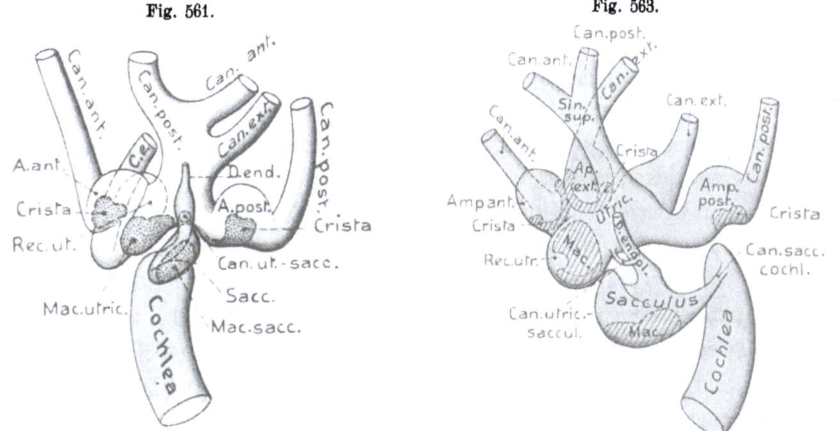

Columba domestica. Centraler Teil des rechten Labyrinths von der Medialseite; zur Demonstration der Verbindung von Sacculus und Cochlea (Canalis sacculo—cochlearis) (nach RETZIUS 1884, etwas verändert). v. Bu.

Homo. Centraler Teil des rechten Labyrinths von der Medialseite; zur Demonstration der Verbindung von Utriculus und Sacculus, sowie des letzteren mit der Cochlea (etwas schematisiert, nach RETZIUS 1884). v. Bu.

Bei primitiven Formen (Chimaera) enthält der Sacculus noch eine einheitliche Macula; bei allen übrigen hat sich diese in eine vordere, gewöhnlich größere *Macula sacculi* und die in der Caudalregion gelegene *Macula lagenae* gesondert. Trotz dieser Differenzierung ihrer Maculae kann die Pars inferior äußerlich noch einheitlich sein (Knorpelganoiden, Fig. 553, Dipnoi, Fig. 554), ist aber in diesen Fällen (besonders Dipnoi) recht groß. Sonst sackt sich ihre caudale Wand mit der Macula lagenae zu einer besonderen, hinten angefügten Ausbuchtung aus, so daß die Pars inferior nun zwei Teile: den vorderen Sacculus und die hintere *Lagena* unterscheiden läßt (Fig. 555/56). — Bei den Fischen bleibt die Lagena fast stets viel kleiner als der Sacculus und ist in recht verschiedenem Grad von ihm gesondert; manchmal ist sie nur eine kleine (Holostei und manche Teleostei) bis ansehnlichere Ausbuchtung seines Hinterendes, häufig aber auch vom Sacculus stark abgeschnürt, so daß bei den Teleostei die Verbindungsöffnung zwischen beiden Abschnitten (Canalis sacculo-lagenalis) meist ziemlich eng wird. — Auch die, wie erwähnt, ursprünglich weite Verbindungsöffnung zwischen Utriculus und Sacculus kann sich bei den Teleostei sehr verengern, ja bei vielen völlig schließen Bei gewissen (besonders Physostomi) verlängert sie sich zu einem engen Kanal, so daß der Sacculus samt der Lagena vom Utriculus ventral stark abrückt.

Etwas Ähnliches wiederholt sich nur bei den Mammalia allgemein (Fig. 562 u. 563), und der so gebildete *Canalis utriculo-saccularis* wird bei ihnen besonders dadurch charakterisiert, daß sich der Ursprung des Ductus endolymphaticus, welcher sich sonst am dorsalen Teil des Sacculus findet, auf ihn verschoben hat.

Bemerkenswert erscheint, daß bei gewissen *Physostomen* (speziell *Cyprinoiden* und *Siluroiden*), die, wie später auszuführen ist, eine eigentümliche Beziehung der Schwimmblase zu den Labyrinthen besitzen, diese durch einen querverlaufenden röhrenförmigen Gang, der die beiden Sacculi miteinander verbindet, kommunizieren. Das Genauere über diese Einrichtung soll später bei der Schwimmblase geschildert werden.

Schon bei anuren Amphibien sendet der Sacculus einen dorsalen Fortsatz lateral vom Utriculus empor, während medial ein ähnlicher schwächerer vom Ursprung des Ductus endolymphaticus gebildet wird. Die Reptilien zeigen diese laterale Umfassung des Utriculus durch den Sacculus noch ansehnlicher, wogegen der Vogelsacculus (Fig. 561) sehr klein bleibt, der der Säuger (Fig. 563) ebenfalls nur mäßig entwickelt ist und den Utriculus nicht umfaßt.

Auf der Grenze von Utriculus und Sacculus, der Utriculo-Saccularöffnung angelagert, findet sich, wie schon bemerkt, mit Ausnahme der allermeisten Säuger (nur bei *Echidna* wurde sie noch gefunden), fast stets eine kleine *Macula neglecta*, die bei gewissen Ganoiden und Knochenfischen in zwei gesondert sein kann, bei einigen Teleostei und Holostei jedoch vermißt wurde. Gewöhnlich liegt sie im Utriculus; nur bei Plagiostomen und Amphibien ist sie in den Canalis utriculo-saccularis oder den Sacculus gerückt, was ja auch erklärlich scheint, da sie, wie bemerkt, der Grenzregion beider angehört.

Auch bei den *Gymnophionen* wurden zwei Endigungsstellen in der Nähe des Canalis utriculo-saccularis beschrieben, eine im Utriculus und eine im Sacculus, welche demnach wohl beide den Maculae neglectae entsprechen.

Wie schon hervorgehoben, tritt in der kleinen Lagena der *Salamandrinen*, etwas oberhalb der Macula lagenae, erstmals eine besondere Endigungsstelle auf, die *Papilla basilaris*, welche jedenfalls durch Differenzierung der Macula lagenae entstand. Bei den *Anuren* (Fig. 558) wird sie ansehnlicher und lagert sich einer besonderen kleinen Aussackung der basalen Lagenaregion ein, der *Pars basilaris lagenae*. Die Wand der Aussackung ist dick, mit Ausnahme einer kreisrunden Stelle ihrer Medianseite, welche sehr dünn bleibt und daher als *Membrana basilaris* bezeichnet wird. — Bei den *Amnioten* wächst diese Pars basilaris samt der Membrana basilaris immer mehr aus und entwickelt sich so zur *Schnecke* oder *Cochlea*. Die Pars basilaris der sich ursprünglicher verhaltenden *Reptilien* (*Cheloniae* und *Squamata*) bleibt im allgemeinen mäßig groß und schnürt sich vom Sacculus stark ab, so daß nur eine enge Öffnung oder ein kurzer Kanal (*Canalis sacculo-cochlearis* oder *reuniens*) die Kommunikation herstellt. Die eigentliche Lagena bildet dann den meist wenig abgesetzten Endteil der Pars basilaris oder Cochlea; die Papilla basilaris vergrößert sich in dem Maße, wie die Cochlea auswächst, und mit ihr auch die Membrana basilaris, auf welche die Papille gerückt ist. Beide werden bei dem etwa dorsoventralen Auswachsen der Cochlea länglich elliptisch bis bandförmig. Bei einigen Sauriern sondern sich Papille und Basalmembran in zwei Partien, eine dorsale und ventrale.

Die Cochlea der *Crocodile* (Fig. 559) und *Vögel* (Fig. 560) verlängert sich so stark, daß sie etwa dieselbe Höhe wie das übrige Labyrinth erreicht. Sie wird so zu einem schlauchförmigen Gebilde, das sich in seinem ventral gerichteten Verlauf etwas nach hinten krümmt und auch ein wenig schraubig gedreht ist. Der lagenare Endteil schwillt meist etwas an. Der gleichfalls schwach aufgeblähte Basalteil steht durch einen engen Canalis sacculo-cochlearis mit dem Sacculus in Verbindung (Fig. 561). Der häutige Schneckenkanal (*Ductus cochlearis*) ist mediolateral ziemlich stark abgeplattet und seine Medialwand zur streifenförmigen Membrana basilaris verdünnt, längs der sich die *Macula cochleae* (*Papilla basilaris*, *Cortisches Organ*) erstreckt. In das Basalende der Schnecke setzen sich die Macula und die Membrana basilaris nicht fort, wogegen sich im Distalende (Lagena) die Macula lagenae findet. — Bei den Sauropsiden tritt eine eigentümliche Befestigung der häutigen Schnecke an dem sie umschließenden knöchernen Kanal auf, indem sich an dem Vorder- und Hinterrande des letzteren eine knorplige Längsleiste bildet (Fig. 566 u. 567, S. 770), an welcher der Ductus cochlearis so befestigt ist, daß die Membrana basilaris zwischen beiden Leisten ausgespannt erscheint. Diese Leisten, sowie der Ductus cochlearis, scheiden also den Perilymphraum um die Schnecke in zwei, einen medialen (*Scala tympani*) und einen lateralen (*Scala vestibuli*), die am Distalende der Schnecke ineinander übergehen, und von welchen der laterale mit den Perilymphräumen um das übrige Labyrinth zusammenhängt. Wir kommen auf diese Verhältnisse später zurück.

Die Schnecke der *Monotremen* bleibt auf einer ähnlichen Entwicklungsstufe stehen wie jene der Crocodile und Vögel. Bei den übrigen *Säugern* wächst sie dagegen sehr lang aus, indem sie sich nach vorn und etwas nach außen einkrümmt (Fig. 562); sie rollt sich also schneckenhausartig auf, wobei der Apex der Schnecke lateral und etwas nach vorn schaut. Die Zahl der Windungen kann von $1\frac{1}{2}$ (Cetaceen) bis auf etwas über 4 (Mensch etwa 3) steigen. Natürlich macht auch der knöcherne Schneckenkanal diese Windungen mit, ebenso wie die Achsialleiste (in bezug auf die Schneckenachse) oder *Lamina spiralis ossea*, an welcher sich der Ductus cochlearis heftet, da er abachsial der Wand des knöchernen Schneckenkanals direkt anliegt (Fig. 568, S. 771). Die Macula lagenae, welche sich bei den Monotremen noch findet, ist bei den ditremen Mammaliern geschwunden; nur das sehr schwach angeschwollene Distalende des Ductus cochlearis, in welches das lange Cortische Organ nicht mehr eintritt, wird als Lagena bezeichnet. Wir kommen auf diese Verhältnisse bei dem Cortischen Organ nochmals zurück.

Ductus endolymphaticus. Das Hervorgehen dieses Kanals aus dem Einstülpungskanal des ursprünglichen Hörbläschens wurde früher geschildert (S. 755). Am fertigen Labyrinth entspringt er stets von der medialen dorsalen Region des Sacculus und steigt dorsal empor.

Er scheint, mit Ausnahme gewisser Teleosteer, allgemein verbreitet zu sein. Für letztere Abteilung wird jedoch die Homologie des an der gleichen Ursprungsstelle sich findenden Kanals mit dem Ductus endolymphaticus der übrigen Cranioten häufig bezweifelt. Er soll nämlich hier nicht aus dem Einstülpungskanal hervorgehen, sondern sich relativ spät und selbständig bilden; dennoch dürfte es seine sonstige Übereinstimmung sehr wahrscheinlich machen, daß er dem Ductus endolymphaticus entspricht.

Bei den *Chondropterygiern* (Fig. 551 u. 552, S. 760) steigt der Ductus im Knorpelschädel vertikal hoch empor, bildet eine Ausbiegung nach vorn, die häufig sackartig erweitert ist (Saccus endolymphaticus) und mündet schließlich auf der Kopfoberfläche aus. Hier erhielt sich also sein ursprünglicher Charakter. — Bei allen übrigen Wirbeltieren endigt er blind, fast stets (ausgenommen Teleostei und Holostei) jedoch mit einer schwachen, zuweilen aber sehr mächtigen Anschwellung, einem *Saccus endolymphaticus*. — Der Ductus tritt durch eine Öffnung oder einen Kanal in der medialen Schädelwand (*Aquaeductus vestibuli*) in die Schädelhöhle ein, so daß der Saccus endolymphaticus seitlich vom Hirn liegt und gewöhnlich mit den Hirnhäuten (besonders der Dura mater) in innige Verbindung tritt. Häufig (so Mammalier und manche andere) bleibt der Saccus sehr klein. In gewissen Fällen kann er dagegen auffallend groß werden. So liegt bei *Protopterus* (Dipnoi) jederseits von der Medulla oblongata ein ansehnlicher Saccus, von dem ein System netzartig verzweigter Kanäle ausgeht, welche die Tela chorioidea überspinnen und sich in zahlreiche Divertikel erheben. Die Systeme der beiden Sacci bleiben jedoch voneinander getrennt (Fig. 405 *a* u. *b*, S. 567, die jedoch in bezug hierauf nicht ganz richtig ist, ebenso nicht ihre Erklärung). — Ähnlich große endolymphatische Säcke wiederholen sich bei den *Amphibien*, und ihre Endolymphe enthält hier gewöhnlich bedeutende Mengen von Kalkkarbonatkriställchen. Bei den Urodelen liegen die beiden Säcke seitlich vom Hirn, schieben sich aber manchmal auch etwas dorsal über dasselbe. Besonders groß werden sie bei den Anuren (s. Fig. 572, S. 774).

Die beiden gelappten Säcke senden hier (Rana) dorsale und ventrale Fortsätze aus, welche, in die Dura eingelagert, das Hirn umgreifen und dorsal zusammenstoßen; doch bleibt der für gewisse Urodelen und Rana gelegentlich angegebene Zusammenfluß beider zweifelhaft. Von jedem Sack zieht bei Rana ein hinterer dorsaler Fortsatz über die Tela chorioidea der Medulla oblongata; beide Fortsätze legen sich dicht aneinander und. setzen sich über dem Rückenmark durch den Spinalkanal bis zum 7. Wirbel fort. Dabei senden sie nach rechts und links durch die Foramina intervertebralia Queräste zum 1.—10. Spinalganglion, welche diese Ganglien als drüsige, säckchenartige Bildungen umhüllen (Kalksäckchen) und wie die Kanäle Kalkkristalle enthalten.

Ähnliche große Säcke kommen unter den *Sauriern* bei gewissen *Ascalaboten* vor; sonst bleiben sie bei den Sauropsiden meist mäßig groß.

Bei den erwähnten *Ascalaboten* tritt jeder Ductus aus der hinteren seitlichen Schädelregion aus und verlängert sich, vielfach gewunden, bis in die Nacken- oder Schultergegend,

Fig. 564.

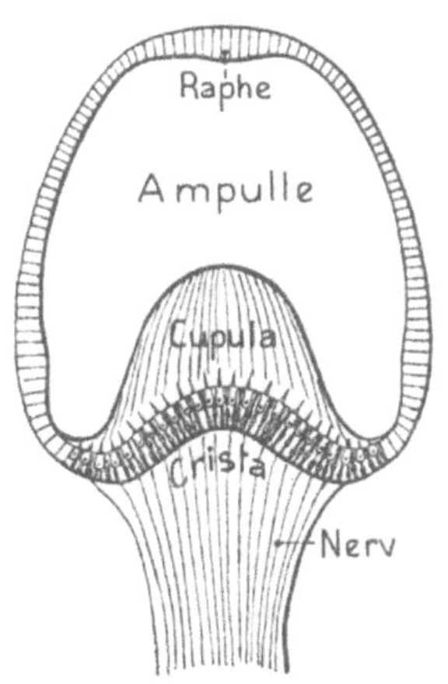

Fig. 565.

Schematischer Schnitt durch eine **Ampulle** mit ihrer Crista (nach Retzius 1884). C. H.

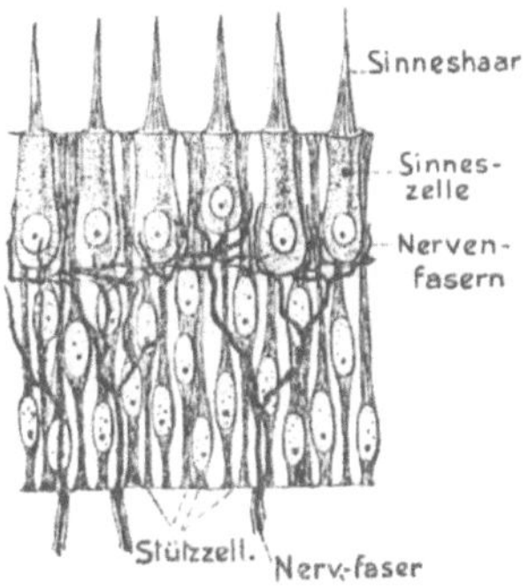

Schematischer Schnitt durch die **Macula** (oder Critsa) eines Wirbeltiers (nach Retzius 1884). C. H.

wo er zu einem ansehnlichen gelappten Saccus anschwillt; auch in die Orbita kann sich ein Fortsatz nach vorn erstrecken und den Augenbulbus mehr oder weniger umhüllen. Die Säcke und ihre Verzweigungen sind von Kristallbrei erfüllt. — Über die physiologische Bedeutung der erwähnten abnormen Vergrößerungen und Ausbreitungen der Saccus endolymphatici ist kaum Sicheres bekannt.

Der feinere Bau der Nervenendigungsstellen der Cristae und Maculae ist ein sehr übereinstimmender. Sie bestehen aus Sinneszellen und viel zahlreicheren Zwischenzellen (Stützzellen, Fadenzellen). Während das einschichtige Epithel des häutigen Labyrinths im allgemeinen niedrig, plattenförmig bis cylindrisch bleibt, verdickt es sich an den Endstellen beträchtlich und erlangt hier einen anscheinend mehrschichtigen Charakter, was aber nur daher rührt, daß die Kerne der fadenartigen Stützzellen in sehr verschiedener Höhe liegen und die Sinneszellen sich etwa nur durch das obere Viertel bis die obere Hälfte der Epithelhöhe einsenken (Fig. 564 u. 565). Der Bau der Sinneszellen erinnert an den von Flimmerzellen; sie sind etwa birnförmig und tragen an ihrem freien Ende ein Büschel feiner bis etwas gröberer starrer Sinneshaare, die meist zu einem langkegelförmigen Fortsatz verklebt sind. Die im Epithel netzartig ausgebreiteten,

Fig. 566.

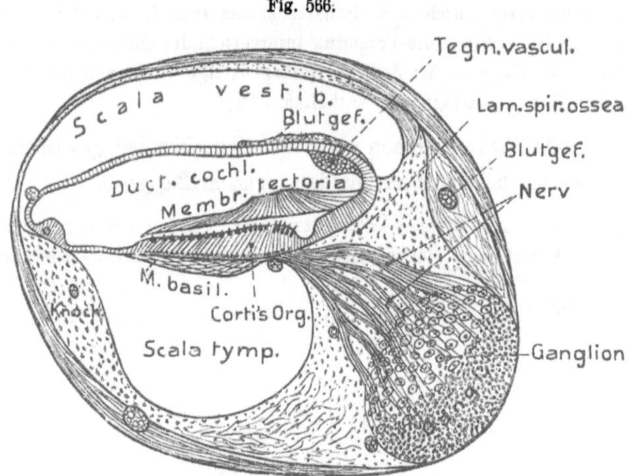

Alligator mississipiensis. Querschnitt der Cochlea etwas distal von ihrer Mitte (nach Retzius 1884). Hörzellen schwarz. Sch.

marklos gewordenen Nervenfasern umspinnen schließlich die Basalenden der Sinneszellen; doch sollen sich gelegentlich auch freie Nervenendigungen im Epithel finden. — Auf den Maculae utriculi, sacculi und lagenae findet sich stets

Fig. 567.

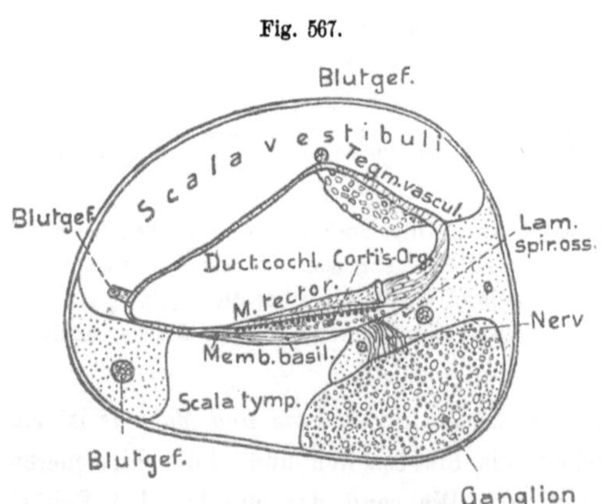

Columba domestica. Querschnitt der Cochlea etwas distal von ihrer Mitte. Hörzellen schwarz (nach Retzius 1884). Sch.

eine *Statolithenbildung*, über die später näher berichtet werden soll. Auf den Cristae fehlt sie (nur für Myxine wurde sie gelegentlich angegeben); dies ensitzt eine eigentümliche, im Querschnitt kuppelförmige und fein längs gestreifte Masse (Cupula, s. Fig. 564) auf, in welche sich die Sinneshaare einsenken; häufig wurde diese Cupula aber als Kunstprodukt gedeutet.

Eine besondere Darstellung erfordert der kompliziertere Bau des Endorgans der Amniotencochlea, des *Cortischen Organs*. Sein Vorläufer, die Papilla basilaris der Amphibien, besitzt im allgemeinen noch den Bau gewöhnlicher Maculae.

In dem zu einem langen Band ausgewachsenen Cortischen Organ der *Crocodile* (Fig. 566) und *Vögel* (Fig. 567) finden sich zwischen den Stützzellen zahlreiche Längs-

reihen von Sinneszellen, die bei den Vögeln sämtlich gleich sind. Bei den Crocodilen
haben sie sich zu zwei Arten differenziert, nämlich größere, die in einigen Längsreihen
dem Caudalrand des Cortischen Organs angehören und zahlreichere kleinere, die sich durch
das übrige Organ erstrecken. Damit scheinen Verhältnisse angebahnt, wie sie sich bei

Fig. 568.

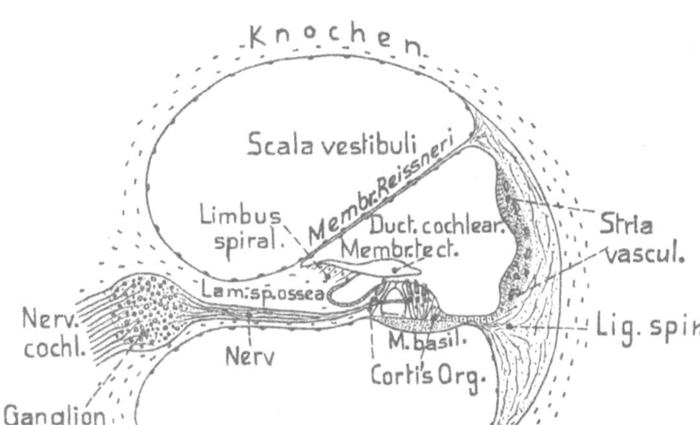

Homo. Schematischer Querschnitt durch die Cochlea und ihre Umgebung (mit Benutzung von Stöhr, Histologie nach Retzius 1884). v. Bu.

Fig. 569.

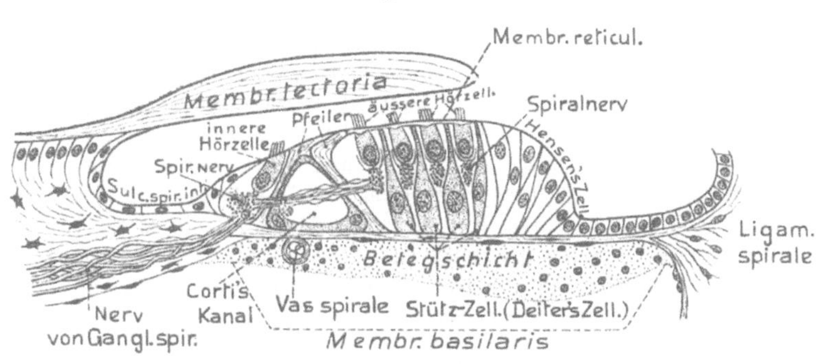

Schematischer Querschnitt durch das Cortische Organ eines Säugers, speziell Mensch. (Hauptsächlich nach Retzius 1884.) v. Bu.

den Säugern finden. Letztere (Fig. 568 u. 569) zeigen das Eigentümliche, daß die Epithelverdickung, welche, auf der oben erwähnten bindegewebigen Membrana basilaris aufruhend,
das Cortische Organ bildet, näher dem gegen die Schneckenachse schauenden Rand (Vorderrand) eine kanalartige Unterbrechung zeigt, die schon bei den Crocodilen (Fig. 566) angedeutet ist (Cortischer Kanal oder Tunnel). Hierdurch wird das Organ in einen schmäleren
achsialen und einen breiteren abachsialen Streif gesondert. Dies spricht sich auch darin

Bütschli, Vergl. Anatomie. 49

aus, daß der erstere meist nur eine Längsreihe von Sinneszellen enthält (selten stellenweise zwei), der abachsiale dagegen meist drei, seltener vier (doch können sich in dieser
Beziehung bei demselben Tier an verschiedenen Stellen der Schnecke einige Abweichungen
finden). Der Oortische Kanal wird achsial und abachsial von einer Reihe eigentümlich modifizierter Stützzellen begrenzt (Fig. 569), deren Körper zum größten Teil zu cuticularen
pfeilerartigen Gebilden umgeformt sind, so daß nur an ihrer Basis noch ein Plasmarest mit
dem zugehörigen Zellkern verbleibt. Die achsialen oder inneren Pfeiler sind zahlreicher
als die äußeren. Da die beiden Pfeilerreihen konvergieren und ihre distalen, abachsial
umgekrümmten Enden (Ruder) sich übereinanderschieben, so schließen sie den Cortischen
Kanal völlig ab.

Die drei Stützzellenreihen (*Deitersche Zellen*), welche sich zwischen die drei ab-
achsialen Hörzellenreihen einschieben, besitzen gleichfalls eigentümlich modifizierte cuticulare,
plattenförmige Distalenden (*Phalangen*), die, zusammenstoßend, eine Art Rahmenwerk
(Membrana reticularis) bilden, in welchem die Distalenden der Hörzellen befestigt sind. —
Die vom *Ganglion cochleae* (G. spirale), das in der Schneckenachse verläuft, ausgehenden
Nervenäste treten zwischen die Zellen des achsialen und abachsialen Streifs des Cortischen
Organs ein und ziehen hier als sog. Spiralstränge noch eine Strecke längs, um allmählich die
Nervenfasern für die Hörzellen abzugeben. — Die früher erwähnte *Membrana basilaris*
enthält eine mittlere Lage mit zahlreichen eingelagerten quer (achsial—abachsial) ziehenden
Fasern, die sich gegen das Schneckenende allmählich verlängern, da die Breite des Ductus
chochlearis apicalwärts allmählich zunimmt. Die *Helmholtz*sche Annahme, daß diese Fasern
durch ihre verschiedene Länge die Wahrnehmung der Tonhöhen vermitteln, ist immer noch
nicht völlig gesichert; ihre Richtigkeit wird sogar von manchen direkt geleugnet; doch
sprechen gewisse Versuchsergebnisse dafür.

Die Papilla basilaris cochleae und das sich aus ihr entwickelnde Cortische Organ besitzt nie Statolithengebilde, wird dagegen von einer eigentümlichen cuticularen *Membrana
tectoria* überlagert, welche von den, an die achsiale Seite des Cortischen Organs anstoßenden
Epithelzellen des Limbus spiralis abgesondert wird. Diese Membran wird bei den Amphibien und Sauropsiden von zahlreichen Löchern (oder Kanälchen) durchsetzt, bei den Säugern
von einer feinfaserigen Masse gebildet.

Wie schon bemerkt, teilt sich der *Nervus acusticus* früher oder später in zwei Äste,
die sich unter reicher Weiterverzweigung zu den verschiedenen Endstellen begeben, was bei
den Anamniern in der Weise geschieht, daß der vordere oder obere Ast (*Ramus vestibuli*) die vordere und laterale Ampulle und die Macula recessus utriculi versorgt, der hintere
(häufig *Ramus cochleae* genannt) die hintere Ampulle, die Maculae sacculi, neglecta und
lagenae. Die Papilla basilaris, welche sich bei den Amphibien entwickelt, erhält einen Ast
des Ramus cochleae. Mit der hohen Entwicklung der Pars basilaris bei den Amnioten
verstärkt sich dieser Ramus cochleae sehr und nimmt zahlreiche Ganglienzellen in sich auf,
ein besonderes Ganglion cochleae (G. spirale der Säugerschnecke) bildend. Eine scharfe
Scheidung der zu den statischen Organen und zu dem eigentlichen Hörorgan (Cochlea,
Macula neglecta) ziehenden Nervenfasern besteht nicht.

Stato- oder *Otolithenbildungen* finden sich, wie erwähnt, auf den Maculae utriculi (Lapillus der Teleostei), sacculi (Sagitta der Tel.) und lagenae (Asteriscus der
Tel.), und zwar gewöhnlich in Form scheibenartiger Gebilde, die in der Regel
aus Massen kleiner Kalkgebilde (Aragonit), seltener Kriställchen, bestehen, und
von einer gallertigen Masse zusammengehalten werden. Bei einem Chondropterygier (*Rhina*) mit offenem Ductus endolymphaticus sollen diese Otoconien jedoch, ähnlich manchen Wirbellosen, durch Sandkörnchen ersetzt sein. — Bei den
Holostei und *Teleostei* bilden sich dagegen kristallinisch-sphärische, harte und

feste Statolithen von häufig sehr bedeutender Größe und geschichtetem Bau (Fig. 555 u. 556, S. 762); die Zahl ihrer Schichten wächst mit dem Alter.

Die allgemeine Beschaffenheit sowie die Entstehung der *perilymphatischen Räume* um das häutige Labyrinth wurde schon früher (S. 756) erörtert. Diese Räume umgreifen nicht das gesamte Labyrinth, vielmehr heftet sich namentlich dessen mediale Wand an das skelettöse Labyrinth mehr oder weniger direkt an; auch sind die Bogengänge an letzterem befestigt. Die den Perilymphraum durchsetzenden bindegewebigen Züge zerlegen ihn in verschiedene Abteilungen, von welchen einer an der Lateralseite der centralen Labyrinthregion besonders ansehnlich ist (Spatium sacculi, Cisterna vestibuli). Von den Amphibien an entspringt von diesem Raum, etwa in der mittleren Region des Labyrinths ein Kanal (Ductus perilymphaticus, s. Fig. 557 *B*, S. 763), der etwa horizontal caudalwärts zieht, auf die mediale Seite des Labyrinths umbiegt, und schließlich durch eine Öffuung in die Schädelwand tritt, um sich mit den subarachnoidalen Lymphräumen um das Hirn zu verbinden. In seinem Verlauf tritt dieser Ductus perilymphaticus entweder direkt oder durch einen von ihm ausgehenden Fortsatz in nahe Beziehuogen zur Pars basilaris der Lagena, indem er sich der Membrana basilaris dicht anlegt (Fig. 570 u. 571). Wenn nun bei den Crocodilen, Vögeln und Säugern die Pars basilaris zum Schneckenkanal auswächst, so stülpt sie den sie überlagernden Ductus perilymphaticus gleichzeitig gewissermaßen vor sich her, oder die Cochlea wächst in den sich ventral ausstülpenden Ductus perilymphaticus hinein, wobei sie ihn, in Gemeinschaft mit dem entsprechenden Knorpelrahmen, in welchem die Membrana basilaris ausgespannt ist, in einen lateralen absteigenden Kanal (Scala vestibuli) und einen medialen aufsteigenden (Scala tympani scheidet (s. Fig. 566—68), die nur am Distalende der Schnecke ineinander übergehen (Helicotrema). — Die Scala vestibuli steht daher an der Schneckenbasis (an ihrem Proximalende) mit dem Perilymphraum des übrigen Labyrinths in

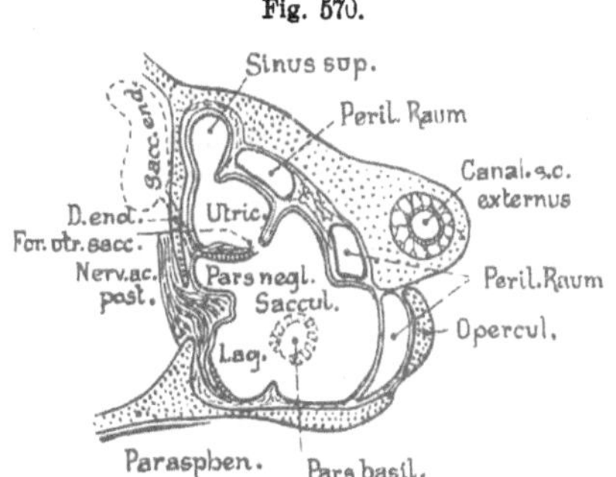

Fig. 570.

Rana. Querschnitt durch das Gehörorgan, etwa in der mittleren Region des Labyrinths. Der Ductus endolymphaticus mit seinem Saccus, der etwas weiter vorn liegt, sowie die Pars basilaris, die etwas weiter hinten liegt, sind mit Strichlinien eingezeichnet (nach Gaupp, Frosch 1904).   O. B.

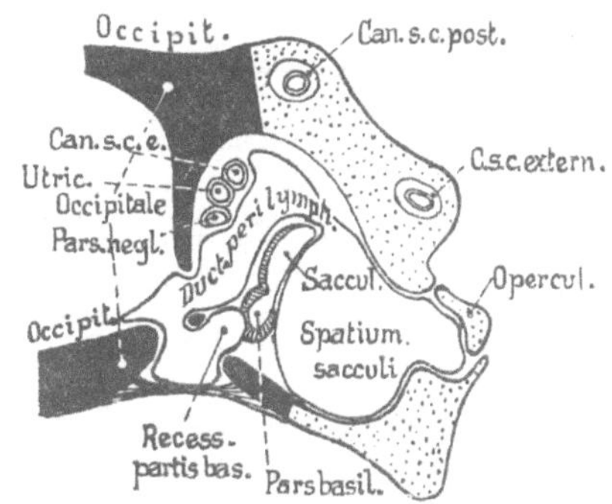

Fig. 571.

Rana. Querschnitt durch das Gehörorgan, etwas weiter nach hinten als Fig. 570, durch die Pars basilaris, um den Verlauf des Ductus perilymphaticus und seine Beziehung zur Pars basilaris zu zeigen (nach Gaupp, Frosch 1904).   O. B.

Verbindung, wogegen die Scala tympani an diesem Ort durch einen Lymphgang
(Canaliculus s. aquaeductus cochleae) mit den subarachnoidealen Lymphräumen
zusammenhängt.

Accessorische, schallleitende Teile des Hörorgans. Den Fischen fehlen solche
Einrichtungen völlig. Bei allen übrigen Wirbeltieren sind sie im allgemeinen vorhanden, aber bei gewissen stark rückgebildet. Sämtliche Tetrapoden besitzen au
der Lateralwand der knorpligen oder knöchernen Ohrkapsel eine nur häutig geschlossene kleine Stelle, die sich gegen den ansehnlichen lateralen Perilymphraum
wendet. Diese Stelle wird als *Foramen* oder *Fenestra vestibuli* (ovalis) bezeichnet, und ihre Verschlußmem-
bran vermag durch die Schwingungen, in welche sie versetzt wird,
die Perilymphe zum Schwingen
zu bringen und so schließlich die
Hörzellen zu reizen. — Die Amnioten besitzen etwas caudal und
ventral von der Fenestra vestibuli,
an der Basis der Cochlea stets
noch eine zweite ähnliche Stelle,
welche gegen den Lymphraum der
Scala tympani gewendet ist und
mit dem Endorgan des Ductus cochlearis, dem Cortischen Organ, in
Beziehung steht, die *Fenestra cochleae* (s. rotunda, s. triquetra). Es
ist wahrscheinlich, daß die Entstehung der beiden Fenster anfänglich mit der eines luftführen-

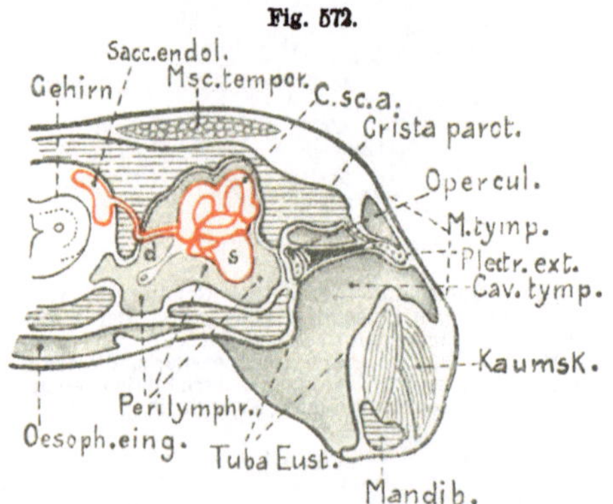

Fig. 572.

Rana. Schema eines Querschnitts durch den Kopf in
der Region der Paukenhöhle. Schädel schraffiert; Knorpel des Gehörkanals punktiert. Das häutige Labyrinth ist
in Wirklichkeit viel größer, namentlich springen die halbzirkelförmigen Kanäle viel stärker vor und ragen in das
Schädelskelett hinein, was hier der Einfachheit wegen
nicht dargestellt werden konnte. Die Perilymphräume,
die dunkel getönt sind, als gleichmäßiger Raum um das
Labyrinth angegeben, was gleichfalls nicht der Wirklichkeit entspricht, da sie sehr kompliziert gestaltet sind.
d der sog. Ductus perilymphaticus; *s* Sacculus. (Mit
Benutzung von GAUPP, Frosch 1904, konstruiert.)   O. B.

den, schallleitenden Apparats Hand in Hand ging, weshalb die bei Amphibien und
Reptilien vorkommenden Fälle, wo zwar das eine oder die beiden Fenster vorhanden sind, der schallleitende Luftraum dagegen fehlt, wahrscheinlich auf dessen
nachträglicher Rückbildung beruhen. — Der luftführende Raum, das *Mittelohr*, tritt
zuerst bei den meisten Anuren auf, als eine ansehnliche Höhle (*Paukenhöhle, Cavum
tympani*), die hinter dem Schädelsuspensorium und dem Paraquadrat, nach außen
von der knorplig-knöchernen Ohrkapsel liegt, und durch einen meist weiten,
ventral absteigenden Gang (*Tuba Eustachii*) in die Mundhöhle führt (Fig. 572).
Nach außen wird die Paukenhöhle durch eine von der übrigen Kopfhaut mehr
oder weniger abweichende Membran abgeschlossen, das *Paukenfell* (Trommelfell,
Membrana tympani). Gegen diese Höhle schaut demnach die bei den Anuren
allein vorhandene Fenestra vestibuli und bei den Amnioten auch die Fenestra
cochleae. Mit Ausnahme gewisser Reptilien (Ophidier, Amphisbaeniden unter den
Sauriern) findet sich die Paukenhöhle bei allen Amnioten in prinzipiell gleicher
Bildung; d. h. sie mündet innen in die Mundhöhle und wird nach außen durch

das Paukenfell abgeschlossen. — Von letzterem zieht zur Fenestra vestibuli stets ein knorpliges bis knöchernes Skeletgebilde, das im allgemeinen als *Columella auris* bezeichnet wird und die Funktion hat, die Schwingungen des Trommelfells auf die Schlußmembran der Fenestra vestibuli zu übertragen. Dies Hörskelet ist eine Bildung, welche ursprünglich der Paukenhöhlenwand nur äußerlich anlag, sich dann aber, unter faltenartiger Einstülpung der die Höhle auskleidenden Schleimhaut mehr oder weniger in sie einsenkte. — Obgleich nun die Paukenhöhle den Cyclostomen und Fischen fehlt, so ist doch sicher, daß sie aus einer schon bei den ursprünglichen Fischen bestehenden Bildung hervorging, nämlich der ersten Visceralspalte, deren dorsaler Teil, zwischen Mandibular- und Hyoidbogen liegend, sich bei den Chondropterygiern und Ganoiden meist als Spritzlochkanal (Spiraculum) erhielt.

Die Ontogenie beweist dies wohl sicher, da die Paukenhöhle in direkter oder etwas modifizierter Weise aus dem dorsalen Teil der bei sämtlichen Tetrapoden embryonal auftretenden ersten Visceralspalte entsteht. Diese Spalte (Schlundtasche) ist meist, wenn auch nur vorübergehend, nach außen geöffnet, verschließt sich aber dann äußerlich, und aus dieser Verschlußstelle bildet sich das Paukenfell hervor. Natürlicherweise muß sich die äußere Spaltregion stets zur Paukenhöhle erweitern, was manchmal (Amphibien) durch eine modifizierte solide, sich erst später aushöhlende Anlage von der ersten Visceralspalte aus geschieht. Auch die vorübergehende Rückbildung der Spalte, wie sie bei den Säugern eintreten soll, kann nicht dahin ausgelegt werden, daß ihre Paukenhöhle eine selbständige Neubildung der Mundhöhle sei. Für die Ableitung der Paukenhöhle von der Spritzlochspalte wird auch angeführt, daß der Spritzlochkanal mancher Rochen eine besondere Ausbuchtung zur Labyrinthregion der Schädelwand sendet.

Wenn wir zunächst die *Paukenhöhle*, welche mit Flimmerepithel ausgekleidet sein kann, etwas genauer verfolgen, so ist nochmals hervorzuheben, daß sie den *Urodelen* und *Gymnophionen*, sowie gewissen *Anuren* (Pelobatidae, Bombinator, Rhinoderma, Phryniscus, Brachycephalus) fehlt; dasselbe wiederholt sich bei den *Schlangen* und *Amphisbaenen*.

Die Paukenhöhle der *Amphibien* und *Sauropsiden* wird meist nur medial und dorsal knöchern umschlossen, sonst von Muskeln umgrenzt. Die der *Chelonier* besitzt eine ausgedehntere Knochenwand, da das bei den übrigen Sauropsiden die Paukenhöhle vorn begrenzende Quadrat die Höhle hier dorsal, ventral und caudal umwächst, wobei gleichzeitig ein äußerer, vom Paukenfell lateral abgeschlossener Teil der Höhle von einem inneren mehr oder weniger gesondert sein kann, bis auf einen feinen Kanal, durch den die Columella tritt (vgl. S. 282 u. Fig. 161, S. 281 u. Fig. 166, S. 288). Bei den Crocodilen, Vögeln und Säugern wird die knöcherne Umgrenzung der Paukenhöhle viel vollständiger, was bei den Säugern teilweise auf der ansehnlichen Entwicklung des Paraquadrats zum Tympanicum beruht (vgl. hierüber S. 299).

Das Paukenfell schließt die Höhle nach außen ab, als eine bei den Anuren, Sauriern und Cheloniern in der Kopfoberfläche liegende dünnere, meist halbdurchsichtige, kreisrunde bis ovale Haut. Bei den Anuren befestigt es sich durch einen vom Quadrat abstammenden Knorpelsaum am Hinterrand des Paraquadrats (Fig. 573); dieser nur selten (Bufo) fehlende Saum setzt sich als geschlossener Ring um die ganze Membran fort.

Das Paukenfell besteht äußerlich aus einer Fortsetzung der Körperhaut, innerlich aus
der die Paukenhöhle auskleidenden Fortsetzung der Mundhöhlenschleimhaut. Zwischen beiden Lagen liegt noch eine dünne, strahlig-faserige Bindegewebshaut, welche auch glatte
Muskelfasern enthalten kann; letztere Membran wird häufig als das eigentliche Paukenfell
angesehen.

Indem bei zahlreichen *Anuren*, gewissen *Sauriern* (so vielen *Agamiden*, *Cha-
maeleonten*, besonders grabenden Formen) die äußere Lage des Paukenfells sich
verdickt und die Beschaffenheit der äußeren Körperhaut annimmt, läßt sich das
Paukenfell äußerlich nicht mehr von der Kopfhaut unterscheiden (verstecktes
Paukenfell); natürlich fehlt es auch allen Formen, die keine Paukenhöhle mehr
besitzen.

Die sich zunächst darbietende Auffassung wäre, daß das Paukenfell nur eine äußere
Verschlußmembran der ersten Visceralspalte darstellt. Demgegenüber wurde jedoch die Ansicht ausgesprochen, daß es auf rudimentäre knorplige Kie-
menstrahlen zurückzuführen sei, die sich am Palatoquadrat mancher *Chondropterygier*
(Spritzlochknorpel, vgl. S. 248) erhalten haben, und welche bei den Rochen eine Art
Klappe im Spritzlochkanal stützen können. Mir scheint diese Beziehung vorerst wenig
gesichert.

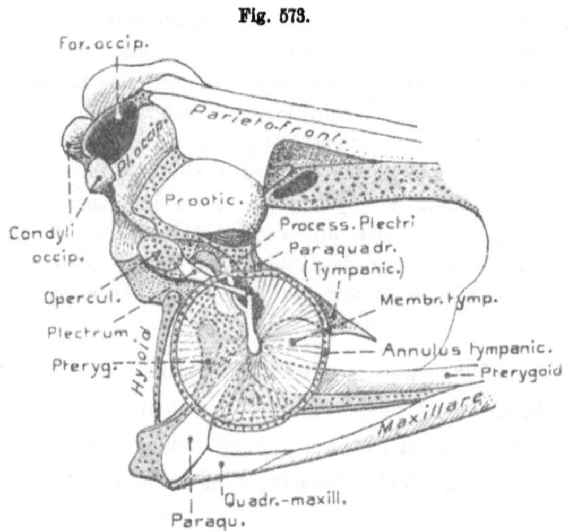

Rana. Hinterer Teil des Schädels rechtsseitig und etwas von
hinten und dorsolateral mit der Columella auris (Operculum und
Plectrum). Der knorplige Annulus tympanicus mit dem in ihm
ausgespannten Trommelfell, an dem sich das Plectrum befestigt,
eingezeichnet (nach GAUPP 1904, etwas verändert). O. B.

Wie bemerkt, öffnen sich die Paukenhöhlen durch die *Tuben* in den
hinteren Abschnitt der Mundhöhle. Bei den *Anuren* bleiben diese Gänge
kurz und weit; bei den Sauriern läßt sich sogar von eigentlichen Tuben kaum
reden. Die Tubengänge der aglossen *Anuren*, der *Chelonier*, *Crocodile* und *Säuger*
(mit Ausnahme von *Ornithorhynchus*) werden länger und enger. Gewöhnlich
münden sie durch getrennte Öffnungen in die Mundhöhle; bei den *Aglossen*, den
Crocodilen und *Vögeln* sind jedoch die beiden Öffnungen zu einer unpaaren vereinigt.

Eigentümlich kompliziert erscheinen die Tuben der *Crocodile* (Fig. 574), indem von
der gemeinsamen Rachenöffnung außer den beiden eigentlichen Tuben (p) noch zwei mediale
Kanäle (q, r) emporsteigen, die sich unter Gabelung mit den beiden Paukenhöhlen verbinden. —
Bei gewissen *Säugern* (Pferd) kann sich das innere Tubenende zu einem ansehnlichen
Luftsack erweitern. — Die häufig etwas unregelmäßige Gestalt der Paukenhöhle kann zur
Entwicklung von Aussackungen (Nebenhöhlen) Veranlassung geben (schon Sauria), die sich
sogar in die Knochen, welche die Höhle umgrenzen, ausbreiten. Dies findet sich in reicher

Entwicklung bei den *Crocodilen*, wo solch luftführende Fortsetzungen in das Quadrat, das Supraoccipitale, Parietale, sogar das Articulare des Unterkiefers eindringen, wobei in dem Supraoccipitale eine Kommunikation beider Höhlen hergestellt wird. —, Die *Vögel* zeigen Fortsetzungen ins Quadrat und den Unterkiefer, während sich bei den *Säugern* solche in das Squamosum, Perioticum (namentlich in dessen Pars mastoidea) erstrecken können, wo sie die Cellulae mastoideae bilden. Auch durch scheidenartige knöcherne Einwüchse wird die Paukenhöhle mancher Säuger in Zellen oder Kammern geteilt (z. B. Pferd).

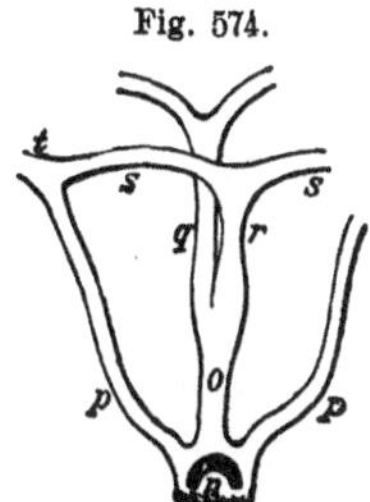

Fig. 574.

Crocodilus. Tubae Eustachii in ihrem komplizierten Verlauf. Ansicht von hinten auf den Schädel (aus GEGENBAUR, Vergl. Anatomie nach OWEN).
O. B.

Wie wir fanden, liegt das Paukenfell der niederen Tetrapoden (Amphibien, Saurier) oberflächlich. Bei vielen Sauriern senkt es sich jedoch mehr oder weniger stark in die Tiefe, wobei es gleichzeitig durch eine vordere und hintere Hautfalte, in verschiedenem Maße überlagert wird. So bildet sich die Anlage eines äußeren Gehörgangs. Bei gewissen Sauriern (*Scincoiden, Geckoniden*) wird die äußere Öffnung der Einsenkung sehr klein, schlitzartig und kann sich bei manchen Scincoiden (*Anguis* gewöhnlich) sogar völlig schließen. So entsteht eine zweite Art von verstecktem Paukenfell. — Auch bei *Sphenodon* erklärt sich das Fehlen des Paukenfells wohl in solcher Weise, doch ist die äußere Paukenhöhle hier stark reduziert. — Ein mäßig tiefer äußerer Gehörgang mit weiter distaler Mündung entwickelt sich bei *Crocodilen* und *Vögeln*, weshalb ihr Paukenfell äußerlich weniger sichtbar ist. — Viel länger wird jedoch der äußere Gehörgang der *Säuger*.

Er entsteht aus dem ventralen Teil der ersten Kiemenfurche; phylogenetisch jedenfalls mehr durch laterales Hervorwachsen der Umgebung des ursprünglichen Paukenfells als durch Einsenkung. Eigentümlich erscheint, daß sich das mediale Ende des Gehörgangs ursprünglich ventral unter die Anlage der Paukenhöhle schiebt, weshalb das zwischen beiden entstehende Paukenfell anfänglich nahezu horizontal liegt (was bei Monotremen dauernd besteht) und sich erst später aufrichtet. Das Paukenfell der Mammalier ist fast stets gegen die Paukenhöhle zu schwach konkav eingesenkt (Fig. 582, S. 783). So findet es sich auch noch bei den *Zahnwalen*, während es bei den *Bartenwalen* eine eigentümliche Umbildung erfährt, indem es sich nach außen in den äußeren Gehörgang schlauchartig vorstülpt.

Wie schon früher bemerkt (vgl. S. 249), befestigt sich der Paukenfellrand der Säuger an dem ursprünglich unvollständig ringförmigen Tympanicum (Fig. 583, S. 783). In dem Maße wie sich der äußere Gehörgang verlängert, kann dieser Ring um den letzteren nach außen zu einer Röhre anwachsen (Fig. 582), an deren Bildung sich gewöhnlich noch das Squamosum beteiligt. Das äußere Ende des Gehörgangs ist jedoch von Knorpel umhüllt.

Im Zusammenhang mit dem dauernden Wasserleben hat sich der äußere Gehörgang der *Cetaceen* (ähnlich auch der der *Sirenia*) sehr verengt und ist mehr oder weniger von Sekret oder Epithelablösungen verstopft; nur sein innerer Teil erweitert sich in verschiedenem Grad. Jedenfalls dient der äußere Gang hier nicht mehr als Leitapparat der Schallwellen, sondern diese gelangen vermutlich durch die Tuben zur Paukenhöhle und dem Paukenfell. Eine Annäberung an diesen Zustand läßt sich schon bei den mehr oder weniger an das Wasserleben angepaßten Säugern verfolgen.

Ein *Gehörskelet* findet sich bei sämtlichen Tetrapoden, auch denen, welchen die Paukenhöhle fehlt; wenn auch in diesem Falle häufig etwas rückgebildet. Bei den *Amphibien* und *Sauropsiden* wird der Gesamtapparat meist als *Columella auris* bezeichnet, obwohl er keineswegs immer ein einheitliches Gebilde ist. Wie schon hervorgehoben, liegt er ursprünglich der Paukenhöhlenwand nur dicht an und senkt sich erst durch Einfaltung in sie ein.

Es werde hier gleich betont, daß der Columellarapparat der *Amphibien* und *Sauropsiden* vergleichend anatomisch meist von dem dorsalsten Teil des ursprünglichen Hyoidbogens abgeleitet wird. Da nun bei allen Tetrapoden das Hyomandibulare der Fische nicht mehr als solches vorhanden ist, und das Schädelsuspensorium, an welchem der Unterkiefer gelenkt, in der Regel nur vom Palatoquadrat abgeleitet wird, so wird das Hyomandibulare meist als derjenige Teil des Hyoidbogens gedeutet, aus welchem der Columellarapparat hervorgegangen sei. Daß dieser Ansicht gewisse Bedenken gegenüberstehen, wurde schon früher (S. 270) betont, und wird für die *Amphibien* gleich etwas näher auszuführen sein.

Die Columella auris der *Urodelen* besteht im einfachsten Fall aus einem knorpligen bis knöchernen rundlichen Plättchen (*Operculum*), welches der Fenestra vestibuli aufliegt. Gewöhnlich setzt sich dies Operculum auf seiner Außenseite in ein knorpliges bis knöchernes Stielchen fort, das sich nach vorn oder außen bis zur Caudalseite des knorpligen Suspensoriums (Palatoquadrat) oder bis zum Paraquadrat erstrecken kann (s. Fig. 147, S. 261), bei gewissen Formen sogar mit dem ersteren knorplig verschmilzt. In anderen Fällen ist der distale Teil dieses Fortsatzes nur durch ein Band vertreten oder fehlt ganz.

Komplizierter wird der Apparat meist bei den mit einer Paukenhöhle versehenen *Anuren* (z. B. *Rana*, Fig. 573, S. 776). Er besteht aus zwei in proximodistaler Richtung aufeinander folgenden Teilen, von denen der proximale, der sich der Fenestra vestibuli aufsetzt, als *Stapes* oder *Operculum* bezeichnet wird, der distale als *Plectrum* oder *Extracolumellare*.

Das Operculum liegt als eine ovale knorplige Platte auf dem caudalen Teil der Fenestra vestibuli und ist mit dem Plectrum durch Bindegewebe verbunden. Letzteres ist meist langgestreckt stielförmig und schiebt sich mit seinem knorpligen Proximalende unter das Operculum. Hierauf folgt ein verknöcherter proximaler Teil des Plectrums (seltener zwei Verknöcherungen *Bufo*, *Dactylethra*) und schließlich ein knorpliger distaler Abschnitt, der am Paukenfell bis zu dessen Mitte hinabsteigt. Nahe seinem proximalen Beginne steigt vom knorpligen äußeren Teil des Plectrums meist ein Fortsatz nach vorn und innen auf, der zur knorpligen Ohrkapsel (an die sog. Crista parotica) tritt und in sie übergeht. Das Distalende des äußeren Plectrumabschnitts kann sich manchmal zu einer großen knorpligen Scheibe verbreitern (manche *Frösche*, *Pipa*), welche fast das ganze Paukenfell erfüllt. Fehlt die Paukenhöhle, so bildet sich der Apparat zuweilen etwas zurück; doch findet sich das Operculum stets.

Eigentümlich verhalten sich die *Gymnophionen* (*Ichthyophis*), indem das kurze, großenteil verknöcherte Columellargebilde, das von einem Loch zum Durchtritt einer Arterie durchbohrt wird, mittels eines Gelenks mit einem hinteren Fortsatz des Quadrats artikuliert (Fig. 575).

Die Ontogenie hat die morphologische Bedeutung des Columellarapparats der Amphibien bis jetzt wenig aufgeklärt. Bei Urodelen, Anuren und Gymnophionen ließen sich keine Beziehungen zum Dorsalende des Hyoidbogens feststellen, vielmehr entsteht das Operculum entweder als selbständige Verknorplung in der Membran der Fenestra vestibuli oder als Ablösung vom vorderen knorpligen Rand derselben (Urodelen). Der Stiel der Urodelen und das Plectrum bilden sich erst später, doch tritt das letztere bei den Anuren, wo es als selbständiger Knorpel entsteht, ebenfalls vorübergehend in Berührung mit dem Palatoquadrat, von dem es sich später ablöst und die Verbindung mit der Paukenmembran eingeht. Obgleich also die Ontogenie keine direkten Beziehungen zum Hyoid erweist, wird dennoch gewöhnlich an der Ableitung des Columellarapparats von letzterem festgehalten. Bedeutsam erscheint jedenfalls die überall bleibend oder vorübergehend bestehende Verbindung mit dem Palatoquadrat, was ja für die mögliche Deutung des Columellarapparats als Hyomandibulare wichtig ist. Da jedoch die Frage, ob das Hyomandibulare der Fische bei der Ausbildung der Autostylie erhalten

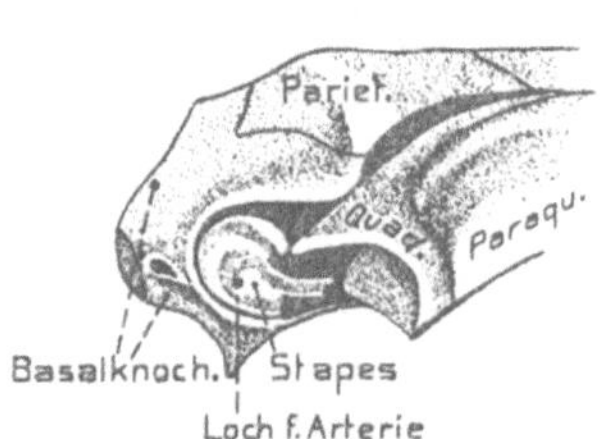

Fig. 575.

Ichthyophis. Hinterende des Schädels von rechts, um die Artikulation des Stapes mit dem Processus oticus des Suspensoriums zu zeigen (nach Sarasin 1887/98.) C. H.

blieb oder sich mit dem Palatoquadrat vereinigte, unsicher erscheint, so kann auch die Herkunft des Columellarapparats nicht bestimmt entschieden werden. Wäre letzteres der Fall, so ließen sich etwa dem Hyomandibulare angefügte knorplige Kiemenstrahlen oder das auf solche rückführbare sog. Operculum der Dipnoer für die Ableitung heranziehen (vgl. S. 270), deren Lagebeziehungen den Anforderungen gleichfalls entsprechen würden.

Der *Columellarapparat der Sauropsiden* erinnert insofern an jenen der Anuren, als er auch aus zwei Stücken besteht, einem proximalen, das der Fenestra

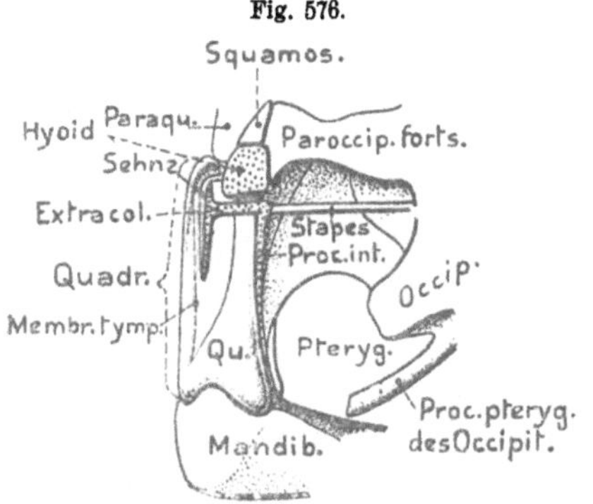

Fig. 576.

Uromastix spinipes (Saurier). Paukenhöhle mit den angrenzenden Knochen von hinten eröffnet; Caudalende des Pterygoids abgebrochen. Vom Zungenbeinbogen ist nur das Dorsalende erhalten, das sich an den Paroccipitalfortsatz befestigt. Paukenfell als Strichlinie schematisch eingezeichnet (nach Versluys 1899, etwas verändert). v. Bu.

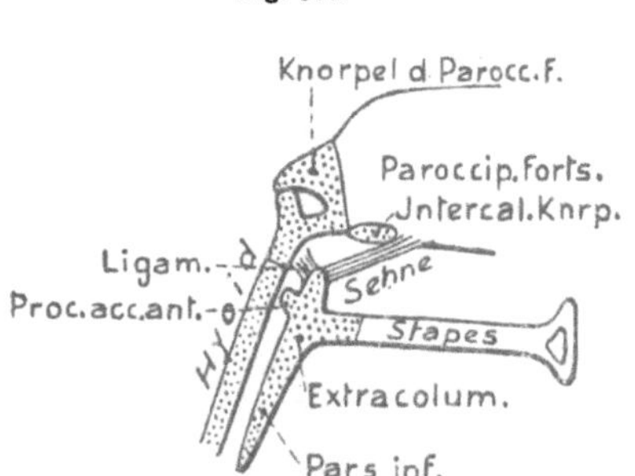

Fig. 577.

Ascalabote (Saurier). Schematische Darstellung der linken Columella auris in ihrer Beziehung zum Schädel und Hyoid. Ansicht von hinten (nach Versluys 1904). v. Bu.

ovalis aufsitzt (*Stapes*) und einem distalen (*Extracolumella*), dessen Distalende zum Paukenfell zieht und sich ihm einlagert oder anheftet. Zwischen beiden Teilen besteht bei vielen *Sauriern, Sphenodon* und *jugendlichen Crocodilen* ein Gelenk, das jedoch nur wenig oder nicht beweglich ist. Bei den übrigen fehlt es;

doch wäre nicht unmöglich, daß die gelenkige Sonderung ursprünglich weiter verbreitet war, also den primitiven Zustand darstellt.

Der *Stapes* (s. Fig. 576 u. 577) ist im allgemeinen lang stielförmig, also gewöhnlich
der längere Teil, und sein der Fenestra vestibuli aufsitzendes Proximalende fast stets zu
einer ovalen bis kreisförmigen Platte erweitert. Er ist stets verknöchert, nur sein das
Gelenk bildendes Distalende besitzt häufig (Sauria) eine knorplige Epiphyse. Nahe der Fuß-
platte ist er bei manchen Sauriern (gewisse *Ascalabotae*, Fig. 577) und einzelnen Vögeln
(z. B. *Dromaeus*, *Onocrotalus*) durchbohrt zum Durchtritt einer Arterie (ähnlich wie bei
Gymnophionen).

Die *Extracolumella* bleibt stets knorplig (manchmal verkalkt) und zieht gewöhnlich
als horizontale Fortsetzung des Stapes bis zur Mitte des Paukenfells, wo sie sich bei den
Sauriern in einen dorsalen (Pars superior) und ventralen (Pars inferior) Fortsatz am Trommelfell verlängert (Fig. 576/7 u. 584, S. 786), denen sich häufig auch noch einige schwächere accessorische Processus zugesellen. Diese Fortsätze liegen meist in dem Paukenfell selbst. Außerdem entspringt bei den Sauriern vom Proximalende der Extracolumella

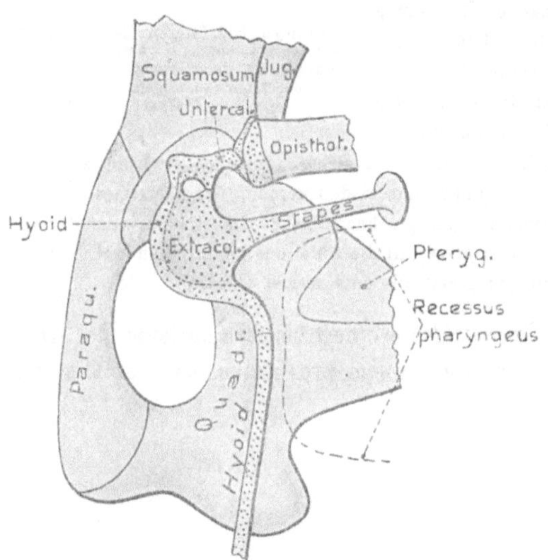

Sphenodon. Linke Columella, linkes Hyoid und die umgebenden Teile des Schädels von hinten gesehen, um die Beziehungen zwischen der Columella und dem Hyoid zu zeigen
(nach VERSLUYS 1899).   v. Bu.

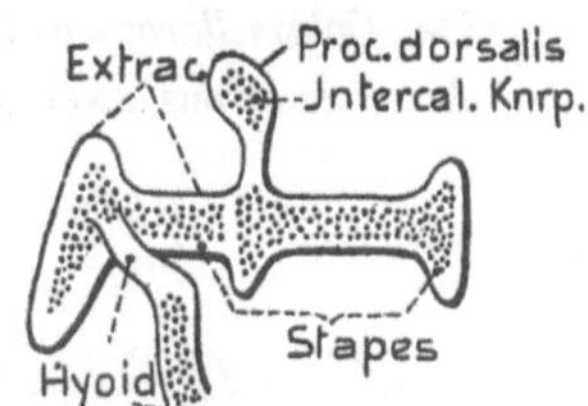

Saurierembryo. Embryonale linke
Columella und der Dorsalteil des
Hyoids, von hinten gesehen. Ver-
knorpelte Partien punktiert, vorknorp-
lige weiß. (Schematisch, nach VERS-
LUYS 1904.)   v. Bu.

häufig ein ventral absteigender *Processus internus* (Fig. 576 u. 584, S. 786), der sich zur
Medialfläche des Quadrats erstreckt und mit dessen Periost verbindet; er kann bis zum Pterygoid-
ende des Quadrats hinabreichen. An derselben Stelle geht ontogenetisch von der Anlage der
Saurier-Extracolumella ein Dorsalfortsatz ab (Fig. 579), der sich an das Distalende des
Paroccipitalfortsatzes des Schädels heftet und hier einen Knorpel (Intercalare) bildet, der
sich dem Schädel anfügt (Fig. 577). Der übrige Teil dieses Processus dorsalis wird zu einem
Band oder geht ein. Dieser Dorsalfortsatz hat eine gewisse Ähnlichkeit mit dem Processus
ascendens des Anurenplectrums und wäre daher vielleicht auf ihn zurückzuführen. Charakteristisch für die Saurier ist ferner, daß das Dorsalende des Hyoidbogens im vorknorpligen
Stadium mit der späteren Extracolumella zusammenhängt (Fig. 579), obgleich sich eine
knorplige Verbindung nie herstellt. Später löst sich aber diese Verbindung, und das Dorsalende des knorpligen Hyoidbogens schiebt sich bei gewissen Formen höher hinauf und heftet
sich an das Lateralende des Paroccipitalfortsatzes, mit dessen Knorpel es verwachsen kann
(Fig. 577).

Eigentümliche Verhältnisse bilden sich bei *Sphenodon* (Fig. 578), indem hier ein dauernder knorpliger Zusammenhang zwischen der Extracolumella und dem Hyoidbogen besteht. Derselbe ist wahrscheinlich so entstanden, daß das Dorsalende des Hyoids, unter Lösung seiner ursprünglichen Verbindung mit der Extracolumella, an deren Lateralseite emporrückte und dann mit ihr, sowie dem sich knorplig erhaltenden Processus dorsalis (Intercalare, s. oben) verwuchs, wodurch sich das hier in der Extracolumella befindliche Loch erklärte. Wenn diese Ansicht zutrifft, so wäre also der Zusammenhang der Extracolumella mit dem Hyoidbogen bei Sphenodon keiñ ursprünglicher.

Die Extracolumella der *Vögel* (Fig. 580) erinnert ziemlich an jene von Sphenodon, da sie ebenfalls das erwähnte, charakteristische Loch besitzt. Sie sendet einen mehr oder weniger ansehnlichen Ventralfortsatz (Infrastapediale) durch die Paukenhöhle, der sich bei embryonalen Ratiten bis oder nahe bis zum Unterkiefer verfolgen ließ. Dieser Fortsatz wird daher jetzt gewöhnlich als vom Hyoidbogen abstammend gedeutet, obgleich er dem

Fig. 580.

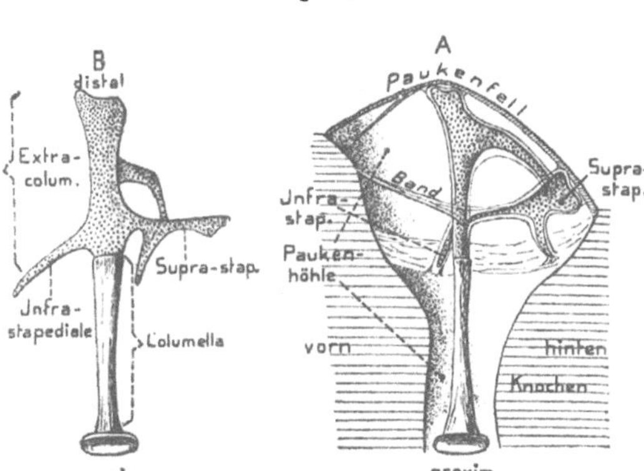

Gallus domesticus. Columella. — *A* Rechte Paukenhöhle dorsal geöffnet, sodaß der Columellarapparat in seiner natürlichen Lage, sowie seine Befestigung am Paukenfell sichtbar ist. Das Infrastapediale angedeutet, obgleich es in genau dorsaler Ansicht nicht sichtbar ist. Die Figur zeigt die Befestigung der Extracolumella am Paukenfell, sowie die des proximal gerichteten Fortsatzes des Suprastapediale am Ventralrand des Paukenfells. — *B* Der rechte Columellarapparat in der Ansicht von der Caudalseite.   Originalpräp. fec. et delin. C. H.

Processus internus der Saurier gleicht. — Letztere Verhältnisse erinnern an die recht eigentümlichen der *Crocodile*. Deren Extracolumella (Fig. 581) besitzt im jugendlichen Zustand einen Dorsalfortsatz, der sich dem Quadrat und Paraoccipitalfortsatz anlegt (sog. Suprastapediale, Parker) und einen nach außen gerichteten Fortsatz (Extrastapediale = Extracolumella) der zum Paukenfell zieht. Vom Distalteil dieses Extrastapediale geht ein Fortsatz (Infrastapediale) ventro-caudal ab, der sich mit einem Knorpelbogen verbindet, welcher embryonal bis zum Articulare des Unterkiefers hinabreicht und in dieses übergeht. Nach Vergleich mit den Verhältnissen der Saurier kann dieser Bogen wohl nur das Hyoid sein, und der Fortsatz der Extracolumella, an welchem er entspringt, entspricht daher nicht dem Processus internus der Saurier. Im Alter schwinden übrigens der Processus dorsalis und der Infrastapedialfortsatz und sind nur noch durch Schleimhautfalten vertreten.

Daß eine Verbindung des Hyoidbogens mit der Anlage des Columellarapparats bei den Sauropsiden bestehen kann, ist demnach sicher. Dennoch dürfte sich hieraus nicht bestimmt ergeben, daß die Columella einen dorsalen Teil dieses Bogens darstellt. Im allgemeinen scheint nämlich der Columellarapparat der Sauropsiden jenem der Amphibien zu entsprechen, worauf auch die wohl ursprünglich stets vorhandene Beziehung zum Quadrat hinweist. — Entwicklungsgeschichtlich bestehen noch bedeutende Zweifel über die Entstehung des Stapes der Sauropsiden, welcher teils vom Dorsalende des Hyoidbogens, teils dagegen von der Labyrinthkapsel abgeleitet wird, ähnlich wie bei den Amphibien; selbst für den gesamten Columellarapparat wird letztere Möglichkeit von manchen behauptet, ja sogar die Ansicht vertreten, daß der Columellarapparat der Amnioten dem der Amphibien nicht homolog sei.

Das Distalende der *Schildkröten*-Extracolumella verbreitert sich ähnlich wie bei gewissen Anuren zu einer im Paukenfell gelegenen ansehnlichen kreisrunden Platte, welche fast das ganze Paukenfell erfüllt.

Die Reptilien mit reduzierter Paukenhöhle zeigen eine gewisse Rückbildung der Columella. An den sehr kurzen Stapes der *Amphisbaeniden* schließt sich eine lange fadenförmige knorplige sog. Extracolumella (vielleicht Hyoidbogen?) an, die lateral vom Quadrat und Unterkiefer weit nach vorn zieht. — Der Apparat der *Ophidier* ist klein und heftet sich mit seinem Distalende der Hinterseite des Quadrats an. Er soll zuweilen auf ein knöchernes Operculum beschränkt sein; bei gewissen Formen (*Stenostomata*) wurde er sogar ganz vermißt.

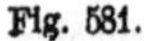

Fig. 581.

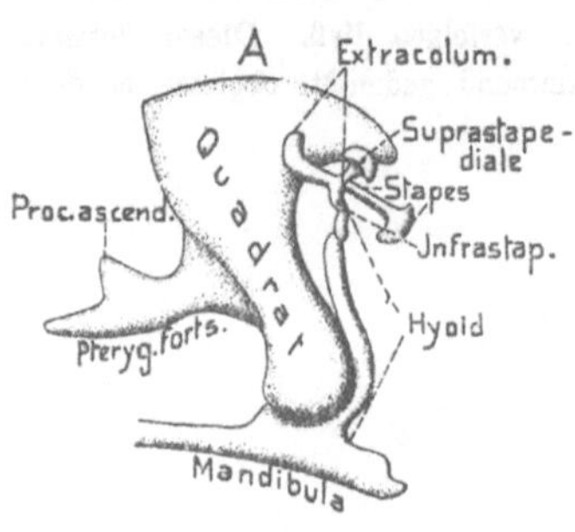

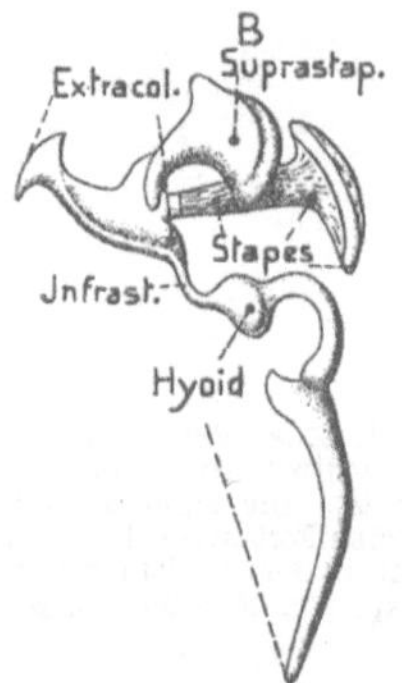

Crocodilus palustris. *A* Embryo von 3,7 cm Länge. Linkes Quadrat, Mandibel und Hyoid nebst Columellarapparat, von außen. — *B* Embryo von 11,2 cm Länge. Columellarapparat und Hyoidbogen in gleicher Ansicht. Der Stapes schon zum Teil verknöchert (nach PARKER 1884).
v. Bu.

Besondere Schwierigkeiten bietet die Deutung den Einrichtungen der *Mammalia*, wo sich eine Kette von drei gelenkig verbundenen Knöchelchen zwischen Fenestra vestibuli und Paukenfell ausspannt (Fig. 582 u. 583). Dieselben werden von innen nach außen als *Stapes* (*Steigbügel*), *Incus* (*Amboß*) und *Malleus* (*Hammer*) bezeichnet. Der *Stapes* bleibt meist ziemlich klein und setzt sich mit seinem verbreiterten Fußblatt dem ovalen Fenster auf. Sein Name bezieht sich darauf, daß er fast stets, ähnlich wie die Columella der *Gymnophionen*, *Geckonen* und einiger Vögel, von einem Loch durchbrochen wird, durch welches die *Arteria stapedialis* tritt. Doch kann diese Durchbrechung zuweilen verkümmern, ja sogar fehlen (*Monotremen* Fig. 583, *gewisse Marsupialia, einzelne Edentata* und *Cetacea*). — Der Bau des *Incus* ist recht gleichförmig, indem von seinem gedrungenen Körper, der durch eine ansehnliche Gelenkgrube mit dem Malleus artikuliert, zwei Fortsätze entspringen, von welchen sich einer (*Processus longus* des Menschen) zum Stapes begibt und mit ihm gelenkt, während der andere (*Proc. brevis*) nach hinten in die Paukenhöhle zieht und sich durch ein Band an deren Wand befestigt. In der Jugend bildet sich am Ende des Processus longus eine besondere kleine Verknöcherung (*Os lenticulare*), welche später mit ihm verwächst und daher nicht als selbständiges Element angesehen wird. — Der *Malleus* zeigt größere Formverschiedenheiten. Von seinem Körper- oder Kopfteil, welcher mit dem Incus gelenkt, entspringt ventralwärts stets ein mehr oder weniger ansehnlicher Fortsatz, der in das Paukenfell eintritt und bis zu seiner Mitte hinabsteigt (*Handgriff* oder *Manubrium mallei*); allein bei den Cetaceen ist er sehr rückge-

Fig. 582.

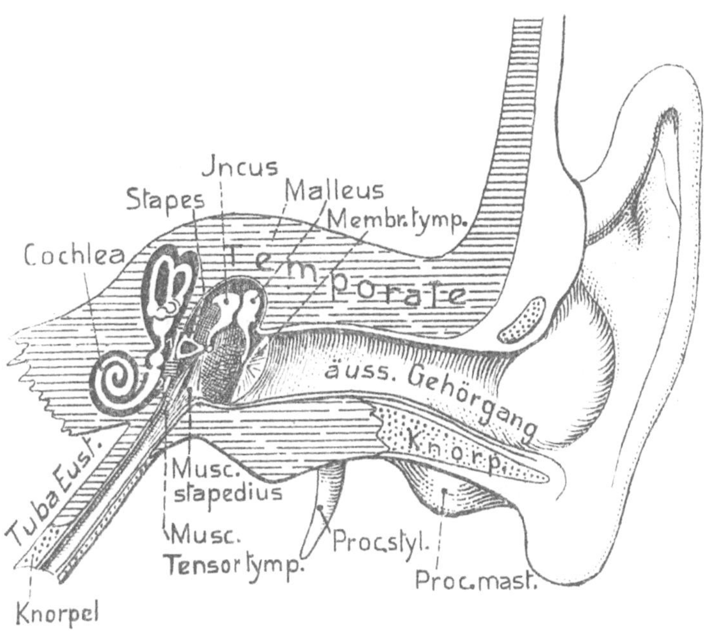

Homo. Schema des linken Gehörorgans nach verschiedenen Darstellungen kombiniert. Der äußere Gehörgang, die Paukenhöhle und die Tuba durch einen Querschnitt durch das Temporale geöffnet; Ansicht von vorn. Die Perilymphräume und das knöcherne Labyrinth schwarz, das häutige Labyrinth weiß. In der Paukenhöhle die Gehörknöchelchen, sowie die M. M. stapedius und Tensor tympani angegeben; die feine Sehne des letzteren zieht zur Basis des Hammergriffs. 1 Fenestra vestibuli (ovalis); 2 Fenestra cochleae (rotunda). Knochen schraffiert; Knorpel punktiert.   O. B.

Fig. 583.

bildet. Weniger konstant ist ein etwa vom Ursprung des Manubrium ausgehender, rostral gerichteter, meist schlanker Fortsatz, der *Processus folii* (s. gracilis, s. anterior), der zur Paukenhöhlenwand, an die Grenze zwischen Tympanicum und Perioticum, geht (Fig. 583).

Bei primitiven Säugern (*Aplacentalia*, doch auch *Insectivora, Chiroptera*) ist der Proc. folii sehr groß und häufig stark kreisförmig gekrümmt. Bei den Aplacentaliern tritt er zum un-

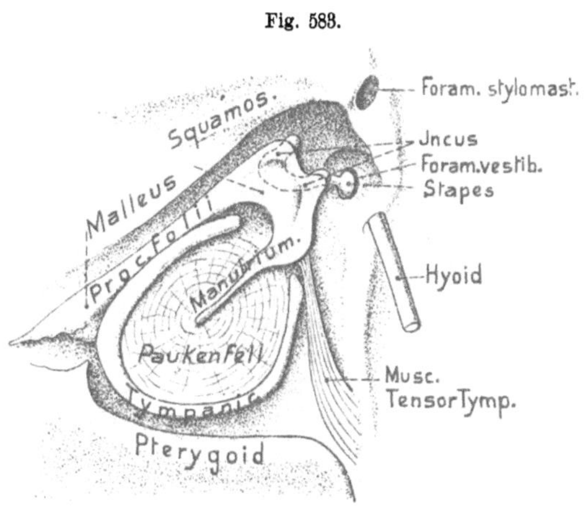

Echidna. Rechtes Paukenfell mit der umgebenden Schädelregion von der Ventralseite, samt den Gehörknöchelchen usw. (zum Teil nach HUXLEY 1869). O. B. u. v. Bu.

geschlossenen Tympanicum und trägt zu dessen Vervollständigung bei (Fig. 583). Sehr verkümmert ist er bei vielen *Affen, Halbaffen,* den *Phociden, Edentaten,* auch *Cetaceen* z. T. — Eine feste Verbindung zwischen Malleus und Incus tritt bei *Monotremen* (Fig. 583) auf und führt im Alter zur Verwachsung, ebenso bei den *hystricomorphen Rodentia* (z. B. *Hystrix, Cavia* u. a.); wogegen der Malleus der *Cetaceen* mit dem Tympanicum durch den Proc. folii verwächst; die Gehörknöchelchen letzterer Gruppe (ähnlich auch die der *Sirenia*) sind im allgemeinen groß, plump und aus dichter Knochenmasse gebildet. Eigentümlicherweise hängt der Hammer der *Cetaceen* mit dem Paukenfell nicht direkt zusammen, sondern bei den *Denticeten* mit einem spornartigen Fortsatz der Mitte des Paukenfells; bei den *Mysticeten* dagegen, deren Paukenfell die oben (S. 777) erwähnte schlauchförmige Vorstülpung zeigt, zieht vom Hammer ein langes Band zum Distalende dieser Vorstülpung; es soll aus einer Einfaltung des Paukenfells hervorgehen.

Die morphologische Deutung der Säuger-Hörknöchelchen ist bis jetzt nicht zu übereinstimmenden Ergebnissen gelangt. Vier Deutungsversuche namentlich stehen sich gegenüber:

1) Ihre Ableitung vom Columellarapparat der Sauropsiden; d. h. die Rückführung des Stapes auf den der Sauropsiden (worüber ja allgemeine Übereinstimmung besteht) und die des Incus und Malleus auf die Extracolumella. Das Quadrat der Sauropsiden sucht diese Ansicht entweder im Tympanicum der Säuger oder läßt es mit dem Gelenkteil des Squamosum verschmelzen.

2) Die Ableitung des Incus von der Extracolumella der Sauropsiden, des Malleus vom Quadrat.

3) Die Ableitung des Incus vom Quadrat, des Malleus vom Articulare des Unterkiefers der Sauropsiden. Diese Ansicht ist wohl die verbreitetste.

4) Eine Art Kombination der Ansichten 1 und 2. Am Aufbau des Hammers und Amboß sollen sich Teile des dorsalen Quadratendes beteiligen, mit denen aber solche der Extracolumella der Sauropsiden verwachsen seien. Es gehe nämlich der Proc. longus des Amboß aus dem sog. Proc. internus der Sauropsiden-Extracolumella, das Manubrium des Hammers aus einem der accessorischen Fortsätze der Extracolumella (Proc. accessorius anterior, s. Fig. 577, S. 779) hervor, da sich nach dieser Meinung die ontogenetische Entstehung des Manubriums aus dem Dorsalende des Hyoidbogen erweisen lasse. Der mittlere Teil des Quadrats verkümmere, sein distaler Unterkiefergelenkteil scheine sich dagegen mit dem Squamosum als dem Knorpelüberzug seiner Gelenkfläche zu vereinigen.

Die unter 2—4 angeführten Deutungen stützen sich auf die sehr wichtige ontogenetische Tatsache, daß die vorknorplige Anlage des Incus und Malleus mit jener des Kieferbogens direkt zusammenhängen und sich erst später von ihm durch Resorption des verbindenden Teils isolieren. Aus dem dorsalsten Teil der gemeinsamen Anlage bildet sich durch selbständige Verknorplung der Amboß, distal daran anschließend der Hammer, der auch noch knorplig mit dem Mandibularbogen zusammenhängt. Aus diesem Grund wurden der Incus, oder der Incus samt Malleus, von der unter 2 und 3 angeführten Ansicht vom Mandibularbogen abgeleitet. Der dorsale Teil des Hyoidbogens steht oder tritt in der vorknorpligen Anlage mit jener des Stapes in Verbindung, letztere aber mit jener des Amboß, worauf der Stapesknorpel selbständig verknöchert. Das Dorsalende des Zungenbeinbogens verbindet sich später mit der knorpligen Ohrkapsel und geht die früher (S. 309) geschilderte Weiterentwicklung ein. — Das Problem erscheint nun noch dadurch kompliziert, daß, wie oben betont, bei den Crocodilen eine Verbindung der Extracolumella mit dem knorpligen Unterkiefer besteht, welche doch unmöglich auf den Kieferbogen bezogen werden kann, da der Palatoquadratknorpel neben ihr vorhanden ist. Andererseits scheint es ausgeschlossen, daß die Verbindung des Mandibularbogens mit der Stapesanlage der Säuger *einem Teil des Hyoidbogens entspreche,* da dieser sich anscheinend vollständig daneben vorfindet. Die Deutung dieser Knorpelverbindung bei den Mammaliern als Palatoquadratanteil des Kieferbogens erscheint daher wohl als die annehmbarste. — Dann erhebt sich aber die weitere Frage, ob in diesem Fall Incus und Malleus aus dem Kieferbogen hervorgingen. Die Deutung, welche dies annimmt, also, wie hervorgehoben, den Hammer vom Articulare des Unterkiefers ableitet, muß die schwierige Hypothese machen, daß sich bei den Vorfahren der Säuger ein ganz neues Unterkiefergelenk gebildet habe, unter Lösung des Articulare aus dem Verband des ursprünglichen Unterkiefers. Diese Annahme hat nun so viel Unwahrscheinliches und wird durch vergleichend anatomische Tatsachen so wenig gestützt, daß nur absolut zwingende Gründe ihre Berechtigung erweisen könnten. Da aber schon bei den Sauropsiden eine Zweiteilung des Columellarapparats vorkommt, so scheint die Ableitung des Incus von der Extracolumella nicht ausgeschlossen. — Die nahen Beziehungen, welche das Quadrat der Sauropsiden zur Paukenhöhle und dem Paukenfell besitzt, machen es unschwer begreiflich, daß dieser Knochen seine ursprüngliche Funktion aufgab und unter Verkleinerung in die Paukenhöhle rückte. Auch die Form des Hammers bei den primitiven Säugern (namentlich Monotremen, s. Fig. 583, S. 783) erinnert in mancher Hinsicht an das Reptilienquadrat; doch erhebt sich hier eine neue Schwierigkeit, indem der erwähnte Proc. folii des Malleus, der bei den primitiven Säugern besonders groß ist und bei Vergleichung des Hammers mit dem Quadrat dem eigentlichen Körper des letzteren bei den Sauropsiden entsprechen müßte, nach den ontogenetischen Erfahrungen als ein selbständiger Deckknochen entstehen und sich erst später mit dem eigentlichen Hammer vereinigen soll. — Der Proc. folii wird daher bei der Deutung des Hammers als Articulare auf einen Deckknochen des Unterkiefers (Postoperculum der Saurier, s. S. 291) zurückzuführen gesucht, was aber vorerst noch recht zweifelhaft erscheint. Eine Entstehung des Hammers und Incus aus zwei Quellen nimmt auch die 4. Ansicht an.

Die Columella und das Paukenfell können mit kleinen *Muskeln* verbunden sein, die teils Spannung, teils Erschlaffung des Paukenfells bewirken, oder auch noch in anderer Weise funktionieren.

Eigentümlich erscheint, daß von der äußeren Fläche des Operculums der *Anuren-Columella* Muskelfasern ausgehen, die sich dem *Musculus levator scapulae superior* beigesellen, der am Schädel in der Gegend der Fenestra vestibuli entspringt und zur Ventralseite der Scapula zieht.

Bei den mit einer Paukenhöhle versehenen *Sauropsiden* treten solche Muskeln häufig auf. So besitzen die *Ascalaboten* (Sauria) einen solchen der vom Paroccipitalfortsatz des Schädels ausgeht und sich an einen Fortsatz der Extracolumella (Proc. accessorius posterior) heftet. Er gehört zur Facialismuskulatur und soll als Erschlaffer (Laxator) des Paukenfells wirken. Bei andern Sauriern wurde er in der Anlage beobachtet, geht jedoch später ein. — Zum Muskelapparat ist weiterhin eine bei *Sauriern* und *Sphenodon* allgemein verbreitete Sehne zu rechnen, die vom Ventralende der Pars inferior der Extracolumella entspringt und längs des Trommelfells aufsteigt, sich hierauf dorsal und medial wendet und zum Paroccipitalfortsatz oder dem oben erwähnten sog. Intercalarknorpel zieht (s. Fig. 576, S. 779). Diese Sehne bildet vielleicht den Rest eines besonderen, früher vorhanden gewesenen Muskels.

Die *Crocodile* besitzen einen vom Squamosum, Paroccipitalfortsatz und Pleuroccipitale zum hinteren dorsalen Quadranten des Paukenfells ziehenden *Musculus tensor tympani*, der vom Facialis innerviert wird und sich embryonal am Dorsalfortsatz der Extracolumella (Suprastapediale) befestigt. Er dürfte dem bei *Geckonen* vorkommenden Muskel homolog sein. Auch bei *Cheloniern* wurden Muskeln, die sich zur Columella begeben, nachgewiesen. — Den *Vögeln* kommt ebenfalls ein *M. tensor tympani* zu, der, vom Schädel entspringend, sich ursprünglich am sog. Infrastapediale befestigen soll, später aber seine Insertion auf das Paukenfell verlegt.

Den *Säugern* kommen allgemein zwei Muskeln zu (s. Fig. 582, S. 783): einmal ein vom Trigeminus versorgter *Tensor tympani*, der, hauptsächlich am Perioticum entspringend, von vorn durch die Paukenhöhle zur Ursprungsstelle des Hammergriffs tritt; zweitens ein *Mus-*

culus stapedius (den Monotremen fehlend), der in der Gegend der Fenestra ovalis beginnt und sich zum Distalende des Stapes begibt; er wird vom Facialis innerviert.

Schon bei den anuren Amphibien zieht der Ram. hyomandibularis des Facialis unter der medialen Schleimhaut der Paukenhöhle, dorsal von der Columella, von vorn nach hinten. Er gibt dann den Ramus mandibularis internus ab, welcher meist mit der *Chorda tympani* der Amnioten homologisiert wird (s. S. 631). Letztere (s. Fig. 447, S. 629) tritt in ähnlicher Abzweigung vom Hauptstamm des Facialis frei durch die Paukenhöhle ventralwärts, von deren Schleimhaut überzogen, um sich nach Eintritt in den Unterkiefer mit einem Ast des Ramus mandibularis des Trigeminus (R. lingualis) zu vereinigen. Ihr Verlauf in der Paukenhöhle ist etwas verschieden, wie es für die *Saurier* auf Fig. 584 angedeutet ist.

Fig. 584.

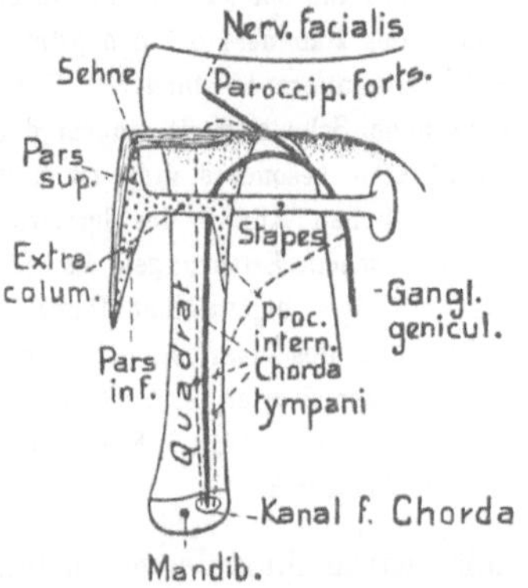

Sauria. Schema des Verlaufs der Chorda tympani. Linkes Quadrat und Columella von hinten; die eine Modifikation des Verlaufs der Chorda ist ausgezogen dargestellt, die beiden anderen dagegen in Strichlinien (nach Versluys 1899 kombiniert). .v. Bu.

Äußeres Ohr (Ohrmuschel). Ein solches Organ findet sich als ein die Schallwellen auffangender und konzentrierender Apparat nur bei den Säugern. Zwar begegnen wir schon bei den *Crocodilen* einer vom Dorsalrand der äußeren Öffnung des Gehörgangs entspringenden, deckelartigen Hautfalte, welche eine Verknöcherung enthält und mit einem Muskel versehen ist; doch fungiert sie wesentlich als Schutzklappe. — Auch die ansehnliche klappenartige vertikale Hautfalte, welche sich bei gewissen *Vögeln* (besonders *Eulen*) am Vorderrand der äußeren Ohröffnung findet, hat wohl eine ähnliche Bedeutung. Zu ihr gesellt sich hinter der Öffnung zuweilen noch eine halbkreisförmige Falte, die mit ansehnlicheren Federn besetzt sein kann (z. B. Bubo).

Bei den *Säugern* wächst der Rand der Öffnung des Gehörgangs ringförmig und vor allem dorsal mehr oder weniger empor, wodurch eine äußere Ohrmuschel (Auricula auris) entsteht, die im allgemeinen eine schief abgestutzt trichterförmige Gestalt besitzt.

Bei den *Monotremen* ist sie noch kaum entwickelt; bei den übrigen Säugern kann sie zuweilen rudimentär werden oder ganz eingehen (so bei wasserlebenden Carnivoren, Pinnipediern, Sirenen, Cetaceen), bei unterirdisch lebenden oder grabenden, so Talpa und Verwandten, sowie gewissen Nagern und einzelnen Edentaten, wie Manis. Besonders groß wird die Ohrmuschel namentlich bei gewissen nächtlichen Säugern, so *Chiropteren* und anderen. Bei ersteren erreicht auch die am vorderen Rand der Höröffnung sich erhebende Hautfalte, der *Tragus*, zuweilen eine außerordentliche Größe. Erst bei den Affen nimmt die Ohrmuschel allmählich die flache Gestalt und Ausbreitung an, welche sie beim Menschen besitzt, und zeigt zuweilen auch die Einrollung (Helix) des freien Muschelrands, die dem menschlichen Ohr eigentümlich ist, bei welch letzterem die sonst gewöhnliche dorsale Zuspitzung der Muschel meist ganz schwindet.

Die Ohrmuschel wird von einer inneren Knorpelplatte gestützt, welche ihre äußere Form im allgemeinen wiederholt und auf deren Einzelabschnitte nicht näher eingegangen werden kann, Fig. 587 gibt eine ungefähre Vorstellung davon. Am Eingang in den äußeren Gehörgang hängt der Muschelknorpel mit dem schon früher erwähnten Knorpel des distalen

Teils dieses Gangs zusammen. Die Vergleichung innerhalb der Säugerreihe lehrt, daß der Muschelknorpel sich aus dem des Gangs allmählich entwickelte. — Die Verhältnisse bei den *Monotremen* (speziell *Echidna*, Fig. 585), welchen eine freie Ohrmuschel fehlt,

Fig. 585.

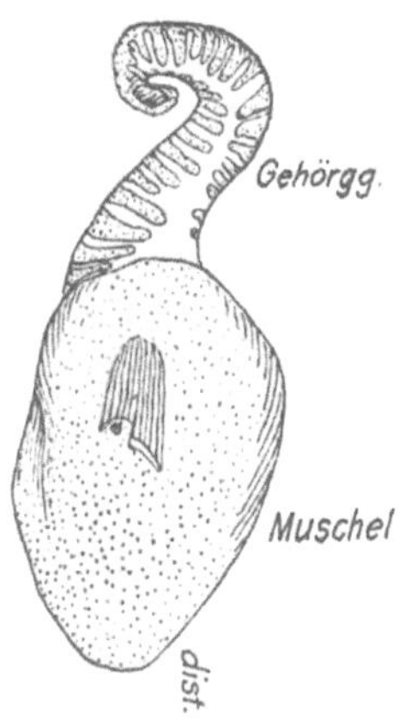

Echidna. Linker äußerer Gehörgang mit dem Knorpelskelet und der Auricula (punktiert) in Medialansicht (aus GEGENBAUR, Vergl. Anatomie, nach G. RUGE 1897).

Fig. 586.

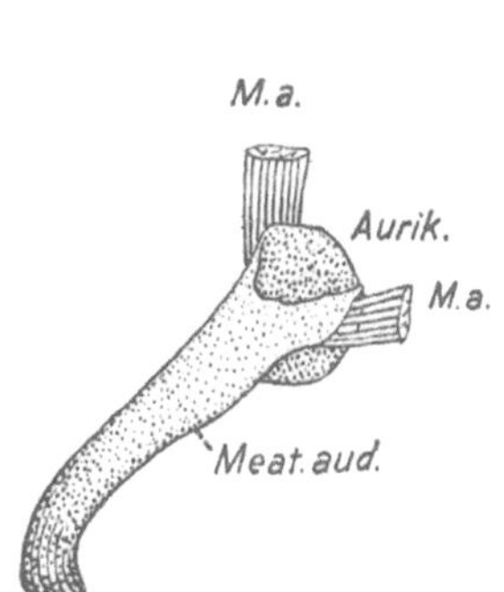

Ornithorhynchus. Rechter äußerer Gehörgang mit dem Knorpelskelet der Auricula und ihren beiden Muskeln (*M. a.*) in Lateralansicht (aus GEGENBAUR, Vergl. Anatomie, nach RUGE 1897).

lassen erkennen, daß der Ohrknorpel ursprünglich mit dem Dorsalende des Hyoidbogens zusammenhing, jedenfalls aus ihm hervorging und sich um den äußeren Gehörgang ausbreitete, ja sich sogar an dessen Distalende schon muschelartig verbreiterte, bevor eine eigentliche Ohrmuschel hervorwuchs. Bei Echidna gabelt sich das Dorsalende des Hyoidbogens auf eine kurze Strecke, indem sich das mediale Gabelende an das sog. Mastoid, etwas hinter dem Tympanicum, ansetzt (vgl. Fig. 173, S. 296), während der nach vorn gehende Ast ein wenig ventral vom Trommelfell eine kreisförmige Knorpelplatte in der Ventralwand des proximalen Gehörgangendes bildet. Diese Platte verbindet sich nun durch einen zarten kurzen Knorpelstrang mit dem etwa bandförmigen Knorpel des äußeren Gehörgangs (Fig. 585), von dessen beiden Rändern zahlreiche Knorpelfäden ausgehen, die den Gang quer umgreifen, sich aber nicht zu geschlossenen Ringen vereinigen. Auch die nicht unansehnliche knorplige Ohrmuschel am Distalende des

Fig. 587.

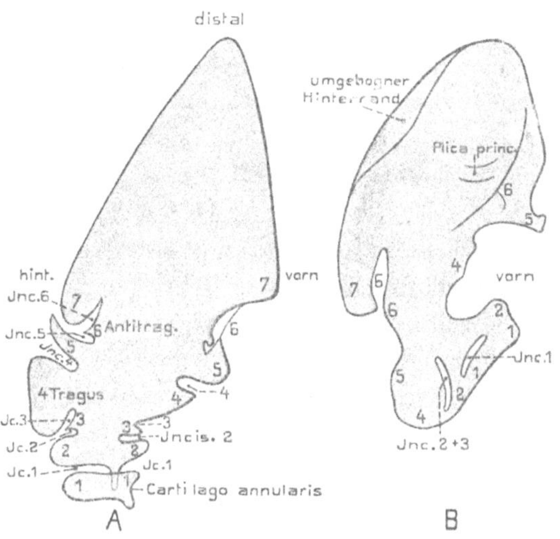

Ohrmuschelknorpel von Säugetieren. Der Knorpel aufgerollt und in einer Fläche ausgebreitet. — A Allgemeines Schema des Knorpels bei ditremen Mammalia. — B Bei Mensch (nach BOAS 1907). C. H.

Bütschli, Vergl. Anatomie.

Gangs ist wohl aus einigen solchen Knorpelfortsätzen hervorgegangen. — Schon bei *Ornitho-· rhynchus* (Fig. 586) ist der Zusammenhang zwischen dem Hyoidbogen und dem Ohrknorpel nur noch durch Bänder angedeutet. Der Gangknorpel erscheint hier nahezu röhrenförmig ohne Fortsätze, jedoch mit schlitzartigem Spalt in ganzer Länge, also rinnenförmig. — Die übrigen Säuger zeigen keinen Zusammenhang zwischen dem Gangknorpel und dem Hyoidbogen mehr; der erstere ist relativ sehr kurz, so daß er wie ein Anhang des Muschel-knorpels erscheint (Fig. 587 *A*). Letzterer hat die rinnenförmige Gestalt bewahrt und läßt häufig noch mehrere (bis 7) ähnliche halbringförmige Knorpelfortsätze erkennen, wie sie Echidna so zahlreich besitzt. Die distalen dieser Fortsätze gehören schon dem Basalteil der eigentlichen knorpligen Ohrmuschel an, und der vierte, vom Proximalrande gezählt, bildet den *Tragus*. Einige proximale vordere und hintere Fortsätze können an ihren Enden zuweilen verwachsen, so daß die zwischen ihnen befindlichen Einschnitte dann als geschlossene Spalten (*Incisurae Santorini* des Menschen, Fig. 587 *B*) erscheinen. — Bei vielen Säugern haben sich ein (selten zwei) proximale halbringförmige Stücke des Gangknorpels (Cartilago annularis) völlig abgetrennt.

Die Entwicklung der Ohrmuschel der Säuger erscheint eigentümlich, indem sie (spec. Mensch) von je drei höckerartigen äußeren Erhebungen ausgeht, die sich auf dem Kiefer-und Zungenbeinbogen finden; dazu gesellt sich noch eine hinter ihnen und eine dorsal von ihnen auftretende Hautfalte. Auch bei den Sauropsiden wurden Andeutungen solcher Höcker beobachtet. Auf das Nähere der Entwicklung einzugehen, ist hier nicht der Ort, um so mehr als es nicht zu allgemeinen Schlüssen führte.

Die häufig reiche Muskulatur zur Bewegung und Stellungsänderung der Ohrmuschel, wodurch ihre Wirksamkeit wesentlich gesteigert wird, ist schon bei den *Monotremen* ange-deutet und geht aus der vom Facialis innervierten Gesichtsmuskulatur hervor (s. Fig. 304, S. 451). Sie kann hier nicht näher besprochen werden.

6. Statische und Hörorgane der Arthropoda.

Wir betrachten diese Abteilung gesondert, weil ihre Organe eigenartiger Natur sind, auch wenn ihr Bau bei den Crustaceen dem der früher besprochenen Statocysten prinzipiell gleicht.

Statocysten finden sich bei den *höheren Crustaceen*, vor allem den *Decapoden* und den *Mysideen* unter den Schizopoden.

Einzelne *Amphipoden* (Familien der *Oxycephalidae* und *Lycaeidae*) und *Isopoden*, (*Tanais, Anthura*) besitzen ähnliche Organe; ganz vereinzelt und etwas zweifelhaft tritt ein statocystenähnliches Organ bei einem *Copepoden* (*Centropages*) auf.

Das Charakteristische dieser Statocysten besteht darin, daß sie innerlich von der Chitincuticula ausgekleidete Einstülpungen der Epidermis sind und die in ihnen befindlichen Gefühlshaare eigenartige Chitinhaare, welche die Stelle der seither gefundenen Sinneshärchen vertreten. Ähnliche Haare sollen sich bei *Decapoden, Schizopoden* und gewissen *Amphipoden* auch frei auf der Körperober-fläche finden, namentlich an den Fühlerpaaren, doch zuweilen auch an der Schwanzflosse. Wegen der Übereinstimmung im Bau solch freier Haare mit jenen der Statocysten ist es wahrscheinlich, daß auch sie ähnlich den letzteren funk-tionieren. Das Vorkommen freier statischer Haare an verschiedenen Körper-stellen macht es verständlicher, daß Statocysten an recht verschiedenen Orten auf-treten können.

Bei den *Decapoden* findet sich ein solches Organ stets im Basalglied der ersten Antennen (Fig. 588); ähnlich bei gewissen *Amphipoden* ein Paar dorsal vom Cerebralganglion. — Das Statocystenpaar der *Mysideen* hingegen liegt im Innenast der hintersten Abdominalbeine (Schwanzflosse, Fig. 590 *A*); bei dem Isopoden *Anthura* dagegen im hintersten Segment (Telson). Die Männchen des Isopoden *Tanais* sollen eine Cyste im Scherenfuß besitzen; früher wurde jedoch eine in der Antenne beschrieben. — Die verschiedene Lage bedingt natürlich auch eine verschiedene Innervierung; der Nerv der antennalen Organe sowie der freien Antennenhaare entspringt von dem der ersten Antenne oder selbständig vom Hirn; die Schwanzorgane werden vom letzten Abdominalganglion innerviert.

Genauer bekannt sind nur die Statocysten der *Decapoden* und *Schizopoden*. Die ersteren entstehen durch eine Hauteinstülpung auf der Dorsalseite des Basalglieds der ersten Antenne (selten etwas lateral) und bewahren bei den *Macruren* (Fig. 588) fast stets eine dorsale, kleinere bis größere, rundliche bis schlitzartige, weitere bis sehr enge Öffnung. Diese Öffnung kann von Haaren oder durch eine sie deckelartig überragende Hautfalte geschützt werden. — Die Organe der meisten *Brachyuren* sind dagegen anscheinend geschlossen, indem sich die Ränder der Einstülpungsöffnung ganz dicht zusammenlegen; jedenfalls ist jedoch der Verschluß keine wirkliche Verwachsung, da auch die Chitinauskleidung solch geschlossener Cysten, wie jene der offnen, bei der Häutung abgelöst und erneut wird. Kurz nach der Häutung sind daher auch die *Brachyuren*-Cysten geöffnet, ebenso im Larvenzustand. — Die Cysten der *Anomuren* sind teils offen, teils geschlossen. — Die

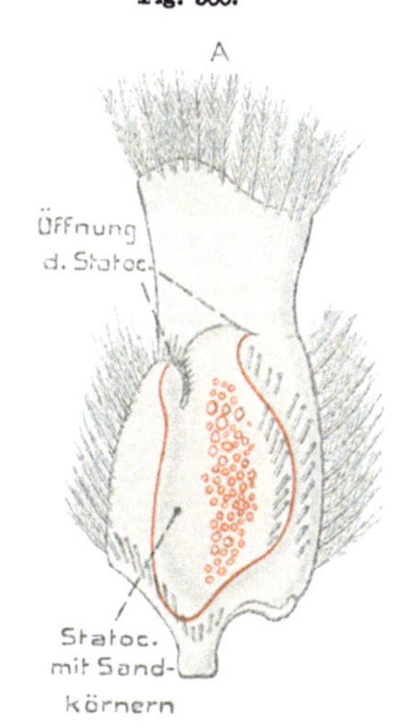

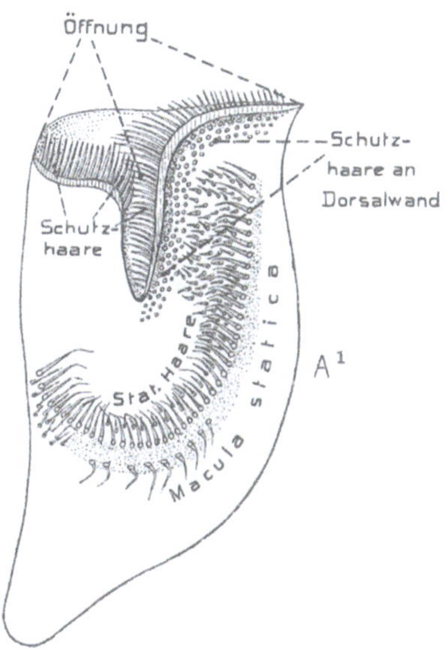

Homarus, Statocyste. — *A* Das Basalglied der rechten 1. Antenne von der Dorsalseite: die Statocyste mit ihren Fremdkörpern rot. — A¹ Statocyste herauspräpariert in Dorsalansicht; von den Schutzhaaren an der dorsalen Eingangswand der Statocyste ist nur die Basis gezeichnet. Die Macula statica auf der Ventralwand in der Durchsicht eingetragen. Orig. O. B.

Schwanzcysten von *Mysis* und *Anthura* (ebenso die von *Tanais*) haben gleichfalls noch eine feine Öffnung, und die Häutung der Cyste wurde bei *Mysis* sicher beobachtet.

Die Organe der *Decapoden* sind z. T. recht groß, so daß sie das Basalglied der Antenne ganz erfüllen, z. T. kleiner bis verhältnismäßig sehr klein, und ihre Gestalt ist entweder regelmäßig sackartig oder durch innere Vorbuchtungen unregelmäßiger (namentlich *Brachyuren*). Die besonderen statischen Haare, welche zu den gleich zu erwähnenden Statolithen in Beziehung treten, sind bei den *Macruren* und *Schizopoden* meist in einer bogigen bis nahezu kreisförmigen Reihe auf einem verdickten Epithelpolster (Macula) der Ventralwand angeordnet, welche Reihe aus einer bis mehreren Unterreihen nicht immer gleicher Haare besteht (Fig. 588 *A*[1]). Neben solch statischen Haaren können auch

Fig. 589.

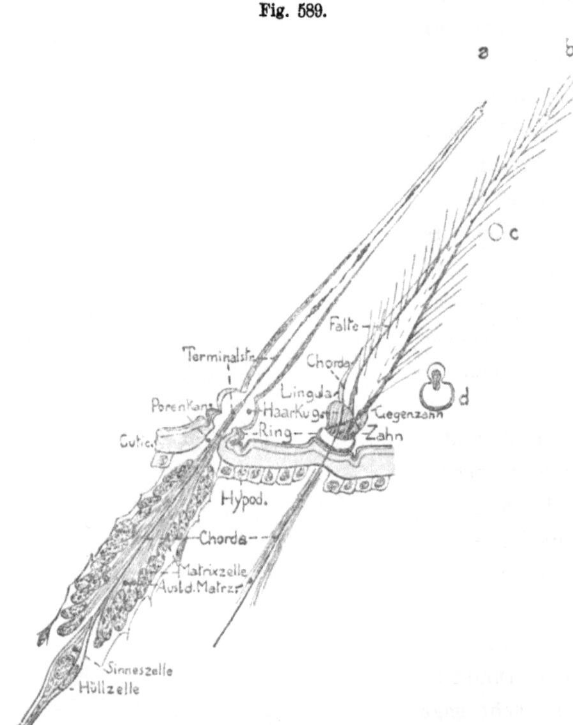

Decapode Crustacee. Schema der statischen Haare aus der Statocyste. *a* Ein solches Haar im Längsschnitt mit der Sinneszelle und den Bildungszellen (Matrixzellen). — *b* Ein ebensolches Haar in Oberflächenansicht mit der zutretenden Chorda, die sich an der Lingula befestigt, und den Ausläufern der Bildungszellen. — *c* und *d* Querschnitte des Haars an den betreffenden Stellen; *d* zeigt die beiden charakteristischen Längsfalten, sowie den Terminalstrang.   Orig. v. H. KINZIG.

noch weitere, die keine direkten Beziehungen zu den Statolithen haben, vorkommen. Dies gilt namentlich für die *Brachyuren*, denen Statolithen fehlen. Bei letzteren finden sich drei Gruppen verschiedenartiger Borsten: geknickte, fadenförmige und sehr zahlreiche kleine gestreckte (Gruppenhaare).

Der Bau der typischen statischen Haare ist charakteristisch (Fig. 589). Ihr etwas kuglig angeschwollener und sehr gelenkig befestigter Basalteil (Haarkugel) zeigt meist innerlich eine einseitige, zahnartige eingefaltete Chitinverdickung (Zahn), während an der Gegenseite, etwas distal von der Haarkugel, eine verdickte Längsleiste (Lingula) hinzieht. Die Lingula steht in Zusammenhang mit zwei Längsfalten des Haarschafts, die ziemlich weit gegen das Haarende reichen und hier allmählich verstreichen, wodurch der Querschnitt des basalen Haarabschnitts eine eigentümliche Gestalt erhält (Fig. 589 d). Die Haare sind mit feinen

Härchen ziemlich dicht besetzt (gefiedert) und entweder gerade gestreckt, gebogen oder in ihrem Verlauf scharf geknickt. Unter jedem Haar senkt sich die Hypodermis schlauchartig ein; es sind dies die Bildungs- oder Matrixzellen des Haars, die distal sämtlich je einen zarten Terminalfortsatz entsenden, welche Fortsätze sich zu einem Terminalstrang vereinigen, der bis zur Haarspitze zu verfolgen ist. Am proximalen Ende des Matrixzellenschlauchs liegt die Sinneszelle des Haars, die einen distalen feinen Fortsatz entsendet, der in der Achse des Terminalstrangs hinzieht und sich wahrscheinlich an der erwähnten Lingula der Haarbasis anheftet. In diesem Fortsatz der Sinneszelle verläuft ein feiner chitinöser Faden (sog. Chorda), der sich ebenfalls an der Lingula anheftet. Von diesem typischen Bau finden sich bei den verschiedenen Haarformen einzelne Abweichungen, doch scheint die Haarkugel stets charakteristisch ausgeprägt zu sein.

Mit Ausnahme der meisten *Brachyuren* enthält die Cyste *Statolithengebilde*, die bei den offenen meist Fremdkörper (Sandkörner u. a.) sind, welche natürlich bei jeder Häutung entfernt und wieder neu aufgenommen werden.

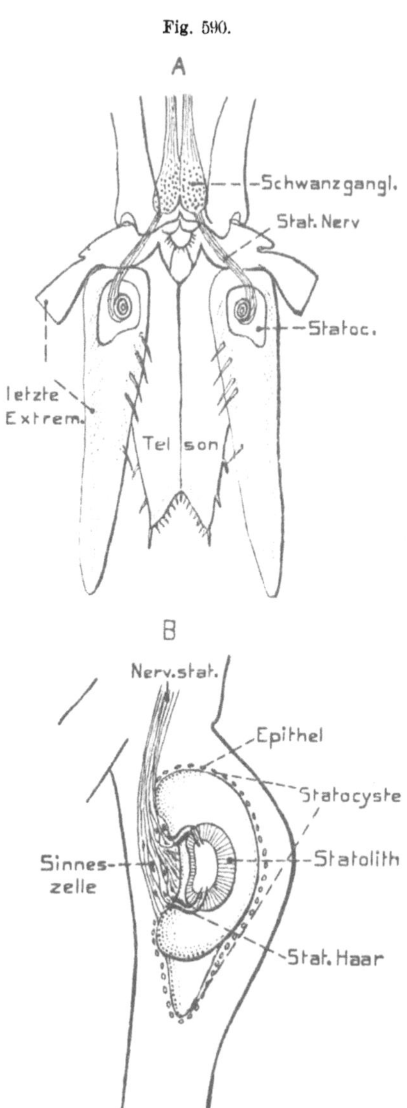

Mysis relicta. *A* Schwanzflosse von der Dorsalseite mit den Statocysten (nach SARS Crust. norweg.). — *B* Statocyste im Endopodit des letzten Beinpaars (Schematisch; nach HENSEN 1863 und BETHE 1895). C. H.

Auf solche Weise lassen sich daher auch besonders geartete feine Teilchen (z. B. Eisenteilchen) als Statolithen einführen, was bei den Macruren Gelegenheit zu interessanten physiologischen Versuchen über die Funktion der Statocysten bot, da Eisenteilchen der Wirkung magnetischer Kräfte unterworfen werden können.

Gewisse Cysten (*Mysideen* Fig. 590 B, eine *Hippolyte, Sergestiden, Amphion*) enthalten einen einzigen (selten zahlreiche, *Lithoderma*) kugligen bis linsenförmigen Statolith, der wohl überall ein Abscheidungsprodukt ist und bei *Mysis* aus einem Kern organischer Substanz und einem Mantel besteht, der wesentlich Fluorcalcium enthält; doch wird auch dieser Statolith bei der Häutung entfernt und neu gebildet. Die statischen Haare von *Mysis* dringen in den Statolith bis zum Kern ein. Auch bei *Macruren* reichen sie manchmal zwischen die Statolithenkörperchen, die hier durch das Sekret von Hautdrüsen, welche auf der Cystenwand münden, zu einer Masse vereinigt sein können.

Anzuführen wäre noch, daß bei einigen Gattungen von *Landisopoden* (Onisciden), bei welchen die Augen verkümmert oder ganz rückgebildet sind (z. B. *Titanethes*, *Platyarthrus* u. a.), in den sich etwas kegelförmig erhebenden Kopfecken, hinter der Fühlerbasis, je ein Organ vorkommt, das wegen seines Baues, sowie auf Grund physiologischer Experimente, als Statocyste gedeutet wurde. Es ist ein kugliges bis eiförmiges, aus wenigen ansehnlichen Zellen bestehendes Gebilde, zu dem vom Cerebralganglion ein Nerv tritt. Die Zellen umschließen eine bis mehrere Höhlen, in denen sich kleine Kalkkonkremente finden sollen. Der Mangel irgendwelcher spezifischer Sinneszellen und der typischen Sinneshaare der Crustaceen sowie einer cuticularen Auskleidung der Höhlen läßt jedoch die Deutung der Organe als Statocysten zweifelhaft erscheinen.

Arachnoidea. Verschieden lange, in becherförmige Grübchen eingepflanzte, zuweilen keulenförmige Haare, die sich an den Extremitäten der *Arachnoideen* (ausgen. *Solifugen*, *Opilioniden* und viele *Acarinen*) finden und mit Nerven verbunden sind, wurden als Hörhaare gedeutet; doch erscheint dies unsicher, ja wird sogar direkt geleugnet und z. B. den *Araneinen* von manchen jedes Hörvermögen abgesprochen. — Ihre Verbreitung über den Körper ist recht verschieden; so finden sie sich bei den *Skorpionen* und *Pseudoskorpionen* nur auf den Endgliedern der Palpen, den *Araneinen* auf Palpen und Beinen, den *Pedipalpen* nur auf letzteren und den *Acarinen* auf der vorderen Rumpfregion.

Unsicher in seiner physiologischen Bedeutung erscheint ferner ein Sinnesorgan, das bei vielen *Myriopoden* jederseits zwischen den Antennen und den Augen liegt, das sog. *Tömösvarysche* oder *Schläfenorgan*. Im einfachen Fall ist es eine runde bis hufeisenförmige Grube, zu deren von der Cuticula ausgekleidetem Boden der früher erwähnte Nerv (s. Fig. 349, S. 502) tritt und sich an dem hier befindlichen Sinnesepithel verbreitet. — Bei den *Diplopoden* wird das Organ häufig komplizierter, indem sich die Grube zu einer Röhre vertieft, von deren Boden sich ein zapfenartig aufsteigender Fortsatz erheben kann, der das Sinnesepithel enthält. Genaueres über das letztere ist nicht bekannt. Jedenfalls ist die Deutung als Hörorgan wenig wahrscheinlich. — Nur bei einigen *Chilopoden* (z. B. *Lithobius*) soll sich in der Mitte des Grubenbodens eine Öffnung in der Cuticula finden, so daß die Sinneszellen hier direkt mit der Außenwelt in Berührung treten würden.

Ein bei *apterygoten Insekten* vorkommendes, ähnlich gelagertes und gebautes Organ (*postantennales Organ*) wird dem eben beschriebenen der Myriopoden meist homologisiert.

Was bei gewissen *Insekten* als statische Organe beschrieben wurde, bedarf noch weiterer Aufklärung und soll daher nur kurz erwähnt werden. Das bei einer Generation von *Phylloxera* und bei einer *Chermes* (Rindenlaus) an der Basis der Vorderflügel beschriebene Paar sog. Statocysten, welche einen glänzenden runden Statolith enthalten, erscheint vorerst sehr zweifelhaft. Der Statolith soll durch spangenartige Vorsprünge an der Bläschenwand befestigt sein, und letztere trägt eigentümliche Nervenendigungen, aber keine statischen Haare.

Sicherer erscheint das bei gewissen *Wasserwanzen* (*Nepiden*) beobachtete Organ. Die Larven dieser Wanzen besitzen an jedem Seitenrand der ventralen Abdominalfläche eine Längsrinne, durch welche die Luft von der Atemröhre des Hinterendes zu den in ihr liegenden Stigmen geleitet wird. Diese Rinne wird von einer ventralwärts umgeschlagenen Falte des abdominalen Seitenrands bedeckt, sowie durch zahlreiche Borsten, die von ihren beiden

Rändern entspringen, noch weiter abgeschlossen. Im dritten bis sechsten Abdominal-segment zeigt die erwähnte Deckfalte kleine Ausschnitte, die grubenartig vertieft sind (Sinnes-gruben) und an deren Rand kleinere Borsten (Sinnesborsten) stehen. — Bei der Imago gehen, unter Verlust der Rinne und der Deckfalte, aus den drei hinteren dieser Organe eigentüm-liche Gebilde hervor, welche dicht medial von den Stigmen der betreffenden Segmente liegen. Es sind dies etwa ovale plattenförmige Stellen des ventralen Integuments, die randlich von einem verdickten Chitinring umschlossen werden. An ihrem medialen Rand und auf der ganzen Fläche der Platte entspringen zahlreiche, an ihrem Ende quer schildartig verbreitete Borsten (Schildborsten und Säulenborsten), die sich mit diesen Enden zu einer Art Deck-membran zusammenfügen, welche die ganze Platte überlagert, und zwischen welcher und der Plattenfläche ein Luftraum bleibt. Außerdem trägt die Platte zwischen den eigentümlichen Säulenborsten zahlreiche feine kegelförmige Börstchen, die mit je einer Sinneszelle verbunden sind und daher als Sinnesborsten aufgefaßt werden. — Die Wirkungsweise der Organe wird darin gesucht, daß die Luft in den Atemrinnen der Larven oder den Organen der Imago bei verschiedener Körperhaltung durch ihren Auftrieb im Wasser in verschiedener Weise auf die Endorgane wirke und so zur Regulation der Körperhaltung, namentlich aber der Regu-lation des Aufsteigens an die Wasseroberfläche bei der Atmung, beitrage, indem sich die Nepiden ausgesprochen negativ geotropisch verhalten.

Die chordotonalen und tympanalen Organe der Insekten.

Organe ganz besonderer Art sind bei den Insekten weit verbreitet und wohl in gewissen Fällen sicher von Schallwellen erregbar, was namentlich dann zweifellos scheint, wenn die Organe komplizierter gebaut sind und die betreffenden Insekten Töne hervorbringen können; immerhin bieten die physiologischen Versuche über diese Organe, selbst bei den Töne produzierenden Insekten, noch so zahlreiche Widersprüche, daß kein abschließendes Urteil möglich ist und ihre Deutung als Hörapparat der festen physiologischen Grundlage noch entbehrt. Im allge-meinen sind die Versuche über das Hörvermögen der Insekten so widerspruchs-voll, daß sich kaum in einem einzigen Fall sicher sagen läßt, ob die beobachteten Reaktionen wirklich von Tonschwingungen hervorgerufen wurden, im Sinne der Wirbeltierhörorgane oder durch einfache mechanische Reizung. Es scheint jedoch, daß die Kritik der modernen Physiologie etwas über das Ziel hinausschießt, wenn sie, seit dem Aufkommen der Statocystenlehre, die früheren Erfahrungen über Tonreaktionen bei Wirbellosen fast völlig verwirft.

Es ist wahrscheinlich, daß solche Organe einfachster Art ursprünglich über den ganzen Insektenkörper verbreitet waren, oder sich doch die Möglichkeit ihrer Bildung auf den ganzen Körper erstreckte. Charakteristisch ist, daß ihre Endorgane nicht mit Chitinhaaren in Verbindung stehen, sondern von Sinneszellen gebildet werden, deren Distalenden in eigentümlicher Weise differenziert sind, und die entweder noch bis an die Innenfläche der Cuticula reichen oder sich auch von ihr vollständig abgelöst und in die Tiefe verlagert haben. Die typische Bildung eines solchen *Endorgans* (Endschlauch, *Scolopophor*) ist folgende (Fig. 591): Die etwa ei- bis spindelförmige, meist ansehnliche Sinneszelle läuft distal in einen Faden aus, dessen Ende zu einem stiftartigen, etwa doppelkegelförmigen, manchmal auch endwärts abgestutzten Gebilde anschwillt (sog. *Stift* oder Stiftkörper, *Scolops*).

Der Stift besitzt eine ziemlich derbe (angeblich chitinöse) Wand und distalwärts eine eigentümliche Endverdickung (Endknopf), häufig auch rippenartige Längsverdickungen seiner Wand. Achsial verläuft in dem Endfaden der Sinneszelle eine Fibrille, die durch die helle Innensubstanz des Stifts bis zum Endknopf zieht und sich bei gewissen Scolopophoren auch noch bis in die zuretende Nervenfaser verfolgen läßt. An manchen Stiften wurde beobachtet, daß ihre Endspitze als ein feiner Faden oder ein Fadenbündel bis zur Körpercuticula reicht, wogegen in anderen Fällen eine solche Fortsetzung sicher zu fehlen scheint.

Ein allgemeiner Charakter der Scolopophoren besteht ferner darin, daß ihr peripheres Ende von einer besonderen *Hüllzelle* umschlossen wird (Fig. 591),

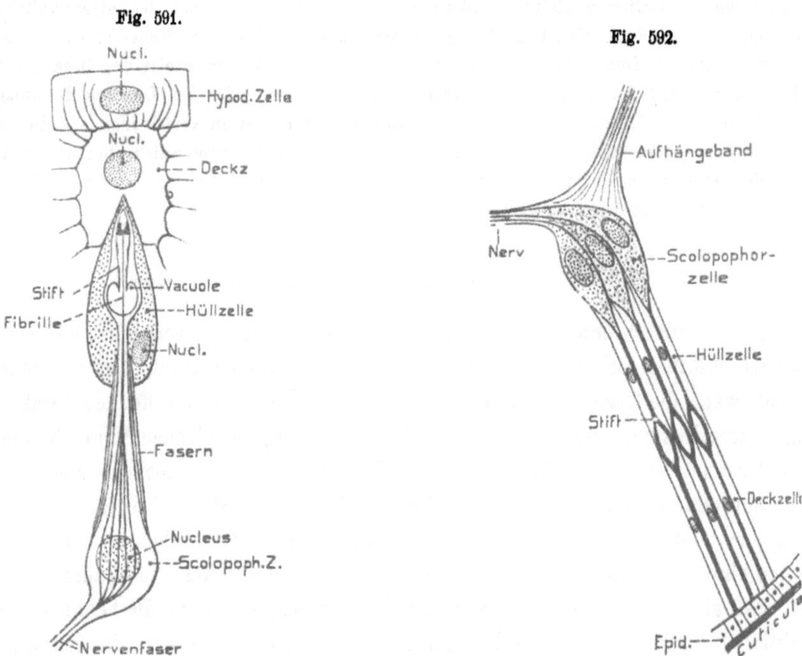

Scolopophores Endorgan (schematisch) vom Tympanum eines Acridiers (nach SCHWABE 1906). C. H.

Corethra plumicornis (Larve). Ein Chordotonalorgan aus dem 8. Rumpfsegment; schematisiert (nach GRABER 1882). C. H.

die es entweder samt dem Stift einschließt, oder letzterer tritt über die Hüllzelle distal hinaus, liegt aber auch dann nicht frei, weil der Hüllzelle distal stets noch eine dritte Zelle aufsitzt, die *Deck-* oder *Kappenzelle,* welche das Distalende des Scolopophors bildet, und bei den Organen, welche die Cuticula erreichen, zwischen die Hypodermiszellen eindringt, sei es direkt, sei es mit feinen von ihr ausgehenden Fortsätzen. — Viele Scolopophor-Organe zeigen noch eine weitere Komplikation, indem von den Sinneszellen besondere faserig-strangförmige Zellen entspringen, die zum Integument ziehen und so eine Art zweites Aufhängeband herstellen (Fig. 592); sie können gleichzeitig eine zarte faserige Umhüllung der Sinneszellen bilden. Vielleicht gehören hierher auch die besonderen keulenförmigen und accessorischen Zellen, die bei den Hymenopteren die Verbindung zwischen den Deckzellen und der Hypodermis herstellen.

Selbst das einfachste Chordotonalorgan, das nur eine einzige Sinneszelle enthält, ist also recht kompliziert gebaut, da es mindestens aus drei Zellen besteht: *Sinnes-*, *Hüll-* und *Deckzelle*, welche jedenfalls sämtlich aus der Hypodermis hervorgegangen sind; wogegen die Aufhängezellen möglicherweise mesodermaler Natur sind.

Meist sind jedoch die Chordotonalorgane komplizierter, indem sich Gruppen oder Bündel solcher Scolopophoren in sehr verschiedener Zahl zu einem kegel- bis fächerförmigen Organ vereinigen, aus welchem schließlich durch Zutritt accessorischer Einrichtungen die höher entwickelten *tympanalen* Organe hervorgehen.

Die weite Verbreitung der Scolopophororgane über den Körper zeigt sich namentlich an den sog. *Rumpforganen*, die besonders bei Larven (*Dipteren, gewisse Blattwespen, Lepidopteren*, einzelne *Käfer* [*Dytiscus*]) in regelmäßiger segmentaler Anordnung an zahlreichen Segmenten (besonders des Abdomens) vorkommen, meist als ein Paar in jedem Segment, seltener in mehreren und sogar verschieden gebauten Paaren. — Sehr verbreitet sind die Organe in den *Beinen*. Selten treten sie im Femur (*Pediculus, Phthirius*) und den Tarsen (Larve von *Dytiscus, Melolontha* und *Mystacides*) auf. Sehr häufig finden sie sich als sog. *subgenuale Organe* in der Tibia, etwas distal vom Femorotibialgelenk, und zwar wohl stets in allen drei Beinpaaren. Allgemein verbreitet scheinen sie hier bei den typischen *Orthopteren* (*Blattiden, Bacillus, Acridiiden, Locustiden* und *Grylliden*). Ebenso wurden sie bei einer Perlide (*Isopteryx*) und der Neuroptere *Mystacides* erwiesen. Bei den *Forficuliden*, den Larven der *Ephemeriden, Libelluliden*, sowie den *Termiten* wurden ähnlich gelagerte Organe beobachtet, die jedoch meist keine typischen Stifte enthalten sollen. Relativ ansehnliche Subgenualorgane der drei Beinpaare sind ferner wohl für die *Hymenopteren* allgemein charakteristisch.

In der Basis der beiden Flügelpaare zahlreicher Insekten (besonders nachgewiesen bei den *Lepidopteren*, den Hinterflügeln gewisser *Coleopteren*, sowie den zu *Halteren* [Schwingkölbchen] reduzierten Hinterflügeln der *Dipteren*) finden sich meist in mehrfacher Zahl Chordotonalorgane (*Lepidopteren* 3—4, *Dipteren* 2). Daneben treten auf den Flügeln der meisten Insekten, wie auch den Halteren, eine große Menge ähnlicher, aber doch erheblich abweichender Organe (Poren- oder Kuppelorgane) auf, welche wohl nicht zu den chordotonalen in engerem Sinne gerechnet werden dürfen.

Fast stets enthält die Basis der Insektenfühler ein ansehnliches Sinnesorgan (*Johnstonsches Organ*), dessen Sinneszellen sich zwar durch etwas weniger kräftig ausgebildete Stifte von den typischen Chordotonalorganen unterscheiden, das aber jedenfalls mit ihnen nächstverwandt ist. Mit Ausnahme der *Apterygoten* wurde es bei allen Ordnungen gefunden, bei den Orthopteren zwar in etwas abweichender Ausbildung. Das Organ liegt als eine ringförmige Masse von meist sehr zahlreichen Scolopophoren im zweiten Glied der Fühler und heftet sich distal an die Gelenkhaut zwischen diesem und dem dritten. Es empfängt seine Nerven vom Fühlernerv, der gewissermaßen durch das Organ tritt. Das Gesamtorgan wird von zahlreichen, dicht stehenden einzelnen Scolopophorenbüscheln gebildet, die distal entweder in Porenkanäle der erwähnten Gelenkhaut eintreten (z. B. Coleopteren, Hymenopteren, Lepidopteren) oder sich, wenn die Organe sehr umfangreich sind (Dipteren), an fadenartige Chitinfortsätze befestigen, die von der Gelenkhaut ins Innere vorspringen. Bei den Dipteren ist das Organ häufig besonders groß und zeigt bei Culiciden und Chironomiden auch Geschlechtsunterschiede, da das der Männchen größer ist. Sein Hervorgehen aus der Hypodermis wurde ontogenetisch erwiesen.

Über die *Ontogenese* der Chordotonalorgane ist im allgemeinen wenig bekannt; da aber die Subgenualorgane der Hymenopteren in allen ihren Bestandteilen aus einer Einsenkung der Hypodermis hervorgehen, so ist die Ableitung vom Ectoderm wohl allgemein sehr wahrscheinlich.

Die *Tympanalorgane* gewisser Insekten entstehen aus den Rumpforganen;
so bei den *Acridiiden* (Schnarrheuschrecken), bei einzelnen *Wasserwanzen* (*Corixa* und *Sigara*) und nicht wenigen *Lepidopteren*. Aus den Subgenualorganen dagegen haben sie sich bei den *Grylliden* (Grillen) und namentlich den *Locustiden*
(Laubheuschrecken) entwickelt. — Es erscheint wichtig, daß gerade die Männchen der genannten Orthopteren (selten auch die Weibchen) gewöhnlich Töne
hervorbringen.

Bei dieser Gelegenheit werde erwähnt, daß das Zirpen der *Acridier* so geschieht, daß
eine stärkere Längsrippe der Chitinhaut an der Innenseite des Oberschenkels des dritten
Beinpaares eine Reihe zähnchenartiger Fortsätze trägt. Indem diese *Stridulationsleisten*
rasch über die Flügeldecken oder die beiden Seitenränder der Rückenplatte des Prothorax
(Tettigidae), hin- und herbewegt werden, wobei sie sich an einer stärker vorspringenden Längs-
ader der Decken reiben, entstehen die Töne. — Bei den *Grillen* und *Locustiden* findet sich
an der Basis der Flügeldecken eine stärker entwickelte Querader, die auf ihrer Ventralseite eine Reihe zahnartiger Vorsprünge besitzt (Schrillader). Indem diese über eine Ader
(Schrillkante, Saite) am Innenrand der andern Flügeldecke hin- und herbewegt wird, bilden
sich die Geräusche. Die Grillen können so abwechselnd beide Flügeldecken übereinander
bewegen, da diese gleich gebaut sind; dagegen sind die beiden Decken der Locustiden
ungleich, nur die linke (doch bei manchen Formen auch umgekehrt) besitzt auf ihrer Ventralseite eine Schrillader, welche auf der Schrillkante der rechten Decke geigt und dabei eine
an letztere angrenzende, größere, dünnhäutige Flügelzelle (Spiegel, Speculum, Tympanum)
in Schwingungen versetzt. Dem Weibchen fehlt der Tonapparat nicht völlig, ist aber
schwächer oder in anderer Art ausgebildet.

Bekanntlich bringen vereinzelte Insekten der verschiedensten Abteilungen Geräusche
oder Töne hervor, und zwar auf recht verschiedene Weise. Einerseits als Reibungsgeräusche,
wie bei den erwähnten Orthopteren, wobei sich recht verschiedene Körperteile gegeneinander
zu reiben vermögen. Häufig, besonders bei den Dipteren, werden jedoch die brummenden
Töne durch die raschen Bewegungen der Flügel oder angeblich auch durch Ausströmen der
Luft aus den Stigmenöffnungen erzeugt. — Am merkwürdigsten erscheint das Stimmorgan
der männlichen *Cicaden*, die bekanntlich z. T. laut »singen«, bei welchen jedoch Gehörorgane
nicht bekannt sind. Die Stimmorgane der Cicaden liegen seitlich am ersten Abdominalring
als ein Paar ungefähr ovaler dünner Membranen (Trommelfelle), welche nach Lage und Beschaffenheit dem Trommelfell der Acridiiden gleichen. Diese Trommelfelle sind mit zahlreichen Querfalten versehen und werden häufig von einer deckelartigen Hautfalte, welche von
hinten und dorsal über sie vorspringt, mehr oder weniger bedeckt; so kommen sie in eine
Art Höhle zu liegen. Auf der Ventralseite des Abdomens finden sich zwischen den beiden
Trommelfellen noch zwei ansehnliche dünnhäutige, rundliche Stellen (Spiegel), die gleichfalls
von zwei Deckplatten (Schuppen), welche vom hinteren Rand des letzten Brustsegments ausgehen, überlagert werden. Zwischen den Spiegeln entspringen innerlich die schräg dorsolateral aufsteigenden beiden Muskeln, welche sich mit einer eigentümlichen Sehne am Dorsalrand der entsprechenden Trommelfelle anheften, und deren Kontraktionen letztere in
Schwingungen versetzen. Die gelegentlich geäußerte Ansicht, daß die Töne durch die
hintersten Bruststigmen hervorgebracht würden, ist jedenfalls unrichtig. — Das Abdomen
der Männchen enthält zwei große Tracheenblasen, die sich wohl irgendwie als Resonanz-
apparate an der Tonbildung beteiligen.

Die Eigentümlichkeit der erwähnten *Tympanalorgane* besteht darin, daß ihr
Chordotonalorgan, oder ein Teil desselben, mit einer aus dem Integument hervorgegangenen dünnen Membran (*Trommelfell, Tympanum*) in Beziehung tritt. Das

paarige Organ der *Acridier* liegt jederseits im ersten Abdominalsegment über der Coxa des dritten Beinpaares in Form einer etwa ovalen, dünnen Chitinmembran, deren Längsachse nahezu dorsoventral steht (Fig. 593).   Jedes Trommelfell wird

Fig. 593.

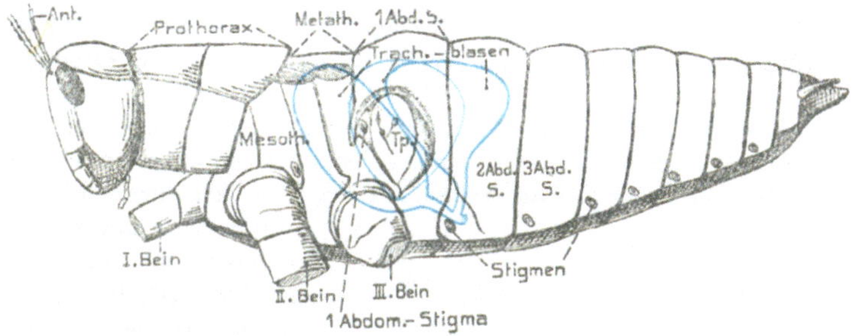

Mecosthetus grossus (Acridier). Von links, mit dem Tympanum (*Tp.*). Die unter diesem liegenden 3 Tracheenblasen sind blau angegeben (nach SCHWABE 1906).   C. H.

von einem leistenförmig verdickten Chitinring **fast vollständig umschlossen.** Dicht vor ihm findet sich das Stigma des ersten Abdominalsegments. Dennoch dürfte das Organ vielleicht dem Metathorax angehören, da es vom dritten Thoracalganglion innerviert wird, und das Trommelfell ist wohl aus einer Einsenkung der Gelenkhaut zwischen drittem Brust- und erstem Abdominalsegment in das erste Abdominalsegment entstanden.   Nahe seinem Centrum zeigt das Trommelfell einige Chitinverdickungen (Fig. 594). Am dorsalsten einen soliden Chitinzapfen (*stielförmiges Körperchen*), der ziemlich tief ins Körperinnere vorspringt; etwas ventral davon eine hohle zapfenartige, nach außen geöffnete Chitineinstülpung (*Zapfen*).   Von letzterem zieht schief nach hinten und ventralwärts eine eingesenkte Falte, die an ihrem Vorderrand von einer leistenartigen Ausstülpung (*rinnenförmiges Körperchen*) begleitet wird. Etwas caudal von den eben beschriebenen Ge-

Fig. 594.

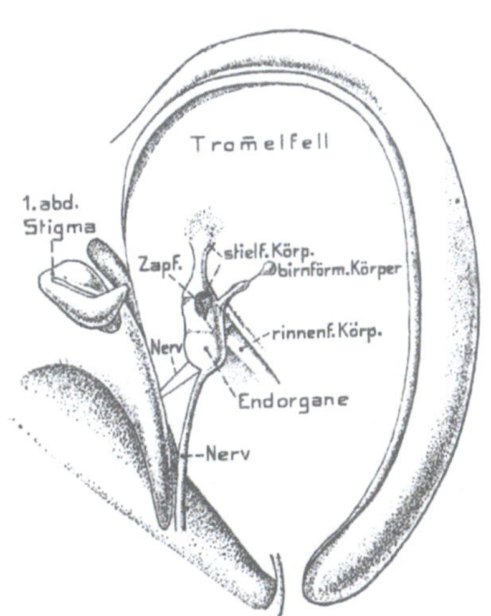

Mecosthetus grossus (Acridier). Das rechte Tympanum von der Innenseite gesehen (nach SCHWABE
1906).   C. H.

bilden findet sich eine kleine Verdickung des Trommelfells (*birnförmiges Körperchen*). Bei manchen Arten steigen von der Gegend des Hüftgelenks des dritten Beinpaares zwei Muskeln auf, die sich vorn und hinten am Trommelfellrand befestigen; besonderen Einfluß auf die Bewegungen des Tympanums scheinen sie jedoch nicht zu besitzen. — Das nervöse Endorgan, welches nach dem Typus der

Chordotonalorgane gebaut ist, heftet sich innen an das stielförmige, zapfenförmige und birnförmige Körperchen an als ein im allgemeinen birn- bis becherförmiges Gebilde (Fig. 595), welches sich jedoch distal in zwei Abschnitte sondert, von denen der eine zum Zapfen, der andere zum stielförmigen Körper geht; von letzterem zweigt ein kleiner Abschnitt zum birnförmigen Körperchen ab. Am rinnenförmigen Körper finden sich keine Scolopophoren, dagegen zahlreiche Endorgane, die den früher beschriebenen Geruchsorganen der Insekten gleichen.

Der *Nerv*, welcher, wie hervorgehoben, vom letzten Thoracalganglion ausgeht, gibt, bevor er zum Tympanalorgan tritt, einen Zweig zum ersten Abdominalstigma und einen zum Herz ab. Zu dem rinnenförmigen Körperchen tritt ein besonderer feiner Nerv. — Das Tympanalorgan tritt in innige Beziehungen zu ansehnlichen Tracheenblasen (Fig. 593), wie sie sich im Abdomen der Acridier regelmäßig in den stigmenführenden Segmenten paarweise wiederholen. Dicht am ersten Abdominalstigma entspringt die erste Blase, welche das Trommelfell direkt unterlagert. Nach innen lagern sich dieser Tracheenblase zwei noch größere an, die beide zum zweiten Abdominalsegment gehören. So erscheint das Trommelfell mit seinem Endorgan gewissermaßen zwischen zwei Lufträumen, d. h. der umgebenden Luft und der äußeren Tracheenblase, ausgespannt, was für einen hohen Grad von Schwingfähigkeit jedenfalls vorteilhaft ist.

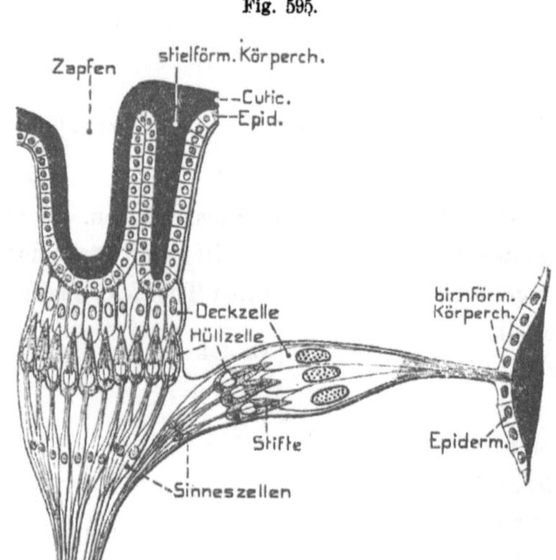

Fig. 595.

Acridier. Schema der Nervenendigungen am Tympanum; im Querschnitt durch dieses dargestellt (nach Schwabe 1906 konstruiert). O. B. u. C. H.

Ein ähnlich gelagertes Tympanalorgan findet sich bei den Wasserwanzen *Corixa* und *Sigara* dicht vor jedem metathoracalen Stigma. Es wird (speziell *Corixa*) von einer etwas schief quer gelagerten kleinen trommelfellartigen, annähernd ovalen Membran gebildet, die in ihrer mittleren Region eine hügelartige Erhebung besitzt, von der noch ein freier kolbenartiger, nach hinten und etwas nach innen gerichteter Fortsatz entspringt. Auf der Spitze des Hügels finden sich zwei schwache kuppelartige Erhebungen, zu denen je ein einzelner Scolopophor tritt. Es liegt also ein sehr einfaches oder vereinfachtes Organ vor. Corixa kann Töne erzeugen.

Hier schließen sich ferner Organe an, welche bei gewissen *Lepidopteren* (*Noctuinen* [Eulen], *Arctiinen* [Bären], *Geometriden* [Spanner] und *Pyraliden* [Zünsler]) weit verbreitet sind, dagegen nur von einem Tagfalter (*Coenonympha*) angegeben werden. Ihre Beschreibung und Abbildung ist bis jetzt noch ungenügend und schwer verständlich, weshalb nur Weniges über sie berichtet werden soll. Es findet sich stets ein Paar solcher Organe, entweder an der Ventralseite der beiden ersten Abdominalsegmente (*Pyraliden*, *Geometriden*) oder lateral am Metathorax, und zwar etwas hinter der Basis der Hinterflügel, auf der Grenze von Metathorax und Abdomen (*Noctuinen*). Die Organe werden entweder von einem freiliegenden Trommelfell gebildet (gewisse *Pyraliden*) oder einem durch Einstülpung der Cuticula eingesenkten (*Geometriden*, gewisse *Pyraliden*), wogegen sie bei den

Noctuinen von einer von hinten nach vorn ziehenden deckelartigen Bildung überlagert werden. Dem Trommelfell schließt sich auch hier stets die äußere Wand einer es unterlagernden Tracheenblase innig an. Der Scolopophorenapparat besteht aus einem Strang weniger Sinneszellen, der sich etwa an die Mitte des Trommelfells heftet, durch die Tracheenblase hindurchzieht und ein vom Bauchmark zutretendes Nervenästchen erhält. Aus dem Bemerkten geht hervor, daß die Organe dieser Lepidopteren jenen der Acridier recht ähnlich, jedoch viel einfacher sind.

Wahrscheinlich stehen sie in naher Beziehung zu den schon oben (S. 795) von der Basis der Flügel zahlreicher Schmetterlinge erwähnten. Wie dort bemerkt, finden sich letztere in der Regel in mehrfacher Zahl (3—4) und ziehen von der dorsalen dicken Cuticula der Flügel an die ventrale dünne als strangartige Gebilde hinab. Bei gewissen Tagschmetterlingen (*Satyridae*) heften sich ihre Distalenden an eine verdünnte trommelfellartige Bildung der ventralen Flügelfläche. In diesem Fall werden die Organe ferner von einer ansehnlich angeschwollenen Tracheenblase umschlossen, die sich mit dem Trommelfell innig verbindet. Derartige Organe haben demnach ebenfalls eine gewisse Ähnlichkeit mit den Tympanalorganen erlangt.

Das *Tympanalorgan* der *Locustiden* und *Grylliden* ist jedenfalls aus dem so verbreiteten Subgenualorgan der Tibien hervorgegangen, das schon bei gewissen Orthopteren (so *Bacillus*) eine Differenzierung in zwei Abschnitte zeigt, nämlich einen proximalen, nahe am Kniegelenk gelegenen, und einen etwas distal davon befindlichen. Beide Abschnitte, die aus einer mäßigen Zahl von Scolopophoren bestehen, sind etwa fächerförmig gestaltet und befestigen sich distal an einer Chitinvorwölbung der caudalen Tibiafläche.

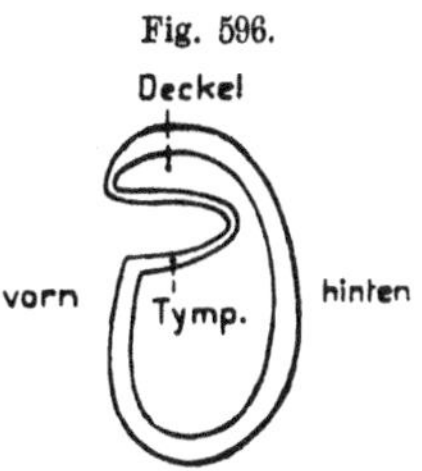

Gryllotalpa. Querschnitt durch die Tibia, um die besondere Bildung des Tympanums und des Deckels zu zeigen (nach GRABER 1876).
C. H.

Bei den *Grylliden* und *Locustiden* sind die Organe des ersten Beinpaares viel größer, wobei sich gleichzeitig meist ein besonderer Trommelfellapparat an der ersten Tibia entwickelt hat. Derselbe kommt jedoch nicht sämtlichen Arten beider Abteilungen zu, wobei wichtig erscheint, daß er namentlich den Formen fehlt, welche keine Tonapparate besitzen. — Die Trommelfellbildung der Grylliden ist sehr verschieden.

Teils findet sich nur ein längliches Trommelfell an der Vorder- oder Hinterfläche der Tibia, teils je eines an den beiden Flächen, die entweder gleich groß sind, oder es bleibt das vordere viel kleiner als das hintere (z. B. *Gryllus*). Zuweilen senkt sich das vordere Trommelfell in die Tibia stark ein (z. B. *Gryllotalpa*, Fig. 596), so daß es nahezu quer zur Beinachse steht und dann von einer deckelartigen Falte schützend überlagert wird.

Die Locustiden besitzen stets zwei gleiche Trommelfelle, ein vorderes und ein hinteres, die entweder frei und unbedeckt in der Oberfläche der Tibia liegen oder je von einer, sich aus dem ventralen Trommelfellrand hervorstülpenden integumentalen Deckelfalte teilweise bis völlig überlagert werden (Fig. 597 u. 598).

Die Deckel beider Trommelfelle sind entweder gleich (Locusta, Decticus) oder ungleich, indem bald der hintere, bald der vordere größer ist; auch kann der hintere gewissen Formen fehlen.

Das distale Endorgan, welches wir schon bei Bacillus fanden, ist an den Tympanalorganen der Grylliden und Locustiden sehr ansehnlich entwickelt und tritt in nahe Beziehung zu einer der tibialen Tracheen. Der Haupttracheenstamm des Beines spaltet sich nämlich beim Eintritt in die Tibia in einen vorderen und hinteren (s. Fig. 596 u. 597), wie es auch bei anderen Orthopteren, sowie vielen sonstigen

Fig. 597.

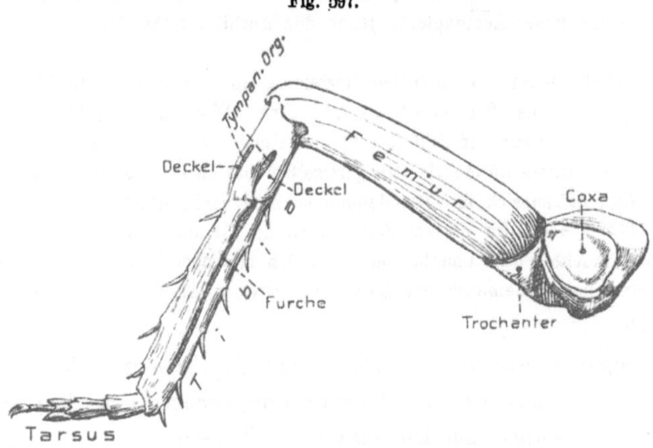

Decticus verrucivorus (Locustide). Linkes Vorderbein, etwas von hinten und dorsal gesehen; zur Demonstration der Tympanalorgane. Orig. C. H.

Fig. 598.

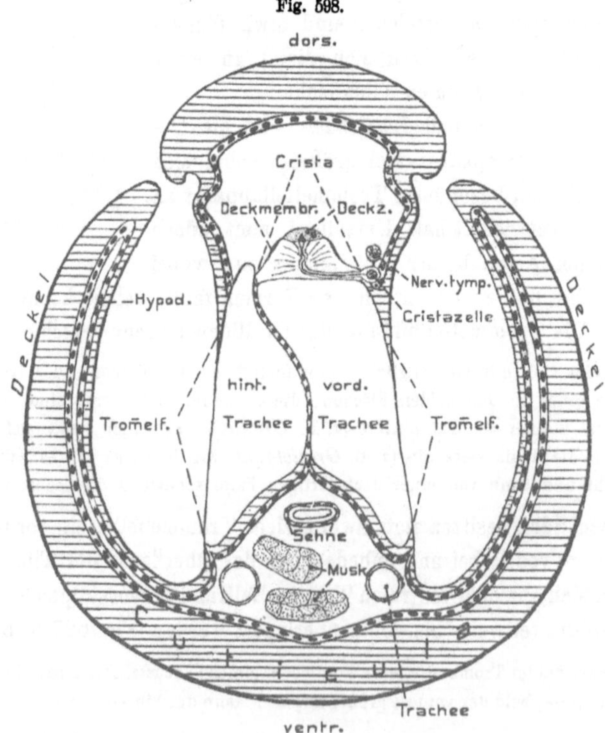

Decticus (Locustide). Querschnitt durch die Tibia des Vorderbeins mit der Crista usw. (nach V. ADELUNG 1892 und SCHWABE 1906). C. H.

Insekten vorkommt. Diese beiden Tracheenstämme vereinigen sich bei den Grylliden und Locustiden am Distalende der Tibia wieder zu einem gemeinsamen. Sie legen sich so dicht aneinander, sowie an die Hypodermis des einen oder der beiden Trommelfelle, daß sie das Lumen der Tibia in zwei Kanäle teilen, einen dorsalen oder äußeren, in welchem sich die Endorgane finden, und einen ventralen oder inneren, der besonders Muskeln enthält (s. Fig. 598). Das distale Endorgan lagert sich nun der Dorsalfläche der vorderen Trachee auf. — Bei den *Grillen* bleiben die Endorgane auf einer primitiveren Stufe stehen. Das proximale, welches gewöhnlich als Subgenualorgan im engeren Sinne (auch Supratympanalorgan) bezeichnet wird, zieht als ein fächerförmiges Bündel von Scolopophoren quer durch den Dorsalkanal der Tibia und heftet sich distal etwas dorsal vom hinteren Trommelfell an die Tibiawand. In seiner Distalregion finden sich noch einige unregelmäßig gelagerte Scolopophoren. — Das viel größere distale Organ (Trachealorgan) liegt, wie bemerkt, auf der Dorsalwand der vorderen Trachee und enthält viel mehr Scolopophoren. Diese ruhen mit ihrer

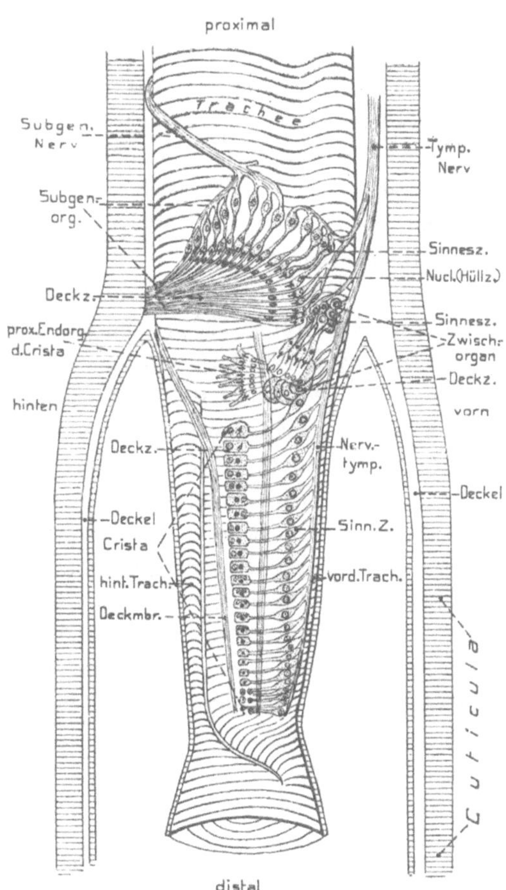

Decticus (Locustide). Schema des Tympanalorgans von der Dorsalseite gesehen (nach SCHWABE 1906, etwas vereinfacht).
C. H.

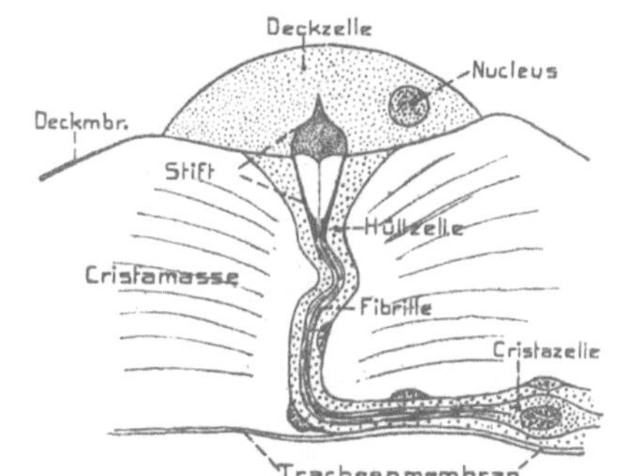

Decticus. Querschnitt durch die Crista (nach v. ADELUNG 1892 und SCHWABE 1906).
C. H.

proximalen Partie der Trachea auf und heften sich mit ihrem Distalende der dorsalen Tibiawand an, indem sie zusammen ein etwa kegelförmiges Bündel bilden. Dabei nehmen jedoch diese Scolopophoren einen etwas verschiedenen Verlauf. Die proximalen oder basalen liegen bis auf ihren Distalteil der Tracheenwand auf und sind etwa tarsalwärts gerichtet; die distalen dagegen bilden eine längsgestreckte Gruppe, in der sich die einzelnen Scolopophoren quer zur Längsachse des Beins anordnen, während ihr Distalteil sich senkrecht auf der dorsalen Tracheenwand erhebt. Die Scolopophoren des Trachealorgans werden von einer zarten sog. Deckmembran umschlossen.

Von den Verhältnissen der Grillen lassen sich jene der *Locustiden* als eine Weiterbildung ableiten (Fig. 598 u. 599). Das subgenuale Organ (Supratympanalorgan) besitzt etwa dieselbe Lage und ähnlichen Bau. Das Trachealorgan dagegen hat sich stark verändert, hauptsächlich dadurch, daß sein, bei den Grillen schon wesentlich verschiedener Distalteil zu einem schmalen, band- oder leistenförmigen Gebilde (*Crista*) ausgewachsen ist, welches nur aus einer einzigen längsgerichteten Reihe von Scolopophoren besteht, die distalwärts immer kleiner werden (Fig. 599). Diese Crista bildet ein langes schmales Dreieck. Ihre Scolopophoren haben die ursprüngliche Verbindung mit der Hypodermis ganz verloren, und die zu ihnen gehörigen Sinneszellen liegen in einer Reihe längs der vorderen Tibialwand und senden ihre Ausläufer (umgeben von der Hüllzelle) quer zur dorsalen Mittellinie der vorderen Trachee; hier richten sich dieselben senkrecht empor und bilden die Endstifte, welche je von einer Deckzelle überlagert werden (Fig. 600). Diese Deckzellen sind es eigentlich, welche in der Flächenansicht die eigentümliche Crista formieren. Wie bemerkt, liegen die Deckzellen tief unter der Epidermis, ohne Verbindung mit ihr. Beiderseits von den sich erhebenden Scolopophorenenden findet sich noch eine protoplasmatische feinstreifige Masse (Cristamasse) mit spärlich eingestreuten Zellkernen und einer äußeren Membran (Deckmembran), wodurch wohl eine Art Stütze der Crista gebildet wird. — Das proximale Ende des Trachealorgans, das schon bei den Grillen eine abweichende Anordnung seiner Scolopophoren zeigte, hat sich bei den Locustiden zu einem etwas unregelmäßigen Scolopophorenhaufen am proximalen Cristaende entwickelt, dessen feinerer Bau schwer zu beschreiben ist (s. Fig. 599). Charakteristisch für dies sog. *Zwischenorgan* erscheint aber, daß die Deckzellen seiner Scolopophoren, obgleich sie ziemlich tief unter dem Integument liegen, doch mit der dorsalen Tibiafläche durch einen faserigen Strang verbunden sind, der wohl aus faserig ausgewachsenen Hypodermiszellen hervorgegangen ist.

Zum Subgenualorgan der besprochenen Orthopteren tritt ein Nerv (Subgenualnerv), der sich in der Kniegegend vom Beinnerv abzweigt; ein zweiter Nerv (Tympanalnerv) versorgt das Trachealorgan der Grillen, das Zwischenorgan sowie die Crista der Locustiden, gibt jedoch proximal auch einige Fasern zum Subgenualorgan ab. Dieser Tympanalnerv ist wohl gleichfalls ein Zweig des Beinnervs. Der Beinnerv spaltet sich, nach Abgang des Subgenualnervs, in einen Tibial- und einen Tarsalnerv.

Daß die Tympanalorgane dem Hören dienen, dürfte kaum fraglich sein; weshalb es wahrscheinlich ist, daß auch die einfacheren Chordotonalorgane von Schallschwingungen erregt werden. Merkwürdig, und bis jetzt ganz unaufgeklärt, bleibt jedoch vorerst die Differenzierung der tympanalen Organe in verschiedene Abschnitte, die, wie wir bei den Subgenualorganen der Orthopteren sahen, allmählich so ansehnliche Fortschritte macht, aber schon an den Tympanalorganen der Acridier angedeutet ist. — Auch die Halteren der Dipteren enthalten zwei etwas verschiedene Chordotonalorgane. — Es wäre daher immerhin möglich, daß diese differenten Organe auch verschieden funtionierten, wobei natürlich neben der eigentlichen Hörfunktion zunächst die statische in Betracht käme. — Für letzteres spräche wohl, daß die Chordotonalorgane vielleicht mit den Endorganen in den statischen Haaren der Crustaceen Ähnlichkeit haben, und daß ferner bei den Insekten noch Endorgane vorkommen, welche eine gewisse Verwandtschaft mit den chordotonalen besitzen, und deren Funktion sich wohl der statischen nähert.

Es sind dies die *papillen-* oder *kuppelförmigen Organe*, welche sich, wie oben bemerkt, an der Flügelbasis vieler Insekten finden und namentlich auf den zu Schwingkölbchen (Halteren) reduzierten Hinterflügeln der Dipteren reich entwickelt sind.

Diese Sinnesorgane der Flügel (*Sinneskuppeln* oder *-papillen*) sind bei den *Lepidopteren* am genauesten bekannt, wo sie allgemein vorkommen, ebenso von den *Halteren* der Dipteren, doch wurden sie auch bei Coleopteren gefunden. In beiden Fällen stehen sie besonders zahlreich an der Flügelbasis, und zwar in Gruppen oder Feldern dicht zusammengehäuft, verbreiten sich aber bei den *Lepidopteren* noch am Rand der ventralen Flügelfläche meist in kleinen Gruppen von 2—6, sowie auf der Dorsalfläche an den Flügeladern. Wie bemerkt, findet sich jedoch bei den Lepidopteren die Hauptanhäufung an der Flügelbasis, und zwar auf der Dorsalfläche als *Subcostalgruppe*, an der Ventralfläche als *Costalgruppe*. Jede Gruppe besteht selbst wieder aus 2—3, ja sogar 4 Untergruppen.

An den *Halteren* liegen ähnliche Verhältnisse vor, doch finden sich hier nur die Basalgruppen der Dorsal- und Ventralfläche, und zwar auf ersterer ein proximales *Basalorgan* und etwas distal davon ein dorsales *Scapalorgan* (Fig. 601 A), dem auf der Ventralseite ein *ventrales* gegenübersteht. — Hierzu gesellt sich auf beiden Flächen noch eine kleine Gruppe sog. *Hicks'scher* Papillen. — Die Sinneskuppeln unterscheiden sich von den Chordotonalorganen, mit denen sie in vieler Hinsicht übereinstimmen, dadurch, daß sie den allgemeinen Charakter der Hautsinnesorgane der Insekten mehr bewahrt haben, indem sie kuppel- oder

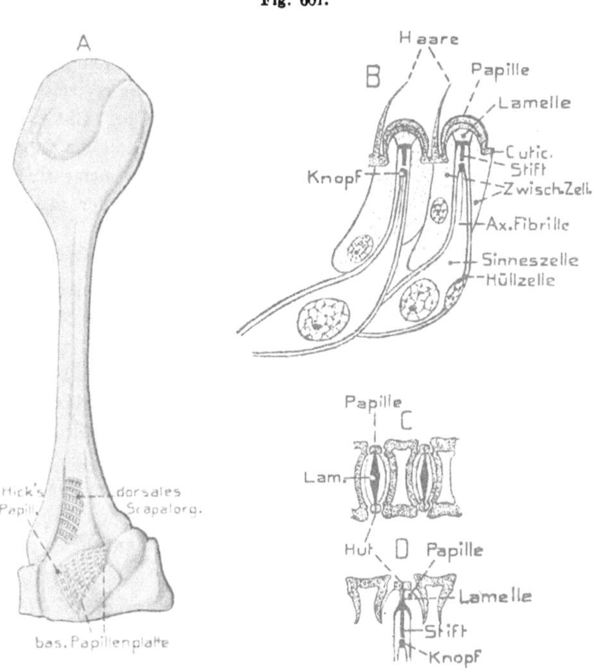

A Rechte Haltere von Sarcophaga in Dorsalansicht. — *B* Ventrale scapale Papillen von Eristalis im Längsschnitt. — *C—D* Calliphora, dorsale scapale Papillen: *C* Im Tangentialschnitt durch den inneren Teil der Papille. — *D* Sogen. Querschnitt durch eine Papille, senkrecht zu der Lamelle in *C* (nach PFLUGSTAEDT 1910).   C. H.

papillenförmige cuticulare Erhebungen sind, in welche, wie bei den Borsten, durch die Cuticula ein Poren- oder Membrankanal führt; sie erinnern also an niedrig gewordene haarartige Gebilde. Dieser Bau ist noch gut ausgesprochen an den Scapalorganen der Halteren (Fig. 601 *B*) und den Randkuppeln der Lepidopteren; doch sind letztere in Grübchen eingesenkt, weshalb sie sich über die Oberfläche nicht oder wenig erheben. Die Papillen dagegen sind in beiden Fällen sehr flache niedere Erhebungen ohne Grübcheneinsenkung. In den Gruppen oder Feldern stehen die Einzelorgane, besonders jene der Halteren, sehr dicht gehäuft, wobei die Papillen länglich oval erscheinen und in regelmäßigen Reihen dicht nebeneinander geordnet sind (Fig. 601 *A*). Zwischen diesen Reihen sind zahlreiche ansehnliche Tasthaare mit je einer Sinneszelle eingeschaltet. Die Kuppeln der *Lepidopteren* dagegen sind kreisrund. — Zu jeder Kuppel oder Papille gehört eine ansehnliche Sinneszelle, deren Distalende sich in eine Endfaser verlängert, die in den Kanal der Kuppel eintritt und sich direkt an deren Cuticula befestigt (Fig. 601 *B—D*); letztere zeigt namentlich an den länglichen Papillen der Halteren eigentümliche Differenzierungen, welche hier nicht näher besprochen werden können. — Das Distalende der Sinneszelle besitzt stets eine stiftartige, einfachere bis kompliziertere Bildung, ähnlich den Chordotonalstiften; doch wurden neuerdings auch kleine stiftartige Gebilde am Ende der Terminalfaser in gewöhnlichen Sinnesborsten gelegentlich beobachtet. — Zwischen die Sinneszellen schieben sich Hypodermiszellen in verschiedner Zahl ein; bei den dicht stehenden Organen der Halteren meist nur

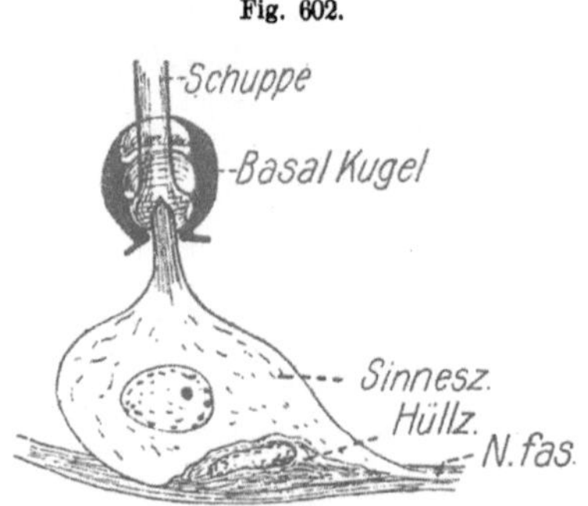

Lepidoptere (Chimabacche). Sinneszelle einer Sinnesschuppe vom Flügelrand (nach VOGEL 1911 aus HESSE Hdwb. d. Naturw.).

wenige, die den Charakter wirklicher Hüllzellen annehmen können, da die Endfaser der Sinneszelle sie geradezu durchsetzt.

Obgleich die Funktion der Kuppelorgane nicht sicher ermittelt ist, so läßt sich doch nach Versuchen an den Halteren wohl sagen, daß sie in irgendeiner wichtigen Beziehung zur Flugbewegung stehen, da ein geordneter Flug nach Wegnahme der Halteren nicht mehr möglich ist. — Kuppelförmige Organe wurden auch am Kopf und Thorax gewisser *Käfer* beschrieben (*Dytiscus*) und sind hier tief in Cuticulargrübchen eingesenkt. — Die Schmetterlingsflügel besitzen noch eine weitere Form von Hautsinnesorganen, nämlich *Sinnesschuppen* (Fig. 602), die gleichfalls zur allgemeinen Gruppe der Stiftorgane zu gehören scheinen. Es sind modifizierte, lange und schmale, also etwas haarartige Schuppen, die namentlich auf den Flügeladern, besonders der Randader, doch an gewissen Flügelstellen auch außerhalb der Adern stehen. Ihre Einpflanzung ist eigentümlich, da ihre Basis eine Anschwellung (Alveole) besitzt, wie sie ähnlich an gewissen Haaren vorkommt. Zu jeder Schuppe tritt eine Sinneszelle (mit Hüll- oder Matrixzelle), deren kurzer Dorsalfortsatz mit Stiftbildung bis in die Basalanschwellung der Schuppe reicht. — Daß diese Organe möglicherweise durch Luftströmungen reizbar und daher für die Flugbewegung wichtig sind, erscheint als eine beachtenswerte Vermutung.

Ein unpaares, an der Dorsalseite des hinteren Kopfabschnitts der *Ephemeriden* (Eintagsfliegen, Larven und Erwachsene) liegendes eigentümliches Organ (*Palménsches Organ*) wurde vermutungsweise als statisches gedeutet. Über seinen Bau läßt sich in Kürze sagen, daß es aus dem Vereinigungspunkt von vier Tracheenzweigen hervorgeht, also selbst eine kleine Tracheenblase ist, die sich aber dadurch eigentümlich kompliziert, daß sich bei den successiven Häutungen die nacheinander gebildeten Chitinintimae in diesem Bläschen, das gelegentlich jedoch auch als solid geschildert wurde, erhalten, wodurch es einen konzentrisch geschichteten Bau erhält. Doch werden die konzentrischen Chitinlamellen durch die Einmündungsstellen der vier Tracheen unterbrochen. Vom Cerebralganglion zieht ein unpaarer Nerv zum Hinterrand des Kopfs, der bei dem Imago dicht unter dem Organ verläuft. — Wie bemerkt, ist die Deutung dieses Organs als statisches recht unsicher, doch nicht unmöglich.

Ein Paar ähnlich gebauter Organe, doch ohne deutliche Beziehung zu Tracheen, findet sich bei gewissen *Phasmiden* (Bacillus) in Zusammenhang mit den beiden ·seitlichen Nerven des früher (S. 512) besprochenen Eingeweidenervensystems (s. Fig. 347, S. 501). Bei den meisten Insektenordnungen wurden an dem gleichen Ort, d. h. an diesen Nerven, zwei hintere Ganglien beschrieben (Ganglia pharyngealia posteriora oder G. allata), die wegen der gleichen ontogenetischen Entstehung, nämlich als Einstülpungen an der Basis der 1. Maxillen, den erwähnten Phasmidenorganen jedenfalls entsprechen und auch nach ihrem Bau — es sind gewöhnlich einfache Zellanhäufungen — sicher keine Ganglien sind.. Die Versuche sprachen jedoch nicht für die statische Funktion der Phasmidenorgane.

Ebenso unsicher erscheint das bei einer *Tabanidenlarve* (Diptere) gefundene Organ, das ganz hinten (Grenze vom 8. und 9. Segment) liegt. Es hat eine entfernte Ähnlichkeit mit dem Palménschen Organ, da es sich aus einigen (bis 7) hintereinander gereihten Blasen aufbaut, die sich bei den successiven Häutungen vermehren und auch ineinander geschachtelt zu sein scheinen. Die vorderste, jüngste Blase mündet durch einen Ausführgang weit hinten aus. In jede Blase hängt ein Paar birnförmiger dunkler Körper hinein, die je von einer Zelle gebildet werden und daher Cuticularhaaren vergleichbar sein sollen. Nerven und Muskeln treten an das Organ heran. — Es wurde zuerst als ein Hörorgan (oder statisches) gedeutet, in neuerer Zeit aber als ein tonerzeugendes. — Zweifelhafter Natur sind auch die zwei Paare bläschenförmiger Organe, die am Hinterende der Larve und der Imago von *Ptychoptera contaminata* L. (Diptere) gefunden wurden.

D. Sehorgane.

Einleitung und allgemeine Morphologie der Augen.

Bei der Besprechung der Stigmen gewisser Protozoen (S. 80) wurde schon erwähnt, daß nicht wenige Einzellige lichtreizbar sind.

Wenn dies auch vorzüglich für chromatophorenhaltige und mit einem Stigma versehene gilt, so wurde doch ähnliches auch bei einzelnen farb- und stigmenlosen Arten (so bei gewissen *Bacterien, Pelomyxa* nnd manchen *Amöben*, einer *Bodoart, Chilomonas* zuweilen, *Pleuronema chrysalis* und *Stentor coeruleus*) beobachtet. Soweit feststellbar, äußert sich diese Reizbarkeit durch Beeinflussung der Bewegungsorganellen, wodurch sich die Organismen entweder der Lichtquelle nähern oder von ihr entfernen. Daß die Stigmen, welche in früherer Zeit häufig als eine Art einfachster Augen gedeutet wurden, nicht als wirklich lichtreizbare (percipierende) Organellen funktionieren, obgleich dies auch jetzt noch häufig behauptet wird, wurde ebenfalls schon betont (s. S. 80).

Es erscheint daher leicht begreiflich, daß auch primitive, in der Epidermis der Metazoen auftretende Sinneszellen lichtreizbar sein können, was auch daraus hervorgeht, daß zahlreiche niedere, doch auch höhere augenlose Metazoen oder solche, welchen die Augen weggenommen wurden, auf plötzliche Belichtung oder Verdunkelung (Beschattung) oder auch auf beiderlei Reize durch Bewegungen reagieren.

Ob sich in diesen Fällen stets besondere Sinneszellen finden, die vorwiegend von Licht reizbar sind, oder ob Sinneszellen vorliegen können, welche von verschiedenartigen Reizen (darunter auch Licht) in ähnlicher Weise erregt werden, läßt sich einstweilen wohl nicht bestimmt sagen, da sich ja morphologisch nicht unterscheidbare Sinneszellen hinsichtlich ihrer Reizbarkeit verschieden verhalten könnten.

Jedenfalls steht aber fest, daß bei gewissen Metazoen, welche ähnliche Reaktionen auf Belichtung zeigen, besonders gebaute lichtempfindliche Zellen vorkommen. Ein gutes Beispiel hierfür bieten die *Lumbriciden* (Regenwürmer, s. Fig. 603), in deren Epidermis, zwischen den gewöhnlichen Zellen, eigenartig geformte eingelagert sind, welche die Oberfläche nicht erreichen; die gleichen Zellen treten bei gewissen Arten auch unter der Epidermis auf, namentlich im Prostomium und im hintersten Segment, welch beide auch viel reicher an ihnen sind. Sie schließen sich hier, zu Gruppen vereint, dem Verlauf der Nervenver-

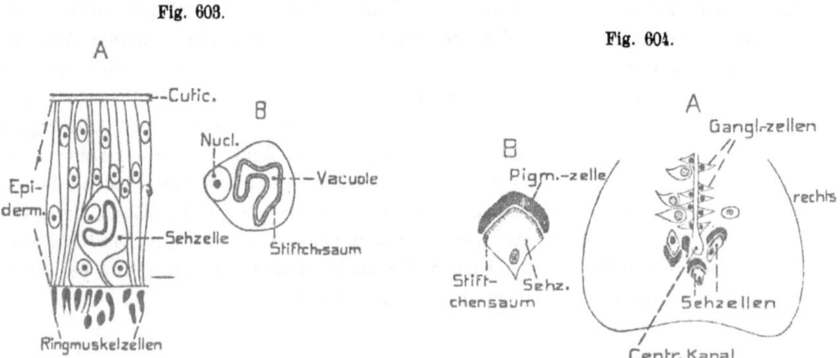

Lumbricus castaneus. *A* Schnitt durch die Epidermis mit einer Sehzelle. — *B* Eine Sehzelle stärker vergrößert (nach HESSE 1896). v. Bu.

Branchiostoma (Amphioxus) lanceolatum. *A* Querschnitt des Rückenmarks in der Gegend des 5. Segments. — *B* Eine Sehzelle mit zugehöriger Pigmentzelle (nach HESSE 1898). v. Bu.

zweigungen an, ja kommen auch im Cerebralganglion selbst vor. Jedenfalls stammen alle diese Zellen vom Ectoderm ab. Ihre Lichtempfindlichkeit läßt sich sowohl aus ihrem Bau, der später zu betrachten ist, als ihrer Verteilung recht sicher erschließen; wir dürfen sie deshalb als *Sehzellen* bezeichnen, womit nicht mehr als ihre Lichtreizbarkeit ausgesprochen werden soll. — Ähnliches findet sich bei den *Hirudineen*, wo Sehzellen unter der Epidermis im Parenchym zerstreut auftreten, besonders in nächster Umgebung der schon früher geschilderten Sensillen (Fig. 456, S. 653); sie sind ebenso gebaut wie die Sehzellen der Blutegelaugen. — Auch die aus einzelnen Sehzellen bestehenden, jedoch teilweise von Pigment umhüllten einfachen Augen mancher *Turbellarien*, *Trematoden* und *Polychaeten* ließen sich hierher ziehen, sollen aber erst später, im Zusammenhang mit den komplizierteren Augengebilden dieser Würmer, besprochen werden.

Ein weiteres interessantes Beispiel zerstreuter lichtempfindlicher Zellen bietet *Branchiostoma*. Die Sehzellen, welche denen gewisser Plathelminthen gleichen, liegen hier im Innern des Rückenmarks, rechts und links, sowie ventral von dessen Centralkanal (Fig. 604). Sie beginnen erst im dritten bis vierten Segment und sind in annähernd segmentalen Gruppen angeordnet. Jede Zelle wird teilweise von

einer becherförmigen Pigmentzelle umhüllt, ähnlich wie es die vorhin erwähnten
einfachen Plathelminthenaugen zeigen; doch kann diese Umhüllung einzelnen
Zellen fehlen. — Auch die beim Nervensystem der Acranier früher erwähnten
großen dorsalen Zellen der hinteren Hirnregion (s. S. 550) zeigen den charakteristischen Bau der Sehzellen, jedoch ohne Pigment, wogegen der Pigmentfleck der
Hirnspitze aus gewöhnlichen cylindrischen Pigmentzellen besteht.

Wenn sich in der Epidermis gewisser Körperstellen eine größere Anzahl
Sehzellen entwickelt, so entstehen Sehorgane einfachster Art. In solchen Fällen
bilden sich jedoch meist nicht alle Epidermiszellen der betreffenden Stelle zu Sehzellen aus, vielmehr werden letztere durch zwischengeschaltete gewöhnliche
Epithelzellen (Zwischenzellen, Stützzellen, indifferente Zellen) voneinander gesondert. Häufig bilden die Zwischenzellen, welche die einzelnen Sehzellen zunächst umgeben, reichlich Pigment, so daß das Licht nur in annähernd achsialer
Richtung in die Sehzellen dringen kann. Es sei aber gleich bemerkt, daß auch in
den Sehzellen Pigment auftreten kann, was für nicht wenige einfachere und
kompliziertere Augen gilt.

Über dem Distalende einer solchen Sehzellengruppe kann sich ein lichtbrechender, linsenartiger Körper bilden, sei es durch Verdickung der äußeren
Cuticula, sei es unter der Cuticula durch Abscheidung der Sehzellen selbst. Derartige Sehorgane, die einfache Umbildungen der Epidermis darstellen und wegen
ihrer Pigmentierung früher häufig *Augenflecke* genannt wurden, können am besten
als *epidermale Platten-* oder *Flächenaugen* bezeichnet werden (*Platyommen*,
Fig. 605 *A*). Sie bilden jedenfalls den phylogenetischen Ausgangspunkt der meisten höher entwickelten Sehorgane. — Sicher sind solch einfachste Augengebilde selbständig in verschiedenen Gruppen aufgetreten; so bei manchen *Cölenteraten (Medusen)*, *Asterien*, bei manchen *Anneliden* und sogar primitivsten *Insekten*. Ein solch epidermoidales Plattenauge kann zuweilen in verschiednem Grad
über die Epidermisfläche emporgewölbt sein; viel häufiger aber senkt es sich bei
seiner Weiterentwicklung napf- bis grubenförmig nach innen ein. Auf diese
Weise bildeten sich die nach außen geöffneten *Becher-* oder *Grubenaugen (Bothri-
ommen*, Fig. 605 *B*), wie sie weiterverbreitet bei *Cölenteraten*, einzelnen *Chaetopoden* und *primitiven Gastropoden* vorkommen und in diesen Gruppen wohl
phylogenetisch selbständig entstanden. In solchen Fällen fehlt die Cuticula über
der sich einsenkenden lichtempfindlichen Epithelschicht oder stülpt sich mit dem
Epithel als eine sehr dünne Membrana limitans ein. Bei andern in ähnlicher
Weise entstehenden Augen beteiligt sich dagegen die Cuticula nicht an der Einstülpung, sondern zieht geschlossen über die Augenöffnung hinweg (*Asterien*,
Ocellen oder *Ommatidien* der *Myriopoden*, *Arachnoiden* und *Insekten*). Durch
linsenförmige bis kuglige Verdickung der das Auge abschließenden Cuticula bildet sich in diesen Fällen gewöhnlich eine das Licht konzentrierende Linse aus.
Das Grubenauge kann einen kleinen inneren Hohlraum besitzen oder auch nicht,
indem sich dann die distalen Enden der Sehzellen fast berühren. Im ersteren
Falle kommt es häufig zur Abscheidung einer durchsichtigen, stärker licht-

brechenden Masse, welche die Höhlung erfüllt und als *Glaskörper (Emplem)* bezeichnet wird (Fig. 605 *B*).

Die physiologische Bedeutung des eingesenkten Grubenauges und ähnlicher, etwas anders
entstehender Bildungen dürfte darin zu suchen sein, daß es im Zusammenwirken mit den
sonstigen Sinnesorganen und der Beweglichkeit, die Möglichkeit der Orientierung über den Ort
der Lichtquelle bietet; indem wegen der Pigmentierung nur die annähernd in der Grubenachse
einfallenden Lichtstrahlen zu voller Wirkung gelangen, scheint diese Befähigung gegeben.

In den verschiedensten Abteilungen entwickeln sich derartige, durch Einstülpung gebildete einfache Augen mehr blasenartig, d. h. annähernd kugelförmig,
mit weitem inneren Hohlraum (*Bla-
senauge, Cystidomma*), wobei sich
natürlich die Einstülpungsöffnung
stark verengt, ja gewöhnlich sogar
völlig schließt (Fig. 605 *C*). Dem
ersteren begegnen wir z. B. bei der
ansehnlichen Augenblase von *Nautilus*. Bei gewissen solcher Augenbildungen schließt sich zwar die
Einstülpungsöffnung, hängt aber
mit der Epidermis noch direkt zusammen und ist daher dauernd
kenntlich (zahlreiche *errante Polychaeten*). Meist löst sich jedoch die
eingestülpte Augenblase von der
sich über ihr schließenden Epidermis
ab und wird durch zwischenwach-
sendes Mesoderm häufig von ihr gesondert (Mittelaugen von *Charybdea*
unter den Acalephen, viele *Gastropoden, dibranchiate Cephalopoden,*
gewisse *Muscheln*, so Pecten usw.,
Protracheata). Das Innere der Augenblase wird dann von einem durch
Abscheidung gebildeten, durchsich-

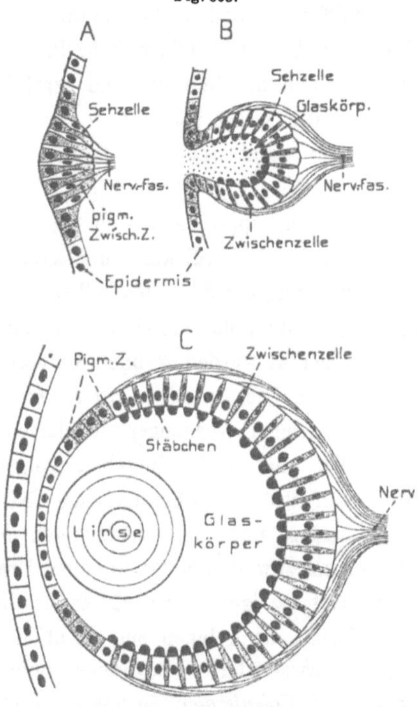

Schemata einfacher Augenbildungen. — *A* Einfaches epidermales Plattenauge (Ocellus). — *B* Eingesenktes Grubenauge. — *C* Abgeschloßnes Blasenauge,
unter der Epidermis, mit Linse.　　v. Bu.

tigen Glaskörper ausgefüllt, zu dem sich häufig ein lichtbrechender Körper als *Linse*
gesellt, welche jedoch recht verschiedener Herkunft sein kann. Diese Linse bildet
einen wichtigen Teil des Sehapparats, indem sie einerseits das auffallende Licht
auf eine kleinere Fläche konzentriert und seine Wirkung damit verstärkt, andererseits aber bei genügenden Bedingungen auf der lichtempfindlichen Schicht ein Bild
der Umgebung zu entwerfen vermag, dessen mehr oder weniger genaue Wahrnehmung von der Beschaffenheit dieser Schicht, namentlich der Zahl und Feinheit der in ihr vorhandenen Sehzellen abhängt. Auch die Wahrnehmung be-
wegter Gegenstände wird durch die Linse erleichtert werden.

Es ist leicht verständlich, daß in einem derartigen Blasenauge nicht die gesamte Wand lichtempfindlich sein wird, sondern nur ein gewisser Teil, eben der, auf welchen die von der Linse gesammelten Strahlen fallen. Dieser Anteil enthält daher allein Sehzellen und bildet eine verdickte lichtempfindliche Haut (*Netzhaut* oder *Retina*). Im übrigen Teil der Wand bleiben die Zellen niedriger und sind meist stark pigmentiert, zur Abhaltung seitlich auffallenden Lichts. Auch die Retina kann häufig pigmentierte Zwischenzellen enthalten zur optischen Isolierung der einzelnen Sehzellen. — Die weitere Ausbildung solcher Blasenaugen hängt von der Lage der Linse ab. Letztere kann entweder im Innern der Blase entstehen (*Gastropoda, Polychaeta, Protracheata*) und ist dann stets ein nichtzelliges Abscheidungsprodukt, ähnlich dem Glaskörper, zuweilen sogar direkt durch dessen Verdichtung entstandeh. In solchen Augen muß natürlich die distale Blasenwand (sog. innere Cornea), ebenso wie die darüberliegende äußere Haut, durchsichtig bleiben, um dem Licht Zutritt zu gewähren. Die Pigmentierung der Blasenwand hört deshalb in gewisser Entfernung vom distalen Pol auf, wodurch eine Art Pupille gebildet wird. — In seltenen Fällen kann sich jedoch die distale Blasenwand selbst als Linse verdicken, indem ihre Zellen stark auswachsen und so eine zellige linsenartige Anschwellung bilden. Eine solche Linse findet sich in den eigentümlichen Mittelaugen der Acalephe *Charybdea* (Fig. 608 *B*, S. 814) und ist im Parietalauge der Wirbeltiere (Fig. 666, S. 869) angedeutet. In gewisser Hinsicht wäre auch die Linse der *dibranchiaten Cephalopoden* hierher zu rechnen.

Schließlich kann die Linse auch außerhalb der Augenblase, distal von ihr, entstehen und zwar entweder zellig oder cuticulär. Der erstere Fall liegt sehr klar bei denjenigen Blasenaugen vor, welche sich am Mantelrand gewisser Muscheln (*Pecten* [Fig. 632, S. 835], *Spondylus* usw.) finden. Die Lage dieser Linse, distal von der Augenblase, macht es verständlich, daß das von ihr konzentrierte Licht auf die distale Blasenwand fällt, dagegen in jenen Augen, deren Linse aus der distalen Augenblasenwand hervorgeht oder in der Augenblase liegt, auf die Innenseite der proximalen Blasenwand, die Retina. In letzterem Falle trifft das Licht also auf die distalen Enden der Sehzellen, gerade so wie im Platten- oder Grubenauge, während sich die proximalen Sehzellenenden in Nervenfasern fortsetzen, die sich im Nervus opticus sammeln. Letzterer geht also in diesem Falle von der proximalen Retina aus oder breitet sich, von innen kommend, an ihr aus, wie man gewöhnlich sagt. Wenn aber, wie bei den erwähnten Muschelaugen, die distale Blasenwand zur Retina wird, so liegen die Verhältnisse grade umgekehrt, indem die Sehzellen dieser Wand ihre ursprünglichen Distalenden gegen das Centrum der Augenblase richten, ihre proximalen dagegen dem eintretenden Licht zu; die Sehnervenfasern, welche von den ursprünglichen Proximalenden der Sehzellen ausgehen, müssen sich hier zwischen Linse und Retina einschieben. Das Licht tritt also zunächst durch diese Ausbreitung des Sehnervs und trifft dann erst auf die percipierenden Sehzellenenden. Derartige Augen, in welchen sich die Sehzellen vom Licht abwenden, werden »*invertierte*« genannt, im Gegensatz zu den seither besprochenen, bei welchen die Sehzellen ihre freien Distalenden dem Licht zukehren; letztere Augen wären daher als »*convertierte*« zu bezeichnen (häufig auch *vertierte* genannt). — Entsprechenden invertierten Augen, hervorgegangen aus einer Augenblase, deren Distalwand zur Retina wurde, da sich eine äußere, jedoch cuticulare Linse entwickelte, begegnen wir ferner in den Hauptaugen der *Arachnoideen;* doch kann ihr invertierter Charakter sehr zurücktreten.

Besonders ausgeprägt ist die Inversion in den paarigen Augen der *cranioten Wirbeltiere*, welche sich gleichfalls als Blasenaugen entwickeln, aber nicht direkt aus dem Ectoderm, sondern aus demjenigen Teil desselben, welcher sich als Hirnanlage eingestülpt hat. Auf der Grenze des Tel- und Diencephalon buchtet sich jederseits gegen die Lateralwand des Kopfs eine Augenblase hervor, welche durch einen stielartig verengten Teil mit dem Hirn in Zusammenhang bleibt (Fig. 638, S. 842). Eine zellige Linse entsteht distal von der Augenblase durch Verdickung und spätere bläschenförmige Einstülpung des äußeren Ectoderms (Fig. 639, S. 842). Die Verhältnisse liegen also ähnlich wie bei dem besprochenen Muschelauge. Auch in diesem Fall wird daher die distale Augenblasenwand zu der invertierten Retina, während sich die dünnbleibende Proximalwand zu einem pigmentierten Epithel entwickelt, wie später genauer darzulegen ist. — Auch das Parietalauge der Wirbeltiere geht aus einer dorsalen Ausstülpung der Hirnblase (Diencephalon) hervor.

Die Verhältnisse bei den Tunicaten, besonders den *Ascidienlarven*, welche an der dorsalen Decke ihrer Hirnblase ein später schwindendes Sehorgan besitzen, dessen Sehzellen gegen das Blaseninnere gerichtet sind (s. Fig. 393, S. 544), ebenso auch jene der *Thaliaceae*, welche auf der Dorsalseite ihres soliden Cerebralganglions (s. Fig. 397, S. 548) eigentümliche einfache Augenbildungen tragen, dürften es wahrscheinlich machen, daß auch die Augen der Cranioten von ähnlichen Anlagen ausgingen, welche in der Wand der Hirnblase lagen und erst im Laufe der phylogenetischen Weiterentwicklung gegen die Kopfoberfläche vorwuchsen, indem sie sich zu Augenblasen ausstülpten.

Wir kehren nochmals zum Becher- oder Grubenauge zurück, zu welchem Typus, wie wir fanden, auch die *Ocelli* oder *Ommatidien* (auch **Stemmata** gen.) der Arthropoden gehören, bei welchen die äußere Cuticula über die Gruben-oder Becheröffnung hinwegzieht und hier fast stets zu einer cuticularen Linse verdickt ist (Fig. 606). Bei den becherartig gestalteten Augen dieser Art füllt die Linse die Becherhöhle meist völlig aus. Derartige Augenbildungen können sich jedoch komplizieren, indem sich zwischen die Retina und die Linse eine besondere, durchsichtige Zellage

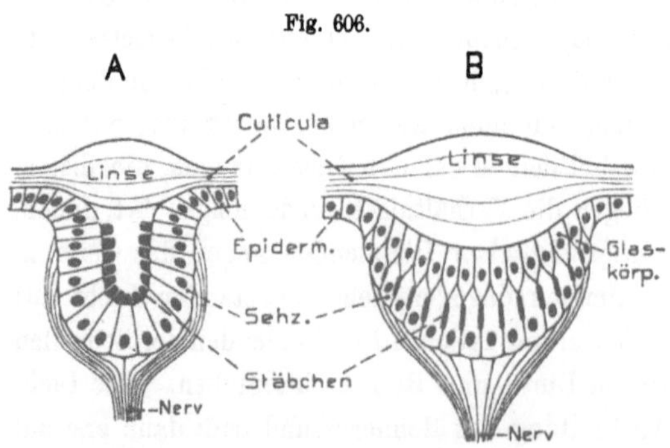

Schemata einfacher Augenbildungen (Ocelli mit cuticularer Linse). — *A* Einfaches Becherauge ohne Glaskörperzellen. — *B* Ocellus mit einer Schicht von Glaskörperzellen.   v. Bu.

einschiebt, welche meist als Glaskörper bezeichnet wird und wohl ähnlich wie
der Glaskörper des Vertebratenauges funktioniert, sich aber auch an der Sekretion
der Cuticula (Cornea, Linse) beteiligt. Diese Glaskörperzellen gehen stets aus der
ectodermalen Augenanlage hervor und zwar meist so, daß die Sehzellen aus der
ursprünglich einschichtigen Anlage heraustreten und sich allmählich tiefer ins
Innere senken, während die Glaskörperzellen unterhalb der Cuticula oder Linse
als besondere Schicht zurückbleiben. Auf solche Weise differenziert sich die ursprünglich einfache Anlage in zwei verschieden funktionierende Zellschichten.
In gewissen dieser Ocellen bildet sich der Glaskörper jedoch etwas abweichend,
nämlich durch allseitiges oder einseitiges Auswachsen der distalen Zellen des
Gruben- oder Becherauges, die sich so als Glaskörper zwischen die Linse und
den tieferen Retinaanteil des eingesenkten Epithels schieben.

Die nach dem geschilderten Typus gebauten einfachen Arthropodenaugen
können sich erheblich vereinfachen, so daß sie nur aus verhältnismäßig wenigen
Zellen bestehen; dann treten sie aber meist in größerer Zahl an den Kopfseiten
auf. Bei dieser Vereinfachung wird die Bildung der Augen durch Einstülpung
undeutlich, da eine Einstülpung weniger Zellen von einer Verschiebung derselben
in die Tiefe nur schwer zu unterscheiden ist. Es ist recht wahrscheinlich, daß
durch dichtes Zusammenrücken einer großen Zahl solch stark vereinfachter Augen
die ansehnlichen paarigen *Facetten- oder Complexaugen* der Krebse und Insekten
entstanden. Dies sind Augen, welche aus einer meist großen Menge einzelner,
wenigzelliger und dicht nebeneinander gestellter, divergierender Einzelaugen zusammengesetzt sind. Im allgemeinen besteht jedes Einzelelement (*Omma, Ommatidium*) eines solchen Auges aus einer Gruppe weniger Sehzellen (*Retinula*),
über welche die durchsichtige äußere Cuticula (*Cornea*, Hornhaut) hinwegzieht,
und welche gegen die benachbarten Gruppen durch zwischengelagerte faserartige
Pigmentzellen optisch isoliert ist. Die cuticulare Cornea kann über jeder Retinula
linsenartig verdickt sein (*Cornealfacette*). Indem die Retinulae von der Cornea
weg und tiefer ins Innere hinabrücken, bildet sich zwischen Cornea und Retinula
jedes Einzelauges ein besonderer lichtbrechender Körper aus, der *Kristallkegel*, welcher ein Abscheidungsprodukt von meist vier oberflächlichen Hypodermiszellen des Einzelauges ist. Die besondere Ausgestaltung solcher Complexaugen wird sehr mannigfaltig. — Im Gegensatz zu ihnen können die früher beschriebenen Augengebilde der Arthropoden mit einfacher Linse und ohne Zusammensetzung aus Retinulae, als *Simplexaugen* zusammengefaßt werden.

Schon unter den epidermoidalen Plattenaugen finden sich Gebilde, welche eine gewisse
Analogie mit den Complexaugen der Arthropoden darbieten und sich ihnen daher auch
funktionell nähern müssen. Dies sind die Kiemenaugen der *Serpulaceen* (Polychaeten) und
ähnliche am Mantelrand gewisser Muscheln, welche sich aus zahlreichen, dicht gestellten einzelnen Sehzellen, die eine Pigmentumhüllung und einen lichtbrechenden Körper besitzen, aufbauen. Phylogenetisch haben sie jedoch mit den Complexaugen der Arthropoden nichts zu tun.

Oben wurde hervorgehoben, daß bei Lumbriciden und Hirudineen pigmentfreie Sehzellen unter der Epidermis vorkommen, die sicher vom Ectoderm her-

stammen. Es ist nun wahrscheinlich, daß die einfachen bis komplizierteren Augen der *Plathelminthen, Hirudineen* und gewisser *sedentärer Polychaeten* aus derartigen Sehzellen hervorgingen, wobei meist für alle diese Bildungen der invertierte Charakter gilt. — Auch gewisse Augenbildungen anderer Formen schließen sich diesem Typus an. — Schon bei einzelnen *Hydromedusen* und *Acalephen* treten solch primitive Augengebilde auf, welche sich von den gewöhnlichen dadurch unterscheiden, daß sich die aus der Epidermis hervorgegangenen Sehzellen einwärts gegen das Entoderm wenden, dessen Zellen eine Pigmenthülle um die nach innen gerichteten freien Enden der Sehzellen bilden. Ähnlich müssen wir wohl die erste Entstehung der *Plathelminthenaugen* beurteilen, welche meist tief unter der Epidermis im Bindegewebe (Parenchym) liegen und fast immer ausgesprochen invers sind. Größere Augen dieser Art sind mehr- bis vielzellig, kleinere wenig- bis einzellig, dann aber auch meist zahlreicher vorhanden. Gehen wir von den einzelligen Augen dieser Art aus, ohne damit behaupten zu wollen, daß sie auch phylogenetisch die ältesten seien, so finden wir sie von einer Sehzelle gebildet, welche teilweis von einer mesodermalen Pigmentzelle umhüllt wird. Die Nervenfaser tritt an der nicht umhüllten Stelle zur Sehzelle, und da das Licht nur hier zutreten kann, so muß es die Nervenfaser durchsetzen, um zum freien Sehzellenende zu gelangen; die Augen sind also invers. Die komplizierteren derartigen Augen bestehen aus mehreren bis vielen Sehzellen von derselben Anordnung und mit vielzelliger Pigmenthülle. — Prinzipiell ähnlich erscheinen die *Hirudineen*-Augen, indem mehr oder weniger Sehzellen von eigentümlichem Bau durch eine mesodermale Pigmentzellenhülle umfaßt werden. Auch bei ihnen tritt der Sehnerv ursprünglich an der pigmentfreien Stelle zu den Sehzellen, also invers, doch kommen bei den gnathostomen Hirudineen höher entwickelte Augen vor, welche durch eine Umwendung (Reversion) der Sehzellen den inversen Charakter verloren haben; ähnliches scheint auch bei gewissen Landplanarien eingetreten zu sein (*Rhynchodesmiden*).

Augen vom Bau der einzelligen der Plathelminthen kommen auch bei den sedentären Polychaeten zahlreich vor und sind meist der Oberfläche der Hirnganglien eingelagert. Ebenso dürften die wenig entwickelten Augengebilde der *Annelidenlarven, Rotatorien* und *Nematoden* den gleichen Charakter besitzen. — Auch die eigentümlichen Rückenaugen gewisser *pulmonaten Gastropoden (Oncidiidae)* scheinen dem Typus der inversen Becheraugen anzugehören, was nur die Ontogenie endgültig zu entscheiden vermag. — Interessanterweise treten inverse mehrzellige Augen ähnlicher Bildung auch bei gewissen *Oligomeren (Chaethognatha)* auf und als das sog. *Entomostraken-* oder *Naupliusauge* bei den entomostraken Crustaceen, sowie den Larven und Erwachsenen mancher Malacostraken; sie sind ebenfalls ganz unter die Epidermis gerückt und liegen in der Nähe der Cerebralganglien. Die Haupteigentumlichkeit letzterer Augen ist, daß sie durch eine Verwachsung mehrerer inverser Einzelaugen entstanden zu sein scheinen.

Aus vorstehender Übersicht geht jedenfalls hervor, daß sich Augengebilde ähnlicher Art in verschiedenen Stämmen unabhängig voneinander entwickelten, weshalb ein phylogenetischer Zusammenhang kaum über die größeren Abteilungen hinaus festzustellen sein dürfte. Ein Vergleich der Linsenaugen von Charybdea, der Gastropoden, Polychaeten, des Pecten, Peripatus und der Wirbeltiere zeigt klar, daß alle diese Augen selbständig, ohne direkten phylogenetischen Zusammenhang entstanden sein müssen. Diese Schlußfolgerung wird noch dadurch unterstützt, daß bei denselben Tierarten häufig verschiedenartig gebaute Augen gleichzeitig vorkommen. Die Entwicklung der Augen konnte demnach sogar bei derselben Form verschiedene Wege einschlagen.

Übersicht des Baus der Sehorgane bei den einzelnen Metazoengruppen.

Im folgenden wollen wir die Morphologie der Sehorgane in den einzelnen Gruppen etwas genauer betrachten, ohne Rücksicht auf die schon in der allgemeinen Übersicht dargelegten Kategorien der Organe.

1. Coelenterata.

Sehorgane kommen nur einem Teil der *Hydromedusen* und gewissen *Acalephen* zu. Unter den ersteren finden sie sich bei den meisten *Anthomedusen* (oder Ocellatae) am Schirmrand oder an den Tentakelbasen (Fig. 607) als meist

Fig. 607.

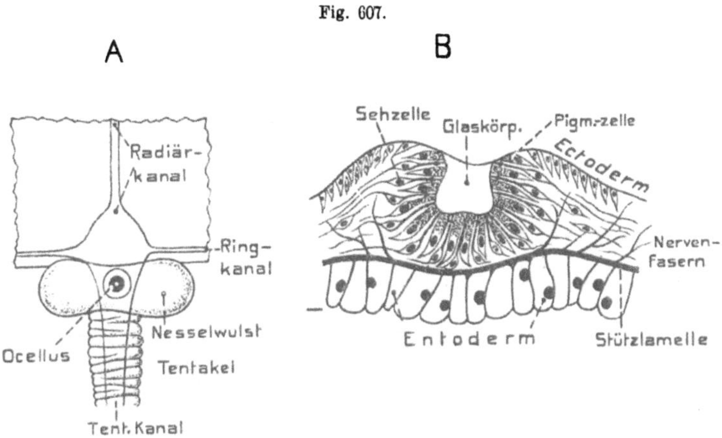

Sarsia mirabilis (Anthomeduse). *A* Kleines Stück des Schirmrands mit einem Tentakel und Ocellus von der subumbrellaren Seite gesehen. — *B* Querschnitt durch einen Ocellus (nach LINKO 1900).
v. Bu.

sehr einfach gebaute Augenflecke (Ocellen), wogegen sie bei den *Acalephen* an den *Randkörpern* (*Rhopalien*) stehen, die verkümmerte Tentakel sind (s. Fig. 316, S. 467). Die Augen finden sich an den Rhopalien teils in Ein-, teils in Zweizahl, teils in größerer Zahl (6 bei Charybdea, Fig. 608), und dann an demselben Rhopalium von verschiedenem Bau. Bei beiden Gruppen liegen sie also in unmittelbarer Nähe des centralen Nervensystems. Sie können sich entweder auf der äußeren oder der inneren (achsialen) Seite der Tentakel oder

Randkörper finden; in letzterem Fall werden die Tentakel der Hydromedusen
gewöhnlich apicalwärts aufgekrümmt getragen, so daß die Augenorgane dennoch
nach außen gerichtet sind. — Die Organe gewisser Hydromedusen und Acalephen
sind einfachster Art, nämlich ein lichtempfindlicher Epidermisfleck, also ein epitheliales Plattenauge, das aus Seh- und pigmentierten Zwischenzellen besteht;
Pigment rot, braun bis schwarz (z. B. *Catablema*, *Aurelia*, s. Fig. 316, S. 467, converses Auge). Derartige Organe springen manchmal etwas konvex nach außen
vor; häufiger sind sie jedoch wenig bis tiefer grubenförmig eingesenkt (Fig. 607),
wobei die Einstülpungshöhle gewöhnlich von einem durchsichtigen Glaskörpersekret erfüllt wird, das teils als Schutz, teils als lichtbrechendes Medium dienen

Fig. 608.

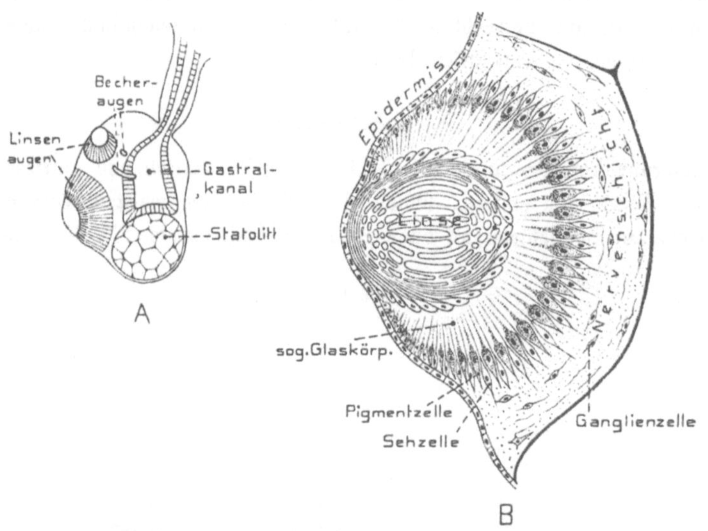

Charybdea marsupialis (Beutelqualle). *A* Rhopalium in seitlicher Ansicht. — *B* Längsschnitt
durch das distale Linsenauge (nach SCHEWIAKOFF 1889). v. Bu.

mag. Sowohl bei einzelnen Hydromedusen (*Lizzia*) als bei gewissen Acalephen
wurde über dem wenig vertieften Sehepithel eine halbkuglige cuticulare Linse beschrieben, jedoch bei den ersteren Formen auch als Glaskörpersekret gedeutet.

Im Gegensatz zu diesen einfachen Augen der meisten Medusen kommen
auffallenderweise bei den *Beutelquallen* unter den Acalephen (*Charybdea*) sehr
komplizierte vor. An den vier Rhopalien der Charybdea (Fig. 608) finden sich
in der Regel je sechs Augen, nämlich zwei mediale ansehnliche und zwei Paar
kleinere seitliche. Letztere sind einfache Grubenaugen; das distale fällt jedoch
dadurch auf, daß es eine ziemlich ansehnliche, quer spaltartige Grube darstellt.
Die beiden Medianaugen besitzen dagegen den Bau hochentwickelter Blasenaugen
von interessanter Modifikation, was sich namentlich an dem größeren distalen
erkennen läßt (Fig. 608 *B*). Die ansehnliche, jedenfalls durch Einstülpung entstandene Augenblase liegt dicht unter der äußeren Epidermis und enthält eine

große kuglige Linse. Diese besteht aus langgestreckten, z. T. faserartigen
Zellen, die sich im allgemeinen in bogigem Verlauf um die Linsenachse gruppieren:
sie erinnert daher an die Linse des paarigen Vertebratenauges. Die Linsenzellen sind durch Auswachsen der Zellen der distalen Augenblasenwand entstanden;
die Linse ist also ein Produkt der Augenblase, und ihre äquatorialen Zellen gehen
direkt in die angrenzenden der Augenblase über. Letztere sind zunächst nur
Pigmentzellen, welche eine Art Iris bilden. Gegen die proximale Wand werden
sie allmählich höher und bilden die Retina, indem zwischen ihnen schwach pigmentierte Sehzellen auftreten. Zwischen die Retina und die proximale Linsenfläche schiebt sich eine homogene
Substanz ein, welche gewöhnlich
als Glaskörper bezeichnet wird.

Sie kann jedoch mit größerem
Recht noch zur Retina gezogen werden,
weil die Sehzellen mit distalen faser-
bis stäbchenartigen Fortsätzen durch
sie hindurch bis zur Linse reichen, und
auch die Pigmentzellen ähnliche Fortsätze bis dorthin senden. Diese Fortsätze der Retinazellen scheinen jedoch
in eine homogene Substanz eingebettet
zu sein, die wohl ein glaskörperartiges
Sekret ist (sogar dreierlei verschiedene
Zellen wurden in der Retina beschrieben). In die zur Retina tretenden
Nervenfasern sind Ganglienzellen ein-

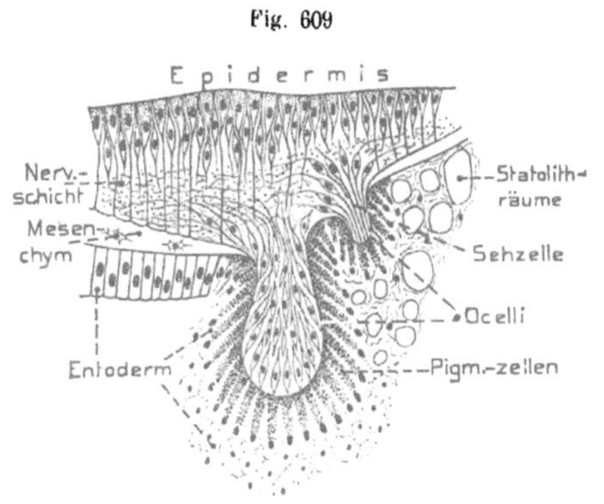

Aurelia aurita (Acalephe). Längsschnitt durch die
beiden invertierten Ocellen auf der Subumbrellarseite der
Rhopalien (nach SCHEWIAKOFF 1889). v. Bu.

gelagert, was auch für die einfacheren Cölenteratenaugen meist angegeben wird. — Der Bau
der Blasenaugen von Charybdea erweist klar, daß sie sich in ganz selbständiger Weise innerhalb der Gruppe entwickelt haben müssen.

Interessanterweise kommen bei gewissen Hydromedusen (Tiaropsis) und Acalephen
(besonders Aurelia) auch inverse Augen vor. Bei *Aurelia* (Fig. 609) finden sich zwei solcher
Augen auf der Achsialseite der Rhopalien (s. Fig. 316, S. 467), während das der Abachsial-
seite ein converses Plattenauge ist. — Die Augen von *Tiaropsis* zeigen sämtlich den inversen Bau. Die Sehzellen solcher Augen gehen von der tiefen Grenzfläche der Epidermis aus
und wenden sich nach innen, dem Entoderm zu. Die zutretenden Nervenfasern, welche in der
Tiefe der Epidermis verlaufen, verbinden sich daher mit den äußeren Enden der Sehzellen.
Die Sehzellengruppe wird nach innen von einer Lage pigmentierter Entodermzellen umhüllt.
Es ist wahrscheinlich, daß diese invertierten Sehzellen aus interstitiellen Zellen hervorgegangen sind, die in der Tiefe der Epidermis lagen, von welchen wir ja auch die Nervenzellen abzuleiten versuchten (s. S. 469).

2. Echinodermata.

Wir reihen die Besprechung der Augen dieser Gruppe hier an, da sie ebenso
einfach sind wie jene der meisten Cölenteraten und ähnlich gebaut. Bei *Asterien*
und *Echinoideen* ließ sich eine allgemeine Lichtempfindlichkeit der Epidermis nachweisen, was bei deren Reichtum an Sinneszellen verständlich erscheint. Eigentliche Augengebilde finden sich jedoch nur bei den meisten *Asterien* auf der Oral-

seite der äusersten Armenden. Hier ist die Epidermis polsterartig verdickt. Direkt über (apical von) diesem Augenpolster entspringt das unpaare Endfüßchen, der Fühler. Bei gewissen Asterien (z. B. *Astropecten*, Fig. 610 *A*) erscheint das ganze Epithel des Augenpolsters rot, da es ziemlich dicht von rot pigmentierten Sinneszellen durchsetzt wird, von demselben Bau wie die Sehzellen der gleich zu erwähnenden Augengruben anderer Formen; es handelt sich also um ein epitheliales Plattenauge. Stellenweise kann sich jedoch das Epithel auch bei Astropecten

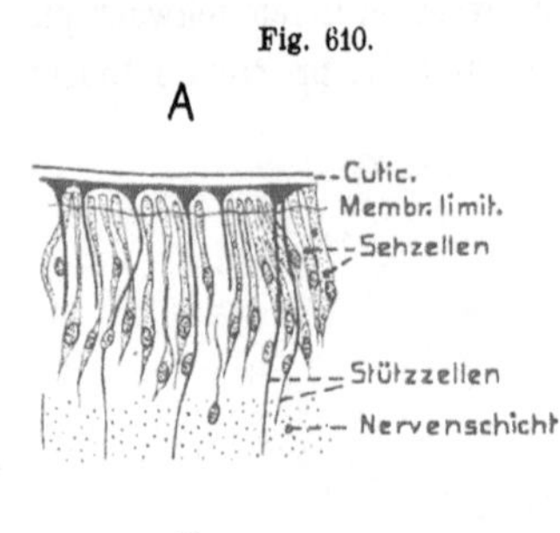

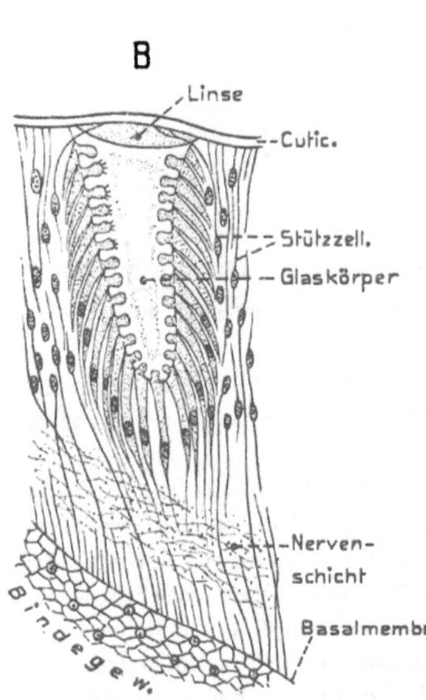

Asteriae. Augen. *A* Astropecten. Querschnitt durch eine kleine Partie des Augenpolsters. — *B* Asterias glacialis. Achsialschnitt durch ein Auge (nach PFEFFER 1901). v. Bu.

unter der Cuticula schon etwas grubenförmig einsenken, was bei anderen Gattungen regelmäßiger und tiefer geschieht (z. B. *Luidia*) und zur Bildung von Augenbechern überleitet, die für die übrigen Asterien charakteristisch sind. Bei letzteren (Fig. 610 *B*) hat sich das Epithel zu tief becherförmigen Augengruben eingesenkt, welche in großer Zahl (50 —180) über das Polster zerstreut sind.. Die pigmentierten Sehzellen finden sich nur in diesen Augenbechern, welche sogar ausschließlich aus ihnen bestehen sollen, ohne Einschaltung indifferenter Stützzellen. Die äußere Cuticula zieht über die Öffnungen der Augenbecher glatt hinweg. Eine etwas höhere Ausbildung können solche Augen endlich dadurch erreichen, daß sich der Unterseite der Cuticula, die den Augenbecher verschließt, eine linsenförmig verdickte, stark lichtbrechende Masse anlegt (Fig. 610 *B*). Ob diese als eine tiefe Lage der Cuticula aufzufassen ist, erscheint etwas zweifelhaft, weil die an die Augenbecher angrenzenden faserartigen Epithelzellen (Stützzellen) mit ihren Distalenden in die Randregion der Linse eindringen, also an ihrem Aufbau teilnehmen sollen. — Die Höhle des Augenbechers wird von einer gallertartigen durchsichtigen Glaskörpermasse erfüllt. — Die Sehzellen sind langgestreckt und von verschieden rotem Pigment (zu den Lipochromen gehörend) erfüllt. Ihr gegen die Augenbecherhöhle gerichtetes Distalende wird von einem pigmentfreien, stark lichtbrechenden, stäbchenförmigen Fortsatz gebildet. In der Basalregion dieser Stäbchen zieht durch die gesamte Retina (auch im epithelialen Plattenauge) eine zarte Membran, die Membrana limitans. — Die Nervenfasern, welche zum Augenpolster, den Augengruben so-

wie dem terminalen Ambulacralfüßchen ziehen, sind die des ambulacralen Radiär-
nervs, welchem ja die Augengruben gewissermaßen eingelagert sind.

Der rot pigmentierte Fleck, der sich bei manchen *Echinoiden* auf den nach ihm be-
nannten fünf Ocellarplatten findet, wurde vielfach als einfaches Sehorgan gedeutet; die neueren
Untersuchungen konnten dies nicht bestätigen. — Ebehso sind die zahlreichen sog. Augenorgane, welche bei den regulären *Diadematiden* (besonders *Diadema setosum*) über den
ganzen Körper verbreitet vorkommen, sicherlich keine solchen, sondern Leuchtorgane, und
sollen daher bei diesen näher betrachtet werden.

3. Vermes.

a) Converse Augen der Würmer.

Auch bei den Würmern können wir die Augen von einfachsten Anfängen bis
zu hoher Ausbildung verfolgen.

Plattenaugen. Sehr einfache, ganz in der Epidermis liegende paarige Sehorgane finden sich am Kopf einzelner limicolen Oligochaeten, von welchen die der
Stylaria lacustris am besten bekannt sind. Das Auge (s. Fig. 611) besteht aus
wenigen (5—6) annähernd birnförmigen
Sehzellen, die in einer Querreihe übereinander liegen und nach innen sowie
caudal von einer Pigmentzellenlage
umgeben sind. Die sehr einfachen Sehzellen enthalten ein sog. *Phaosom* und
mehrere Vacuolen; ihre Innervierung
ist kaum bekannt. — Besonderes Interesse verdienen die Plattenaugen gewisser sedentärer Polychaeten, der *Serpu-
lacea.* Es handelt sich hier ebenfalls
um epitheliale Gebilde, die jedoch das
Eigentümliche zeigen, daß sie aus mehr
oder weniger isolierten einzelnen Sehzellen bestehen, welche in verschie-

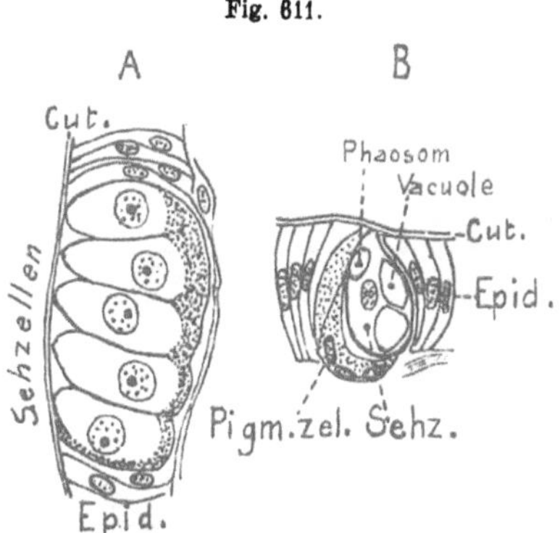

Stylaria lacustris (Nais proboscidea). *A* Auge
auf einem Querschnitt durch das Vorderende des
Wurms. — *B* auf einem Horizontalschnitt (nach
Hesse 1902).   O. B.

denem Grad zu Gruppen (Augenflecken) vereinigt sind. Solche Augenflecke
kommen bei gewissen Gattungen in der Seitenregion der Körpersegmente vor; gewöhnlicher finden sie sich jedoch an den für die Serpulaceen charakteristischen
kopfständigen Kiemenfäden. Hier sind sie gruppen- bis reihenweis über die Fäden
verteilt, oder finden sich auch als ein einziges Augengebilde am Ende jedes Fadens
(*Branchiomma*, Fig. 612 *A*). — Jede einzelne, etwa langkegelförmige Sehzelle erstreckt sich in der Regel durch die gesamte Höhe der Epidermis. Sie wird von
einigen pigmentierten Epithelzellen in ihrer ganzen Länge umhüllt (Fig. 612 *B—C*).
Meist sind auch noch weitere Epithelzellen zwischen die einzelligen Augen eingeschaltet, doch können sich letztere auch so zusammendrängen (*Sabella, Branchiomma*), daß nur Pigmentzellen zwischen den Sehzellen vorkommen.

Bei gewissen Formen wölbt sich die Cuticula über jeder Sehzelle linsenartig empor (Fig. 612), wodurch, in Verbindung mit der darunterliegenden Substanz, eine Konzentration des Lichts bewirkt wird. In jeder Sehzelle bildet sich nämlich distal ein stark lichtbrechender Körper (sog. Linse), der sich entweder der Cuticula dicht anlegt oder etwas unter ihr liegt. Auf die feineren Einzelheiten der Sehzellen kann nicht eingegangen werden.

Wenn die Sehzellen solcher Augen dicht zusammengedrängt sind wie bei *Sabella* und *Branchiomma*, so wölbt sich das so gebildete Gesamtauge stark konvex empor, was

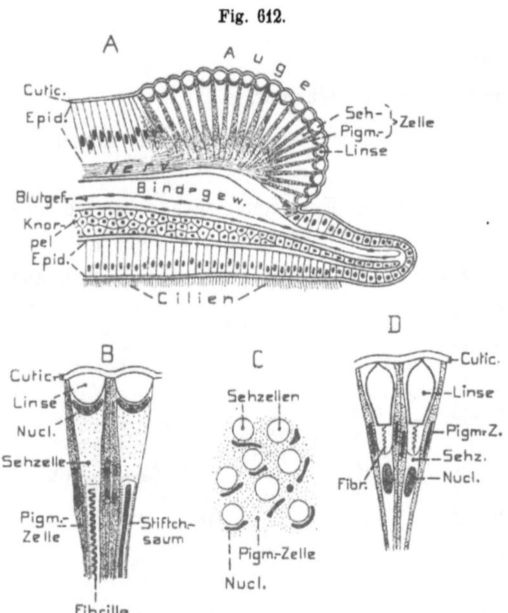

Complexaugen von Polychaeten. — *A—C* Branchiomma vesiculosum. *A* Längsschnitt durch das Ende eines Kiemenfadens mit einem Auge. — *B* Zwei Einzelaugen stärker vergrößert im Achsialschnitt. — *C* Querschnitt durch einen Teil des Auges. — *D* Zwei Einzelaugen von Sabella reniformis im Achsialschnitt (nach HESSE 1899).   v. Bu.

bei Branchiomma (Fig. 612 *A*) besonders auffällt, deren Augen die Enden der Kiemenfäden kuglig umfassen. Indem jeder Einzelsehzelle solcher Augen ein besonderer lichtbrechender Apparat zukommt, nähern sie sich in ihrem Bau, jedenfalls aber auch ihrer Funktion, den Complexaugen der Arthropoden, obgleich ihre Bildung klar erweist, daß sie eine selbständige Entwicklung genommen haben müssen.

Rein epithelial ist auch das augenartige Gebilde, welches sich bei der epitoken Form des eigentümlichen Palolowurms (*Eunice viridis*) in jedem Segmente der hinteren Körperhälfte, ventral vom Bauchmark findet. Die verdickte, an dieser Stelle mit dem Bauchmark direkt zusammenhängende Epidermis dieser Bauchaugen besteht aus Sinnes- und Zwischenzellen; die angrenzende Epidermis ist pigmentiert. Die Cuticula erscheint über jedem Organ

schwach linsenartig verdickt. Die Funktion der Organe bleibt vorerst noch unsicher, wenngleich ihr Bau am meisten für Lichtempfindlichkeit spricht.

Gruben-, röhren-, becherförmige und Blasenaugen. Bei manchen *Serpuláceen* finden sich außer den Kiemenaugen noch ein bis zwei Paar kopfständiger Augen; ähnliche kommen bei anderen Sedentariern (*Chaetopteriden* und Verwandten) vor.

Diese Gebilde sind zuweilen (*Ranzania* mit zwei Augen) einfache *Gruben-* oder *Becheraugen*, wie wir ihnen bei Cölenteraten und Echinodermen begegneten; nur setzt sich die Cuticula in die Becherhöhle fort und füllt sie völlig aus. Auch die vier Augen von *Siphonostoma* sind schief zur Oberfläche eingesenkte, noch offene Becheraugen ohne innere Höhle, mit der Eigentümlichkeit, daß nur die eine Seitenwand des Bechers als Sehepithel entwickelt ist, die andere dagegen aus durchsichtigen, faserartigen Epithelzellen besteht, welche, der ersteren sich dicht auflagernd, fast an einen Glaskörper oder eine linsenförmige Bildung erinnern. — Bei anderen Gattungen (z. B. *Branchiomma*, *Spirographis*) sind solche Augen zu langröhrenförmigen, tief ins Innere eindringenden Gebilden geworden, an welchen gleichfalls nur die eine Wand aus Sehzellen, die andere aus Pigmentzellen besteht.

Schließlich können sich solch eingestülpte Augen von der·Epidermis ablösen und als blasen-
artige ins Innere rücken (so die zahlreichen Kopfaugen von *Chaetopterus*).

Die fast stets zu ein bis zwei Paaren vorhandenen Kopfaugen der *erranten
Polychaeten* (s. Fig. 613 bis 616) sind ebenfalls eingestülpte *Blasenaugen*, welche
nahezu bis völlig abgeschlossen erscheinen und daher dicht unter der Epidermis
liegen, ja zuweilen gewis-
sermaßen noch in ihr.
Meist erhält sich noch ein
enger Einstülpungskanal
(Fig. 613), der von einer
Fortsetzung der Cuticula
erfüllt wird, welche all-
mählich in die stark lichtbrechende, faserige Glas-
körpermasse übergeht, die
die Augenblase erfüllt. —
Fast ganz abgeschlossen
sind die Augen von *Nereis*
(Fig. 614); vollständig von
der Epidermis abgelöst
die großen Augenblasen
von *Alciopa* (Fig. 615). —
Die Retina, welche aus dem
größeren Teil der proxi-

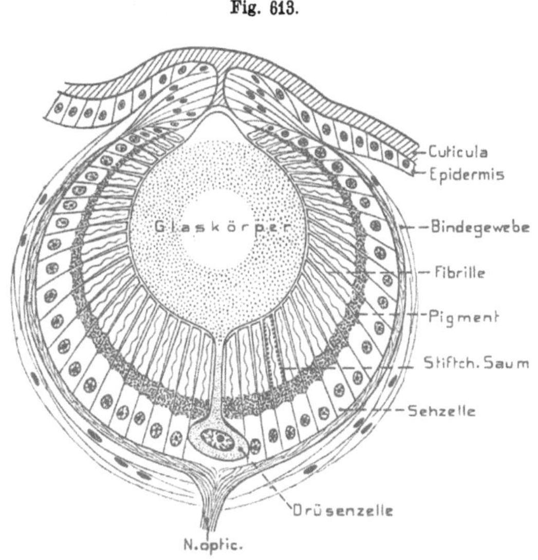

Phyllodoce laminosa. Kopfauge im Achsialschnitt (nach Hesse 1899). v. Bu.

malen Blasenwand hervorgeht, besteht aus stark pigmentierten Zwischenzellen
und schwächer bis nicht pigmentierten Sehzellen (Fig. 614). Letztere setzen

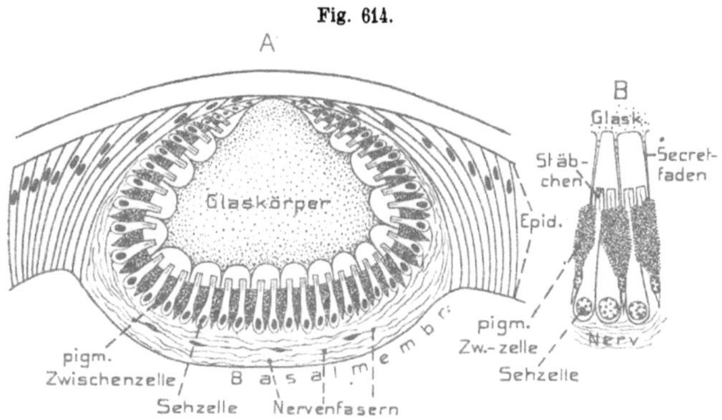

Nereis cultrifera. *A* Hinteres Kopfauge im Achsialschnitt. — *B* Ein Teil der Retina stärker vergrößert (nach Hesse 1899). v. Bu.

sich an ihrem Distalende in ein stäbchenartiges Gebilde fort, wie es auch bei
den eingesenkten Augen der sedentären Polychaeten vorkommt. In diesem Stäbchen verläuft ein feiner achsialer Faden (*Neurofibrille*). Die Zwischen- oder

Bütschli, Vergl. Anatomie. 52

Sekretzellen, welche zuweilen nur spärlich vorkommen sollen, sondern einen feinen Faden ab, der in den faserigen Glaskörper übergeht, weshalb dieser als Sekretionsprodukt jener Zellen angesehen wird. — Bei *Phyllodoce* (Fig. 613) findet sich im Centrum der Retina eine einzige große Drüsenzelle, die den Glaskörper abscheidet.

Abnorme Größe und hohe Entwicklung erreichen die paarigen Blasenaugen der pelagischen *Alciopiden* (Fig. 615 u. 616). Die beiden Augen springen als ansehnliche kuglige Gebilde an den Kopfseiten stark vor. Wie erwähnt, hat sich die große Augenblase von der Epidermis völlig abgelöst, doch liegt ihre dünne distale, aus etwa faserartigen Zellen bestehende Wand (innere Cornea) der dünnen durchsichtigen Epidermis (äußere Cornea) dicht an. Der an-

Fig. 615.

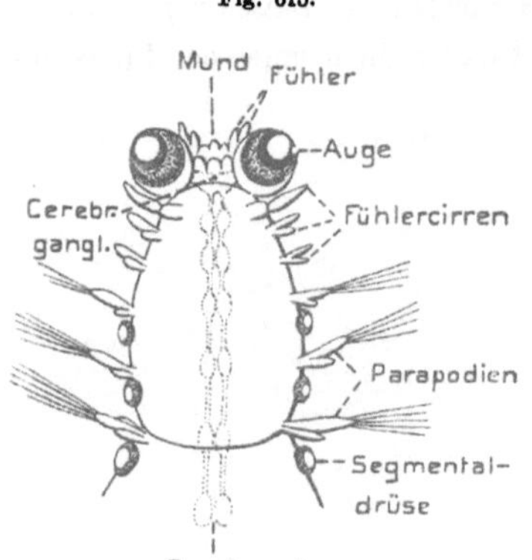

Alciopa cantrainei. Vorderende von der Ventralseite mit den großen Augen (nach GREEFF 1876).   v. Bu.

Fig. 616.

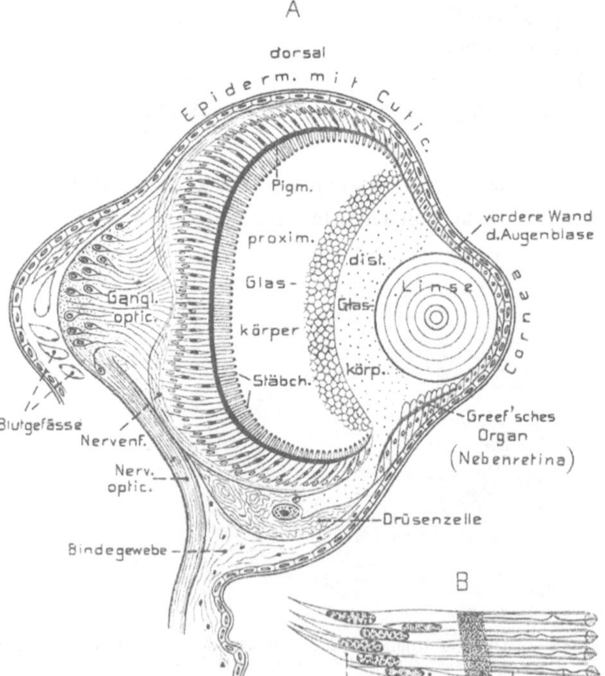

Vanadis formosa. *A* Auge im dorsoventralen Achsialschnitt. — *B* Einige Seh- und Zwischenzellen stärker vergrößert (nach HESSE 1899).   v. Bu.

schließende dünnwandige Teil der Blase besteht aus flachen pigmentierten Zellen (Iris), welche in die stark verdickte proximale Retina übergehen. Das Innere der Blase erscheint komplizierter, indem sich ein distaler und proximaler Teil unterscheiden lassen, die von einer dünnen Quermembran getrennt werden. Im distalen Teil liegt eine stark brechende, konzentrisch geschichtete Linse und eine substanzreichere Glaskörpermasse; der proximale Teil dagegen ist von einer wasserreicheren ähnlichen Masse erfüllt. Der distale Glaskörper, und daher wohl auch die Linse, werden, ähnlich wie bei Phyllodoce, von einer ein- bis mehrkernigen großen Drüsenzelle abgeschieden, die ventromedial in den vorderen Blasenabschnitt mündet. Der proximale Glaskörper dagegen ist ein Produkt der Zwischenzellen der Retina, von denen jedoch auch angegeben wird, daß sie bei Erwachsenen schwinden. Die distalen Sehzellenenden (und wohl auch die der Zwischenzellen) sind pigmentiert; die ersteren setzen sich über die pigmentierte Zone als ansehnliche röhrenartige Stäbchen mit Neurofibrille und distalem Endknöpfchen fort (Fig. 616 B).

Mit der hohen Entwicklung des Alciopidenauges harmoniert, daß der vom Cerebralganglion zutretende Nerv am Hintergrund der Augenblase ein ansehnliches Ganglion opticum bildet; in geringerer Ausbildung kann ein solches auch an den einfacheren Augen mancher Errantia auftreten (z. B. den Vorderaugen von Nereisarten).

Eine sehr eigentümliche Bildung findet sich etwas distal von der Einmündungsstelle der Glaskörperdrüse des Alciopidenauges, ungefähr in der Gegend des Linsenäquators. Hier ist eine Anzahl Zellen der Blasenwand stark fadenartig verlängert, und ragt, kolbig vorspringend, in die Blase hinein (Fig. 616 A). Die Bedeutung dieser Einrichtung scheint etwas zweifelhaft; doch ist man geneigt, diese Zellen gleichfalls als Sehzellen zu deuten, und die von ihnen gebildete Gruppe als eine sog. »Nebenretina« (lentikuläre Retina), d. h. eine besondere Netzhaut, welche für das Fernsehen adaptiert ist, wie sie auch in anderen Augen gelegentlich auftritt. — Physiologische Versuche haben ergeben, daß das Auge in der Ruhe auf die Ferne eingestellt ist und aktiv auf die Nähe accomodiert. Das geschieht in sehr merkwürdiger Weise dadurch, daß durch Muskelkontraktion die an der ventralen Fläche des Auges liegende Drüse zusammengedrückt und so eine gewisse Menge ihres Sekrets in den vorderen Glaskörperraum eingepreßt wird. Dadurch wird die Linse von der Retina entfernt und der Cornea genähert. — Die Sehnerven erfahren am Cerebralganglion eine teilweise Kreuzung (Chiasma).

b) Inverse Augen der Würmer.

Die hier zu schildernden, sehr einfachen bis höher entwickelten Augen sind bei den *Plathelminthen* ungemein verbreitet, kommen auch bei *sedentären Polychaeten* vor und sind ebenso für die *Hirudineen* charakteristisch. Auch die bei manchen *Nemathelminthen* (Rotatorien und freilebenden Nematoden) auftretenden, sehr kleinen und einfachen Augen dürften diesem Typus angehören. — Derartige Augen finden sich bei den Plathelminthen gewöhnlich am Kopfende, in der Gegend der Cerebralganglien, und zwar in recht verschiedener Zahl.

Bei den kleinen *rhabdocoelen Turbellarien* meist in geringer Zahl (zwei, vier, sechs, doch auch ein*unpaares); auch die *Tricladen* besitzen manchmal nur ein Augenpaar, doch können sich auch sehr zahlreiche kleine finden, was bei den *Polycladen* Regel ist. Bei letzteren sind sie meist in Gruppen angeordnet, rücken bei gewissen Formen auch auf die Tentakel, ja können sich längs des Körperrands weit nach hinten erstrecken, ihn sogar völlig umsäumen, was auch bei den meist sehr vieläugigen Landtricladen vorkommen kann, deren Augen sich zuweilen sogar über den ganzen Rücken und selbst die Seitenränder der Bauchfläche verbreiten. — Bei den *Nemertinen* schwankt die Zahl der kopfständigen Augen sehr (etwa von 2 bis 50). — Während die monogenen *Trematoden* (Polystomeen) noch ein bis zwei Paar Augen besitzen können, sind sie bei den erwachsenen *Digenea* (Distomeen) fast stets geschwunden, wogegen sie bei Larven und Cercarien nicht selten erhalten blieben. Unter den *Cestoden* sind nur bei *Phyllobothrienlarven* zwei Augenflecke beobachtet worden.

Die Augen liegen fast stets unter der Epidermis im Körperparenchym, selten noch in der Tiefe der Epidermis, was für ihr Hervorgehen aus dieser wichtig scheint. Manchmal sind sie so tief eingesenkt, daß sie den Cerebralganglien direkt aufsitzen.

Der Bau der Plathelminthenaugen (Fig. 617) ist recht einförmig, da sie, wie schon früher bemerkt, nur aus einer einzigen oder aus wenigen bis zahlreichen Sehzellen bestehen, die von einer becherförmigen Pigmentlage umgeben sind, und deren ursprünglich distales Ende vom zutretenden Licht abgewendet

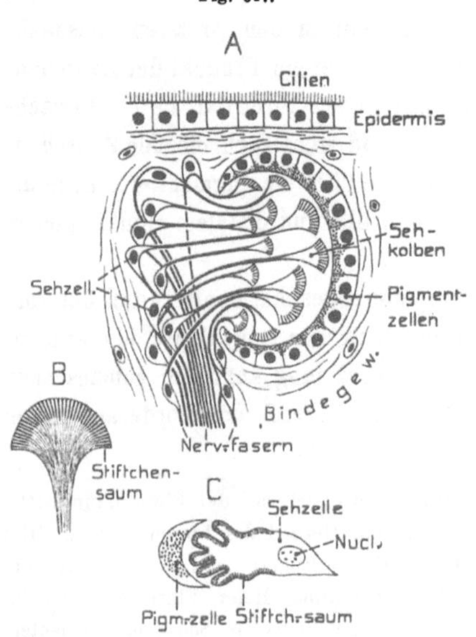

Auge von Plathelminthen. *A* Euplanaria gonocephala. Ein Auge im Achsialschnitt. — *B* Ein Endkolben stärker vergrößert. — *C* Tristomum papillosum (Trematode), einzelliges Auge (nach Hesse 1897). v. Bu.

ist. Diese Hülle wird von einer bis zahlreichen mesodermalen Pigmentzellen gebildet. Natürlich richtet sich die Zahl der Seh- und Pigmentzellen im allgemeinen nach der Augengröße. Kleine, aber meist in größerer Zahl vorhandene Augen sind daher ein- bis wenigzellig, größere, in geringerer Zahl vertretene, komplizierter gebaut; doch finden sich auch zahlreiche Abweichungen von dieser Regel. Bemerkenswert erscheinen die beiden Doppelaugen von *Temnocephala*, die aus zwei einander opponierten Sehzellen bestehen, zwischen welche eine doppelbecherförmige Pigmentzelle eingeschaltet ist.

Das X-förmige Auge der Larve des *Leberegels* (*Distomum hepaticum*) wird von vier Pigmentzellen gebildet. Jederseits zwischen zweien derselben liegen zwei Sehzellen, die je einen dichteren Binnenkörper enthalten. Die Fortsätze dieser Sehzellen sollen nach kurzem Verlauf durch den Spalt zwischen den beiden Pigmentzellen ihrer Seite in das Cerebralganglion treten. Wenn diese Darstellung zutrifft, so verhielte sich also dies Auge, obgleich es jenem der übrigen Plathelminthen sehr ähnlich erscheint, nicht invers, sondern convers.

Die Sehzellen, deren proximaler, den Kern enthaltender Teil aus dem Pigmentbecher mehr oder weniger hervorragt, um hier die Nervenfaser abzugeben, sind ziemlich verschiedenartig. Im einfachsten Fall erscheinen sie kuglig bis kolbig; häufig werden sie cylindrisch, wobei ihr percipierendes freies Ende sich kolbig bis fächerartig verbreitert (Fig. 617 *A*, *B*); nicht selten ist auch das, auf die Kernregion folgende freie Zellende lang faserartig ausgezogen und schwillt schließlich zu einem becher-, kolben- oder cylinderartigen Sehkolben an. Die besondere Differenzierung dieses freien Endteils, der sich auch als Stäbchenteil bezeichnen ließe, wird später genauer zu betrachten sein. — Zwischenzellen finden sich nicht, was für die inversen Augen der Würmer und ähnliche Sehorgane allgemein gilt.

Merkwürdig erscheint daher, daß im Auge gewisser Nemertinen (*Drepanophorus*) außer den erwähnten Sehzellen noch fein faserartige vorkommen, die in der Achse des becherförmigen Auges ein Bündel bilden; auch diese Zellen werden als lichtempfindliche gedeutet.

Bei verschiedenen Plathelminthen wurden häufig noch einige helle Zellen beschrieben, die außerhalb des Augenbechers in der Gegend des Nervenabgangs liegen und als lichtbrechende Linsenzellen funktionieren sollen. Die wirkliche Existenz solcher Zellen scheint jedoch unsicher, obgleich ihr Hervorgehen aus mesodermalen Parenchym- oder Ectodermzellen leicht zu verstehen wäre. Dagegen ist wohl möglich, daß die frei aus dem Becher hervorragenden proximalen Sehzellenenden, welche in ihrer Gesamtheit häufig eine halbkuglig abgerundete Masse bilden und von einer zarten

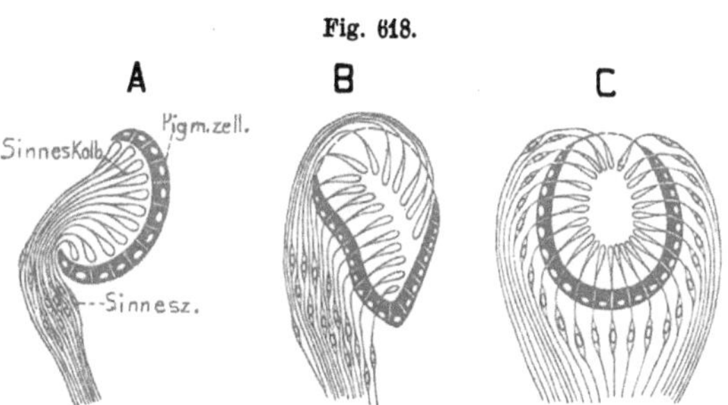

Fig. 618.

Schematischer Versuch der Ableitung des conversen Tricladenauges (*C*) aus dem inversen der übrigen Turbellarien (*A*) (nach Hesse 1902).
v. Bu.

Membran (die auch gelegentlich als zellig angegeben wurde) gegen das umgebende Parenchym abgeschlossen sein können, linsenartig zu wirken vermögen. — Die Nerven der kopfständigen Augen begeben sich zu den Cerebralganglien, die der übrigen zum Hautnervenplexus.

Einen von den Augen der übrigen Plathelminthen auffallend abweichenden Bau zeigen die in Zweizahl vorhandenen gewisser Landplanarien (d. h. die Mehrzahl der zur Familie der *Rhynchodesmiden* gehörigen). Nach den vorliegenden Untersuchungen sollen diese sog. *Retinaaugen* (Fig. 618 *C*) etwa ellipsoidisch gestaltete, von einer einschichtigen blasenartigen Pigmentzellenschicht bis auf den distalen Pol umschlossene Organe sein, die ziemlich dicht unter der Epidermis liegen. Die etwas spindelförmigen Sehzellen liegen im Umkreis der Pigmentschicht und treten, faserartig verdünnt, zwischen den Pigmentzellen hindurch, um im Innern des Auges zu stäbchenartigen langen Gebilden (*Sekretprismen*) anzuschwellen, die in radiärer Zusammengruppierung das ganze Innere der Pigmentblase erfüllen. Das Auge soll in einer ganglionartigen Anschwellung des zum Cerebralganglion gehenden Sehnervs eingebettet sein. Demnach wären diese Augen, im Gegensatz zu denen der übrigen Plathelminthen, convers; es scheint aber wohl sicher, daß ihr Bau noch nicht hinreichend aufgeklärt ist, und daß sie sich wahrscheinlich aus einer ursprünglich inversen Anlage hervorgebildet haben, so etwa, wie es die Fig. 618 *A—C* erläutert.

Die *Hirudineen*-Augen reihen sich denen der Plathelminthen nahe an, weichen jedoch im Bau ihrer eigentümlichen Sehzellen erheblich ab, wie später (S. 896) ge-

nauer zu erörtern sein wird. Phylogenetisch könnten sie daher mit jenen der
Plathelminthen nur in den ersten Anfängen verknüpft sein. Sie finden sich meist
kopfständig zu einem bis mehreren (etwa bis vier) Paaren; nur *Piscicola* besitzt auch
am hinteren Saugnapf fünf Augenpaare. — Schon früher wurde hervorgehoben, daß
im Parenchym der Blutegel vielfach isolierte, pigmentfreie Sehzellen zerstreut
vorkommen, und daß sich namentlich um die Sensillen meist einige solche
Zellen finden (s. Fig. 456, S. 653). Bei *Pontobdella* repräsentieren sie allein
den lichtempfindlichen Apparat. — Die einfachen Augen der *Rhynchobdelliden*
(Fig. 619, *A—B*) bestehen aus einer Gruppe solcher Sehzellen, welche ähnlich wie
die der Plathelminthen von einer mesodermalen Pigmentzellenschale umhüllt werden, die jedoch bei *Branchellion* sehr unvollständig bleibt. Von den dem Licht
zugewendeten Enden der rundlichen, bis etwa cylindrischen Sehzellen gehen die
Nervenfasern ab, sodaß der inverse Charakter klar ausgesprochen erscheint. —

Fig. 619.

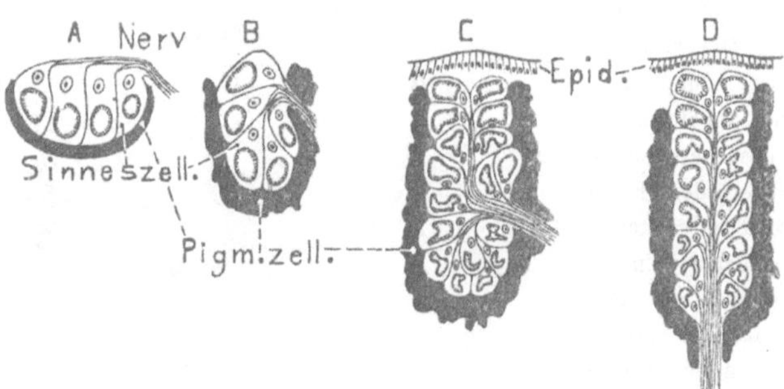

Schematische Ableitung des conversen Hirudineenauges (etwa Hirudo *D*) aus dem inversen
(etwa Clespine *A*, Nephelis *B*) (nach HESSE 1902). v. Bu.

Bei den *Gnathobdelliden* (Fig. 619, *C* u. *D*) ändert sich der Bau insofern, als die
Sehzellen nicht mehr eine einschichtige Lage bilden, sondern einen etwas unregelmäßigen Haufen, der schließlich bei *Hirudo* und Verwandten zu einem lang-
zapfenförmigen Gebilde wird, in welchem viele Sehzellen übereinander gehäuft
sind. Die Pigmentzellenschicht umhüllt diesen Zapfen becherartig; der Sehnerv tritt im Bechergrunde ein und steigt in der Augenachse empor, um sich an
die Sehzellen zu verteilen. Letztere Augen sind also convers. Daß sie jedoch
aus der inversen Bildung der Rhynchobdelliden, welche bei der Gnathobdellide
Nephelis noch besteht, hervorgegangen sind, läßt sich deutlich verfolgen. Es geschah dies durch starke Vermehrung der Seh- und Pigmentzellen, die allmählich
den Sehnerv umfaßten, etwa so, wie es die Fig. 619 erläutert.

Die Beziehungen der Sehzellen zu den Sensillen spricht sich auch an den Augen häufig
dadurch aus, daß eine Sensille dicht neben dem Auge liegt und ihre Nervenfasern in den
Sehnerv schickt. — Daß die Augen der Hirudineen aus der Zusammengruppierung zerstreuter
Sehzellen hervorgingen, kann kaum zweifelhaft sein, dagegen bleibt es unsicher, ob die Sehzellen aus den Sinneszellen der Sensillen abgeleitet werden dürfen.

Auf eine wirkliche Verwandtschaft mit den Plathelminthen dürften die bei zahlreichen

sedentären Polychaeten vorkommenden, meist sehr einfachen und kleinen Inversaugen hinweisen, die am Kopf häufig in großer Zahl auftreten (z. B. bei *Capitelliden*, vielen *Serpulaceen*,
Terebelliden), oder größer und dann in geringerer Zahl (2—4 bei *Spionidae* und *Ariciidae*).
Bei *Polyophthalmus* und *Armandia* kommen solche Augen nicht
nur am Kopf, sondern auch paarweise an zahlreichen Segmenten vor.

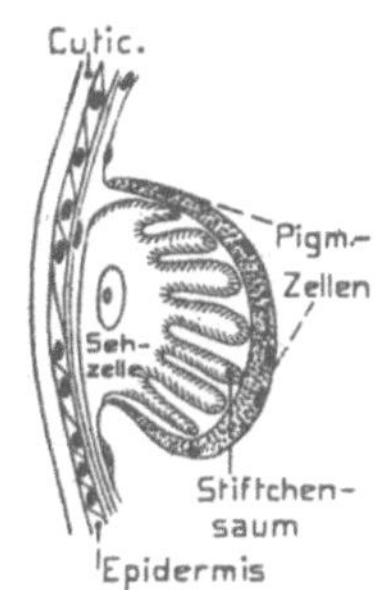

Fig. 620.

Polyophthalmus pictus (Polychaete). Einzelliges
Seitenauge (nach HESSE 1899).
v. Bu.

   Alle solche Augen bestehen fast immer aus einer Sehzelle, welche meist von einer Pigmentzelle umscheidet wird.
Nur vereinzelt (*Chone, Dialychone*) wurde ein mehrzelliges Auge
dieser Art gefunden, das bei ersterer Gattung dem der Gnathobdelliden gleicht, bei letzterer eine Gruppe von Sehzellen
ohne Pigment darstellt. — Kopfständige Augen dieser Art können
noch im Epithel liegen (*Capitelliden*), meist sind sie jedoch in
die Oberfläche der Cerebralganglien aufgenommen worden. Die
Sehzellen sind gewöhnlich einfach rundlich, selten (Segmentaugen
von Polyophthalmus und Armandia) mit fingerartigen percipierenden Fortsätzen versehen (Fig. 620).

   Sowohl die paarigen Kopfaugen von *Ophryotrocha* als
auch die Augengebilde der *Chaetopodenlarven* (Trochophora)
und die der Nemathelminthen (*Rotatoria*. freilebende *Nematoden*),
sowie *Dinophilus* dürften solch einfache inverse Augen sein, ähnlich den im Vorstehenden
beschriebenen.

   Kompliziertere Kopfaugen des vorliegenden Typus treten unter den *oligomeren Würmern* bei den *Chaetognathen* auf (vgl. Fig. 341, S. 495). Jedes der beiden Augen besteht jedoch (*Spadella*. Fig. 621) aus nicht weniger als fünf eng vereinigten Einzelaugen, von wel

Fig. 621.

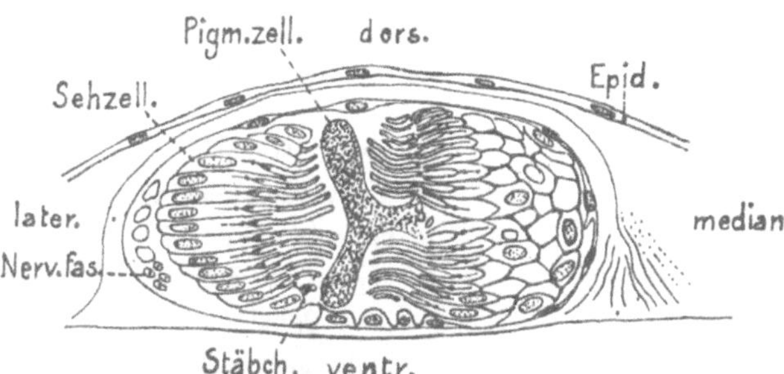

Spadella hexaptera (Chaetognathe). Auge auf einem Querschnitt durch das Tier (nach HESSE 1902).
O. B.

chen das größte die laterale Augenhälfte allein bildet, während die mediale Hälfte aus zwei
übereinanderliegenden Paaren besteht. Im Centrum des Auges liegen die Pigmentzellen, welche
zu einem gemeinsamen Pigmentkörper vereinigt sind, der die distalen Regionen der Einzelaugen nur unvollständig voneinander sondert. Zu jedem Einzelauge gehören ziemlich
zahlreiche, etwa cylindrische Sehzellen, die eine einschichtige Retina bilden. Ihre freien
percipierenden Enden sind dem Pigment zugewendet und tragen je ein stark lichtbrechendes Stäbchen, das sich noch eine Strecke weit in die Zelle fortsetzt (Knauf) und in eine
Neurofibrille ausläuft. Jedes der beiden Augen wird von einer dünnen zelligen Membran
umhüllt. Wie wir später (S. 873) sehen werden, erinnern die Chaetognathenaugen an die
Larven- oder Entomostrakenaugen der Crustaceen.

4. Mollusca.

a) Converse Augen der Mollusken.

Epitheliale Plattenaugen der Lamellibranchiata. Gewisse Muscheln (*Arca* und *Pectunculus*) besitzen am vorderen und hinteren Mantelrand (an der Mittelfalte, Fig. 622 *A*) zahlreiche Augengebilde, die halbkuglig vorspringen. Ihr feinerer Bau gleicht ungemein dem der früher beschriebenen Kiemenaugen der Serpulaceen (besonders denen von Sabella und Branchiomma, s. Fig. 612, S. 818).

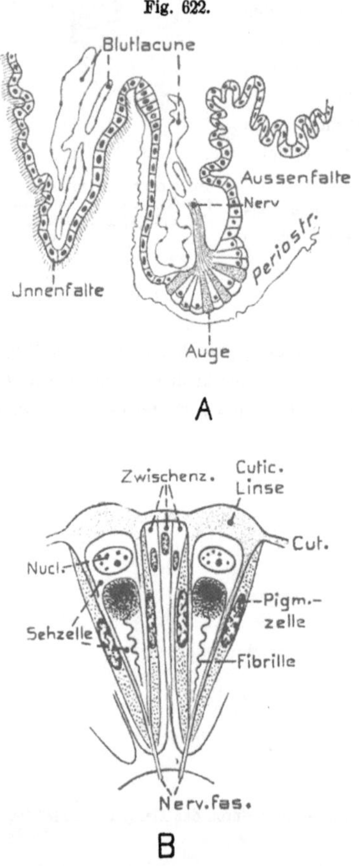

Arca noae (Lamellibranchiate.) *A* Querschnitt des Mantelrands mit einem Auge (nach HESSE 1900). — *B* Längsschnitt durch 2 Sehzellen, nebst Zwischen- und Pigmentzellen (nach CARRIÈRE 1889 und HESSE 1900 kombiniert). v. Bu.

Wir verzichten daher auf eine genauere Schilderung und verweisen auf die Fig. 622.

Gruben- und Blasenaugen. Offene, recht primitive Grubenaugen finden sich ebenfalls am Mantelrand gewisser Muscheln (*Lima*arten, bei *Arca* am Byssusausschnitt des Mantels); sie stehen (Lima) im Grunde der Einsenkung zwischen der Außen- und Mittelfalte des Mantelrands als mehr oder weniger tiefe, becherförmige Gruben mit weiter, von Glaskörpermasse erfüllter Höhle. Ihre Retina besteht aus Sehzellen, deren stäbchenartige Enden sich ein wenig in den Glaskörper erheben, und pigmentierten Zwischenzellen, welche an der Stäbchenbasis endigen. — Nicht wenige primitivere Muscheln besitzen am Ursprung des vordersten Fadens der inneren Kiemen ein ähnliches Grubenauge (*Kiemenauge*). In diesen Fällen zeigt häufig jede Schalenklappe eine durchsichtige Stelle über dem Auge.

Den *Gastropoden* kommt in der Regel ein Paar Kopfaugen zu, die seltener Gruben-, meist Blasenaugen sind. Sie stehen fast immer an den Kopffühlern (bei Opisthobranchiaten und Stylommatophoren am hinteren Paar) und zwar entweder an deren Basis oder höher, bis an der Spitze (Stylommatophora). Bei den Prosobranchiaten finden sie sich meist auf einem besonderen äußeren Fortsatz der Tentakelbasis (Augenstiel), der selten länger als der Tentakel werden kann.

Den einfachsten Bau zeigen die Augen der docoglossen Prosobranchiaten (Patella, Fig. 623), wo sie offene Grubenaugen sind, deren Höhle von einer Membran ausgekleidet wird, die entweder als von den Stäbchen der Sehzellen gebildet, oder als Fortsetzung der äußeren Cuticula gedeutet wurde. — Zahlreiche primitivere Prosobranchiaten besitzen noch Blasenaugen mit äußerer Öffnung (*Haliotidae*,

Pleurotomaria, *Trochidae*, *Stomatellidae* und *Delphinulidae*). Ihre Blasenhöhle wird von einer durchsichtigen Glaskörpermasse erfüllt. — Die Blasenaugen der übrigen Gastropoden endlich sind völlig geschlossen und ihr Bau erinnert sehr an die geschlossenen der Polychaeten. Wir können sie daher kurz behandeln. — Die durchsichtige dünne Epidermis vor dem Auge bildet die äußere Cornea (Fig. 624); zwischen diese und die dünne, durchsichtige Distalregion der Augenblase (innere Cornea) schiebt sich eine schwache Bindegewebslage ein. An die innere Cornea schließt sich ein nur aus pigmentierten Zellen bestehender Teil der Augenblase an (Iris), während die dickere Retina den Hintergrund der Blase bildet. Im Augeninnern findet sich eine Glaskörpermasse, welche bei zahlreichen Formen eine stärker lichtbrechende kuglige, zuweilen konzentrisch geschichtete Linse enthält, die jedenfalls aus einer Verdichtung des Glaskörpers hervorgeht.

Derartige Augen können auch mehr oder weniger rückgebildet sein, was bei *Opisthobranchiaten* und *Pteropoden*, aber auch sonst zuweilen vorkommt, indem sie klein werden und die Sehzellenzahl beträchtlich abnimmt. Sie liegen häufig tiefer unter der Oberfläche. Verkümmerung der Augen tritt auch bei grabenden, subterranen und Tiefseegastropoden, sowie natürlich auch bei den Parasiten auf.

Die Retina besteht immer aus Seh- und Zwischenzellen,

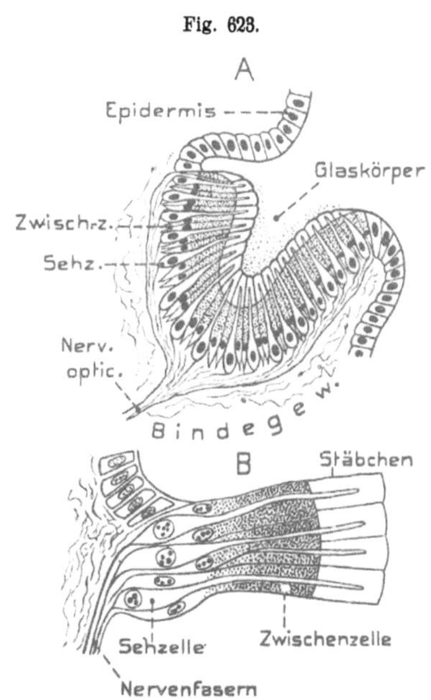

Patella (Prosobranchiate). *A* Längsschnitt durch das Becherauge. — *B* Einige Seh- und Zwischen-(Pigment-)zellen der Retina eines solchen Schnitts stärker vergrößert (nach HILGER 1885).
v. Bu.

Schema eines geschloßnen Blasenauges einer Prosobranchiate (etwa Murex). (Vgl. HILGER 1885.) v. Bu.

die beide pigmentiert sein können; häufig beschränkt sich das Pigment jedoch auf die Zwischenzellen, seltener sollen nur die Sehzellen pigmentiert sein. Der zuweilen faserige Glaskörper ist ein Produkt der Zwischenzellen.

Besondere Größe und einen sehr eigentümlichen Bau erlangen die Augen der pelagischen *Heteropoden* (Fig. 544, S. 751). Sie liegen ziemlich tief unter der Haut und zwar jedes in einem besonderen Blutraum, der von einer bindegewebigen Hülle umschlossen wird. Von der Wand dieses Raums treten einige Muskeln zu verschiedenen Stellen der Augenblase, welche daher recht beweglich ist. Die Form der Blase erscheint wegen ihrer kegelartigen Verlängerung in der Augenachse sehr eigentümlich (s. Fig. 626) und erinnert an die der *Teleskopaugen* der Tiefseecéphalopoden und -fische, sowie an das Vogelauge. Die distale Blasenregion umschließt die ansehnliche kuglige Linse eng und springt daher selbst kuglig gewölbt vor; der darauf folgende Teil der Blase dagegen ist dorsoventral stark abgeplattet. Die Retina, welche den proximalen Grund der Augenblase einnimmt, erscheint daher quer bandförmig (Fig. 626 *B*). Die mittlere, stark pigmentierte Blasenregion (*Pigmenthaut, präretinuläre Membran*) zeigt meist die Eigentümlichkeit, daß das Pigment streckenweise fehlt, wodurch in ihr ein bis zwei fensterartige seitliche Zutrittsstellen für das Licht entstehen.

Die schmal bandförmige Retina ist sehr eigentümlich gebaut, indem sich ihre Zellen in

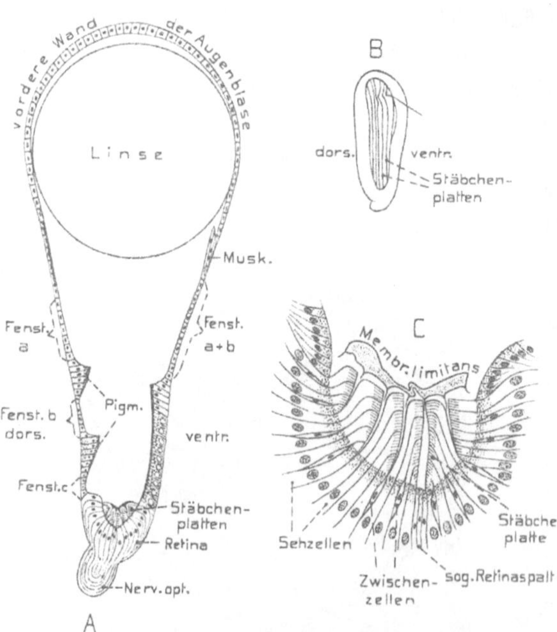

Pterotrachea coronata (Heteropode). Rechtes Auge von der Dorsalseite (nach HESSE 1900).
v. Bu.

Pterotrachea coronata, Auge. — *A* Dorsoventraler Achsialschnitt durch ein Auge. — *B* Die Retina mit den horizontalen Reihen von Stäbchenplatten in Flächenansicht. — *C* Der Durchschnitt der Retina in derselben Ansicht wie Figur *A*, stärker vergrößert (*A* nach HESSE 1900, *B* und *C* nach GRENACHER 1886).
v. Bu.

eine Anzahl etwa parallel ziehender Längsleisten erheben (Fig. 626 *B* u. *C*); dieselben werden dadurch gebildet, daß einige Reihen von Sehzellen verlängert sind und ihre Distalenden gleichzeitig gegen die Medianebene des Auges umgebogen erscheinen, sodaß die Enden dieser Zellen annähernd parallel der Augenachse übereinanderliegen (Fig. 626 *C*). Das Distalende dieser Sehzellen trägt eine Anzahl feiner Blättchen, die wohl zusammen einem stäbchenartigen Gebilde entsprechen. Da nun die Sehzellenenden in jeder Leiste eine senkrecht übereinanderstehende Reihe bilden, liegen diese Plättchen auch in entsprechenden Reihen übereinander und sind mehr oder weniger verwachsen, weshalb die Plättchen einer Reihe in ihrer Gesamtheit auch als zusammengesetzte Stäbchen (*Rhabdome*) gedeutet wurden. Die funktionelle Bedeutung der Retinaleisten hat man deshalb auch so aufgefaßt, daß sie ein gleichzeitiges Sehen von Punkten ermöglichten, die sich in verschiedener Entfernung vom Auge befinden. — Sowohl in der eigentlichen Retina als der Pigmentregion des Auges kommen zahlreiche Ganglienzellen vor, deren Bedeutung vorerst wenig sicher erscheint. — Die Sehzellen führen in ihrem Distalende reichlich Pigment, wogegen die faserartigen Zwischenzellen (*Limitanszellen*, Fig. 626 *C*), welche zwischen den Retinazellen vorkommen, unpigmentiert sind; sie scheiden eine stellenweise ziemlich dicke Membran ab, welche die Retinaleisten überdeckt (Membr. limitans); doch soll auch Bindegewebe zwischen die Retinazellen eindringen. Der Glaskörper ist feinfaserig.

Eine sehr eigenartige Bildung findet sich bei den mit Fensterbildung versehenen Augen, nämlich nicht pigmentierte *Nebensehzellen*. Diese sind zwischen den Pigmentzellen der Pigmenthaut verteilt, namentlich an den Stellen, welche den erwähnten Fenstern gegenüberstehen, wo sie *Nebenretinae* bilden. Da die Linse und die Augenachse oral gerichtet sind, so könnten diese Nebenretinae namentlich dorsal und ventral zutretendes Licht percipieren. — Eine analoge Nebenretina wurde

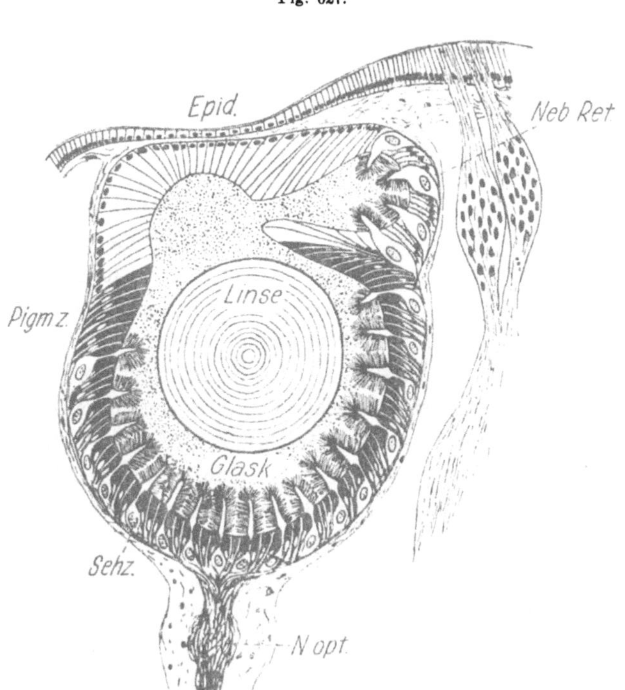

Limax maximus. Achsialschnitt durch das Auge mit der Nebenretina (aus HESSE 1902).

bis jetzt unter den Mollusken nur bei einer Pulmonate (*Limax maximus*, Fig. 627) angetroffen, wo sie sich in einer besonderen nach vorn und ventral gerichteten, pigmentfreien,
grubenförmigen Ausbuchtung der Augenblase findet, etwa auf der Grenze zwischen Iris
und innerer Cornea (vgl. auch das Alciopidenauge, S. 820).

Cephalopoden. Die ebenfalls zum Blasentypus gehörigen Cephalopodenaugen
sind auffallend groß, weshalb sie (besonders bei den Dibranchiaten) einen sehr ansehnlichen Teil des Kopfes bilden; sehr selten werden sie rudimentär (so Cirro-
thauma).

Die *Nautilusaugen* (Fig. 628, vgl. auch Fig. 31, S. 105 u. Fig. 499, S. 699)
bleiben viel primitiver als jene der Dibranchiaten, da sie, wie erwähnt, offene
Blasenaugen darstellen, welche sich an den Kopfseiten auf einem kurzen Stiel
frei erheben. Die distale, etwa drei-
eckige Augenfläche ist eben und zeigt
in ihrem Centrum das kleine Ein-
stülpungsloch; von ihm geht eine flimmernde Rinne nach dem Analrand
dieser Fläche. Die etwa halbkuglige
innere Augenhöhle enthält keinen Glaskörper, ist vielmehr von Meerwasser
erfüllt. Ihre Distalregion wird von
pigmentiertem Flimmerepithel mit einzelligen Drüsen ausgekleidet, die proximale Wand dagegen verdickt sich ansehnlich zur Retina. — Die Erzeugung
eines sehr lichtschwachen Bildes könnte
in diesem Auge daher nur mittels der
etwa 1—2 mm weiten Öffnung geschehen.

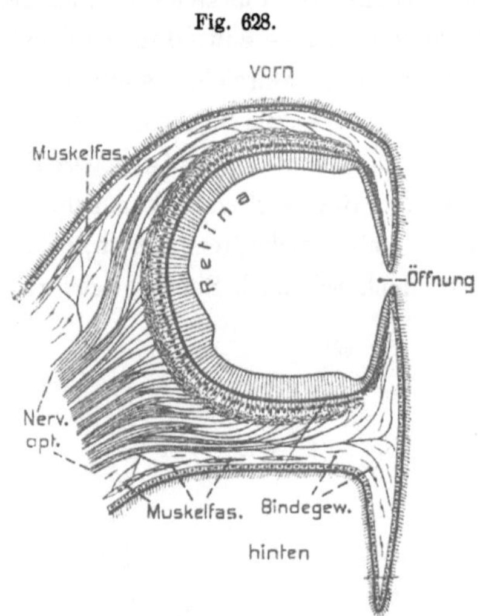

Nautilus, Auge. Schematischer Achsialschnitt
(nach HENSEN aus Bronn, Kl. und Ordn.). v. Bu.

Im Gegensatz zu diesen einfachen
Verhältnissen bei Nautilus erlangt das
Dibranchiatenauge (Fig. 629) einen sehr komplizierten Bau, welcher dem des Vertebratenauges gleichkommt. — Die durch Einstülpung des Ectoderms gebildete
große Augenblase schließt sich von der Epidermis vollständig ab, doch bleibt ihre
dünne Distalwand in naher Berührung mit ihr. Die Blase wird von einer mesodermalen Hülle umschlossen, die jedoch zwischen ihrer Distalwand und der
Epidermis sehr dünn bleibt. Um den übrigen Teil der Blase erlangt sie eine ansehnliche Stärke (hier zuweilen *Chorioidea* genannt) und entwickelt sogar eine
mittlere Knorpelschicht, die besonders in der äquatorialen Blasenregion stärker
wird (Äquatorialknorpel). Die proximale Blasenwand bildet die sehr dicke Retina,
deren Mitte sich das früher (Fig. 385, S. 531) erwähnte mächtige Ganglion opticum
dicht anlegt und seine Nervenfaserzüge durch die bindegewebige Hülle zur Retina
sendet. Die Augenblase samt dem Ganglion opticum lagern sich in die früher geschilderten seitlichen Aushöhlungen (Orbiten) des Kopfknorpels ein (Fig. 70, S. 164)

und werden bei gewissen Formen auch durch den Augendeckknorpel geschützt. Das Innere der Augenblase ist von wäßriger Flüssigkeit erfüllt.

Die Distalwand der Blase verdickt sich zu einer ansehnlichen Linse von eigentümlicher Beschaffenheit. Wie erwähnt, liegt die distale, sehr dünne Blasenwand der ebenfalls dünnen Epidermis dicht an, indem sich ursprünglich nur eine zarte Mesodermlage zwischen beiden befindet. Im Umkreis dieser Region verdicken sich die beiden Epithellagen, nämlich die der Blasenwand, sowie das Ectoderm durch Bildung von Radiärfalten ansehnlich zu einem ringförmigen Wulst (Corpus epitheliale, Corpus ciliare), welcher sich am Linsenäquator befestigt, so daß dieser am Corpus epitheliale gewissermaßen aufgehängt er-

Fig. 629.

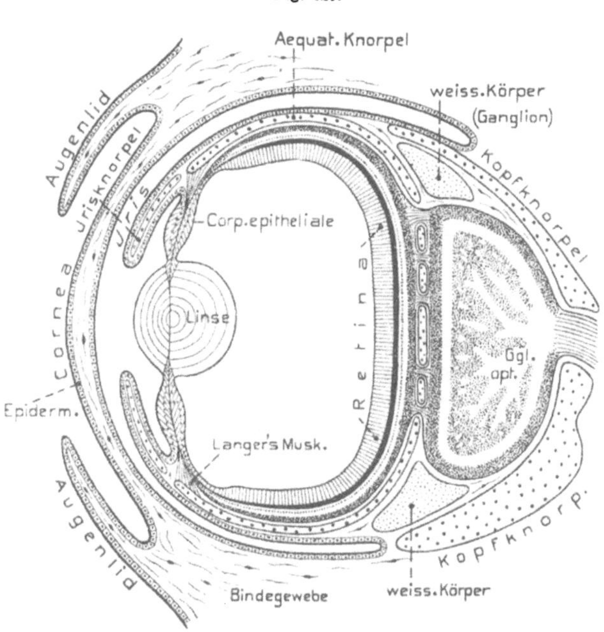

Dibranchiater Cephalopode. Schematischer Achsialschnitt durch ein Auge. (Mit Benutzung von HENSEN 1865.)　　　O. B. u. v. Bu.

scheint. Es läßt sich also am Epithelkörper ein äußerer (epidermaler) und ein innerer (aus der Augenblase hervorgehender) Teil unterscheiden, welche beide durch eine dünne Bindegewebsscheidewand getrennt werden. Diese Scheidewand setzt sich als faseriges, dünnes Septum durch die ganze Linse fort und sondert sie in eine kleinere distale und eine größere proximale Hälfte, welche sich gegenseitig zur Kugel ergänzen. — Die Linsensubstanz selbst besteht aus feinen Fasern von cuticularer Beschaffenheit, die sich in konzentrischen Lamellen anordnen. — Die Ontogenie lehrt nun, daß diese Fasern durch Auswachsen der Epithelzellen des Corpus epitheliale entstehen, und zwar die des äußeren Linsensegments aus dem epidermalen, die des inneren aus dem inneren oder Blasenteil des Corpus. Bei der Linsenbildung ziehen sich die Epithelzellen aus der Linsenregion auf das Corpus epitheliale zurück, weshalb das Linsenseptum, wie bemerkt, nur von dem zarten Bindegewebe zwischen Epidermis und Augenblase gebildet wird. Am Corpus epitheliale vermehren sich die Linsenfasern bildenden Epithelzellen der beiden Lagen sehr bedeutend, weshalb sie sich zu den radiären Falten einstülpen, welche auf der Proximalfläche des Corpus auch oberflächlich hervortreten.

Im Umkreise des Distalrands des erwähnten Corpus epitheliale erhebt sich die äußere Körperhaut zu einer ringförmigen pigmentierten Falte, der *Iris*, welche sich über die Linse legt und in ihrem Centrum eine bei verschiedenen Formen etwas verschieden gestaltete Öffnung, die *Pupille*, offen läßt. Im Umkreis der Irisfalte bildet sich dann eine zweite Ringfalte der Haut, welche sich über die Iris lagert und entweder weit geöffnet bleibt (Oigopsidae) oder nur eine enge Öffnung besitzt, ja auch zuweilen völlig geschlossen ist (Myopsidae). Letztere Hautfalte, welche, soweit sie die Iris und Pupille überdeckt, durchsichtig bleibt, wird nach Analogie mit dem Wirbeltierauge als *Cornea* bezeichnet. Die Einfaltung der Haut zwischen Iris und Cornea stülpt sich sehr tief, ja tiefer als die eigentliche Augenblase ins Körperinnere ein, weshalb sich an dem Auge eine durch diese Faltenhöhle gesonderte innere und äußere Kapsel unterscheiden lassen.

Weitere Bildungen bewirken noch besondere Komplikationen. — So kann durch eine dritte im Umkreis der Cornealfalte sich erhebende Falte eine Art *Augenlid* gebildet werden, welches das Auge teilweise oder vollständig kreisförmig (besonders Octopoden) umzieht. — Nach, außen von der Knorpelschicht der inneren Augenkapsel findet sich eine Muskellage; auch die äußere Augenkapsel ist muskulös. Ferner entspringen vom Distalrand des Äquatorialknorpels radiär Muskelfasern (Langerscher Muskel), die zum Corpus epitheliale ziehen. Sie dienen zur Accommodation, indem sie bei ihrer Kontraktion den hinter der Linse gelegnen Bulbusraum verkleinern, wobei die intraoculare Druckerhöhung die Linse etwas nach vorn schiebt, also für die Nähe einstellt. In der Ruhe ist nämlich, entgegen früherer Meinung, das Auge fern- oder schwach weitsichtig. Außer diesen Muskelfasern sind noch ringförmige und schief verlaufende vorhanden. — Die *Iris* ist ebenfalls mit ringförmigen, zur Verengerung der Pupille dienenden Muskelfasern (*Sphincter*) versehen. Endlich enthält sie auch Knorpel, sowie zwei silberglänzende Häute (*Argenteae externa* und *interna*), die sich bis tief in die Bulbuswand hinab erstrecken. — In der Umgebung des Ganglion opticum findet sich eine weiße, drüsenartig erscheinende Masse (weißer Körper), die einen nicht unbeträchtlichen Teil des Bulbus bildet und neuerdings als ein accessorisches Ganglion, zur Versorgung der Bulbuswand, gedeutet wird (zu diesem Ganglion begeben sich die Nervi optici inferior und superior, s. Fig. 384, S. 530). — Blutgefäße beteiligen sich reichlich am Aufbau der Bulbuswand, ja bei den Dibranchiaten ist sogar die Basalregion der Retina gefäßreich.

Der Bau der Cephalopodenretina erscheint ziemlich kompliziert, weshalb er nur in den Grundzügen angedeutet werden kann (Fig. 630). Die Netzhaut ist sehr dick, aber doch nur eine einschichtige Lage hoher Zellen. Diese sind zweierlei Art: Sehzellen und Zwischenzellen (Limitanszellen). Letztere erzeugen an ihren Distalenden eine die Augenhöhle begrenzende, ziemlich dicke Membrana limitans, wogegen die proximale Grenzfläche der Retina von einer zarten Basalmembran umschlossen wird. Bei Nautilus (Fig. 630 *A*) stützen sich die Basen beider Zellarten auf diese Basalmembran; bei den Dibranchiaten hingegen wachsen die Proximalenden der Sehzellen durch die Basalmembran proximal hindurch in das angrenzende Bindegewebe, woher es kommt, daß Bindegewebe mit Blutgefäßen in die Basalregion der Retina gelangt (Fig. 630 *B*). Die Sehzellen und Limitanszellen von Nautilus sind in ihrem Proximalteil pigmentiert; da, wo das Pigment aufhört, findet sich eine feine Grenzmembran, welche die basale Region der Retina von der distalen oder Stäbchenregion abgrenzt. Die allein pigmentierten Sehzellen der Dibranchiaten (Fig. *B*)

Fig. 630.

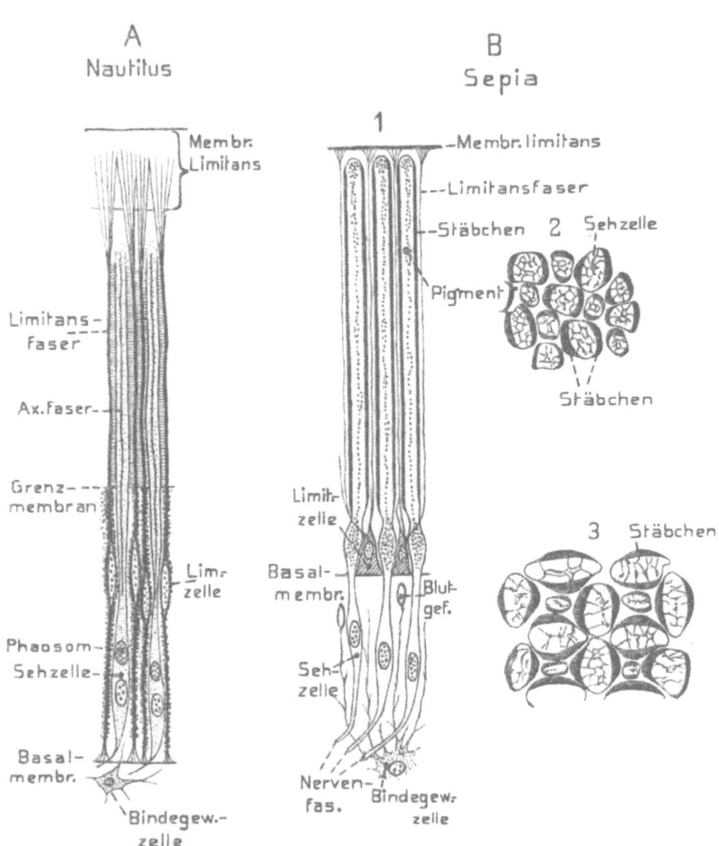

Retina von Cephalopoden. *A* Nautilus, Längsschnitt durch einige Seh- und Limitanszellen. — *B*, Dibranchiata: *B¹* Längsschnitt durch einige Seh- und Limitanszellen von Sepia officinalis; *B²* u. *B³* Querschnitte durch die Stäbchenregion von Eledone moschata; *B²* durch die proximale, *B³* durch die mittlere Region (nach MERTON 1904). v. Bu.

zeigen das Eigentümliche, daß sie sich distal von der Basalmembran spindelförmig verdicken (sog. *Stäbchensockel*). Bei Nautilus dagegen setzen sich die Sehzellen als fadenartige plasmatische Gebilde bis nahe an die Limitans fort. — Die Limitanszellen von Nautilus enthalten eine bis einige Fasern von jedenfalls stützender Funktion; in der Stäbchenregion der Retina scheint das Plasma der Limitanszellen zu einer Art Zwischensubstanz zu verschmelzen, während die Limitansfasern diese Substanz durchsetzen und sich distal, an der Limitans, in ein Faserbüschel zerspalten. — Den Dibranchiaten fehlt eine solche Zwischensubstanz in der Stäbchenregion; die Sehzellen liegen vielmehr hier sehr dicht zusammen. Die Limitanszellen bilden aber auch hier einige Fasern, welche, sich distal verzweigend, zwischen den Sehzellen aufsteigen und wahrscheinlich gleichfalls bis zur Limitans ziehen. — Besonders charakteristisch für die Dibranchiaten ist, daß jeder langgestreckte Stäbchenteil einer Sehzelle zwei etwa rinnenförmige, sog. cuticulare Stäbchengebilde hervorbringt (Fig. *B, 2* u. *3*), wobei sich gewöhnlich vier solcher Stäbchenrinnen der vier aneinandergrenzenden Sehzellen so zusammengruppieren, daß sie auf dem Querschnitt eine etwa viereckige Figur bilden (Fig. *B, 3*). — In der Retina gewisser Dibranchiaten (z. B. Sepia) wurde ein querer Streif beobachtet, innerhalb dessen die Stäbchengebilde feiner und länger sind; bei gewissen Tiefseeformen dagegen eine ähnliche grubenartige Stelle. Wie bei Wirbeltieraugen werden diese Stellen als solche schärfsten Sehens beurteilt. — Vorwanderung des Pigments in die distale Region der Retina im belichteten Auge wurde bei Dibranchiaten erwiesen.

Die Augen gewisser Tiefseedibranchiaten sind ähnlich wie jene des Nautilus gestielt (Fig. 631) und einige Gattungen von Tiefseeoctopoden besitzen kegelförmig verlängerte *Teleskopaugen*, wie wir sie schon bei den Heteropoden kennen lernten (S. 828).

Placophora. Kurz erwähnen müssen wir die eigentümlichen *Rückenaugen*, die in großer Anzahl auf den Schalenplatten gewisser *Placophoren* (Subfamilien *Toniciinae, Liliophorinae* und *Chitoninae*) vorkommen. Diese Organe sind interessant, weil sie sich deutlich als teilweise oder vollständige Umbildungen der Hautsinnesorgane (Megalaestheten) darstellen, welche wir in den Schalenplatten der Placophoren verbreitet fanden (S. 656). — Ein solches Auge (Fig. 459, S. 656), welches aus der Umbildung einer Megalaesthete entsteht (auch extrapigmentäres Auge genannt) besitzt etwa den Charakter eines mehr oder weniger eingesenkten Gruben- bis Becherauges, das in der äußeren Lage der Schalenplatte (sog. *Tegmentum*), dicht unter der äußeren Oberfläche liegt. Die Höhlung des Bechers wird von einer Linse teilweise erfüllt, die wie die Schalenplatte verkalkt ist und von einer oder wenigen Epidermiszellen, ähnlich wie die Kalkstacheln der Placophoren, abgesondert wird. Äußerlich ist die Linse vom Periostracum überzogen. Die Becher- oder Grubenwand (*Retina*) besteht aus kurz cylindrischen Sehzellen, die sich proximal in Nervenfasern fortsetzen. Letztere verlaufen als ein Faserbündel durch die Röhre, welche das Tegmentum oder auch das Articulamentum durchsetzt und bis zur darunter liegenden Epidermis reicht. Außerdem finden sich in der Retina noch sehr schmale Zwischenzellen, die sich in das Füllgewebe fortsetzen (netzförmig verästelte Zellen ectodermaler Herkunft, welche die eben erwähnte Röhre erfüllen). Die wandständigen Füllzellen bilden Pigment, welches das Tegmentum im Umfang des Auges färbt und seitlichen Lichtzutritt verhindert. Die Distalenden der vorhin erwähnten Zwischenzellen erweitern sich an der distalen Retinalfläche beträchtlich und sondern hier einen fein radiärfaserigen Glaskörper ab, der sich zwischen Linse und Retina einschiebt.

Fig. 631.

Bathothauma lyromma. (Tiefseecephalopode.) Dorsalansicht (nach CHUN 1910).
O. B.

Die kleinen Augen, auch intrapigmentäre Augen genannt, welche nur aus einem Teil einer Megalaesthete hervorgehen (einzelne *Callochiton* und *Chiton*), bilden sich seitlich an den Megalaestheten hervor, höher oder tiefer, indem einige von deren Sinneszellen zu Sehzellen werden. Letztere lagern sich als pigmentierte Zellen unter ein linsenartiges Gebilde, das aus dem Tegmentum hervorgeht (Callochiton), oder als unpigmentierte Sehzellen unter eine Linse, welche das Absonderungsprodukt einer besonderen Zelle ist. Die letzterwähnten Augen werden von einigen pigmentierten Füllzellen umlagert. Ein Glaskörper fehlt den kleinen Augen völlig. Alle Teile der Rückenaugen der Placophoren gehen demnach aus der Epidermis hervor und beim Wachstum treten fortgesetzt neue Augen an den Seitenrändern der Schalenplatten auf.

b) Inverse Augen der Mollusken.

a) *Lamellibranchiata.* Invertierte Augen von ziemlich hoher Ausbildung kommen am Mantelrand gewisser Lamellibranchiaten vor und zwar an den Enden eines Teils der tentakelartigen Gebilde, welche sich an diesem Ort meist finden. Bei *Pectiniden* und *Spondyliden* sind sie am besten ausgebildet und am ganzen Mantelrand entwickelt, jedoch gewöhnlich von recht verschiedener Größe. Ihre Zahl ist an beiden Mantelrändern manchmal recht verschieden, indem sich bei Pectiniden, welche mit der rechten Seite festgeheftet sind, am rechten Mantel viel weniger oder keine finden. — Bei gewissen *Cardiumarten* (*Cardium muticum* und *edule*) tragen die Tentakel in der Umgebung der Siphonenöffnungen Augen von ähnlichem Typus.

Die genauest bekannten und hoch entwickelten *Pectenaugen* seien hier zunächst erwähnt (Fig. 632). Das an der Tentakelspitze liegende Auge geht aus einer

Fig. 632.

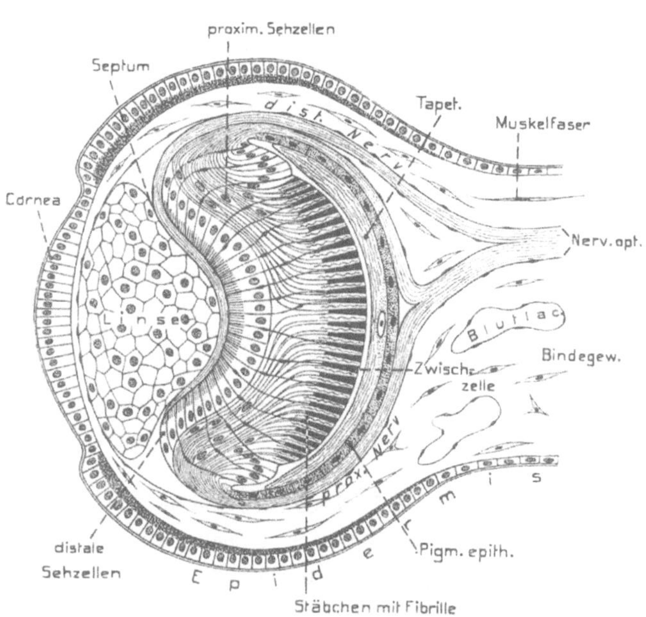

Pecten. Ein Mantelrandauge im Achsialschnitt. Schematisch. (Zum Teil nach HESSE 1900) und BÜTSCHLI 1886 kombiniert.) O. B. u. v. Bu.

Augenblase hervor, welche durch Einstülpung des Ectoderms entsteht und sich völlig abschnürt. Indem distal von der Blase, durch Vermehrung der Epidermiszellen eine zellige Linse entsteht, wird die distale Blasenwand zu einer dicken und ursprünglich jedenfalls rein *inversen Retina*, während die sehr dünn bleibende proximale Wand ein flaches Pigmentepithel bildet. Im Bereich der Linse bleibt die Epidermis durchsichtig (sog. Cornea), während sich die angrenzende Epidermis, im Umfang der Augenblase, pigmentiert und seitliches Licht abhält. Die Linse des erwachsenen Auges besteht aus zahlreichen rundlichen bis polygonalen Zellen und liegt der ungefähr schüsselförmigen Retina dicht an; doch schiebt sich zwischen beide ein bei Pecten nichtzelliges, bei Spondylus zelliges, dünnes Septum. — Die *Netzhaut* erscheint sehr eigentümlich, da ihre distale Region von einer Lage cylindrischer Zellen gebildet wird, die einen distalen, längsgestreiften, stäbchenartigen Saum tragen, welcher sich also gegen die Linse richtet. Diese Zellen werden deshalb als distale Sehzellen gedeutet, obgleich ihre Verbindung mit Nervenfasern noch etwas unsicher ist. Zu dieser Zellenlage gesellt sich proximal eine viel höhere, die aus langgestreckten fadenförmigen Sehzellen besteht, welche von der randlichen Peripherie der Retina ausgehen und, gegen deren Centrum ziehend, invers umbiegen. Ihre gegen den Augenhintergrund schauenden freien Enden sind zu plasmatischen stäbchenartigen Gebilden entwickelt, die eine achsiale Fibrille enthalten.— Die Ontogenie erweist, daß diese proximale Sehzellenlage vom Rand der ursprünglichen Retina über die distale Zellenlage allmählich herüberwächst, was mit dem fertigen Bau gut übereinstimmt. Zwischen den proximalen Sehzellen liegen Zwischenzellen, welche sich auch zwischen die distalen Sehzellen erstrecken.

Diese Zwischenzellen sollen nach einer der Auffassungen ebenfalls Sehzellen sein, die sich in die *Zwischensubstanz* zwischen den Stäbchen erstrecken und sich mit dem distalen Nerv verbinden. Es ist aber doch recht unwahrscheinlich, daß das Pectenauge dreierlei Sehzellen besäße.

Die Nerven, welche zu den Augen treten, sollen direkt vom Visceralganglion ausgehen, nicht vom Mantelrandnerv, wie früher angenommen wurde. Das zutretende Nervenästchen teilt sich dicht am Auge in zwei Zweige; der eine zieht um das Auge herum und breitet sich auf der distalen Retinafläche unter dem Septum aus; seine Fasern sollen sich mit den distalen Sehzellen und Zwischenzellen verbinden; der andere Zweig verbreitet sich am Rand der Retina und steht mit den proximalen Sehzellen in Verbindung.

Zwischen Retina und Pigmentepithel findet sich eine dünne, metallisch (rötlich bis blau) reflektierende Lage (*Tapetum*), die von einer einzigen Zelle gebildet werden soll.

Demnach besäßen die Augen der Pectiniden und Spondyliden insofern einen sehr eigentümlichen Charakter, als sie zwei Sehzellenlagen enthielten, eine converse und eine inverse. Daß aber die converse Bildung der distalen Lage auf nachträglicher Umlagerung (Reversion) der Zellen beruht, dürfte wohl sicher sein.

Die *Cardiumaugen* sind von ähnlichem Typus, jedoch einfacher gebaut, besonders bei Cardium edule; wo aber wohl Verkümmerung vorliegt. *Cardium muticum* (Fig. 633) zeigt eine Augenblase, deren Distalwand eine viel einfachere Retina bildet, da ihr die distale converse Sehzellenlage fehlt, wenn man nicht ihren Vertreter in einer Masse radiärer durchsichtiger Zellen suchen will, die sich als sog. Glaskörper zwischen Linse und Retina einschaltet; doch ist dies wenig wahrscheinlich. Die Retina läßt Seh- und Zwischenzellen deutlich erkennen. Ein Hauptunterschied von den erstbesprochenen Augen besteht darin, daß bei Cardium muticum das Pigment, welches die Augenblase umhüllt, nicht in der Epidermis liegt, sondern in einer unter ihr befindlichen Zellenlage, welche also wohl dem Mesoderm angehört; wogegen es sich bei Cardium edule so verhält wie bei Pecten, aber weniger ausgedehnt ist. Ein wahrscheinlich bindegewebiges Tapetum unterlagert die Proximalwand der Augenblase (die sog. *Chorioidea*).

Oncidiidae. Die eigentümlichen inversen Rückenaugen der *pulmonaten Oncidiiden* (Fig. 634) gehören einem ganz anderen Typus an; sie sind jedenfalls nicht aus Augenblasen hervorgegangen. Sie verbreiten sich über den Rücken dieser Pulmonaten, wo sie in Gruppen von etwa 1—6 auf Hautpapillen stehen, und können mehr oder weniger aus- und eingestülpt werden, wozu besondere Muskeln dienen. Jedes Auge besteht aus einer Cornea, d. h. der durch-

Fig. 633.

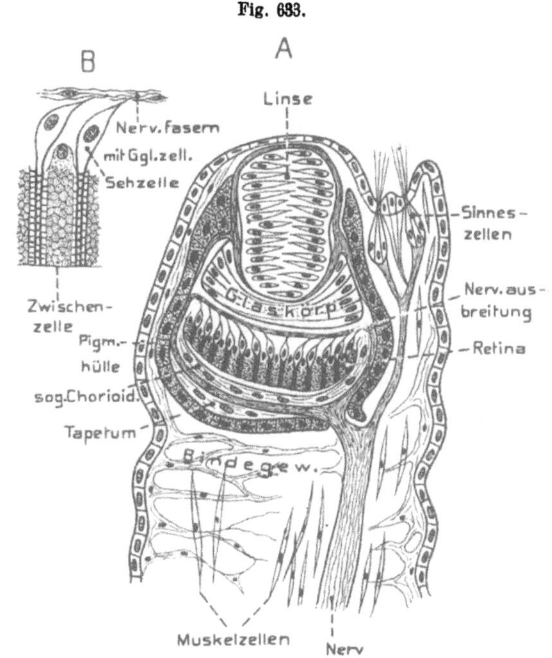

Cardium muticum (Lamellibranchiate). *A* Medianer Längsschnitt durch einen augentragenden Siphonaltentakel. — *B* Ein kleiner Teil der Retina stärker vergrößert (nach ZUGMAYER 1904).
v. Bu.

Fig. 634.

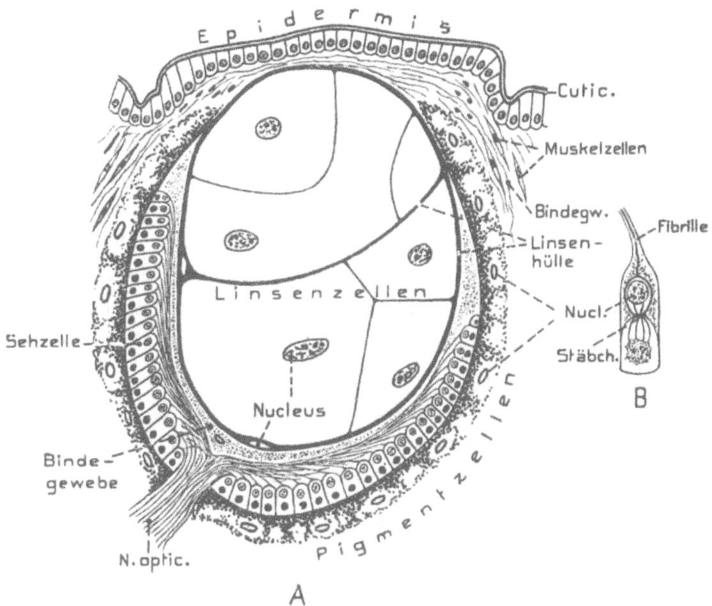

Oncidium verruculatum. *A* Achsialschnitt durch ein Rückenauge. — *B* Eine Sehzelle stärker vergrößert (nach STANSCHINSKY 1908).
v. Bu.

sichtigen Epidermis über ihm; ferner einer Linse, welche von einer bis zahlreichen großen durchsichtigen Zellen gebildet wird, deren Zahl selbst bei derselben Spezies variieren kann. Die Linse wird proximal von einer Retina umfaßt, die bei den gut entwickelten Augen aus einer einschichtigen Lage inverser cylindrischer Sehzellen besteht, und diese Retina wird ihrerseits wieder von einer Pigmentzellenlage umhüllt. Der Sehnerv tritt durch den proximalen Pol der Pigmenthülle zur Retina, um sich zwischen letzterer und der Linse auszubreiten, so daß der inverse Charakter klar hervortritt. — Bei gewissen Arten ist jedoch die Retina sehr unregelmäßig gebaut, indem sie aus polygonalen, mehr- bis vielschichtig übereinandergelagerten Sehzellen besteht, was solche Augen denen der gnathobdelliden Hirudineen ähnlich erscheinen läßt. Wahrscheinlich dürften die Oncidienaugen auch ähnlich jenen der Blutegel entstanden sein, nämlich durch Zusammengruppierung einzelner, aus dem Ectoderm eingewanderter Sehzellen, während die Linsenzellen vermutlich aus mesodermalen Schleimzellen hervorgehen, und sich die Pigmenthülle von Pigmentzellen ableitet, welch beide Zellformen im Hautbindegewebe zahlreich vorkommen.

5. Chordata.

Für die typischen Augengebilde der Chordaten gilt als gemeinsamer Charakter, daß sie aus dem Hirnteil des eingestülpten Nervenrohrs hervorgehen. Im Einzelnen läßt sich jedoch zurzeit ein Vergleich zwischen den Augen der Tunicaten und Vertebraten kaum durchführen, obgleich dies mehrfach versucht wurde.

5a. Tunicata.

Nur bei verhältnismäßig wenigen Formen sind Sehorgane mit Sicherheit erwiesen. Sie finden sich regelmäßig bei erwachsenen *Thaliaceae* und *Pyrosomen*, sowie den Larven der *Ascidien*. Das Organ letzterer läßt etwaige Beziehungen zu den Vertebratenaugen am deutlichsten erkennen und soll deshalb zunächst geschildert werden. Das *Auge der Ascidienlarve* liegt am hinteren Abschnitt der dorsalen Decke der Hirnblase, in die es ventralwärts etwas vorspringt (Fig. 393, S. 544). Es wird von einer größeren Zahl cylindrischer Zellen zusammengesetzt, die zusammen einen halbkugeligen Körper bilden, dessen Centrum in der Grenzfläche der Hirnhöhle liegt. Die freien Zellenenden sind schwarz pigmentiert; doch wird auch vermutet, daß die Zellen zweierlei Natur seien, d. h. Seh- und Zwischenzellen. Der nach der Hirnhöhle gerichteten freien Endfläche dieser Retina sitzt eine durchsichtige Linse auf, welche aus mehreren Zellen oder Abschnitten (eigentliche kuglige Linse und 1—2 Menisken) bestehen soll, von denen aber nur eine die eigentliche Linse bilde. Natürlich geht das Auge mit der Hirnblase später völlig zugrunde.

Die gewöhnliche Ansicht ist, daß das Licht durch den Körper der Larven zu diesem Auge trete; neuere Erfahrungen zeigten jedoch, daß die Linse so gerichtet ist, daß äußeres Licht direkt von vorn und etwas dosral auf die Linse fällt, das Auge der erwachsenen Larven demnach etwas verdreht ist. Die Frage, ob die paarigen Wirbeltieraugen von diesem Ascidienauge ableitbar seien, wurde teils bejaht, teils geleugnet. Die Schwierigkeit, die in der Paarigkeit der Craniotenaugen beruht, suchte man durch den Nachweis zu umgehen, daß die Sinnesblase der Ascidienlarve ein einseitig und zwar rechtsseitiges Gebilde sei, die entsprechende linke Blase dagegen verkümmert. Gelegentlich wurde das Auge auch dem Parietalorgan der Cranioten verglichen, oder beiderlei Augen der Cranioten von den Augengebilden der Thaliaceae abzuleiten versucht.

Die *Augengebilde der Thaliaceae* und der *Pyrosoma* liegen in der Oberfläche des Cerebralganglions, das, wie früher erwähnt (s. Fig. 397 S. 548), solide ist. Seltsamerweise liegt das wenig bekannte, jedenfalls relativ einfach gebaute Auge von Pyrosoma auf der Ventralseite der hinteren Ganglionregion, wo es sich etwas hügelig erhebt, wogegen die Salpenaugen der Dorsalseite des Ganglions angehören und zwar im allgemeinen deren Vorderregion. Sie sind bei den beiden Generationen: der ungeschlechtlichen solitären (Ammen) und der geschlechtlichen Kettengeneration stets verschiedenartig gebaut. — *Das Auge der Solitärsalpen* (Fig. 635) ist stets unpaar und von hufeisenförmig gekrümmter Form, wobei die Öffnung des Hufeisens oralwärts schaut. Es springt über die dorsale Ganglionfläche etwas wulstartig vor, was namentlich für die Enden des Hufeisens gilt, welche sich zuweilen auch als freie Fortsätze verlängern können. Bei zahlreichen Formen wird es von annähernd cylindrischen Sehzellen gebildet, die in der mittleren (hinteren) Region des hufeisenförmigen Gebildes nahezu senkrecht oder etwas radiär auf der Hirnoberfläche stehen, wobei die Nervenfasern aus dem Hirninnern zu den proximalen Sehzellenden ziehen. Caudalwärts und etwas dorsal wird dieser Teil des Augenwulsts von Pigmentzellen bedeckt, welche, wie die Pigmentzellen der Salpen- und Pyrosomenaugen überhaupt, wohl aus ectodermalen Zellen der Hirnanlage hervorgehen. Zwischen den peripheren Sehzellenden finden sich Bildungen, die verdickten Zellwänden gleichen und als recipierende Elemente (Stäbchen, Rhabdome) gedeutet werden. — Wenn diese Auffassung zutrifft, so hätte dieser mittlere Teil des hufeisenförmigen Auges eine etwas eigentümliche Beschaffenheit, da sein caudaler von Pigmentzellen bedeckter Teil eine inverse, der orale, von Pigment unbedeckte dagegen eine converse Bildung besäße. — In den Seitenarmen des Hufeisens wird dies anders, indem sich die Sehzellen hier so drehen, daß sie etwas horizontal und lateralwärts gerichtet sind, wobei die Pigmentzellenschicht gleichfalls lateral nach außen rückt (Fig. 635, *B*). Die zutretenden Nervenfasern steigen daher auf der medialen Seite

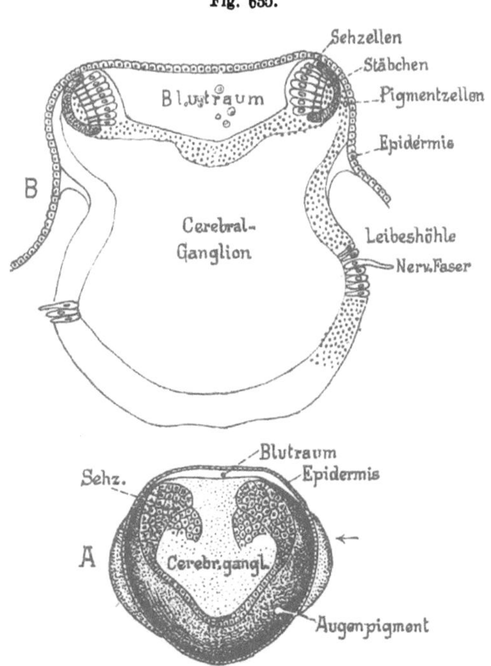

Salpa, Auge der ungeschlechtlichen Generation. — *A* Salpa africana-maxima, Cerebralganglion von der Dorsalseite mit dem hufeisenförmigen Auge (nach GÖPPERT 1893). — *B* Cyclosalpa pinnata. Querschnitt durch das Cerebralganglion und das hufeisenförmige Auge, etwa in der Gegend des Pfeils auf Fig. *A* (nach METCALF 1893). O. B.

der Hufeisenarme empor, um sich mit den Sehzellen zu verbinden; diese Teile des Auges sind daher ausgesprochen invers.

Die Augenbildungen der *Kettensalpen* (Fig. 636) sind viel komplizierter und bei den einzelnen Arten recht verschieden. Im allgemeinen gilt, daß sich das Auge als freier zapfenartiger Fortsatz von der Ganglionoberfläche erhebt, selten rein dorsalwärts, meist vom Vorderende des Ganglions oralwärts oder zuweilen sogar etwas ventral herabbiegend; wobei der Augenzapfen häufig etwas schief nach vorn gerichtet und mehr oder weniger asymmetrisch ist. Er erscheint dadurch merkwürdig, daß er meist zwei differente Regionen unterscheiden läßt, eine basale und eine apicale, deren Unterschied sich zunächst in der verschiedenen Lage der Pigmentzellenschicht ausspricht; diese liegt in der Basalregion ventral bis oralwärts (Fig. 636, *B*), in der apicalen dagegen dorsal. Diese beiden Pigmentzonen hängen jedoch gewöhnlich beiderseits durch schief aufsteigende Verbindungen zusammen. In beiden Regionen sind die Sehzellen so gestellt, daß ihre stäbchentragenden Enden gegen die Pigmentschicht gerichtet sind. In der Basalregion ist der Nervenzutritt sicher invers; wahrscheinlich gilt dies aber auch für

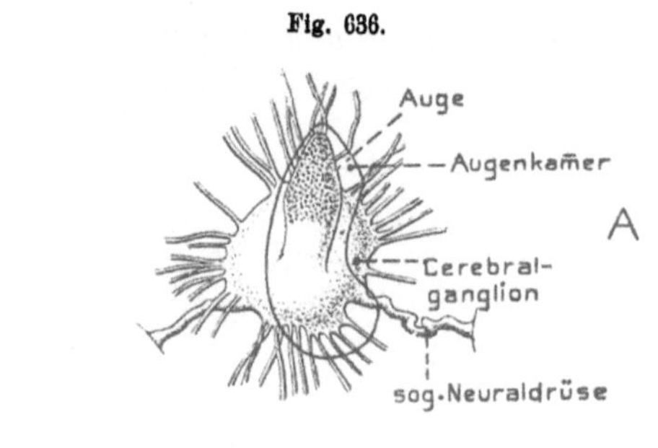

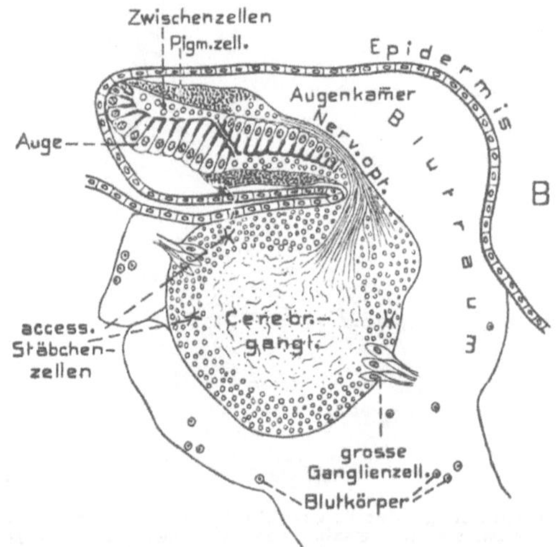

Cyclosalpa dolichosoma-virgula. Geschlechtsgeneration. *A* Cerebralganglion mit Augen von der Dorsalseite. — *B* Medianschnitt durch das Cerebralganglion mit dem Auge (nach METCALF 1905).   v. Bu.

die Apicalregion, obgleich das schwerer feststellbar erscheint. Die Sehzellen erfahren also in ihrem Verlauf von der Basis gegen den Apex eine vollständige Umkehr. Bei einer Reihe von Salpen sondern sich die beiden Augenregionen schärfer von einander und erscheinen wie zwei getrennte Augen auf gemeinsamem Stiel, ja es kann das basale paarig werden, und sich vom apicalen noch ein Teil absondern (Mittelauge), so daß sich vier Augengebilde unterscheiden lassen (*Cyclosalpa pinnata*). — Wie bemerkt, sind wahrscheinlich alle Augen der Kettensalpen invers. — In den Retinazellen gewisser Formen finden sich eigentümliche Einschlüsse (*Phao-*

some) und zwischen der Retina und der Pigmentzellenhülle meist noch Zellen, welche wahrscheinlich Fortsätze zwischen die Sehzellen senden und daher als Zwischenzellen aufzufassen sind.

Nicht bei allen Salpen wird aber die Retina von einer einfachen Schicht cylindrischer Sehzellen gebildet; vielmehr gibt es nicht wenige, deren Sehzellen rundlich bis unregelmäßig sind und in mehrfachen Schichten übereinanderliegen. — Das Auge wird an den Stellen, wo es nicht der Hypodermis oder dem Hirn direkt anliegt, von einem Blutraum umschlossen, der gegen den das Hirn umgebenden Blutsinus nahezu abgeschlossen ist. Gewöhnlich wird das hufeisenförmige Auge der Solitärformen als die phylogenetisch ursprünglichere Bildung angesehen, von welcher die komplizierten Augen der Kettensalpen abzuleiten seien; was aber vorerst noch etwas problematisch erscheint. — Zurzeit scheint es kaum möglich, einen begründeten Vergleich zwischen den Salpenaugen und jenen der Wirbeltiere auszuführen.

Bei manchen Kettensalpen liegt etwas hinter dem Auge auf der Doralseite des Ganglions eine Retinazellengruppe ohne Pigment und von eigenartigem conversem Charakter. — Ferner kommen bei manchen 2—4 oder noch mehr kleine pigmentlose Gruppen solcher Zellen im Innern des Ganglions, aber nahe an seiner Oberfläche vor. Ob sie wirklich als lichtempfindliche Organe funktionieren, ist fraglich; doch erscheint ihr Vorkommen in Rücksicht auf die Verhältnisse von Branchiostoma nicht ohne Interesse.

Die meist gelb-rötlichen Pigmentflecke, welche sich bei den *Ascidien* häufig am Rande des Munds (Einströmungsöffnung) und der Kloakalöffnung finden (s. Fig. 286 *A*, S. 422, wo sie als Punkte zwischen den Lappen dieser Öffnungen angedeutet sind), besitzen annähernd den Bau schwach vertiefter Becheraugen und werden von mesodermalen Pigmentzellen unterlagert. Die Gruben sind vom Cellulosemantel ausgefüllt.

5 b. Craniota, Lateralaugen.

Einleitung und Ontogenese.

Wie früher erörtert wurde, geht die erste Anlage des Craniotenauges nicht vom äußeren Ectoderm, sondern von der Hirnanschwellung des Neuralrohrs aus. Schon vor deren Einstülpung tritt häufig auf dem Teil der Neuralplatte, welcher zum Prosencephalon wird, ein Paar grubenartiger Vertiefungen auf (s. Fig. 637), die sogar vorübergehend pigmentiert sein können. Indem sich die Hirnanlage abschnürt, werden aus diesen *Augengruben* ein Paar *Augenblasen*, die auf der Grenze zwischen Tel- und Diencephalon entspringen (Fig. 638, 640), jedoch mit ihrem größeren Anteil von letzterem. Sie wachsen distal bald soweit hervor, daß sich ihre Distalwand dem Ectoderm anlegt. Die Binnenhöhle der Augenblase kommuniziert natürlich mit dem Ventrikelraum des Prosencephalon.

Ursprünglich entspringt die Augenblase aus der Lateralwand des Prosencephalon, ja nach Manchen sogar anfänglich von dessen Dorsalregion. Indem sich aber die Decke des Prosencephalon zwischen den Augenblasen bald stark dorsal emporwölbt, verschiebt sich die Verbindung

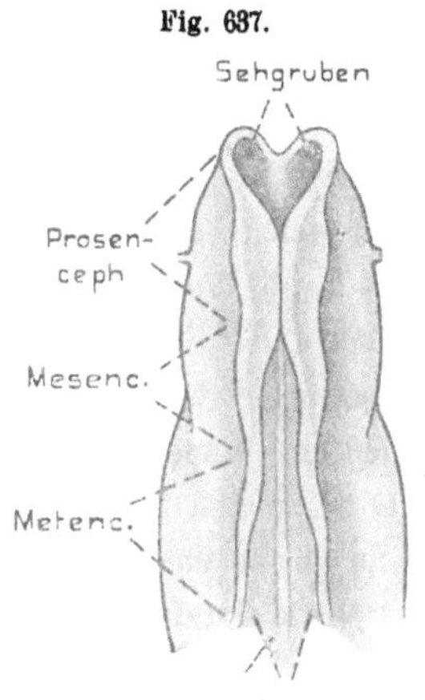

Fig. 637.

Gallus domesticus. Kopfregion eines Embryo (Anfang des 2. Tages) von der Dorsalseite (nach DURSY, aus FRORIEP 1905). v. Bu.

mit den Augenblasen in seine Ventralregion, indem sie sich gleichzeitig verengt· und so zum Stiel der Augenblase wird.

Das einschichtige äußere Ectoderm, an welches sich die Distalwand der Blase anlegt (nur bei den Mammalia schiebt sich zwischen beide vorübergehend eine dünne Mesodermschicht), verdickt sich hierauf mäßig zur ersten Anlage der späteren Linse. Diese Anlage (*Linsenplatte*) stülpt sich dann gegen die distale Augenblasenwand grubenartig ein (Fig. 639) und schnürt sich endlich als ein nun unter dem Ectoderm liegendes hohles *Linsenbläschen* ab. Im weiteren Verlauf der Entwicklung wachsen die einschichtigen Zellen der Proximalwand dieses Bläschens zu hohen Cylinderzellen aus, wodurch sich diese Wand so ansehnlich verdickt, daß sie das Lumen des Bläschens verdrängt; schließlich werden ihre Zellen lang faserartig (*Linsenfasern*) und bilden später die eigentliche Linsensubstanz, während die Distalwand des Linsenbläschens stets ein dünnes einschichtiges Epithel bleibt (*vorderes Linsenepithel*).

Die Linsenanlage wurde mehrfach als die vorderste sog. Epibranchialplacode (s. S. 624) gedeutet, da sie etwa in die Nähe derselben fällt; doch erscheint diese Deutung sehr unsicher.

In dem Maße wie sich das Linsenbläschen einsenkt, flacht sich die distale Augenblasenwand, welche sich allmählich stark verdickte, ab und legt sich endlich der Proximalwand dicht an, womit das ursprünglich meist weite Lumen der Blase auf einen engen spaltförmigen Raum reduziert wird. Indem gleichzeitig der Umschlagsrand der so entstandenen beiden Blätter der Blase distalwärts auszuwachsen beginnt, wird sie zu einem nach außen geöffneten Becher, in dessen

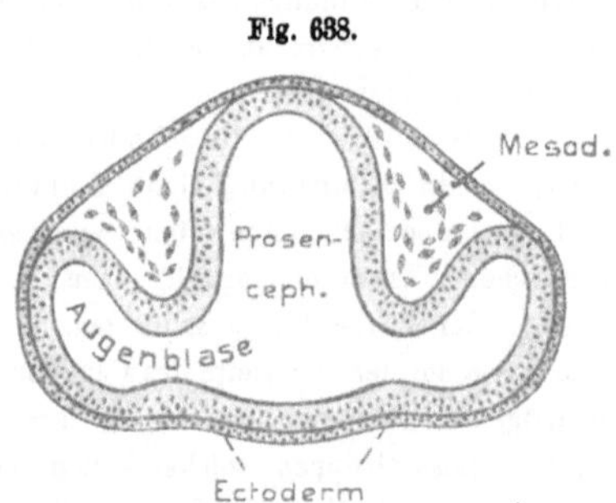

Fig. 638.

Gallus domesticus. Embryo vom 2. Tag. Querschnitt durch den Vorderkopf mit den Augenblasen (nach FRORIEP 1905). v. Bu.

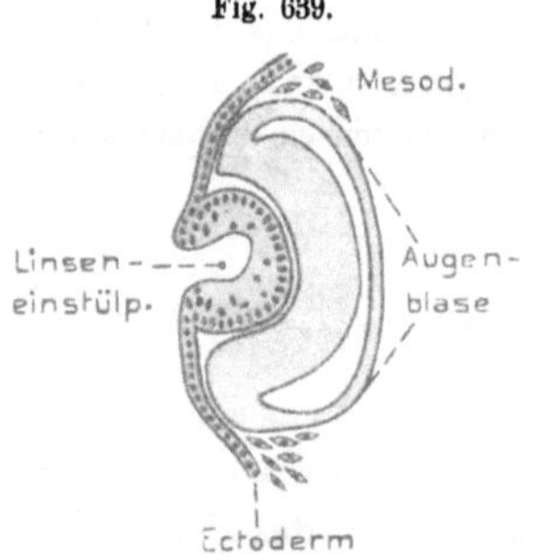

Fig. 639.

Lacerta agilis. Embryo mit 27 Urwirbeln. Horizontalschnitt durch die Linseneinstülpung und die eingestülpte Augenblase (nach RABL 1899). v. Bu.

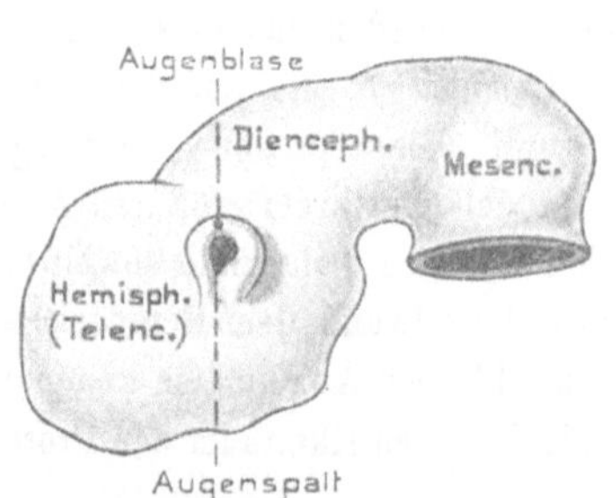

Fig. 640.

Homo. Embryo vom Ende der 4. Woche. Modell des Vorder- bis Mittelhirns mit der Augenblase, von links (nach FRORIEP 1905). v. Bu.

Höhle die Linse eingesenkt ist (vgl. Fig. 639 Die verdickte Distalwand dieses Augenbechers wird später zur lichtempfindlichen Netzhaut (*Retina*), während aus·

der sich stets als dünnes Epithel erhaltenden Proximalwand das *Pigmentepithel*
der Retina hervorgeht. Aus dieser Entstehung der Retina folgt notwendig ihr inverser Charakter.

Auch die Ventralwand des Augenstiels, welche direkt in die distale Becherwand übergeht, verdickt sich wie letztere und wird später zum *Sehnerv*, welcher
sich also direkt in die Retina fortsetzt. An dieser Übergangsstelle findet sich demnach kein freier Umschlagsrand der beiden Blätter des Augenbechers; die Folge
hiervon wird sein, daß bei der Becherbildung an dieser Stelle kein distales Auswachsen des Umschlagrands stattfindet, weshalb hier in der entstehenden Augenbecherwand eine spaltartige Unterbrechung bleibt (Fig. 641). Dieser »*Augenspalt*«
erstreckt sich also von der Übergangsstelle
des Stiels in den Augenbecher längs der
ganzen Ventralseite des letzteren bis zu
seinem Distalrand. Der Spalt ist wichtig,
weil durch ihn eine Blutgefäßschlinge, und
damit auch Mesoderm, in die Becherhöhle
eintreten und zu verschiedenartigen Bildungen führen können. Auf späteren Stadien
schließt sich jedoch der Spalt durch Verwachsung seiner Ränder fast stets völlig. In
der Linsenregion bleibt der distale Teil des
Retinablatts ein dünnes einschichtiges Epithel
(*Pars caeca retinae*), das mit dem Pigment-
epithelblatt am Aufbau des gleich zu besprechenden *Ciliarkörpers* und der *Iris* teilnimmt (s. Fig. 642). — In dem Raum zwischen
Linse und Retina entwickelt sich allmählich
eine gallertige, wasserreiche und durch-

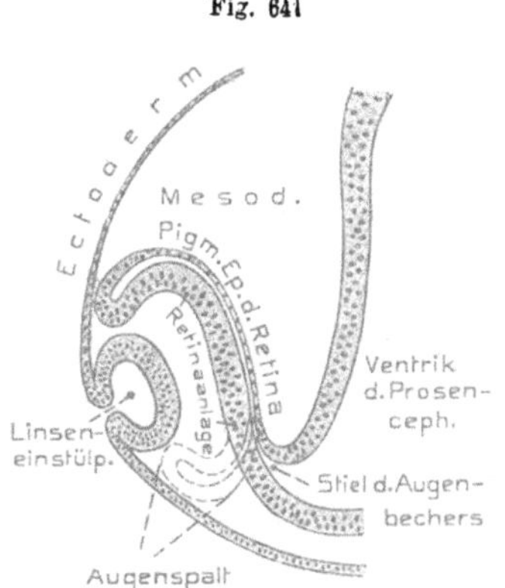

Fig. 641

Gallus domesticus. Embryo (vom Ende
des 8. Tages). Querschnitt durch die Anlage des Augenbechers. Das spätere Auswachsen zum vollständigen Augenbecher
unter Bildung des Augenspalts ist durch
die gestrichelten Linien angedeutet (nach
Froriep 1905, etwas verändert).
v. Bu.

sichtige Masse, der *Glaskörper* (Corpus vitreum). Er geht teils aus feinfaserigen
Fortsätzen der späteren Stützzellen der Retina hervor, namentlich aber aus denen
der eben erwähnten Pars caeca (ectodermaler Teil des Glaskörpers). — Dazu gesellen sich jedoch noch mesodermale Elemente (Bindegewebs- und Wanderzellen),
welche sich von dem mit der Gefäßschlinge in den Glaskörperraum eintretenden
Mesoderm ablösen.

Die so gegebene Augenanlage umkleidet sich zum Schutz und zu anderen
Funktionen mit einer bindegewebigen (mesodermalen) Hülle, wodurch ein abgeschlossener *Augapfel* (Bulbus oculi) entsteht; diese Hülle differenziert sich weiterhin in zwei Lagen. Die äußere umgibt als geschlossene Bildung den gesamten
Augapfel. Distal schließt sie sich als durchsichtige *Hornhaut* (*Cornea*) dem geschichteten Epithel der äußeren Haut so dicht an, daß ein Corium als selbständige
Bildung hier meist nicht unterscheidbar ist. Diese Cornea (Fig. 642) geht im
übrigen Teil des Bulbus in die fibrillär bindegewebige, undurchsichtige und blut-
arme *Sclera* (Sclerotica, harte Haut) über, die wesentlich Schutz- und Stützgebilde

ist. — Die innere bindegewebige Hülle, die *Chorioidea* (Gefäß- oder Aderhaut), besitzt stets blutgefäßreiche und stark schwarz pigmentierte Schichten. Sie umhüllt das Auge nicht völlig, sondern erstreckt sich nur soweit nach vorn wie der ursprüngliche Augenbecher, mit dessen äußerer Wand (Pigmentepithel der Retina) sie eng verwächst. — Der Umschlagsrand des Augenbechers, samt dieser Chorioidea, wachsen nun distal von der Linse gegen die Augenachse aus und bilden ein ringförmiges, vorhangartiges Diaphragma, die *Regenbogenhaut* (*Iris*) mit einer achsialen Öffnung (*Pupille*). An der Bildung der proximalen Iriswand beteiligen sich demnach die beiden Blätter (Pars caeca) des vorderen Augenbecherrands. —

Fig. 642.

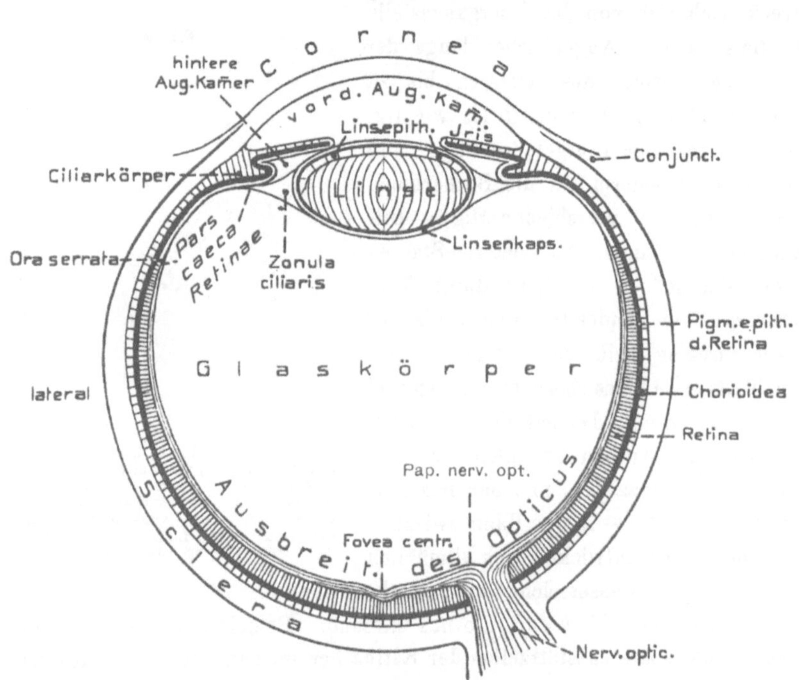

Schema des Wirbeltierauges (speziell Säugetier). Im Horizontalschnitt.   v. Bu

Weiterhin wachsen jedoch in der Region des späteren Linsenäquators faltenartige, radiär gerichtete Fortsätze (Processus ciliares) der Chorioidea, samt der Pars caeca, gegen die Linse vor, an die sie sich anlegen können; sie bilden in ihrer Gesamtheit den *Ciliarkörper* (Corpus ciliare, Fig. 642). — Zwischen Iris und Hornhaut bleibt ein von wässeriger Flüssigkeit (*Humor aqueus*, Lymphe) erfüllter Raum (*vordere Augenkammer*). Ein viel engerer ähnlicher Raum zwischen der Iris und Linse wird als *hintere Augenkammer* bezeichnet.

Wir wollen in folgendem die Augen der Cranioten sowohl in ihrer Gesamtbildung als im Bau ihrer Einzelteile etwas genauer betrachten.

Allgemeines über den Bulbus. Die *Bulbusgröße* schwankt sehr, doch läßt sich unter sonst gleichen Bedingungen erkennen, daß sie nicht in gleichem Maße wie die Körpergröße zunimmt, also die größeren Vertebraten im allgemeinen relativ kleinere Augen besitzen. In allen Klassen, ausgenommen bei Vögeln, finden wir jedoch Formen mit sehr kleinen, ja verkümmerten Augen. Letzteres tritt, wie auch unter den Wirbellosen, bei im Dunkeln lebenden Arten auf (Höhlentiere, Tiefseetiere, unterirdisch lebende).

Die Augen fast aller *Cyclostomen* sind klein, ja bei den halbparasitischen Myxinoiden sehr stark verkümmert (nur bei den Männchen von *Geotria chilensis* wurden ansehnliche, teleosteerähnliche Augen gefunden). — Die *Fische* besitzen im allgemeinen mittelgroße Augen, doch kommen unter den Teleosteern auch solche mit sehr kleinen und sogar blinde vor, deren Augen rudimentär sind (blinde Höhlenfische, Amblyopsidae und andere). Die im allgemeinen kleinen *Amphibienaugen* sind bei den *Perennibranchiaten* am schwächsten entwickelt, bei dem höhlenbewohnenden Proteus und den subterranen Gymnophionen rudimentär. — Auch

die Augen der Reptilien bleiben mäßig, bei einigen *Sauriern* und *Ophidiern* (Typhlopidae) selbst klein bis rudimentär; wogegen die *Vögel* durchweg verhältnismäßig große besitzen. Hinter ihnen bleiben die der *Mammalia* relativ zurück und sind bei subterranen Formen (so *Talpidae* und *Spalacidae*, der Cetacee *Platanista*) stark verkümmert.

Die bei fast sämtlichen Wirbeltieren (jedoch mit gewissen Ausnahmen) seitlich gerichteten Augenachsen wenden sich bei den Primaten nach vorn. — Bei manchen Knochenfischen (z. B. *Uranoscopus*, *gewisse Tiefseefische*, Fig. 643) können die Augen ganz auf die Dorsalseite des Kopfes rücken und

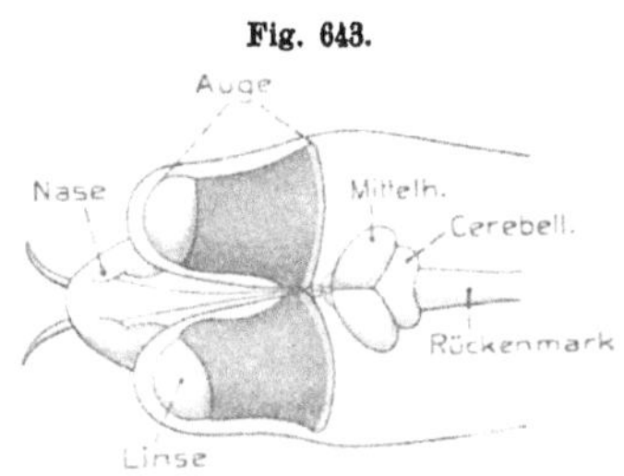

Fig. 643.

Gigantura indica (Tiefseeknochenfisch). Kopfende von der Dorsalseite (nach BRAUER 1908).   v. Bu.

sehr genähert sein. Besonders seltsam ist die Verlegung beider Augen auf eine Seite, wie sie bei den *Pleuronectiden* durch Überwanderung des einen Auges (bald rechtes, bald linkes) auf die andere Seite auftritt.

Die Bulbusgestalt darf im allgemeinen als annähernd kugelig bezeichnet werden, doch weicht der distale, von der Cornea gebildete Abschnitt häufig ab, da er stärker oder schwächer gekrümmt sein kann als der übrige Bulbus (auffallend z. B. bei den Chondropterygiern, Fig. 645). Der Bulbus weicht von der Kugelgestalt häufig auch dadurch ab, daß die Augenachse kleiner bleibt als der Querdurchmesser, seine Gesamtform daher ellipsoidisch wird (*Kurzaugen*, brachyskope Augen), wobei jedoch auch der vertikale und horizontale Durchmesser etwas verschieden sein können. — Bei gewissen Formen, so namentlich bei vielen Vögeln, kann sich die Bulbusgestalt erheblich modifizieren, indem die hier stark gewölbte Cornea (Fig. 651 *C*, S. 857) durch einen mehr oder weniger steil kegelförmigen Mittelteil mit dem proximalen Bulbusabschnitt zusammenhängt, was bei den Nachtraubvögeln (Eulen) am meisten ausgeprägt ist. Solche Augen erinnern daher an ähnlich gestaltete, die wir schon bei den Heteropoden (S. 828) und Tiefseecephalopoden (S. 834) trafen (*Teleskopaugen*). Anscheinend ähnlich gestaltete Teleskopaugen finden sich auch bei nicht wenigen *Tiefseefischen* (Fig. 644).

Doch sind letztere keineswegs durch eine einfache Verlängerung der Augenachse entstanden. Dies folgt schon daraus, daß die Achse dieser röhrenartig verlängerten Augen nicht lateral gerichtet ist, wie die der gewöhnlichen Fischaugen, sondern entweder dorsal oder rostral (Fig. 643), oder diesen Richtungen doch genähert erscheint. Gleichzeitig liegen die beiden parallel gerichteten Augen sehr dicht nebeneinander, indem sie nur von einer dünnen Scheidewand getrennt werden. Diese Fische besitzen daher, im Gegensatz zu den gewöhnlichen, das Vermögen des binocularen Sehens, ähnlich dem Menschen. — Daß jedoch derartige Augen nicht etwa durch einfache Drehung und Verlängerung der Augenachsen entstanden, ergibt ihre Ontogenese. Auf frühen Stadien besitzen sie etwa den Bau normaler Augen; aus dieser Form gehen dann die dorsal gerichteten dadurch hervor, daß sie in ihrer dorsalen Querachse stark emporwachsen, wogegen die rostral gerichteten durch ähnliches Auswachsen in der rostralen Querachse entstehen. Daß dabei auch gewisse Verschiebungen und Verdrehungen der einzelnen Augenteile stattfinden (Fig. 644), ist begreiflich, kann jedoch hier nicht ge-

Fig. 644.

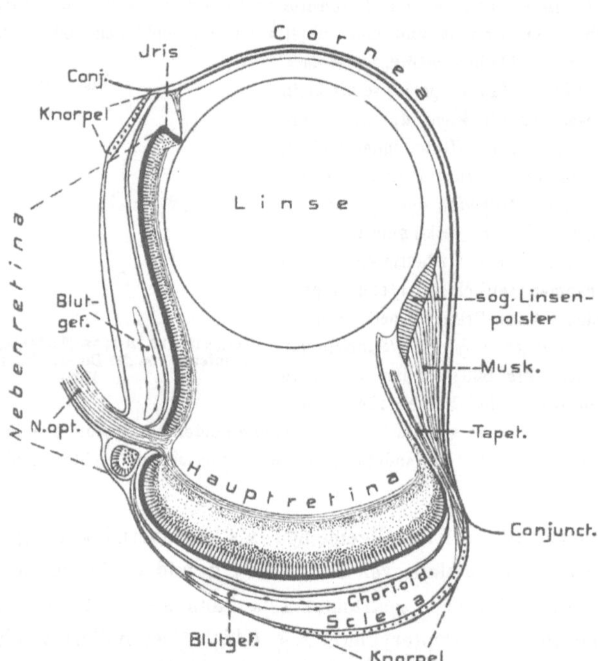

Disomma anale (Tiefseeknochenfisch). Achsialschnitt durch das Auge (Querschnitt durch den Kopf) (nach Brauer 1908).   v. Bu.

nauer erörtert werden. Auf die übrigen Besonderheiten dieser Teleskopaugen wird am geeigneten Ort einzugehen sein. — Kurz erwähnt sei, daß bei den Larven eines Tiefseefisches (*Stylophthalmus*) ungemein langgestielte, gewöhnliche Augen vorkommen, die sich seitlich erheben, und in deren Stiel sogar ein Knorpelfortsatz des Schädels tief hineinreicht. Auf späteren Stadien werden die Stiele kürzer und scheinen endlich ganz zu verschwinden.

Der Bulbus der rudimentären Augen, wie sie in den verschiedenen Klassen (s. S. 845) auftreten, ist in der Regel mehr oder weniger stark verkleinert und meist auch tiefer in das Körperinnere versenkt, indem das Corium und manchmal auch subcutanes Bindegewebe zwischen ihn und die Epidermis eindringen.

Cornea (Hornhaut). Wir fanden früher (S. 843), daß die Hornhaut den distalen durchsichtigen Abschnitt des Bulbus bildet und aus einer Fortsetzung der äußeren Epidermis, sowie dem eigentlichen mesodermalen Cornealgewebe (Sub-

stántia propria corneae) besteht. Da sie fast stets mehr oder weniger nach außen
gewölbt ist und stärker lichtbrechend (Brechungsindex ca. 1,36—1,38), nimmt sie
bei den luftlebenden Formen an der Bilderzeugung teil und zwar bei Vögeln
und Säugern in sehr erheblichem Grad. — Bei den wasserlebenden Vertebraten
kommt diese Wirkung kaum zur Geltung, weil der Brechungsindex des Wassers
den der Cornea nahezu erreicht, ja der des Seewassers ihn etwas übertrifft. Für
solche Tiere ist daher die äußere Corneaform ziemlich gleichgültig, woher es rührt,
daß ihre Hornhaut häufig sehr wenig gekrümmt bis eben, ja sogar unregelmäßig
ist (Fische, Fig. 645, Wassersäuger, Fig. 652); doch kommen bei den Fischen
auch stark vorgewölbte Corneae vor
(z. B. Tiefseefische, Fig. 644). —
Auch der relative Durchmesser der
Cornea schwankt im Vergleich mit dem
Bulbusdurchmesser beträchtlich, etwa
zwischen nahezu gleichem Durchmesser
mit dem Bulbus bis zu einem Drittel
des letzteren. Da der Humor aqueus,
welcher die vordere Augenkammer erfüllt, nahezu denselben Brechungsindex
wie die Cornea besitzt, so kommt weder
die Form der proximalen Corneafläche,
noch ihre Dicke für die Bildgebung
wesentlich in Betracht, vielmehr scheinen diese Verhältnisse hauptsächlich
durch ihre Funktion als Schutzorgan, .auch gegen äußeren Druck, bedingt.

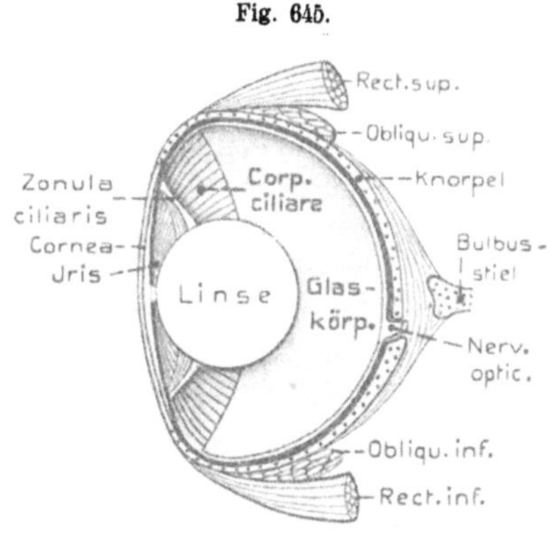

Lamna cornubica (Haifisch). Auge durch vertikalen Meridionalschnitt halbiert (nach Franz 1905,
etwas verändert).　　v. Bu.

　　Das *Corneaepithel* gleicht im allgemeinen der Epidermis, ist also mehrschichtig und
bei den luftlebenden Formen äußerlich verhornt; die Verhornung kann sogar auf die Schleimschicht übergehen, deren Zellen äußerlich verhornen (gewisse Pinnipedier und Cetaceen). —
Der bindegewebige Teil der Cornea (Substantia propria) geht proximal in die Sclera über
und besteht aus fibrillärem, in zarten Lamellen übereinander geschichtetem Bindegewebe.
Nur bei primitiven Vertebraten (Cyclostomen, zahlreiche Fische), wie erwähnt aber auch
häufig bei rudimentären Augen, beteiligt sich das Corium der angrenzenden Haut (Conjunctiva,
Bindehaut) am Aufbau der Hornhaut, indem es sich zwischen das Epithel und die Substantia
propria einschiebt, wobei die Grenze zwischen letzterer und dem Corium undeutlich werden kann.

　　Die *Linse* ist der für die Bilderzeugung wichtigste Augenteil und daher nur
bei rudimentären Augen in verschiedenem Grad rückgebildet, ja sogar geschwunden
(Myxinoiden; jedoch embryonal noch angelegt). Wir fanden früher (S. 844), daß
sie der proximalen Irisfläche dicht anliegt, weshalb ihr mittlerer distaler Teil
durch die Pupille mehr oder weniger in die vordere Augenkammer vorspringt. Bei
wasserlebenden Formen liegt die Linse im allgemeinen der Cornea näher als bei
luftlebenden. Die Linsengestalt ist natürlich für ihre Funktion im allgemeinen
maßgebend und schwankt etwa zwischen der einer Kugel und der eines Rotations-
ellipsoids, dessen Achse mit der Augenachse zusammenfällt; diese Achse ist die
kürzere, weshalb solche Linsen in verschiedenem Grad abgeflacht erscheinen.

Kugelförmige Linsen finden wir bei *Petromyxon* und nicht wenigen Fischen, besonders *Teleosteern*; annähernd kugelige bei den *Amphibien* (besonders Urodelen), einzelnen *Reptilien* (z. B. Platydactylus und nicht wenigen Schlangen), sowie größeren *Pinnipediern* und *Cetaceen* (Fig. 652, S. 858) unter den Mammalia. Die Flachlinsen (Fig. 651) sind entweder proximal und distal gleich gekrümmt, recht häufig aber beide Flächen verschieden stark gewölbt; die distale ist dann meist flacher als die proximale, doch kommt auch das Gegenteil vor. Da bei solchen Flachlinsen wesentlich nur die achsiale Region optisch wirksam ist, so können ohne tiefere Störung auch sonstige Unregelmäßigkeiten der Gestalt auftreten, so Abweichungen des Äquators von der Kreisform (Schwalben, Cypselus) und Sonstiges.

Daß sich kugelige Linsen besonders bei wasserlebenden Formen finden, ist im Hinblick auf die Unwirksamkeit ihrer Cornea begreiflich; ebenso steht aber die Kugelform auch in Beziehung zum Dunkelleben, da derartige Linsen relativ größere Lichtmengen zu konzentrieren vermögen. Dazu kann sich gleichzeitig eine relativ ansehnliche Vergrößerung der Linse, sowie ihr auffallend starkes Hervorragen in die vordere Augenkammer gesellen, unter starker bis völliger Rückbildung der Iris, sodaß die gesamte distale Linsenhälfte dem Licht exponiert wird. Dieser extreme Fall tritt bei den typischen *Teleskopaugen* der Tiefseefische ein (s. Fig. 644, S. 846). Es kann aber nicht als allgemeine Regel gelten, daß die Kugellinsen stets relativ groß sind. Außer von der Gestalt hängt das Brechungsvermögen vom Brechungsindex der Linsensubstanz ab, der in der Wirbeltierlinse von der Oberfläche bis zum Centrum allmählich oder zuweilen auch sprungweise zunimmt (etwa von 1,38 bis 1,4 und 1,5), was bewirkt, daß der Brechungsindex der Gesamtlinse bedeutend vergrößert wird, weshalb sogar vollkommen plane Linsen wirksam sein können.

Wir fanden früher (S. 842), daß die Linse aus dem Ectoderm durch Einstülpung hervorgeht, wobei sich aus der Distalwand des Linsenbläschens das stets

Fig. 646.

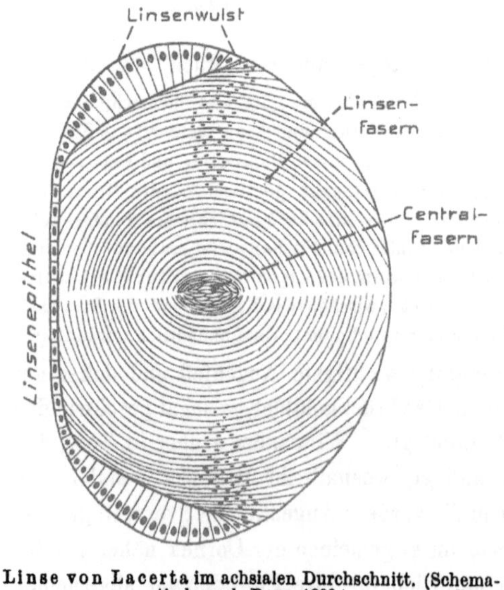

Linse von Lacerta im achsialen Durchschnitt. (Schematisch nach Rabl 1899.)   v. Bu.

dünn bleibende Linsenepithel bildet, während die sich verdickende Proximalwand die eigentliche Linsensubstanz liefert, indem ihre Zellen zu langen Fasern auswachsen. Auf der Linsenoberfläche bildet sich eine feine strukturlose oder zuweilen geschichtete Umhüllungsmembran, die *Linsenkapsel*. Das Linsenepithel erhält sich auch im erwachsenen Zustand als einfache, meist flache Zellenschicht, die bis zum Linsenäquator und noch verschieden weit auf die Proximalfläche reicht, indem ihre Zellen an dieser Grenze, unter zunehmender Verlängerung, in die Linsenfasern übergehen (Fig. 646). Gewisse Besonderheiten

dieses Epithels sollen später erwähnt werden. — Die Zellen der proximalen Linsenwand wachsen im allgemeinen in achsialer Richtung zu langen Fasern aus, wobei die oberflächlicheren Fasern, je mehr sich die Linse vergrößert, um so länger werden und sich gleichzeitig in der Richtung der Linsenmeridiane krümmen. Auf solch einfachem Bau bleibt jedoch die Substantia propria der Linse selten stehen (so bei *Petromyzon*). Bei den übrigen Wirbeltieren wird sie komplizierter, indem nur die erst gebildeten und daher kürzesten, und central gelegenen Fasern (kernlose Centralfasern) diese Anordnung bewahren, die oberflächlicheren dagegen, also die Hauptmenge der Fasern (Hauptfasern), sich so anordnen, daß sie radiär zur Linsenachse gestellte Lamellen zusammensetzen, was auf einem Querschnitt der Linse (Fig. 647) deutlich hervortritt. Diese Lamellenbildung ist schon in der äquatorialen Grenzregion des Linsenepithels, aus welchem ja der Zuwachs an Linsenfasern hervorgeht, angedeutet, indem sich dessen Zellen in meridionalen Reihen anordnen. Zwischen den Centralfasern und den Radiärlamellen findet sich eine Übergangszone (Übergangsfasern), in welcher sich die Anordnung zu Radiärlamellen allmählich ausbildet.

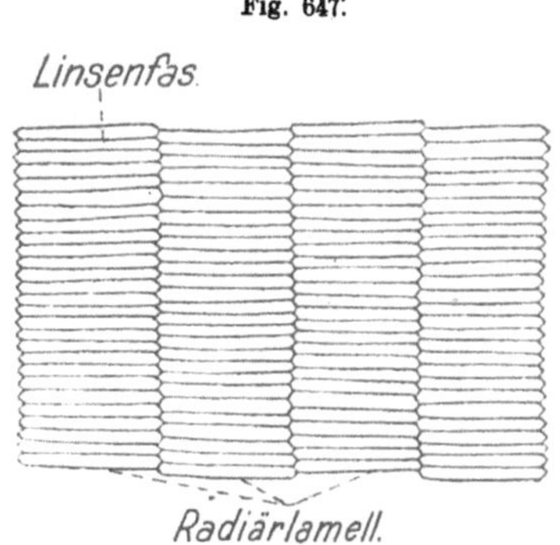

Schlange. Kleiner Teil eines Äquatorialschnitts durch die Linse, um die Radiärlamellen der Linsenfasern zu zeigen. (Aus PÜTTER. Org. d. Aug. nach RABL 1899.)

Die Zahl solcher Radiärlamellen ist ungemein verschieden (von 100, gewisse Amphibien, bis über 4000, gewisse Fische und Säuger) und steht in keiner direkten Beziehung zur Linsengröße; auch kann die Lamellenzahl gegen die Oberfläche zunehmen (Mammalia) oder nicht (Sauropsida).

Die Linsenfasern, welche vom Äquator gegen die Linsenpole ausstrahlen, können mit ihren Enden in eigentümlicher Weise zusammenstoßen, so daß auf der vorderen und hinteren Linsenfläche eigentümliche Zusammenstoßungslinien (Nähte) entstehen; bei den Chondropterygiern und Amphibien bilden sich so eine vordere vertikale und eine hintere horizontale Naht, bei den Mammalia dagegen meist zahlreichere, sternförmig ausstrahlende.

Das oben erwähnte Linsenepithel verdickt sich in der Regel gegen den Äquator ein wenig; diese Verdickung wird bei den *Sauropsiden* (mit Ausnahme der Ophidier) sehr stark und bildet den sog. *Linsen-* oder *Ringwulst*, der häufig auf die proximale Linsenfläche übergreift (Fig. 646). Die Epithelzellen können hier sogar faserartig werden. Die Verhältnisse der *Vögel* vor allem erweisen, daß die Bildung des Ringwulsts mit der Accomodation in Beziehung steht, indem er die Druckübertragung des Ciliarkörpers auf die Linse vermitteln dürfte (vgl. S. 858).

Die rudimentären Augen zeigen eine mehr oder weniger starke Rückbildung der Linse, welche einerseits darauf beruht, daß sie auf einer früheren Entwicklungsstufe stehen bleibt, andrerseits auf weitergehender Degeneration, die bei *Myxine*, gewissen *Blindfischen* und zuweilen *Proteus* zu völligem Verlust führen kann. Die degenerierte Linse kann noch ein Epithel und einfach geordnete Linsenfasern (Centralfasern) unterscheiden lassen (*Typhlopiden*, zuweilen auch *Talpa*) oder es sind die Zellen der Substantia propria nicht mehr faserartig, sondern rundlich bis polygonal (*Talpa* gewöhnlich, *Gymnophionen* [*Siphonops*]); schließlich findet sich als Linse nur noch ein unregelmäßiges Häufchen von Zellen (so gewisse *Amblyopsiden* [Blindfische] und jugendlicher Proteus); beim erwachsenen Proteus geht die Linse durch Eindringen von Bindegewebe allmählich zugrunde.

Über den *Glaskörper* (Corpus vitreum) und seine Entstehung wurde schon oben (S. 843) berichtet, weshalb hier einige kurze Bemerkungen genügen dürften. Wie hervorgehoben, besitzt er einen verworren feinfaserigen Bau mit Einlagerung von Bindegewebs- und Wanderzellen. Das Ganze ist durchtränkt von Flüssigkeit (Humor vitreus). Seine Oberfläche gegen die Retina entwickelt sich durch Verdichtung des Faserwerks zu einer *Membrana hyaloidea posterior*, welche sich auch auf den Ciliarkörper und die Hinterfläche der Iris fortsetzt. Die Vorderfläche des Glaskörpers wird von einer ähnlichen Membran (*Membrana hyaloidea anterior, s. terminalis*) begrenzt. — Am Linsenäquator befestigen sich bei fast allen Wirbeltieren Fasern, die vom Ciliarkörper ausgehen und mit diesem sehr innig vereinigt sein können (Vögel). Sie sind ähnlicher Natur wie die Glaskörperfasern und bilden zusammen einen Aufhängeapparat der Linse (*Zonula ciliaris* oder *Zonula Zinnii*, s. Fig. 642, S. 844).

Die Fische haben nur selten (*Chondropterygii*) eine zusammenhängende Zonula; gewöhnlich (besonders *Teleostei*) ist die Zonula beiderseits unterbrochen (Fig. 648), so daß sich nur ein dorsaler Teil (*Membrana quadrangularis, Ligamentum suspensorium*) als ein häufig viereckiges Band und ein ventraler Teil (*Membrana triangularis*) erhält. Auch bei den *Chondropterygiern* ist der dem Ligamentum suspensorium entsprechende Dorsalteil stärker entwickelt. — Der Glaskörper rudimentärer Augen ist häufig sehr reduziert, indem ihm geformte Bestandteile zuweilen fast fehlen; auch kann der Raum zwischen Linse und Retina sehr eingeengt werden (z. B. *Proteus, gewisse Blindfische*). Andererseits wandert jedoch in manche dieser Augen Bindegewebe reichlich ein und tritt an Stelle des Glaskörpers (*Myxine, Proteus*).

Fig. 648.

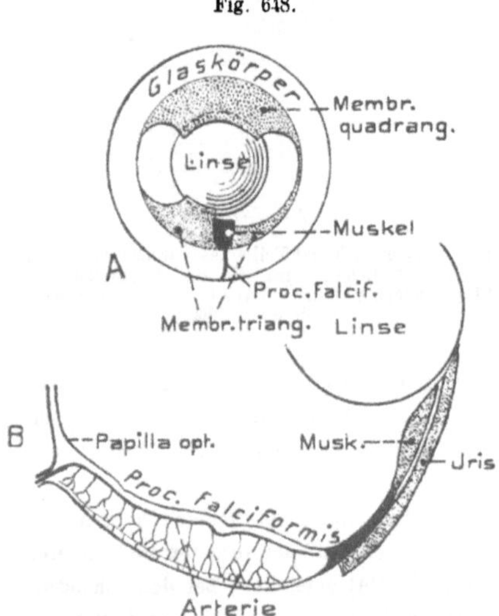

Thynnus vulgaris (Thunfisch). — *A* Augenlinse von innen bloßgelegt, mit der Zonula (Membrana quadrangularis und triangularis), sowie dem Proc. falciformis und dem Retractormuskel der Linse (Campanula Halleri). — *B* Der Processus falciformis mit dem Muskel, der Iris und Linse (Fragment), in seitlicher Ansicht. Die Blutgefäße des Processus sind angedeutet (nach H. Virchow 1882, etwas verändert).
C. H.

Retina. Die Entwicklung der Retina aus der Innenwand des Augenbechers lernten wir schon oben kennen, wobei sich ergab, daß der Sehnerv die Netzhaut durchbohrt und sich auf ihrer Innenseite ausbreitet. Hieraus, wie aus der Gesamtentstehung der Retina, folgte der inverse Charakter des paarigen Auges. — Die ausgebildete Wirbeltierretina erreicht eine bedeutende Dicke, was namentlich daher rührt, daß sie nicht allein von den eigentlichen Sehzellen gebildet wird, welche nur eine äußere (proximale) Lage bilden, sondern daß sich zwischen die Sehnerven-

und die Sehzellenschicht noch Nervenzellen einschieben, weshalb alles das, was sich auf diese Weise zur Sehzellenschicht hinzugesellt, auch als Hirnteil der Retina bezeichnet wird. Dieser Teil ist dem bei Wirbellosen mehr oder weniger entwickelten *Ganglion opticum* gleichzusetzen. Die eigentliche Retina (*Pars optica retinae*) breitet sich an der Augenwand so weit aus wie der Sehnerv; peripher verdünnt sie sich allmählich und endigt etwas hinter (proximal) der Äquatorialgegend der Linse (*Ora serrata* oder *terminalis*, Fig. 642, S. 844). Wie erwähnt, setzt sich jedoch die ursprüngliche innere Augenbecherwand von hier aus als einfache Zellschicht auf den Ciliarkörper (*Pars ciliaris retinae*) und die Hinterfläche der Iris fort (*Pars iridica retinae*).

An der Eintrittsstelle des Opticus, die gewöhnlich nicht genau central im Augengrund liegt (Fig. 642), fehlen natürlich die Sehzellen (*Blinder Fleck*); auch kann der Sehnerv hier etwas papillenartig in die Augenhöhle vorspringen (*Papilla nervi optici*). Etwa im Retinacentrum findet sich ein meist kleines Feld (*Area centralis*), in welchem die Sehzellen sehr verfeinert und besonders zahlreich sind; bei den *Primaten* ist es gelblich pigmentiert (*Macula lutea*) und in der Mitte vertieft (*Fovea centralis*, Fig. 642). Die Area kann rund bis streifenförmig sein, ja es können sogar zwei Areae auftreten (Vögel und gewisse Säuger), selbst drei (einzelne Vögel). Die Area bildet den Ort genauesten Formen- und Farbensehens.

Der feinere Bau der Retina ist sehr kompliziert, weshalb er hier nur in seinen Grundzügen angedeutet werden kann. — Zunächst sei hervorgehoben, daß fast die gesamte Dicke der Netzhaut von *Zwischenzellen* (*Stützzellen, Müller'sche Stützfasern*) durchsetzt wird (s. Fig. 649), deren innere (centrale) Enden eine die Netzhaut gegen den Glaskörper abgrenzende *Membrana limitans interna* bilden, während ihre äußeren (proximalen) Enden eine *Membrana limitans externa* erzeugen, über welche jedoch die percipierenden Endteile der Sehzellen (Stäbchen, Zapfen) hinausragen. Die Stützzellen senden seitlich zahlreiche feine horizontale Fortsätze in die Retina. — Die Schicht der eigentlichen Sehzellenkörper liegt direkt nach innen von der Membrana limitans externa. Eine spindelförmig angeschwollene Partie des Sehzellenkörpers (Korn) enthält den Kern, weshalb die gesamte Region dieser Anschwellungen auch häufig als *äußere Körnerschicht* bezeichnet wird. Sind die in einfacher Schicht übereinander stehenden Endteile der Sehzellen dick, so können die zugehörigen *Körner* ebenfalls in einfacher Schicht Raum finden, werden die ersteren dagegen dünner und liegen sie dicht zusammen, so müssen sich die Körner in verschiedener Höhe anordnen, um Raum zu finden, weshalb fast ausnahmslos zwei bis zahlreiche Körnerlagen vorkommen. Ganz besonders steigert sich die Zahl der Körnerlagen bei gewissen Säugern (Pinnipediern und Cetaceen), wo bis 30 gezählt wurden. Bei diesen, wie manchen andern Säugern ergab sich, daß die Zahl der Körner häufig jene der Stäbchen und Zapfen beträchtlich übertrifft.

Wie bemerkt, werden die percipierenden Endelemente der Sehzellen als *Stäbchen* und *Zapfen* unterschieden, doch ist eine scharfe Sonderung beider

kaum überall durchzuführen. Die typischen Zapfen bleiben meist erheblich kürzer
als die Stäbchen und sind daher zwischen deren Basalregion eingeschaltet.

Die Sehelemente der *Cyclostomen* sind sämtlich zapfenartig oder doch wenig verschieden.
Auch bei den *Chondropterygiern* treten die Unterschiede der mehr stäbchenartigen Elemente noch wenig hervor, wogegen sie bei den übrigen Wirbeltieren in der Regel bestimmter
ausgeprägt sind. Die *Reptilien* besitzen meist überwiegend zapfenartige Elemente, ja

Fig. 649.

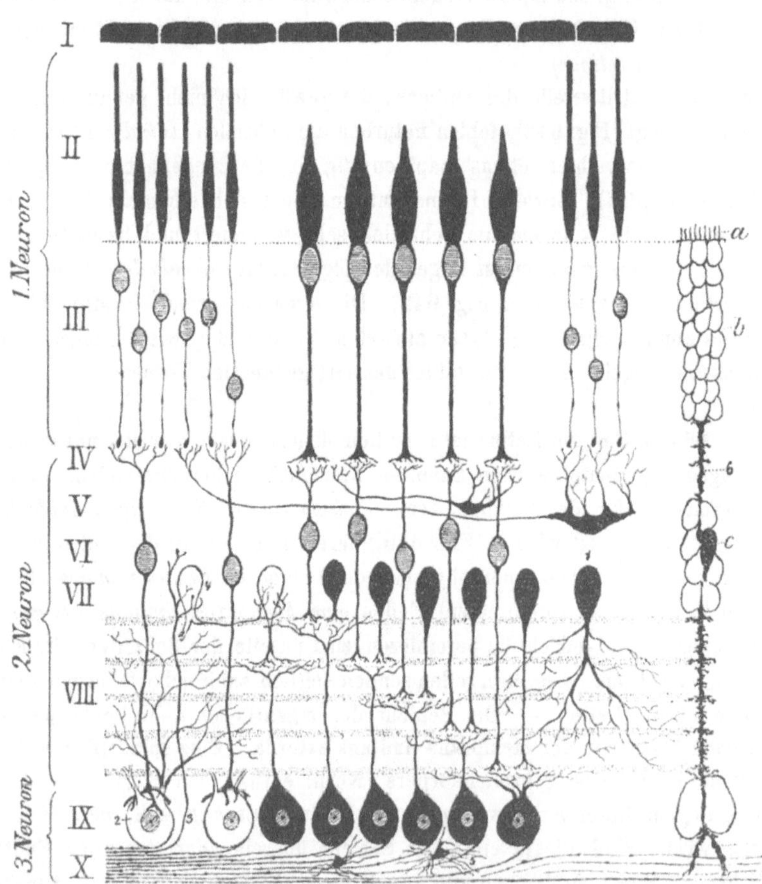

Schematischer Durchschnitt durch die menschliche Retina. *I* Pigmentepithel, *II* Stäb-
chen- und Zapfenschicht, *III* Körper der Sehzellen (äußere Körner), *IV* äußere plexiforme Schicht,
V Schicht der horizontalen Zellen, *VI* Schicht der bipolaren Zellen (innere Körner), *VII* Schicht der
Amakrinen (1 u. 4), *VIII* Innere plexiforme Schicht, *IX* Ganglienzellenschicht, *X* Opticusfaserschicht.
Rechts eine Stützzelle (*a* Faserkorb, *b* seitliche Buchten, *c* Kern). (Nach GREEFF aus PÜTTER 1908.)

solche finden sich bei manchen ausschließlich (namentlich für die *Chelonia* und *Sauria*
angegeben); ebenso ist auch die Vogelretina gewöhnlich reicher an Zapfen. Wichtig erscheint
die Verteilung der beiderlei Elemente, wo sie sich deutlich unterscheiden lassen, besonders
bei den Säugern. Hier finden sich in der Area viel weniger Stäbchen als in der peripheren
Retinaregion, in der Fovea centralis sogar nur Zapfen in sehr großer Zahl. Hieraus und
aus anderem schloß man, daß den Zapfen, neben ihrer allgemeinen Bedeutung für den

Sehakt, insbesondere, die Farbenwahrnehmung zukomme, während die Stäbchen farbenblind
jedoch für schwache Lichtintensitäten empfindlicher als die Zapfen seien. Die periphere
Netzhautregion diene daher hauptsächlich für die Bewegungswahrnehmungen und das Sehen
im Dämmerlicht. Damit stimmt im allgemeinen überein, daß die Stäbchen bei nächtlich
lebenden Vertebraten vorherrschen, während deren Zapfen spärlich oder ziemlich verkümmert
sind. Jedenfalls bestehen aber in diesen Dingen noch mancherlei Unsicherheiten. — Im allgemeinen nimmt die Zahl der Sehelemente und damit die Sehschärfe bei den *höheren
Wirbeltieren* ungemein zu; Berechnungen nach der Dicke der Elemente ergeben etwa 2500
(Spelerpes) bis 1 400 000 (Mus decumanus) auf den Quadratmillimeter der Retina. Die Gesamtzahl der Stäbchen wurde in der Retina des Menschen auf 130 Millionen, die der Zapfen
auf 7 Millionen geschätzt. Direkte Zählungen ließen auf den Quadratmillimeter 76 000
(Testudo graeca) bis 680 000 (Syrnium aluco) Stäbchen und Zapfen feststellen. Für die
Beurteilung der Sehschärfe haben derartige vergleichende Zählungen immerhin nur beschränkten Wert.

Die zapfenartigen Elemente zahlreicher Vertebraten enthalten in ihrem Innenglied eine
aus flüssigem Fett bestehende Kugel (*Ölkugel*), welche durch Lipochromfarbstoffe häufig gelb
bis rot gefärbt ist.

Physiologisch scheint die Bedeutung dieser Ölkugel wesentlich in einer Absorption
gewisser Lichtsorten (vorwiegend also der blauen) zu bestehen, was sich bei Vögeln und
Schildkröten in einer Verkürzung des wahrgenommenen Spektrums am kurzwelligen Ende zeigt.
Zapfenkugeln finden sich bei *Protopterus*, vielen *anuren Amphibien*, zahlreichen *Sauriern*
und *Cheloniern*, den *Vögeln* und *Marsupialiern*. Die Kugeln sind entweder farblos, bei
vielen Sauropsiden dagegen (Sauria, Chelonia, Aves, ebenso den Marsupialia) meist gelb und
rot, seltener grün bis blau gefärbt; doch finden sich außer den gefärbten meist gleichzeitig
auch ungefärbte Kugeln.

Die feinfaserig ausgezogenen Enden der Sehzellen treten mit den peripheren
Ausläufern einer Lage von Ganglienzellen (*Bipolaren, innere Körnerschicht*,
Fig. 649) in Verbindung. Dies geschieht etwas verschieden, indem die Sehzellen-
faser entweder knöpfchenartig endet (besonders die der Stäbchenzellen) und dann
gleichzeitig in Mehrzahl mit den Ausläufern einer Ganglienzelle zusammenhängt,
oder indem sie sich wurzelartig auflöst und mit den verzweigten Ausläufern einer
einzigen Bipolaren verbindet. Auf die Frage, ob diese Verbindungen durch Übergang oder Berührung geschehen, gehen wir nicht näher ein. — In der Grenzregion
zwischen Sehzellen und Bipolaren finden sich auch horizontal verlaufende Nervenzellen mit wurzelartig verzweigten Ausläufern, die wahrscheinlich dazu bestimmt
sind, nervöse Verbindungen von Sehzellen untereinander herzustellen. — Die
massenhafte Entwicklung fein verzweigter nervöser Ausläufer in dieser Retinaregion gab Veranlassung, sie als *äußere reticuläre* oder *plexiforme* Schicht zu bezeichnen. — Die bipolaren Ganglienzellen verbinden sich durch ihre wurzelartig
verzweigten centralen Ausläufer mit den ebenso beschaffenen, proximal aufsteigenden
Fortsätzen einer zweiten Lage von Ganglienzellen (*Ganglienzellenschicht*), die
direkt unter (proximal oder außen von) der Opticusfaserschicht liegt. Außerdem finden sich in der centralen (inneren) Region der inneren Körnerschicht noch
mehr oder weniger zahlreiche Nervenzellen, welche den oben erwähnten horizontalen Zellen funktionell entsprechen, die *Amakrinen*, welche durch ihre reich
verzweigten Ausläufer Verbindungen zwischen den nervösen Elementen dieser

Region herstellen. Auf die verschiedenen Formen, welche sich unter diesen Amakrinen unterscheiden lassen, gehen wir hier nicht näher ein. — Auf solche Weise kommt es zwischen der Schicht der Bipolaren (inneren Körnerschicht) und der Ganglienzellenschicht zur Bildung einer *inneren reticulären* oder *plexiformen Schicht*, in welche jedoch auch direkt, ohne Vermittelung von Ganglienzellen, einzelne Nervenfasern der Opticusfaserlage aufsteigen können. — Ein Blick auf Fig. 649 ergibt die Aufeinanderfolge der Retinaschichten, die bei allen Wirbeltieren große Übereinstimmung zeigen, deutlicher als ihre nochmalige Aufzählung.

Auf die Retinabeschaffenheit der rudimentären Augen einzugehen, würde zu weit führen. — Besonders eigentümliche Verhältnisse zeigt die Netzhaut der *Teleskopaugen der Tiefseefische* (s. Fig. 644, S. 846). Bei diesen, wie früher erwähnt, in einer der Querachsen stark verlängerten Augen hat sich die Netzhaut in zwei verschiedene Partieen differenziert nämlich eine *Hauptretina*, welche viel dicker und stäbchenreicher, sowie weiter von der Linse entfernt ist, und eine dünnere *Nebenretina*, die sich medial von der Linse findet und ihr viel näher liegt. Beide Retinae sind durch eine Falte oder einen Einschnitt mehr oder weniger voneinander gesondert. Die Gesamtverhältnisse weisen darauf hin, daß die Hauptretina das eigentliche Objektsehen vermittelt, während die Nebenretina, welche wahrscheinlich keine scharfen Bilder, wenigstens nicht solche naher Objekte empfängt, hauptsächlich dem Bewegungswahrnehmen dient. Einer ähnlichen Bildung begegneten wir schon bei den *Heteropoden* (s. S. 829). Bei einigen Teleskopaugen (z. B. bei *Winteria, Opisthoproctus* u. a.) ist eine eigentümliche Differenzierung an der Nebenretina eingetreten, indem sich eine streifenförmige Partie derselben rinnenartig ausgestülpt hat. An diesem Teil fehlt ferner das die Retina umhüllende Pigment; weshalb hier die seltsame Erscheinung auftritt, daß das Licht durch das so gebildete Fenster direkt von außen auf die Sehelemente fallen kann, diese Stelle des Auges also wieder convers geworden ist.

Wie wir erfuhren, entsteht aus der Außenwand des ursprünglichen Augenbechers, die stets ein dünnes Epithel bleibt, das *Pigmentepithel der Retina* (Tapetum nigrum), indem ihre Zellen braunschwarzes, meist kristallinisches Pigment (Fuscin) hervorbringen, das nur in gewissen Fällen fehlt. Die Pigmentepithelzellen bilden fast stets Fortsätze, welche sich zwischen die Sehelemente erstrecken (Fig. 649); bei stärkerer Belichtung wandert das Pigment, namentlich bei niederen Vertebraten (besonders Fischen) in diese Fortsätze hinein, um die Lichtreizung der percipierenden Elemente abzuschwächen. — In pigmentfreien Retinaepithelzellen werden bei gewissen *Teleosteern, Krokodilen* (unsicher bleibt das früher beschriebene Vorkommen bei Struthio), körnig-kristallinische Einschlüsse (bei Fischen Guaninkalk) abgeschieden, die stark reflektieren und einen leuchtenden Augengrund (*retinales Tapetum*) hervorrufen, ähnlich der gewöhnlicheren derartigen Bildung in der Chorioidea, von welcher gleich die Rede sein wird.

Umhüllungshäute des Bulbus und ihre Erzeugnisse. Wie wir früher fanden, dienen zum Schutz des eigentlichen optischen Apparats die *innere* oder *Gefäßhaut* (Aderhaut, *Chorioidea*) und die äußere *Sclera*, deren als Cornea entwickelter Teil schon besprochen wurde (s. Fig. 642, S. 844). Die *Chorioidea* bleibt im allgemeinen dünn, selten (große Haie) wird sie dicker. Sie ist in gewissen Lagen durch Reichtum an Pigment und Blutgefäßen ausgezeichnet. Ihre Fortsetzung in die Linsenregion bildet, unter Beteiligung der beiden Epithellagen des Augenbechers, den

Ciliarkörper und die Iris. — Der *Ciliarkörper (Corpus ciliare)* wird von einer kleineren oder größeren Zahl sehr gefäßreicher Falten gebildet, die da beginnen, wo der optische Teil der Retina aufhört, und, allmählich höher werdend (Processus ciliares), bis zum Äquator oder sogar der Distalfläche der Linse (Sauropsiden) ziehen, sich zuweilen auch auf die Proximalwand der Iris fortsetzen. Bei stärkerer Entwicklung (namentlich *Vögel* und *Säuger*) reichen die Falten nach innen bis oder nahezu bis zum Äquator der Linse und können, sich bei den Sauropsiden an deren Kapsel heftend, zu ihrer Befestigung beitragen.

Unter den *Fischen* besitzen die *Chondropterygii* und *Chondrostei* einen schwach entwickelten Ciliarkörper; den *Teleostei* fehlt er fast stets. Auch bei *Amphibien* und *Reptilien* ist er im allgemeinen schwach ausgebildet, stärker nur bei den *Placoiden*; bei *Vögeln* und *Säugern* erlangt er seine höchste Entwicklung, sowohl in bezug auf die Zahl (bis über 100) wie die Höhe seiner Falten und Fortsätze.

Wie wir schon fanden, besteht die *Iris* aus einer Fortsetzung der bindegewebigen Chorioidea, der sich proximal die doppelte Epithellamelle des Augenbecherrands als stark pigmentierte Schicht auflagert. — Die wegen ihrer Pigmentierung als Blende (Diaphragma) wirkende Iris umschließt die Pupillaröffnung, die meist centrisch liegt und häufig regelmäßig kreisrund ist.

Doch ist sie nicht selten abweichend gestaltet, so elliptisch bis spaltartig (meist nächtliche Tiere) mit horizontalem, seltner vertikalem längerem Durchmesser, gelegentlich aber auch birnförmig (z. B. Pinnipedier). Die Pupille des Teleosteers *Anableps* ist sogar durch zwei vorn und hinten vorspringende Lappen in eine dorsale und ventrale Öffnung geteilt. — Auch die Cornea dieses Fisches wird durch einen pigmentierten Querstreif der Conjunctiva in eine dorsale und ventrale Hälfte geteilt. Diese Zweiteilung soll damit zusammenhängen, daß jener Cyprinodont den Dorsalteil des Kopfes gewöhnlich über Wasser hält, so daß das Auge gleichzeitig für das Sehen in Luft und Wasser adaptiert ist. Bei verschiedenen Gruppen können vorhangartig vom dorsalen Pupillenrand herabhängende Fortsätze, zur Abblendung des aus der Höhe einfallenden Lichts, auftreten, wie sie analog auch den Sepien zukommen. So bei den *Rochen* das *Operculum pupillare*; *Pleuronectiden, Hyrax*: Umbraculum; bei den *Artio-* und *Perissodactylia* die *Flocculi* oder *Granula iridis* (auch Corpus nigrum) am dorsalen, zuweilen auch ventralen Rand. Bei Zahnwalen bildet die Iris ein stark muskulöses von oben her in die Pupille einragendes Operculum. — Stark bis nahezu völlig rückgebildet ist die Iris im *Teleskopauge* der *Tiefseefische* (s. Fig. 644, S. 846).

Die sehr verschiedene Irisfarbe rührt von Pigmentzellen ihres chorioidealen Anteils und der Pars iridica retinae her. — In der Iris der Fische und Amphibien kommt häufig eine silberglänzende Schicht (*Argentea*) vor, die sich bei ersteren auch in die eigentliche Chorioidea fortsetzen kann. — Überall ist die Pupille erweiterungs- und verengerungsfähig, indem die Iris Radiär- und Ringmuskelfasern enthält (*Dilatator* und *Sphincter*). Dieser Muskelapparat ist bei den Fischen nur schwach entwickelt, sonst fast immer gut. Die aus dem Ectoderm (äußere Wand des Augenbechers) hervorgehenden Muskelfasern sind nur bei den *Sauropsiden* quergestreift. Der Sphincter beschränkt sich meist auf den Pupillenrand, der Dilatator erstreckt sich durch die gesamte Iris.

Die *Chorioidea* enthält bei nicht wenigen Vertebraten als besondere Lage ein *Tapetum*, wie wir es in analoger Weise schon oben aus dem Pigmentepithel der Retina gewisser Formen hervorgehen sahen. Dies chorioideale Tapetum, welches sich nicht immer über den gesamten Augengrund ausdehnt, kommt bei *Chondropterygii, Chondrostei, gewissen Teleostei* und *zahlreichen Mammalia* (Ungulata, Carnivora, Cetacea und Prosimiae) vor. Es liegt nach außen vom Pigmentepithel der Retina, welches in diesen Fällen wenig oder kein Pigment enthält.

Das Tapetum besteht bei den erwähnten Fischen, den *Carnivoren* und *Prosimiern*, aus polygonalen oder viereckigen Zellen, die entweder in einer Schicht, bei den gesamten Säugern aber mehr- bis vielschichtig angeordnet sind, und reflektierende Plättchen oder Kriställchen enthalten (*Tapetum cellulare* oder *cellulosum*). — Bei den übrigen Säugern sind die Zellen in den Schichtflächen faserig ausgewachsen (*Tapetum fibrosum*), sollen jedoch gleichfalls kristallhaltig sein (ob stets?). — Die physiologische Bedeutung des Tapetums, welches das einfallende Licht in verschiedenem Farbenton zurückwirft und daher ein Leuchten des Augengrundes bewirkt, wird in einer Verstärkung der Retinareizung durch das vom Tapetum reflektierte Licht gesucht.

Von der *Gefäßschlinge*, welche durch den früher erwähnten Augenspalt in den Glaskörperraum tritt, können eigentümliche Bildungen ausgehen. Bei zahlreichen *Teleosteern* (auch *Stör* und gewisse *Rajiden*) erhebt sich durch den sich nicht völlig schließenden Augenspalt eine meist unpigmentierte gefäßreiche Leiste (*Processus falciformis*) in den Glaskörper, mit dem sie fest verbunden ist (Fig. 648, S. 850); beiderseits wird sie von einer aufsteigenden Epithelfalte der beiden Spaltränder begleitet. Vorn reicht dieser Processus bis zur Membrana triangularis; ihre Länge und Höhe variiert sehr, und von ihrem Proximalende kann sich ein fingerförmiger, gefäßreicher Fortsatz in den Glaskörper erstrecken. Vom Distalende des Processus falciformis entspringt ein meist plattenförmiger muskulöser Fortsatz (*Campanula Halleri, Retractor lentis*, s. Fig. 648, Muskel), der in der Membrana triangularis liegt und schief nasalwärts gegen den Linsenäquator aufsteigt, an dem er sich etwas nasal durch eine Sehne befestigt. Häufig ist der Processus falciformis so reduziert, daß sich nur sein distalster Teil als Stiel jenes Muskels erhält (*Haie, Cyprinoiden, Pleuronectiden, Syngnathiden*). Zuweilen soll der Muskel auch fehlen (z. B. *Conger*). Seine glatten Muskelfasern sind gleichfalls ectodermaler Herkunft. Bei den Teleosteern nähert die Kontraktion des Linsenmuskels die Linse der Retina, verschiebt sie jedoch auch etwas nasal; da nun das Teleosteerauge im Ruhezustand für die Nähe eingestellt ist (myop), so dient der Muskel hier zur Accommodation auf die Ferne.

Eine Ausnahme macht der eigentümliche *Periophthalmus koelreuteri*, der auch auf dem Strande, außerhalb des Wassers, nach Beute jagt. Seine Augen sind in der Ruhe weitsichtig bis auf die Ferne eingestellt (hyper- oder emmetrop) und werden auf die Nähe accommodiert; doch ist nicht bekannt, wie dies geschieht. — Bei den *Chondropterygiern* und *Ganoiden* wurden bis jetzt keine Accommodationsvorgänge beobachtet.

Eine an den Processus falciformis erinnernde Bildung findet sich bei gewissen Reptilien (sog. *Zapfen* und *Polster*), sowie den Vögeln (*Pecten, Kamm, Fächer*). Beiderlei Gebilde gehen wenigstens in ihrer Anlage ebenfalls vom Augenspalt und der durch ihn eintretenden Gefäßschlinge aus. Bei den *Reptilien* (Fig. 650) handelt es sich um ein zapfen- bis kegel- oder fingerförmiges, meist pigmentiertes Gebilde (zahlreiche Saurier), welches sich von der Papille des Sehnervs aus in den Glaskörper mehr oder weniger erhebt und sehr gefäßreich ist. Bei manchen *Schlangen* (z. B. *Boa, Coluber* etc.) sowie den *placoiden Reptilien* findet sich an der gleichen Stelle nur eine polsterartige Erhebung. — Den *Vögeln* kommt fast allgemein (Ausnahme *Apteryx?*) ein viel stärker entwickeltes solches Gebilde zu, das sich in der Erstreckung des ursprünglichen Augenspalts, meist aber nur in seiner mittleren Region, als eine ziemlich hoch aufsteigende, stark pigmentierte Längsfalte in den Glaskörper erhebt. Der Hauptcharakter dieses Pecten oder Fächers (s. Fig. 651), dem er auch seinen Namen verdankt, ist seine wellige Faltung (vergleichbar etwa einer Krause oder einem Wellblech), wobei die Faltenzahl recht verschieden ist (ca. 3—30). Am freien Rand des Pecten sind die Falten meist zu einer sog. *Brücke* verwachsen. Eine Befestigung des distalen Pecten-

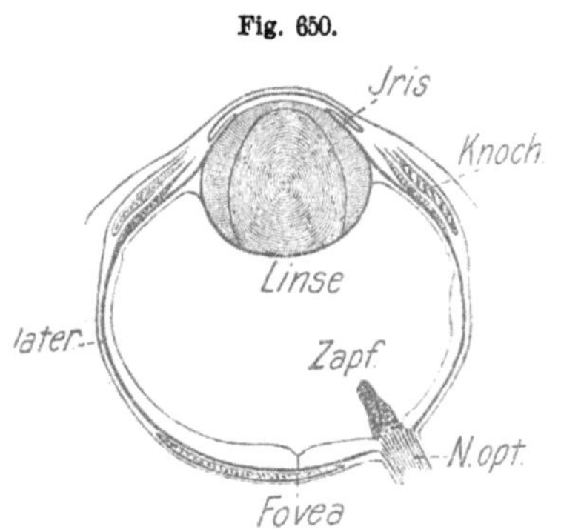

Chamaeleo. Horizontalschnitt durch das Auge (aus GEGENBAUR, Vergl. Anat. nach H. MÜLLER 1872).

randes an der Linse, die mehrfach angegeben wurde, scheint nicht zu bestehen. Der Pecten ist sehr gefäßreich; die zuführende Arterie verläuft an seinem Basalrand und geht aus der embryonalen Gefäßschlinge hervor; von ihr steigen zahlreiche Capillargefäße auf; im Processus falciformis der Fische verläuft dagegen die zuführende Arterie am freien Rand.

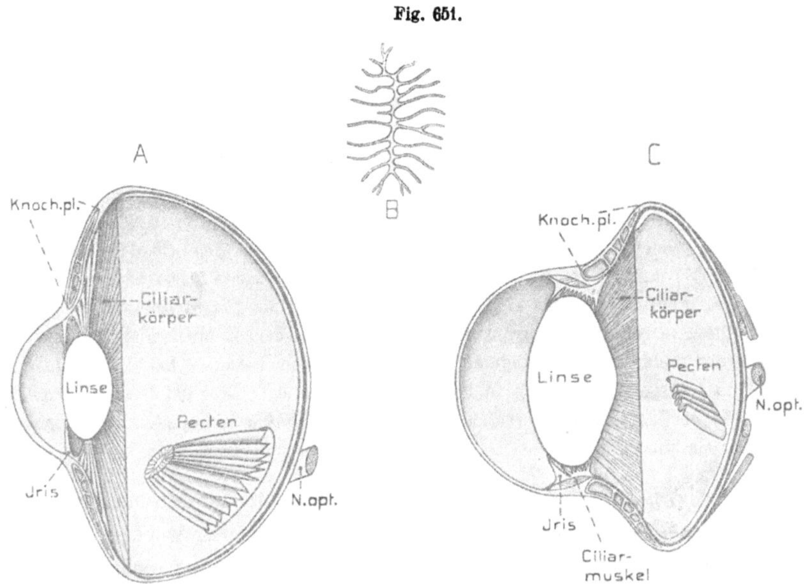

Vogelaugen. *A* und *B* Struthio camelus. *A* Rechtes Auge, Verticalschnitt. Temporale Hälfte. — *B* Querschnitt durch den Pecten (nach FRANZ 1909 und SÖMMERING 1818 bei LEUCKART 1876). — *C* Athene noctua, Auge, Horizontalschnitt; ventrale Hälfte (nach FRANZ 1907). v. Bu.

Ontogenetisch geht die Pectenanlage ebenfalls von der Gefäßschlinge aus, welche samt etwas Mesodermgewebe durch den Augenspalt eintritt. Das eigentliche spätere Pectengewebe hingegen ist wesentlich ectodermaler Herkunft, indem die beiden Blätter des Augenbechers, welche den Augenspalt begrenzen, um die mesodermale Anlage emporwachsen und sie ganz überziehen; letztere tritt daher im ausgebildeten Fächer sehr zurück. Daß aber der Pecten ein Sinnesorgan sei, dazu bestimmt, vom intraocularen Druck gereizt zu werden, ist wenig wahrscheinlich, da das Pectengewebe aus dem Stützgewebe der Retina (Glia) hervorgeht. Wegen seines Gefäßreichtums wurde ihm, wie auch dem Ciliarkörper, teils die Funktion eines Ausgleichorgans für die intraocularen Druckschwankungen, wesentlich aber die eines Ernährungsorgans für den Glaskörper zugeschrieben. — Daß der Zapfen oder das Polster der Reptilien dem Pecten homolog sind, ist sehr wahrscheinlich; unsicherer, wenn auch nicht ausgeschlossen, bleibt dies für den Proc. falciformis der Fische.

Sclera. Bevor wir dem Ciliarmuskelapparat einige Worte widmen, soll die äußere Hüllhaut des Auges, die Sclera, kurz besprochen werden. Wie bemerkt, besitzt sie wesentlich Stütz- und Schutzfunktion, was sich in ihrem Bau deutlich ausspricht, an dem Bindegewebe, häufig sogar Knorpel und Knochen teilnehmen,

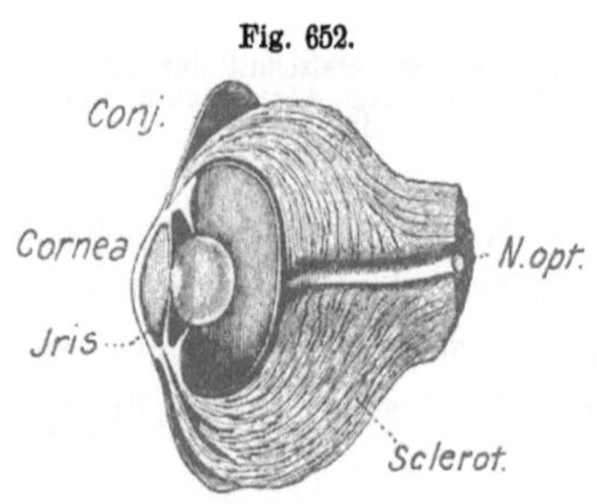

Fig. 652.

Balaena mysticetus (Auge). Horizontalschnitt. (Aus GEGENBAUR, Vergl. Anat. nach SÖMMERING 1818.)

dagegen nur wenig Blutgefäße. Distal geht sie, wie hervorgehoben, in die Cornea über, proximal in die bindegewebige Scheide des Sehnerven (s. diese, S. 626). Ihre Dicke bleibt im allgemeinen mäßig, doch kann sie bei gewissen Vertebraten (größere Säuger: so Cetacea [Fig. 652], Elephas etc.) am Augengrund sehr bedeutend werden. Sehr verbreitet tritt in der Sclera eine verstärkende Knorpelschicht auf, weshalb man deren völliges Fehlen, wie es sich bei *Cyclostomen*, *einigen Teleosteern* und *urodelen Amphibien* (z. B. *Salamandra*), den *Schlangen*, sowie den allermeisten *Säugern* findet, in der Regel als Rückbildung beurteilt. Deshalb aber die Sclera als eine ursprünglich rein knorplige Bildung zu betrachten und sie gar vom Schädelknorpel ableiten zu wollen, scheint doch sehr gewagt.

Bei ansehnlicher Entwicklung des Knorpels, wie z. B. bei den *Chondropterygiern* (s. Fig. 645, S. 847) dehnt er sich (häufig verkalkt) durch die gesamte Sclera bis zum Beginn der Cornea aus. Ähnlich verhalten sich im allgemeinen auch die *Chondrostei* und *Dipnoi*, meist auch die *Anuren* und *Sauropsiden*, obgleich sich der Knorpel nicht selten auf den Augengrund oder noch in anderer Weise beschränken kann. — Bei den *Knochenfischen* ist die Knorpelkapsel häufig in mehrere Partien zerlegt. Nur bei den *monotremen Säugern* bleibt der Knorpel noch erhalten und zwar bei *Echidna* als Kapsel, bei *Ornithorhynchus* nur als ein Plättchen.

Schon bei *Acipenser* findet man dorsal und ventral in der Conjunctiva einen zarten Knochenbogen, aber ohne direkte Beziehung zur Sclera; wogegen bei den *Teleosteern* nasal und temporal in der Sclera ein Knochenplättchen recht verbreitet auftritt (am größten bei gewissen Scombriden); diese Plättchen liegen ursprünglich dem Knorpel auf, treten jedoch später an seine Stelle.

Die Knochenplättchen von Acipenser erinnern an den Kranz von Hautknöchelchen, der bei fossilen Ganoiden die Orbita eng umzieht (s. Fig. 138, 3, S. 241).
Dies ist um so mehr der Fall, als sich bei den *stegocephalen Amphibien*, den *Sauria*
(s. Fig. 653), *Cheloniae*, gewissen ausgestorbenen Reptilienordnungen (*Ichthyo-
pterygia, Pterosauria*) und den *Vögeln* (Fig. 651) ein
vollständiger Ring von meist ansehnlichen Knochenplättchen im distalen Teil der Sclera findet, der
bei den Vögeln den Verbindungsteil des Bulbus
stützt (*Scleroticalring*). Daß die schuppenförmigen
Knochenplättchen, welche diesen Ring zusammensetzen, Hautknochen sind, scheint sicher. Physiologisch steht der Scleroticalring wohl hauptsächlich
in Beziehung zu dem von den Ciliarmuskeln gebildeten Accomodationsapparat. Eine geringfügige
Verknöcherung der Sclera umkreist bei vielen
Vögeln die Eintrittsstelle des Sehnervs mehr oder
weniger.

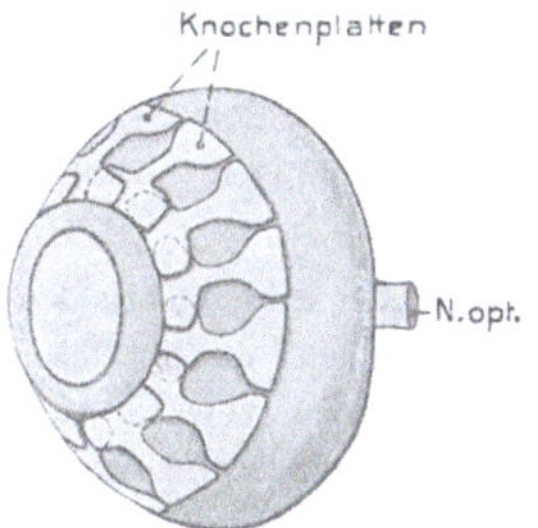

Lacerta viridis. Auge mit den
Scleroticalplatten in halbseitlicher
Ansicht.   Orig. C. H.

Ciliarmuskel (Accommodationsmuskel). Der bei den Fischen die Accommodation
bewirkende Linsenmuskel wurde schon oben (S. 856) erwähnt. Doch findet sich
schon bei den *Teleostei* auch ein M. tensor chorioideae, der vom Cornealrand
zur Chorioidea zieht, sich jedoch an der Accommodation nicht beteiligen soll.
Den übrigen Wirbeltieren dient hierzu ein besonderer Muskelapparat, welcher
sich in der Region des Ciliarkörpers zwischen die Chorioidea und Sclera einschiebt
und in sehr verschiedenem Grad entwickelt ist, am stärksten bei Vögeln und

Säugern. Nicht stets
ließ sich jedoch wirk-
liche Accommodation
nachweisen trotz des
Vorhandenseins eines
schwachen Ciliarmus-
kels.

So wurde sie ver-
mißt bei Selachiern, ein-
zelnen *Urodelen* und bei
gewissen *Sauriern* und
Schlangen; meist sind es
Dunkeltiere, welche dies
Verhalten zeigen. — Der
Ciliarmuskel besteht zu-
nächst aus meridional bis

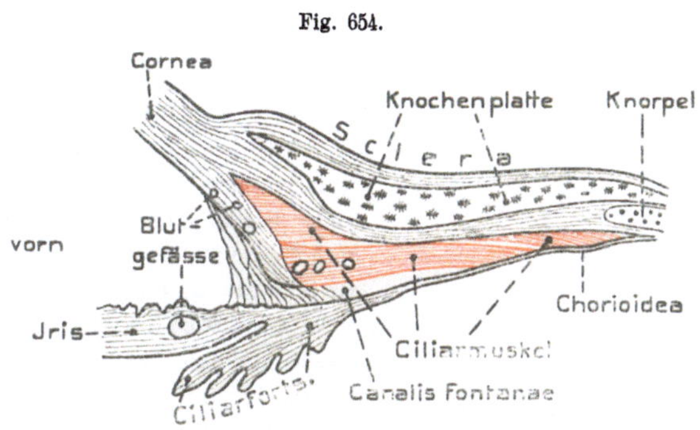

Gallopavo meleagris (Truthahn). Meridionalschnitt durch die
Augenwand in der Gegend der Grenze von Sclera und Cornea. Die
Ciliarmuskeln rot, Crampton'scher, Müller'scher, Brücke'scher Muskel
(nach LEUCKART 1876).   v. Bu.

radiär gerichteten, bei *Sauropsida* quergestreiften Fasern, die in der Gegend der Cornea-Scleragrenze, etwa an der Irisbasis entspringen und mehr oder weniger weit gegen den Augengrund
ziehen, wo sie sich an der Chorioidea befestigen; bei gewissen Säugern konnten sie sogar bis zum
Augengrund verfolgt werden. Bei starker Entwicklung kann der Muskel in mehrere Portionen
gesondert sein, so bei *Vögeln* (Fig. 654), wo eine vordere, sich an die Cornea heftende

(*Crampton'scher Muskel*) von einer hinteren (*Brücke'scher Muskel*) differenziert ist, ja häufig
sogar noch der hinterste Teil der letzteren als besonderer Muskel angesehen wurde. Zu diesen
Fasern gesellen sich bei gewissen Formen auch äquatorial bis schief verlaufende, so an der Irisbasis mancher *Amphibien* und *Schlangen*, während bei gewissen *Säugern* (besonders auch dem
Menschen) solche Fasern noch weiter verbreitet sind. Bei den *Amphibien* gesellen sich zu
dem eigentlichen Ciliarmuskel (*M. tensor chorioideae*), der jedoch nasal und temporal unterbrochen ist, noch Muskeln, welche vom Ciliarkörper nach vorn zur Cornea-Scleragrenze
ziehen; ein ventraler solcher *M. protractor lentis* findet sich bei den *Urodelen* und *Anuren*,
zu dem sich bei den letzteren noch ein dorsaler gesellt. Fraglich erscheint es, ob sich der
ventrale mit dem Retractor lentis der Fische vergleichen läßt. — Ein eigentümlicher, vom
Ciliarkörper quer nasalwärts ziehender Muskel wurde bei Sauriern und Schildkröten gefunden.

Der bei den Primaten besonders ausgiebige Accommodationsvorgang der *Mammalia* verläuft so, daß die Kontraktion des Ciliarmuskels das Befestigungsband der Linse (Zonula) vor-
schiebt, oder zugleich durch die Kontraktion der Ringfasern eine Verkleinerung des Durch-
messers der Zonulabasis eintritt, wodurch die Linse entspannt wird, da sie im Ruhezustand
samt ihrer Kapsel durch den radiären Zug der Zonula unter einer gewissen Spannung steht.
Durch Aufhebung desselben muß daher die Linsenkrümmung (besonders distal) zunehmen
und eine Accommodation für die Nähe eintreten. — Bis in die neueste Zeit wurde auch den
allermeisten *Sauropsiden* ein entsprechender Accommodationsvorgang zugeschrieben. Ein-
gehende Untersuchungen ergaben aber, daß die hier z. T. recht ausgiebige Accommodation wohl
überall durch eine stärkere Hervorwölbung der distalen Linsenregion geschieht, welche dadurch bewirkt wird, daß die Ciliarfortsätze einen Druck auf die distal vom Äquator gelegene Linsenpartie ausüben, was seinerseits wieder durch die Ciliarmuskulatur und die Ring-
muskulatur der peripheren Irisregion hervorgerufen wird. Je ausgiebiger die Accommodation,
um so weicher ist bei den Sauropsiden im allgemeinen auch die *Linse*. — Ausnahmsweise soll
ein ähnlicher Accommodationsvorgang auch bei gewissen Säugern (*Lutra*) vorkommen, im Zusammenhang mit dem Sehen in Luft und Wasser, was überhaupt ausgiebige Accommodation
erfordert. Die Accomodation der *Amphibien* und gewisser *Schlangen* dagegen soll so geschehen, daß die Linse durch den M. protractor lentis (Amphibien) nach vorn verschoben,
also ihre Entfernung von der Retina vergrößert wird, was ebenso wirkt wie die stärkere
Krümmung der Linse bei den Mammaliern. Immerhin bestehen über die Wirkungsweise der
Ciliarmuskeln bei der Accommodation noch mancherlei Zweifel.

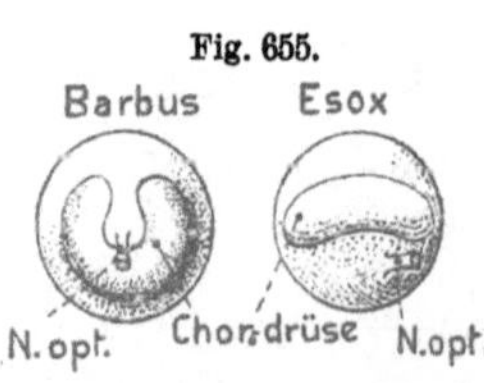

Fig. 655.

Auge von Barbus und Esox
von hinten gesehen, um die Chorioidealdrüse zu zeigen.
v. Bu.

Die *Blutgefäße des Auges* lassen sich unterscheiden in
solche, welche die Bulbuswand und solche, welche die inneren
Teile: Glaskörper, Processus falciformis, Pecten und zuweilen
auch die Retina versorgen. Die Gefäße der Tetrapoden kommen
sämtlich oder doch zum größten Teil aus einer Arteria ophthalmica, die gewöhnlich ein Ast der Carotis interna ist, oder es
gesellt sich dazu noch eine zweite Ophthalmica aus der Carotis
externa (viele Säuger). Bei den Fischen ist der Ursprung der
Augengefäße eigentümlich und soll daher erst später besprochen
werden. Die Vorderregion des Bulbus, besonders die Iris und
Irisregion, kann jedoch auch von anderen Gefäßen versorgt
werden. Daß sich die Bulbusgefäße vorwiegend in der Chorioidea verbreiten, wurde schon
hervorgehoben. — Zahlreiche Knochenfische (auch Amia unter den Holostei) besitzen eine
besondere Eigentümlichkeit der in den Augengrund tretenden Arteria ophthalmica magna, indem diese sich zwischen Sclera und Chorioidea plötzlich zu einem sog. Wundernetz kapillar
auflöst, aus welchem dann die Chorioidealgefäße hervorgehen. Auch die rückkehrenden Venen
erleiden an dieser Stelle eine entsprechende Auflösung. Diese Bildung wird als *Chorioidealdrüse* bezeichnet (Fig. 655) und kann so stark entwickelt sein, daß sie um die Eintrittsstelle

des Sehnervs eine wulstige Anschwellung bildet. Die Hypothese, daß das Gefäßwerk der Chorioidealdrüse in Beziehung zu einer ehemaligen Kieme stehe, ist unwahrscheinlich.

Die *inneren Blutgefäße* gehen wahrscheinlich sämtlich aus der embryonalen Gefäßschlinge hervor, welche durch den Augenspalt in den Glaskörper eindrang. Sie scheint bei den meisten Vertebraten ebenfalls ein Ast der ursprünglichen Arteria ophthalmica zu sein, bei den Fischen aber eigenen Ursprungs. Bei vielen niederen Vertebraten: *Holostei, zahlreiche Teleostei* (jedoch nicht den Acanthopterygii), *Anura* und *Ophidia* gehen aus ihr bleibende *Gefäße des Glaskörpers* hervor, die sich auf dessen Oberfläche in der Membrana hyaloidea verbreiten. — Aus der Schlinge leiten sich auch die Gefäße des Processus falciformis, des Zapfens und Kamms ab, bei Vögeln unter vorheriger doppelter Wundernetzbildung. — Der zuführende Teil (Arterie) der embryonalen Gefäßschlinge der *Säuger* wird bei der Entwicklung des Augenspalts vom Sehnerv umschlossen und tritt daher als *Arteria centralis retinae* in ihn ein. Embryonal entwickelt sie gleichfalls Glaskörpergefäße und setzt sich, nach Durchbohrung der Retina, durch den Glaskörper bis zur Linse fort, um sich als ein Gefäßwerk auf deren Proximalfläche zu verbreiten, und, ihren Äquator umgreifend, auch die vordere Linsenfläche zu überziehen. Dieser ganze Gefäßapparat des Glaskörpers und der Linse der embryonalen Säuger bildet sich aber später völlig zurück. Dagegen gehen von der Arteria centralis retinae der meisten Säuger (nicht bei *Monotremen* und einigen *Ditremen*, z. B. *Cavia*) Gefäße aus, welche sich in der Opticusfaserschicht der Retina verbreiten. Den übrigen Vertebraten fehlen solche Netzhautgefäße mit seltenen Ausnahmen (z. B. *Anguilla, Muraena* unter den Fischen, wo sie von den Glaskörpergefäßen ausgehen).

Der Augenbulbus liegt in der *Orbita* (Augenhöhle), die, wie wir schon beim Schädel sahen, in sehr verschiedenem Grad von Knorpel oder Knochen umschlossen wird. Erst bei den höchst stehenden Säugern (*Affen* und *Mensch*) wird die knöcherne Orbita vollständig. Wo ein solch knorpliger oder knöcherner Abschluß fehlt, findet sich eine bindegewebige, häufig auch muskulöse Membran (*Orbitalmembran*), welche die Umschließung vervollständigt. — Der Bulbus erfüllt meist nur den äußeren Teil der Orbita, indem sich noch die Bulbus- und Lidmuskulatur, die Augendrüsen, sowie Binde- und Fettgewebe in sie einlagern. — Bemerkenswert erscheint, daß bei den meisten *Chondropterygiern* vom Grunde der Orbita ein knorpliger Fortsatz (*Bulbusstiel*) entspringt, dessen Distalende sich häufig schüsselförmig ausbreitet (Fig. 645, S. 847); auf ihm bewegt sich der Bulbus. — Bei den übrigen Fischen findet sich statt dessen häufig eine bandartige Bildung (*Tenaculum*), welche den Bulbus am Orbitalseptum befestigt.

Augenlider. Die an die Corneaperipherie anschließende äußere Haut ist meist deutlich als *Bindehaut* (*Conjunctiva*) entwickelt, welche in der Regel weicher und durchsichtiger bleibt als die gewönnliche Haut. Meist kommt es im Umfang der Conjunctiva zur Bildung einer ringförmigen Hautfalte, der Augenlidfalte, welche mehr oder weniger über die Cornea, bis zu vollständigem Verschluß, herübergezogen werden kann. Meist sind der dorsale und ventrale Teil dieser Falte stärker entwickelt, so daß sich ein dorsales und ventrales Lid unterscheiden lassen, die äußerlich von der gewöhnlichen Haut, innerlich von der *Conjunctiva palpebrarum* überkleidet sind, welch letztere zuweilen besondere histologische Eigentümlichkeiten zeigt.

Unter den Fischen besitzen nur die *Chondropterygier* (Fig. 656) zwei derartige Lider in guter Entfaltung. — Bei den übrigen Fischen findet sich gewöhnlich eine circuläre Augenlidfalte, die jedoch häufig dorsal und ventral, oder nasal und temporal (vorn und hinten) stärker entwickelt ist. Sie kann auch stellenweise bis gänzlich rudimentär werden. Bei gewissen Knochenfischen (z. B. Clupea und Salmo [Fig. 508, S. 711]) entspringt von der Innenfläche des vorderen Augenlids eine ansehnliche Hautfalte, die einen Teil der vorderen Cornea überzieht und nach Bau und Lage an die später zu erwähnende Nickhaut der Chondropterygier erinnert (sie wurde daher auch als *Pseudonickhaut* oder *Extrapalpebralfalte*

Fig. 656.

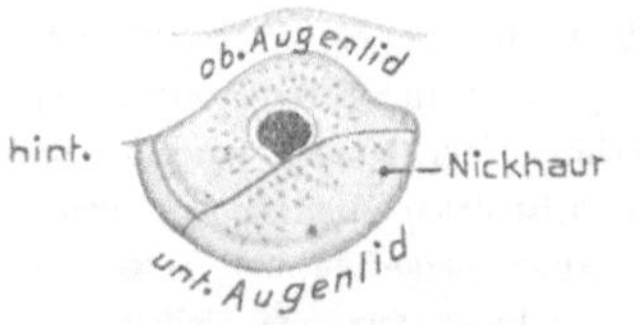

Galeus canis (Haifisch) rechtes Auge mit den Augenlidern.   O. B.

bezeichnet). — Die Lidfalten der *urodelen Amphibien*, besonders der Ichthyoden, sind, wenn überhaupt, sehr schwach entwickelt, wogegen die *Anuren* ein schwaches oberes und ein sehr ansehnliches unteres Lid besitzen. Letzteres ist dadurch bemerkenswert (Fig. 657), daß das eigentliche untere Lid eine mäßig erhobene Falte darstellt, von deren innerem, freiem Rand eine halbdurchsichtige, etwas dünnere ansehnliche Membran ausgeht, die im zurückgezogenen Zustand größtenteils zwischen dem ventralen Lid und der Cornea eingefaltet liegt, aber dorsalwärts über die ganze Cornea herübergezogen werden kann. Diese meist als *Nickhaut* bezeichnete Membran ist also eine Fortsetzung des unteren Lids und unterscheidet sich dadurch von der gleich zu besprechenden eigentlichen Nickhaut. — Die beiden Lider der übrigen Wirbeltiere sind häufig etwas ungleich entwickelt; so ist bei den *Sauropsiden* (besonders *Sauriern* und *Vögeln*) das untere in der Regel größer und beweglicher (Ausnahme Krokodile), während dasselbe für das obere der *Säuger* gilt. — Eigentümlich erscheint die circuläre Bildung der ansehnlichen Lidfalte mit enger Öffnung bei den *Chamaeleontiden*. — Den *Ascalaboten* und *Amphisbaeniden* (Sauria), sowie den *Schlangen* fehlen die Lider scheinbar; dagegen findet sich bei ihnen eine durchsichtige geschlossene Membran (sog. *Brille*), welche die gesamte Cornea in einigem Abstand überlagert, ähnlich etwa wie die sog. Cornea der Cephalopoden (s. S. 832) die Linse. Diese Membran wird gewöhnlich vom unteren Augenlid abgeleitet, welches mit dem Rest des oberen über der Cornea völlig verwachsen ist, was um so wahrscheinlicher ist, als bei gewissen Sauriern das untere Lid ganz oder teilweis durchsichtig erscheint und über die gesamte Cornea emporgezogen werden kann. Die Ansicht, daß die Schlangenbrille die Nickhaut repräsentiere, scheint weniger begründet. Neuerdings wurde beobachtet, daß bei nicht wenigen grundbewohnenden Fischen (so *Gobiiden, Cottus* u. a.) eine an die Schlangenbrille erinnernde äußere durchsichtige Haut den Bulbus überzieht, welche Haut durch einen mit Flüssigkeit erfüllten Hohlraum von der distalen Verschlußmembran des Bulbus (Fortsetzung der Sclera) geschieden ist. — Es scheint aber sicher, daß diese Einrichtung nichts mit der Schlangenbrille zu tun hat, sondern durch Differenzierung und Sonderung der Cornea samt Conjunctiva corneae in zwei Lagen entstand.

Fig. 657.

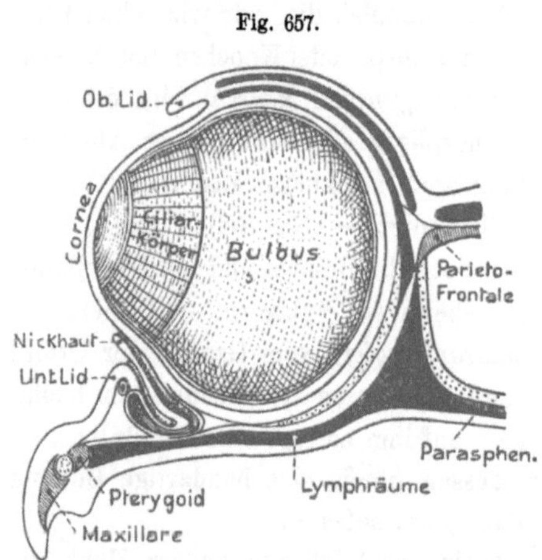

Rana esculenta. Auge mit Umgebung vertical halbiert, zur Demonstration der Lider, besonders der sog. Nickhaut; Knorpel punktiert; Knochen schraffiert; Lymphräume schwarz (nach GAUPP, Frosch 1904).   v. Bu.

Die Lider können von einer *Knorpeleinlagerung* gestützt werden, so das untere vieler *Sauropsiden* (besonders Sauria, hier zuweilen auch knöchern, und Vögel), während bei den

Säugern eine verdichtete Bindegewebsbildung (Tarsus) um die Talgdrüsen (Tarsaldrüsen), die häufig auch als Knorpel beschrieben wurde, den Rand beider Lider stützt. — Bei *Sauriern* und *Krokodilen* dienen auch die in verschiedener Zahl am Dorsalrand der Orbita vorkommenden Hautknöchelchen (Ossa supraorbitalia, s. Fig. 157 B, S. 274) zur Stütze des oberen Lids.

Schon bei einigen *Haien* (z. B. Mustelus, Galeus, Carcharias) findet sich außer den zwei geschilderten Lidern noch ein drittes, die *Nickhaut* (*Membrana nictitans, Palpebra tertia*, s. Fig. 656) als eine dünnere bis dickere, wenig durchsichtige Hautfalte, die sich im inneren (vorderen) Augenwinkel, im Grunde der Einfaltung der Augenlider (*Fornix*), aus der Conjunctiva erhebt und sich längs des Grundes der unteren Lidfalte, schief abfallend, noch mehr oder weniger weit gegen den äußeren Augenwinkel erstreckt. Ob diese Nickhaut der Haie jener der Tetrapoden streng homolog ist, erscheint etwas unsicher. — Sie kann mehr oder weniger nach oben und gegen den äußeren Augenwinkel über die Cornea herübergezogen werden. — Den *Amphibien* fehlt diese Haut, da ihr, wie schon bemerkt (s. S. 862), die sog. Nickhaut der Anuren wahrscheinlich nicht entspricht. — Den *Sauropsiden* kommt sie allgemein zu (ausgenommen den mit der Brille versehenen Schlangen und Sauriern) und ist bei den *Vögeln* besonders stark entwickelt. — Auch die *Nickhaut mancher Säuger* (besonders der Huftiere) ist noch recht ansehnlich, bei den *Primaten* kommt sie jedoch nur rudimentär, als *Plica semilunaris*, im vorderen inneren Augenwinkel vor. Die Nickhaut der Säuger (und gewisser Saurier) wird durch eine nicht unansehnliche Knorpeleinlageruug gestützt, die selbst den Affen und manchen Menschen nicht fehlt.

Zur Bewegung der Lider dient eine besondere Muskulatur.

Schon bei den Haien existiert ein Retractor der beiden Augenlider, gewöhnlich als *Retractor palpebrae superioris* bezeichnet, der von hinten zu ihnen tritt. Zu ihm gesellt sich bei den mit einer Nickhaut versehenen noch ein *Levator membranae nictitantis*, der von der hinteren Schädelregion mit einer Sehne zur Nickhaut zieht. Beide Muskeln haben jedenfalls mit den Lidmuskeln der Tetrapoden nichts zu tun, da sie sich nicht von den Bulbusmuskeln, sondern vom Constrictor superficialis dorsalis (s. S. 436) ableiten und vom Trigeminus innerviert werden. — Von den *Sauropsiden* ab besteht die Lidmuskulatur meist in einem Verengerer oder Schließer (*Musculus orbicularis*), der die Lidspalte ringförmig umzieht, jedoch auch noch im Umkreis der Orbita ausgebreitet sein kann und sich, wenigstens bei den Säugern, von der Gesichtsmuskulatur ableitet. — Hierzu gesellen sich bei den Sauropsiden gewöhnlich noch Rückzieher (*Depressor* und *Levator*) der beiden Lider, die in der Orbita entspringen, während den Säugern meist nur einer des oberen Lids zukommt (bei Elephas auch des unteren; bei den Sauria meist nur einer des unteren). Wahrscheinlich leiten sich die Lidmuskeln von den gleich zu besprechenden geraden Muskeln des Bulbus ab, was sich bei den *Cetaceen* und gewissen Carnivoren (besonders *Pinnipediern*) deutlich ausspricht, indem hier sämtliche Recti Fortsetzungen in die beiden Augenlider senden. — Der Muskelapparat der Nickhaut wird bei den Bulbusmuskeln besprochen werden.

Bulbusmuskeln. Zur Bewegung des Bulbus in der Orbita dient ein besonderer Muskelapparat, der bei sämtlichen Cranioten recht übereinstimmend gebaut, und nur bei den rudimentären Augen mehr oder weniger rückgebildet ist, ja ganz fehlen kann (*Myxinoiden*). Auch die Teleskopaugen der Tiefseefische sind unbeweglich und ihre Muskulatur manchmal defekt. — Schon früher (S. 640) wurde die Entwicklung dieser Muskeln aus den drei vordersten Kopfsomiten erwähnt, sodaß wir darauf verweisen dürfen. — Bei sämtlichen Cranioten finden sich 6 Bulbusmuskeln (s. Fig. 658), die von der Orbitalwand entspringen, und sich etwas innen vom Äquator an den Bulbus anheften. Es sind dies die 4 *geraden Muskeln* (*Recti*), die im allgemeinen vom Hintergrund der Orbita ausgehen und in der Richtung der Augenachse verlaufen: ein dorsaler oder oberer (*Rectus superior*), ein ventraler oder unterer (*Rectus inferior*), ein vorderer oder innerer (*Rectus anterior oder internus*) und ein hinterer oder äußerer (*Rectus posterior oder externus*). Diese Muskeln können den Bulbus um seine dorsoventrale und transversale Achse rotieren oder ihn auch bei gleichzeitiger Kontraktion retrahieren. Wie wir früher sahen (S. 640), werden die drei erstgenannten Muskeln vom Nervus oculomotorius, der Rectus posterior dagegen vom Nervus abducens versorgt; auch wurde schon darauf hingewiesen, daß über die Bedeutung des Rectus inferior bei den Cyclostomen gewisse Zweifel bestehen, da er vom Nervus abducens versorgt wird.

Fig. 658.

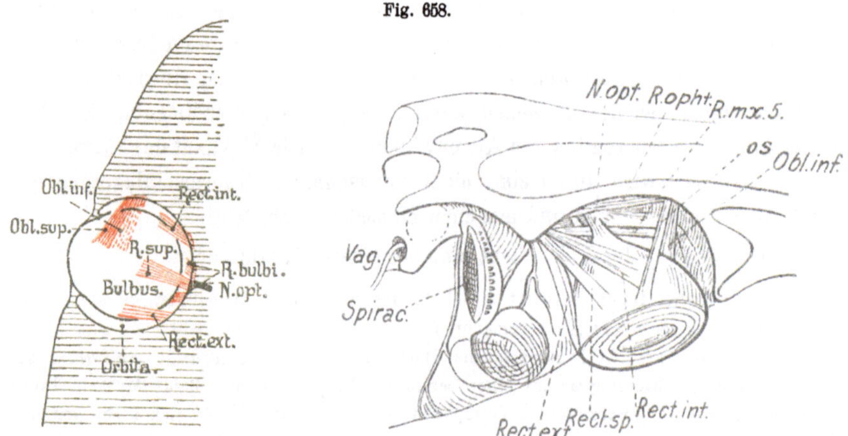

A Schema der Augenmuskeln eines Wirbeltiers; linker Bulbus von der Dorsalseite. B Muskeln des rechten Auges von Centrophorus crepidalbus. A Orig. B (aus GEGENBAUR, Vergl. Anat.) O. B.

Bei den meisten Wirbeltieren entspringen die geraden Muskeln in der Umgebung der Durchtrittsstelle des Nervus opticus im Orbitalgrund, bei den Fischen dagegen ist ihr Ursprung meist ziemlich weit von dieser Stelle auf die caudale Region der Orbita gerückt (Fig. 658B); bei gewissen Knochenfischen (besonders Physostomen) sind ihre Ursprünge sogar mehr oder weniger tief in den beim Schädel erwähnten Augenhöhlenkanal (Myodom) verlegt (s. S. 240). Auch bei den Sauriern ist die Insertion der meisten Recti stark ventral verlagert.

Zu den geraden Muskeln gesellen sich stets noch zwei schiefe, der *Obliquus inferior* (Nervus oculomotorius) und *superior* (Nervus trochlearis). Beide entspringen an der nasalen (vorderen oder inneren) Orbitalwand, ihrem Außenrand mehr genähert oder weiter innen, und ziehen schief zur Augenachse, der erstere zur ventralen Bulbuswand, der letztere zur dorsalen. Die beiden schiefen Muskeln können den Bulbus um die Augenachse rotieren.

Der *Obliquus superior der Säuger* erfährt eine Veränderung, welche bei den Mono-tremen (*Echidna*) noch in der Hervorbildung begriffen ist, indem hier ein ansehnlicher Teil des Muskels seinen Ursprung tiefer in den Orbitalgrund verlegt hat und sich erst distal mit dem äußeren Anteil, der seine ursprüngliche Befestigung bewahrte, vereinigt, indem er an dieser Stelle durch eine Sehnenschlinge tritt. Schon bei *Ornithorhynchus* ist aber der äußere Teil ganz geschwunden, wie bei allen übrigen Säugern; der Obliquus superior ent-springt daher bei letzteren ganz im Orbitalgrund neben den geraden Muskeln und tritt außen an der *Nasalseite* der Orbita durch eine verknorpelte Sehnenschlinge (Trochlea), wodurch er erst den schiefen Verlauf zur Dorsalwand des Bulbus erhält.

Von den Amphibien an gesellt sich zu den geschilderten Bulbusmuskeln noch ein *Rückzieher des Bulbus* (*Retractor bulbi, Musculus choanoides*), der im Grunde der Orbita, innerhalb der Recti entspringt und, den Nervus opticus umhüllend, zum Bulbus zieht. Er retrahiert den Augapfel in die Orbita; bei den *Ophidia* und den *Primaten* ist er rückgebildet.

Bei manchen Formen (*Anuren, Cheloniern, Säugern*) ist der Retractor in drei bis vier Portionen gesondert, was, ebenso wie seine Innervierung durch den Oculomotorius und Abducens (Säuger), dafür spricht, daß er durch Abgliederung aus den geraden Muskeln hervor-ging, oder, wenn er nur vom Abducens inerviert wird, allein aus dem Rectus externus, mit dem er zuweilen auch noch zusammenhängt (z. B. *Krokodile*). Eigentümlich erscheint die enorme Entwicklung des Retractor bulbi bei den *Cetaceen* und einzelnen *Pinnipediern* (z. B. Trichechus), obgleich deren Augen wenig beweglich sein sollen. Es wurde daher sogar vermutet, daß dieser mächtige Muskelapparat hier als Wärmequelle djene.

Der Retractor der Anuren besitzt auch die Funktion, die sog. Nickhaut (un-teres Augenlid) über die Cornea heraufzuziehen.

Dies wird dadurch erreicht, daß an der Ventralfläche des Bulbus eine Sehne (Nick-hautsehne) etwa quer hinzieht (s. Fig. 659) und mit ihren Enden, die seitlich aufsteigen, zu dem inneren und äußeren Ende der Nickhaut tritt. Diese Sehne ist in eigentumlicher Weise (z. T. auch direkt) mit dem Retractor verbunden, der so bei jeder Rückziehung des Bulbus die Nickhaut über das Auge emporzieht. Das Herab-ziehen der Nickhaut bewirkt ein kleiner beson-derer Muskel (Depressor membranae nictitantis).

Komplizierter erscheint der Muskel-apparat der *Sauropsidennickhaut.* Zu ihrer Bewegung dient ein besonderer Muskel (*Musculus pyramidalis*), der bei den *Kro-kodilen* (Fig. 660), *Schildkröten* (Fig. 661) und *Vögeln* (Fig. 662) von der nasalen (medialen) Hinterwand des Bulbus ent-springt und dorsal vom Nervus opticus zur Temporalseite zieht, um die er mit seiner langen Sehne auf die Vorderfläche des

Fig. 659.

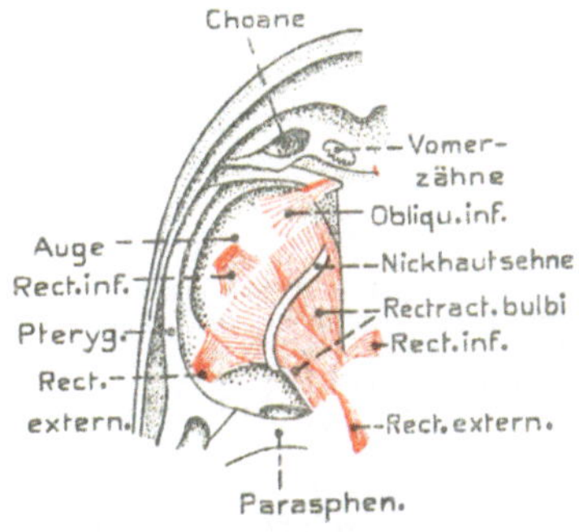

Rana esculenta. Rechtes Auge von der Gaumenseite freigelegt, mit den Augenmuskeln und der Nickhautsehne. Rectus externus (late-ralis) und inferior durchgeschnitten und zu-zückgeschlagen (nach GAUPP, Frosch 1904).
v. Bu.

Bulbus herumgreift; hier verbindet er sich mit dem temporalen Nickhautende. Bei seiner Kontraktion wird demnach die Nickhaut temporalwärts über das Auge gezogen. Da dieser Muskel bei gewissen Reptilien noch mit dem Retractor bulbi zusammenhängt, so läßt er sich aus diesem ableiten (Innervation durch den Nervus abducens). Der Pyramidalis der *Schildkröten* (Fig. 661) sendet noch einen Zweig zum unteren Augenlid. — Bei den *Vögeln* (Fig. 662) kompliziert sich die Einrichtung dadurch, daß die lange Sehne des Pyramidalis durch die röhrenförmige Sehnenschlinge eines besonderen platten Muskels tritt (*Musculus quadratus* oder *bursalis*, N. abduc.), welcher an der Hinterwand der dorsalen Bulbushälfte entspringt. Daß dieser Muskel bei seiner Kontraktion die Wirkung der Nickhautsehne unterstützen muß, ist klar. — Ein offenbar diesem *M. quadratus* entsprechender

Fig. 660.

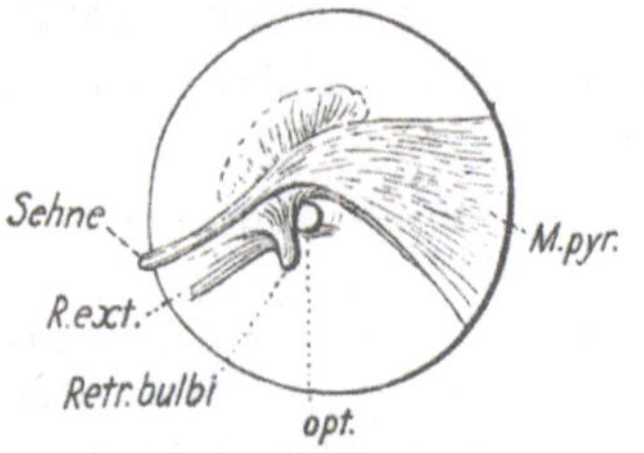

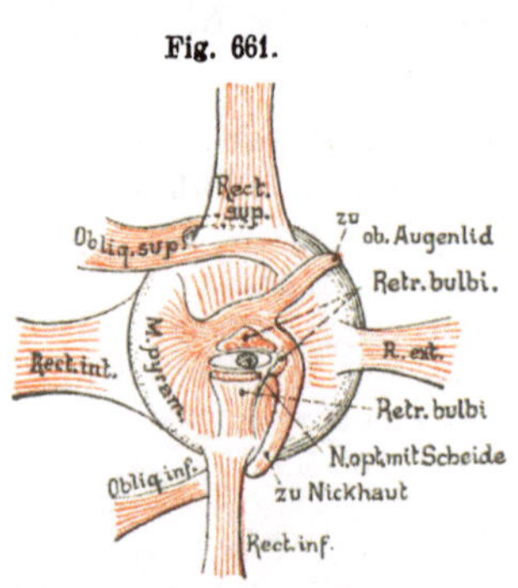

Alligator. Bulbus von innen mit den Augenmuskeln (aus GEGENBAUR Vgl. Anat.).

Fig. 662.

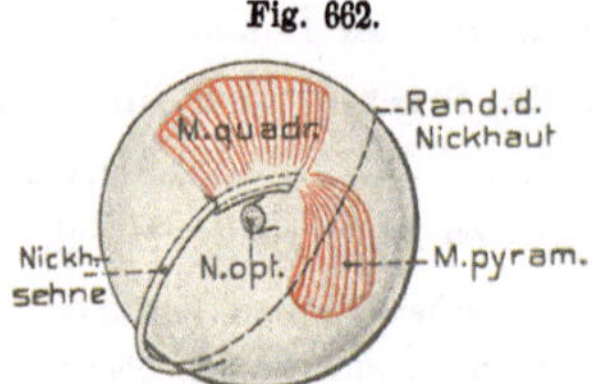

Anas. Linker Bulbus von innen zur Demonstration der Nickhautmuskeln (nach GEGENBAUR, Vergl. Anatomie verändert). v. Bu.

Fig. 663.

Fig. 661.

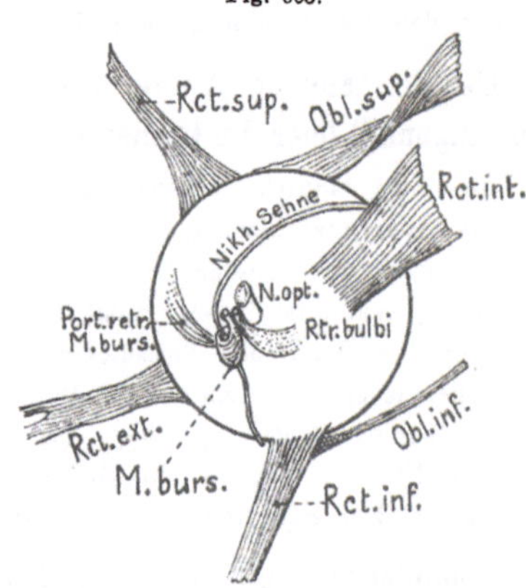

Chelone viridis (Seeschildkröte). Rechter Bulbus von innen; die Augenmuskeln von ihren Ansätzen an der Orbita abgelöst und ausgebreitet. Orig. O. B.

Lacerta viridis. Linkes Auge von innen mit den Muskeln. M. rect. int. zurückgeschlagen um den Opticus, sowie den M. bursalis und den Retr. bulbi, die beide in dieser Ansicht stark verkürzt erscheinen, zu zeigen (nach M. WEBER 1877). O. B.

Muskel (Portio retrahens M. bursalis) entspringt bei den *Sauriern* (Fig. 663) von der temporalen Hinterwand des Bulbus, vereinigt sich aber in der Gegend der Nickhautsehne (Lacerta) mit einem vom Orbitalgrund, neben dem Retractor bulbi entspringenden Muskel (M. bursalis), dessen Distalende die Nickhautsehne schlingenartig umfaßt und sie nebst der Nickhaut bei seiner Kontraktion vorzieht.

Offenbar sind diese beiden Muskeln, die vom N. abducens versorgt werden, Teile eines einheitlichen; doch fragt es sich, ob sie ursprünglich aus einem wie bei den Vögeln beschaffenen M. quadratus hervorgingen, indem dieser sich verlängerte und sekundär im Orbitalgrund inserierte, oder, was wahrscheinlicher, ob der Zustand bei den Sauriern der primitivere ist, welcher noch auf die Ableitung des Quadratus vom Retractor bulbi hinweist.

Bei den *Säugern*, denen besondere Nickhautmuskeln fehlen, soll der Retractor bulbi dies Lid bewegen, indem er bei seiner Kontraktion den Nickhautknorpel in eigentümlicher Weise verschiebe und damit auch die Nickhaut.

Augendrüsen fehlen den *Fischen* völlig. Bei den übrigen Wirbeltieren entwickeln sich dagegen aus der Conjunctiva des Lidfaltengrundes (Fornix) Hautdrüsengebilde, welche bei den *urodelen Amphibien* im Grunde der unteren Lidfalte zahlreich vorkommen. — Aus ihnen geht bei den *Anuren* und *Gymnophionen* meist eine ansehnlichere, an der Nasalseite des Bulbus liegende Drüse (*Hardersche Drüse*) hervor, welche durch einen Haupt- und mehrere Nebenausführgänge (Anuren) im vorderen Augenwinkel, an der Innenfläche des unteren Lids mündet. — Die *Sauropsiden* und *Mammalier* besitzen meist am gleichen Ort diese, in der Regel tubulöse Drüse, die gewöhnlich mit einem einzigen Ausführgang (bei Mammalia auch mehreren) versehen ist, welcher an der inneren Nickhautfläche mündet. Dadurch steht die Hardersche Drüse in naher Beziehung zur Nickhaut und ist auch bei den Sauropsiden mit gut entwickelter Nickhaut meist sehr ansehnlich (Fig. 664 A), größer als die gleich zu erwähnende Tränendrüse.

Die meist recht große Augendrüse der *Schlangen* (s. Fig. 664 B), welche sich häufig noch außerhalb der Orbita caudalwärts ausbreitet, wird wegen ihrer Mündung am vorderen Augenwinkel jetzt gewöhnlich als Hardersche Drüse gedeutet, während sie früher als Tränendrüse galt. Sie breitet sich ventral vom Bulbus aus, ähnlich wie bei manchen Sauriern.

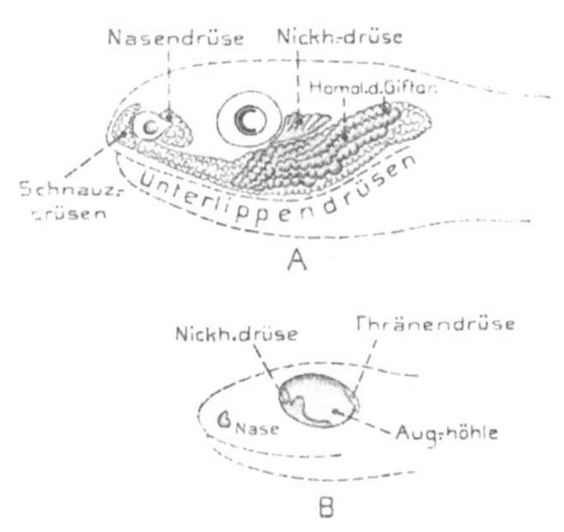

A **Tropidonotus natrix** (Ringelnatter). Kopf von links. Unterlippendrüsen (einschl. sogen. Schnauzendrüsen), Nasendrüse und Nickhautdrüse. — *B* **Lacerta agilis**. Kopf von links. Auge herausgenommen, um die Tränen- und Nickhautdrüse zu zeigen (nach LEYDIG 1873). v. Bu.

Der Entwicklungsgrad der Harderschen Drüse der *Mammalia* entspricht in der Regel jenem der Nickhaut; sie ist daher bei Affen und Menschen rückgebildet, doch ihre Anlage ontogenetisch noch nachweisbar. Das Sekret der Harderschen Drüse ist meist mehr fettiger Natur.

Von den *Sauropsiden* an findet sich (ausgenommen bei Schlangen) auch im hinteren (äußeren) Augenwinkel eine Drüse, die *Tränendrüse*, mit gewöhnlich wässerigem Sekret. Ihre meist zahlreichen feinen Ausführgänge münden in der Regel auf der Innenseite des oberen oder auch beider Lider. Bei gewissen *Schildkröten* (*Seeschildkröten*) wird sie sehr groß. Bei manchen *Säugern* bleibt sie dagegen sehr klein (z. B. *Elephas*).

Daß sie den Cetaceen fehle, wie häufig angegeben wird, scheint unrichtig; vielmehr sollen bei ihnen sowohl die Hardersche als die Tränendrüse ansehnlich entwickelt sein.

jedoch gleichartig ausgebildet und längs des gesamten oberen Lides ausgebreitet, so daß hier gewissermaßen ein vereinfachter Zustand vorliege.

Die Sekrete der beiden Drüsen werden durch einen feinen Kanal, den *Tränennasengang* (Ductus nasolacrimalis) in die Nasenhöhle abgeleitet. Ontogenetisch geht er aus der Epidermis zwischen Auge und Nasengrube hervor, ursprünglich also wohl aus einer offenen Rinne zwischen Auge und Nase.

Er beginnt meist im inneren Augenwinkel (bei den Anuren in der Mitte des unteren Lids) und zwar in der Regel mit zwei feinen, runden bis spaltförmigen Öffnungen (*Tränenpunkte*), die sich in zwei Kanälchen fortsetzen, aus deren Zusammenfluß (manchmal unter Anschwellung zu einem sackartigen Teil) der Tränenkanal entsteht. Er durchsetzt in seinem weiteren Verlauf gewisse Schädelknochen (besonders das Lacrimale, welches nach ihm benannt wurde) und mündet schließlich in die Nasenhöhle, was an ziemlich verschiedenen Stellen geschehen kann (s. bei Geruchsorganen).

Die ansehnliche Nickhautdrüse der *Schlangen* mündet direkt in den Anfang des Tränenkanals, weshalb ihr Sekret wahrscheinlich gar keine Beziehungen mehr zum Auge besitzt, sondern an der Einmündungsstelle der Jacobsonschen Organe in die Mundhöhle abfließt (s. S. 719; Annäherungen an diesen Zustand zeigen schon manche *Saurier*); die Drüse der Schlangen hat also ihre Funktion geändert und scheint wesentlich die Rolle einer Speicheldrüse übernommen zu haben. — Die Augenlider der *Mammalia* sind ziemlich reich mit Hautdrüsen versehen. In die Bälge der Cilien (*Augenwimpern*), die jedoch nicht allen Säugern zukommen, münden Talg- und Schweiß-(Knäuel-)drüsen, und an dem inneren freien Rand der Lider findet sich eine Reihe ansehnlicher modifizierter Talgdrüsen, die *Meibom'schen* oder *Tarsaldrüsen.* Auf der Conjunctiva der Augenlider können ferner kleinere Drüschen von ähnlicher Funktion wie die Tränendrüse auftreten.

Fig. 665.

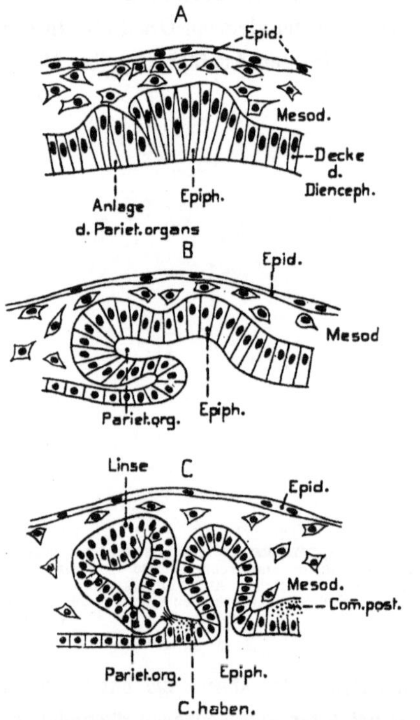

Lacerta (Embryo). Zur Entwicklung der Epiphyse und des Parietalorgans. — *A* Embryo von 3 mm. — Medianschnitt durch die Decke des Diencephalon; rechte Anlage des Parietalorgans und der Epiphyse. — *B* Ebenso etwas älter. — *C* Parietalorgan- und Epiphyse haben sich gesondert und der Nerv. parietalis ist angelegt (Embryo v. 7 mm) (nach NOVIKOFF 1910). v. Bu.

5c. Unpaare Augen der Craniota.

Pineal- und Parapinealorgane oder -augen.

Bei der Schilderung des Schädels der *Stegocephalen*, *Rhynchocephalen* (Sphenodon) und *Saurier* wurde hervorgehoben (s. S. 267 und 276), daß zwischen den beiden Parietalia in der Regel eine kleine Öffnung bleibt (Foramen parietale, Scheitelloch), welche auch den meisten ausgestorbenen Reptilienordnungen zukommt, und sogar bei *Ornithorhynchus* gelegentlich angetroffen wurde. Die *Saurier* und *Rhynchocephalen* zeigen, daß sich in dem das Scheitelloch erfüllenden Bindegewebe, seltener etwas über oder unter dem Foramen ein Organ findet, dessen Bau lebhaft an ein Auge erinnert, um so mehr als auch das über ihm

liegende Gewebe: Bindegewebe, Corium, Epidermis, sowie die Hornschuppe (Cornealschuppe
pigmentfrei und durchsichtig bleiben (*Scheitelfleck*), das Organ also dem Licht zugänglich
ist. Unter den Sauriern fehlt das Organ den *Geckoniden* und vereinzelten anderen Formen.
Nur selten hat sich das Scheitelloch über ihm knöchern geschlossen. — Daß auch den ausgestorbenen Reptilien sowie den Stegocephalen, welche ein solches Scheitelloch besaßen,
ein entsprechendes Organ zukam, kann nicht zweifelhaft sein.

Bei den Sauriern und Rhynchocephalen wird das Organ gewöhnlich als *Parietalauge*
(auch Parietalorgan) bezeichnet; zuweilen auch als Parapinealorgan, aus Gründen, die sich
im Folgenden ergeben werden. Wir wollen dies Parietalauge zuerst etwas genauer betrachten,
weil es bei den genannten Reptilien am besten ausgebildet ist, und besprechen anschließend
eine ähnliche Bildung bei niederen Wirbeltieren. — Wie die Seitenaugen der Vertebraten
entsteht es durch Ausstülpung der Hirnblase und zwar aus der Decke des Diencephalon,
dicht vor der Epiphyse (Fig. 665 A-B). Es ist aber bis jetzt noch strittig, ob es sich wirklich ganz
unabhängig von der Epiphyse bildet, oder ob beide Organe aus einer gemeinsamen Anlage
hervorgehen; in welchem Fall das Parietalauge also eine aus der rostralen Wand der ursprünglichen Epiphysenausstülpung entstehende Bildung wäre. Immerhin sprechen die neueren

Erfahrungen mehr für seine selbständige Entstehung, dicht vor der Epiphyse. Die ausgestülpte Anlage
schnürt sich hierauf als ein geschlossenes Bläschen vom Zwischen-
hirndach ab und liegt ihm dicht auf
(Fig. 665 *C*); seine Proximalwand
schickt dann bald Nervenfasern in
die Hirndecke zu der sich hier bildenden Commissura habenularis. Indem der so angelegte Nerv des Organs
(*Parietalnerv*) auswächst, entfernt sich
das Parietalauge allmählich von der
Hirndecke und gelangt schließlich an
seinen oben erwähnten, definitiven
Ort (Fig. 666).

Das Auge erscheint als eine
Blase, deren Gestalt jedoch recht
variabel ist, sogar bei einer und derselben Art. Bald erscheint sie annähernd kugelig, bald etwas schlauchartig längsgestreckt, bald mehr oder
weniger, bis recht stark abgeplattet.
Die distale, gegen die Außenwelt
schauende Wand besteht aus einer
Schicht durchsichtiger, selten etwas

Fig. 666.

Lacerta agilis (erwachsen). Schematischer Medianschnitt
durch die Scheitelregion des Kopfes mit dem Parietalauge
(nach Novikoff 1910).   v. Bu.

pigmentierter, langgestreckter Zellen (Fig. 667). In der Regel ist diese Wand mehr oder weniger
linsenförmig verdickt, plankonvex bis bikonvex, seltener beiderseits flach; nur vereinzelt
(z. B. *Chamaeleo*) ist ihr Bau von dem der Proximalwand nicht wesentlich verschieden. —
Die letztere oder die *Retina*, von welcher der Parietalnerv ausgeht, ist ebenfalls meist stark
verdickt und setzt sich aus unpigmentierten Sinneszellen zusammen, welche durch einge-
schaltete braun pigmentierte Zwischen- oder Stützzellen voneinander gesondert werden
(Fig. 667; für *Sphenodon* wird jedoch angegeben, daß das Pigment nicht in, sondern zwischen den Zellen liege und von außen in die Retina eingewandert sei). Die Zwischenzellen
durchsetzen die gesamte Wanddicke, um sich proximal an eine zarte Membrana limitans
externa zu befestigen. Die Sehzellen reichen etwa nur bis zum basalen Drittel der Retina

hinab, wo sie in Nervenfasern umbiegen, die zusammen eine horizontale Faserschicht bilden, der auch bipolare Ganglienzellen in mäßiger Menge eingelagert sind. — Die ins Blasenlumen schauenden freien Sehzellenenden sind in feine Fortsätze verlängert, die Cilienbüscheln gleichen; doch tragen auch die Linsenzellen ähnliche, kürzere Fortsätze. Beiderlei Fortsätze gehen in ein die Blasenhöhle durchziehendes feines Netzwerk über (Glaskörper), welches das Lumen ganz erfüllt, oder einen centralen Raum freiläßt. Im Glaskörper finden sich auch einige verästelte Zellen, welche als eingewanderte Bindegewebszellen gedeutet werden. — Der Parietalnerv, welcher embryonal meist vorhanden ist, wurde im erwachsenen Zustand nur bei einigen Arten (*Anguis, Lacerta, Sphenodon*) beobachtet. Er zieht caudalwärts bis zur Epiphyse und an dieser hinab; seine Fasern treten zwischen die der Commissura habenularis ein (s. Fig. 402, S. 557 u. Fig. 666), wo sie sich entweder zum rechten (Anguis, Lacerta) oder zum linken (Sphenodon) Ganglion habenulae verfolgen ließen.

Im allgemeinen macht das Parietalauge einen mehr oder weniger rudimentären Eindruck, was sich auch in der verhältnismäßig großen Variabialität seiner Bauverhältnisse, selbst bei einer und derselben Art, ausspricht. Dennoch läßt sich nicht leugnen, daß es bei gewissen erwachsenen Sauriern wohl noch zu funktionieren vermag, wenn auch nur zur Wahrnehmung verschiedener Lichtintensitäten. Die Beobachtung, daß das Pigment der Stützzellen auf hell und dunkel durch Wanderung reagiert, spricht wenigstens einigermaßen hierfür.

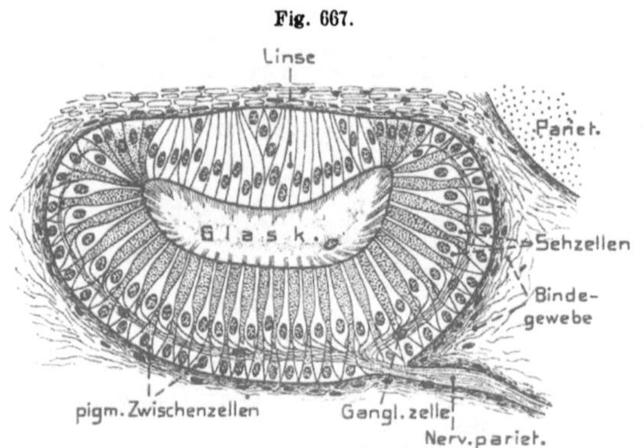

Anguis fragilis. Schema eines Sagittalschnitts durch das Parietalauge (nach NOVIKOFF 1910). v. Bu.

Bei gewissen Sauriern (vielleicht auch *Sphenodon*) findet man außer dem Parietalorgan ein oder zuweilen auch mehrere *Nebenparietalorgane*; häufiger bei Embryonen als bei Erwachsenen. Diese, meist etwas unregelmäßigen, bläschenförmigen, gelegentlich auch soliden Organe sind teils der Epiphyse, teils dem Parietalorgan genähert oder liegen auch zwischen beiden. Sie gehen aus Ausstülpungen eines dieser beiden Organe hervor und können mit ihnen manchmal dauernd zusammenhängen. Wie zu erwarten, sind sie in Größe, Form und Bau recht variabel. Ihre Ähnlichkeit mit dem Parietalorgan spricht sich meist nur darin aus, daß die distale Wand dünner und unpigmentiert erscheint, die proximale dicker und pigmentiert; weiter geht die Übereinstimmung nicht. — Vergleichend anatomisch läßt sich aus dem Vorkommen der Nebenorgane, die wegen ihrer Variabilität und ihres unregelmäßigen Auftretens lebhaft an Mißbildungen erinnern, kaum etwas entnehmen, es sei denn, daß ihr Hervorgehen, auch aus der Epiphyse, darauf hinweise, daß auch letztere bei den Vorfahren der Saurier ein entsprechendes Sehorgan bildete, wie wir es bei den Petromyzonten als Pinealorgan noch antreffen werden.

Unter den übrigen Wirbeltieren besitzen nur die *Petromyzontiden* ähnliche Organe; im Gegensatz zu den besprochenen Reptilien jedoch zwei, die, dicht bei einander liegend, gleichfalls aus der Zwischenhirndecke hervorgehen. Wir haben dieser beiden Organe schon bei der Schilderung des Petromyzonhirns kurz gedacht (s. S. 565, Fig. 404); das hintere ist die Epiphyse, das dicht davorliegende das sog. *Parapinealorgan* (s. Fig. 668). Die Epiphyse der Petromyzonten zeichnet sich dadurch aus, daß ihr freies Ende, welches zu einer abgeflachten Blase erweitert ist (*Pinealorgan*), einen Bau zeigt, der lebhaft an den des Parietalauges erinnert. Der ursprünglich hohle Epiphysenstiel wird später solid und entwickelt sich zu einem Nerv (*Nervus pinealis*), welcher das Pinealorgan mit der Hirndecke verbindet; seine Fasern treten in die Commissura posterior ein und gehen möglicherweise zum rechten Ganglion habenulae. Am Pinealorgan, das einen mehr oder weniger abgegrenzten caudalen, in den Pinealnerv übergehenden Teil (*Atrium*) erkennen läßt, ist ebenfalls eine durchsichtige distale Wand (*Pellucida*) von einer proximalen, retinaartigen zu unterscheiden. Erstere ist selten (*Petromyxon marinus*) ein wenig linsenartig verdickt, häufig auch nach innen unregelmäßig gefaltet. Die Retina erinnert sehr an jene des Parietalauges der Saurier, da sich gleichfalls Sinneszellen, Zwischenzellen (Stützzellen), Ganglienzellen (letztere besonders reichlich im Atrium) und eine Nervenfaserschicht finden. Die freien Enden der Sinneszellen springen ziemlich tief in das flache Lumen des Organs vor. — Statt des dunklen Pigments findet sich in den Zwischenzellen eine undurchsichtig weiße, körnige Substanz (möglicherweise Calciumphosphat), die auch in den Ganglienzellen vorkommt, ja sich bis in die Retina ausbreiten kann. Der Hohlraum des Pinealorgans wird von einem ähnlichen Netzwerk (Glaskörper) erfüllt wie im Parietalauge (auch als Syncytium aufgefaßt), das aus Fortsätzen der Pellucid- und Sinneszellen hervorgeht, und sich im Centrum des Lumens zu einer protoplasmatischen Masse gewissermaßen verdichten kann (*Petromyxon fluviatilis*). Aus allem ergibt sich eine weitgehende Übereinstimmung zwischen dem Pinealorgan der Petromyzonten und dem Parietalauge. —

Das Organ liegt der häutigen Schädeldecke dicht an; die es überlagernde Haut (Corium und Epidermis) ist ziemlich durchsichtig, so daß ein Scheitelfleck schon äußerlich erkennbar ist.

Unterhalb der vorderen Hälfte des Pinealorgans findet sich das *Parapinealorgan* (Fig. 668), das gleichfalls aus einer sich abschnürenden Ausstülpung der Diencephalondecke, dicht vor der Epiphyse, hervorgeht, aber mit seiner Proximalwand stets in direkter

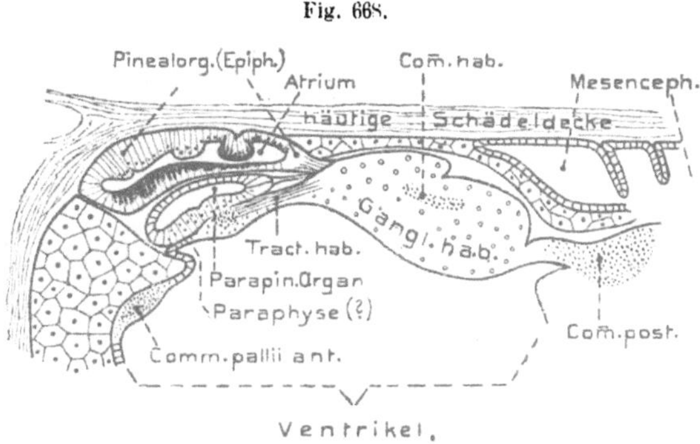

Petromyzon planeri, Larve (Ammocœtes). Längsschnitt durch die Decke des Vorder- bis Mittelhirns, mit Pineal- und Parapinealorgan (nach STUDNITZKA 1892).   v. Bu.

Verbindung mit der Hirndecke bleibt. Es variiert in Form und Größe erheblich. Im allgemeinen besitzt es gleichfalls die Form einer stark abgeflachten Blase mit verdickter proximaler und dünner distaler Wand. Die erstere zeigt ähnliche Bauverhältnisse wie die Retina des Pinealorgans, entbehrt aber des weißen Pigments völlig. Die von dem Organ ausgehenden Nervenfasern ließen sich bis zum linken Ganglion habenulae verfolgen. — Nach seiner Lage zur Epiphyse, sowie seiner Entstehung, muß das Parapinealorgan der Petromyzonten dem Parietalauge der Reptilien entsprechen, doch kommen wir auf diese Beziehungen nochmals zurück.

Die *Myxinoiden* besitzen nichts dem Pineal- oder Parapinealorgan Vergleichbares; dagegen ließ sich in der Ontogenese von *Amia* und *einiger Teleosteer* (z. B. Salmo) die Anlage eines Parapinealorgans als eine Ausstülpung der Decke des Diencephalon (ganz ähnlich jener des Parietalauges der Saurier) beobachten; es schwindet aber bald wieder. — Nur bei den *anuren Amphibien* (ausgenommen Hyla) findet sich ein Organ, welches dem Pinealorgan der Petromyzonten vergleichbar scheint, nämlich das *Stirnorgan* (*Stirndrüse, Corpus epitheliale*); es geht aus dem bläschenförmig erweiterten Epiphysenende hervor, löst sich jedoch vom Epiphysenstiel ab und wandert dicht unter das Corium der Stirnhaut außerhalb des Schädels, wo es mitten zwischen den Augen liegt. Das ursprünglich vorhandene Lumen geht im erwachsenen Zustand meist verloren, so daß das Organ ein solides, zelliges, von einer bindegewebigen Kapsel umgebenes Gebilde darstellt, dessen meist pigmentlose Zellen keine weitere Differenzierung zeigen. Ein zarter Nerv (Nervus pinealis) geht von ihm aus und tritt zum Epiphysenende, so daß er als der umgebildete ursprüngliche Verbindungsstrang zwischen beiden Organen anzusehen ist. Da die Haut über dem Stirnorgan wenig oder kein Pigment enthält, so zeigen auch die Anuren einen Scheitelfleck mehr oder weniger deutlich. Es scheint demnach wohl sicher, daß das Stirnorgan als ein stark rückgebildetes Pinealauge aufzufassen ist. — An der Epiphyse der übrigen Wirbeltiere wurde bis jetzt nichts von einem solchen Organ gefunden.

Die Beziehungen zwischen Parapineal- und Pinealorgan wurden verschieden gedeutet teils als die zweier homonomer, hintereinander folgender Organe, teils dagegen als die eines Paars zusammengehöriger, also eines rechten und linken, welche allmählich hintereinander verschoben wurden. Letztere Meinung, die in neuerer Zeit an Boden gewonnen hat, gründet sich hauptsächlich auf die Beziehung beider Organe zu den beiden Ganglia habenulae, ihren ähnlichen Bau, sowie das oben erwähnte Hervorgehen von Nebenparietalorganen aus der Epiphyse von Sauriern. Da das Pinealorgan nur einen Endabschnitt der Epiphyse repräsentiert, so wäre letztere selbst als der dem Parapinealorgan (Parietalauge) zugehörige Partner zu betrachten. Man hat dies um so mehr betont, als die Epiphyse der Saurier in ihrer Wand eine ähnliche Differenzierung der Ependymzellen in Sinnes- und Stützzellen aufweisen kann, wie sie für die Retina des Parietalauges charakteristisch ist.

Von einer Homologie der Scheitelsehorgane der Wirbeltiere mit den paarigen Augen zu reden, hat vorerst jedenfalls geringe Bedeutung; schon der sehr eigentümliche Bau der Scheitelorgane, die unter sämtlichen Sehorganen nur mit jenen der *Charybdea* Analogien bieten (s. S. 814), läßt eine solche Vergleichung zweifelhaft erscheinen. — Ebenso kann auch der Versuch, diese Organe mit den Augengebilden der *Tunicaten* (Larvenauge der Ascidien, Salpenaugen) in phylogenetische Beziehungen zu setzen, vorerst nur zu sehr problematischen Vermutungen führen.

6. Arthropoda.

Wir besprechen die Augen dieser Gruppe an letzter Stelle, weil sie viel Eigentümliches bieten und sich in ihrer höchsten Entwicklung zu dem seltsamen Typus der Complexaugen erheben, der bei den seither betrachteten Tieren nur andeutungsweise auftrat. Wie gewisse schon behandelte Gruppen besitzen auch die Arthropoden Augen von verschiedenem Typus, welche bei manchen Formen sogar gleichzeitig vorhanden sein können. — Sehorgane sind bei den Arthropoden allgemein verbreitet, doch kommt, wie auch sonst, unter dem Einfluß besonderer Lebensverhältnisse (Aufenthalt im Dunkeln, in Höhlen, der Tiefsee oder unterirdisch, durch Parasitismus [z. B. bei Cirripedien, Copepoden, Amphipoden; Milben]) Rückbildung der Augen nicht allzuselten vor, wobei alle Grade der Reduktion bis zu völligem Schwund verfolgt werden können.

a. *Blasenauge der Protracheata.* Vollkommen isoliert stehen die einfachen paarigen Kopfaugen der *Protracheaten* (*Peripatus*; Fig. 669), indem sie den Typus der Blasenaugen bei erranten Polychaeten und Mollusken in naher Übereinstimmung wiederholen und wie letztere durch Einstülpung und Ablösung einer ectodermalen Augenblase entstehen, mit einer secernierten Linse in ihrem Inneren. Die Übereinstimmung ist so groß, daß wir auf eine genauere Beschreibung verzichten; es werde nur hervorgehoben, daß die Sehzellen mit langen stäbchenartigen Fortsätzen von eigentümlichem Bau versehen sind, die bis zur Linse reichen, und daß Zwischenzellen in der Retina nicht sicher erwiesen sind.

b. *Das unpaare Medianauge* (Larven- oder Entomostrakenauge, Naupliusauge) ist bei den erwachsenen entomostraken Crustaceen sehr allgemein verbreitet, so bei den *Phyllopoden* und *Ostracoden* meist neben den paarigen oder unpaaren Complexaugen, bei den *Copepoden* (auch den Parasiten zum Teil) in der Regel ohne letztere und ebenso bei den *Thoracica* unter den Cirripedien, wo die im Larven-zustand vorhandenen Complexaugen sich rückbilden, das Medianauge sich dagegen mehr oder weniger degeneriert erhält. Daß dies Organ bei den primitiven Krebsen wohl allgemein verbreitet war, erweist das gewöhnliche Vorkommen eines kleinen Median-auges bei den Larven der Thoracostraken, denen es jedoch im erwachsenen Zustande häufig fehlt; doch soll es sich bei nicht wenigen mehr oder weniger verkümmert er-halten. Das Medianange liegt meist ziem-lich tief unter der Hypodermis, rostral oder ventral vom Cerebralganglion, dem es zu-weilen auch direkt aufruht. Wie wir schon früher sahen (S. 825), besteht es ähnlich dem Chaetognathenauge aus einer Gruppe von meist drei, seltener vier (meiste Bran-chiopoden), ja sogar fünf (gewisse *Cope-poden* der Familie der Asterocheri-nae, deren Lateralaugen in je ein vorderes und hinteres geteilt sind), dicht zusammenstoßenden, inversen, becherförmigen Einzelaugen, welche jenen der Plathelminthen in mancher Hinsicht gleichen. — Drei Einzel-augen sind nämlich so zusammen-geordnet (Fig. 670), daß dorsal nebeneinander zwei seitlich gerich-tete liegen (Seitenaugen), das dritte unpaare dagegen ventral unter den ersteren, nach der Bauchseite schauend. Letzteres Auge wird bei den meisten Branchiopoden durch das sich einsenkende Pigment in zwei hintereinanderliegende Becher gesondert (Fig. 670 *C*). Die drei Augenbecher sind fast stets so dicht zusammengerückt, daß ihre roten bis schwarzen Pigmenthüllen zu einer gemeinsamen Masse ver-

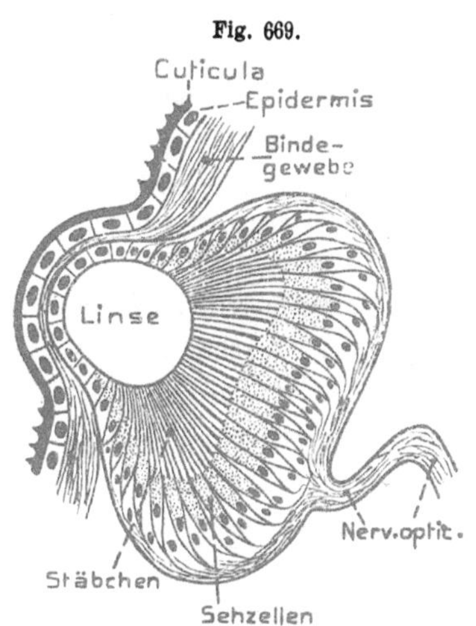

Peripatus edwardsii. Auge im achsialen Durchschnitt (nach CARRIERE 1885). v. Bu.

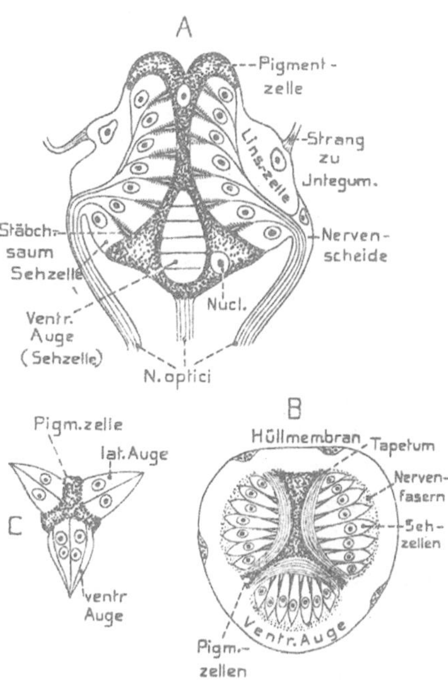

Entomostrakenauge. *A* Querschnitt des Auges von Cypris crassa (Ostracode) (nach NOVIKOFF 1908). — *B* Querschnitt des Auges von Cypridina mediterranea. — *C* Querschnitt des Auges von Daphnia pulex (*B* und *C* nach CLAUS 1891). v. Bu.

schmelzen; in der Dorsalansicht erscheinen sie daher wie ein x förmiger Pigmentfleck; selten (z. B. bei der Ostracode *Notodermas*) sind die Einzelaugen etwas auseinandergerückt, wobei jedoch die Pigmenthüllen im Zusammenhang bleiben (ähnlich paarig auseinandergerückt ist auch das Medianauge von *Balanus*). — Jedes
Einzelauge besteht aus einer Anzahl ungefähr cylindrischer, pigmentfreier Sehzellen, die ihre freien Enden der Pigmenthülle zukehren, wogegen ihre Außenenden
in die Nervenfasern übergehen.

Doch wurde für *Copepoden*augen (besonders Eucalanus) neuerdings mehrfach angegeben,
daß sie convers innerviert würden, was jedoch im Hinblick auf die übrigen Entomostraken
recht fraglich erscheint.

Die Nervenfasern ziehen meist als drei (oder zwei, Branchiopoden) gesonderte
Nerven zum Vorderende des Cerebralganglions (Archencephalon). Die Sehzellenzahl schwankt mit der Größe des Medianauges beträchtlich und kann sich (*Cladoceren* und *Copepoden*) auf wenige reduzieren. — Auf den sich berührenden Seitenflächen der inneren (proximalen) Endregion der Sehzellen bilden sich in der Regel
cuticulare Säume aus, welche meist als Stäbchen bezeichnet werden (Fig. 670 *A*).
Bei *Apus* wurde auch eine rhabdomartige Bildung zwischen den Sehzellen beschrieben.
Im Plasma finden sich häufig stärker brechende Einschlüsse. — Die Pigmentmasse
zwischen den Einzelaugen besteht aus zahlreichen bis wenigen Zellen (so nur zwei
bei Artemia und den Ostracoden), die selten auch pigmentfrei sein können.

Die Seh- und Pigmentzellen scheinen sicher aus der Hypodermis hervorzugehen, und
die Frage, ob die Einzelaugen phylogenetisch ursprünglich gesondert waren, oder ob sie nachträglich durch Sonderung einer gemeinsamen Anlage durch die Pigmentzellen entstanden,
ist nicht scharf entschieden.

Zwischen Pigmenthülle und Sehzelle schiebt sich bei den *Ostracoden*
(Fig. 670 *B*) *Argulus, gewissen Branchiopoden* und *Cladoceren* (angeblich auch der
Copepode Eucalanus) eine besondere Lage ein, die als reflektierendes *Tapetum* dient
und bei den Ostracoden aus schüppchenartigen Gebilden, bei den Branchiopoden (be-
sonders Limnadia) aus eigentümlich gewundenen Fortsätzen der Pigmentzellen be-
steht; auch im ersteren Fall scheint sie ein Produkt der Pigmentzellen zu sein. —
Jedes Einzelauge der Ostracoden ist meist mit einem lichtbrechenden Körper (Linse,
Fig. 670 *A*) versehen, der aus wenigen durchsichtigen Zellen besteht, welche den
Sehzellen außen direkt aufliegen; bei der Branchiopode *Artemia* besitzen nur die
Seitenaugen zuweilen eine Linsenzelle, die noch in der Hypodermis liegt, weshalb die
Herleitung der Linsenzellen aus der Hypodermis wahrscheinlich ist. — Bei gewissen
Copepoden wurde auch eine cuticulare oder corneale Linse (auch *Sekretlinsen* ge-
nannt) beschrieben. Überhaupt bieten die Medianaugen dieser Gruppe zahlreiche
Eigentümlichkeiten, welche genauere Untersuchung verdienen.

Bei *Gigantocypris* scheint die über den seitlichen Augen vorgewölbte Cuticula und die
unter ihr befindliche Flüssigkeit als dioptrischer Apparat zu dienen. Das Medianauge dieser
Form ist überhaupt recht abweichend gebaut und jedenfalls noch nicht hinreichend aufgeklärt.

Das Medianauge wird häufig durch bindegewebige Stränge am Integument befestigt.
Da es bei manchen Formen beweglich ist (z. B. den *Calaniden* unter den Copepoden), so
dürften diese Stränge zuweilen muskulös sein. — Ebenso merkwürdig, wie interessant er-

scheint es, daß bei gewissen wasserlebenden *Dipterenlarven* (*Chironomidae*) an den Kopfseiten ein bis zwei Paar kleiner, wenig zelliger Augen von inversem Bau vorkommen. Dies
unvermittelte Auftreten in einer isolierten Gruppe läßt kaum eine andere Auffassung zu,
als daß es sich hier um selbständig entstandene Organe handelt; eine Erscheinung, die wir
gerade für die Seh- nnd andere Sinnesorgane vielfach anzunehmen gezwungen sind. Auch
bei verwandten Dipteren (*Culiciden, Corethra* usw.) finden sich ein bis zwei Paar Larvenaugen, möglicherweise von ähnlichem Bau, doch reicher an Sehzellen. Diese Larvenaugen
erhalten sich häufig auch bei der Imago ventral von den Complexaugen und wurden bei
zahlreichen Formen gefunden, wo sie im Larvenzustand nicht genauer bekannt sind.

c. Die *Ocellen* (Stemmata, Punktaugen, Ommatidien, Larvenaugen, Simplexaugen) der Arthropoden haben, wie wir früher fanden (s. S. 810), den gemeinsamen
Charakter, daß sie fast ausnahmslos eine einfache cuticulare Linse und eine einheitliche Retina besitzen, welche nicht oder doch nur andeutungsweise durch

Fig. 671.

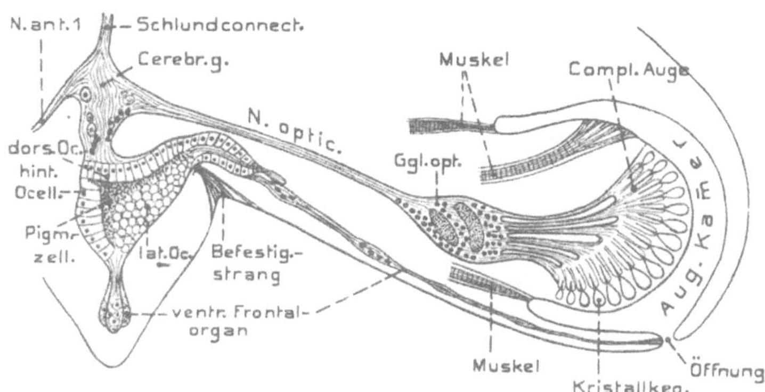

L i m n a d i a (Branchiopode). Kopfende von rechts mit Entomostraken- und Complexauge, sowie
Frontalorgan, schematisch (nach NOVIKOFF 1905, etwas verändert). v. Bu.

zwischengeschaltete pigmentierte Zellen in eirie Anzahl Sehzellengruppen (Einzelaugen) gesondert wird Da jedoch die Complexaugen aus der Vereinigung einer
größeren Anzahl einfacherer Ocellen hervorgingen, so ist natürlich die Grenze
zwischen den beiden Organen nicht ganz scharf zu ziehen.

Den *Crustaceen* fehlen solche Ocellen; bei den *Tracheaten* dagegen sind sie
allgemein verbreitet, ebenso auch bei den *Palaeostraken* (Poecilopoden und Merosto-
meen). Entweder bilden sie bei den betreffenden Formen die einzigen Sehorgane,
oder neben ihnen tritt noch ein Paar lateraler Complexaugen auf (Palaeostraca,
Insecta). Das erstere findet sich bei den *Arachnoideen* und *Myriopoden*, sowie gewissen auf niederer Stufe verharrenden Insekten: manchen *Poduriden* (Apterygota), *Aphaniptera* (ein Paar), *Coccidae, Mallophaga,* den Männchen von *Strepsipteren*
(*Xenos,* etwa 50 Ocellen, die, dicht zusammenstehend, jederseits am Kopf eine Art
Complexauge bilden). — Viele Insekten besitzen außer den paarigen Complexaugen noch Ocellen auf dem Kopfscheitel als *Stirn-* oder *Scheitelaugen*; doch
fehlen sie bald hier bald dort, namentlich bei nicht fliegenden Formen.

Häufig finden sich die Stirnaugen der Insekten in Dreizahl, ein unpaares und zwei paarige, in einem Dreieck angeordnet (manche *Apterygota*, die meisten *Orthoptera* und viele *Neuroptera*, fast stets bei *Hymenoptera*, einzelne *Rhynchota* [Cicada, Phytophthires] und *Diptera*; selten auch vier bei gewissen Cocciden). Doch treten sie auch in Zweizahl auf durch Verkümmerung des unpaaren (gewisse *Orthoptera*, [so Blatta, Gryllotalpa,] *Diptera, Lepidoptera*, einzelne *Käfer*, die meisten *Rhynchota*); ein einziger Stirnocellus kommt gewissen Käfern (*Dermestidae*), *Lepidopteren* und *Poduriden* zu.

Daß die Ocellen phylogenetisch ältere Gebilde sind als die Complexaugen folgt daraus, daß sie, wie bemerkt, bei den *Arachnoideen* und *Myriopoden* die einzigen Sehorgane bilden und bei letzteren an den Kopfseiten in größerer Zahl (4, 6, 8 bis sehr zahlreich) stehen, da, wo sich sonst die Complexaugen finden. Das letztere wiederholt sich bei zahlreichen Insektenlarven, was ebenfalls die phylogenetische Ursprünglichkeit der Ocellen erweist.

Auch bei diesen Larven treten sie in recht verschiedener Zahl auf, so als ein Paar (Larven von *Phryganiden* und *Tenthrediniden*, viele *Dipteren*, einzelne *Käfer*); in vier- bis achtfacher Zahl bei den Larven gewisser *Neuropteren* (Myrmeleo u. a.), der *Lepidopteren*, gewisser *Käfer* und der *Strepsipteren*.

Nur zwei scheitelständige kleine Ocellen besitzen die *Palaeostraca*, was auch bei *Milben*, *Pseudoscorpioniden* und vielen *Opilioniden* vorkommt; doch erhöht sich ihre Zahl manchmal auf vier (Obisium, Hydrachnidae [auch zum Teil fünf], wobei letztere Familie häufig eine paarweise Vereinigung der Augen zu Doppelaugen zeigt). — Vier auf einem scheitelständigen Hügel nahe zusammengerückte Ocellen sind den *Pantopoden* eigen, ebenso gewissen *Opilioniden*, deren beide Augenpaare verschieden groß sind, eine Erscheinung, die bei den Arachnoideen mit zahlreichen Ocellen verbreitet ist. Bei den *Solifugen* steigt die Ocellenzahl auf vier und sechs, bei den meisten *Pedipalpen* und *Araneinen* auf acht (selten sechs) und kann sich schließlich bei *Scorpionen* und einzelnen *Pedipalpen* bis zwölf erheben. — Im allgemeinen sind bei Anwesenheit zahlreicher Ocellen die beiden vorderen mittleren wesentlich anders gebaut als die übrigen und werden deshalb als *Hauptaugen* (Frontaugen, invertierte Augen) den übrigen (Seiten- oder *Nebenaugen*, convertierte) entgegengestellt, wie wir noch genauer erfahren werden. Letztere sind bei den Solifugen stark rudimentär.

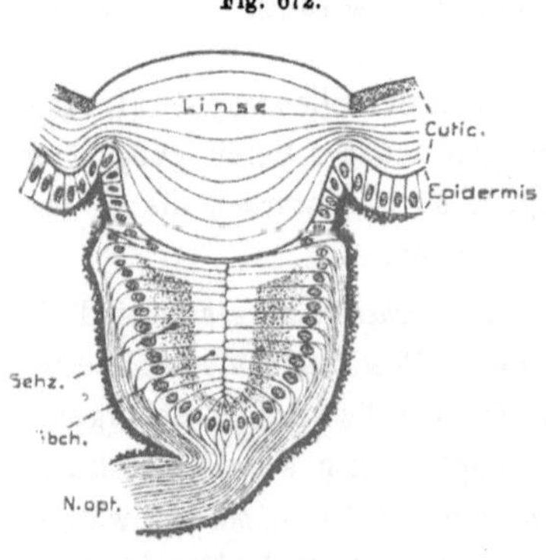

Heterostoma australicum (Myriopode). Achsialschnitt durch einen Ocellus (nach GRENACHER 1880).   v. Bu.

Die Ocellen gehen aus der Umbildung einer beschränkten Hypodermisstelle hervor, indem sich deren Zellen zu Sehzellen entwickeln; sich aber gleichzeitig mehr oder weniger becherförmig einsenken und durch stärkere Chitinsecretion eine linsenförmig, nach innen oder auch zugleich nach außen vorspringende cuticulare Verdickung hervorbringen, welche als Linse funktioniert. Gewissen Ocellen, die jedoch wahrscheinlich nur vereinfachte Bildungen sind, kann eine solche Linse fehlen, indem die Cuticula (Cornea) das Auge unverdickt überzieht (Ocellen gewisser *Poduriden* [*Machilis,*] zahlreicher *Orthopteren*). Ganz vereinzelt (bei der Neuroptere *Osmylus*) zeigt die Cornea eine Facettierung ähnlich jener des

Complexauges. — Daß die Sehzellen selbst die Linse abscheiden können, ist wenig wahrscheinlich; vielmehr geschieht dies wohl überall von besonderen, wenig veränderten Hypodermiszellen (*corneagenen Zellen*, *Glaskörperzellen*) welche verschieden angeordnet sind. Sehr deutlich tritt dies an den Ocellen der *Myriopoden* und den lateralen gewisser Käferlarven (*Dytiscus*, *Acilius*) auch den Nebenaugen gewisser Spinnen (s. Fig. 672, 673) hervor. Die Hypodermis hat sich hier meist tief becher- bis schlauchförmig eingesenkt und die Becherzellen sind gewöhnlich sämtlich zu Sehzellen entwickelt. Die Zellen aber, welche den peripheren Rand

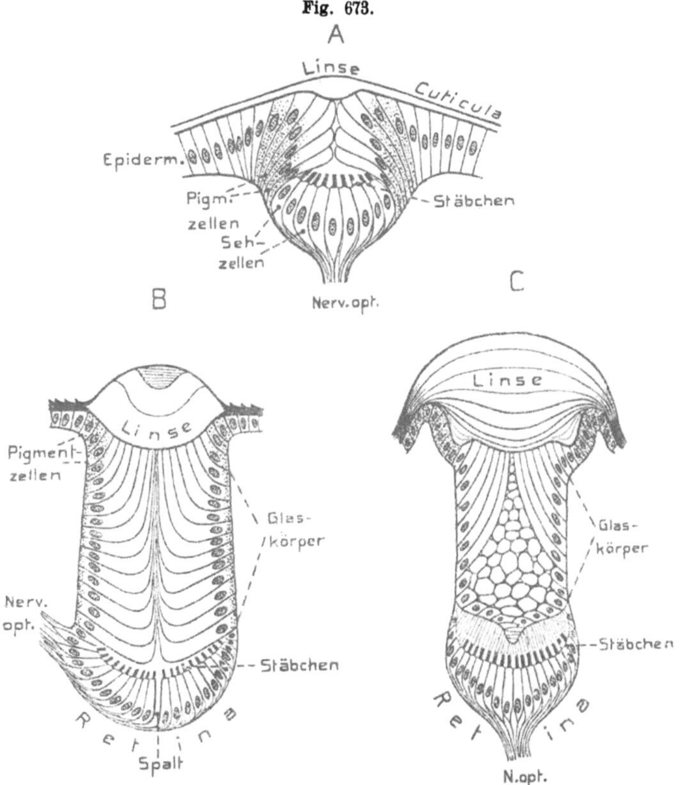

Schematische Achsialschnitte von Ocellen. A Larve von Dytiscus. — B Larve von Acilius (Wasserkäfer). — C von Salticus (Spinne), (nach GRENACHER 1879). v. Bu.

oder die periphere Region des Bechers bilden und an die Cuticula grenzen, sind mehr oder weniger verlängert, bis faserförmig, sowie derart gegen die Augenachse gerichtet, daß sie unterhalb der Linse zusammenstoßen, wodurch der Becher eigentlich zu einer schlauchförmigen Augenblase wird. Letztere Zellen sind es, welche die Linse abscheiden und gleichzeitig als eine Art Glaskörper deren lichtbrechende Wirkung verstärken können. — In gewissen Fällen (z. B. *Lithobius*) können jedoch diese corneagenen Zellen nur in sehr geringer Zahl vorhanden sein, zuweilen sogar ganz fehlen.

Ähnlich verhalten sich auch die *Nebenaugen* (convertierte Augen) der *Araneinen*, bei denen lang faserartige Hypodermiszellen allseitig oder einseitig zwischen die etwa napfförmige Retina und die Linse als eine Glaskörperlage hineinwachsen (Fig. 677, S. 880). Auch die Augenbecher der *Pantopoden* sind durch das Zusammenwachsen der faserartig verlängerten Glaskörperzellen fast ganz geschlossen (Fig. 678 *B*, S. 881).

In gewissen Fällen (so bei der erwachsenen Larve von Dytiscus) findet sich unter der Linse ein von den Glaskörperzellen abgeschiedener, etwa uhrglasförmiger, gallertiger Glaskörper. Auch sind die Retinazellen des Augengrundes hier in zwei Reihen besonders großer differenziert.

Anders verhalten sich die *Nebenocellen der Scorpione* (Fig. 679 *A*, S. 882), sowie die Ocellen der *Hydrachniden*, welche beide, soweit bekannt, keine Glaskörperlage besitzen. Da jedoch zwischen ihren Sehzellen pigmentierte indifferente Zellen (*interneurale Zellen*; bei Scorpio, doch auch geleugnet) eingeschaltet sind, so dürften diese wohl die Linse abscheiden. — Die *Stirnocellen* der Insekten (Fig. 674, 676) und *gewisse Lateralocellen* ihrer Larven

Fig. 674.

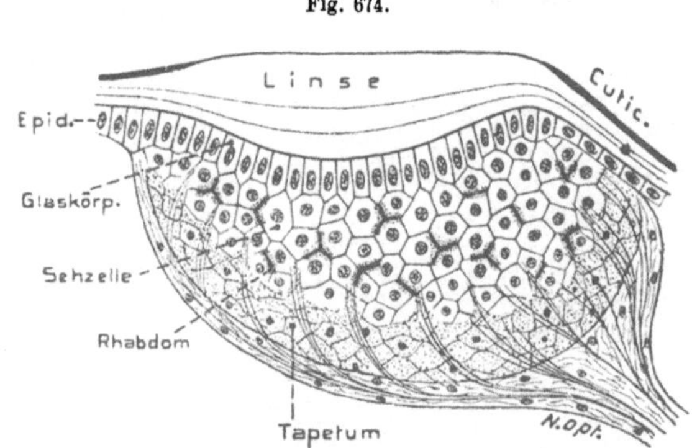

Periplaneta orientalis (Küchenschabe). Querschnitt durch einen seitlichen Stirnocellus (nach LINK 1908).   v. Bu.

Fig. 675.

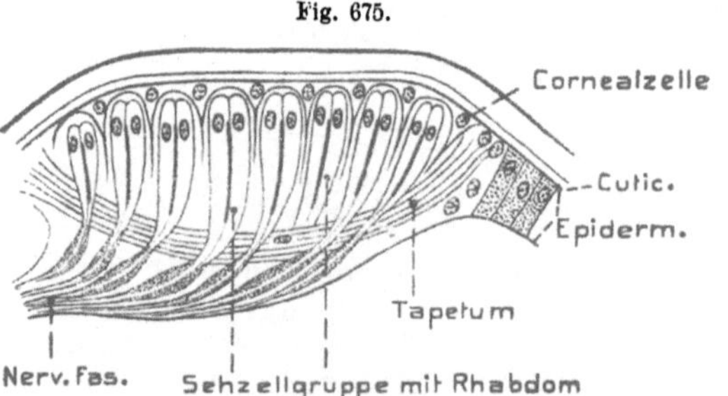

Machilis (Apterygote). Querschnitt durch einen Stirnocellus (nach HESSE 1901).   v. Bu.

(Tenthrediniden) besitzen zwischen Linse und Retina stets eine Lage von *Glaskörperzellen*, als ein einschichtiges und meist ziemlich flaches durchsichtiges Epithel, das peripher direkt in die Hypodermis übergeht. Die Ontogenese erwies, daß diese Zellenlage durch Sonderung der ursprünglich einfachen Hypodermislage entsteht, indem sich die Sehzellen, welche anfänglich zwischen den Glaskörperzellen liegen, in die Tiefe zurückziehen.

Die gelegentlich ausgesprochene Ansicht, daß Glaskörper- und Retinalage der im vorhergehenden erwähnten Insektenocellen aus den Wänden einer Augenblase entständen, was in der Tat für die invertierten Hauptocellen der Scorpione und Araneinen zutrifft, hat sich nicht bestätigt. — Auch vergleichend anatomisch läßt sich die Entstehung der Glaskörperschicht verfolgen, indem sie bei manchen Insektenocellen von der Retina noch wenig scharf gesondert ist, ja in gewissen einfachen Fällen (*Machilis*, Fig. 675) die Corneal- oder Glaskörperzellen noch zwischen die Retinazellen eingelagert sind. Immerhin ist zu beachten, daß es sich möglicherweise z. T. auch um eine veränderte Entwicklung handeln könnte und die Glaskörperzellen ursprünglich durch Einwachsen, also ähnlich einer Einstülpung entstanden seien, wie bei den Nebenocellen von Spinnen, denen der Käferlarven und den accessorischen Ocellen der Coccidenmännchen, wo dieser Vorgang beobachtet wurde.

Die Glaskörperschicht gewisser Insekten (*Acridier, Ephemeriden*) wird ausnahmsweise recht dick und beteiligt sich dann an der Lichtbrechung, indem sie die flache Cornea zu einer Art Linse ergänzt. Bei gewissen Ephemeriden (*Cloëon*, Fig. 676, *Baëtis*) hat sich die Glaskörpermasse unter der Cornea sogar zu einer zelligen Linse umgestaltet, unter welcher jedoch von einigen Beobachtern noch eine Glaskörperschicht angegeben wird. Völligen Mangel des Glaskörpers zeigen die seitlichen Ocellen der männlichen *Cocciden*, doch handelt es sich jedenfalls um Vereinfachung, da das dorsale und ventrale Paar accessorischer Ocellen den Glaskörper besitzt. Eine niedrige Lage corneagener Zellen kommt auch den Medianocellen von *Limulus* (Fig. 683. S. 885) zu und ist wohl gleichen Ursprungs wie jene der Insekten.

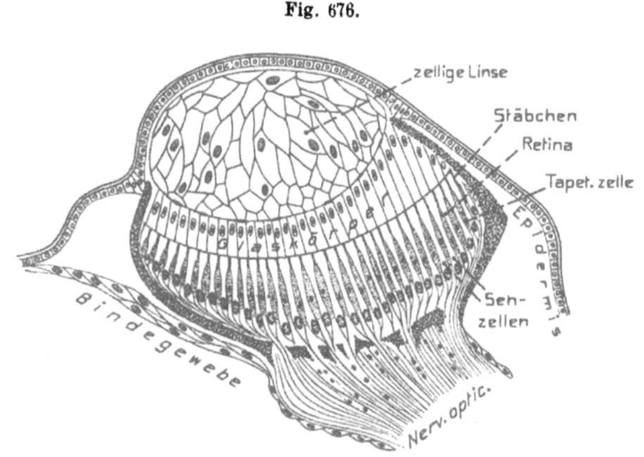

Fig. 676.

Cloëon (Eintagsfliege). Achsialschnitt durch einen Stirnocellus mit zelliger Linse (nach HESSE 1901). v. Bu.

Die Hypodermiszellen, welche den Linsenrand umgeben, sind in der Regel stark pigmentiert, wodurch eine Art *Iris* gebildet wird; sie wird häufig noch dadurch vervollständigt, daß auch die Cuticula im Umkreis der Linse dunkel pigmentiert ist (s. Fig. 672, 673, S. 876, 877), ja die pigmentierte Cuticula kann sich sogar mehr oder weniger tief um das Auge einsenken. —

Die *Retina* besteht aus mehr oder weniger Sehzellen, deren freie Enden bei den zunächst zu betrachtenden conversen Ocellen dem Licht zugewandt sind, während ihre proximalen Enden in die Nervenfaser übergehen. In den Ocellen der meisten *Insekten*, der *Arachnoideen* und *Pantopoden* liegen die meist cylindrischen Sehzellen in einfacher Schicht nebeneinander, so daß sie etwa gegen den Mittelpunkt der Linse konvergieren. — In den mehr schlauchförmig becherartigen Ocellen der *Myriopoden* (Fig. 672) und *gewisser Käferlarven* (z. B. *Dytiscus*, Fig. 673 *A*) bewahren nur die im Bechergrund stehenden Zellen diese Richtung, wogegen die seitlichen quer zur Augenachse gestellt sind und ihre stäbchenartigen Enden also quer zum einfallenden Licht verlaufen. Auf die Natur der stäbchenartigen Endelemente gehen wir nicht näher ein, da hierüber später berichtet werden wird; hervorzuheben ist aber, daß die Sehzellen des Bechergrundes der *Myriopoden* häufig von denen der Seitenwand etwas abweichen, indem sie entweder eigenartige Stäbchenelemente besitzen oder ihnen eigentliche Stäbchen fehlen.

Die *Retina* bietet noch mancherlei Eigentümliches, wovon hier besonders hervorgehoben werde, daß sie in den Stirnocellen der meisten *Orthopteren* nicht aus einer einfachen Sehzellenschicht, sondern aus mehreren Lagen polygonaler bis rundlicher Zellen besteht (Fig. 674, S. 878). — Die Retinazellen der Stirnaugen zahlreicher *Libellen* dagegen sind ungleich, indem regelmäßig verteilte Gruppen längerer, mit distal gelegenen Kernen, mit Gruppen kürzerer abwechseln, deren Kerne proximal liegen; auf solche Weise kommen scheinbar zwei Sehzellenschichten zustande, die für gleichzeitiges Sehen in verschiedener Entfernung eingerichtet zu sein scheinen. —

In den Stirnocellen der Wespen (besonders *Vespa crabro*) ist der an den Linsenäquator stoßende Retinarand, wie es scheint, zu einer Art *Nebenretina* differenziert, welche auf Fernsehen eingerichtet sein dürfte.

Die Sehzellen in den *Nebenaugen* der *Spinnen* (Fig. 677) sind so gruppiert, daß sie die beiden Hälften

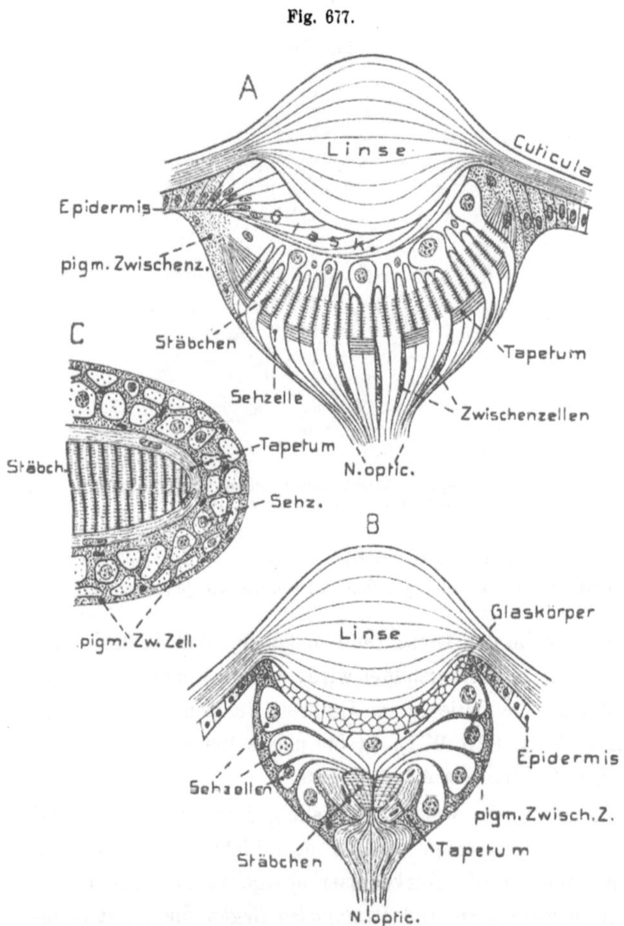

Tegenaria domestica Cl. (Hausspinne). Converses Mittelauge. *A* Sagittaler Achsialschnitt. — *B* Querer Achsialschnitt. — *C* Schnitt quer zur Augenachse (nach WIDMANN 1908). v. Bu.

des im Querschnitt meist etwas ovalen Ocellus einnehmen, und zwar besteht jede Hälfte im Auge der Sedentariae (auch Hydrachniden unter den Milben) aus einer einzigen Sehzellenreihe, bei den Vagabundae dagegen aus zahlreichen Zellen. Eigentümlicherweise können diese beiden Typen auch in einem Auge vereinigt sein (Mittelauge der zweiten Reihe von Epeira), indem die laterale Hälfte der Retina nach dem ersten Typus, die mediale nach dem zweiten gebaut ist. Eine ähnliche Sonderung der Retinazellen in zwei einreihige Hälften zeigt auch das *Pantopoden-auge* (Fig. 678). —

Zwischen die Retinazellen der Araneinen sind häufig Zwischenzellen (Stütz-zellen) eingeschaltet, deren Körper und Kerne meist proximal liegen; sie können pigmentiert oder unpigmentiert sein. — In den Nebenaugen der *Spinnen* und nicht wenigen Stirnaugen von Insekten (*Machilis*, zahlreiche *Orthopteren*) enthalten diese Zellen sämtlich oder teilweise körnige bis kristallinische Einschlüsse und bilden daher ein reflektierendes *Tapetum*. Daß sie gleichfalls besonders differenzierte Ecto-derm- und nicht Mesodermzellen sind, dürfte sicher sein. — In den beiden Typen

Fig. 678.

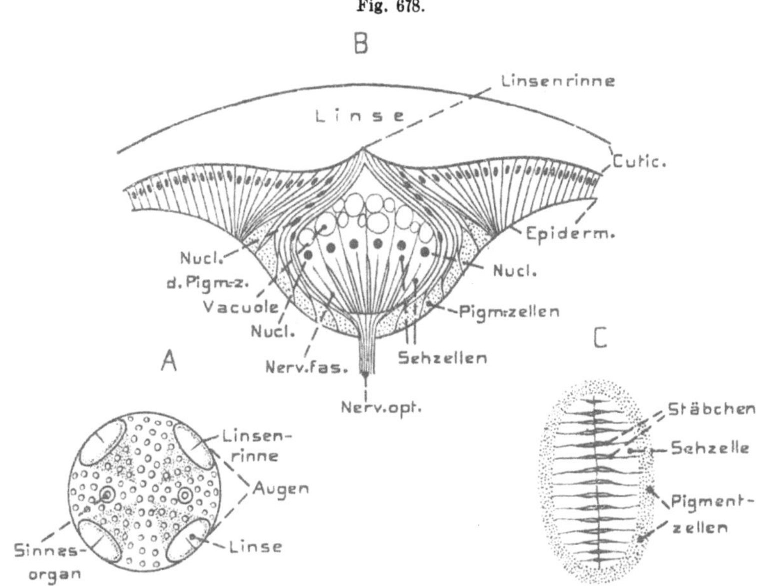

Pantopodenauge (Nymphon). — *A* Augenhügel mit 4 Ocellen, von der Dorsalseite. — *B* Schema-tischer horizontaler Achsialschnitt durch ein Auge. — *C* Querschnitt durch die Retina und die Stäbchen (nach Sokoloff 1911). v. Bu.

der convertierten Nebenocellen der Spinnen besitzen die Tapetumzellen entspre-chend dem Netzhautbau eine recht verschiedenartige Anordnung, wovon die Fi-guren 677 *A-C* das Wichtigste erkennen lassen.

Besonderes Interesse bietet die Retina in den *Ocellen* der *Xiphosuren, Scor-pione*, den *Hauptaugen* der *Pedipalpen* und den *Stirnaugen* der *Insekten* wegen der gewöhnlich ausgesprochenen Gruppenbildung ihrer Sehzellen und der dadurch bedingten Entwicklung zusammengesetzter stäbchenartiger Gebilde (Rhabdome) (Fig. 679). Da die invertierten Hauptocellen der Scorpione und Pedipalpen Ähnliches zeigen, so berücksichtigen wir sie hier ebenfalls. — Ein allgemeiner Charakter der *Arachnoideen-* und fast aller *Insektenocellen* ist nämlich, daß die Sehzellen an ihren seitlichen Flächen meist distal, zuweilen jedoch auch tiefer, alveoläre cuticuläre Säume bilden, welche als percipierende Elemente gedeutet werden. Wenn die Sehzellen nicht durch Zwischenzellen voneinander gesondert sind, so können diese Säume im ganzen Umfang der Seitenfläche der Sehzellen auftreten und die benachbarten sich dann zu einer Art Netzwerk (im Querschnitt) vereinigen (invertierte Hauptocellen der Sedentariae, Fig. 698 a, S. 897).

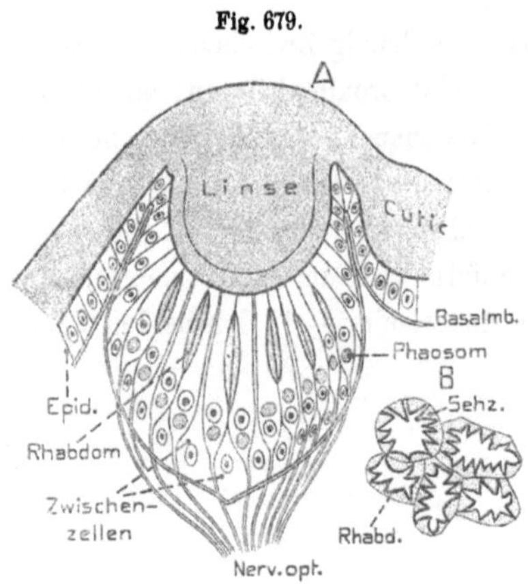

Fig. 679.

Euscorpio. Converses Lateralauge — A Schematischer Achsialschnitt (nach LANKESTER und BOURNE 1883). — B Querschnitt durch die Retina, um die Rhabdome zu zeigen (nach HESSE 1901). v. Bu.

Bei völliger Sonderung der Sehzellen durch Zwischengewebe, wie in den Haupt- und Nebenocellen der vagabunden Spinnen, bildet jede Sehzelle an ihren Seitenflächen zwei sich gegenüberstehende Säume oder Stäbchen (Fig. 698 c); wogegen die Sehzellen jeder der beiden Reihen in den Nebenocellen der Sedentariae sich seitlich berühren und hier einen gemeinsamen Saum oder Stäbchen bilden (Fig. 698 b, S. 897). Ähnliches zeigen auch die Augen der Pantopoden (Fig. 678 c). — Sind Zwischenzellen eingelagert, so rufen sie Unterbrechungen in den Säumen hervor.

Wenn sich dagegen *Sehzellengruppen* bilden, was mit und ohne Zwischenzellen geschehen kann, so bildet jede solche Gruppe an den sich berührenden Seitenflächen ihrer Zellen ein zusammenhängendes derartiges Saumgebilde (Fig. 698 d-h.) Die Zahl der zu einer Gruppe vereinigten Sehzellen ist ziemlich verschieden, worüber später Genaueres.

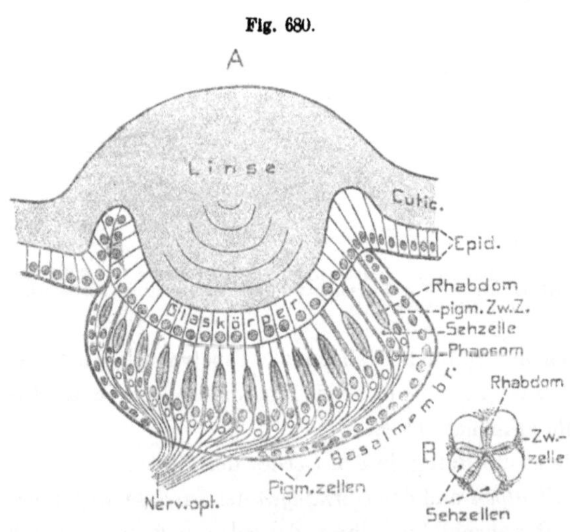

Fig. 680.

Euscorpio. Inverses Medianauge. A Achsialschnitt eines Auges. — B Querschnitt durch eine Sehzellengruppe mit Rhabdom (nach LANKESTER 1883). v. Bu.

Auf der Grenze von Glaskörper und Retina findet sich in gewissen *Insektenocellen* (Diptera, Phryganiden) eine zarte, aus ganz flachen Zellen bestehende Membran (*präretinale Membran*), die vielfach als bindegewebig angesehen wird. — Gegen die Leibeshöhle wird der gesamte Bulbus häufig von einer pigmentierten Zellenlage (Pigmenthülle, *postretinale Membran*) umkleidet (besonders ausgeprägt bei manchen *Myriopoden* und *Insekten*), welche wenigstens bei letzteren hypodermaler Natur zu sein scheint.

Invertierte Ocellen, Hauptocellen der Arachnoideen. Die vorderen mittleren Ocellen der *Scorpione* und *Araneinen*, ebenso die beiden Augen der *Opilioniden* und wohl auch die Hauptocellen der *Pedipalpen* und *Solifugen* entwickeln sich nicht in der früher angegebenen Weise, sondern durch etwas schief nach innen gerichtete Einstülpung einer Augenblase, welche sich später von der Epidermis ablöst.

Wie oben (S. 876 u. 77) bemerkt, wurde diese Entstehung auch für die Stirnaugen einzelner Insekten mehrfach angegeben, ist jedoch nach den sonstigen Erfahrungen unwahrscheinlich. Umgekehrt wurde jedoch die Bildung der Hauptaugen der Scorpione durch Einstülpung neuerdings geleugnet und andrerseits behauptet, daß die Nebenaugen der Araneinen invers und daher den Hauptaugen der Scorpione homolog seien. Da sich diese Ansicht jedoch nur auf die Lage der Stäbchen und nicht auf die Ontogenese stützt, so kann sie vorerst nicht als begründet erachtet werden.

In den erwähnten Fällen entwickelt sich die distale Wand der abgeflachten Augenblase zur Retina, da sie von dem durch die Linse konzentrierten Licht zunächst getroffen wird; die Proximalwand bleibt dünn und wird zu einer postretinalen Membran, teilweise auch zu pigmentierten Zwischenzellen der Retina. In den *Scorpionaugen* (Fig. 680) scheint sie wesentlich das sog. *intrusive pigmentierte Gewebe* zu bilden, das wohl fälschlich auch als Bindegewebe gedeutet wurde. Die distal von der Augenblase liegende Hypodermis bildet sich zum Glaskörper um (*corneagene Lage*). Besonderes Interesse erweckt die Retina, welche, ihrer Entstehung nach, eine inverse sein müßte, diesen Charakter aber meist nicht mehr zeigt, vielmehr in der Regel rein convers gebildet ist, indem der Sehnerv von innen zutritt und, die postretinale Membran durchsetzend, sich mit den proximalen Sehzellenenden verbindet (Fig. 680 A). — Die Verhältnisse in den Hauptocellen der *Sedentariae* lassen aber erkennen, daß diese converse Bildung jedenfalls durch eine Umformung (Reversion) der Sehzellen entstand. In letzteren Augen (Fig. 681) tritt nämlich der Sehnerv dorsal ein, ja breitet sich in der Ontogenese ursprünglich zwischen der distalen Augenblasenwand und der Glaskörper-

Fig. 681.

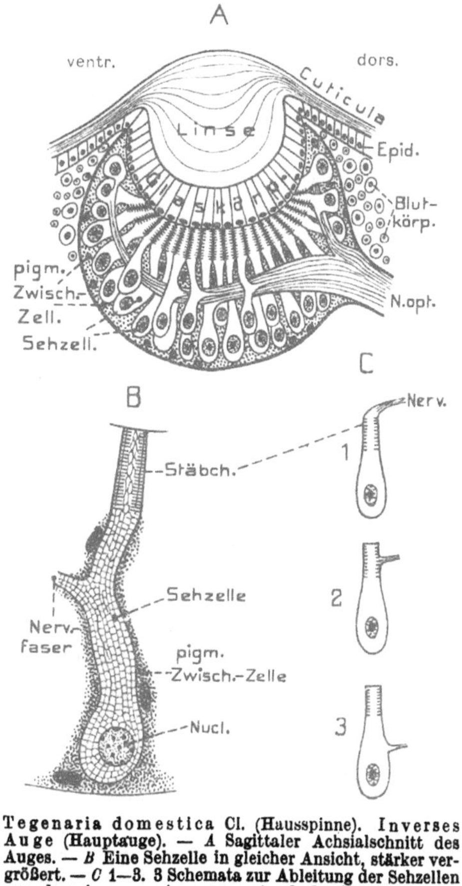

Tegenaria domestica Cl. (Hausspinne). Inverses Auge (Hauptauge). — *A* Sagittaler Achsialschnitt des Auges. — *B* Eine Sehzelle in gleicher Ansicht, stärker vergrößert. — *C* 1—3. 3 Schemata zur Ableitung der Sehzellen aus dem inversen Ausgangszustand durch allmähliches Anwachsen des Distalendes, der Zelle (2—3), (nach WIDMANN 1908). v. Bu.

Bütschli, Vergl. Anatomie.

schicht aus. Im erwachsenen Auge durchsetzen seine Fasern die Retina etwa in ihrer mittleren Höhe und verbinden sich mit den Sehzellen ziemlich in der Mitte ihrer Seitenwand (681 B). Dies ist so zu deuten, daß sich die Nervenfasern ursprünglich mit den Distalenden der Sehzellen verbanden, worauf letztere distal auswuchsen, und an diesen Distalenden die Stäbchen bildeten (Fig. 681 *C* 1-3). Die vollständige Reversion der Sehzellen bei den *vagabunden Spinnen* und *Scorpionen* entstand wahrscheinlich so, daß der proximal vom Nervenfaserzutritt befindliche Teil der ursprünglichen Zellen ganz verkümmerte, während der distale sich stärker entwickelte, wodurch die Sehzellen den rein conversen Charakter erlangten. Charakteristisch für die *Hauptocellen* der Spinnen (Fig. 681) ist, daß die Sehzellkerne proximal von den Stäbchengebilden liegen (*postbacillär*), in den *Nebenocellen* dagegen (Fig. 677, S. 880) distal von ihnen (*präbacillär*). Im übrigen gleicht der Bau der Retina jener der convertierten Augen sehr; das Tapetum fehlt jedoch den Hauptocellen stets.

Die Hauptocellen der *Araneinen* sind durch den Besitz von Muskeln ausgezeichnet, die sich entweder in Zweizahl, vom Integument entspringend (dorsal und ventral), an den Bulbus ansetzen (Vagabundae), oder nur in Einzahl (dorsal). Ungemein kompliziert wird dieser Apparat bei *Salticus*, wo sich nicht weniger als sechs Muskeln zu jedem Hauptauge begeben, zwei dorsale und vier ventrale. Die Muskeln bewirken teils eine Richtungsveränderung der Augenachse, teils dienen sie auch zur Accommodation. — Auch das vordere Paar der *Hydrachnidenaugen* besitzt einen Muskel, der sich an die Linse heftet und bei seiner Kontraktion die Augenachse ventral richtet.

Nach Fertigstellung des Manuskriptes erschienene Untersuchungen zeigen, daß die Anordnung der Rhabdome im Hauptauge der Scorpione eine inverse ist. Die Sehzelle zeigt einen der Linse zugewandten scharfen Knick, von dem aus, sowohl der rhabdomtragende, als auch der den Kern enthaltende und die Nervenfaser entsendende Teil der Zelle nebeneinander von der Linse fortziehen, sodaß also beide Enden gegen die Oberfläche des Auges (proximal) schauen. Ferner scheint sich für die Nebenaugen der Araneidae durch ein ähnliches Verhalten der beiden Abschnitte der Sehzelle und durch eine entsprechende Art des Nervenursprungs ein inverser Bau zu ergeben. Auch die Augen der Pseudoscorpione sollen invers sein. Die Haupt- und rudimentären Nebenaugen der Solifugen, die Augen der Phalangiden und Hauptaugen der Arachniden sollen convers sein.

Die *lateralen Ocellen* mancher *Insektenlarven* (*Neuroptera, Lepidoptera*) der *Strepsipterenmännchen* und der *Myriopoden* treten in größerer Zahl auf (s. S. 875) und nähern sich in ihrem Bau den Einzelelementen der Complexaugen z. T. sehr, was bei der Myriopode *Scutigera* besonders hervortritt.

Bevor wir diese Augen näher besprechen, mögen jedoch die Lateralaugen der *Xiphosuren* und *Strepsipteren* erwähnt werden, die gewöhnlich als Complexaugen angeführt werden. Das Seitenauge von *Limulus* (Fig. 682) wird von einer großen Zahl nahe zusammenstehender Einzelocellen gebildet, welche insofern ursprünglicher erscheinen als die früher (S. 875) erwähnten Medianocellen, als ihnen ein Glaskörper fehlt, doch wirken die Distalenden der Epidermiszellen als ein solcher (Fig. 682 *A*). Jedes Einzelauge liegt im Grund einer trichterförmigen Einsenkung der Hypodermis und eine etwa kegelförmige Verdickung der Cuticula füllt die Trichterhöhle aus; äußerlich bleibt die Cuticula (Cornea) glatt, ohne Facettenbildung. Jede Sehzellengruppe besteht aus 10—15 radiär angeordneten Zellen, die an ihrer achsialen Fläche einen cuticularen Saum (Rhabdomer, Stäbchen) bilden.

Achsial treten die Zellen nicht dicht zusammen, sondern lassen einen sich distal verjüngenden, pfriemenförmigen Raum zwischen sich, welcher von einem centralen Rhabdomer ausgefüllt wird, das von einer excentrisch zwischen den Sehzellen liegenden pigmentfreien Zelle ausgeht (Fig. 682 *B*). Zwischen den Sehzellen finden sich Zwischenzellen, deren ectodermale Natur wahrscheinlich ist. Ob die Seitenaugen der Xiphosuren phylogenetisch mit den Complexaugen der Crustaceen zusammenhängen, dürfte nach ihrem Bau zweifelhaft erscheinen. — Die fossilen Trilobiten besaßen jedenfalls ganz ähnliche Augen, vielfach mit deutlich facettierter Cornea.

Eine analoge Augenbildung findet sich, wie schon oben erwähnt, bei den Männchen der *Strepsipteren*, wo lateral am Kopf nicht weniger als etwa 50 solcher Ocellen dicht zusammenstehen. Jeder Ocellus besitzt, ähnlich wie bei Limulus, eine sich tief einsenkende Corneallinse, die auch nach außen convex vorgewölbt ist, und unter welcher sich, abgesehen von der eingesenkten Hypodermis, einige kleine Zellen finden (corneagene Zellen) und schließlich eine becherförmige Gruppe von über 50 Sehzellen, die zwischen ihren distalen Partien einen netzförmig zusammenhängenden Stäbchensaum abscheiden. Daß diese Augen eine Häufung von Ocellen, nicht aber ein wirkliches Complexauge darstellen, erscheint klar.

Die *Lateralocellen der Insektenlarven* und der *Scutigera* (Fig. 684—686) zeigen im allgemeinen den Bau der oben geschilderten conversen, relativ einfachen Ocellen mit verhältnismäßig wenig Sehzellen (zahlreicher noch bei *Neuropteren*, ca. 30—40 bei *Myrmeleo* und *Sialis*, bei *Scutigera* etwa 12—16; dagegen bei *Lepidopteren* und *Phryganiden*

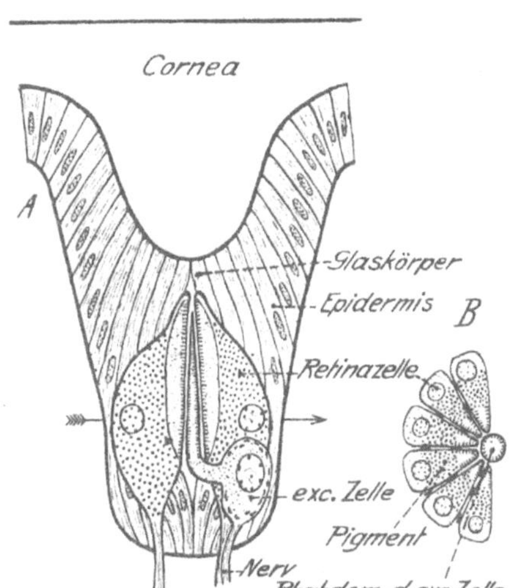

Fig. 682.

Limulus polyphemus. Complexauge (schematisch). — *A* Achsialschnitt durch ein Ommatidium. Cornea viel dicker als gezeichnet. — *B* Querschnitt durch ein Ommatidium mit Rhabdom (nach Demoll 1914). C. H.

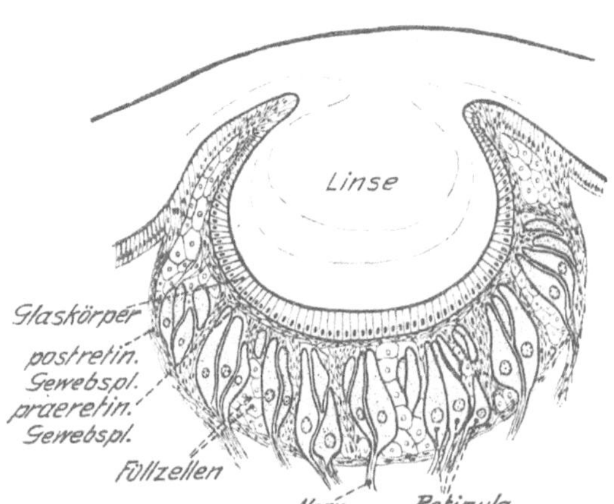

Fig. 683.

Limulus polyphemus Ocellus. — Etwas schematisierter Achsialschnitt (nach Demoll 1914). C. H.

meist nur 7, ähnlich wie in den Einzelelementen der Complexaugen). Einige an die Cuticularlinse angrenzende Hypodermiszellen schieben sich als corneagene Zellen unter diese, während im Umkreis der Linse einige pigmentierte Zellen als

Hüllzellen (*Mantelzellen*) um die Retina in die Tiefe wachsen. Die corneagenen Zellen oder auch besondere, unter ihnen befindliche Zellen scheiden proximalwärts einen eigenartigen lichtbrechenden Körper aus (*Kristallkörper* oder *-kegel*), welcher distal von der Retina liegt und aus einigen radiär zusammengestellten Segmenten besteht, die wahrscheinlich von je einer Zelle abgeschieden sind. Auch

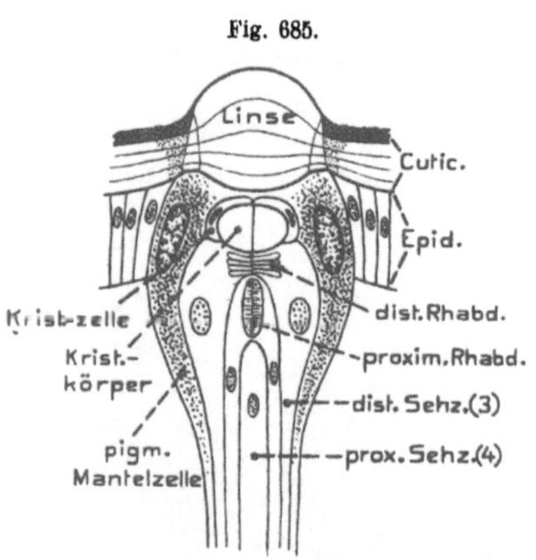

Fig. 684.

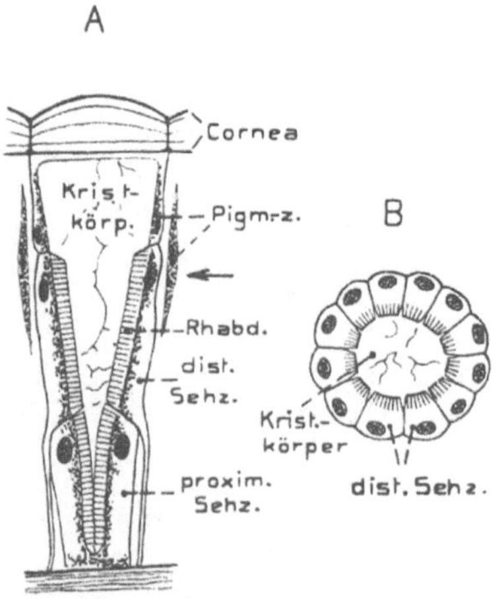

Scutigera coleoptrata (Myriopode). Complexauge. — *A* Ein Ommatidium im Achsialschnitt. — *B* Querschnitt durch eine Retinula in der Richtung des Pfeils auf Fig. *A* (*A* nach GRENACHER 1880, *B* nach HESSE 1901). v. Bu.

bei *Scutigera* (Fig. 684) findet sich unterhalb der Cuticularlinse ein ähnlicher Körper, dessen Ursprung aber nicht genau bekannt ist. Charakteristisch für die hierher gehörigen Augen erscheint schließlich, daß die Sehzellen (ausgenommen Neuropteren, Fig. 686) in zwei Kränzen, einem distalen und einem proximalen angeordnet sind (bei *Lepidopteren* [Fig. 685] und *Phryganiden* drei distale und vier proximale Zellen, bei *Scutigera* [684B] etwa neun und drei), wobei jede dieser Zellgruppen ein besonderes Stäbchen (Rhabdomer) bildet. — Die sehr zahlreichen Ocellen von *Scutigera* sind so dicht zusammengerückt, daß ihre Cuticularlinsen zusammenstoßen und die Retinae der Einzelaugen nur von wenigen faserartigen Pigmentzellen gesondert werden. Der Gesamtbau einer solchen Ocellengruppe stimmt daher mit dem der Complexaugen nahe überein, weshalb das Entstehen letzterer aus nahe zusammengerückten, zahlreichen einfachen Ocellen sehr wahrscheinlich ist.

Fig. 685.

Gastropacha, Larve (Lepidoptere). Achsialschnitt durch einen Ocellus, schematisch (nach PANKRATH 1890, und HESSE 1901). v. Bu.

d. *Complexaugen* (facettierte oder Fächeraugen) *der Insekten und Crustaceen.*

Wie wir sahen, finden sich die Complexaugen schon in einfacher Ausbildung bei den *Palaeostraken*; gut ausgebildet sind sie namentlich bei den meisten Trilobiten, wo sie nur selten (*Harpes*) durch zwei Ocellen jederseits vertreten werden. Auch die Augen des Myriopoden *Scutigera* erheben sich, wie bemerkt, auf eine ähnliche Entwicklungsstufe.

Allgemein verbreitet waren sie jedenfalls ursprünglich bei den *Crustaceen* und *Insekten*; die relativ wenigen Fälle, in denen sie in beiden Gruppen fehlen, betreffen Formen, welche teils durch Kleinheit, teils durch Parasitismus rückgebildet sind, oder im Dunkeln leben (siehe auch S. 872).

Wie wir fanden, bestehen nahe Beziehungen zwischen den Ocellen und Complexaugen, weshalb auch manche Augengebilde, die zu den Complexaugen gezogen werden, mit demselben Recht als aggregierte Ocellen aufgefaßt werden könnten. Hierher gehören die Complexaugen der *apterygoten Insekten* und der *Isopoden*, bei welchen die Einzelaugen (*Ommen, Ommatidien, Facettenglieder*) noch so weit voneinander entfernt sind, daß eine gemeinsame facettierte Cornea fehlt. Die typischen Facettenaugen sind dadurch charakterisiert, daß ihre Einzelelemente so dicht zusammenrücken, daß sie nur von wenigen Zwischenzellen geschieden werden. — Die Differenzierung ihrer Cuticula (Cornea) in den Einzelommen zugehörige *Facetten* (Linsen) ist kein notwendiger Charakter, da er den Complexaugen vieler *Krebse* (*Phyllopoden, Ostracoden, Amphipoden,* manchen *Thoracostraken*) ganz fehlt. — Gewöhnlich wird die Zahl der Ommen, und daher auch die Größe der Complexaugen sehr bedeutend, so daß sie bei vielen Insekten (hier bis zu 30000 bei *Necrophorus* gezählt), doch auch Crustaceen die ganzen Kopfseiten einnehmen. Andererseits kann jedoch ihre Zahl auch sehr abnehmen, was wohl auf Reduction beruht, so bei gewissen Apterygoten auf fünf bis zwölf, bei *Asellus* auf vier, ja bei *Copepoden* und *Pediculiden* bis auf ein Omma, welches daher auch als Simplexauge betrachtet werden könnte, wenn sein Bau

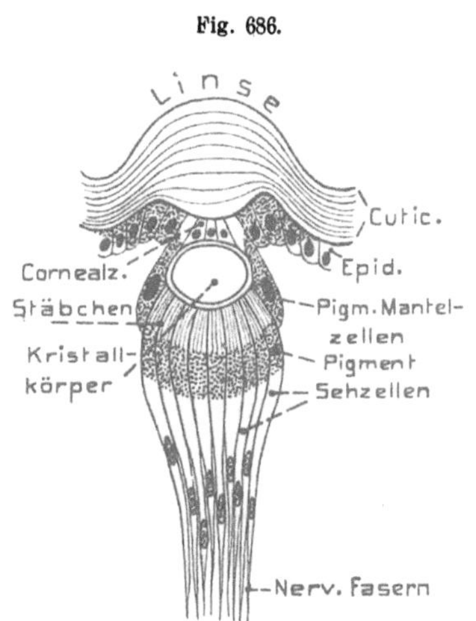

Myrmeleo (Larve). Schematischer achsialer Durchschnitt eines Ocellus (nach HESSE 1901). v. Bu.

es nicht als Abkömmling eines Complexauges erwiese. — Die große Übereinstimmung der Complexaugen bei Crustaceen und Insekten weist darauf hin, daß sie recht frühzeitig aufgetreten sein müssen, und scheint ferner dafür zu sprechen, daß ihre Modifikationen, welche namentlich bei gewissen Insekten vorkommen, auf Um- oder Rückbildung beruhen. Dies ist um so wahrscheinlicher, weil solche Modifikationen keineswegs bei primitiven, sondern bei spezialisierten oder rückgebildeten Insektengruppen auftreten.

Der Bau eines typischen Ommas oder Facettenglieds ist ungefähr derselbe, den wir schon bei den aggregierten Seitenocellen der *Scutigera*, sowie der *Lepidopteren-* und *Phryganidenlarven* fanden. Jedes Omma besitzt in der Regel äußerlich eine cuticulare Linse (*Facette*), die meist nach außen und innen gewölbt ist; doch kann die äußere oder innere Wölbung auch fehlen (Fig. 691, S. 890), ja sogar beide (s. Fig. 689, S. 889), wie wir schon für zahlreiche Krebse hervorhoben. Wenn die Einzellinsen (Facetten) direkt zusammenstoßen, wie das meist der Fall ist, so bilden sie hexagonale, seltener mehr viereckige Feldchen (gewisse Decapoden; Fig. 689 *B*[1]). In der Masse der Corneasubstanz treten häufig Grenzlinien zwischen den benachbarten Facetten hervor; auch kann die Cornea auf den Facettengrenzen pigmentiert sein, wodurch schon eine optische Isolierung der Facetten bewirkt wird. Die Cuticularsubstanz der Facetten ist nicht selten geschichtet.

In der Ontogenese wird die Cornea ursprünglich von der Hypodermis gleichmäßig unterlagert, aus der sich dann später die einzelnen Ommen samt ihren Zwischenzellen hervorbilden. Bei den *Crustaceen* erhält sich auch direkt unter der Cornea im allgemeinen eine Lage flacher durchsichtiger Hypodermiszellen, welche in der Regel unter jeder Facette in Zweizahl vorhanden sind (*corneagene Zellen*, Fig. 688 A, bei *Branchipus* jedoch zu sechs [Fig. 689 A u. A¹, Cz], ebenso bei den *Amphipoden* gewöhnlich in größerer Zahl). Den meisten Insekten fehlen die corneagenen Zellen anscheinend; doch finden sie sich noch bei primitiven Formen (gewissen *Thysanuren*, z. B. Machilis, Embia; den Ephemeriden) in Zweizahl und in ganz ähnlicher Lage unter jeder Facette (Fig. 687). Bei den übrigen Insekten haben sie sich vom Mittelpunkt der Facette zurückgezogen und sind gewöhnlich tiefer ins Innere hinabgewachsen, indem sie den gleich zu erwähnenden Kristallkegel mehr oder weniger umhüllen; sie enthalten hier in der Regel Pigment. Diese beiden charakteristischen Pigmentzellen der Insekten werden als *Hauptpigmentzellen* bezeichnet (nur in den Frontaugen der Ephemeriden wurden sie vermißt).

Unter jeder Facette eines typischen Ommas findet sich gewöhnlich ein stark lichtbrechendes, meist kegelförmiges Gebilde, der *Kristallkegel* oder *-körper* (Conus), welcher dem Auge der Crustaceen nie fehlt. Im Zusammenhang mit der sehr verschiedenen Länge der Ommen ist er bald kürzer

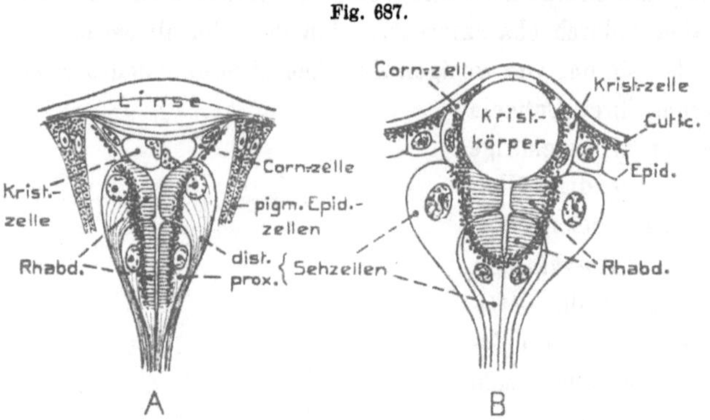

Fig. 687.

Complexaugen apterygoter Insekten. — *A* Lepisma. — *B* Orchesella, je ein Ommatidium im Achsialschnitt (nach HESSE 1901). v. Bu.

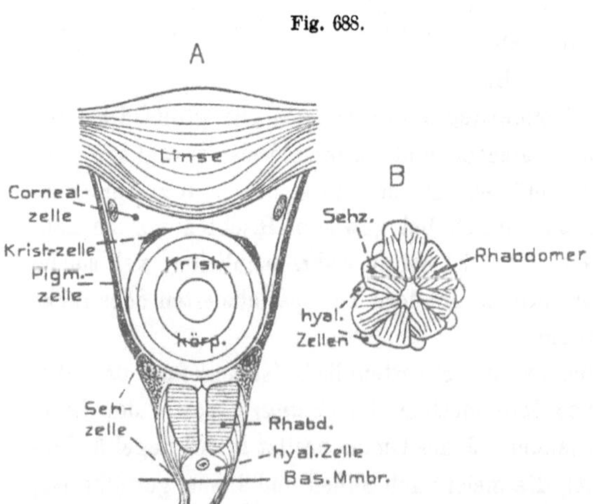

Fig. 688.

Aega (Isopode). Complexauge. — *A* Achsialschnitt durch ein Ommatidium. — *B* Querschnitt durch eine Retinula (nach HESSE 1901). v. Bu.

(sehr kurz bei gewissen Brachyuren), bald länger und gestreckter. Obgleich er, wie bemerkt, meist die Form eines sich proximal verjüngenden Kegels besitzt, kann er zuweilen auch gedrungener, ja sogar kugelig werden (so bei *Isopoden*, z. B. *Aega*, Fig. 688 A, und gewissen *Apterygoten*, z. B. *Orchesella*, Fig. 687 B). — Der Kristallkegel wird fast stets von vier besonderen Zellen (*Kristallzellen*) erzeugt, die ursprünglich zwischen die corneagenen Zellen eingeschaltet waren, dann aber unter letztere hinabrückten oder von ihnen überlagert wurden (*Crustaceen*, Fig. 688, 689), wogegen, wie erwähnt, die Corneagenzellen der meisten Insekten als Hauptpigment-

zellen in die Tiefe rückten, weshalb die Kristallzellen hier direkt
unter der Facette liegen (Fig. 690,
691). Aweichungen von der Vier-
zahl der Kristallzellen sind selten;
so finden sich bei den *Cladoceren*
und gewissen *Branchiopoden* fünf,
bei den *Arthrostraken* meist nur
zwei. — Der Kristallkegel entsteht im Innern der Kristallzellen
(Fig. 689), indem diese eine stark
lichtbrechende Substanz abscheiden, die allmählich so zunehmen
kann, daß sie das gesamte Zellinnere erfüllt. Daher kommt es,
daß auch die fertigen Kristallkegel meist noch deutlich aus
ebensoviel zusammengefügten
Segmenten bestehen, als Kristallzellen vorhanden sind. Vom
Plasma der Zellen erhalten sich
häufig nur geringe Reste, die sich
mit ihren Kernen (sog. Semper-
sche Kerne) am Distalende des
Kegels finden.

Reste der Zellen bleiben jedoch
auch im Umfang des Kegels häufig als
eine Art Scheide oder Hülle erhalten.
Doch kommt es auch vor, daß der

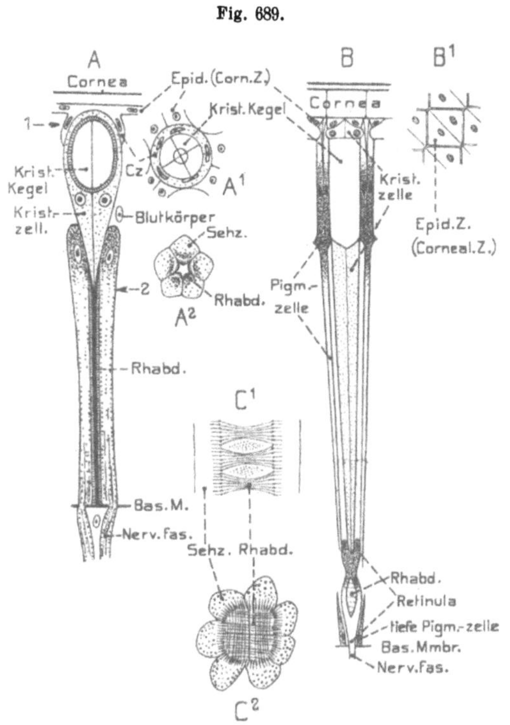

Complexauge von Crustaceen. — *A—A₂* **Branchipus.** — *A* Ein Ommatidium im Achsialschnitt, *A₁* und *A₂* Querschnitte durch ein Ommatidium in der Region der Pfeile 1 und 2 auf Figur *A*. *Cz* auf Fig. A Cornealzellen (nach NOVIKOFF 1905). — *B* **Homarus vulgaris.** Ein Ommatidium im Achsialschnitt (nach PARKER 1889); *B¹* Cornealfacetten mit Cornealzellen in Flächenansicht. — *C¹* und *C²* **Palaemon squilla;** *C¹* Achsialschnitt durch eine Retinula; *C²* Querschnitt durch eine solche mit Rhabdom, um die Struktur des Letzteren zu zeigen (nach HESSE 1901). v. Bu.

Conus sich nur im Distalteil der sehr lang gewordenen Kristallzellen bildet, so daß deren Proximalteile sich, unter allmählicher Verschmälerung, noch tief hinab bis zu den Retinulae fortsetzen (was namentlich in sehr langgestreckten Ommen von *Decapoden* [Fig. 689] und *Lepidopteren* [Fig. 691] auftritt). Andrerseits kann sich bei manchen Decapoden die Kegelbildung auf den Proximalteil der Kristallzellen beschränken. — In gewissen Fällen zeigt der Kristallkegel dichtere innere Partien und nach den Untersuchungen an manchen Insekten und Crustaceen nimmt sein Lichtbrechungsvermögen von der Oberfläche gegen die Achse zu, was

für seine Wirkungsweise im dioptrischen Apparat des Auges von besonderer Wichtigkeit ist.
Er bildet nämlich auf diese Art eine optische Vorrichtung, welche ähnlich einer Linse wirkt;
d. h., er vermag ein umgekehrtes verkleinertes Bild äußerer Gegenstände zu entwerfen (*Linsen-cylinder*). Auch die Cornealfacetten zeigen eine ähnliche Zunahme ihres Brechungsvermögens
gegen die Achse und wirken daher ebenso, wenn auch gleichzeitig als gewöhnliche Linsen.

Typische Kristallkegel (*eucone* Augen) finden sich, wie bemerkt, bei den *Cru-staceen* fast überall (ausgenommen *Apseudes* unter den *Isopoden* und gewisse
Brachyuren, z. B. *Pinnotheres* und eine *Cyclodorippe*), nicht immer dagegen bei den
Insekten. Von letzteren besitzt sie ein Teil der
Apterygota (z. B. *Machilis*), die *Orthoptera*, *Neuro-ptera*, ein Teil der *Coleoptera* (z. B. *Lamellicornia*,

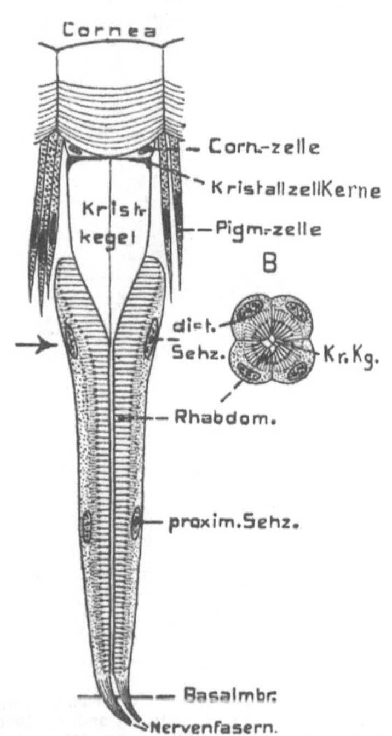

Periplaneta orientalis, Complexauge. —
A Ein Ommatidium im Achsialschnitt — *B* Quer-schnitt durch die Retinula in der Richtung des
Pfeils auf Fig. *A* (nach HESSE 1901). v. Bu.

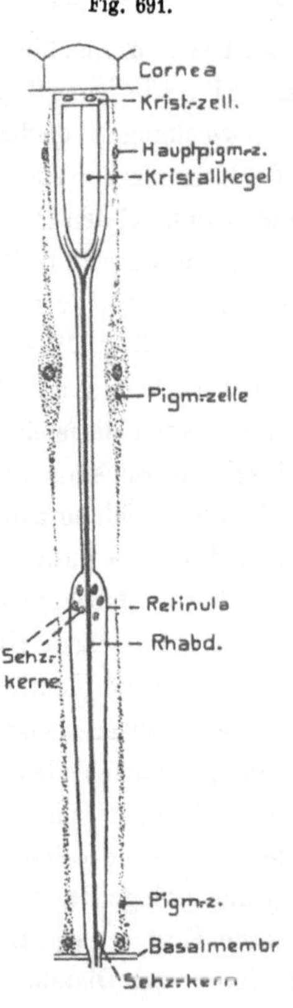

Macroglossa stellatarum (Lepi-doptere). Complexauge. Ein Omma-tidium im Achsialschnitt (nach JOHNAS
1911). v. Bu.

Carabidae u. a.), die *Hymenoptera* und *Lepidoptera* (mit Ausnahme der Gattung
Adela), die *Homoptera* (speziell *Cicaden*) unter den Rhynchota, von den *Diptera*
nur gewisse *Culicidae* (so *Corethra*). — Dagegen findet sich bei manchen *Aptery-goten* (z. B. *Lepisma*), zahlreichen *Coleopteren* (ausgenommen viele *Pentameren*), den
nematoceren Dipteren (*Longicornia*), *Forficula* (*Dermaptera*) und den *hemipteren*
Rhynchoten ein viel einfacherer Augenbau, indem Kristallkegel ganz fehlen
(Fig. 692). Die Ommen bleiben daher hier relativ kurz.

Die vier gut ausgebildeten Kristallzellen dieser Augen liegen zwar direkt unter der Cornealfacette, und ihnen schließen sich die beiden Hauptpigmentzellen seitlich, oder etwas tiefer gerückt, an; nach innen folgt aber direkt die Retinula. Solche Augen werden daher als *acone* bezeichnet, zu denen auch die der oben erwähnten Crustaceen zu rechnen wären.

Bei anderen *pentameren Käfern* (*Malacodermata, Elateridae* u. a.) sowie zahlreichen *brachyceren Dipteren* bildet die innere Fläche der Facetten einen meist ansehnlichen kegelförmigen Fortsatz (*Processus corneae, Pseudoconus*), an dessen Grund die Kristallzellen und die Hauptpigmentzellen liegen (Fig. 694). Dieser Fortsatz wurde früher als der mit der Facette verwachsene Kristallkegel gedeutet. Nach neueren Untersuchungen ist er ein Corneagebilde, und hat jedenfalls die Funktion des eigentlichen Conus übernommen. An seiner Erzeugung beteiligen sich wohl hauptsächlich die Kristall- und Hauptpigmentzellen. Bei manchen brachyceren Dipteren (so *Muscidae, Tabanidae* [Fig. 693] u. a.) scheint der Pseudoconus rudimentär geworden zu sein, indem seine Stelle von einer weichen Masse oder Flüssigkeit eingenommen wird.

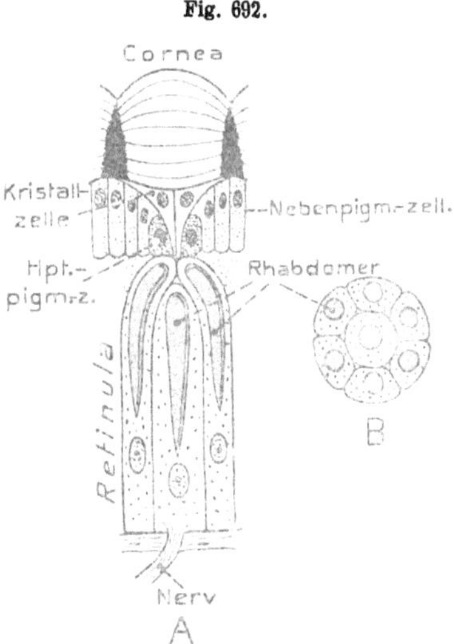

Fig. 692.

Tipula (Diptere), Acones Complexauge. — *A* Längsschnitt durch ein Ommatidium. — *B* Querschnitt durch eine Retinula (nach GRENACHER 1879). v. Bu.

Fig. 694.

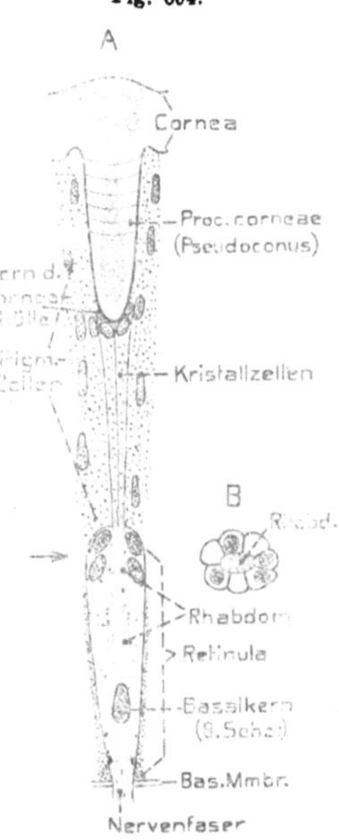

Lampyris (Leuchtkäfer, Complexauge). — *A* Ein Ommatidium im Achsialschnitt. — *B* Querschnitt durch den Distalteil einer Retinula in der Region des Pfeils auf Fig. *A* (nach KIRCHHOFFER 1908). v. Bu.

Fig. 693.

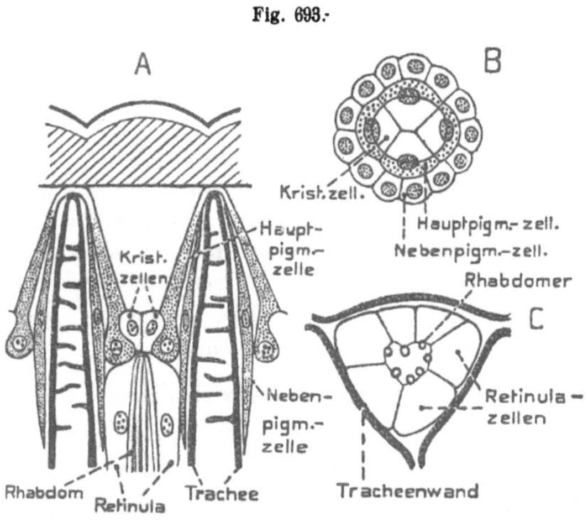

Pseudocones Complexauge von Tabaniden (Bremsen). — *A* Haematopota. ♂ Achsialschnitt durch die Cornea und das Distalende eines Ommatidiums (nach DIETRICH 1909). — *B* Tabanus. Querschnitt eines Ommatidiums in der Höhe der Kristallzellen. — *C* Querschnitt durch eine Retinula (*B—C* nach GRENACHER 1879). Sch.

Im allgemeinen werden die Augen mit solchem Processus corneae, sowie die letzterwähnten als *pseudocone* bezeichnet.

Das für einzelne Brachyuren (so *Ocypoda ceratophthalma* Pall.) erwähnte Vorkommen pseudoconer Auge scheint sich nicht zu bestätigen.

Angesichts der weiten Verbreitung der euconen Augen bei Crustaceen und Insekten dürfte es wahrscheinlich sein, daß die aconen und pseudoconen aus ersteren durch Rückbildung entstanden sind, worauf auch ihre Verbreitung unter den Insektenabteilungen hinweist; obgleich das acone Auge bei dieser Reduktion wieder einen recht ursprünglichen Charakter annahm.

Die *Retinula*, welche den basalen Abschluß jedes Ommas bildet, besteht aus einer Anzahl meist strahlenförmig um die Ommaachse gruppierter, mehr oder weniger langer Sehzellen, deren Distalende häufig etwas kolbig angeschwollen ist. In neuerer Zeit wird vielfach angenommen, daß ursprünglich überall acht vorhanden gewesen seien, eine Zahl, die sich in der Insektenretinula häufig findet (so zahlreiche *Käfer*, gewisse *Neuroptera*, die *Hymenoptera*, die meisten *Lepidoptera*, *Rhynchota*). Nicht selten finden sich jedoch auch nur sieben, was wohl auf der Reduktion einer Zelle beruht (so *Apterygota*, *Orthoptera* soweit bekannt, gewisse *Lepidoptera*); doch wurde in einzelnen Fällen (Lepidoptera) auch Vermehrung auf zehn gefunden. Viel variabler ist die Sehzellenzahl der *Crustacea*.

So finden sich bei einzelnen *Isopoden* (*Oniscus*) 14, bei den *Thoracostraken* und *Leptostraken* gewöhnlich sieben (manchen *Isopoden* auch sechs), doch soll bei den *Thoracostraken* nach gewissen Angaben noch eine rudimentäre achte vorhanden sein. — Die *Amphipoden* und *Phyllopoden* sowie *Argulus* besitzen meist fünf (doch liegt eine Angabe vor, daß bei *Apus* ursprünglich acht vorhanden seien, von denen eine bis einige rudimentär werden; meist sieben). Nur vier Retinulazellen zeigen gewisse *Isopoden* (*Serolis*). — Es muß daher einstweilen dahingestellt bleiben, ob sich die Zahl der Sehzellen auch bei den Crustaceen von acht ursprünglichen ableiten läßt. Da auch bei den Insekten gelegentlich einige Sehzellen rudimentär werden, so wäre die Vereinfachung, wie sie nicht wenige Crustaceen zeigen, wohl möglich.

Die Anordnung der Sehzellen in distale und proximale, der wir schon im lateralen Larvenauge gewisser Insekten und bei Scutigera begegneten, wiederholt sich noch bei den *Apterygoten* (vier distale und drei proximale, Fig. 687, S. 888) und gewissen *Orthopteren* (z. B. *Embia*, *Periplaneta*, Fig. 690, S. 890).

Wahrscheinlich ist jedoch auch die bei nicht wenigen Insekten (*Coleopteren*, *Neuropteren*, *Rhynchoten*, *Dipteren*, *Lepidopteren*) sich findende Eigentümlichkeit, daß sieben oder sechs der Retinulakerne distal, einer oder zwei dagegen in der Basalregion liegen (wobei die achte Zelle häufig rudimentär wird) eine entsprechende Erscheinung. Bei den Crustaceen findet sich kaum etwas Ähnliches. — Gelegentlich findet sich bei einzelnen Insekten (so gewisse Hymenopteren) auch eine ganz unregelmäßige Verteilung der acht Kerne.

Die Retinulazellen sind meist pigmentiert und bilden gewöhnlich alle an ihrer Achsialfläche ein *Rhabdomer* (Stäbchen). Diese Rhabdomere können ganz gesondert bleiben (Fig. 692 A u. B, S. 891), was namentlich in den aconen und pseudoconen *Dipterenaugen* häufig vorkommt. Dabei kann zwischen den Retinulazellen ein achsialer Hohlraum bleiben oder dieser dadurch ausgefüllt werden, daß sich eine der Sehzellen bis in die Achse erstreckt und sie auf eine längere Strecke durchzieht. — Meist aber stoßen die Rhabdomere achsial zusammen und verwachsen mehr

oder weniger zu einem gemeinsamen *Rhabdom* (Fig. 689 *B*, *C*, S. 889, Fig. 690, 691).
Doch kommt es auch vor, daß nicht sämtliche Retinulazellen Rhabdomere bilden (so
manche *Käfer*), wo das Rhabdom also nur von einer geringeren Zellenzahl (sechs bis
sieben) erzeugt wird.   Die rudimentäre achte Sehzelle gewisser *Insekten* kann
manchmal ein besonderes Rhabdomer bilden, das sich mit dem Rhabdom nicht
verbindet. — Charakteristisch für die *thoracostraken Krebse* ist die Zusammensetzung ihres Rhabdoms aus nur vier Segmenten, obgleich sich an seiner Bildung
sieben Retinulazellen beteiligen (Fig. 689 C^2), ebenso sein Aufbau aus zahlreichen
übereinandergeschichteten horizontalen Plättchen (Fig. 689 C^1).

Die einzelnen Ommen werden fast stets durch pigmentierte, faserartige Zwischenzellen (*Nebenpigmentzellen*) von einander isoliert, die in recht verschiedener
Zahl auftreten; ihre Ableitung von Hypodermiszellen läßt sich ontogenetisch und
vergleichend anatomisch erweisen.   Die distalen dieser Nebenpigmentzellen
(das *Irispigment*) reichen nämlich in der Regel noch bis zur Cornea und umhüllen
den Kristallkegel; tiefere in der Region der Retinulae oder der Rhabdome liegende
Pigmentzellen bilden das *Retinapigment*, das selten ganz fehlt.

Bei nächtlichen Tieren wandert das Irispigment bei starker Belichtung in die Tiefe,
während das Retinapigment der Krebse unter diesen Verhältnissen meist in die Distalregion
der Rhabdome tritt; auf diese Weise wird der Lichtzutritt abgeschwächt. — Das Irispigment
(oder auch eine besondere Substanz) kann bei gewissen *Decapoden* gleichzeitig als *Tapetum*
funktionieren, indem die Zellen sowohl lichtreflectierende als auch fluorescierende Einschlüsse
enthalten.   Außer diesem Tapetum besitzen viele *Decapoden* an der Basis der Ommen
noch ein tief gelegenes, von je zwei Zellen gebildetes; selbst im Ganglion opticum kann
eine reflektierende Schicht auftreten. — Vielen *Nacht-* und *Tagschmetterlingen* kommt
ebenfalls ein tief gelegenes, stark leuchtendes Tapetum zu, welches jedoch von einem Geflecht
zahlreicher, zwischen die Ommen eindringender *Tracheen* gebildet wird, die das Licht total
reflektieren. — Tracheen treten auch zwischen die Ommen der Dipteren und Libellen ein, dienen
jedoch hier durch ihre Totalreflektion zu deren optischer Isolierung (s. Fig. 693 A, S. 891.

Den Abschluß der Retinulaelage gegen das Körperinnere bildet eine Fortsetzung der Basalmembran der Hypodermis, die von den zahlreichen Nervenfasern,
welche aus dem großen Ganglion opticum (s. S. 509) zu den Sehzellen treten,
durchsetzt wird (daher auch *gefensterte Membran*, *Membrana fenestrata* genannt).

Die Ausgestaltung der Complexaugen bietet im Einzelnen viele Besonderheiten, welche
hier nur angedeutet werden können.   Sie werden namentlich bei den *Insekten* und manchen
Crustaceen häufig sehr groß, so daß sie die gesamten Kopfseiten einnehmen, ja auf dem
Scheitel zusammenstoßen können.   Die einzelnen Ommen divergieren dann natürlich sehr
bedeutend, und der Divergenzwinkel ist recht verschieden, sogar in den verschiedenen Regionen des Auges; ebenso auch die Größe der Facetten. — Bei den *Cladoceren* verschmelzen
sogar die beiden Augen auf dem Scheitel zu einem einzigen, was auch bei gewissen *Amphipoden* und *Cumaceen* vorkommt.   Schon bei einem Teil der *Branchiopoden* (z. B. *Limnadia*, Fig. 671, S. 875) sind sie dicht zusammengerückt.   Gleichzeitig wird das Scheitelauge
der Branchiopoden und Cladoceren von einer durchsichtigen Hautfalte überwachsen, so daß
es in einem bei letzteren ganz abgeschlossenen Raum liegt (was sich auch bei Argulus findet),
in dem es durch besondere Muskeln meist recht beweglich erscheint. — Erhebung des Complexauges auf einen besonderen stielförmigen Fortsatz der Kopfseiten findet sich schon bei
gewissen *Entomostraca* (*Branchipus*; selten auch gewissen *Trilobiten*) und ist namentlich
für die *Leptostraca* und zahlreiche *Thoracostraca* (*Schizopoda*, *Stomatopoda* und *Decapoda*)

charakteristisch, wo dieser Augenstiel beweglich ist. — Bei den Insekten ist die Bildung (unbeweglicher) Augenstiele sehr selten (so bei der Diptere *Diopsis*).

Von Interesse erscheint die seltene Sonderung der Complexaugen in einen dorsalen und ventralen Abschnitt, was sich bei verschiedenen *Insekten* (so *Cerambyciden, Vespiden*) darin aussprechen kann, daß das Auge durch eine vordere Einbuchtung nierenförmig wird. — Bei gewissen *Lamellicorniern* (Coleoptera) wächst von vorn eine Leiste der Cuticula in die Cornea hinein und kann das Auge völlig in ein dorsales und ventrales teilen (*Geotrupes*, ähnlich auch *Gyrinus* und *Tetrops*). Eine wesentliche Bauverschiedenheit der beiden Augenabschnitte scheint aber zu fehlen. — Viele andere Insekten zeigen dagegen einen recht verschiedenen Bau der dorsalen und ventralen Augenregion, die sich dann häufig durch verschiedene Färbung und Wölbung charakterisieren, so daß das Auge von einer horizontalen Furche in ein dorsales, meist größeres *Front-* (oder *Scheitel-*) und ein *Lateralauge* geschieden wird. In gewissen Fällen (Ephemeriden, *Cloë*, zahlreiche *Diptera*, *Ascalaphus* [Neuroptera]) beschränkt sich diese Differenzierung auf die Männchen, bei anderen (viele *Diptera*, *Hydrocores*) tritt sie in beiden Geschlechtern auf.

Dieselbe Erscheinung kommt auch bei *Crustaceen* vor; in geringem Grad im unpaaren Auge gewisser *Cladoceren* (*Polyphemiden*), ferner bei der *Amphipode Phronima* (nebst Verwandten) und einer Anzahl schwimmender *Tiefseedichelopoden* (früher zu Schizopoden gestellt) und *Amphipoden*. In diesen Fällen zeichnet sich das Frontauge durch mehr oder weniger starke Verlängerung seiner Ommen aus, die manchmal (besonders *Phronima* [Fig. 695] und gewisse *Dichelopoden*) eine ganz abnorme Entwicklung erreichen und dann relativ wenig divergieren. Weiterhin wird das Frontauge durch mehr oder weniger starke Rückbildung bis völligen Mangel des Pigments charakterisiert, was sowohl für die Retinula- als auch für die Pigmentzellen in verschiedenem Grade gilt; zuweilen auch (Dichelopoden) durch sehr starke Wölbung der Corneafacetten. — Auch das *Ganglion opticum* kann dieser Differenzierung des Auges entsprechend, eine Zweiteilung zeigen. — Eine besondere Eigentümlichkeit besitzen die stark verlängerten Ommen der Frontaugen gewisser

Fig. 695.

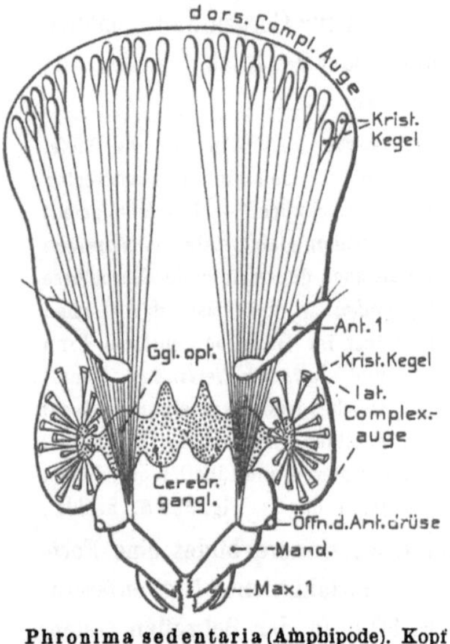

Phronima sedentaria (Amphipode). Kopf von vorn, um die Differenzierung der Complexaugen in einen dorsalen und lateralen Teil zu zeigen (nach CLAUS 1879 vereinfacht). v. Bu.

Cladoceren (z. B. *Bythotrephes*), indem die Nervenfasern zu den Distalenden der Retinulazellen treten, was jedenfalls daher rührt, daß die Proximalenden der Sehzellen stark ausgewachsen sind. Erwähnenswert ist schließlich die eigentümliche Differenzierung des Facettenauges der *Ampelisciden* unter den *Amphipoden*. Hier ist dasselbe in drei Partien gesondert, eine dorsale, eine ventrale und eine mittlere. Besonders bemerkenswert erscheint aber, daß die so entstandenen dorsalen und ventralen Augen eine einfache cuticulare Linse besitzen, welche den mittleren fehlt.

Kurz zu erwähnen sind noch die paarigen Augen, die neben dem Medianauge bei gewissen marinen *Copepoden* vorkommen (*Corycaeiden* und *Pontelliden*). Es dürfte wahrscheinlich sein, daß sie stark rückgebildete Complexaugen darstellen, wie es für die der *Pontelliden* meist zugegeben wird, während die der *Corycaeiden*, oder sogar die sämtlicher Copepoden, auch als Vertreter der lateralen Teile des Medianauges gedeutet werden. Die Corycaeidenaugen (Fig. 696) besitzen je eine ansehnliche biconvexe Linse, die jedoch nicht rein cuticularer Natur zu sein scheint, sondern deren Hauptteil von einer besonderen, unter der Cuticula gelegenen Masse gebildet wird. In mäßiger bis sehr bedeutender Entfernung hinter dieser, im Vorderende liegenden Linse findet sich ein kegelförmiger bis ellipsoidischer Kristallconus (*Sekretlinse*), an den sich eine schmale, wohl überall aus drei Zellen bestehende, stark pigmentierte Retinula mit drei Rhabdomeren anschließt, die bei *Copilia* (Fig. 696) sehr lang und gleichzeitig fast rechtwinklig gegen die Medianebene des Tieres abgeknickt ist. Der Sehnerv tritt nicht proximal in die Retinula, sondern nahezu in oder vor der Mitte ihrer Länge ein, ähnlich wie es im Frontauge der Polyphemiden vorkommt. Von der Retinula ziehen zahlreiche Fäden, die wahrscheinlich großenteils nervös sind, zum Äquator der Linse; doch heftet sich auch ein Muskel an die Retinula, welche samt dem Kristallkegel sehr beweglich ist.

Das paarige Auge der *Pontelliden* kann mit einer (Pontellina) oder zwei cuticularen Linsen (Anomalocera) versehen sein. Die Retinulae liegen dicht unter der Linse; Kristallkegel finden sich wohl ebenfalls. Seltsam erscheint, daß unter der einfachen Linse von Pontellina vier, unter der doppelten von Anomalocera drei Retinulae (Becher) sich finden sollen, von denen jede nur aus zwei Sehzellen besteht; doch bedürfen diese Augen genauerer Untersuchung. Eine eigentümliche Rückbildung haben auch die Complexaugen der großen Ostracode *Gigantocypris* erfahren; es würde jedoch zu weit führen, darauf näher einzugehen, um so mehr, als ihre Untersuchung nicht ausreichend ist.

Obgleich wir oben fanden, daß die Complexaugen der Tracheaten durch eine Aggregation einfach gebauter lateraler Ocellen entstanden sein dürften, so läßt sich doch die Frage erheben, ob dies überall, namentlich auch bei den Crustaceen, der Fall war. In dieser Hinsicht scheint von Bedeutung, daß auch in der Retina der mit einfacher Linse versehenen Simplexaugen retinulaartige Gruppen und Rhabdombildung häufig auftritt und andererseits die Facettenbildung der Cornea den Krebsen vielfach fehlt. Es ließe sich daher erwägen, ob nicht der Urzustand der Ocellen und Complexaugen der Arthropoden ein ähnlicher war, indem eine Hypodermisstrecke mit unfacettierter Cornea und Gruppenbildung von Sehzellen den Ausgangspunkt bildete, die dann durch Entwicklung einer einzigen ansehnlicheren Linse zu einem Simplexauge, oder durch tiefergehende Isolierung der Gruppen (Retinulae) und die meist auftretende Bildung von Einzellinsen und Kristallkegeln zu einem Complexauge werden konnte.

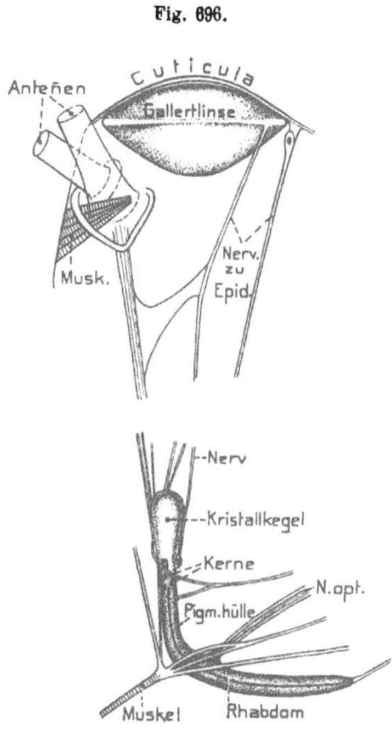

Copilia (Copepode). Rechtes Seitenauge von der Ventralseite. Die Entfernung zwischen der Linse und dem Ommatidium ist durch Weglassung des mittleren Teils der verbindenden Stränge verkürzt dargestellt (nach GRENACHER 1879). v. Bu.

Es ist hier natürlich nicht der Ort, auf die *optischen Verhältnisse* der Arthropodenaugen, insbesondere auf das Zustandekommen eines von der Retina wahrnehmbaren Bildes. näher einzugehen. Daß im *Simplexauge* von der Cuticularlinse ein umgekehrtes Bild auf der Retina entworfen und von dieser, entsprechend der Zahl ihrer lichtempfindlichen Elemente, mehr oder weniger deutlich wahrgenommen werden kann, analog allen Linsenaugen, ist begreiflich. — Im *Facettenauge* dagegen kommt es zur Wahrnehmung eines aufrechten Bilds und zwar in etwas verschiedener Weise. Entweder so, daß die Lichtstrahlen, welche von einem in der Verlängerung der Ommenachsen gelegenen kleinen Objektbezirk auf die betreffende

Facette fallen, auf der Retinula (bzw. dem Rhabdom) zu einem Lichtpunkt vereinigt werden, so daß also jedes Omma einen sehr kleinen Bezirk des Objekts wahrnimmt (*Appositionsbild*) — oder so, daß auch die von einem Punkt des Objekts auf die benachbarten Facetten fallenden Strahlen des Objektsbezirks sämtlich zu einem Bildpunkt vereinigt werden, weshalb derartige Corneae samt Kegel in der Tat ein aufrechtes Bild des äußeren Gegenstands in der Region der Retinulae entwerfen (*Superpositionsbild*). Bedingung für das Zustandekommen eines solchen Bilds ist, daß kein Pigment, welches sich zwischen die Spitzen der Kristallkegel und die Rhabdome einschaltet, die Vereinigung der von benachbarten Kegeln kommenden Strahlen verhindert. Da wir schon fanden, daß das Pigment sich verschieben kann, so erscheint es möglich, daß manche Complexaugen, je nach der Pigmentverteilung bald Appositions-, bald Superpositionsbilder geben können. Letztere kommen ihrer größeren Helligkeit wegen namentlich für Dunkeltiere oder Dämmerlicht in betracht. — Die Complexaugen scheinen aber im allgemeinen besonders geeignet für Wahrnehmungen von Bewegungen und, im weiteren Sinne, von Veränderungsvorgängen an den Objekten.

7. Allgemeiner Bau der Sehzellen.

Es fällt auf, daß die Sehzellen eigentlich nie den Bau der sonst so verbreiteten haartragenden Sinneszellen besitzen. Dagegen zeigen ihre freien Enden oder auch Teile ihrer Oberfläche, welche jedoch keineswegs immer dem einfallenden Licht zugewendet zu sein brauchen, meist eigenartige Differenzierungen, von welchen daher gewöhnlich angenommen wird, daß sie die lichtreizbaren (percipierenden) Partien seien. Diese erscheinen bei den Wirbellosen häufig in Form eines äußeren Saums, der senkrecht zur Zelloberfläche gestreift ist (*Stiftchensaum*), und in seinem Verhalten zum Zellkörper erhebliche Verschiedenheiten bietet. So findet sich ein solcher Saum bei zahlreichen *Plathelminthen* (Fig. 617, S. 822) und in den ähnlichen inversen Augen *sedentärer Anneliden* (Fig. 620, S. 825), und sitzt dem freien Ende der cylindrischen oder fächer- bis kolbenförmig gestalteten, gelegentlich auch in fingerartige Fortsätze verlängerten Sehzellenden als niedere bis ansehnlich hohe Bildung auf.

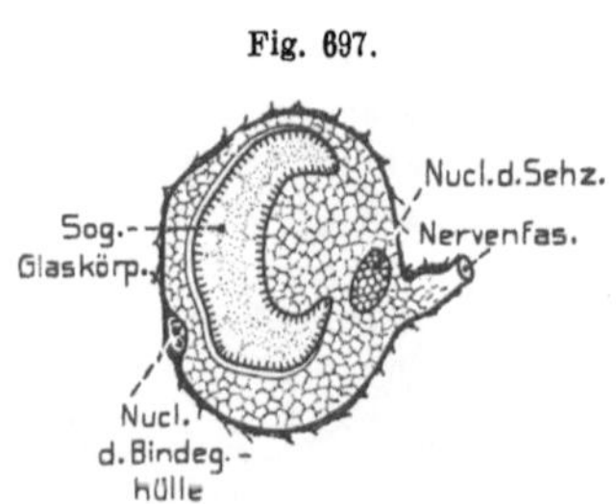

Hirudo: Sehzelle aus der Umgebung einer Tonsille (nach HACHLOV 1910). v. Bu.

Wenn der Fortsatz eine cylindrische Verlängerung der Zelle darstellt, wurde er häufig auch als Stäbchen bezeichnet. Ganz ähnlich verhalten sich auch die Sehzellen von *Branchiostoma* (Fig. 604, S. 806). Ebenso wird den Sehzellen der *Asterien* (Fig. 610, S. 816) und der *Gastropoden* (Fig. 626; S. 828) ein solcher, bei letzteren manchmal fächerartig ausgebreiteter Endsaum zugeschrieben. — Nach der gewöhnlichen Auffassung besteht ein solcher Saum aus dicht gestellten feinen Stäbchen oder Härchen, in welchen man die percipierenden Elemente der Sehzellen erblickt, d. h. eigentlich die Enden der in der Zelle in Ein- oder Mehrzahl verlaufenden *Neurofibrillen*, welche nach dieser Ansicht natürlich als die nervös leitenden Teile gelten. Der Stiftchensaum besitzt jedoch große Ähnlichkeit mit dem Endsaum der Wimperzellen, andererseits jedoch auch mit den Cuticularsäumen von Darmepithelzellen. Er dürfte daher wohl wie die letzteren Säume als plasmatisches Differenzierungsprodukt des freien Sehzellenendes zu deuten sein. — Da nun ähnliche Säume von Arthropoden-Sehzellen, welche gleichfalls als Stäbchensaum aufgefaßt wurden, sicher nicht den erwähnten Bau besitzen, sondern wie das Plasma einen alveolären, so scheint es, daß es sich in allen Stäbchensäumen im Grunde nur um eine besondere, saumartige Differenzierung des alveolären Plasmas der Zelloberfläche handelt; an dessen Aufbau bei einzelnen Formen vielleicht auch eine Art feiner Sinneshärchen teilnehmen könnte.

Recht *eigentümlich* erscheinen die Sehzellen der *Hirudineen* (Fig. 697), in deren Innerem sich ein bis mehrere ansehnliche Vacuolen finden, die bald regelmäßiger, bald unregelmäßiger gestaltet sind, indem ihre Wand einen bis mehrere Fortsätze ins Vacuoleninnere sendet. Die Vacuolenwand wird von einem zarten ähnlichen Saum gebildet, wie er soeben beschrieben wurde. Es ist deshalb wahrscheinlich, daß der Saum hier ins Zellinnere verlagert, wurde, was sich möglicherweise durch eine Einstülpung der Zelloberfläche verstehen ließe, obgleich die Entwicklung davon nichts zeigte. — Eine gewisse Ähnlichkeit mit dieser Bildung besitzen auch die Sehzellen der *Oligochaeten* (Lumbriciden und Naideen), welche gleichfalls ein vacuolenartiges Gebilde enthalten, das bei den Lumbriciden sehr verschiedenartig gestaltet sein kann (Fig. 603, S. 806); doch werden diese Einschlüsse auch den später zu erwähnenden *Phaosomen* gleichgestellt.

Häufig hat sich ein Stiftchensaum nicht am freien Ende der Sehzellen, sondern an ihren Seitenrändern differenziert. Dergleichen findet sich schon in den eigentümlichen complexen Kiemenaugen der sedentären Anneliden (besonders *Branchiomma*, Fig. 612 *B*, S. 818), deren Sehzellen im Basalteil einen oberflächlichen Stäbchensaum zeigen. — Besonders verbreitet aber tritt die Bildung seitlicher Säume an den Sehzellen der *Arthropoden* auf, wo wir sie schon in der obigen Schilderung als Stäbchengebilde erwähnten. Zwar finden sich

Fig. 698.

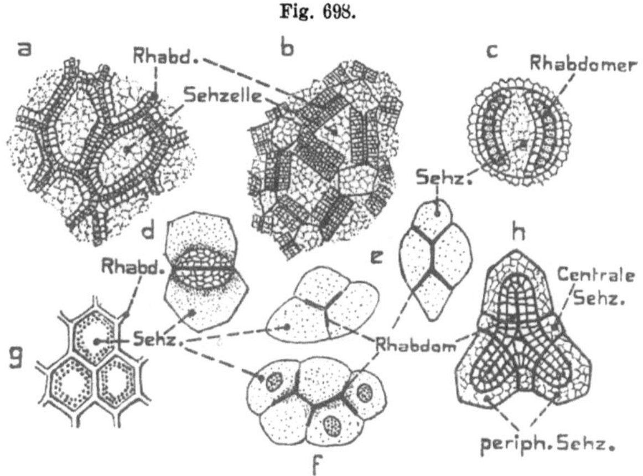

Querschnitt durch Sehzellen und Rhabdome von Arachnoideen und Insekten. — *a* Prosthesima terrestris (Araneine), Querschnitt durch einen Teil der Retina eines inversen Auges. — *b* Tegenaria domestica (Araneine), Querschnitt eines Teils der Retina eines inversen Auges. — *c* Lycosa agricola (Araneine) Querschnitt einer Sehzelle des inversen Auges. — *d* Perla (Afterfrühlingsfliege), Querschnitt einer Sehzellengruppe aus dem Larvenocellus. — *e* Calopteryx (Libelle), 2 Sehzellengruppen vom Scheitelocellus. — *f* Psophus (Schnarrheuschrecke), Sehzellengruppe aus Scheitelocellus. — *g* Syrphus (Schwebfliege), Querschnitt eines Teils der Retina eines Scheitelauges. — *h* Leiobunum (Opilionide), Sehzellengruppe aus einem Ocellus (*a—c* nach WIDMANN 1908; *d—e* und *g* nach REDICORZEW 1900; *f* nach LINK 1909; *h* nach PURCELL 1894).   C. H.

auch hier Säume, welche den freien Sehzellenenden als stäbchenartige Verlängerungen aufsitzen, so besonders in den Ocellen der *Myriopoden* und den Lateralocellen mancher *Insektenlarven* (Coleoptera, Neuroptera [s. Fig. 673, S. 877, 686, S. 886]). Die Regel ist jedoch, daß sich die Säume sowohl in den Ocellen der *Arachnoideen* als in den *Stirnocellen*, in den *Lateralocellen* der *Lepidopteren-* und *Tenthredinidenlarven*, wie in den Complexaugen, an den Seitenrändern der langgestreckten Sehzellen finden. Verhältnismäßig selten bildet sich auf diese Weise ein Saum im ganzen Umfang der Oberfläche des dem Licht zugewendeten Endteils der Sehzelle, wobei gleichzeitig die Säume der aneinanderstoßenden Sehzellen zu einem gemeinsamen Netz- oder Fächerwerk zwischen den Zellen verwachsen erscheinen (Nebenaugen gewisser *Sedentariae* (Fig. 698b) und der *Pedipalpen*, Ocellen der *Solifugen*; Stirnocellen einzelner *Dipteren*, so Syrphus). Bei andern invertierten Augen von Sedentariae treten solche Säume nur an den drei bis vier, oder sogar sechs zusammenstoßenden Seitenflächen der Sehzellen auf (Fig. 698 b), und die sich berührenden Säume der benachbarten Zellen sind zu einem stäbchenartigen Gebilde verwachsen. — Wenn die Sehzellen solcher Ocellen' durch Zwischenzellen ganz voneinander gesondert sind, so finden sich an ihrer Seitenfläche nur zwei im Querschnitt etwa bogenförmige Stäbchen (Rhabdomeren, Fig. 698 c), wie sie ähnlich auch in den Sehzellen der Nebenaugen der *vagabunden Araneinen* vorkommen, während sich in den Nebenaugen vieler *Sedentariae* zwischen dem mittleren Teil je zweier Sehzellen ein plattenförmiges solches Stäbchen entwickelt (ähnlich auch bei den *Pantopoden*, Fig. 678 C, S. 881). — Wenn die Säume oder Stäbchengebilde sich an oder in jeder Zelle als gesondertes Gebilde finden, bezeichnet man sie als *Rhabdomere*, wogegen die gleichzeitig von zwei benachbarten Zellen gebildeten, also verwachsenen, den Namen *Rhabdome* verdienen. Ähnliche, von zwei Sehzellen erzeugte Rhabdombildungen finden sich auch in den Stirnocellen mancher Insekten (z. B. *Syrphus*, Fig. 698 g); gewöhnlich kommt es in ihnen aber, wie auch in den Ocellen der *Scorpione, Opilioniden*, Hauptocellen der *Pedipalpen* und in den Medianocellen von *Limulus* zu den schon früher erwähnten Gruppenbildungen von Sehzellen, indem sich bei Insekten zwei bis vier, seltener sogar fünf und acht Sehzellen zur Bildung eines Rhabdoms vereinigen (Fig. 698 e-f), das auf ihren zusammenstoßenden Seitenflächen entsteht, und im Querschnitt daher meist drei- bis mehrstrahlig erscheint. — Bei den *Scorpionen* zeigen namentlich die Hauptaugen die Gruppenbildung (5) sehr deutlich (Fig. 680 *B*, S. 882), obgleich sie auch den Lateralocellen (Fig. 679 *B*, S. 882) nicht fehlt, jedoch weniger ausgesprochen und unregelmäßiger ist (Gruppen von zwei bis zehn Sehzellen). Die Rhabdome der Medianocellen sind daher meist fünfstrahlig. — Die *Opilioniden* (Fig. 698 h) besitzen Gruppen von vier (selten fünf) Sehzellen, von welchen sich eine achsiale zwischen den drei übrigen findet. Die peripheren Zellen bilden an ihrer Achsialseite oberflächliche Rhabdomere, die centrale dagegen ein im Zellinnern gelegenes, etwas verschiedenes, das mit den drei peripheren zu einem strahligen Rhabdom verwächst. — Seltsam ist, daß bei gewissen Opilioniden (Acantholophusgruppe) die distalen Enden der benachbarten Rhabdome netzförmig untereinander verwachsen, was an die oben erwähnten Verhältnisse bei gewissen Insekten und Araneinenocellen erinnert.

Die Säume oder Stäbchen der *Araneinen* und *Opilioniden* zeigen besonders deutlich, daß sie nicht aus Stiftchen bestehen, sondern alveolär gebaut sind, mit quer verlaufender Alveolenanordnung, worauf die Streifung und vermeintliche Stiftchenbildung beruht. Auch die Rhabdome der Pantopoden- und Insektenocellen zeigen zum Teil Andeutungen dieses Baues. woraus wohl geschlossen werden darf, daß den Rhabdomeren der Arthropoden dieser Bau überhaupt eigen ist, und sie daher besser als Cuticularsaum aufgefaßt werden dürften (was jedoch auch geleugnet wird). Oben (S. 881) wurde schon darauf hingewiesen, daß die Rhabdomere und Rhabdome in den Complexaugen der Arthropoden ähnlich gebaut sind wie jene der Simplexaugen. Ihr Querschnitt ist recht verschiedenartig, häufig sogar an demselben Rhabdom in verschiedener Höhe. Zuweilen bleiben die Rhabdomere noch völlig gesondert, meist aber sind sie zu einem im Querschnitt mehrstrahligen, doch auch kreisförmig bis viereckigen Rhabdom verwachsen, an dem die Zusammensetzung aus mehreren Rhabdomeren häufig noch zu erkennen ist (Fig. 689, 690). — Eigentümlich erscheint der Bau der Rhabdome vieler *Crustaceen* (*Thoracostraca*, Fig. 689 C^1, C^2, S. 889, *Cladocera*), welche eine *Plättchenstruktur* zeigen, indem das Rhabdom aus mehr oder weniger zahlreichen übereinander geschichteten Plättchen zusammengesetzt ist, die (*Astacus* u. a.) noch eine Zusammensetzung aus zwei Hälften zeigen, deren Grenzlinien sich jedoch in den alternierenden Plättchen rechtwinklig kreuzen. Jedes Plättchen ist senkrecht zu dieser Grenzlinie (auch zur Zelloberfläche) fein gestreift, so daß sich die Streifung in den alternierenden Plättchen ebenfalls kreuzt.

Zu den cuticularsaumartigen Gebilden sind jedenfalls auch die der Sehzellen der *dibranchiaten Cephalopoden* zu rechnen, welche sich, wie früher bemerkt (S. 833), an der Oberfläche des peripheren Endteils oder des Stäbchenteils der Sehzellenoberfläche als . zwei rinnenförmige Bildungen finden, und zuweilen auch eine feine Querstreifung (Plättchenstruktur) zeigen (Fig. 630 S. 833). Soweit Genaueres darüber bekannt ist, dürften hierher auch die

Stäbchengebilde im *Medianauge der Crustaceen* gehören, die sich zwischen den Enden
der Sehzellen als eine Art Grenzsaum entwickeln. Die Stäbchengebilde der Salpenaugen
scheinen sich ähnlich zu verhalten. Ob auch die cuticularen Säume gewisser Polychaeten-
augen (namentlich Alciopiden, Fig 616, S. 820) hierher gehören, welche die gesamte Oberfläche des stäbchenartigen Endteils der Sehzellen umkleiden und ihnen daher einen röhren-
artigen Charakter erteilen, scheint fraglich.

Manche Sehzellen lassen jedoch gar keinen solchen Saum erkennen, sondern besitzen
nur ein etwas cylindrisch oder fädig verlängertes freies Ende, welches als *plasmatisches Stäbchen* bezeichnet wurde. Der-
artige Sehzellen finden sich in den *Mantel-
augen* der Muscheln (Fig. 632, S. 835). bei
manchen *Polychaeten* (Fig. 613, 14, S. 819),
im allgemeinen auch bei den Cölenteraten.
In solchen Fällen, jedoch auch bei manchen
anderen Sehzellen, wurde eine die Achse
durchziehende Fibrille beobachtet, die als
Neurofibrille gedeutet wurde; sie geht bei
Alciope (Fig. 616 *B*, S. 820) an ihrem
Distalende in ein knöpfchenartiges Gebilde über, das dem Stäbchenteil der Zelle
aufsitzt. Bei gewissen Sehzellen der Insektenocellen und namentlich bei denen
der dibranchiaten Cephalopoden wurde
auch das Eindringen einer Neurofibrille ins
Innere der Sehzellen beobachtet.

Zu den plasmatischen Stäbchengebilden ohne Cuticularsaum lassen sich im
allgemeinen auch die Sehzellenden der
cranioten Wirbeltiere rechnen, die, wie
schon erwähnt, meist als *Stäbchen* und
Zapfen unterschieden werden (s. S. 851).
Diese häufig längsgestreiften, von einer
feinen Membran umhüllten Endgebilde
(s. Fig. 699,) ragen proximal über die
Membrana limitans externa hinaus und
sind dem den Kern enthaltenden Zellkörper (*äußere Körner*) entweder direkt
aufgesetzt, oder durch einen fadenartig
verschmälerten Teil der Zelle mit ihm verbunden. Auf die Schwierigkeit der scharfen
morphologischen Unterscheidung von Stäbchen und Zapfen wurde schon früher hingewiesen. In der Regel besteht jedes

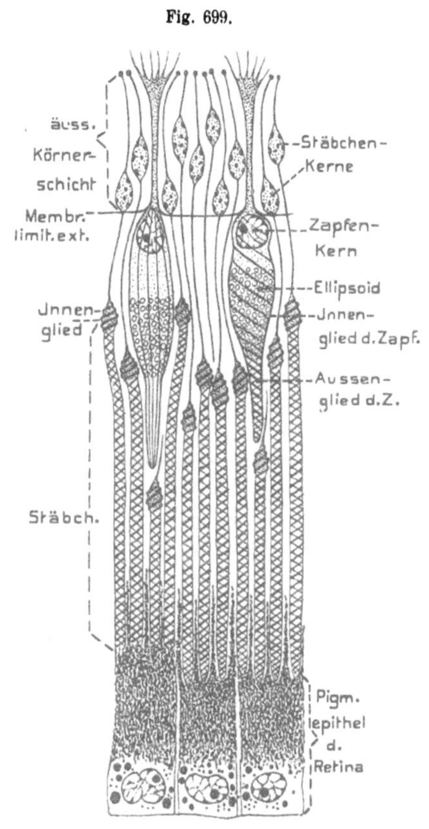

Chondrostoma nasus (Knochenfisch). Schematischer Längsschnitt durch die Sehzellenregion der
Retina. Linker Zapfen nur längs gestreift, rechter
nur spiral gestreift (nach HESSE 1904). v. Bu.

solche Gebilde aus einem *Innen-* und *Außenglied.* Letzteres ist bei den Stäbchen meist
länger und mehr cylindrisch, bei den Zapfen kürzer und langkegelförmig; doch kann die
Länge der Außenglieder der Stäbchen unter dem Einfluß der Belichtung variieren, während
ähnliches an den Innengliedern der Zapfen beobachtet wurde. An den doppelbrechenden
Außengliedern wurde häufig eine quere Streifung, d. h. eine *Plättchenstruktur* beobachtet
oder auch eine schraubig verlaufende oberflächliche Faserung, welche auf Neurofibrillen bezogen wurde, und sich noch auf die tieferen Gebiete der Sehzellen fortsetzen kann (Fig. 699). —
Das Innenglied, welches häufig dicker als das Außenglied und mehr oder weniger ellipsoi-

disch ist, setzt sich nicht scharf gegen den Zellkörper (Außenkorn) ab und ist eigentlich nur als ein Teil desselben zu betrachten. Eine feine Längsstreifung, welche am Basalteil der Innenglieder häufig vorkommt, wird im wesentlichen auf zarte Fortsätze der Membrana limitans oder der früher (S. 851) erwähnten Stützzellen zurückgeführt, welche die Innenglieder teilweise umhüllen (sog. *Faserkörbe*). — Die Außenglieder der Stäbchen sind meist rötlich bis rotviolett gefärbt (*Sehpurpur*), doch kommen bei den Fröschen zwischen derart gefärbten auch grüne vor. Bei Wirbellosen wurde nur selten eine rötliche Färbung der percipierenden Teile der Sehzellen beobachtet, so bei gewissen *Süßwasserplanarien, Polystomum*, namentlich aber in den Stäbchen gewisser *dibranchiater Cephalopoden*: Sepia, Loligo. Doch ist nur im letzteren Fall sicher erwiesen, daß der Farbstoff durch Licht verändert wird, wie der Sehpurpur der Wirbeltiere. Der periphere Teil des Innenglieds der Stäbchen und Zapfen ist gewöhnlich von einer stark färbbaren Masse erfüllt, die häufig wenig scharf abgegrenzt ist (*Ellipsoid, linsenförmiger Körper*, Fadenapparat der Säugerstäbchen); distal von ihr liegt bei den Reptilien meist ein ellipsoidischer bis paraboloidischer Körper (*Paraboloid*). Letztere Bildung erinnert an die gleich zu erwähnenden *Phaosome* mancher Wirbellosen. — Die *Ölkugeln*, welche in den Zapfen häufig auftreten, wurden schon oben (S. 853) erwähnt. —

Im Plasma der Sehzellen gewisser Wirbelloser finden sich zuweilen besondere Einschlüsse, die als *Phaosome* (*Phaosphären*) bezeichnet wurden. Schon oben (S. 817) wurden sie aus den Sehzellen der *Oligochaeten* erwähnt (Fig. 611), doch scheint es bei diesen etwas zweifelhaft, ob es sich um derartige Gebilde handelt. — Solche stark lichtbrechende Einschlüsse wurden ferner in den Sehzellen der *Scorpione* (Fig. 680, S. 832), *Opilioniden* und *Pedipalpen*. in der Nähe des Kerns, meist in Einzahl, gefunden. — Auch die *Nautilussehzellen* enthalten häufig ein ähnliches Gebilde (Fig. 630 *A*, S. 833), das eine eigentümlich schraubig-alveoläre Struktur besitzt. Phaosomartige Einschlüsse finden sich endlich in den Sehzellen mancher *Salpen* und *Placophoren*. — Was im Medianauge der Crustaceen als Binnenkörper der Sehzellen beschrieben wurde, dürfte eher mit der Tapetumbildung zu tun haben. — Daß die Phaosome bei der Lichtperception mitwirken, und daher etwa inneren Stäbchenbildungen vergleichbar seien, ist unwahrscheinlich, um so mehr, als bei den Scorpionen auch in anderen Gewebezellen ähnliche Einschlüsse vorkommen. Die Unterscheidung einer besonderen Kategorie phaosomhaltiger Sehzellen scheint daher nicht angezeigt.

Daß die Sehzellen in vielen Fällen teilweis bis ganz pigmentiert sind, wurde schon früher erwähnt, ebenso aber, daß auch völlig pigmentfreie häufig vorkommen. Nicht selten beschränkt sich die Pigmentierung auf die äußere Region der Zelle, während die achsiale farblos bleibt.

6. Kapitel.　Leuchtorgane.

Einleitung.

Wenn wir die in der Tierwelt weitverbreiteten Organbildungen, die Licht hervorbringen, an dieser Stelle, gewissermaßen als Anhang zu den Sinnesorganen, besprechen, so geschieht dies mehr aus einem Verlegenheitsgrund. Schon bei den Hautdrüsen wurde gelegentlich (S. 126) auf das Vorkommen solcher Organe von drüsenartigem Bau hingewiesen; dennoch wäre es nicht ganz korrekt gewesen, die Leuchtorgane an jener Stelle zusammenhängend zu behandeln, da sich unter ihnen auch solche finden, welche nicht den Charakter eigentlicher Hautdrüsen darbieten. Es steht eben außer Zweifel, daß die Leuchtorgane in ihrer Gesamtheit keine einheitliche morphologische Gruppe bilden, sondern phylogenetisch verschiedener und selbständiger Entstehung sind, wie etwa die Schalen- und Skeletbildungen der Wirbellosen. Demnach ist es der physiologische Charakter, welcher sie miteinander verbindet, was bei der weiteren Betrachtung festzuhalten ist.

Das Vermögen der Lichterzeugung ist in der Organismenwelt weit verbreitet und keineswegs auf das Tierreich beschränkt, sondern tritt sowohl bei einzelligen Protisten, als typischen Pflanzen (besonders Mycelien von *hyphomyceten Pilzen*, doch auch erwachsenen) nicht selten auf. —

Unter den Protisten begegnen wir ihm bei zahlreichen Bakterienarten und nicht wenigen Protozoen, so namentlich relativ schwach bei marinen *Dinoflagellaten* (*Ceratium, Prorocentrum Pyrodinium, Peridinium, Blepharocysta*), besonders intensiv aber bei der marinen *Cystoflagellate, Noctiluca* und der verwandten, bis jetzt jedoch noch ungenügend bekannten *Pyrocystis*. Auch manche *Radiolarien* leuchten (speziell die koloniebildenden *Sphaerozoen*, doch auch einzelne andere). —

Schon aus diesen Erfahrungen folgt, daß das Leuchtvermögen der Metazoen an gewisse Zellen geknüpft sein wird, und daß dies Vermögen wohl in verschiedenartigen Zellen selbständig hervortreten konnte, vorausgesetzt, daß dem Organismus dadurch ein Vorteil erwuchs oder zum mindesten kein Nachteil. — Die Erfahrung lehrt denn auch, daß sich Leuchtvermögen bei den verschiedensten Metazoengruppen hervorbilden konnte, ja bei vereinzelten Gattungen einer größeren Abteilung oder selbst bei einzelnen Arten.

Dies erweist schon, daß sich das Vermögen in den einzelnen Abteilungen, ja vielleicht bei einzelnen Formen kleinerer Gruppen selbständig hervorgebildet haben muß, und daß die Leuchtorgane der verschiedenen Gruppen demnach nur analoger Natur sind, daß Homologien hier eine untergeordnete Rolle spielen. — Die Erfahrung lehrt ferner, daß es Zellen verschiedener Herkunft sein können, in denen sich Lichtproduktion entwickelte, wenn auch im allgemeinen die Ectodermzellen (Epidermiszellen) voranstehen. Doch scheint sicher, daß auch Entodermzellen diese Fähigkeit erlangten, selbst die Gonaden und Eizellen können leuchten. Ob sich noch andere Gewebszellen daran zu beteiligen vermögen, ist unsicher, obgleich es für Nervenzellen gelegentlich angegeben wurde. Jedenfalls liegen keine Angaben vor, daß sichere Bindegewebs- oder Muskelzellen leuchten. — Die weite Verbreitung leuchtender Bakterien hat gewiß vielfach Irrtümer über das Leuchten mancher Tiere hervorgerufen, indem sich teils auf ihrer Oberfläche, teils parasitisch in ihrem Innern Leuchtbakterien ansiedeln können, oder auch nur zufällige Verunreinigung mit solchen vorliegt. Eine erhebliche Anzahl älterer Angaben erscheint daher recht unsicher. Auch andere, durch eigentümliche Lichtreflexion hervorgerufene Phänomene wurden gelegentlich mit wirklichem Leuchten verwechselt.

Im allgemeinen scheint sicher, daß das Licht von einer in den leuchtenden Zellen gebildeten organischen Substanz ausgeht, die eben die Eigenschaft besitzt, unter gewissen Bedingungen zu leuchten. Es ist demnach nicht das eigentliche Protoplasma, welches phosphoresciert, sondern die von ihm hervorgebrachte Leuchtsubstanz. Über deren Natur liegen jedoch bestimmte Erfahrungen nicht vor, höchstens unsichere Vermutungen. Daß aber in der Tat eine solch anscheinende Unabhängigkeit des Leuchtens von dem eigentlichen Leben der Zelle besteht, folgt daraus, daß das Leuchten häufig noch einige Zeit andauert, nachdem die Leuchtzellen völlig zerstört (zerdrückt, zerrieben) wurden; wie auch das Leuchtvermögen bei manchen toten und rasch ausgetrockneten Organismen bei trockener Aufbewahrung lange erhalten bleiben kann, um wieder für einige Zeit hervorzutreten, wenn man sie befeuchtet. Dazu gesellen sich noch weitere Gründe.

Für gewisse Leuchttiere (*Pholas,*) wurde auch nachzuweisen versucht, daß das Leuchten erst durch das Zusammentreten zweier Substanzen, von welchen die eine als eine Art Enzym wirke, entstehe. Doch läßt sich mit Recht bezweifeln, ob Derartiges allgemeiner gilt. — Daß zu den Bedingungen des Leuchtens Sauerstoffgegenwart und -mitwirkung gehört, ließ sich in gewissen Fällen (Leuchtkäfer usw.) sicher erweisen, wurde jedoch in anderen nicht bestätigt. Da diese Feststellungen jedoch sehr subtiler Natur sind, so läßt sich vorerst wohl nicht behaupten, daß die Phosphorescenz in den letzteren Fällen ganz ohne Sauerstoffmitwirkung geschähe.

In den meisten Fällen (Protozoen wie Metazoen) zeigt sich sehr deutlich, daß das Leuchten nur auf verschiedene, den Körper treffende Reize eintritt, und bei Metazoen eine direkte oder indirekte Beziehung zum Nervenapparat existieren muß. Andererseits verläuft aber das Leuchten der Bakterien und Pilze ganz unabhängig von Reizen und daher auch kontinuierlich, was bei Tieren unter gewissen Einwirkungen gleichfalls eintreten kann. — Natürlich ist das hervorgebrachte Licht von sehr verschiedener Intensität, was ja schon von der Größe der Organismen oder ihrer Leuchtorgane abhängt; seine Farbe ist ziemlich verschieden, meist weiß bis bläulich oder grünlich, doch auch rötlich; soweit genauer untersucht, ist das Spectrum stets kontinuierlich. — Nur in seltenen Fällen (*Beroë*) ließ sich eine Hemmung des Leuchtvermögens durch vorhergehende Belichtung beobachten.

Bei den einfacheren leuchtenden Metazoen sind kaum besondere Leuchtorgane aufzufinden. Bei andern sehen wir die Lichtentwicklung an einzellige bis mehrzellige drüsenartige Organe des Integuments geknüpft, welche an recht verschiedenen Körperstellen auftreten können und deren Leuchtsekret zuweilen auch entleert wird. Bei höheren Formen (*Arthropoden, Cephalopoden, Fischen*) können sich schärfer umschriebene Organe ausbilden, an welchen sich zu den lichtproduzierenden drüsigen Zellen noch ein das Licht nach außen reflektierender Teil (*Reflektor*) und sogar ein es konzentrierender linsenartiger Apparat gesellen kann, wodurch die Organe eine gewisse Ähnlichkeit mit einfachen Augen erhalten und deshalb früher mehrfach als solche gedeutet wurden. Im Folgenden sollen die einzelnen Metazoengruppen hinsichtlich ihres Leuchtvermögens und ihrer Leuchtorgane kurz besprochen werden; da eine weitergreifende Homologie der Organe nicht besteht, so ist diese Art der Besprechung die gegebene.

Betrachtung der einzelnen Gruppen.

Spongiae. Was gelegentlich über leuchtende Schwämme und Schwammlarven berichtet wurde, ist zu unsicher, um berücksichtigt zu werden.

1. Coelenterata.

Bei den marinen Cölenteraten tritt das Leuchtvermögen in sämtlichen Gruppen auf, doch bieten der derzeitige Stand unserer Kenntnisse und die systematischen, wie sonstigen Unsicherheiten der älteren Mitteilungen keine Möglichkeit, die Verbreitung genauer festzustellen.

Sicher ist, daß eine Anzahl *Hydroidpolypen* (besonders *Campanulariden*: so Arten von *Campanularia, Obelia, Clytia,* doch auch *Sertularia* und *Plumularia* usw.) diffus leuchten; ebenso auch deren *Medusen* (speziell erwiesen für *Obelia, Clytia, Thaumantias,* ? *Tiara, Phialidium* [Dianaea Lam.], *Mesonema* (Aequoride), *Turris;* sowie die *Trachymedusen Liriope, Cunina* und *Geryonia*).

Ebenso wurden auch leuchtende *Siphonophoren* beobachtet, so nach Panceri *Abyla* und *Praya.* — Unter den *Acalephen* sind als leuchtend namentlich *Pelagia*arten (*phosphorea* Esch. und *noctiluca* Pér. Ls.) bekannt; doch werden noch weitere Gattungen angegeben. — Am genauesten studiert wurde das Leuchten gewisser *Octokorallen,* nämlich der *Pennatuliden,* unter denen es weit verbreitet scheint; die eingehenderen Untersuchungen beschränken sich jedoch auf die Gattung *Pennatula* (besonders *Pennatula phosphorea* Ellis und *rubra* Boh. [granulosa Lam.]). Über die etwaige weitere Verbreitung unter den Octo- und Hexakorallen ist wenig Sicheres bekannt. — Über die *Ctenophoren* wird später Näheres berichtet werden.

Bei den *Hydroidpolypen* soll der gesamte Körper leuchten und der Sitz des Vermögens im Ectoderm sein; bei Reizung eines Polypen schreitet das Leuchten auf die benachbarten Individuen der Kolonie fort. Auch bei den *Hydromedusen* und den *Acalephen* leuchtet zuweilen die gesamte Körperoberfläche (besonders *Pelagia*), bei andern leuchten nur Teile derselben, so die Tentakel, bzw. deren basale Anschwellungen, oder das Velum (z. B. *Cunina moneta*). In diesen Fällen geht das Leuchten jedenfalls vom Ectoderm aus; doch ist die Frage nicht sicher entschieden, ob der Inhalt der Ectodermzellen leuchtet oder eine auf ihrer Oberfläche abgeschiedene Substanz (Schleim). — Bei größeren Hydromedusen dagegen leuchten die radiären Gastralkanäle, ja sogar die Gonaden; in ersterem Fall muß die Lichtentwicklung also vom Entoderm ausgehen. — Ebenso sollen bei Pelagia die inneren Teile auf starke Reizung leuchten.

Wie bemerkt, besitzen zahlreiche *Pennatuliden* (Seefedern) ein intensives Leuchtvermögen. Es sind die Einzelpolypen der Kolonien, welche leuchten und zwar sowohl die tentakeltragenden als die tentakellosen Zooide. Das Licht tritt in acht Längsstreifen auf, die sich dem Schlundrohr entlang bis zu den sog. Mundpapillen erstrecken; es liegt also nahe, den Sitz des Leuchtens in den acht Gastralsepten zu suchen, doch scheint dies etwas zweifelhaft, da sich nach den einzigen, aber recht unvollständigen Untersuchungen, die Leuchtstreifen als Verdickungen an der Außenwand des Schlundrohrs zwischen den Septen finden sollen. Demnach scheint wohl das Entoderm zu leuchten.

Bei den Pennatuliden wurden interessante Untersuchungen über das Fortschreiten des Leuchtens längs der Kolonie bei lokaler Reizung angestellt; doch ist hier nicht der Ort, auf diese physiologischen Fragen näher einzugehen.

Zahlreiche *Rippenquallen* (Ctenophoren) strahlen bei Reizung intensives Licht aus, so namentlich die Arten der Genera *Beroë, Pleurobrachia,* einzelne *Lobaten* (*Mnemia, Mnemiopsis, Eucharis, Callianira, Bolina*) und *Taeniaten* (*Cestus*). Das Leuchten tritt längs der acht gastralen Rippengefäße auf, welche unter den gewöhnlich voll ausgebildeten acht Reihen von Ruderplättchen hinziehen (s. Fig. 22,

S. 96). Daß aber das Licht mit den Ruderplättchen selbst nicht zusammenhängt, wie neuere Darstellungen vermuten ließen, scheint sicher, da auch das Leuchten längs solcher Gefäße auftritt, welche nicht von Ruderplättchen begleitet werden; so bei *Cestus* an den vier lateralen Rippengefäßen, deren Ruderplättchen fast völlig verkümmert sind, sowie an den sog. Magengefäßen; in ähnlicher Weise bei *Beroë forskali* auch an den Gefäßnetzen, welche die acht Rippengefäße untereinander verbinden. — Das Licht geht von den Entodermzellen der Gastralgefäße (speziell Rippengefäße) aus. An diesen finden sich ein oder zwei Streifen hoher vakuoliger Entodermzellen (*Gefäßwülste*), welche jedenfalls die Leuchtorgane sind, weshalb auch an jedem Rippengefäß meist zwei Leuchtstreifen auftreten (z. B. Beroë). Ebenso scheinen jedoch die Gonaden, welche den Gefäßen beiderseits anliegen, Leuchtvermögen zu besitzen, was um so wahrscheinlicher ist, als sie vielfach vom Entoderm hergeleitet werden. — Schon die *Eier* mancher Ctenophoren leuchten; bei andern tritt das Leuchten erst während der Entwicklung des Embryo auf.

Bemerkenswert erscheint die mehrfache Erfahrung, daß das Leuchtvermögen der Ctenophoren (speziell *Beroë* und *Mnemiopsis*) bei Belichtung aufhört und sich in der Dunkelheit erst nach einiger Zeit wieder einstellt; eine Erscheinung, die bei den sonstigen Leuchttieren nicht vorkommt, da diese im Dunkeln, ja selbst im mäßigen Tageslicht, sofort leuchten.

2. Vermes.

Sichere Erfahrungen über Leuchtvermögen von Würmern liegen nur für die *Chaetopoden* vor, denn die vereinzelten Angaben über *Turbellarien*, *Rotatorien* und *Oligomeren* sind zweifelhaft.

Unter den marinen *Polychaeten* sind leuchtende Formen recht verbreitet, wenn auch meist wenig genau studiert.

Hierher gehören namentlich gewisse *Syllideen* (*Odontosyllis* Gr., *Pionosyllis*), einzelne *Amyditeen* (*Photocharis* Ehrb.), nicht wenige *Polynoina* (Familie *Aphroditidae*, speziell *Polynoëarten* und *Acholoë*), gewisse *Tomopteris*, *Nereis*, *Heteronereis* (?), zahlreiche *Chaetopteriden* (speziell *Chaetopterus*), einzelne *Terebellidae* (*Polycirrus* Gr.) und *Cirratuliden* (*Heterocirrus* Gr.); auch leuchtende Larven wurden gelegentlich beobachtet.

Soweit bekannt, scheint das Leuchten fast stets auf Reizung einzutreten, welche auch durch die Eigenbewegungen der Tiere bewirkt werden kann. Ferner scheint sicher, daß das Licht stets von dem schleimigen Sekret gewisser epidermaler Leuchtdrüsen ausgeht. Das Leuchten wurde entweder nur an gewissen Körperstellen beobachtet, so z. B. den Cirren, Parapodien, Kopftentakeln oder den Elytren von *Polynoë*, sowie der nahe verwandten *Acholoë*; auch bei dem genauer untersuchten röhrenbewohnenden *Chaetopterus* leuchten gewisse Körperstellen besonders oder doch stärker, wie dies Fig. 700 zeigt, auf der die leuchtenden Partien braun angegeben sind. Bei starker Reizung breitet sich jedoch hier wie auch bei andern Formen das Licht weiter über den Körper aus (schon die Larve leuchtet). Das Licht geht hier von dem leuchtenden Schleim aus, der von drüsig modifizierten Epidermiszellen abgeschieden wird. Es sind mehr oder weniger umfangreiche Strecken der Epidermis, deren Zellen sich, abgesehen von sehr zarten fadenförmigen

Zwischen- oder Stützzellen, zu Leuchtzellen differenziert haben, so daß die Gesamtheit
dieser Leuchtzellen an den betreffenden Körperstellen als Leuchtorgane erscheinen,
um so mehr, als abgesehen von den Tentakeln und den Endspitzen der dorsalen Parapodien des hinteren Körperabschnitts die Leucht-
zellen sich durch sehr ansehnliche Höhe von den
gewöhnlichen Epidermiszellen unterscheiden, weshalb sich die Leuchtorgane als vorspringende, auf
ihrer Oberfläche meist stark gewulstete weißliche
Anschwellungen kennzeichnen. Besonders eigentümlich verhalten sich jedoch die der dorsalen
Parapodien des Hinterleibs, indem sich zwar ein
Teil der Epidermis auf der Medialseite des Para-
podiums zu solchem Leuchtepithel entwickelt hat,
der Hauptteil der Leuchtorgane aber durch das
ectodermale Epithel der Endbahnen der Nephridien
gebildet wird, das sich direkt in jenes äußere
Leuchtepithel der Oberfläche fortsetzt. — Die
Leuchtdrüsenzellen der Epidermis sind, wie gesagt,
sehr hohe prismatische Zellen, deren Plasma dicht
von Kügelchen erfüllt wird, und die in ihrer Basis
häufig unregelmäßige, stark färbbare Körper enthalten. Jede Zelle besitzt an ihrem freien Ende
einen Entleerungsporus. Mit Schleimfarben tin-
gieren sich die Leuchtzellen sehr stark. Der abgeschiedene Schleim bewahrt nach der Vermischung
mit Seewasser sein Leuchtvermögen bei mechanischer Erregung noch lange.

Bei den *Polynoinen*, wo die schuppenartigen
Elytren der Dorsalseite allein leuchten, pflanzt sich
bei starker Reizung das Leuchten einer Elytra auf
die übrigen fort; die Elytren sind die umgebildeten
Dorsalcirren zahlreicher Parapodien. —

Besondere Leuchtorgane wurden neuerdings
auf der Dorsalseite der Elytren von *Acholoë* beschrieben, während im Gegensatz dazu eine frühere
Untersuchung das Leuchtvermögen in zahlreiche
einzellige Drüsen der ventralen Elytrenfläche von
Polynoë verlegte. Die dorsalen Leuchtorgane der
Acholoëelytren (s. Fig. 701 *A*) sollen sich als zahlreiche papillenförmig vorspringende Gebilde auf
der caudalen Hälfte der Elytren finden (s. Fig. 701 *B*). In den achsialen Kanal jeder
Papille mündet eine Gruppe von Drüsenzellen, deren Sekret beim Austritt ins
Wasser leuchte. Obgleich die Elytren reich an Nerven sind, ließ sich die Inner-

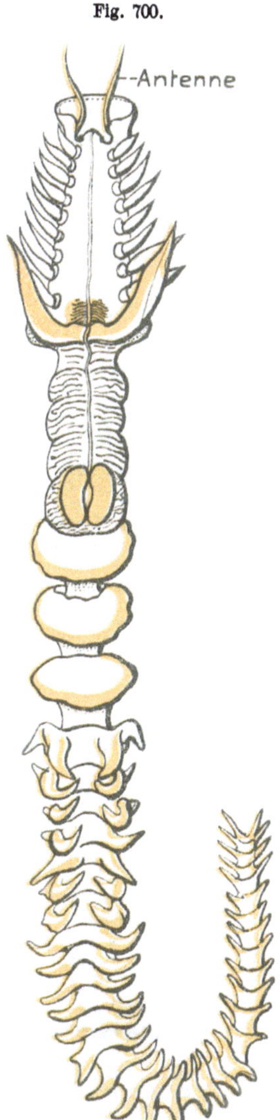

Chaetopterus variopedatus
Clap. (Polychaete.) Ansicht von der
Dorsalseite; die leuchtenden Partien
sind braun angegeben; nach Alko-
holpräparat.   O. B.

vierung der Papillen nicht sicher erweisen. — Die frühere Ansicht, welche das Leuchten auf die Ventralseite der Elytren verlegt, erklärte die Leuchtpapillen für nervöse Endorgane; wogegen die neuere die angeblichen Leuchtdrüsen der ventralen Elytrenfläche als Querschnitte von Muskeln deutet. Vorerst ist kaum bestimmt zu entscheiden, welche Ansicht richtiger erscheint.

Bestimmte Leuchtorgane wurden ferner bei den pelagischen *Tomopteris* als *rosettenförmige Organe* beschrieben, die sich in Einzahl entweder an den beiden Flossenlappen der Parapodien oder nur an dem ventralen finden, aber auch auf die Parapodien selbst gerückt sein können, ja an der Bauchseite des Wurms auftreten vermögen.

Der Bau der Organe ist wenig aufgeklärt; es sind kugelige kleine Gebilde, die aus einer Anzahl rosettenförmig zusammengepreßter schlauchartiger Körper bestehen, deren Distalenden gelbliches bis bräunliches, wohl fettartiges Sekret enthalten. Nervenzutritt wird angegeben. Eine äußere Mündung wurde nicht beobachtet. Obgleich Tomopteris sicher leuchtet, so fehlt doch der Nachweis, daß das Leuchten von den beschriebenen Organen ausgeht. — Es wurde auch versucht, die fraglichen Organe als Augen zu deuten und ihnen ein linsenartiges distales Gebilde zugeschrieben, was jedoch mit ihrer Auffassung als Leuchtorgane nicht unvereinbar wäre.

Bei *Odontosyllis enopla* scheint das Leuchten zur Anlockung der Geschlechter, die beide phosphorescieren, bei der Fortpflanzung zu dienen; das Licht der Weibchen soll

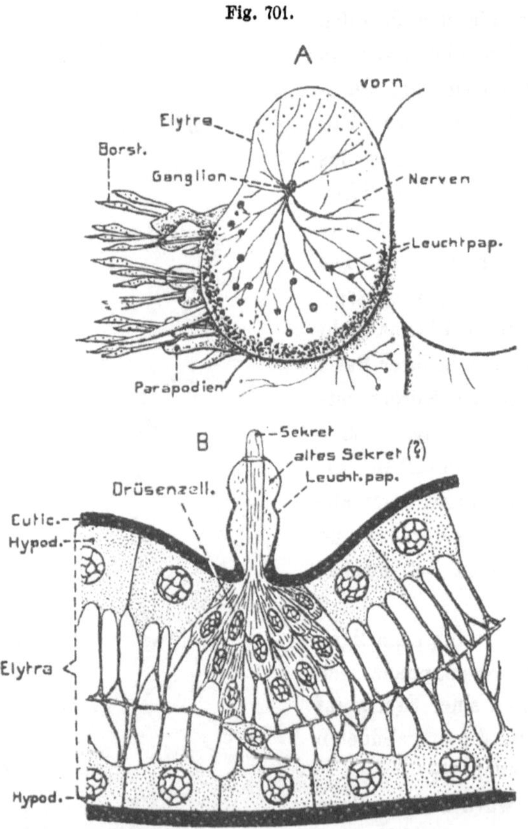

Acholoë astericola (Polychaete). — *A* eine Elytra von der Dorsalseite mit den Leuchtpapillen. — *B* ein Teil einer Elytra mit einer Leuchtpapille im Achsialschnitt (etwas schematisch), (nach KUTSCHERA 1909). C. H.

kontinuierlich, das der Männchen intermittierend sein; auch die Eier sollen einige Zeit nach ihrer Ablage leuchten.

Im allgemeinen sehen wir daher, daß die Erfahrungen über die Leuchtorgane und das Leuchtvermögen der Polychaeten noch recht spärlich sind.

Oligochaeta. Obgleich aus älterer wie neuerer Zeit zahlreiche Beobachtungen über intensives Leuchten von Regenwürmern (*Lumbriciden*) vorliegen, so wurde bis jetzt doch nicht hinreichend aufgeklärt, ob deren Leuchten wirklich ein eigenes, oder durch bakterielle oder

Pilzinfektion erzeugtes ist. Bis jetzt wurden vier Arten festgestellt (*Henlea ventriculosa* d'Ud. *Photodrilus phosphoreus* Giard. *Microscolex modestus* Rosa und *dubius* Rosa, die aber wahrscheinlich als in Europa eingeschleppte zu betrachten sind), bei denen in der wärmeren Jahreszeit Leuchten des ganzen Körpers regelmäßig vorzukommen scheint. Bei *Henlea* soll das Hinterende stärker leuchten. Gelegentlich, aber nicht konstant, wurden auch leuchtende *Allobophora foetida* (Savigny) beobachtet. Nach den meisten Beobachtungen scheint es sich um leuchtenden Schleim zu handeln, welcher von der Oberfläche der Tiere abgeschieden wird, weshalb auch Gegenstände, die mit ihnen in Berührung kommen, einige Zeit leuchten. Daß das Leuchten bei mechanischer Reizung auftritt oder dadurch vermehrt wird, dürfte daher auf Verstärkung der Schleimabsonderung beruhen. — Besondere Leuchtorgane fehlen; nur bei *Photodrilus* sollen es eigenartige Drüsen (wohl einzellige) um den Ösophagus sein, welche das Leuchten bewirken; und für *Henlea* wird direkt angegeben, daß es der von den vorn und hinten besonders reichlich vorhandenen Hautdrüsen abgesonderte Schleim sei, der leuchte. Frühere Beobachter berichteten mehrfach, daß besonders die Clitellarregion leuchte, was bei deren Reichtum an einzelligen Hautdrüsen verständlich wäre. — Auch für gewisse *Enchytraeus*arten wurde Leuchten angegeben.

Gewissen *Oligomeren* scheint Phosphorescenz sicher zuzukommen; so einzelnen *Bryozoen* (gewissen *Membranipora-* und *Flustra*arten; wahrscheinlich ist sie jedoch weiter verbreitet). Von leuchtenden *Sagitta*arten (Chaetognathen) wurde mehrfach berichtet, ebenso von gewissen *Enteropneusten* (speziell *Ptychodera minuta* Kowal. sp.). In keinem dieser Fälle liegen aber genauere Untersuchungen über die Grundlagen der Erscheinung vor.

3. Arthropoda.

Crustaceen. Leuchtende marine Crustaceen wurden in zahlreichen Abteilungen angetroffen; aus dem Süßwasser dagegen ist bis jetzt keine Form bekannt. Es sind häufig Tiefseebewohner und in der Regel einzelne Gattungen, welchen Leuchtvermögen zukommt; ja selbst nur einzelne Arten einer Gattung.

Einer Anzahl mariner *Copepoden* aus den Familien der *Centropagiden* und *Oncaeiden* kommen neben gewöhnlichen einzelligen Hautdrüsen an verschiedenen Körperstellen auch solche zu, die ein gelb-grünliches, nach dem Austritt in das Wasser leuchtendes Sekret absondern, das zuweilen mit ziemlicher Kraft ausgestoßen werden kann. Neben einfachen solchen Drüsen finden sich auch gepaarte (*Heterochaeta*), welche durch einen gemeinsamen Porus münden. Zahl und Verteilung der Leuchtdrüsen wechselt sehr. Sie finden sich vom Kopf bis zur Furca des Hinterendes, ihre Zahl erreicht etwa 17 und 18, bei *Oncaea conifera* sogar etwa 70. — Leuchtende Naupliuslarven wurden gleichfalls beobachtet; die Organe treten also jedenfalls frühzeitig auf.

Unter den marinen *Ostracoden* (Schalenkrebsen) wurden in den wärmeren Meeren einige Leuchtformen gefunden. Am bekanntesten ist die pelagische Untergattung *Pyrocypris* G. W. Müll.; doch leuchten wohl auch gewisse *Cypridinen* und einzelne *Halocypridinen* (*Conchoecia*, sowie eine große Form aus dem japanischen Meer). — Als *Leuchtdrüsen* funktionieren Gruppen einzelliger Drüsen, die in der Oberlippe liegen (bei Pyrocypris 3, bei der großen Halocypridine nur eine); sie ergießen ihr Sekret in ein distales Reservoir, aus dem mehrere auf zapfenförmigen Fortsätzen der Oberlippe gelegene Öffnungen nach außen führen. Auch hier kann das Leuchtsekret hervorgespritzt werden, wozu eine besondere Muskulatur dient.

Die beiden sog. *Reflektororgane*, die sich bei der riesigen Ostracode *Gigantocypris* G. W. Müll. am Kopf finden, sind als Leuchtorgane vorerst unsicher. — Was über leuchtende *Amphipoden* (*Orchestia, Talitrus*) und *Isopoden* (Porcellio) berichtet wurde, ergab sich bei genauerer Untersuchung (speziell *Talitrus*) als Infektion mit Leuchtbakterien, die sich auch auf andere Individuen und Arten übertragen ließen.

Den *Leuchtdrüsen* der *Ostracoden* schließen sich die gewisser *Schizopoden* (Gnathophausia) an; hier liegen die paarigen Drüsen jedoch in den zweiten Maxillen und münden an deren Lateralseite auf einer knopfartigen Hervorragung durch eine einfache Öffnung aus. Die Drüse besitzt ein Reservoir, in welches zwei Drüsenschläuche münden, die einer Gruppe einzelliger Drüsen gleichen. Auch diese Drüsen stoßen fädiges Sekret aus, dessen Leuchten direkt beobachtet wurde.

Die höchst entwickelten Leuchtorgane (*Photosphären, Photophoren*) treten in der mit den Schizopoden nahe verwandten, ihnen früher zugerechneten Unterordnung der *Dichelopoda* auf, besonders bei einigen Tiefseegattungen. Bei dem bekanntesten Genus *Euphausia* wurden die Organe zuerst beobachtet, jedoch lange für Augen gehalten. Bei dieser Gattung und einigen anderen findet sich in jedem Augenstiel ein Organ, ferner je eines an den Basen des zweiten und siebenten Thoracal-Fußpaars und schließlich je ein unpaares in der Ventrallinie der vier ersten Abdominalsegmente. Die Gattung *Stylocheiron* dagegen besitzt nur ein thoracales Paar und ein unpaares am ersten Abdominalsegment. Die Organe (s. Fig. 702), über welche die Cuticula

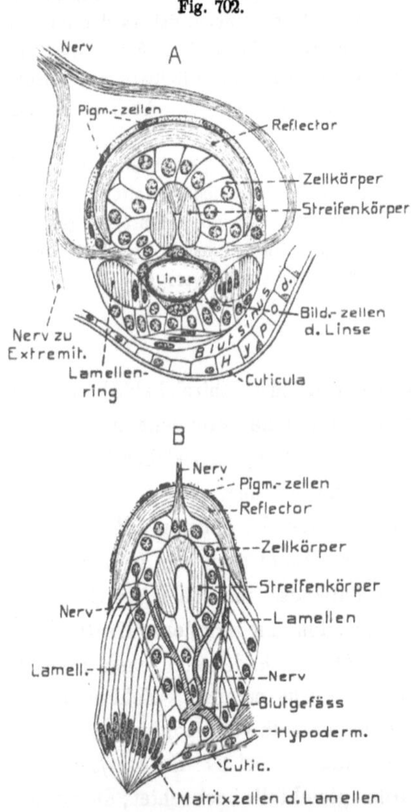

Nematoscelis (dichelopode Crustacee).— *A* N. mantis, thoracales Leuchtorgan, Achsialschnitt. — *B* N. rostrata, ebenso (nach Chun 1896). v. Bu.

etwas vorgewölbt ist, sind entweder mehr ellipsoidisch (*Augenorgan, B*) oder annähernd kugelig (*A*). Die ersteren hängen mit der Hypodermis noch zusammen, die letzteren hingegen liegen etwas nach innen von ihr in einem Blutsinus. — Jedes Organ enthält etwa in seinem Centrum einen ziemlich verschieden gestalteten, halbkugeligen bis kugeligen oder ellipsoidischen sog. *Streifenkörper*, der aus annähernd parallel und achsial gestellten oder radiär angeordneten stark lichtbrechenden Lamellen besteht, die vielleicht selbst wieder aus stäbchenartigen Gebilden zusammengesetzt sind. Dieser Körper wird gewöhnlich als das eigentlich Leuchtende gedeutet, doch scheint dies etwas unsicher, da sich die ihn umhüllenden Zellen wahrscheinlich an dem Vorgang beteiligen. Der Streifenkörper wird nämlich von einer im allgemeinen einschichtigen Lage blasser großkerniger Zellen bis auf seinen Distalpol umhüllt, und diese Zellen sind ihrerseits wieder von einem kontinuierlichen oder zweihälftigen (Augenorgane) Mantel umgeben, der aus feinen konzentrischen Lamellen besteht. Dieser Reflektor fungiert jedenfalls als Spiegel, der das Licht nach außen wirft. — In den *Rumpforganen* (*A*) liegt distal vom Streifenkörper ein homogenes linsenförmiges bis kugeliges Gebilde, das den Augenorganen fehlt. Es wird von einigen sehr flachen Zellen umhüllt, die es jedenfalls abscheiden. Daß letzterer Teil als Linse zur Konzentration des ausgestrahlten Lichts dient, scheint zweifellos. — Vor der Linse wird die Photosphäre durch eine Zellmasse abgeschlossen, die sich auch proximalwärts über den Reflektor als eine dort mit rotem Pigment erfüllte Lage fortsetzt und den Austritt des Lichts gegen das Körperinnere verhindert. Von der distalen Zellmasse aus können sich auch einige Zellen in die Achse des Streifenkörpers erheben. Um die Linse entwickelt sich ferner ein Ring ähnlicher Lamellen wie jene des Streifenkörpers; er wird gelegentlich als ein zweiter Reflektor oder Refraktor gedeutet, und scheint von Zellen erzeugt zu werden, die seinem achsialen Rand anliegen. Ob den distal von der Linse liegenden Zellen, welche jenen um den Streifenkörper recht ähnlich sind, ebenfalls Leuchtvermögen zukommt, wie auch behauptet wurde, scheint fraglich. — Zu jedem Organe tritt ein *Nerv*, der entweder am proximalen Pol (Augenorgane) oder seitlich, zwischen Streifenkörper und Linse eindringt; wie er sich weiter verteilt, ist zweifelhaft. — Auch *Blutgefäße* treten in die Photosphären ein (s. Fig. 702 *B*). — Die Rumpforgane stehen ferner mit *Muskeln* in Verbindung, welche sie zu drehen vermögen, und zwar ist sowohl die Achsenrichtung der einzelnen Organe etwas verschieden als ihre Drehungsrichtung.

Daß die Photosphären der Dichelopoden aus dem Ectoderm hervorgehen, ist wegen des Zusammenhangs der äußeren Zellen der Augenorgane mit der Hypodermis wahrscheinlich. — Eigentümlich erscheint, daß bei den Larven (Euphausia) die Augenorgane zuerst auftreten und zunächst nur aus dem Streifenkörper sowie einigen ihn umhüllenden Zellen bestehen, während sich die übrigen Teile erst später bilden.

Die Bedeutung der Organe dürfte hauptsächlich in der Anlockung von Beutetieren bestehen, weniger in der Erleuchtung des Gesichtsfelds, wozu vor allem die Augenorgane etwas beizutragen vermögen.

Bei einzelnen Arten von *Tiefseedecapoden*, so *Sergestes* (Familie *Penaeiden*, zwei Arten), *Acanthephrya* und *Hoplophorus* (Fam. *Caridae*, je zwei Arten) wurden Leuchtorgane gefunden, bei einer der Sergestesarten das Leuchten auch direkt beobachtet. Bei *Sergestes* treten die Organe in großer Zahl an der Bauchseite und den Extremitätenanhängen auf, so daß bis 150, ja mehr gezählt wurden. Am eigentümlichsten erscheint, daß auch im Innern der Kiemenhöhle, an der Innenseite des Kiemendeckels, eine Längsreihe von Organen steht. Bei *Acanthephrya* und *Hoplophorus* finden sich 12 größere Organe, je eines an der Basis der Abdominalbeine. Die Organe sind überall so gerichtet, daß ihr Licht ventralwärts fällt. — Sie sind

erkennbar an ihrem blauen Pigment, und daher ist es wahrscheinlich, daß bei
Acanthephrya noch zahlreiche blaû pigmentierte, jedoch soûst nicht besonders ausge-
zeichnete Flecke der Körperoberfläche (etwa 133) ebenfalls zu leuchten vermögen. —
Die höher entwickelten Organe besitzen eine cuticulare biconvexe bis concav-con-
vexe Linse, unter welcher sich eine Schicht niederer (Sergestes. Fig. 703) bis

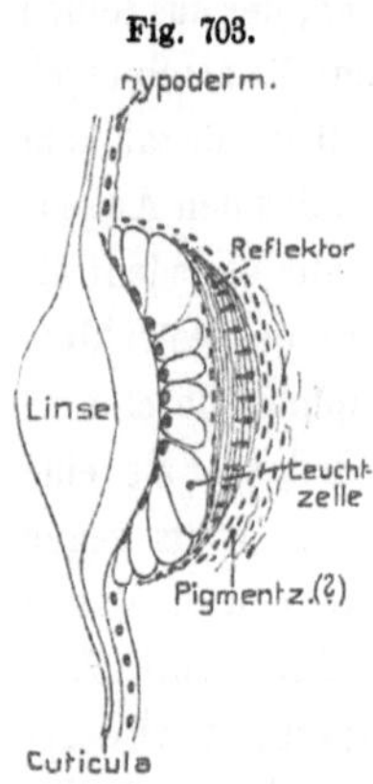

Sergestes (decapode
Crustacee). Achsialschnitt
durch ein Leuchtorgan
(nach KEMP 1910).   O. B.

hochcylindrischer Hypodermiszellen findet. Bei Sergestes
enthalten diese Zellen das blaue Pigment, bei Acanthephrya
dagegen findet es sich in der Linse. — Während sich bei
ersterer Gattung unter den Hypodermiszellen, die aller
Wahrscheinlichkeit nach leuchten, ein fasriger Reflektor
mit eingelagerten Zellkernen findet, fehlt ein solcher bei
Acanthephrya. Bei letzterer soll ein starker Nerv direkt
zum Proximalpol der Hypodermisverdickung treten, doch
ist diese Deutung etwas zweifelhaft. Auch die Organe von
Sergestes scheinen von Nerven versorgt zu werden. Eine
etwas unregelmäßige Zellanhäufung am Proximalteil der
Organe ist vielleicht eine Pigmenthülle.

Für gewisse *Decapoden* (*Aristheus coruscans* und *Hetero-
carpus alphonsi*) wird angegeben, daß das Sekret der Antennendrüse
phosphoresciere, wogegen *Polycheles phosphoreus* möglicherweise
leuchtende Hautdrüsen, ähnlich denen der Copepoden, besitzt. Das
häufig erwähnte Leuchten der Decapodenaugen war in den meisten Fällen wohl nur eine
Wirkung des bei den Augen erwähnten Tapetums (s. S. 893).

Myriopoden. Seit alter Zeit wurden leuchtende *Myriopoden* erwähnt. Die genauere
Verfolgung ergab, daß es sich um einige *Geophiliden* (unter den Chilopoden) handelt. Für
Chilognathen liegen nur unsichere Angaben über *Julus* vor. — Die beiden bekanntesten
leuchtenden Geophiliden sind die europäische *Scolioplanes cranipes* C. Koch sp. und die
nordafrikanische *Orya barbarica* Gerv., doch werden noch einige andere Arten erwähnt. Ob
diese Formen andauernd leuchten, ist zweifelhaft; es scheint vielmehr, daß dies nur zeitweise
der Fall ist. Nach den nicht allzu genauen Untersuchungen dürfte sicher sein, daß es einzellige, auf der ganzen Ventralseite verbreitete Hautdrüsen sind, die auf den Sterniten (Bauchplatten) und den sich anschließenden sog. Epimeriten (Coxen) ausmünden, welche leuchtenden Schleim abscheiden, der beim Kriechen als leuchtende Spur zurückbleibt. Bei *Orya*
wurden gelegentlich auch die Analdrüsen für die Leuchtorgane erklärt. Bei dieser Form
soll der Schleim eiweißartige Kügelchen enthalten, die bald in Kristalle übergehen. — Trotz
aller dieser Erfahrungen ist doch noch zweifelhaft, ob das Leuchten der erwähnten Myriopoden nicht nur von Bakterieninfektion oder auch vom Fressen leuchtender Pilze herrührt
wofür namentlich sprechen würde, daß es keine regelmäßige Erscheinung ist.

Insecta. Über leuchtende Insekten verschiedenster Ordnungen liegen eine
große Zahl unsicherer Angaben vor, da die betreffenden Fälle nicht näher untersucht und der Sitz des Leuchtens nicht genauer ermittelt wurde, weshalb die
Möglichkeit infektiösen Leuchtens vielfach besteht. Genauer untersucht wurden
nur die bekannten Leuchtkäfer. Über die sonstigen Angaben soll daher hier nur
kurz Einiges berichtet werden.

Von *Apterygoten* werden gewisse *Thysanuren* und *Poduriden* als leuchtend erwähnt.
Die Fälle können jedoch nicht alle als sicher betrachtet werden. Unter den *Orthopteren*

im weiteren Sinn wurden *Gryllotalpa*, sowie gewisse *Ephemeriden* (Eintagsfliegen): *Caenis*, *Telaganodes*, leuchtend beobachtet. Auch leuchtende Termitenhügel wurden erwähnt. Seltsam erscheint die mehrfache und alte Behauptung, daß der große Stirnaufsatz des südamerikanischen sog. *Laternenträgers* (*Fulgora*, eine *Cicade*) leuchte, was jedoch wohl sicher irrig ist; sonstige Angaben über leuchtende Rhynchoten liegen nicht vor.

In der Ordnung der *Dipteren* wurden mehrfach total leuchtende Larven, ja auch Imagines von *Chironomiden* (speziell *Chironomus*) und einzelner *Pilzmücken* beobachtet. Das näher Bekannte macht es sehr wahrscheinlich, daß es sich um eine Infektion mit Leuchtbakterien handelte. — Ebensowenig können die vorliegenden Berichte über leuchtende *Raupen* (Lepidoptera) für deren autonomes Leuchtvermögen sprechen, da gerade diese Larven häufig Pilzinfektionen ausgesetzt sind. Wie gesagt, bleiben daher nur gewisse Käfer (Coleoptera) als zweifellose und sehr interessante Fälle von Leuchtvermögen bestehen.

Coleoptera.   Leuchtende Käfer treten besonders in drei Familien auf: *Lampyridae*, *Elateridae* und *Telephoridae*. Das Leuchten des Carabiden *Physodera* ist nicht hinreichend festgestellt. In der ersterwähnten Familie gibt es eine große Zahl von Gattungen und Arten mit leuchtorganartigen Bildungen, doch wurde das Leuchten nur bei einer beschränkten Anzahl direkt erwiesen, so besonders bei europäischen und amerikanischen Vertretern der Gattungen *Lampyris* Geoffr., *Phosphaenus* Lap., *Luciola* Lap., den amerikanischen Formen *Photinus* und *Lecontia*, sowie den ceylonischen *Harmatelia* und *Dioptoma*, von welchen *Lampyris* und *Phosphaenus* auch bei uns vorkommen, Luciola in Südeuropa. — Unter den nahverwandten Telephoriden wurden die Gattungen *Phengodes* Illig. (N.-Amerika) und *Zarhipis* (Südamerika) leuchtend beobachtet. Das intensivste Leuchtvermögen besitzen gewisse *Elateriden* Südamerikas, speziell Arten der Gattung *Pyrophorus* Illig, besonders *Pyrophorus noctilucus* (L.). — Bei den Leuchtkäfern, die sich, so weit bekannt, durch nächtliche Lebensweise auszeichnen, leuchten in der Regel nicht nur die Imagen, sondern auch die Larven und Puppen, selbst die Eier, was für Lampyris-, Lamprophorus-, gewisse Luciola-, Photinus- und Pyrophorusformen festgestellt wurde.

Während bei *Pyrophorus* Männchen und Weibchen geflügelt sind (s. Fig. 704 *B*), sind bei den Weibchen von *Lampyris* (s. Fig. 705), *Luciola italica* und *Phosphaenus*, sowie den erwähnten *Telephoriden* die Flügel sehr bis nahezu völlig verkümmert, so daß sie nicht zu fliegen vermögen; bei *Phosphaenus hemipterus* gilt

Fig. 704.

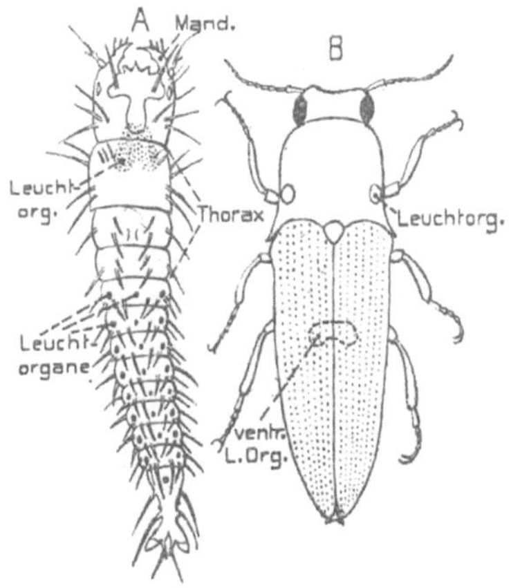

A   Mand.   B

Leucht-org.   Thorax   Leuchtorg.

Leucht-organe   ventr. L.Org.

Pyrophorus noctilucus (Coleoptere). — *A* Larve von der Dorsalseite; die abdominalen Leuchtorgane sind als schwarze Punkte angegeben. — *B* Imago von Dorsalseite; die Lage des ventralen Leuchtorgans ist punktiert angedeutet (*A* nach DUBOIS 1898; *B* Orig.). O. B.

dies für beide Geschlechter. In diesen Fällen tritt ziemlich klar hervor, daß das Leuchten im Dienst der Geschlechtsfunktion steht, d. h. das gegenseitige Aufsuchen

der Geschlechter erleichtert. — Wie bemerkt, besitzen auch die *Larven* Leuchtorgane, wobei mehrfach hervortritt, daß sich die Organe der Larven weiter über den
Körper verbreiten als bei den zugehörigen Imagen. So zeigt die Larve von *Lampyris* (Lamprorhiza) *splendidula* an den Abdominalsegmenten 2—8 jederseits ein
kleines Organ, die von *Phengodes* außer einem Dorsalorgan auf der Grenze von Kopf
und Prothorax, 10 Paar leuchtende laterale Punkte auf den folgenden Segment-
grenzen. — Ähnlich verhält sich auch die *Pyrophorus*larve (Fig. 704 *A*.), welche
gleichfalls ein zweilappiges dorsales Kopforgan besitzt und auf jedem der acht ersten
Abdominalsegmente ein Paar seitlicher kolbig hervorragender Leuchtpunkte, zu
denen sich noch je ein medianer gesellt, von dem es aber zweifelhaft ist, ob er ein
selbständiges Organ dar-
stellt. — Andererseits kann
sich die Zahl der Organe
gewisser Larven stark re-
duzieren, so besitzen die von
Lampyris noctiluca und
Phosphaenus nur ein Paar
lateroventraler Organe am
8. Abdominalsegment. —
Die Imagen der einheimi-
schen Lampyrisformen zei-
gen beträchtliche Verschiedenheiten der Organe in den
beiden auch sonst so differenten Geschlechtern. Die
Organe beschränken sich
jedoch in der Regel auf die
hintere Ventralregion des
Abdomens. Bei den *Weib-*

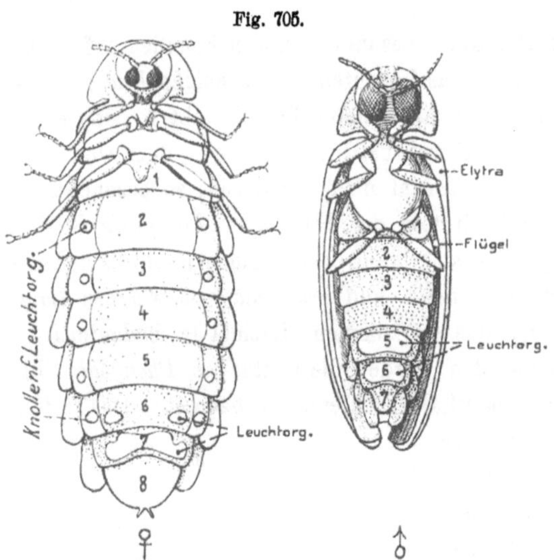

Lampyris splendidula, ♀ und ♂ von der Ventralseite
(mit Benutzung von BONGARDT 1903).   O. B.
Bei ♂ sind die Nummern der Abd. segm. je um eine Zahl zu erhöhen.

chen von *Lampyris splendidula* (Fig. 705) gleicht die Verteilung der Organe
jener der Larven, da sich die lateralen paarigen, sog. *knollenförmigen Organe*
am 2. bis 6. Bauchsegment erhalten, zu denen sich aber am 7. Segment noch ein
ansehnliches unpaares Organ gesellt und am 6. noch ein Paar kleiner, am 3. ein
kleines unpaares in der Mittellinie. — Bei den *Weibchen* der *Lampyris noctiluca* hingegen finden sich am 6. und 7. Segment des Abdomens zwei ansehnlich breite unpaare Organe, am 8. ein Paar kleinere und gelegentlich am
5. noch einige kleine Leuchtflecke. — Bei den Lampyrismännchen sind die
Organe im allgemeinen spärlicher; bei *L. spendidula* zwei ansehnliche unpaare
am 6. und 7. Segment (Fig. 705), bei *L. noctiluca* nur ein Paar am 8. — Bei
den Männchen von *Luciola italica* und *africana* leuchtet die Ventralseite des
6. und 7. Segments, die Weibchen dagegen besitzen ein Paar Leuchtflecke am 5.
Die Männchen von *Photinus marginellus* haben im 6. und 7. Segment je ein Paar
Leuchtflecke, die Weibchen nur eine unpaare Leuchtplatte im 6. Segment, *Phot.*

marginellatus im 6. und 7. Segment; die sonstigen Arten dieser Gattung zeigen ähnliches Verhalten. Bei den Männchen der oben erwähnten ceylonischen Formen sollen sich auch auf dem Thorax Leuchtorgane finden. — Wesentlich verschieden erweisen sich die *Pyrophorusarten*, da beide Geschlechter die gleichen Leuchtorgane besitzen (Fig. 704 *B*). Ein Paar steht dorsal auf den hinteren Seitenecken des Prothorax; dazu gesellt sich ein abdominales ansehnliches unpaares Ventralorgan, das auf der Gelenkhaut zwischen Metathorax und erstem Abdominalsegment liegt. Im Ruhezustand ist dies Bauchorgan unsichtbar, da die Gelenkhaut eingefaltet ist; beim Flug tritt es dagegen hervor, da die Käfer dabei ihren Hinterleib emporheben und die Gelenkhaut ausstülpen. Dies Bauchorgan ist ungefähr dreieckig und beim Männchen mit einer mittleren Quer- und Längsfurche.

Im allgemeinen ist der feinere Bau der Leuchtorgane der Coleopteren ziemlich übereinstimmend und einfach. Sie bestehen aus einer mehr oder weniger dicken Zellplatte oder -masse, die sich entweder der Hypodermis direkt anschließt oder etwas unter ihr liegt. Die Organe werden gewöhnlich vom Fettkörper mehr oder weniger eingehüllt und scheinen nur ausnahmsweise eine besondere Hülle zu besitzen. Fast stets bestehen sie aus zwei Lagen: einer durchsichtigeren äußeren, die von den eigentlichen Leuchtzellen gebildet wird (Leuchtlage), und einer undurchsichtigen weißen, welche gegen die Leibeshöhle schaut (Uratlage, Fig. 706).

Jede Lage wird von einigen Zellschichten gebildet; die Leuchtzellenlage ist in der Regel die dickere. Häufig bleibt die Cuticula über den Organen durchsichtig, so daß letztere auch an nichtleuchtenden oder toten Tieren erkennbar sind. — Die undurchsichtige Lage, welche nur den knollenförmigen Organen der Lampyris splendidula-Weibchen fehlt, verdankt ihre Beschaffenheit der massenhaften Einlagerung rundlicher Konkretionen (Sphärolithen) oder Kriställchen im Zellplasma,

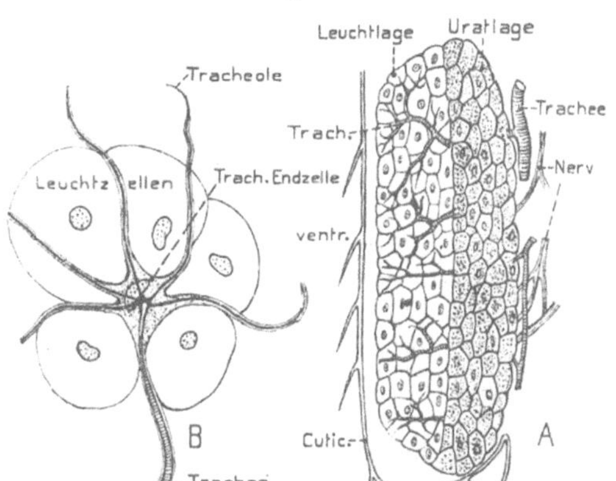

Lampyris splendidula ♂. — *A* Längsschnitt durch eins der Leuchtorgane. Schematisch (auf Grund einer Figur von M. SCHULTZE 1865). — *B* Tracheen und Zelle aus der Uratlage (nach BONGARDT 1903). O. B.

die aus harnsaurem Ammoniak (Lampyris) oder anderen harnsauren Salzen (Pyrophorus) bestehen, wie sie sich ja auch in den Fettkörperzellen der Insekten häufig finden. Diese Lage wirkt jedenfalls als Reflektor, der das Licht zurückwirft, und so seine Intensität verstärkt. In den Lateralorganen von Lampyris- und Phosphaenuslarven, sowie den Thoracalorganen von Pyrophorus liegt die *Uratlage* ventral oder ventrolateral von der *Leuchtlage*, sodaß das Licht dorsalwärts

geworfen wird. Gewöhnlich folgen beide Lagen dicht aufeinander ohne ganz
scharfe Grenze, so daß häufig Übergänge zwischen ihren Zellen vermutet wurden,
obgleich dies unwahrscheinlich ist; in den Thoracalorganen von Pyrophorus
soll sich jedoch nach gewissen Angaben ein Blutraum zwischen sie schieben. —
In die Uratlage dringen Tracheen ein, die sich unter feiner Verzweigung, die
Zellen umspinnend, darin verbreiten. Je nach der Lage der einzelnen Organe
entspringen sie von verschiedenen Stigmen. — Die *Leuchtlage* besteht aus durchsichtigeren Zellen von teils unregelmäßig rundlicher bis polygonaler oder auch
vereinzelt mehr schlauchförmiger Gestalt und ziemlich verschiedener Größe. Doch
wird auch angegeben (*Photinus*), daß Zellgrenzen kaum erkennbar seien. Ihr Plasma
enthält keine gröberen Granulationen, dagegen große Mengen feiner, die gewöhnlich
als der eigentliche Leuchtstoff angesehen werden, deren Natur verschieden beurteilt
wurde; auch Pigment soll sich bei Pyrophorus darin finden. Die Zellen dieser

Fig. 707.

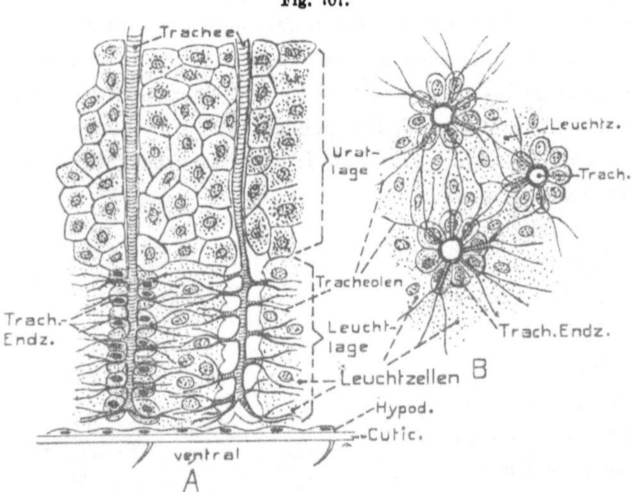

Photinus sp. (Coleoptere) Leuchtorgan. — *A* Schema eines Querschnitts durch einen Teil eines
Leuchtorgans. — Schema eines Flächenschnitts durch die Leuchtlage mit 3 Tracheenstämmchen, nebst
umgebenden Tracheenendzellen und Tracheolen (nach TOWNSHEND 1904). O. B.

Lage sind entweder unregelmäßig angeordnet (*Lampyris, Pyrophorus*) (Fig. 706),
oder mit einer gewissen Regelmäßigkeit, welche durch die aus der Uratlage in sie
eindringenden Tracheen bedingt wird (*Photinus*, Fig. 707 *A* u. *B*). Im allgemeinen
sind es dickere Tracheenstämmchen, die aus der Uratlage in ziemlich regelmäßigen Abständen senkrecht zur Oberfläche in die Leuchtlage treten und sich
unter Abgabe zahlreicher seitlicher Äste oder unter mehr büschelig dichotomischer
Verzweigung verteilen; doch ist der Reichtum an Tracheenverzweigungen in der
Leuchtschicht meist größer als in der Uratschicht. In der letzteren kommt es dabei
zu keiner Differenzierung der Zellmasse in besondere Abschnitte, und diese
fehlt auch, soweit bekannt, im allgemeinen in der Leuchtlage der Lampyrisarten
und bei Pyrophorus. Die feinsten noch mit Spiralfaden versehenen Tracheenästchen zerteilen sich schließlich in beiden Lagen der Lampyrisorgane plötzlich

in eine Anzahl (3—7) feinster, nicht mehr mit Spiralfaden versehener und mit Flüssigkeit erfüllter Röhrchen (*Tracheolen, Capillaren,* s. Fig. 706 *B*) die, auf den Zellgrenzen verlaufend, die Zellen unter Anastomosenbildung reichlich umspinnen, jedoch nach den meisten Angaben nicht in sie eindringen, was aber neuerdings für Photinus bestimmt behauptet wird, aber wohl sicher unrichtig ist. Dabei zeigt sich namentlich in den Organen der Männchen und den ventralen der Lampyris splendidula das Eigentümliche, daß an dieser Auflösungsstelle der Tracheenästchen in die Tracheolen eine der umhüllenden Epithelzellen (Matrixzellen) der Tracheen zu einer großen Zelle anschwillt, die eben so viele Fortsätze aussendet, als sich Tracheolen finden, welche in diesen Fortsätzen verlaufen (Fig. 706 *B*). Es sind dies die sog. *Tracheenendzellen,* welche sich mit Osmiumsäure stark schwärzen. Auch die Uratschicht der Lampyris soll, wie gesagt, solche Zellen enthalten, die ja im Insektenkörper weit verbreitet sind. In der Leuchtlage von Pyrophorus fehlen diese Tracheenendzellen dagegen völlig.

Bei *Luciola* und *Photinus* findet sich eine eigentümliche Differenzierung der Leuchtlage (Fig. 707). Ihre Zellen sind im allgemeinen in vertikalen Reihen angeordnet, die in regelmäßigen Abständen von den aus der Uratschicht eindringenden vertikalen Tracheenstämmchen durchsetzt werden. Letztere geben allseits kleinere horizontal ziehende Ästchen ab, welche schließlich in wenige (2—4) Tracheolen zerfallen. Um diese Tracheenstämmchen findet sich eine Lage besonderer Zellen, von Tracheenendzellen nämlich, in denen die Auflösung der Tracheenästchen zu Tracheolen geschieht (Fig. 707 *B*). Auf solche Weise kommt es, daß die Leuchtlage dieser Formen aus zahlreichen nicht leuchtenden cylindrischen Gebilden zusammengesetzt erscheint, die aus den Tracheenstämmchen mit ihren Verästelungen und den Endzellen bestehen, zwischen welche sich dann die Leuchtzellen einschieben.

Die zu den Organen tretenden Tracheen werden von *Nervenästchen* begleitet, welche sich, ebenso wie die ersteren, reichlich in ihnen verästeln, und, wie für Lampyris angegeben wird, sowohl die Tracheenendzellen als die Leuchtzellen innervieren sollen. — Auch *Muskeln* treten mit den Organen häufig in Verbindung. So werden die Ventralorgane von Lampyris und Photinus von den dorsoventralen Muskeln des Abdomens durchsetzt. Auch die von Pyrophorus stehen mit Muskeln im Zusammenhang.

Dies Verhalten ist um so wichtiger, als die Frage, ob das Leuchten direkt unter der Herrschaft des Nervensystems steht, oder ob dessen sicher erwiesener Einfluß ein indirekter ist, d. h. eventuell durch Vermittlung der Atemorgane oder durch Muskeltätigkeit geschieht, vorerst noch zweifelhaft erscheint.

Die Ontogenie der Leuchtorgane ist nicht genügend aufgeklärt; jedoch wurde für Lampyris gelegentlich angegeben, daß ihr Zellmaterial aus der Hypodermis hervorgehe; doch kann dies nicht als gesichert gelten.— Die häufig ausgesprochene Vermutung, daß die Organe modifizierte Teile des Fettkörpers, also mesodermale Gebilde seien, scheint möglich; da ihre Zellen ja in mancher Hinsicht an jene des Fettkörpers erinnern, und das Leuchtvermögen in den verschiedensten Zellen auftreten kann; auch wurde diese Ansicht neuerdings für Lampyris noctiluca ontogenetisch zu erweisen versucht.

Bütschli, Vergl. Anatomie. 58

4. Mollusca.

Leuchtende Weichtiere sind nur in der Abteilung der Cephalopoden in größerer Zahl bekannt. Unter den *Opisthobranchiaten* ist die eigentümliche pelagische *Phyllirhoë bucephalum* Pér. durch Leuchtvermögen ausgezeichnet. Das Licht geht von zahlreichen kleinen bis etwas größeren Punkten aus, die über die Oberfläche des ganzen Körpers und die Tentakel zerstreut, besonders reichlich aber an der Dorsal- und Ventralkante des stark komprimierten Körpers angehäuft sind. Die neueren Erfahrungen ergaben, daß es jedenfalls in einzelligen Hautdrüsen entsteht, die sich ähnlich Schleimzellen verhalten, und daß jeder der kleinen leuchtenden Punkte einer solchen einzelligen Drüse entspricht; während die größeren

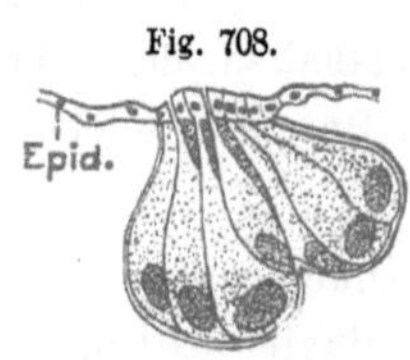

Fig. 708.

Phyllirhoë bucephalum (Opisthobranchiate). Zwei mehrzellige Leuchtdrüsen der Haut (nach TROJAN 1910). C. H.

Leuchtpunkte von Gruppen solcher (bis zu 20) gebildet werden (Fig. 708). Diese Schleimzellen entsprechen in ihrer Verbreitung den Leuchtpunkten, worauf sich ihre Deutung als Leuchtzellen hauptsächlich stützt. Es scheint, daß sie sich mit Ausläufern feiner Hautnervenfasern verbinden, woraus sich erklären würde, daß sie früher dem Nervensystem selbst zugerechnet wurden. — In geringerer Zahl findet sich eine zweite Art einzelliger Hautdrüsen, die nach ihren Reaktionen als Eiweißdrüsen angesprochen wurden. Ob sich auch letztere vielleicht am Leuchtvorgang beteiligen, konnte vorerst nicht sicher entschieden werden. Da das Sekret der beiden Drüsenarten auf der Körperoberfläche hervortritt, so handelt es sich bei Phyllirhoë wahrscheinlich um extracelluläres Leuchten, obgleich bis jetzt leuchtender Schleim auf der Körperoberfläche nicht beobachtet wurde.

Die sonstigen Erfahrungen über leuchtende *Gastropoden* sind recht unsicher; sie beziehen sich auf einzelne *Opisthobranchiatenformen* (so *Glaucus, Tethys, Placmophorus*), gewisse *Pteropoden* und einzelne *Heteropoden* (*Pterotrachea*). Für letztere scheint die Beobachtung ziemlich sicher, und zwar soll der Eingeweideknäuel (Nucleus) schwach leuchten.

Unter den *Lamellibranchiaten* finden sich leuchtende Formen in der Gattung *Pholas* (besonders *Pholas dactylus*), den bekanntesten Bohrmuscheln. Sie zeigen das Eigentümliche, daß ihre Leuchtorgane, schon wegen der versteckten Lebensweise der Tiere, dann aber auch wegen ihrer Lage, äußerlich gar nicht sichtbar sind, so daß jedenfalls nur der ausgestoßene Schleim leuchtet und entweder als Abschreckungsmittel gegen Feinde oder auch zur Anlockung kleiner, als Nahrung verwerteter Organismen dient. — Die leuchtenden Organe finden sich an verschiedenen Stellen der Mantellappen (s. Fig. 709). So leuchtet der freie Mantelrand des Fußschlitzes, indem sich hier eine etwa hufeisenförmige, oralwärts geöffnete schwach wulstartige Verdickung findet (*Lippenorgan*, s. Fig., Leuchtorg. 1). Etwas hinter dem Fuß, ungefähr in der Mittelregion des Körpers, liegt auf der Innenfläche jedes Mantellappens ein annähernd drei- bis viereckiges, schwach vorspringendes und querfaltiges Leuchtorgan (*Mantelorgan*, s. Fig., Leuchtorg. 2); schließlich ein weiteres Paar jederseits auf der dorsalen Innenfläche des ventralen oder Einströmungssipho (Branchialsipho), dem Septum aufgelagert, welches diesen Sipho von dem über ihn hinziehenden Analsipho scheidet (*Siphonalorgan*, Leuchtorg. 3). Letztere Organe bilden jederseits einen schmalen, schwach vorspringenden Längswulst, der den ganzen Sipho durchzieht, sich jedoch längs der Basis der beiden Kiemenpaare bis in die Gegend der Mantelorgane fortsetzt. Auch diese beiden Wülste sind oberflächlich fein quergefaltet. Ob sich das Leuchtvermögen vielleicht noch weiter auf die Innenfläche des Mantels verbreitet, ist etwas unsicher, jedoch nicht sehr wahrscheinlich.

Äußerlich sind die Organe mit Flimmerepithel bekleidet, in dem eine große Menge einzelliger Drüsen ausmünden. Mehr oberflächlich liegen zahlreiche Schleimdrüsen, wie sie auf der Innenfläche des Mantels weit verbreitet sind; tiefer hinab reichen viele langgestreckte *Leuchtdrüsen*, welche sich durch ihr spezifisches Sekret, das zahlreiche eigentümliche eiweißartige Granulationen einschließt, auszeichnen. Daß letztere Drüsen die eigentlichen Leuchtdrüsen sind, folgt daraus, daß sie nur in den Leuchtorganen vorkommen. Die Drüsenanhäufungen werden von Längs- und Quermuskeln unterlagert, wozu sich auch zarte Muskelfasern gesellen, die senkrecht durch die Drüsenmasse bis zur Epidermis aufsteigen; die Kontraktion dieser Muskulatur trägt jedenfalls zur Entleerung des Sekrets bei. — Die Leuchtorgane werden ferner reichlich mit *Blut* versorgt, das sich in Lakunen unter ihnen ausbreitet. Auch *Nerven* treten zu ihnen, doch ließ sich ihre Endigungsweise vorerst nicht sicher ermitteln. Die beiden vorderen Organe erhalten ihre Nerven von den Mantelrandnerven, die Siphonalorgane dagegen durch die beiden Septalnerven aus dem Visceralganglion.

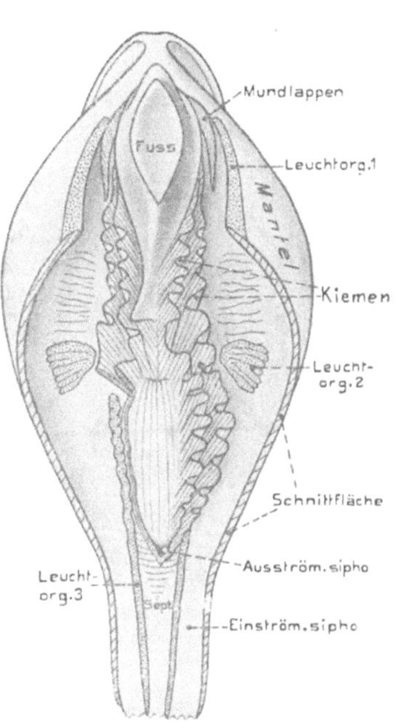

Pholas dactylus (Muschel). Leuchtorgane. Tier von der Ventralseite. Schale entfernt. Der Mantel und seine Verlängerung in den Einströmungssipho in der Ventrallinie aufgeschnitten; Schnittflächen schraffiert. Die hintere Hälfte des rechten Kiemenpaars an der Basis abgeschnitten, so daß das Leuchtorgan 3 deutlicher zu sehen.
Orig. O. B. und v. Bu.

Physiologische Versuche ergaben, daß die Siphonalorgane unter dem Einfluß der Visceralganglien stehen, und zwar funktionieren letztere als Hemmungscentren, so daß nach dem Durchschneiden des Nerven einer Seite das entsprechende Siphonalorgan konstant schwach leuchtet. Sonst tritt unter normalen Verhältnissen das Leuchten nur bei Reizung auf.

Daß es der abgesonderte Schleim mit seinen Granulationen ist, der leuchtet, unterliegt keinem Zweifel; er bewahrt seine Leuchtkraft nach Vermischung mit Wasser und sogar nach Filtration. — Der leuchtende Schleim von Pholas diente zu eingehenderen Untersuchungen über die in ihm enthaltenen Leuchtsubstanzen. Obgleich diese Versuche bisher zu keinen recht klaren Ergebnissen führten, so scheint aus ihnen doch hervorzugehen, daß die Lichtentwicklung erst beim Zusammenwirken zweier Substanzen entsteht (ursprünglich *Luciferin* und *Luciferase* genannt), oder daß die leuchtfähige Substanz erst bei diesem Vorgang gebildet wird, und daß ihr Leuchten auf Oxydation beruht.

Cephalopoda. Unter den *Decapoden*, besonders Tiefseeformen, sind Leuchtorgane weit verbreitet und erlangen meist eine hohe Entwicklung, wogegen sie bei *Octopoden* noch nie gefunden wurden. Eine erhebliche Zahl (etwa 25) Gattungen der *oigopsiden Decapoden* sind mit solchen Organen ausgerüstet, während sie unter den *Myopsiden* bis jetzt nur bei *Sepiola*, *Heteroteuthis* und *Rossia* gefunden wurden. Das Leuchten der Organe wurde aber vorerst nur bei zwei Arten von *Histioteuthis* und einer von *Thaumatolampas*, sowie den Myopsiden *Sepiola* und *Heteroteuthis* beobachtet, für sämtliche übrigen Arten nur aus der Ähnlichkeit der Organe erschlossen. — Im einfachsten Fall (*Sepiola*) findet sich ein Paar Leuchtorgane in der Mantelhöhle, die dem Tintenbeutel jederseits dicht an- oder aufliegen. Bei *Heteroteuthis* sind diese beiden Organe zu einem unpaaren verschmolzen. — Unter den *Oigopsiden* dagegen treten sie gewöhnlich in größerer bis sehr ansehnlicher Zahl auf. Sie sind häufig verschieden groß und nicht selten auch recht verschieden gebaut, so daß sich bei derselben Art 2 bis mehr, ja bis 10 (Thaumatolampas) Kategorien von Organen unterscheiden lassen. Sie stehen teils frei auf der äußeren Haut, indem sie gewöhnlich etwas papillenartig hervorragen und zwar teils als äußere Hautorgane auf dem ganzen Eingeweidesack (oder Mantel, Fig. 710) in regelmäßigeren bis unregelmäßigen Längsreihen, doch auch auf dem Trichter, dem Kopf und den Armen und zuweilen auch auf der Dorsalseite der Flossen [1]. Die Ventralregion ist meist reicher an Organen als die dorsale, was auch an den Armen hervortritt, indem die beiden Ventralarme im allgemeinen bevorzugt erscheinen. — An den Tentakeln stehen die Organe in einer bis mehreren Längsreihen in geringer bis hoher Zahl. Eine besondere Kategorie bilden die Augenorgane (Fig. 711—712), welche auf dem vorspringenden Teil des Auges stehen und zwar fast ausschließlich auf dessen Ventralseite in sehr verschiedener Zahl, so bei den *Cranchiidae* 5—13 (Fig. 711); bei *Pterygoteuthis* (Fig. 712) kann ihre Zahl an jedem Augenbulbus sogar bis auf 20, in drei Reihen angeordnet, steigen. Den *Cranchiiden* kommen fast ausnahms-

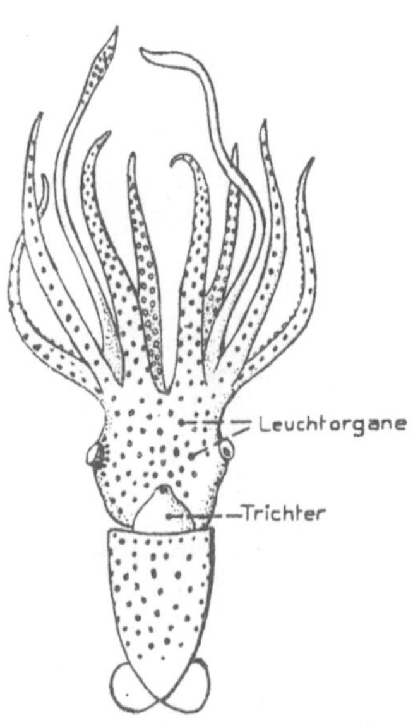

Fig. 710.

Colliteuthis hoylei (Tiefseecephalopode). Von der Ventralseite; die **Leuchtorgane** als schwarze Punkte angegeben (nach CHUN 1910).　O. B.

---

[1] Wir orientieren den Cephalopodenkörper hier in der alten Weise, d. h. bezeichnen die Trichterseite als ventrale, den Kopf als vorn, die Spitze des Eingeweidesacks als hinten

los nur solche Augenorgane zu; sonst finden sie sich häufig auch neben anderen Leuchtorganen. — Eigentümlich ist, daß sich bei nicht wenigen Formen auch an der Dorsalwand der Mantelhöhle Leuchtorgane (*Ventralorgane*) finden, bis zu 8 und 10 (Fig. 711). Zwei stehen gewöhnlich rechts und links, etwas hinter dem After (*Analorgane*), zwei weitere je an der Kiemenbasis, zu denen sich dann noch sonstige paarige bis unpaare zwischen Anal- und Kiemenorganen oder weiter hinten gesellen können. Auch dem Tintenbeutel können solche Organe aufliegen; letztere erinnern daher in ihrer Lage an jene der Myopsiden.

Wie schon hervorgehoben, ist der Bau der Organe recht verschieden, einfach bis ziemlich kompliziert. Im ersteren Fall (*Myopsiden*) bilden

Fig. 711.

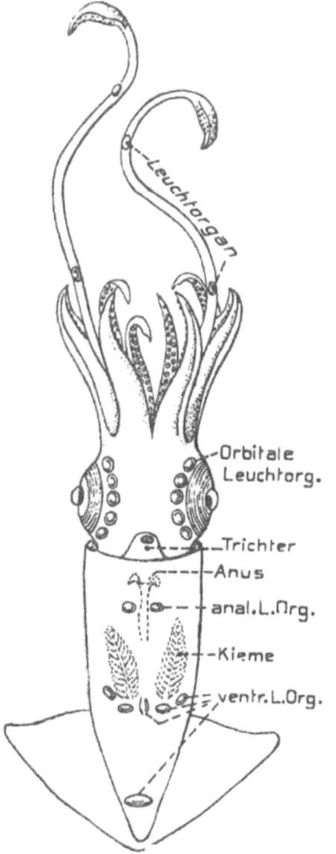

Thaumatolampas diadema. Von der Ventralseite, Lage der Kiemen und des Afters punktiert angegeben (nach Chun 1910).   O. B.

Fig. 712.

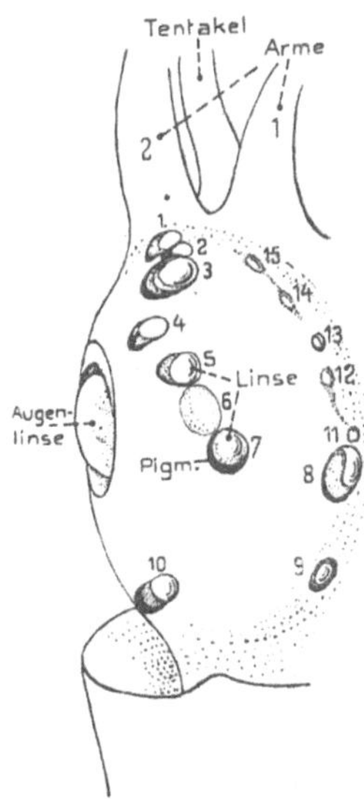

Pterygoteuthis giardi. Rechtes Auge von der Ventralseite mit den Augenleuchtorganen (nach Chun 1910).   O. B.

sie mehrzellige Hautdrüsen, die mit einer Öffnung jederseits des Afters münden. Jede Drüse besteht (Sepiola) aus einigen (3—5) Schläuchen. Bei *Heteroteuthis dispar* (Rüpp.) sind, wie bemerkt, die beiden Drüsen zu einem unpaaren mittleren Organ zusammengetreten, ihre beiden Mündungen jedoch erhalten. Bei dieser Art wurde das Ausstoßen leuchtenden Schleims auf Reizung beobachtet; bei *Sepiola rondeletti* jedoch nicht. Die Drüse der letzteren Form wird von einer irisierenden Schicht mantelartig umhüllt, die wohl als Reflektor dient; da beide Organe gewissermaßen in den Tintenbeutel eingesenkt sind, so wirkt dieser gleichzeitig wie eine schwarze Pigmentumhüllung.

Sehr einfach erscheinen auch die Augenorgane der *Cranchiiden* (Fig. 713), die ebenfalls einen dickwandigen einfachen Drüsenschlauch darstellen, dessen Leuchtzellen in die angrenzende Epidermis übergehen, und der zuweilen noch ein spaltartig eingesenktes Lumen besitzt; wenn letzteres schwindet, so bildet das Organ einen eingesenkten soliden Zellhaufen. Die Leuchtzellen haben hier, wie bei den noch zu schildernden Organen, den drüsigen Charakter verloren. Ein feinfaserig zelliger Reflektor umhüllt auch die Leuchtzellenmasse der Cranchiiden.

Der verschieden gestaltete Leuchtzellenkörper der übrigen Cephalopoden ist stets von der Epidermis abgelöst und mehr oder weniger tief ins Innere versenkt. Wenn die Leuchtzellen scharf begrenzt sind, erscheinen sie polyedrisch bis schlauchförmig, ja faserartig, häufig vacuolig, in der Regel aber ohne besondere Einschlüsse (abgesehen von selten vorkommenden stäbchenartigen Gebilden). Vielfach sind sie aber nicht mehr scharf gesondert, sondern teilweise bis völlig zu einem Syncytium verschmolzen, so daß der Leuchtkörper von einer plasmatischen kernhaltigen Masse gebildet wird. Auch faserige Differenzierung und faserige Auflösung der Zellen kommt vor. Bei gewissen Formen (*Abralia*, *Abraliopsis*) finden sich in der Mitte des Leuchtkörpers ein oder zwei stark lichtbrechende Gebilde, die aus der Verschmelzung und Umwandlung von Zellen, unter Kernverlust, entstehen sollen.

Sehr häufig wird der Leuchtkörper auf seiner Proximalfläche von einer Pigmentlage umhüllt, die von Zellen hervorgebracht wird, aber auch aus Chromatophoren bestehen kann. An den Organen des Tintenbeutels wird sie durch diesen ersetzt (wie schon von den Myopsiden erwähnt); an den Augenorganen kann sie auch durch das Retinapigment vertreten werden. Das Licht solcher Organe kann daher nur an der pigmentfreien Außenstelle austreten und strahlt daher in gewisser Richtung zum Tierkörper. — Zwischen die Pigmenthülle und den Leuchtkörper schiebt sich häufig eine glänzende, irisierende Lage ein, das *Tapetum* oder der *Reflektor*, welcher das Licht nach außen wirft (Fig. 714). Dieser Reflektor kann aus mehreren Lagen körniger Zellen bestehen oder auch aus *Schuppenzellen*, die ein schuppenartiges, den Nucleus umfassendes, stark lichtbrechendes Gebilde enthalten. Andererseits kann der Reflektor jedoch auch von zahlreichen feinen Lamellen gebildet werden oder von feinfaserigem Gewebe, ohne oder mit Schuppenzellen. Solche Schuppenzellen können sich jedoch auch zwischen den Leuchtkörper und die äußere Haut einschieben, so daß sie den ersteren nahezu umhüllen (Fig. 714). Diese äußere Partie der Schuppenzellen hat dann wohl eine linsen-

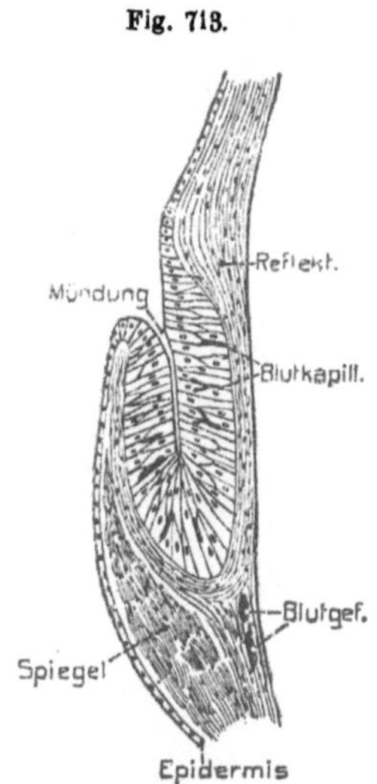

Cranchio rubra. Achsialschnitt durch ein Leuchtorgan, etwas schematisch (nach Chun 1910). O. B.

artige Wirkung zur Konzentration des austretenden Lichts. Ein linsenartiges Gebilde wird jedoch bei gewissen Organen an demselben Ort auch von Fasern gebildet, die in großer Zahl, etwa senkrecht gegen die Körperoberfläche gerichtet sind und wohl aus Zellen hervorgegangen sein dürften; ja es finden sich sog. *linsenartige Körper*, die aus einem Maschenwerk von Bindegewebe bestehen oder aus verschiedenen Gewebspartien (Schuppenzellen, Lamellen und Bindegewebe) zusammengesetzt sind, selbst Muskulatur soll sich daran beteiligen können. —

Bei *Calliteuthis* und *Histioteuthis* findet sich ferner eine Einrichtung vor dem Organ, welche als reflektierender Spiegel für das austretende Licht dienen soll.

Blutgefäße dringen reichlich in die Organe, besonders den Leuchtkörper, ein, dessen Zellen von wundernetzartigen Ausbreitungen der Gefäße umsponnen werden. Ebenso wurde eine reiche *Innervierung* des Leuchtkörpers festgestellt. Die zutretenden Nervenäste verzweigen sich innerhalb des Leuchtkörpers reich. — Durch nahes Zusammenrücken zweier

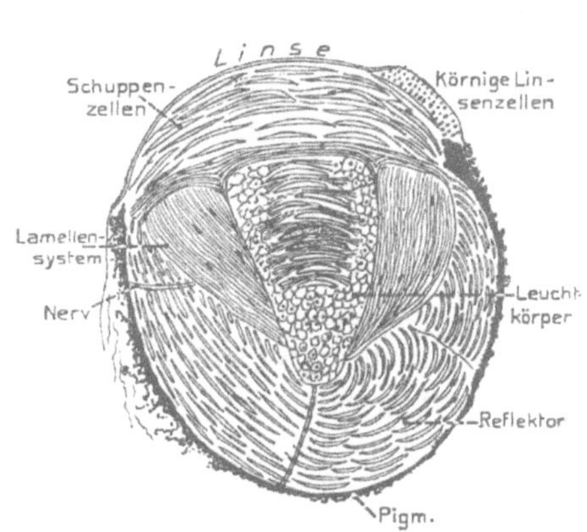

Pterygoteuthis. Achsialschnitt durch ein Leuchtorgan (nach Chun 1910). O. B.

Organe kommt es vereinzelt zur Bildung von *Doppelorganen*; selbst mehrere Organe können sich inniger vereinigen.

Über die Funktion der Organe ist natürlich wenig bekannt, doch läßt sich aus ihrem Bau und ihrem Verhalten Einiges erschließen. So ist es wahrscheinlich, daß die verschieden gebauten Organe auch verschiedenartiges Licht ausstrahlen, wie sie denn auch am toten Tiere schon eine verschiedene Farbe (rot bis blau) zeigen. Wahrscheinlich dürfte die Farbe des ausgesendeten Lichts auch durch die besonderen Strukturverhältnisse der Linse und des Reflektors modifiziert werden. In gewissen Fällen scheint dabei auch eine dem Organ vorgelagerte Chromatophorenschicht mitzuwirken. — Die biologische Bedeutung der Organe wird teils in der Anlockung von Nahrungstieren, teils in der Anlockung und Erkennung beim Geschlechtsakt gesucht, wozu ja die vielfach charakteristische Anordnung der Organe, sowie ihr verschiedenfarbiges Licht beitragen mag.

5. Echinodermata.

Die zuverlässigsten Angaben über Leuchtvermögen beziehen sich auf gewisse *Ophiuren* und *Echinoiden*, wogegen die Behauptung, daß auch die interessante Tiefseeasterie *Brisinga* und eine verwandte Form (*Odinia*) leuchten, vorerst nicht genügend sicher erscheint.

Unter den *Ophiuroideen* wurde die Erscheinung bei einer Anzahl Arten verschiedener Genera festgestellt, so namentlich *Amphiura*, *Ophiopsila*, *Ophiacantha* und *Ophioscolex*; genauere Untersuchungen liegen jedoch nur über die beiden ersten Gattungen vor. Der Sitz des Leuchtens findet sich bei gewissen Formen nur an den Stacheln der Seiten- oder Ambulacralplatten (*Amphiura filiformis* Müll sp.), während bei *Ophiopsila annulosa* Sars sp. außer den Stacheln auch die Seiten- und Bauchplatten leuchten, bei den übrigen Ophiopsila-Arten dagegen nur die proximale Region der Seitenplatten. — Den Sitz des Leuchtens bilden, wie dies besonders für *Ophiopsila* ziemlich sicher erwiesen scheint, lang schlauchförmige einzellige Drüsen, die sich recht tief unter die Körperoberfläche, bis in das tiefere Bindegewebe, ja das Skeletgewebe erstrecken. — Die mehrfach wiederkehrende Angabe, daß auch die Ambulacralfüßchen zu leuchten vermögen, ließ sich nicht sicher erweisen. — Das auf Reiz eintretende Leuchten pflanzt sich von den gereizten Stellen auf dem Arm fort und hängt insofern mit dessen Radiärnerv zusammen, als bei seiner Durchschneidung das Fortschreiten des Reizes über die Schnittstelle hinaus aufhört. — Obgleich Angaben vorliegen, daß beim Leuchten ein Schleim auf die Körperoberfläche abgeschieden werde, von welchem die Erscheinung ausgehe, so sprechen doch manche Erfahrungen gegen diese Ansicht; die Lichtentwicklung scheint vielmehr in den Drüsenzellen selbst zu geschehen und nur selten etwas Sekret auszutreten. — Ob die Leuchtzellen ectodermaler oder vielleicht mesodermaler Herkunft sind, wurde bis jetzt nicht festgestellt; das erstere ist wohl wahrscheinlicher.

Unter den regulären *Echinoideen* finden sich interessanterweise Formen mit höher entwickelten, eigentümlichen Leuchtorganen, die, wie es auch sonst geschah, ursprünglich für Augen gehalten wurden. Es sind dies gewisse *Diadematidae*, speziell *Diadema setosum* Gray und *Asteropyga*, bei welchen gutes Leuchtvermögen festgestellt wurde, das sich in fünf meridionalen Bändern über die Körperoberfläche hinzieht. Auf dieser finden sich bei *Diadema setosum* zahlreiche blaue größere und kleinere Punkte, die, von den Genitalplatten ausgehend, in zahlreichen Reihen über die Interambulacren verlaufen, sich jedoch auch etwas auf die Ambulacren ausdehnen. Diese Punkte sind höchst wahrscheinlich die Leuchtorgane und wurden, wie oben bemerkt, zuerst als Augen gedeutet. — Jedes Organ besteht aus einer Schicht senkrecht gegen die Oberfläche gerichteter durchsichtiger prismenartiger Gebilde, die unter der hier verdünnten Epidermis liegen und deren proximales Ende von schwarzem Pigment umhüllt ist. Die blaue Farbe soll eine Strukturfarbe sein. Jedes Prisma wird von einer Anzahl blasig-vacuoliger Zellen gebildet. Unterlagert wird das Organ von einem Nervenplexus, der dem allgemeinen Hautplexus angehört. Wenn die Deutung als Leuchtorgane, wie sehr wahrscheinlich, richtig ist, so dürften die Prismenzellen wohl die drüsigen Leuchtzellen darstellen, obgleich keinerlei Ausführgänge an ihnen beobachtet wurden, wie sie den einzelligen Hautdrüsen der Diadema zukommen. — Daß sich die Organe aus der Epidermis entwickeln, ist ziemlich sicher.

6. Chordata.

6a. *Tunicata*. Intensives Leuchtvermögen besitzen die *Pyrosomen* (Feuerwalzen), jene freibeweglichen interessanten Kolonien, welche entweder den Ascidien oder den Thaliaceen genähert werden; sie gehören zu den prächtigsten Leuchttieren des Meeres. Das Licht wird bei den meisten Arten von einem Paar verhältnismäßig kleiner Organe der Einzelindividuen hervorgebracht, die als annähernd linsenförmige Gebilde nicht weit hinter dem Mund (Einströmungsöffnung) jederseits liegen, etwas nach außen oder über jedem sog. Flimmerbogen, die vom Vorderende der Hypobranchialrinne jederseits zur Dorsallinie des respiratorischen Darms emporziehen. Nur bei *Pyrosoma agassizi* haben die Organe eine abweichende, verästelte Gestalt, auch besitzt diese Art noch ein zweites ventrales Paar solcher Gebilde an der Kloakenöffnung (Ausströmungsöffnung). Die Organe (besonders die gewöhnlichen vorderen) besitzen keine Hülle und liegen in einem Blutsinus, der den vorderen Teil des respiratorischen Darms umzieht (Peripharyngeal- oder Pericoronalsinus). Sie bestehen aus wenigen Schichten kugliger bis birnförmiger oder unregelmäßiger Zellen von eigentümlichem Bau. Jede Zelle (Fig. 715) enthält nämlich einen rundlichen, oberflächlich gelagerten Nucleus, daneben aber noch einen mäandrisch gewundenen Strang (fraglich jedoch, ob ganz kontinuierlich), der fast das gesamte Plasma durchzieht und recht kernähnlich ist, namentlich viel feine Körnchen von nucleinähnlicher Beschaffenheit enthält. Nach neueren Erfahrungen soll dieser Strang das eigentlich Leuchtende sein, während es früher meist in fettigen Einschlüssen des Plasmas gesucht wurde.

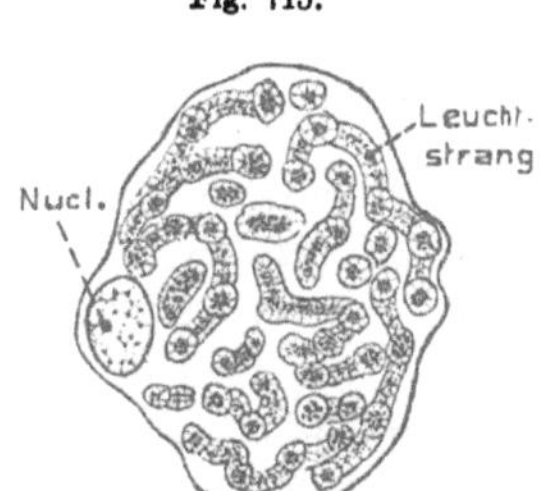

Pyrosoma giganteum. Leuchtzelle (nach JULIN 1912). C. H.

Da nun die bei den Tunicaten um die Eizelle vorkommenden und bei der Entwicklung in den Embryo eindringenden Zellen, die *Testazellen*, bei den Pyrosomen ganz denselben Bau besitzen und außerdem leuchten, so wurde die Ansicht aufgestellt, daß die Leuchtorgane der Pyrosomen aus jenen Testazellen hervorgehen, also aus Zellen, welche garnicht aus der Eizelle selbst entstehen, da die Testazellen von den Follikelzellen des Ovariums abgeleitet werden. Im Gegensatz dazu steht die Meinung, welche die Testazellen bei den Salpen im Embryo allmählich resorbiert werden läßt; doch wurde gerade die Frage nach der Natur und dem Verbleib dieser Zellen recht verschieden beantwortet und kann auch nicht als sicher entschieden betrachtet werden. — Ein Zusammenhang der Organe mit Nerven ließ sich nicht erweisen, obgleich Nerven dicht an ihnen vorbeiziehen. — Die frühere Angabe, daß die Leuchtzellen häufig degenerierten und sich aus Blutzellen ergänzten, konnte in neuerer Zeit nicht bestätigt werden.

Das Leuchten tritt auch bei den Pyrosomen gewöhnlich erst auf Reizung ein, obgleich auch schwaches spontanes Leuchten angegeben wird. Die Lichtfarbe soll selbst bei dem gleichen Individuum zuweilen recht variabel sein, von gelblich durch grünlich und blau bis rot. Wie bei den kolonialen Pennatuliden pflanzt sich das Leuchten bei Reizung eines Individuums durch die ganze Kolonie fort, wobei jedoch mancherlei Eigentümlichkeiten auftreten, so z. B. daß auch entfernte Stellen aufzuleuchten vermögen, ohne die dazwischen befindlichen. Da keine Nerven zu den Organen zu treten scheinen, so muß die Leitung des Reizes auf andere Weise geschehen. Es wurde darauf hingewiesen, daß die Kloakalmuskeln der Einzeltiere durch faserartige Zellstränge (Mantelfasern) mit denen ihrer Nachbarn verbunden sind, und daß durch diese Stränge (welche vielleicht selbst kontraktil sind) der Reiz übertragen oder Kontraktionen der Tiere ausgelöst werden, die zu ihrem Leuchten führen. — Bemerkenswert ist die Erfahrung, daß auch starke Belichtung gewöhnlich als Reiz wirkt, der Leuchten hervorruft.

Neuerdings wurde festgestellt, daß das Paar *Lateralorgane* der beiden Generationen von *Cyclosalpa pinnata*, welche als länglich bandförmige oder in mehrere hintereinander gereihte Abschnitte geteilt, in der hinteren dorsalen Körperhälfte liegen, gleichfalls, neben Blutzellen, die charakteristischen Leuchtzellen der Pyrosomen enthalten und Leuchtvermögen besitzen. Diese Lateralorgane, welche in den Blutstrom eingeschaltet sind, d. h. eigentlich dem Blutsinussystem angehören, sind von einem Netzwerk feiner Bindegewebszellen durchsetzt, in dessen Maschen die Blut- und Leuchtzellen liegen. Früher wurden sie deshalb für blutbildende Organe gehalten.

Die Angaben über leuchtende *Copelaten*, bei denen eigentümlicherweise die Chorda Licht aussenden soll, über *Salpen*, deren Eingeweideknäuel (Nucleus) schwach leuchte, und über einzelne *Ascidien* (so *Ciona intestinalis* und eine *Botryllus*-Art) sind zu unsicher, um genauer erörtert zu werden. Besondere Leuchtorgane wurden bei diesen Formen nie beobachtet, und es kann vorerst nicht als ausgeschlossen gelten, daß in diesen Fällen andere, mikroskopische Leuchtorganismen mitwirkten.

6b. *Vertebrata*. In der Wirbeltierreihe sind es allein die *Fische*, welche Leuchtorgane besitzen.

Alles, was sonst gelegentlich über Leuchten bei Amphibien, Reptilien und gewissen Vögeln berichtet wurde, bezog sich jedenfalls teils auf bakterielle Verunreinigung oder Infektion, teils (Vögel) auf den eigentümlichen und lebhaften Glanz gewisser Federn oder auf Reflexerscheinungen, wie das Leuchten der an den Schnabelwülsten befindlichen Papillen bei den Nestjungen von *Poëphila Gouldiae*.

Unter den Fischen wurden Leuchtorgane bei einer ansehnlichen Zahl von Gattungen (70 mit 241 Spezies) der *Chondropterygier* und *Teleosteer* erwiesen. Wie bei den Cephalopoden und thoracostraken Crustaceen (Dichelopoda) sind es fast nur Tiefseeformen, welche leuchten. Dies Vermögen hat sich in recht verschiedenen Abteilungen sicherlich ganz selbständig entwickelt, ebenso, wie wir die elektrischen Organe bei weit entfernten Abteilungen auftreten sahen. Unter den Knorpelfischen wurden bis jetzt nur bei Haien der *Spinaciden*-Familie (7 Gattungen, darunter allein genauer bekannt *Spinax niger* und *Etmopterus*-Arten) Leuchtorgane gefunden. — Unter den *Physostomen* finden sich zahlreiche Leuchtfische in den Familien der *Stomiatidae* (18 Genera), der *Sternoptychidae* (17 Genera) und der *Scopelidae* (4 Genera). Hinsichtlich einer Form der *Apoden* (Aale) bestehen Zweifel. Relativ spärlicher finden sich Leuchtorgane bei den *Physoclysten*. Sie sind bekannt bei den Gattungen *Anomalops* und *Photoblepharon* (Familie *Carangidae* oder besondere Fam. *Anomalopsidae*), *Porichthys* (Fam. *Batrachidae*) und schließlich von zahlreichen Formen der Familie (auch Unterordnung) der *Pediculati*. — Hervorgehoben muß aber werden, daß das Leuchten nur bei einer geringen Zahl der erwähnten Fische direkt beobachtet wurde, daß vielmehr, wie bei den Cephalopoden, nur aus dem Besitz ähnlicher Organe mit Recht auf dies Vermögen geschlossen wurde. So fehlt z. B. für alle Pediculaten, denen Leuchtorgane zugeschrieben werden, bis jetzt der direkte Nachweis, so daß für

diese immerhin gewisse Zweifel nicht ganz ausgeschlossen erscheinen. Das wäre
um so eher möglich, als auch einer Anzahl von Tiefseefischen Leuchtorgane zugeschrieben wurden, die sich bei genauerer Vergleichung als Gebilde ergaben, die
dem Seitenliniensystem (s. S. 664) angehören und daher hinsichtlich ihrer Leucht-
fähigkeit zweifelhaft erscheinen.

Die Leuchtorgane der Fische sind fast stets scharf umschriebene, verschieden
gestaltete, fleckenartige Gebilde, die, in oder dicht unter der Haut liegend, gewöhnlich in ansehnlicher Zahl über den Körper, häufig vom Kopf bis zum Schwanz-

Fig. 716.

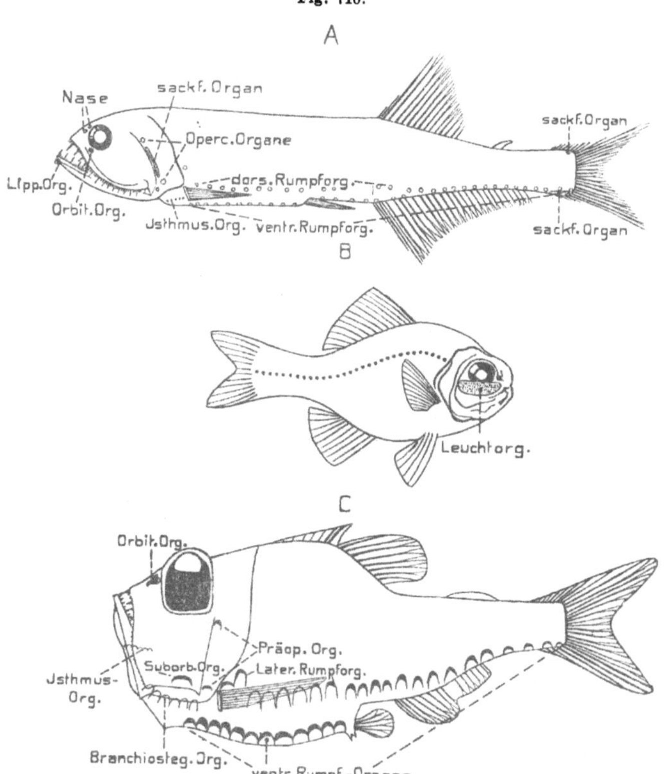

Leuchtfische (Teleostei). — *A* Gonostoma denudatum Raf. — *B* Photoblepharon palpe-
bratus Bodd. sp. — *C* Argyropelecus affinis Garm. — (*A* und *C* nach BRAUER 1906, *B* nach
STECHE 1909). Gerw.

ende, verbreitet sind (s. Fig. 716 *A* u. *C*). Äußerlich sind sie teils als weißliche
bis gelbliche Flecke oder vielfach auch wegen ihres schwarzen Pigments mehr
oder weniger leicht zu erkennen, besonders die größeren Organe. Seltner treten
sie in beschränkter Zahl auf, so bei den beiden erwähnten Anomalopsiden nur
dicht unter jedem Auge ein längliches, ansehnliches Organ (Fig. 716*B*). — Bei
den *Haien* (*Spinaciden*) verbreiten sie sich als punkt- bis strichartige kleine Gebilde über den Gesamtkörper, vom Kopf bis zur Schwanzflosse; in größrer Menge
auf der Ventralseite, wo nur beschränkte Bezirke von ihnen frei bleiben. Auch

bei den *Teleosteern* (abgesehen von den Pediculaten) ist die Zahl der Organe meist ansehnlich bis sehr groß und ihre Verbreitung über den Körper recht verschieden; doch herrscht im allgemeinen die Tendenz zur Anordnung in Längsreihen vor (Fig. 716), wobei sich die Reihen der größeren Organe gewöhnlich auf die Bauchhälfte beschränken. — Ähnlich wie bei den Cephalopoden finden sich häufig bei einer und derselben Art recht verschiedene Organe, die in Größe, Gestalt, Richtung und Bau stark differieren. Die kleinen und einfachst gebauten Organe (*Stomiatidae*) sind nicht selten über den ganzen Körper zerstreut und können sich auch auf die Flossen erstrecken. Größere finden sich in verschiedener Anordnung auf dem Kopf, namentlich in der Nähe der Augen, als Orbital-, Sub-, Supra- und Antorbitalorgane; auch kleinere Organe können sich, das Auge umziehend, dazu gesellen. Leuchtorgane finden sich ferner nicht selten am Ober- und Unterkiefer, am Mundwinkel, dem Bartfaden (Bartel), auf dem Präoperculum (Opercularorgane), der Kiemenhaut (Branchiostegalorgane); hieran schließen sich dann die Reihen der Rumpforgane. Zuweilen neigen die Organe zur Bildung von Gruppen (speziell *Sternoptychidae*), indem sie sich in verschiedener Zahl dicht zusammenlegen, ja sogar mehr oder weniger miteinander verschmelzen. — Bei *Neoscopelus* (Familie der Scopelidae) findet sich sogar in der Mundhöhle, an den Seitenrändern der Zunge, je eine Reihe. — Eigenartig verhalten sich schließlich die *Pediculaten*, bei denen ein Leuchtorgan am Ende des sog. Tentakels, d. h. des langen freien vordersten Strahls der vorderen Rückenflosse liegt, welche Flosse hier zu einem oder einigen solch freier fadenartiger Strahlen aufgelöst oder reduziert ist. Dazu gesellen sich bei *Ceratias* vor dem Beginn der hinteren Rückenflosse noch einige warzen- oder karunkelartige Organe. — Bei den Formen mit zahlreichen Organen läßt sich verfolgen, daß sie sich allmählich vermehren, indem anfänglich nur ein bis wenige Organe vorhanden sind, die übrigen mit dem Wachstum successive auftreten.

Wie bemerkt, sind die Organe recht verschieden gebaut, von äußerst einfacher bis zu sehr komplizierter Bildung. Stets scheint jedoch sicher erwiesen, daß ihr wichtigster Bestandteil (d. h. die *eigentlichen Leuchtzellen*) aus der Epidermis hervorgeht, wozu sich aber bei den komplizierten Organen noch zahlreiche, dem Mesoderm entstammende Teile gesellen. Die Organe erlangen so häufig einen verwickelten Bau, der im Prinzip jenem gleicht, den wir schon bei den Cephalopoden und Dichelopoden fanden, so daß hier ein Beispiel weitgehender Konvergenz vorliegt, hervorgerufen durch übereinstimmende Anforderungen und dadurch bedingte Vorteile.

Den einfachsten Leuchtorganen begegnen wir wohl bei den *Spinaciden* (näher erforscht nur bei Spinax niger Fig. 717 und Etmopterus), wo sie etwa halbkuglige, in das Corium vorspringende Epidermisverdickungen darstellen, deren tiefste Zellen (2—5 Lagen) blasig vacuolär angeschwollen, radiär zusammen gruppiert und sekrethaltig sind. Es sind dies jedenfalls die eigentlichen Leuchtzellen, während die distal gelegenen Zellen, zwischen welchen auch größere, drüsige Schleimzellen (sog. *Linsenzellen*) eingeschaltet sind, möglicherweise eine linsenartige Wirkung ausüben. Unterlagert werden die Organe von schwarzen Pigmentzellen des Coriums und einem sie umfassenden Blutsinus. — Eine sehr einfache Form der Organe ist ferner bei den *Stomiatiden* (speziell *Chauliodus*) meist in großer Zahl über den Körper verbreitet bis auf die unpaaren Flossen, wo sie sich längs der Flossenstrahlen ausdehnen, und ebenso auf der Bartel. Es sind kuglige bis ellipsoidische Zellgruppen ohne irgendwelche accessorischen Teile, die nach außen von den Schuppen im Corium liegen und mit der Epidermis, aus der sie jedenfalls hervorgingen, nicht mehr zusammenhängen. Zuweilen enthält die Zellgruppe in ihrem Centrum einen Sekretballen.

Eine Anzahl Leuchtorgane hat den charakteristischen Bau einer mehrzelligen Hautdrüse, was sehr auffällt, weil wir früher fanden (s. S. 127), daß sonstige mehrzellige Hautdrüsen gerade den Fischen völlig fehlen. Ein Beispiel hierfür bieten die becherförmigen Organe gewisser *Sternoptychidae*, speziell jene von *Gonostoma elongatum* (Fig. 718). Es handelt sich um eine kuglige Drüse mit mäßigem Lumen und ziemlich langem Ausführgang. Die genauere Betrachtung zeigt, daß die dicke Drüsenwand nicht einfach ist, sondern von zahlreichen, radiär angeordneten, etwa schlauchförmigen lumenlosen Acini gebildet wird, die vom Centrallumen oder -sinus ausstrahlen. Umhüllt wird der kuglige Drüsen- oder Leuchtkörper von einer Lage faserartiger Bindegewebszellen, welche als Reflektor dienen, und dieser Reflektor ist wiederum von einer Schale schwarzer Pigmentzellen umgeben, so daß nur die distale Region des Drüsenkörpers den Lichtaus-

Fig. 717.

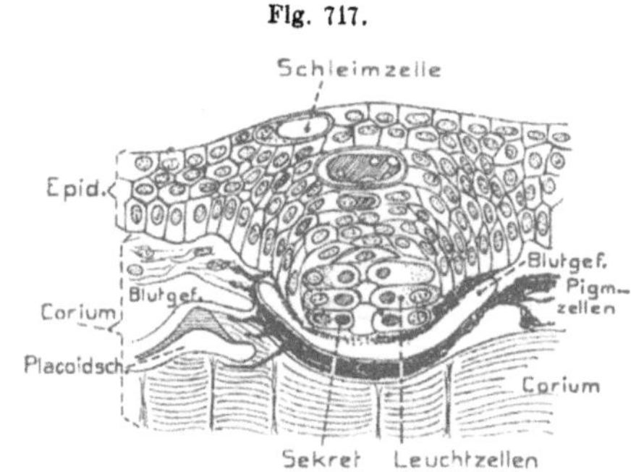

Spinax niger (Haifisch). Ein Leuchtorgan im Achsialschnitt (nach Johann 1899)　　　O. B

Fig. 718.

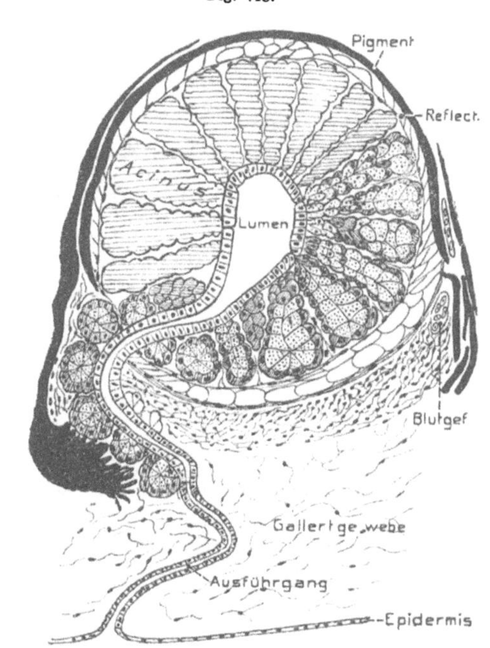

Gonostoma elongatum (Tiefseeknochenfisch). Ein Leuchtorgan der ventralen Rumpfreihe (vgl. Fig. 716) im Achsialschnitt. Die Acini sind links nur in Umrissen angegeben, rechts dagegen die Zellen eingezeichnet (nach Brauer 1908).　　　O. B.

tritt gestattet. — Schon bei anderen Gonostomaarten, ebenso den übrigen Sternoptychiden besitzt der Ausführgang, insofern er nicht, wie häufig, ganz geschwunden ist, keine Öffnung mehr, sondern endet nach kürzerem oder längerem Verlauf blind (Fig. 719) und ist auch häufig ohne Lumen. Ebenso verengt sich das Lumen der Leuchtdrüsen sehr und schwindet häufig völlig, so daß die kuglige Drüse ein solides Gebilde wird, das entweder noch ähnlich wie bei Gonostoma gebaut ist oder nur aus einer einfachen Schicht radiär gestellter, langer Leuchtzellen besteht, endlich aber auch (*Triplophos, Sternoptyx*) in zahlreiche kleine, unregelmäßig geformte Gruppen von Leuchtzellen zerfallen kann, die, in zwischengeschaltetes Bindegewebe eingebettet, den Leuchtkörper zusammensetzen. Wahrscheinlich leiten sich diese Gruppen von Leuchtzellen von der Acinibildung ab, die wir bei Gonostoma fanden, indem die Drüse sich allmählich, in die Acini zerfallend, auflöste. Zwischen die Acini oder auch die radiären Leuchtzellen dringt Bindegewebe ein, woher es wohl auch kommt, daß unter Rückbildung des Ausführgangs Bindegewebe mit Blutgefäßen in das Rudiment des Drüsenlumens eindringen und es erfüllen kann. — Ein Reflektor und die Pigmenthülle finden sich bei den geschilderten geschlossenen Organen ähnlich wie bei den erst beschriebenen mit Ausführgang; aber es gesellt sich hierzu, distal vom Leuchtkörper, noch ein mäßig großer bis sehr ansehnlicher Zellkörper, welcher der Öffnung der Pigmentschale eingelagert ist und entweder aus einer Lage zylindrischer Zellen

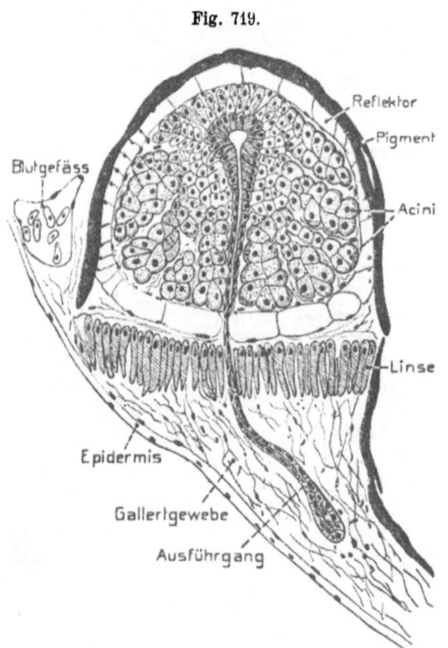

Cyclothone microdon (Tiefseeknochenfisch). — *A* ein Leuchtorgan der Branchiostegalhaut im Achsialschnitt (nach BRAUER 1908). O. B.

(Fig. 719) oder aus zahlreichen polyedrischen Zellen besteht. Auf die mannigfachen Verschiedenheiten und Differenzierungen, welche dieser Körper darbieten kann, gehen wir nicht näher ein; erwähnt sei nur, daß seine Zellen sprödes Sekret, in einem Fall sogar stäbchenartige Bildungen, enthalten können. Der Körper dient offenbar als lichtbrechende Linse für die austretenden Strahlen. Die Zellen dieser Linse gehen zweifellos aus der gleichen Quelle hervor, wie jene des Leuchtkörpers, und in manchen Fällen dürften vermutlich die stark veränderten Zellen des ursprünglichen Ausführgangs zur Bildung der Linse wesentlich beitragen. — Zwischen den Linsenkörper und die äußere Haut schaltet sich meist eine Anhäufung von gallertigem Bindegewebe (*Gallertkörper*) ein, das sich auch noch weiter um das

Organ ausbreiten kann. Auch der Gallertkörper wurde gelegentlich als lichtbrechendes Gebilde gedeutet.

Ähnliche geschlossene Organe sind auch bei den *Stomiatidae* als sog. *flaschenförmige* sehr verbreitet (Fig. 720), eine Bezeichnung, die sich auf ihre Gestalt bezieht, da sie zwischen dem Leuchtkörper und der Linse mehr oder weniger stark ringförmig eingeschnürt sind (*A, B*), was auch bei den Sternoptychiden schon angedeutet ist. Eine Abweichung zeigen diese Organe darin, daß ihr Linsenkörper meist aus zwei Abschnitten besteht, welche sich aus etwas verschiedenen Zellen aufbauen, einem centralen oder proximalen und einem peripheren oder distalen Teil. Der Reflektor, welcher wie gewöhnlich aus faserartigen Zellen besteht (*C, D*) breitet sich hier nur um den Linsenkörper, nicht jedoch den Leuchtkörper aus, setzt sich aber, wie auch bei den Sternoptychiden, häufig einseitig noch eine erhebliche Strecke über das eigentliche Organ distal fort, so daß dieser Abschnitt des Reflektors etwa wie ein schräg vor das Organ gestellter Spiegel wirken muß. — Außer diesen flaschenförmigen Organen finden sich bei den Stomiatiden in großer Zahl noch einfachere, *schalen-* oder *becherförmige*, von sehr verschiedener Größe. Wie ihre Benennung andeutet, sind sie etwas verschieden gestaltet, im allgemeinen kleiner als die flaschenförmigen und darin einfacher, daß ein Reflektor fehlt und keine Einschnürung zwischen Leucht- und Linsenkörper besteht, sondern die Linsenzellen die Höhlung des schalen- bis becherförmig vertieften, aus radiär gestellten Zellen zusammengesetzten Leuchtkörpers ausfüllen (Fig. 721). Ähnlich erscheinen im allgemeinen auch die Organe des Batrachiden *Porichthys*.

Einiger sehr abweichender Organbildungen sei hier noch kurz gedacht. So treten bei *Gonostoma elongatum* (Sternoptychiden) am Ausführgang gewisser der Drüsenorgane eigentümliche, vielfach gelappte Erweiterungen oder Anhänge auf. Sie sind innerlich von ein-

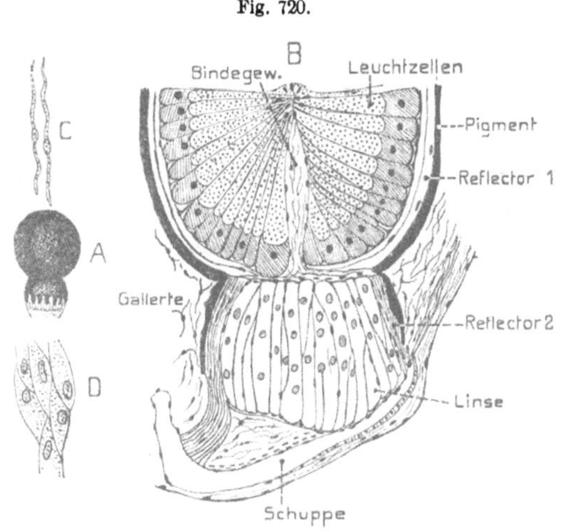

A—B Ichthyococcus ornatus (Tiefseeknochenfisch). — *A* ein Leuchtorgan von der Branchiostegalmembran in toto. — *B* Rumpforgan im Achsialschnitt, die proximale Hälfte nicht gezeichnet. — *C—D* Photichthys. Reflektorzellen. — *C* im Durchschnitt; *D* von der Fläche (nach BRAUER 1908).
O. B.

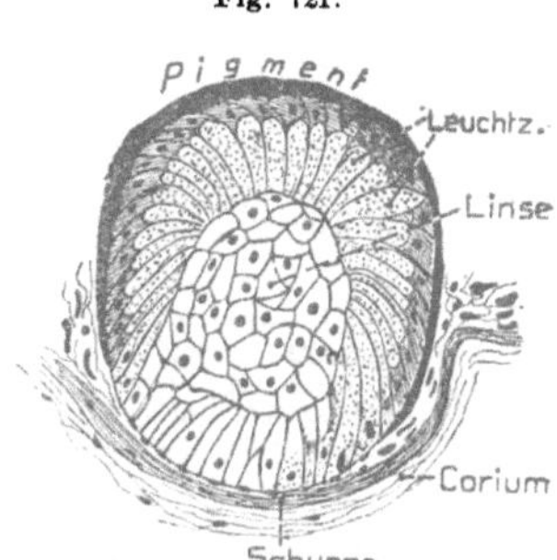

Chauliodus sloanei (Tiefseeknochenfisch). Ein Leuchtorgan des Rumpfes im Achsialschnitt (nach BRAUER 1908). O. B.

schichtigem, sehr flachem Epithel ausgekleidet. An gewissen Körperstellen (präcaudal, s. Fig. 716 *A*) finden sich nun derartige vielbuchtige, lang sackförmige Gebilde ohne Ausführgang und eigentlichen Drüsenkörper, doch mit Reflektor und einer Pigmentkappe an einem Ende. Es scheint wohl sicher, daß es sich hier um ein rudimentär gewordenes Organ handelt. Sehr eigentümlich ist auch der Bau der sub- und postorbitalen Organe gewisser Stomiatiden. Sie erscheinen etwa wie eine kuglige Drüse ohne Ausführgang, deren einschichtige Zellwand viele schlauchartige Einfaltungen ins Innere erfahren hat, welche sich zum Teil auch ablösten und nun als ein verschlungenes Schlauchwerk das Innere erfüllen.

Relativ einfach, jedoch sehr mannigfaltig in ihrer äußeren Gestaltung sind die Organe der *Scopelidae*. Im allgemeinen lassen sich unterscheiden: *drüsen-*, *becher-* und *flaschenförmige Organe*, welchen eine zellige Linse stets fehlt, die also nur aus Leuchtkörper, Reflektor, Pigmenthülle und Gallertmasse bestehen. Sie liegen meist sehr oberflächlich im Corium. Die Organe von *Neoscopelus* sind gut entwickelte Drüsen mit geöffnetem Ausführgang und acinös verzweigtem Drüsenkörper. Die des Rumpfs liegen dicht unter den Schuppen, was für die Organe der Scopeliden überhaupt gültig erscheint. — Die Organe von *Myctophum* hingegen (Fig. 722) haben den Drüsencharakter völlig verloren, da ein Ausführgang fehlt und der recht verschieden gestaltete Leuchtkörper kein Lumen mehr besitzt.

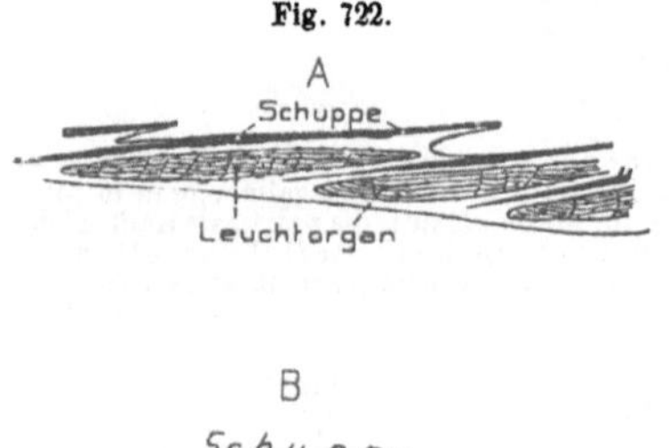
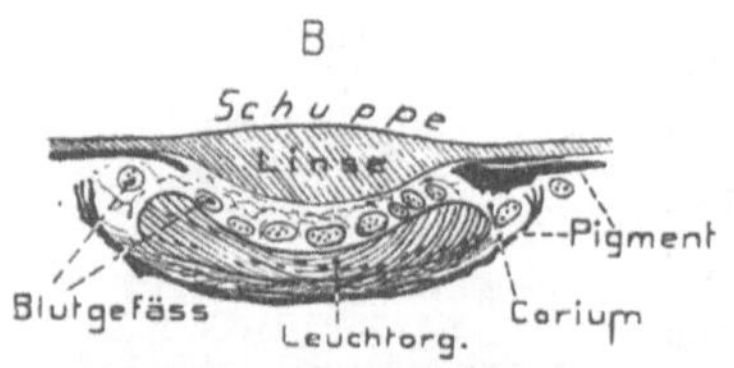

Fig. 722.

A Myctophum warmingi (Tiefseeknochenfisch, Längsschnitt durch einige Leuchtschuppen. — *B* Myctophum macropterum. Längsschnitt durch ein Analorgan (nach BRAUER 1908).   O. B.

Die Gestalt dieser Organe ist teils plattenförmig (*Leuchtplatten*), bald schließen sie sich den einzelnen Schuppen, sie dicht unterlagernd, an (*Leuchtschuppen*, Fig. *A*), bald sind sie flach schüsselförmig und unterlagern dabei ebenfalls je eine Schuppe (Fig. *B*), bald tiefer becherförmig eingesenkt. Die Einsenkung wird durch Entwicklung eines gallertigen Bindegewebes hervorgerufen, welches den Leuchtkörper in sich aufnimmt und ihn gewöhnlich allseitig umschließt, während er proximal vom fasrigen Reflektor und dem Pigment umhüllt wird. Die Leuchtkörperzellen sind flach lamellenartig und entweder senkrecht zur Oberfläche gerichtet oder ihr parallel in vielen Lagen angeordnet, wobei die den Leuchtkörper meist zahlreich durchsetzenden Blutkapillaren ihn häufig in säulenartig zusammengestellte Partien sondern. Als Ersatz für die fehlende zellige Linse findet sich an manchen, die Schuppen unterlagernden Organen von Myctophum (Fig. 722 *B*), wahrscheinlich aber auch bei Neoscopelus und ähnlich schon bei der Sternoptychide *Diplophos* eine linsenartige Verdickung der Schuppe über dem Leuchtorgan.

Den Charakter einfacher Hautdrüsen zeigen auch die beiden Augenorgane der *Anomalopsiden* (Fig. 716 *B*). Die ansehnlichen, länglich bandartigen Organe bestehen aus einer großen Zahl senkrecht zur Oberfläche gestellter Drüsenschläuche,

von denen je eine Gruppe von etwa 8—10 durch einen gemeinsamen Gang ausmünden soll. Bei der Sekretion sollen die Zellen eingehen und der Ersatz am
Grunde der Schläuche stattfinden. Der gemeinsame Reflektor jedes Organs besteht aus platten Zellen, die ihren Glanz Guanineinschlüssen verdanken. Ein
Pigmentmantel sowie Knorpelgewebe umhüllt die Organe.

Eine einfache Hautdrüse von meist kugliger, zuweilen jedoch auch verzweigter Form, mit kurzem Ausführgang ist auch das vermutliche Leuchtorgan,
welches sich am Ende des Tentakels gewisser Pediculaten findet. Ein Reflektor
nebst Pigmenthülle ist vorhanden und spricht für seine Deutung als Leuchtorgan.
— Auch die sog. Karunkeln vor der hinteren Rückenflosse von *Caertia* enthalten
je eine kuglige Drüse.

Blutgefäße treten häufig reichlich zu den höher entwickelten Organen und dringen bis
in den Leuchtkörper ein. — Hinsichtlich der *Innervierung* verhalten sich die Organe recht
verschieden; meist scheinen sie keine eigentliche Nervenversorgung zu besitzen; bei gewissen
Formen aber sind Nerven bis in den Leuchtkörper verfolgt worden, doch ist ihre feinere
Endigung nicht näher bekannt. — Auch *Muskelfasern* können zu manchen Organen treten
und ihre Stellungsveränderung bewirken. — *Anomalops* vermag das Augenorgan ventralwärts gegen die Augenhöhle herabzudrehen, so daß der Lichtaustritt nach außen verhindert
wird; bei *Photoblepharon* hingegen kann eine schwarze Hautfalte, welche einem unteren
Augenlid gleicht, über das Organ heraufgezogen werden. Diese beiden Leuchtfische weichen
darin ab, daß ihre Organe kontinuierlich leuchten, die der übrigen Fische, soweit bekannt,
erst bei Reizung.

Oben wurde hervorgehoben, daß bei den *Sternoptychidae* häufig zwei bis mehr Organe
zu Gruppen dicht zusammentreten, wobei der Pigmentmantel und der Reflektor der Organe
zu einer gemeinsamen Umhüllung verschmelzen können. In manchen Fällen erstreckt sich
die Verschmelzung auch auf die Leuchtkörper selbst, während die Linsen und etwaige rudimentäre Ausführgänge gesondert bleiben.

Wie schon bemerkt, entstehen Leuchtkörper, Linse und Ausführgang aus
dem Ectoderm, was wohl für sämtliche Organe gilt. Da nun manche Leuchtorgane der *Sternoptychiden*, *Scopeliden*, *Anomalopsiden* und *Pediculaten* als offene
Hautdrüsen erscheinen, von denen sich wenigstens bei der ersterwähnten Familie die geschlossenen Organe gut ableiten lassen, so liegt es nahe, die Gesamtheit der Organe auf Hautdrüsen zurückzuführen. Gegen diese Ansicht ließe sich
eventuell geltend machen, daß mehrzellige Hautdrüsen sonst bei den Fischen ganz
fehlen, die phyletische Ableitung der Leuchtorgane von solchen also ausgeschlossen erscheint. Die Organe mancher Formen ließen sich ebenso leicht als
einfache Ablösungen von der tiefen Epidermisschicht, ohne eigentlichen ehemaligen Drüsencharakter, auffassen. Daher wäre es wohl möglich, daß die Organe nur in gewissen Fällen und Gruppen den Drüsencharakter erlangten, in
anderen ihn dagegen nie besaßen. Entleerung eines Leuchtsekrets wurde bis jetzt
auch bei den offenen Leuchtdrüsen nie sicher festgestellt.

Die biologische Bedeutung der Leuchtorgane der Fische dürfte ähnlich zu beurteilen
sein wie bei den Cephalopoden, so daß von einer besonderen Erörterung abgesehen werden kann.

MANULDRUCK VON F. ULLMANN G. M. B. H., ZWICKAU SA.